服務業的行銷與管理

主編：Teresa A. Swartz &
Dawn Iacobucci
譯者：李茂興‧戴靖惠‧吳偉慈
校閱：許長田教授

弘智文化事業有限公司

Handbook of Services Marketing
and
Management

Teresa A. Swartz & Dawn Iacobucci

ISBN 957-0453-64-8

Printed in Taiwan, Republic of China

第六部　服務：廠商公司／557

序言

Teresa A. Swaerz

Dawn Incobucci

　　服務業在已開發國家的經濟扮演著很重要的角色，大約佔國內生產毛額（GDP）的一半以上。以美國為例，服務業的GDP便佔了75%。其他如德國、英國、及日本等先進國家也是一樣的情況。相對於以製造業為主的經濟型態，服務業較不需注入外來資金，許多經濟較不發達的國家也因此朝此目標前進，以刺激經濟的發展。

　　在經濟成長的同時，服務業的就業人口也會隨著提高。近年來美國的服務業人口達75%，九〇年代末期到廿一世紀之間，服務業的工作機會更是以壓倒性姿態大幅成長，無怪乎對於服務業的研究也水漲船高。

　　過去三十年來，服務行銷或服務管理（service marketing／service management）成為一個熱門的研究領域，不但使行銷與管理學門的內容廣泛擴充，更將人力資源及生產作業等管理觀念納入，使其內容更形豐富。在1970到1980年代，關於服務的探討大多集中於服務與商品是否不同及如何不同。這樣的研究視財貨與服務不同，最明顯的便是服務被認為具有下列幾項特質：不可分割性（inseparability，亦即生產服務與消費服務同步發生）、不可觸知性（intangibility）、時效性（perishability）、產品的異質性（heterogeneity）（Shostack 1977）。這種研究路線所提出的問題是從財貨與服務間的差異為出發點來探討對行銷和管理的涵義。過去幾年來，學術界或實務界人士更是以各種假說及理論，不斷推敲這些問題的解答，嘗試找出更普遍的通則。（若要瞭解詳細的演變過程，請參閱Swaerz, Bowen, and Brown 1992; Berry and Parasuraman 1993; Brown, Fisk, and Bitner 1994; Fisk, Brown, and Bitner 1995。）

在Iacobucci（1998）的研究中顯示，過去幾年來關於服務的研究有如雨後春筍般地冒出，若以「服務行銷」（service marketing）作為搜尋的關鍵字，光是在1986到1997年間就有將近一千筆研究資料，這些搜尋結果尚不包括以服務管理（service management）為主題或未列入資料庫的文章。

以服務在學術或經濟上的快速成長而言，出版一本針對服務行銷／管理的總論書籍，應該是時候了。這也是本書（Handbook of Services Marketing and Management）主要的目的，希望藉此提出關於服務的各項具有指標性意義的思潮，俾挑戰與提昇現今的服務實務。

為此，我們收錄了多篇首屈一指的經典論述，從各種觀點來探討服務行銷／管理。熟悉這個領域的人都將認同我們的作法，因為這些文章的作者群都相當傑出，對於服務都有精闢而中立的見解。藉由這些作者的啟發，我們希望讀者除了能夠汲取相關知識的精髓，並能對本書所呈現的種種論述提出挑戰。本書大多數的作者是美國人，但我們也刻意地請非美籍的學者參與，他們大多對服務行銷／管理有實際而豐富的經驗。同時，我們也不輕忽後起之秀，畢竟他們是要在這個領域承先啟後的一群。在此我們要對作者群致上深深的謝意。

本書針對學術界、研究生、及其他有意深入研究服務行銷／管理的學生而編，其次則是已具經驗、想要更為瞭解現今服務業趨勢的人士，這些人可能已投入此一行業多年，想要將這些知識運用在管理上，也或許因為他們在公司組織內的角色有所變化，甚至其公司本身正處於轉變階段，因此以本書做為尋求突破之工具。舉例來說，有些公司的中級主管在企圖突破升遷瓶頸的同時，卻發現許多有關服務方面的疑問漸漸浮現；許多以往並不以提供服務者自居的產業，其高階主管漸漸發現同行已經搶先將自己定位為服務業，此時，經理人更需要洞悉服務行銷與服務管理，以便為產品創造更高的附加價值，使企業獲得更多的競爭優勢。編輯本書之前，我們已經與作者群溝通上述各種目的，作者群並以此作為撰述基礎，因此，讀者會發現本書雖然闡述許多重要概念，但是並不會艱澀難懂。

　　本書的特點之一是，先以較大的主題為主幹，每個主題下再以數篇文章詳細分述，這使本書能夠含括各種細膩的主題，將服務行銷／管理的學科加以整合。這些文章都不冗長，那是因為迄今在相關領域中並未有太多研究，在概念或推論上較為有限，而且相對地也較少絕對性的說法。同時，有些文章的主題也許並非現今研究的主流，但我們認為還是有向讀者提出的必要，以使讀者有基本的認識。基本上，本書的性質接近於提供完整概念的總論，因此有些看起來尚未成熟發展的議題，我們也未排除在外，因為我們相信唯有全盤地納入各家說法，才能建立一個完整的服務行銷管理之論述架構。

　　為力求完整，本書共分六個部分，分別闡述服務行銷／管理上幾個主要的組成成分，並以單文批露，讀者可依主題自行選擇研讀的章節。整個來說，本書章節已涵蓋所有服務行銷／管理的知識，以下將稍做瀏覽。

　　首先，這個領域裡的幾名老將Pierre Eiglier、Eric Langeard、及Christian Grönroos所著「對服務的反省」（Service Reflection）等文，呈現早期許多對於服務的不同看法，並提及未來的發展方向，是很棒的入門文章。

　　第一部分以「服務環境」（Service：The Setting）為主軸，檢視產生服務的環境，收納的文章包括由Grove、Fisk、及John所樹立的經典論述「服務如戲」（Services as Theater：Guidelines and Implications）、Bitner的「服務氛圍」（The Servicescape）、Grayson和Shulma的「服務行銷的印象管理」（Impression Management in Services Marketing）和Wagner的「服務環境的美學價值模式」（A Model of Aesthetic Value），這些著作提出服務即表演的觀點。隨著服務的環境和科技之間的關係日漸密切，顧客主動參與的成分增高（亦即自助式服務），這樣的發展在Barns、Dunne、Glynn、及Dabholkar的文章中深入探討。Risch Rodie和Kleine深入淺出地討論「顧客參與」。最後，Bateson對於控制顧客的感受提出見解。

　　第二部分係以「服務的需求管理」為主題，探討服務本身的時效性（perishability）。Shugan和Radas認為顧客對服務的需求具有週期性，當顧客對服務的需求超出公司所能提供的限度時，最常發生的狀況就是顧客必須等候服務，這在Taylor與Fullerton的文章中有所闡述。Kraus則以「價格」為工具探究「控制需求」的概念，並與相關概念─如服務品質─結合後予以深入探究。

　　接下來的主題則是「卓越而致富的服務」（Service：Excellence and Profitability），這是學術研究裡很熱門的話題，它因為攸關服務品質與顧客滿意度而顯得重要。在Hallowell與Schlesinger的文章中，他們總結了許多在哈佛大學的研究成果，能引導讀者邁向成功服務之路。Zahorik、Rust、和keiningham的文章則清楚說明組織投在品質提升上的成本將會回饋在公司的收益上。Oliver則企圖讓讀者對於顧客滿意度有全盤的認識，而Anderson與Fornell更提出相關的資料證明顧客滿意度指標的重要性。

　　服務本身具有異質性，並非像一般財貨在單一的生產線上生產。相反地，服務必須先由服務提供者創造並且由顧客去消費，兩者之間的互動有時並不完美。因此，在第四部分我們請另一群作者針對「彌補性服務」提出見解，Tax與Brown提供一些建議，Stephens研究顧客抱怨，而Ostrom和Hart則以現今越來越受歡迎的服務保證（service of guarantee）為主，介紹高品質服務公司提供的另一種服務的選擇。

　　本書第五部分的主題「服務關係」（Service Relationship）在學術或實務上的重要性與日俱增，Patterson與Ward廣泛地對服務行銷／管理提出見解，Wetzels、de Ruyter、和Lemmink將服務關係的概念與「企業對企業」（Business-to-Business）的服務型態結合。Johnson與Grayson以人際間的信賴模式來剖析服務關係，Dube與Shoemaker探討顧客忠誠度及轉換品牌的行為，Deighton的重點除了顧客忠誠度之外，還包括服務頻率的規劃，最後，Glazer則對近年來所產生的智慧型服務提出相關論述。

　　本書最後一個大主題是「服務業裡的公司」（Service：The Firm）。其中Lovelock以宏觀的角度來審視服務業的角色。本單元的重點包括：人力資源管理（Bown、Schneider、和Kim）、程序管理（Chase和Haynes）及經銷權（franchising）（Cross、Walker）在服務業裡扮演的角色。

　　在書末，我們並對服務行銷／管理做了一些觀察，特別是從過去的發展來預測未來的方向，以及學者和業者可能面對的挑戰。

　　我們的目的是呈現一些有用的資料以供參考，不同的讀者可能對不同的章節感興趣。雖然我們希望能夠將章節順序做最有效的安排，但基本上本書各章之間的關係並非線性。我們尤其建議入門者先閱讀第一章「服務如戲」，因為它確實是服務行銷／管理的一篇最佳入門概論。

　　對於有意深入認識「服務」的研究人員或實務者，另一個可能的學習架構是「7P」：產品（Product）、價格（Price）、配銷地點（Place of Distribution）、促銷（Promotion）、人員（People）、流程

（Process）、與服務的真實證據（Physical Evidence），這是傳統物品行銷4P概念的延伸（Boom 和 Bitner 1981）。這樣的架構除了擴充行銷學的內涵以外，也將人際因素列入考量，因此，讀者可能會更有興趣。針對這樣的讀者，我們更建議他從第一、二、七、十一與廿七章開始閱讀。

參考書目

Berry, Leonard L. and A. Parasuraman (1993), "Building a New Academic Field: The Case of Services Marketing," *Journal of Retailing*, 69(1), 13-60.

Booms, Bernard and Mary Jo Bitner (1981), "Marketing Strategies and Organizational Structures for Service Firms," in *Marketing of Services,* James H. Donnelly and William R. George, eds. Chicago: American Marketing Association, 47-51.

Brown, Stephen W., Raymond Fisk, and Mary Jo Bitner (1994), "The Development and Emergence of Services Marketing Thought," *International Journal of Service Industry Management*, 5(1), 21-48.

Fisk, Raymond P., Stephen W. Brown, and Mary Jo Bitner (1995), "Services Management Literature Overview: A Rationale for Interdisciplinary Study," in *Understanding Services Management*, William J. Glynn and James G. Barnes, eds. Chichester, UK: Wiley, 1-32.

Iacobucci, Dawn (1998), "Services: What Do We Know and Where Shall We Go? A View From Marketing," in *Advances in Services Marketing and Management*, Vol. 7, Teresa A. Swartz, David E. Bowen, and Stephen W. Brown, eds. Greenwich, CT: JAI, 1-96.

Shostack, G. Lynn (1977), "Breaking Free From Product Marketing," *Journal of Marketing*, 41 (April), 73-80.

Swartz, Teresa A., David E. Bowen, and Stephen W. Brown (1992), "Fifteen Years After Breaking Free: Services Then, Now and Beyond," in *Advances in Services Marketing and Management*, Vol. 1, Teresa A. Swartz, David E. Bowen, and Stephen W. Brown, eds. Greenwich, CT: JAI, 1-21.

對服務的反省：地球村裡的服務

Pierre Eigilier

Eric Langeard

　　新世紀即將來臨，這將是一個服務的時代。兩件重要的事情將會影響服務業的生存與效率：市場的挑戰與管理的挑戰，這兩者雖各自獨立，但有趣的是當它們彼此交會時，卻會迸出火花，對彼此產生關鍵性的影響，並強化各自的力量。

市場的挑戰

　　如今的世界已是一個地球村，每個市場及經濟領域具有高度的互賴性。在地球村裡，人們觀賞相同的電視節目、分享類似的經驗，然後產生許多不同的觀點。這個地球村的村民，不斷地消費著各式各樣的服務。

　　全球化經濟是政治角力的結果，過去數十年來，關貿總協（GATT）使製造業商品的關稅漸漸調降，後來更致力於成立世界貿易組織（WTO），目的便是讓全球的服務自由化。無疆界服務的成長在全球經濟市場裡扮演重要的角色，這樣的趨勢使產業之間不斷地制定規範與協議，以處理層出不窮的違約事件。

服務的市場廣度持續擴張，一家法國公司可能簽下美國亞特蘭大的供水合約，同樣地，在法國本地的都市卻與其他國外公司簽下交易合約。在這種狀況下，僅僅將目光放在國內市場的公司，想要一躍成為產業的龍頭老大恐怕不太容易。亞特蘭大變成法國的鄰居，這就是地球村的現象。服務網絡在全球發展是否已成為一個龐大的事業？根據經濟合作發展組織（OECD）的調查，在1996年，服務業投資了60%在國外市場上，這使我們清楚地體認到，在全球經濟的動態體系裡，服務業的發展腳步遠遠超過製造業。

歐洲地區十一個國家發行共同貨幣（即歐元Euro），顯示了歐洲服務業者對於全球化經濟發展有一致的認知。因此，對歐洲共同體的成員而言，歐洲大陸屬於他們的國內市場，而這種多元文化環境與全球化經濟有某些共通點。歐洲的服務業現在亟需培養他們對關稅、勞工、環境等問題的處理能力，這也是進軍世界市場的最佳暖身動作。

小村莊的生活往往平靜安詳，但是現在的地球村卻出現了一些危機，許多重要的服務業也牽連在內。社會輿論對服務業的管理是否健全一直存有疑問，同時也質疑他們對社會、政治或道德層面的責任感，例如很多人會認為金融服務體系對於1997年的亞洲金融風暴與1998年俄羅斯危機難辭其咎。金融業從30年代到80年代早期一直被嚴加規範，經過這段時期後開始鬆綁，發展的速度較其他產業快速許多，造成全世界與財貨及服務之交換有關的交易量，而金融商品的交易則畸型成長。因此有些國家認為對金融機構的開放過度。零售業亦受流彈所及，大型的商店或購物中心被批評設計不良，許多國家更通過法案抵制這種產業的發展。娛樂業在這場風波中也難逃被攻訐的命運，因為人們認為它缺乏多元文化認同。從人們對金融業、零售業及娛樂業的種種抱怨中，我們發現「服務」所擁有的力量正不斷滋長，然而，大多數的管理者並未體認服務在產業中與日俱增的重要性。

集中（concentration）、併構（mergers）與結盟（alliance）是90年代末期的流行話語。在這波潮流中，服務業第一次在併購方面超越製造業的規模和數量，幾乎而且沒有任何一個服務業例外。WPP是一家位於倫敦的通訊組織，在成立之初便有兩個策略性目標：一是立志成為世界通訊市場的龍頭老大，二是整合所有通訊技術以滿足客戶之需要。很多同業追隨WPP的步伐向外發展，美國的Sandy Weil正是購併潮流中的狠角色，在買下一家信貸公司和保險公司之後，接著又繼續併購一家經紀公司、另一家保險公司Travelers和投資銀行Salomon，最後，與John Reed的交易成功，與Citicorp合併，取得國際金融市場上的領導地位。北美及歐洲的多家銀行都以這樣的模式發展，將增加市場佔有率、品牌知名度、及邁向規模經濟作為其明確目標。兩家瑞士銀行的合併，正展現著成為世界民營銀行界領袖的野心。

在零售業方面，有些公司正試圖吸收國內的市場網絡，而有些則將重心放在開發中國家，希望能取代在地主要的零售商。Kingfisher─英國一家家用設備公司，買下法國兩家很大的家居用品店─Darty和But。合併風潮未歇，旅館業也後起直追，不再將建造新的旅館視為其目標，而是把錢投資在購買其他旅館或建立品牌知名度上。

很多以販賣專業知識為主的企業也意識到這波趨勢，規模較大的會計公司亟欲整合專業技能，工程公司也積極建立聯盟以找尋新的出路，而動作頻頻的航空業者則常被美國的托辣斯執委會（Antitrust Commission）和歐洲的布魯塞爾執委會（Brussels Commission）懷疑他們有阻礙公平競爭原則之嫌。

服務業的集中化趨勢相當明顯，這種現象背後隱含兩種策略性方案。第一種是取得領導地位方案（leadership scenario），即企圖吸收與自己互補的技能與網絡據點，這一點說明了一項事實：多數服務業都已體認到世界市場的衝擊力。以往所謂的市場佔有率主要是以西歐各國國內或北美地區性市場為衡量標準，但如今已是以整個歐洲大陸及北美大陸、或以世界各主要城市來評估佔有率。

Texaco在英國和荷蘭的市場佔有率雖然相當可觀，但是在其他歐洲國家並未建立市場網絡，因此決定成為殼牌集團（Shell）旗下的公司；相對的，殼牌公司深知唯有對外擴張才能保住歐洲第一品牌的地位，所以急切買下Texaco。不過最後它仍舊輸給了另一個併購高手—英國石油公司（BP-Mobil gas station）。

另外一個方案則是出於自保。多數的服務業發展到成熟階段時的資源已相當足夠（如速食業、航空業、旅館業或零售業），同時他們也會成為像銀行、保險業、旅遊業等產業的併購目標。我們都知道，對中型服務業而言，夾在小型與大型同業之間，未具有太多競爭優勢，因此，在國際化的環境中，唯有與大企業合併，從規模經濟中獲利，才是中型服務業者的生存之道。

現代的競爭是由全球性領袖、專家及深諳市場趨勢的玩家主導，集中化成為服務業管理階層人士的熱門遊戲，他們希望能提升商品目錄的豐富性。同時，全球化與新科技的發展將急速改變遊戲的規則，此時仍把國內市場視為目標，便顯得太落伍了。

管理的挑戰

身為地球村的居民，我們剛剛跨入服務的時代中，或許尚未感受到企業在行銷與管理方面的問題。在管理學大多數的學門中，除了行銷、銷售或組織行為之外，大都尚未體認「服務」具有其獨特性。在服務部門中，主掌策略、財務或控制的人並未將服務與產品的生產視為不同的程序。

　　這個現象係因經濟上現實的腳步超過人類心智的發展。首先我們要摒除以製造業生產商品的思考模式來看待服務。以James L. Heskett和Leonard A. Schledinger爲代表的哈佛學派（Schlesinger & Heskett 1991）是這個說法的始作俑者。Schlesinger與Heskett已證明將製造業模式運用在服務業上，不但沒有效率，有時根本行不通，並以實例說明及提出可取而代之的服務業管理模式。這樣的管理模式挑戰了以往的管理思想、決策等架構，因此在推行時所面臨的困難也相對提高。舊式的管理架構是本世紀初的名人如福特、費堯（Fayolle）等人在經歷工業革命後所建立的，新的服務模式融合了傳統高確定性的想法（如工程師與機械化所鼓吹的）與現代的低確定性的思想（如心理學者提出的人際關係問題）。

　　另一個挑戰與客戶服務人員管理--即人力資源管理--息息相關。這也是爲什麼傳統模式在現代社會已經顯得捉襟見肘。在製造業的生產線上，員工的招募、訓練、分工，在服務業中是不管用的。對此，Benjamin Schneider和David Bowen早有先見之明（Benjamin Schneider & David Bowen 1995），他們從心理學、行爲分析的角度來審視顧客與員工（不論是否與客戶接觸的所有員工），並且以第一手的研究資料，獲得上述的結論。這個挑戰還包括員工必須重新檢視自己在服務中的角色。傳統的勞工關係模式已經不再合適，公司必須要反省組織本身及對員工施壓的方式。相對於製造業的環境，服務業的罷工對顧客所造成的傷害比企業本身更大。

　　第三種挑戰和前述幾項有密切關係：新興科技對企業與顧客的關係將造成衝擊。在傳統村莊的市場中，店主認識每一個顧客，知道他／她的名字、社會地位和生活的點點滴滴。不久的將來，各式微小的電子設備可以幫助服務提供者清楚地紀錄每一筆客戶資料，這會徹底改變客戶與服務人員在服務事件（service encounter）中的期望與行爲方式。事實上，這樣的現象已經存在，只是服務公司的腳步趕不上科技、資訊系統及服務環境的發展速度罷了。

　　最後一個挑戰來自許多製造業者希望產品與服務能結合的政策。很多製造業者不僅賣商品，也銷售更精緻的服務（這裡的服務所指的不僅是傳統的售後服務），如提供金融服務、遠距離保養維修、或訓練等。這樣做的理由很簡單，因為服務所產生的利潤比產品本身來得高。清楚地說，這個挑戰便是公司是否能在製造業文化與服務業文化中取得良好的平衡。

　　地球村並不大，但相對於真正的村莊，它並不太平靜，未來要走的路也不平坦，金融市場的不安定、經濟上的相互依賴及服務管理等問題，都會使地球村產生波瀾騷動。

參考書目

Schlesinger, Leonard A. and James L. Heskett (1992), "De-Industrializing the Service Sector: A New Model for Service Firms," in *Advances in Services Marketing and Management*, Vol. 1, Teresa A. Swartz, David E. Bowen, and Stephen W. Brown, eds. Greenwich, CT: JAI, 159-176.

Schneider, Benjamin and David E. Bowen (1995), *Winning the Service Game*. Boston: Harvard Business School Press.

對服務的反省：服務行銷的時代

Christian Grönroos

　　與行銷有關的各項研究資料常將服務的特性歸納如下：不可觸知性（intangibility）、異質性（heterogeneity）、服務的生產與消費具有不可分割性（inseparability）、以及無法儲存性。客戶參與了服務的生產程序，因此也會影響生產的程序及結果。消費服務和購買一般有形的商品不同；通常，顧客在真正消費到服務以前，是無法辨別優劣。然而，上述種種特性不見得構成實體商品與服務之間絕對的分野。在顧客的心裡，買一部車和使用餐廳的服務可能都是不可觸知的一種消費。顧客很難去評估某家銀行的服務好壞，就好像假使他買了一磅蕃茄，在還沒有真正食用之前，他很難知道蕃茄是否好吃。雖然如此，這些特性還是經常在關於服務的各種文章裡被提出。

　　服務行銷研究最為人詬病的地方，在於批評者認為服務與實體商品間並無太大差異，這些特性也並非只有服務才有，更保守的說法則是，實體商品的行銷和服務行銷相差無幾。他們認為在生產實體商品的程序中，客戶對商品的設計與製造仍然具有影響力，生產因此變得規模化且符合大多數顧客的需要。就這一點來說，實體商品和服務商品很類似。的確，顧客在實體商品的製造程序中已漸漸產生影響力，因此，實體商品的製造程序也如服務的生產程序般，逐漸具有某種程度的異質性。

商品與服務漸漸相似

　　上述對於商品與服務的觀察，似乎導致一個結論：服務與實體商品的本質越來越類似。然而，不管結論如何，最重要的是這個觀察本身，它提出了另一個看待問題的潛在觀點。服務行銷藉由撇清與商品行銷的關係、並提出其特殊性，來證明它確實存在，也使其成為行銷領域中的一門學問。如果服務與商品間的差異性證明逐漸消失，那還剩下什麼呢？可能的答案是，服務行銷在行銷學中的確有其地位，而且相關的概念會被融入以消費性商品為主的主流行銷觀念之中。這樣一來，行銷學的教科書便不需將服務行銷的章節獨立出來，有關於服務行銷的概念─如顧客感受（perceived quality）或內部行銷（internal marketing）─只需在其他章節中提出即可。

　　不過，也可能有人會有全然不同的看法。因為商品和服務已結合，主流行銷學的基本概念也會因此改變。這並非意味著服務業終於回歸主流的商品行銷方式，反而表示是商品行銷開始服務化，因此，主流行銷不再以商品為主，而是以服務為根本。二十年前在北美的一個行銷研討會上，主席之一的Willaim R. George清楚地表示，他期待有一天行銷學的教科書會以服務觀點為根本，並且以上述的各種特性作為實體商品行銷的結論依據。

　　William等的那一天就快來臨。不管如何，由於商品與服務間的差異日漸消失，所以也許不會有特殊的章節來說明實體商品行銷，而且服務的觀點會成為主流行銷的焦點。

採服務觀點的行銷特色

　　本文一開始所提及的服務特性，往往誤導人們認為這些特性只有服務才有，殊不知一般的商品或多或少也有這些特色，導致批評者以為服務在主流行銷中毫無新意。事實上，服務的確開啓了另一個觀點，整個地改變了行銷研究。

　　服務最基本的特色便是其生產程序的本質。服務是由消費者和提供服務的公司之間互動後所產生的。雖然服務的某些成分是客戶介入生產程序之前，由公司先行準備的，但就服務品質的角度來說，服務最重要的部分其實是客戶參與後所創造的。因此，服務的完成和傳統實體商品的消費有著根本上的不同。

　　消費服務本身是一種程序的消費（process consumption）（Christian Gronroos 1998），消費者將服務生產程序視為其消費內容的一部份；而傳統實體商品卻將消費內容視為生產程序的結果。因為服務行為本身是一樁程序性的事件，購買服務其實就等於購買整個程序。所謂異質性與顧客參與等概念於焉產生。

　　傳統主流行銷透過配銷、傳播、訂價、產品設計等決策之制訂，扮演生產與消費間的橋樑。將行銷與管理結合是很合理的作法，行銷部門因此能有效地扮演橋樑的角色。但就服務這個領域來說，生產與消費之間並無界線，主流行銷所賴之根本也為之動搖，行銷因此成為生產服務程序的一部份。傳統行銷中，價格訂定或與顧客的溝通仍屬必要，但它們不再是行銷活動的核心，而是扮演支援者的角色；服務行銷的中心轉移到生產與消費的配合，顧客由此感受到服務品質，並且決定是否繼續選擇某間公司從事其消費行為，這就是所謂的互動式行銷（interactive marketing，Gronroos 1998），顧客所扮演的「兼職行銷人」（part-time marketers）是工具性的角色（Gummesson 1991），而此觀念則是源於北歐服務行銷的研究傳統。這也是爲什麼互動式行銷會產生在服務行銷的研究中，而非別的領域。

服務行銷成爲主流觀念

在傳統的商品銷售裡，消費實體物品是結果導向的消費（outcome consumption），亦即生產的結果是顧客消費的內容，也是他們評估消費品質的方式。隨著生產和消費之間的關係改變，行銷的根本也產生變化。大規模生產與爲顧客量身訂做的趨勢（mass customization）使顧客介入生產程序。雖然產品製成大多在工廠裡完成（也就是公司內部），但是由於顧客購買及消費商品的情形也會影響產品的生產程序，顧客等於介入了生產程序。這是一個新的商品生產邏輯，實體商品的生產已經服務化（servicefied），換言之，它已經變成服務項目的內容之一，就像牛肉變成餐飲服務裡的一部份，以及座位是否舒適也變成航空服務裡的一部份一樣。

當這個生產邏輯引進到以生產實體商品爲主的企業中時，做生意與行銷的方式便產生變化。消費的內容不再是物品本身，而是程序（process consumption），行銷的角色不再是生產與消費之間的橋樑，而是如何在生產與消費的程序之間取得平衡，互動式行銷取得支配的重要地位。

總之，服務行銷的時代即將到來，服務觀點的行銷不僅僅在服務領域扮演關鍵角色，對於任何可視爲程序性消費的消費行爲而言，都將佔有一席之地。服務行銷並不僅僅在傳統的服務業或公司的服務部門裡有重要地位，任何行業都是一種服務業（Webster 1994），不管是生產實體商品或是販賣服務的公司，其實都是在服務層面上從事競爭

（Gronroos 1998），因此服務行銷已成爲主流行銷。

參考書目

Grönroos, Christian (1997), "Value-Driven Relational Marketing: From Products to Resources and Competencies," *Journal of Marketing Management*, *13*(5), 407-19.

Grönroos, Christian (1998), "Marketing Services: The Case of a Missing Product," *Journal of Business & Industrial Marketing*, *13*(4/5), 322-38.

Gummesson, Evert (1991), "Marketing Revisited: The Crucial Role of the Part-Time Marketers," *European Journal of Marketing*, *25*(2), 60-67.

Webster, Frederick E., Jr. (1994), "Executing the New Marketing Concept," *Marketing Management*, *3*(1), 9-18.

第一部
服務：場景

第一篇

環境／表演

第1章

服務如戲

Stephen J. Grove

Raymond P. Fisk

Joby John

　　Yogi Berra是一名哲學家和棒球好手，他曾經說過：「只要您留心看，就可以觀察到許多。」（"You can observe a lot just by watching"）當顧客進入一個服務組織時，他們會觀察到：服務員手忙腳亂地生產服務產品、服務場所營造的氛圍、其他顧客分享著服務環境、以及服務業者的慧心巧思。在Yogi Berra的想法中，單單藉著「留心看」，顧客就能觀察到如戲劇般的表演。演員、觀眾、背景環境和表演等構面，創造出顧客的服務經驗，就像在戲院裡的表演一樣。

　　服務就像戲劇一樣。餐廳、銀行、航空公司、醫院、旅館和許多其他服務提供者大體上都具有戲劇的特質。顧客是否有這樣的體會並不重要；所有的服務經驗中，幾乎都呈現了舞台創作的元素。最重要的是，服務組織體認服務產品的戲劇本質。本章將指出，從戲劇觀點來檢視服務，對公司有哪些好處。

　　服務被比擬為戲劇，其理由在於顧客所接受的服務在本質上是一項表演。人們只能「體驗」表演，但無法加以儲存。就像戲劇中的情節一樣，服務演出的方法和技巧會影響顧客的經驗。換句話說，服務的表現方式（例如：表現出來的殷勤和關懷）和服務內容（例如：完成特定的工作）同樣重要。就像戲劇作品一樣，服務只有在演出時才算是眞實存在，在這種情況下，要達到卓越的服務就成了一個艱難任務。每一個服務經理人都不遺餘力地提供高品質的服務產品。以銀行經理爲例，不同的銀行出納員對不同的顧客所呈現的服務表現各有不同，即使是同一組出納員與顧客間的互動情形，也可能隨著時間而有所變化。如果服務業者可以規劃、組織和傳遞品質一致的產品，對顧客滿意度是很重要的。因此，如果有工具可以幫助銀行經理設計、執行始終令顧客滿意的服務，一定大受歡迎。以戲劇觀點來思考銀行的服務，將有助於銀行達到顧客滿意的目標。

　　本章將服務比擬成戲劇，以此爲架構並綜合一系列的相關文章，來說明、分析服務經驗（Fisk and Grove 1996；Grove and Fisk 1983, 1989, 1991, 1992, 1995；Grove, Fisk, and Bitner 1992；Grove, Fisk, and Dorsch 1998）。戲劇的組成要素分別爲演員（服務工作者）、場景（產生服務經驗的場所）、觀衆（顧客）和表演（服務的過程），這些元素創造了顧客的經驗。任何服務經驗皆能以戲劇詞彙加以描述，將舞臺表演的原則運用在服務業的行銷上，將具有正面的效果。首先，我們爲這個戲劇比擬建立理論根據，以作爲和商業議題溝通的橋樑。接著，我們檢視戲劇隱喻是否適用於服務行銷組合中的所有元素。我們也將討論戲劇比擬可採用哪些方式以適應不同服務的獨特屬性。最後，我們將從戲劇比擬的觀點提供一些管理上的建議，希望有助於建立顧客對服務機構之良好印象。

隱喻的實用性及相關文獻回顧

　　長久以來，詩人、哲學家和社會語言學家就體認到隱喻在描述及分析上是一個有力的工具。本質上，隱喻是「從另一件事情的觀點來察看某件事」（Brown 1977, p.77），一這是一種瞭解未知事物的方法。它透過特質上的轉換，以熟悉的事物來解釋人們較不瞭解的現象（Leary 1990; Ortony 1975）。一個恰當的隱喻可以藉由具有豐富象徵的訊息，建立逼真的的心理意象。接受者的詳盡敘述或這些缺乏文字解釋的訊息將可引出這些心理意象。訊息接收者從這些心理意象可以引出許多訊息無法用語言表達的資訊細節。所以，隱喻常常成功地掌握了一些無法用文字或邏輯理解的獨特現象、程序或經驗。由於隱喻所具備的特性，使其成為人們了解世界的重要方式。事實上，有些人更認為隱喻是所有思想學派的基礎（Arndt 1985; Morgan 1980），而且透過產生內隱的比較，隱喻還可以衍生假說和分析。

　　在各種商業訓練中都有豐富的隱喻傳統。事實上，商業性文獻中到處都有隱喻法的身影，導致於人們習以為常地視若無睹（Clancy 1989; Stern 1988）。舉例來說，「戰爭」的概念經常用來比喻公司之間的「競爭」（例如：漢堡之戰，可樂之戰，或車資之戰）；股市投資者被分類為「牛市或熊市」（bulls or bears）；以及將商業組織比喻為機器。在上述的例子中，隱喻超越字面上的界限，以「立即且不知不覺的洞見」掌握了各種複雜或不熟悉現象的本質（Nisbet 1969, p.4）。

　　隱喻法在行銷教育上有著重要的地位，除了行銷以外，對於隱喻法高度仰賴的其他領域可說寥寥無幾（Goodwin, Grove, and Fisk 1996; Zaltman, LeMasters, and Heffring 1982; Zikmund 1982）。以「零售循環」、「產品生命週期」、「配銷通路」或「行銷組合」為例，每一個都利用隱喻使人們腦海中出現了一種關係，刺激人們對於未知現象的推論。這一種隱喻法可用來探究兩種現象之間所隱含的關係，有時亦稱爲理論性隱喻法。如果以隱喻的字面意思來看，這些隱喻主要的任務是以逼眞、生動、戲劇化的手法來傳達意義（Hunt and Menon 1995, p. 82），例如「爭奪性推銷」（scrambling merchandising）和「似滿若空的巢」（full and empty nests），都說明了行銷文獻的確有豐富的隱喻色彩。總而言之，隱喻法使學者、實務工作者、及一般民眾以生動有趣的方式能彼此溝通並理解行銷的本質。

以戲劇來比擬服務

戲劇做爲一個理論上的隱喻，可以衍生許多對於服務行銷本質的分析與觀察。事實上，以戲劇來比擬服務，源自於人們將人類行爲比喻成演戲的說法－這是社會學中的一個思想學派「編劇法」（dramaturgy）的理論。（比較Brissett 及Edgley 1975; Burke 1968; Goffman 1959; Perinbanayagam 1974; Stone 1962）。因爲服務涉及服務組織與顧客之間的互動關係，而且，它是一種行爲，因此將服務行爲比擬爲戲劇似乎是合理的。在這個理論基礎之下，服務就是戲劇。

將人類行爲當作戲劇，將服務經驗描述成戲劇「表演」，由「演員們」在舞臺前方呈現令「觀眾」印象良好的表演。演員們在觀眾看不到的舞台後方進行「彩排」，最後的成果就是演員們的演出。而舞台後方也是策劃、設計、準備前台演出內容的地方。戲劇學認爲，社會互動定義的發展和維繫是以觀眾的投入和演員的表演爲基礎。相同地，在服務的生產過程中，服務經驗也經常需要顧客的參與。戲劇表演的過程可能非常脆弱，一個不經意的手勢或有疏失的動作都可能有損演出的完美性。相同地，就算是一些細節上的疏漏之處都可能破壞了服務給人的感覺。在以戲劇做爲人類行爲的隱喻及服務行銷經理人所關注的事物之間，還可以輕易地導出類似的想法。服務行銷與戲劇皆利用參與者來執行策略與技巧，以創造一個良好的印象給顧客。圖1.1呈現的是以戲劇比擬的服務在舞臺前方與後方的情況。

服務如戲劇

任何服務組織的主要目的都是創造服務後的正面反應。將服務視爲戲劇或許有助於此一目標的達成。整體來說，將服務比喻爲戲劇，對於掌握服務經驗的本質，可說非常具有說服力。根據定義，服務需要服務提供者與顧客之間彼此互動，不管是面對面的互動，或是以遠距離方式進行的互動（例如：收聽廣播或證券投資服務），服務組織

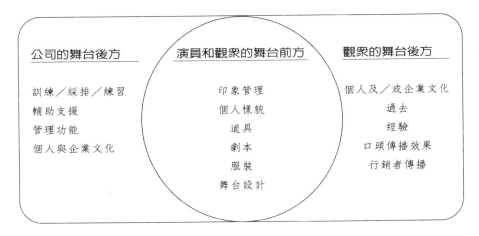

圖1.1 服務如戲劇

的目標與戲劇表演的目標是相同的－亦即創造一個令觀眾喜愛的整體印象。某些類型服務業的戲劇性特質特別明顯易見，不過所有類型的服務業多少都有戲劇的特質。舉例來說，人員處理（people processing）（Lovelock 1994）－例如航空公司或旅館的服務－高度涉及服務者與顧客間的互動，而且戲劇的特質亦相當明顯。然而，即使是擁有物處理（possession processing）、心智刺激處理（mental stimulus processing）或資訊處理（information processing）方面的服務—例如修車、教育或會計——戲劇的本質也是存在的。每一種服務型態都牽涉到服務組織在觀眾面前的「表演」，唯一的差異在於使用的戲劇機制各有不同。

如果主張服務就像戲劇，則必須透過時間的累積，才能對服務作出評量、理解和反應，就像在觀賞電影或舞台劇一樣，觀眾必須隨著情節的鋪陳與發展，才能了解劇情。許多標誌、符號和動作都是服務經驗中的一部分，而且都被賦予意義。因此，服務並不只是像戲劇，他們本身就是戲劇。就如莎士比亞（1600/1954）所說，「世界是一座舞臺，所有的男男女女都是演員。」，在這樣的論點之下，服務只不過是演員們在舞台上的一種表演型態。

服務行銷組合

多年以來人們就有所體會，傳統的行銷組合（McCarthy 1960）－即組織在進行行銷活動時的基本工具—並無法全然適用於服務商品在行銷時的特殊狀況。因此，服務研究文獻納入了人們耳熟能詳的行銷「4P」，包括服務參與者（participants）、實體證據（physical evidence）、和服務生產過程（process of service assembly）等（Boom及 Bitner 1981）。除了所有行銷工作都必須考量的產品、價格、通路和促銷問題以外，服務業者還必須管理服務人員和顧客，他們都涉入

了服務經驗、實體環境、以及創造服務與傳遞服務的過程。新的3P
組合和戲劇生產中的構成要素之間也有類比關係。在服務行銷組合中
的參與者元素，可比擬為戲劇中的演員和觀眾，實體環境對應的即為
場景，而服務生產過程則可視為舞台前的表演。

從服務行銷組合引申出來的四個策略性的戲劇元素，組成了服務
經驗：

1. 演員（服務人員）：其存在與動作定義了服務
2. 觀眾（顧客）：服務的對象
3. 場景（環境）：服務過程發生的地點，
4. 服務演出本身（形塑顧客經驗的行動）

整體的戲劇生產（或被傳遞的服務）是演員及其角色演出、表演
的場景、觀眾、及觀眾涉入行為之下的產物。這些元素以不同的方式
組合以後可以創造出不同的戲碼，同樣地，以特定的方式組合服務人
員、顧客、實體環境、以及服務生產過程等元素，就定義了服務經
驗。舉例來說，一家高價位的餐廳相當講究設計、裝潢和氣氛；演員
的角色和服裝；服務劇本的發展和演出前的綵排；小心地選擇及引導
有鑑賞力的顧客—凡此種種都是為了創造高級而豪華的服務經驗。相
反地，低價位而不修邊幅的餐廳就不費力強調各種元素，以便節省成
本。這些戲劇表現是為不同品味的觀眾而設計。不同服務組織的經理
人可能強調不同的戲劇成分，以建立某個特定的形象。舉例來說，以
前在醫院為孕婦接生的過程，完全由醫師掌握，小孩的父親並不會在
場陪伴；然而，今天的女性可能以自然分娩的方式生產，醫院的「產
房」設計充滿家中的氣氛，而父親在生產過程中也在場協助。

演員

服務人員的外表、技巧和投入程度,決定性地影響顧客對服務的印象,就像在舞台上,演員的專業度會對演出好壞造成極大影響。扮演服務人員角色的演員是否能夠勝任,涉及各種因素,例如反應能力、態度、知識、可信賴度和溝通才能等,這些都是決定服務品質的重要因素(Parasuraman, Zeithaml, 及 Berry 1985)。演員投入程度的高低,端視其在充滿壓力的狀況下是否依然堅持呈現良好的表演形象,同時也視其如何察覺、回應觀眾之特殊需求。在高度接觸的的服務中(如髮型設計沙龍或牙醫診所),服務人員的儀表與態度代表了員工的形象,最終並且將傳達組織的形象。在服務人員具有高決策權的行業中(如教育或醫療服務業),觀眾會更加仔細觀察演員的儀表、熟練度及投入度。在這些情況下,演員就是對顧客的服務。在演員的重要性較不明顯的行業中—例如前述之擁有物或資訊處理的服務業—服務組織可以強調服務生產中演員的角色,使公司更具有競爭力。

觀眾

在許多情況下,服務發生時,顧客必親自在場(如髮型設計)。有些時候顧客則必須提供資訊,幫助公司創造所需之服務(型錄零售)。除此以外,當組織傳遞服務時,許多顧客經常共享服務場景。這種情形很類似觀眾同時存在於劇院中,也很像觀眾參與了舞台的演出。正如一名觀眾可能影響另一位觀賞演出者的愉悅感,一個顧客的行為也可能影響另一位顧客的服務經驗。某些顧客不守秩序或破壞規定,可能會破壞整個服務的演出。為了預防這種情形的發生,有必要針對服務參與者的期望,對顧客加以教育。不論是學習如何正確地使用詢問台的服務，或給律師精確的狀況描述，或尊重服務場景中其他在場者的權利義務，觀眾在服務生產過程中扮演中樞的角色，特別是在高度個人化的服務型態中（如醫療服務、保險和財務顧問），觀眾的角色更是舉足輕重。

若公司能有技巧地管理顧客參與及顧客之間的互動情形，將可以改善顧客對服務的看法。在劇院中，有鑑賞力的觀眾群是由了解表演本質的個體所組成，因此有助於促進演出的成功性；這亦適用於服務的傳遞。因此，必須告知顧客自己在服務劇本中的角色，並且了解身為顧客應該具備的特質。此外，在顧客共享的場景（如旅館）中，應該將屬性不相容的顧客群（如度假中的家庭和參加會議的商業人士）加以區隔。這樣一來，不但可以防止彼此間的干擾，還能提升雙方的愉悅度。顯然，當不相容的顧客群數量越多時，服務情境的複雜性就會越高。

場景

服務的實體環境可說是戲劇表演中的場景。在劇院中，場景可以幫助建構觀眾所觀賞的故事，服務場景也有類似的功能。一般來說，服務場景包括演員和觀眾在服務互動時週遭的各種事物，其設計可以實質地改變顧客對服務的觀感，並且影響服務演出的本質。正如戲劇舞臺仰賴佈景、道具和其他物理性信號來建立適當的形象一樣，服務也使用了大量的輔助工具以達到這個目的。相關設備的外觀和擺設可能影響舞臺的演出。在服務場景的佈置上，環境的色彩及明亮度、聲音大小及音調則可能會影響服務所呈現的特性。在一齣戲裡，空氣的香味、溫度、流動與新鮮度、空間的利用方式、陳設品的風格、場景的設計和乾淨與否，以及任何製造「氣氛」（比較 Bitner 1992）的事物都會影響服務經驗。以上所提皆為塑造服務真實（service's reality）

的有形信號。公司若能審慎規劃各種場景設備,將能有效地傳遞關於服務的重要訊息給觀眾。場景設計可以告訴顧客服務的形式是正式或非正式、好玩或嚴肅、豪華或低廉以及私人或公眾等。這些場景也會透過它的擺設、裝飾或相關設備來提升或阻礙服務的表現。服務組織若可以在這方面加以注意,可以促進服務傳遞的效果和速度,提升演員和觀眾的經驗。

由於服務環境能彰顯服務的本質(如殷勤款待的服務或餐廳),越顯出場景的重要性。場景組成元素的重要性可能會隨著產生服務經驗的地點而增加。當然,服務場景的範圍很廣,不應單單將之視為「一個地方」。有些服務是遠距離的傳送,所以場景是在遠處(Bitner 1992)或以不同的形式出現。服務業者可以從場景設計的各種角度來有效地呈現服務。舉例來說,與顧客在電話中的互動,電子菜單、等候時間、服務人員的台詞、聲音的語氣和親切度都是服務場景的決定要素。相同的,在網路上傳遞服務時,網頁內容、圖文設計、使用方便性及相關連結想當然耳構成了場景的特性。場景的設計除了採取專家意見或考量操作效率以外,更應該考慮鎖定之目標觀眾群的喜好。有效地利用實體環境之規劃,可以達到各種不同的行銷目標,包括新想法的溝通、目標市場的重新定位或吸引新市場等。

表演

要演出令人信賴的服務,演員與場景間的配合,以及觀眾適當地參與演出皆是不可或缺的條件。由於服務是一種過程,服務的定義是透過不斷融合的各種服務特性而顯現,每單一特性都促成了服務演出予人的整體印象。如果這些特性之間協調良好,則表演將流暢順利;然而,如果彼此之間不能相容或配合,隨之而來的就是不良的服務表現。一齣戲雖然有出色的場景,但是演員的演技很差,可能還是難逃失敗的命運；相反地，在差勁的舞臺設計下，演員再賣力的演出恐怕還是枉然。在演出中，如果演員的態度、動作與外表以及實體環境的各種標誌，都具有一致性，將可以清楚地定義一項服務。進一步來說，為了確保服務演出的品質，認清顧客的需求是絕對必要的。演員須掌控和適應顧客的反應；包括服務演員是否願意或有能力察覺觀眾的滿意度，並且據此調整他們演出的角色。不管是調整服務環境或改變腳本以回應顧客的需要，這些改變反映了服務演出的適應性，以及各組成元素之間有協調配合的必要。

不同種類服務的調整

並非所有的服務皆相同。有些服務由人所傳遞（如髮型設計或金融顧問），有些則由設備傳遞（如貨物運輸或電信業），更或者綜合兩者（如航空業服務或餐廳）。另外，某些服務中的服務提供者與顧客間有很多互動（如牙醫或身體治療），有些則互動較少（如公用事業或電信業）。前者被稱為高度接觸服務（high-contact services），後者則為低度接觸服務（low-contact services）。除此之外，有些服務地點在顧客的住家（如草坪維護），但是有些則發生在服務組織所在處（如旅館或汽車修理）。雖然還有其他方法可以用來區分服務（cf. Lovelock 1983），但是每一種區分方式會使得對於不同服務演出的需求產生不同的組合。舉例來說，高度接觸的服務型態需格外注意服務演員的訓練和角色配置；但是發生在公司的服務則特別需要體貼的服務場景設計。

一般的服務分類著重於服務的有形性和服務接受者的本質（Lovelock 1983, 1994）。精確地說，服務可以像製造業一樣被描述為有形的過程，也可以說服務是無形的。服務的接受者可能為人或物。

這兩種區別方式可以產生四種不同的類別組合。人員處理的服務
（people processing services）發生在服務提供者和顧客有親近接觸的情
況下，或者是人們肢體間產生有形接觸（例如：寄宿或醫療）。在這
種服務型態中，各種有關場景、演員及表演的特色與元素組成了這些
服務，所以有許多機會可以對觀眾（即顧客）的印象進行管理。由於
許多人員處理的服務會同時服務多名顧客（如航空服務或餐廳），其
他顧客的數量、行為或態度可能會影響服務的傳遞與表現。

　　第二個類別是心智刺激處理服務（mental stimulus processing
services）是為了人類心智上的需求所提供的服務（如廣播娛樂或教
育）。和人員處理服務相較之下，這種型態的服務所需要的觀眾接觸
少了很多。因此，這些服務在場景或演員各方面的組成元素比較少。
舉例來說，在管理顧問或行銷研究業，顧客甚至不需與服務提供者直
接接觸，這也減低了戲劇元素的重要性。然而，情況並非總是一成不
變。在類似電影院或教室的服務場景中，比較類似人員處理的服務
業，因此，場景、演員角色及觀眾的各種特性皆須加以考慮。

　　第三個類別是擁有物處理服務（possession processing services），
指對實體物品進行有形的服務（如搬運家具或修護器具）。在這些服
務型態中，場景可以是顧客的居所（如美化環境的服務），也可能在
服務提供者所在地（如自動化服務）。然而，不管是哪一種情況，顧
客都不大可能花很多時間觀察服務表現，通常只會注意服務的結果。
顧客與提供服務者之間的真實互動也會受限制。有限的場景和演員台
詞的重要性可能逐漸增加，因為它們將負責建立觀眾對演出的印象。
舉例來說，觀眾涉入的程度可能比生產服務所需的器材還多，也可能
只有短短的接觸片段，但是這些經驗都會被用來評估服務的完美性。
擁有物處理服務的傳遞對象通常不是大量的觀眾，因此其他觀眾的影
響在這類服務中比較不顯著。

　　第四種類別（也是最後一種）是資訊處理服務（information

processing service）。這些服務是指對無形事物進行無形的動作（如財務或資料處理服務）。一般說來，資訊處理服務與服務提供者的接觸最少。事實上，在某些情況下，除了交易初期，顧客與服務提供者之間甚至毋須直接有所接觸。如前所討論，缺乏接觸會增加服務演員或場景的重要性，因為這些要素將加深觀眾對服務演出的印象。為了分辨服務的本質和品質，在戲劇表演中，即使一些看來不起眼的小細節都可能有其重要性。因此，在書信溝通時拼錯名字、粗心大意、不小心作出粗魯舉止等，都可能會損害服務的演出。顯然，資訊處理的服務連一點小地方都禁不起疏失。表1.1歸納這些服務類別的概要並以戲劇觀點詮釋之。

管理準則

　　以戲劇比擬服務，可以提供經理人一個架構，以結合所有在服務中的互動元素。如同原本行銷組合中的隱喻一樣，戲劇模式的啓發在於，可以將各種成分以最恰當的方式加以融合，以達成不同的目標。此外，服務的戲劇隱喻可以作為企劃、協調、和執行特定服務的工具。在Kingman-Brundage等人的「藍圖」中也運用了服務的戲劇隱喻（Kingman-Brundage 1989; Shostack 1984a, 1984b, 1987），提供經理人一些管理上的參考準則：（一）關於地點所強調的不同服務元素（如低度接觸的服務應該強調「場景」，以改善顧客對服務品質的觀感）；（二）在招募、選擇、訓練及控制服務員工上所投注的心力（如高度接觸服務需要演技較好的演員）；和（三）顧客期望對服務品質的影響（如要求高品質的顧客會使公司必須更加注意服務傳遞的細節）。

　　從服務的戲劇隱喻可以發展出幾個管理上的準則，分別適用於演

表1.1　不同服務型態的戲劇性思考

服務特性	服務實例	戲劇意涵
人員處理的服務：針對人們的身體所作的有形動作	航空公司、飯店、餐廳/酒吧、髮型設計服務、健身中心	演員和觀眾有親近的接觸。場景和前台表演對顧客的評估有顯著影響。其中場景包括設計、裝潢、氣氛及演員的外表和舉止。道具、戲服和台詞也很重要。觀眾中也有一些人共享場景，並且彼此影響服務經驗以及對服務表現的整體評估。
心智刺激處理的服務：針對人們的心智所做的無形動作	管理顧問公司、醫療諮詢、教育、娛樂、電話語音服務	在觀眾和演員同時出現的情況下，有些人員處理的服務也可以應用在這個類別的服務中。如果服務發生的地點比較遠，例如透過電話提供的醫療或管理諮詢服務，觀眾之間沒有互動，而演員的外表或/演出較為次要。整體來說，這類服務並不容易以有形的方式呈現；換句話說，這一類服務管理顧客印象的做為較少。
擁有物處理的服務：針對有形物品的有形動作	建築物管理、零售服務、汽車維修服務、房屋仲介服務、庭園景觀服務	服務場景可能在組織或顧客的地方。演員和觀眾之間的接觸只限於從服務開始到結束為止，服務也不一定需要觀眾在場。因為服務動作和服務接收者是有形的，演出的結果通常很明顯，而且可以此為標準來評估演出的優劣。
資訊處理的服務：針對無形資產的無形動作	會計、金融及財務服務、保險服務、法律服務、電腦軟體服務	演員和觀眾之間的接觸極少。因為動作和接受者是無形的，服務的過程對評估比較不重要。大多時候，服務發生時顧客不會在場。在這種情況下，結果比過程重要，即使結果難以評估。

資料來源：摘錄自 Lovolock（1994）。

員和觀眾、場景和演出。表1.2提供了一個範本。

演員和觀眾

　　演員和觀眾的選擇、以及決定何種演員適合為何種觀眾演出，是非常重要的。有些服務公司，如迪士尼和Rits Carlton，在雇用與顧客接觸的員工時，有一套明確的標準。就像劇碼在配置角色時，必須先試角，相同地，目標市場的選擇應該考慮觀眾的類型。換句話說，應該選擇彼此相容的演員和觀眾。日常性的服務演出可以有一套仔細的腳本，對於需要高度顧客個人化的環節，可以多準備幾套腳本，以對應各種狀況以及不同觀眾的需求。訓練和排演在戲劇作品的生產過程

表1.2　以戲劇比擬服務的行銷檢核表

戲劇成分	每個成分的特色	印象效果（每個組成成分的特色以及交互作用後所予人的印象）
參與者：演員和觀眾	*參與者的概況 *參與者的角色 *參與者之間的互動關係 *演員的腳本 *後台成員的角色	
實體環境：場景	*需要哪些道具 *戲服	
服務的過程：表演	*場景或演出 *場景與演出呈現的效果 *「幕間休息」的本質	

中很重要。對於有一個以上演員存在的場景，或舞台前方與後方彼此高度互賴時，所有演員、角色與台詞的同步化，對服務而言很重要。對新手的實務訓練應該在不傷害服務演出的情況下進行，最好由有經驗的演員搭配新人來學習。

場景

在規劃前台與後台時，必須小心地決定希望觀眾可以看到哪些事物。哪些實體信號要置於舞台前方以呈現在觀眾面前，以建立特定的形象？以及又有哪些信號要隱藏在後台？兩者之間必須達到均衡。這些信號可以從人類的五種知覺來評估，即視覺、聽覺、觸覺、嗅覺和味覺。演員的戲服（如服務人員的制服）和道具（如公司的交通工具和設備、音樂、家俱或等候區的雜誌）創造了服務的形象。在進行大規模的投資之前，可以先以概念或實驗來測試顧客的反應，以檢視場景中的各項元素的組成是否恰當。

結論

將戲劇隱喻和戲劇架構運用在服務經驗的探討上，可以有效地結合Booms and Bitner的「新3P」概念（1981）。「參與者」被比喻為戲劇中的演員和觀眾，「實體環境」被比喻成場景，而「服務生產過程」則好比表演。將服務比擬為一齣戲，說明服務組織、顧客、員工及實體環境之間所存在的隱性與顯性關係，可以引導出許多服務業行銷的課題。由於運用了隱喻，以戲劇觀點描述服務除了促進溝通以外，更有利我們於對週遭現象的解析，並且發展出值得研究的議題。

對於許多人來說，戲劇隱喻的言下之意可能意味著服務只是表面的「演出」行為。許多服務人員盡本分地將「祝您有美好的一天」掛在嘴邊，似乎只是虛情假意。讓顧客相信演出的真實性是很重要的，如果顧客認為公司只會作「表面功夫」（false front），他們可能很快就不再光顧。服務行銷者必須體認，演員的誠意和演出的可靠性非常重要。

　　戲劇隱喻對服務可能還有另一個有害的意涵，即「罐裝」表演（canner performance）。許多戲劇的情節發展受制於刻版的腳本，可能使產品給人一種制式的印象。經理人應該體認到變通的必要性，並且設法讓服務經驗具有最大的適應能力。服務組織應該致力於保持「服務價值」（ethic of service），而非只注重「服務效率」（ethic of efficiency）（Schneider and Bowen 1984）。在可能的情況下，服務人員應該因應顧客需求而調整演出，不應緊咬著「一成不變的劇本」。服務經理人必須體認到服務場合的正確拿捏。荒誕不經或粗俗的表演可能使消費者產生非常負面的反應，甚至「提早離席」。迷人、討喜或精緻的演出則可能應觀眾要求而「加演場次」。簡單的說，服務的演出必須根據服務觀眾的品味來量身訂做。

參考書目

Arndt, Johan (1985), "On Making Marketing Science More Scientific: Role of Orientations, Paradigms, Metaphors and Puzzle Solving," *Journal of Marketing*, 49 (Summer), 11-23.

Bitner, Mary Jo (1992), "Servicescapes: The Impact of Physical Surroundings on Consumers and Employees," *Journal of Marketing*, 56 (April), 57-71.

Booms, Bernard H. and Mary Jo Bitner (1981), "Marketing Strategies and Organizational Structures for Service Firms," in *Marketing of Services*, James H. Donnelly and William R. George, eds. Chicago: American Marketing Association, 47-51.

Brissett, Dennis and Charles Edgley (1975), *Life as Theatre: A Dramaturgical Sourcebook*. Chicago: Aldine.

Brown, Richard H. (1977), *A Poetic for Sociology*. Cambridge, UK: Cambridge University Press.

Burke, Kenneth (1968), "Dramatism," in *International Encyclopedia of the Social Sciences*, Vol. 7. New York: Macmillan, 445-52.

Clancy, John J. (1989), *The Invisible Powers: The Language of Business*. Lexington, MA: Lexington Books.

Fisk, Raymond P. and Stephen J. Grove (1996), "Applications of Impression Management and the Drama Metaphor in Marketing," *European Journal of Marketing*, 30(9), 6-12.

Goffman, Erving (1959), *The Presentation of Self in Everyday Life*. New York: Doubleday and Co.

Goodwin, Cathy, Stephen J. Grove, and Raymond P. Fisk (1996), "Collaring the Cheshire Cat: Evaluating Service Experience Through Metaphor," *Services Industries Journal*, 16 (October), 421-42.

Grove, Stephen J. and Raymond P. Fisk (1983), "The Dramaturgy of Services Exchanges: An Analytical Framework for Services Marketing," in *Emerging Perspectives on Services Marketing*, Leonard L. Berry, G. Lynn Shostack, and Gregory D. Upah, eds. Chicago: American Marketing Association, 45-49.

—— and —— (1989), "Impression Management in Services Marketing: A Dramaturgical Perspective," in *Impression Management in the Organization*, Robert A. Giacalone and Paul Rosenfeld, eds. Hillsdale, NJ: Lawrence Erlbaum Associates, 427-38.

—— and —— (1991), "The Theatrical Framework of Service Encounters: A Metaphorical Analysis," in *1991 AMA Educators' Conference Proceedings*, Mary C. Gilly et al., eds. Chicago: American Marketing Association, 315-17.

—— and —— (1992), "The Service Experience as Theater," in *Advances in Consumer Research*, John E. Sherry, Jr. and Brian Sternthal, eds. Provo, UT: Association for Consumer Research, 455-61.

—— and —— (1995), "Service Performances as Drama: Quality Implications and Measurement," in *Managing Service Quality*, Paul Kunst and Jos Lemmink, eds. Maastricht, The Netherlands: Van Gorcum, Assen/Maastricht, 107-19.

——, ——, and Mary Jo Bitner (1992), "Dramatizing the Service Experience: A Managerial Approach," in *Advances in Services Marketing and Management: Research and Practice*, Teresa A. Swartz, Stephen W. Brown, and David E. Bowen, eds. Greenwich, CT: JAI, 91-121.

——, ——, and Michael J. Dorsch (1998), "Assessing the Theatrical Components of the Service Encounter: A Cluster Analysis Examination," *Services Industries Journal*, 18 (July), 116-34.

Hunt, Shelby D. and Anil Menon (1995), "Metaphors and Competitive Advantage: Evaluating the

Use of Metaphors in Theories of Competitive Strategy," *Journal of Business Research*, 33 (June), 81-90.

Kingman-Brundage, Jane (1989), "The ABC's of Service System Blueprinting," in *Designing a Winning Service Strategy*, Mary Jo Bitner and Lawrence A. Crosby, eds. Chicago: American Marketing Association, 30-33.

Leary, David E. (1990), "Psyche's Muse: The Role of Metaphor in the History of Psychology," in *Metaphors in the History of Psychology* (Cambridge Studies in the History of Psychology), David E. Leary, ed. Cambridge, UK: Cambridge University Press, 1-78.

Lovelock, Christopher H. (1983), "Classifying Services to Gain Strategic Insights," *Journal of Marketing*, 47 (Summer), 9-20.

—— (1994), *Product Plus: How Product+Service=Competitive Advantage*. New York: McGraw-Hill.

McCarthy, E. Jerome (1960), *Basic Marketing: A Managerial Approach*. Homewood, IL: Richard D. Irwin.

Morgan, Gareth (1980), "Paradigms, Metaphors, and Puzzle Solving in Organizational Theory," *Administrative Science Quarterly*, 25 (December), 605-22.

Nisbet, Robert A. (1969), *Social Change and History*. London: Oxford University Press.

Ortony, Andrew (1975), "Why Metaphors Are Necessary and Not Just Nice," *Educational Theory*, 25(1), 45-53.

Parasuraman, A., Valarie A. Zeithaml, and Leonard L. Berry (1985), "A Conceptual Model of Service Quality and Its Implications for Future Research," *Journal of Marketing*, 49 (Fall), 41-50.

Perinbanayagam, R. S. (1974), "The Definition of the Situation: An Analysis of the Ethnomethodological and Dramaturgical View," *The Sociological Quarterly*, 15 (Autumn), 521-41.

Schneider, Benjamin and David E. Bowen (1984), "New Services Design, Development and Implementation and the Employee," in *Developing New Services*, William R. George and Claudia E. Marshall, eds. Chicago: American Marketing Association, 82-101.

Shakespeare, William [1600] (1954), *As You Like It*. S. C. Burchell, ed. New Haven, CT: Yale University Press.

Shostack, G. Lynn (1984a), "Designing Services That Deliver," *Harvard Business Review*, 62 (January-February), 133-39.

—— (1984b), "A Framework for Services Marketing," in *Marketing Theory: Distinguished Contributions*, Stephen W. Brown and Raymond P. Fisk, eds. New York: John Wiley and Sons, 250-61.

—— (1987), "Service Positioning Through Structural Change," *Journal of Marketing*, 51 (January), 34-43.

Stern, Barbara (1988), "Medieval Allegory: Roots of Advertising Strategy for the Mass Market," *Journal of Marketing*, 52 (July), 84-94.

Stone, Gregory P. (1962), "Appearance and the Self," in *Human Behavior and Social Process*, Arnold Rose, ed. Boston: Houghton-Mifflin, 86-117.

Zaltman, Gerald, Karen LeMasters, and Michael Heffring (1982), *Theory Construction in Marketing: Some Thoughts on Thinking*. New York: John Wiley & Sons.

Zikmund, William G. (1982), "Metaphors as Methodology," in *Proceedings of the 1982 Winter Educators' Conference*, Ronald F. Busch and Shelby D. Hunt, eds. Chicago: American Marketing Association, 75-77.

第2章

服務場景

Mary Jo Bitner

　　服務場景（servicescape），或者也可說是產生服務的環境，對於形塑顧客期望、區別公司品牌、達成顧客與員工目標及影響顧客消費經驗來說，扮演關鍵性角色（Bitner 1992；Sherry 1998a）。從吸引顧客目光到提昇雙方關係，服務場景對於行銷的衝擊力不容小覷。然而，在行銷學的各種知識中，不管是在理論或實務上，對於服務場景的討論仍有待加強。

　　本章的目的可分述如下。首先，我們定義何謂「服務場景」，並將之與行銷學中的其他概念清楚劃分；其次，舉例說明行銷事件與服務場景的關係；接著我將總結近年來行銷理論的研究成果，藉此說明服務場景的影響力；最後，本章將提出一個有助於經理人以服務觀點執行行銷政策的整合性架構。

什麼是服務場景？

人們在從事服務行為時所建構的環境，就是服務場景（servicescape, Bitner 1992）。這個定義起初係針對具體可見的物理環境（physical environment）而提出，但是因為處於物質空間的人們也會影響物理環境，因此抽象層次的社會環境（social environment），也應納入廣義的服務場景定義中（Baker, Grewal & Parasuraman 1994；Baker, Levy & Grewal 1992）。雖然我們還能更廣泛地將服務場景的概念擴張到自然、文化、政治等環境，但這已超出目前我們所探討的範疇，故暫不討論。本章的行銷實務所指涉的服務場景概念，係指當事者在消費經驗、行為或接觸中，最直覺感受到的物理環境與社會環境。

服務場景與行銷實務

在這個部分，我們將服務場景與相關的概念在行銷實務領域裡結合，包括服務場景對達成顧客目標的影響、以及它在包裝服務行為、建立服務特殊性、展現社會化功能上的角色，我們也將探討究竟它可能對顧客或員工產生了哪些作用。

達成顧客目標

傳統行銷模式關注的重點是「如何吸引更多顧客上門消費」，相較之下，現代行銷的目標則更加廣泛，包括增加顧客滿意度、與顧客

建立關係、提升顧客層次以獲取更多利潤等（Webster 1992），圖2.1
的金字塔說明了這些目標之間的層次關係。新的行銷觀念往往以金字
塔頂層為目標，從底層的鎖定正確顧客族群出發，循序發展各層次的
顧客關係。

　　服務在金字塔的每一個層次都會發生影響力，良好的服務場景設
計將令顧客萌生使用服務設施的慾望；標示、顏色、聲音、味道等因
素，可以引領顧客進入某種氛圍之中，有助於影響、塑造顧客的消費
經驗與滿意程度。在某些情況下，服務場景可以決定公司是否留得住
顧客，並且在未來繼續從事更多消費。表2.1以數種服務業為例，列
舉其物理環境與社會環境之組成要素。

　　我們特別將服務場景納入行銷的討論中，亦即肯定了服務場景的
重要性（Booms & Bitner 1981）。由於許多戲劇理論都深入地探討了

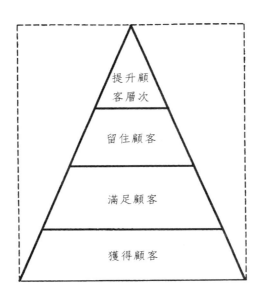

圖2.1　新的行銷觀念：顧客目標

表2.1　不同行業的服務場景組成

	物理環境	社會環境
醫院	醫院建築外觀 停車場 候診區 診療室 病房 醫療器材 復健室	護士 醫師 志工人員 其他病患 家人
航空公司	通道 飛機外觀 座艙座位、裝潢、空氣品質 材質 行李箱	飛行員 櫃臺服務人員 空服員 行李托運人員 其他旅客
運動比賽	停車場 運動場外觀 售票處 入口 座位 更衣室 貴賓席 運動場	售票人員 帶位員 貴賓席服務人員 運動員 其他觀眾
托育中心	建築物外觀 停車場 指示牌及區域規劃 器材 裝潢 空氣品質	教師 員工 父母親 其他小孩

關於空間與地點的複雜觀念（Grove, Fisk & Bitner 1992），在此我們只針對行銷層面，探討戲劇理論與物理環境概念之間的關係。Sherry（1998a）最近的一本書以數章的篇幅，進一步擴充服務場景的概念，

以主題式服務環境（Themed environments, Gottdiener 1998）、電子商務服務場景（Cybermarketscapes, Venkatesh 1998）、原始風格服務場景（Wilderness servicescapes, Arnould, Price & Tierney 1998）、隱密式服務場景（Private servicescapes, Grayson 1998）等分別探討服務場景的概念。

服務場景所扮演的角色

為了達成顧客目標，服務場景所扮演的角色是很多元化的（Zeithaml & Bitner 1996，第18章）。

包裝（Package）：和一般實體商品一樣，服務也透過服務場景的「包裝」呈現，也就是以外觀來傳達訊息，告知顧客服務內容為何。商品包裝是為了在顧客心中塑造特定的商品形象，進而激發顧客產生某些感官及情緒上的反應。服務的物理場景也必須透過複雜的刺激機制來達到這個目的，服務場景的外觀能塑造公司在顧客心中的初始印象，顧客則據此建立對服務內容的預期，包裝的概念甚至可以延伸到服務人員的儀表（例如制服）。

輔助品（Facilitator）：服務場景也是有利於完成服務的元素之一。服務場景的規劃設計是否良好會影響顧客及員工在從事服務行為時的流暢（如Titus & Everett 1996）。設計良好、功能性較強的服務場景，能使顧客在愉悅的情緒中消費服務，也會使服務人員樂於提供服務。相反地，不良而沒有效率的服務場景設計將會讓顧客和員工有挫折感。例如搭機出國的旅客，在標示不明、通風不良、座位不足或飲食不便的機場，無法享受滿意的服務經驗，機場的工作人員在這種環境中自然也提不起勁。

　　社會性功能（Socializer）：服務場景的設計還具有社會性功能，因為它會暗示著某些預期的角色、行為及關係。舉例來說，某個地中海渡假俱樂部一方面希望讓會員之間有互動的機會，並且暢通顧客與工作人員的接觸管道，另一方面又必須兼顧會員的隱私權，提供獨立活動的空間。因此，俱樂部必須透過刻意的規劃與設計，讓顧客知道自己與工作人員之間的關係、哪些區域是歡迎他們進入的、哪些區域只有員工可以使用，藉此顧客瞭解在此環境中的行為規範，進而表現出合宜的行為。因此，服務場景具有傳達組織文化之功能，能夠促進顧客和員工的社會化。

　　區隔功能（Differentiator）：透過具體環境的設計可以凸顯特色，與競爭者有所區別，使公司在市場區隔中做出清楚的自我定位。因此，如果公司企圖擴張市場佔有率—即吸引新的顧客群，可以試著調整、改造服務環境。在購物中心裡，從商店的標語、裝潢及擺飾的色調、甚至播放的音樂，都暗示著商店鎖定哪些顧客群。如果有一家法律服務公司位於狹窄巷弄裡的獨棟建築物一樓，和座落在市中心大樓某層的聯合律師事務所，兩者必有不同的特色與目標。實體服務環境的設計在同一組織的不同部門，也具有區隔的效果，這在旅館業裡尤其常見。例如一家大旅館通常會有很多不同的餐廳，提供顧客各式飲食選擇，在設計上就必須使不同餐廳間有明確的區分。實體服務設施也有區隔價格的功能，一般而言，較大的空間、較舒適的設施，價格會比較高，例如飛機的頭等艙座位有較大的空間，票價自然也會相對地提高。電影院近來也有這樣的發展趨勢，它們提供較大的螢幕、更舒適的座椅以及專屬的服務人員（新式貴賓室，"The New VIP Rooms" 1998）給顧客；願意以較高昂的價格獲得特殊服務的觀影者，也就有了更多的選擇。

除了顧客，別忘了員工

服務場景不僅影響顧客，也影響服務人員。某些服務環境對員工而言可能很好，但對顧客則不見得也有一樣正面效果，反之亦然。如果要同時考慮顧客與員工的立場，服務場景的問題可能變得更複雜（Bitner 1992）。服務場景會影響顧客與員工，相反地，就算顧客與員工只是被動地存在於服務場景中，也會對環境造成影響，更何況如果他們主動地移動、搬離、增加或損毀服務場景中的物品，整個服務環境更可能因此產生變化。

理論基礎及最近的相關研究

以上簡述服務場景與相關行銷概念的密切關係，藉此我們確認服務場景在實務行銷中確實具有重要性，接著我們將提出近期有關服務場景與行銷之理論與實務研究，至於較早期有關於行銷環境或行為的研究，請參考Bitner 1992。實際案例與理論的結合將有助於本章在最後提出一個修正的服務場景架構。

環境心理學觀點

目前我們對於服務場景的瞭解，係以環境心理學為基礎。環境心理學是一門橫跨心理學、社會學、建築、設計、社會地理學及城市研究等領域的廣泛學門（Bonnes & Secchiaroli 1995，Cassidy 1997），近來此學門的資料無論在理論典範或實務應用上，都呈現高度的多樣性（Saegret & Winkel 1990；Sundstrom等 1996），其中關於人類—環境

關係的理論典範，包括傳統心理學的「刺激—有機體—反應」架構以
及社會學和地理學的社會文化架構；而應用方面，大從城市、自然環
境，到組織環境（如監獄、學校）或居住、消費環境，都相當程度地
以環境心理學來作爲基礎。行銷研究與環境心理學的結合，反映了其
理論取向及方法論的多樣化。

行銷研究

　　在此一部分，我們將概述服務場景近年來的研究成果。基本上，
「服務場景」這個名詞首次出現在六年前我所寫的書上（Bitner
1992），該書促使了1998年《服務場景》一書的出版（John Sherry編
著，1998a）。該著作最大的貢獻在於它總結了有關於服務場景概念的
各種創新想法，並以多種方法論來檢視服務場景的主題，本章將陸續
引用該書的內容。

　　除了《服務場景》一書以外，在1992至1998年間，其他行銷、
管理、服務的研究報告亦相繼出版。綜觀這些出版品，大約可分成兩
種類型：其一是檢視環境對行銷及消費結果的影響，其二是建立、擴
充我們對於服務場景研究的理論及方法。然而比較可惜的是，這些行
銷研究並未明確地將服務場景對員工或員工與顧客互動所產生的影響
力融入研究架構當中。

環境面向的影響

　　1992年至1998年所做的行銷經驗研究，大多檢視單一／多元環
境對顧客的影響，例如顧客滿意度、顧客對於服務品質的評價、顧客
對於等候時間長短的感受及其情緒反應等。

　　音樂：有一些經驗研究探討顧客對於音樂的反應。Dube、

Chebat及Morin研究音樂是否有助於提高顧客愉悅度，並且促進顧客
與服務人員之間的親密度（1995）；Chebat，Gelinas-Chebat及
Filliatrault則以銀行為場景，研究顯示時間認知的視覺線索與銀行所
播放的音樂之間有何關連（1993）。Hui，Dube及Chebat則調查音樂
對於等候中的顧客造成何種影響（1997）。另有研究顯示，雖然音樂
本身對顧客在商店裡的停留時間或消費金額並無絕對影響，但是顧客
對於音樂的態度卻會潛移默化地影響他們所花的時間和金錢，
（Herrington & Capella 1996），Herrington和Capella（1994）還提供了
一個實際的研究來檢視背景音樂在零售商店中的影響力。

　　氣味：有一些實際案例的研究調查探討服務或零售商店的氣味對
顧客反應所產生的影響。Mitchell，Hahn及Knasko的研究顯示，商店
所散發出來的氣味如果符合主要顧客階層的品味（1995），的確會影
響顧客的消費決定。另外，Spangenberg，Crowley和Henderson也探
討商店是否散發氣味及其氣味濃度對顧客停留時間與其消費行為的影
響（1996）。

　　設施與商品擺設：部分研究針對商店設施和擺設方式對顧客的影
響從事探討。Sulek，Lind和Marucheck的實驗結果顯示，同樣是食
品零售業，三種不同的擺設方式對顧客滿意度和商店營業績效分別產
生不同的作用（1995）。Titus和Everett的報告則是以一家大型超商為
場景，研究顧客在複雜的商品環境中搜尋物品的行為（1996）。Yoo
Park和MacInnis以韓國兩家大型百貨公司為研究對象，結果證明商店
設施及擺設方式的確會影響顧客的情緒反應（1998）。

　　多元構面：上述各項研究分別檢視單一層面的物理環境（如音
樂、氣味或商品擺設）對顧客感受或行為的影響；不過相關研究也不
乏對於多元環境構面的探討，如Bake與Cameron提出一個模式說明燈

光、溫度、音樂、色調、設備、擺設、員工、等候時間及顧客間的互動等,對顧客所造成的影響,不過,此一模式之效度仍需再做進一步的確認(1996)。Baker,Greway和Parasuraman較早期的研究(1994),曾經以零售商店的周遭環境、設計方式、社會化情況等為操弄變項,研究顧客對購物品質、服務品質及商店形象的感覺,結果顯示周圍環境和社會化因素明顯地影響了顧客對品質的感知,而商品擺設則未證明具有重大差異性。另一個由Baker,Levy與Grewal(1992)進行的實驗則發現,在錄影帶租售店裡,周遭環境和社會化因素(以及兩者間的交互作用)會影響顧客消費經驗的愉悅度,同時也刺激了顧客的消費慾望。此外,Sherman,Mathur和Smith也曾於1997年做過多元環境構面對顧客愉悅度及消費行為之影響的研究。

Wakefield與Blodgett研究休閒服務業(如學校足球、棒球聯盟或娛樂場)的設計對顧客之服務品質感受的影響(1996)。隨後,他們更探討了這些感受對顧客滿意度及其再度消費意願產生何種效果。結果發現,倘若顧客對服務場景各面向感到滿意,的確會增強再度消費的意願。事實上,在更早之前,Wakefield與Blodgett(1994)也對足球場地及棒球場地的服務場景從事一項具有高度整合性的研究。

理論、方法論及評估方式的建立

以上的研究大多係以實驗方式探討各種環境構面對顧客行為及消費結果的影響,近年來有其他的研究則致力於發展服務場景理論,企圖找出另一套方法論,並建立適當而有效的評估方式,以豐富服務場景的內涵。

Aubert-Gamet以環境心理學為基礎並結合後現代觀點,提出她的看法(1997,1999)。她認為「環境」是身處於其中的居民所共同建立的。因此,在消費行為中,顧客有能力主動形塑他們的消費經驗;換句話說,環境雖然影響顧客,但同時顧客也能夠改變、詮釋並且建構環境，當然，顧客所採取的方式通常是難以預期的。Aubert-Gamet 的看法和環境心理學中的許多概念具有一致性，如交易脈絡（transactional-contextual）、生態學（ecological）及社會系統（socio-systemic）觀點等。

「相互關係的概念修正了傳統主客二元對立的觀點—特別是在人與環境的觀念上。人與環境之間的動態關係突顯了兩者並非各自獨立或呈現對立狀態，而是彼此交互依賴」（Bonnes & Secchiaroli 1995，第153頁）。隨著Boones和Secchiaroli這項論點的出現，後繼更衍生了許多以環境心理學為基礎、探討行銷互動過程的研究。

Bloch、Ridgway及Dawson在1994年以生態學及交互作用觀點探討服務場景、其中將顧客視為購物環境中的居住者，檢視顧客在購物中心的消費行為。該研究挪用了生態學的專有詞彙及概念，使讀者能夠以生態學的觀點來了解在購物中心的居民（亦即顧客）之活動模式。

Sherry在其所編著的《服務場景》一書中，曾以交易脈絡（transational-contextual）為觀點，並採取現象學研究方法，企圖瞭解消費場域中，顧客與環境之間的交互作用及動態關係（1998a）。例如 Creighton研究日本一家零售商Seed的環境，說明客戶在服務場景中的行為，與日本文化中的規範及時間觀有密切關聯（1998）。一方面，Seed將購物環境加以包裝，以塑造人們在商店中的行為模式；另一方面，這家商店也讓顧客主動創造其消費行為。同樣地，Sherry（1998b）研究芝加哥的耐吉城（Nike Town），發現耐吉城在塑造顧客行為的同時，也容許顧客自行詮釋、創造他們的行為與經驗。「耐吉城就像一個自成體系的古老城市，也許比其它建築更為明顯，它蘊含著一套自己的文化」（Sherry 1998b，第136頁）。耐吉城是娛樂零售業裡的一個例子，它是美國文化的縮影，就像Seed也反映了日本文化一樣。Otnes則對婚禮沙龍服務場景進行研究，同樣地，她也發現婚禮沙龍的服務設計會引導、鼓勵顧客表現某些行為，但是它也讓顧客能夠參與真實環境的創造，因此，理想婚禮儀式的塑造過程是由雙方共同參與的（1998）。《服務場景》中還有其它章節探討不同產業的顧客—環境交互作用，包括：美術館（Joy1998）、玩具店（Wallendorg, Lindsey-Mullikin & Pimentel 1998）、商品展（McAlexander & Schouten 1998）、電子商務服務環境（Venkatesh 1998）、原始服務場景（Arnould, Price & Tierney 1998）等。

Baker等人相當強調環境所呈現的社會學面向（Baker, Levy & Grewal 1992；Baker, Grewal & Parasuraman 1994），雖然這些研究並未聚焦在社會建構、互動、交互作用等觀點上，但他們的確將服務場景的概念從實體環境延伸到社會學層面。儘管這些研究提昇了我們對於服務場景的瞭解，但美中不足的是，迄今尚未有一套評估服務場景的標準，唯一的例外是Cronin等學者曾對十種產業從事研究，企圖從三種面向對服務場景的品質進行評量（Cronin，Hightower & Hult 1998；Hightower 1997）。這項研究結果提出了十一個項目，對周遭環境因素、設計因素、社會化因素作為評量項目，試著衡量這些因素是否能賦予顧客某些期望以及信賴感。

給經理人：一個整合性的服務場景架構

就管理的角度而言，服務場景的重要課題是：它的功能何在？如何設計服務場景，才能吸引更多顧客群？怎樣的服務場景才可以令顧客滿意並再度消費？公司組織應該投資多少成本在服務場景上？服務場景和其他的行銷策略（如促銷活動、員工訓練等）的成本比例要如何分配才恰當？根據過去所討論的議題及目前的研究成果，我們將在此提出一個整合性的架構，試著為上述的問題提出參考性的答案（見

圖2.2）。這個架構是Bitner在1992年提出，以下爲簡化後的內容（詳見Bitner 1992）。這個經過修正的架構將社會環境作爲探討服務場景的面向之一，同時也顯示了人類行爲和環境間的互動關係，這種互動關係並未明顯地呈現在前述的架構中，但在此則是整個架構的重點之一。

　　以下我們將簡要地討論三個有關管理服務場景的問題：什麼是經理人可以控制的？經理人必須要瞭解哪些事物？經理人希望得到什麼樣的結果？

經理人可以控制的事物

　　這個架構顯示服務場景的各種面向（包括物理環境及社會環境）會影響顧客及員工，所以有必要加以規劃並控制，就像對於行銷活動中的其他變項一樣。控制物理環境意味著要規劃宜人的消費氣氛、設

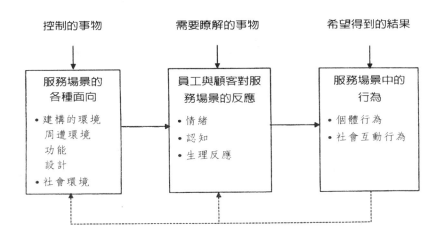

圖2.2　服務場景：給經理人的整合性架構

計功能性強的商品陳列方式，並且以裝潢或空間的規劃引導顧客做出某些行為反應。前述所提及的許多研究，目的即是希望藉由瞭解物理環境因素（如音樂、氣味、擺設方式）對顧客的影響，提供經理人參考的憑藉，結合自身的知識，以設計一個能夠有效地刺激顧客消費慾望的物理空間。

　　社會環境也會對顧客及員工造成衝擊。雖然和物理空間相較之下，控制社會環境的困難度較高，但在某個程度來說，仍舊值得一試。經理人可以對提供服務之管道加以控制，例如訓練服務人員的行為或整飾他們的儀表，建立一個理想的社會化服務環境；服務場景中的相關線索也能間接地引導顧客或員工表現出某些被預望的行為。

經理人要瞭解的事物

　　唯有瞭解員工與顧客對服務環境的反應，經理人才能成功地規劃服務場景的物理環境和社會化環境。他們的反應可分為以下三種：認知的、情緒的、生理的。從認知觀點來說，服務場景會影響人們對於商品、服務的看法，就這一點而言，服務場景已成為一種非語言的溝通工具—利用物品的存在，傳達環境的意涵。因此，瞭解顧客和員工如何解讀環境的意義，能使經理人更有效地評估服務場景的影響力（Baker 1998；Gottdiener 1998）。

　　研究顯示，顧客和員工的行為有時純粹受其情緒反應的影響。身處於某個環境或許帶來快樂、開懷或放鬆的感覺，換個環境可能就會令人覺得難過、焦慮或低落。物理及社會環境的成分對於顧客或員工行為的影響，有時只屬於潛意識層面、並不容易加以分析或解釋。

　　最後，服務場景會直接對顧客或員工的生理反應造成影響：過度的噪音令人不適；溫度過低使人顫抖，溫度過高時又不斷冒汗；空氣品質不佳會導致呼吸困難；光線過強會使視力不良，甚至造成眼睛腫痛。因此，瞭解服務場景中的物理現象及人體工學（ergonomic）之重要性不容輕忽。

經理人想要的結果

在著手設計、控制服務場景之前，經理人必須要弄清楚自己希望員工與顧客有何種行為表現？環境心理學家認為個體對環境的反應大約可分為兩種相反的態度，一是靠近，一是躲避。當個體對環境有正面的看法時，會有想要靠近、留在此環境以進一步探索或建立關係的慾望；相反地，當個體對環境有負面的看法時，則會產生遠離、躲避的念頭。

服務場景也會影響顧客和員工之目標導向（goal-directed）的行為。對顧客來說，設計良好的服務場景使他們可以順利找到自己想要的商品、以自己的方式進行消費、並且不至於浪費太多時間。對員工而言，妥善規劃的服務場景可以使他們工作過程更加流暢，因此也有助於生產力的提昇。

另外，服務場景還會影響物理空間中的社會化互動。空間會影響互動的時間及服務接觸的過程，環境裡的各項變因，如空間中的物理距離、座位安排、大小、彈性都將影響顧客與服務人員互動時的順序及過程。

交互的影響

圖2.2說明了顧客與員工並非永遠被動地受服務場景擺佈，事實上，他們也能對服務場景發揮影響力。身處於服務環境中，顧客或員工的一舉一動都會對空間造成影響，因此，他們有能力改變、修正、毀壞或重新安排服務場景的各個面向，改變服務場景本身所透露的意

義。這個架構中的交互作用循環概念，支持我們所提出的說法：服務
場景本身是動態的，身處其中的人們不斷地詮釋並且建構服務場景的
意義。

結論

本章採取經理人的角度來檢視服務場景，除了指出服務場景對行
銷研究的衝擊之外，也探討在服務經驗、交易或接觸中與當事者切身
相關的物理環境及社會環境。我們希望從這樣的觀點著手，能夠有助
於讀者掌握服務場景與其他行銷議題的關聯性，並且了解規劃服務場
景的多種可能性。

本章另一個目的是藉由總結近年來的相關研究，提供讀者最新的
服務場景知識。透過這些研究，雖然獲得許多有用的資訊，但不可否
認的，特別是從管理的角度來說，服務場景仍有許多懸而未解的議
題。儘管行銷研究的重要性已日漸受到重視，不過，相對於行銷中的
其他變項，服務場景仍舊是一片有待開發的土地。

最後，本章亦為經理人提出一個簡單的服務場景架構，希望有助
於經理人著手規劃與執行服務場景的設計，藉以達成期望的行銷與組
織之目標。

參考書目

Arnould, Eric J., Linda L. Price, and Patrick Tierney (1998), "The Wilderness Servicescape: An Ironic Commercial Landscape," in *Servicescapes: The Concept of Place in Contemporary Markets*, John F. Sherry, Jr., ed. Chicago: NTC/Contemporary Publishing Company, 403-38.

Aubert-Gamet, Veronique (1997), "Twisting Servicescapes: Diversion of the Physical Environment in a Re-appropriation Process," *International Journal of Service Industry Management*, 8(1), 26-41.

—— and Bernard Cova (1999), "Servicescapes: From Modern Non-Places to Postmodern Common Places," *Journal of Business Research*, 44, 37-45.

Baker, Julie (1998), "Examining the Informational Value of Store Environments," in *Servicescapes: The Concept of Place in Contemporary Markets*, John F. Sherry, Jr., ed. Chicago: NTC/Contemporary Publishing Company, 55-80.

—— and Michaelle Cameron (1996), "The Effects of the Service Environment on Affect and Consumer Perception of Waiting Time: An Integrative Review and Research Propositions," *Journal of the Academy of Marketing Science*, 24(4), 338-49.

——, Dhruv Grewal, and A. Parasuraman (1994), "The Influence of Store Environment on Quality Inferences and Store Image," *Journal of the Academy of Marketing Science*, 22(4), 328-39.

——, Michael Levy, and Dhruv Grewal (1992), "An Experimental Approach to Making Retail Store Environment Decisions," *Journal of Retailing*, 68(4), 445-60.

Bitner, Mary Jo (1992), "Servicescapes: The Impact of Physical Surroundings on Customers and Employees," *Journal of Marketing*, 56(2), 57-71.

Bloch, Peter H., Nancy M. Ridgway, and Scott A. Dawson (1994), "The Shopping Mall as Consumer Habitat," *Journal of Retailing*, 70(1), 23-42.

Bonnes, Mirilia and Gianfranco Secchiaroli (1995), *Environmental Psychology: A Psycho-social Introduction*. London: Sage.

Booms, Bernard H. and Mary Jo Bitner (1981), "Marketing Strategies and Organization Structures for Service Firms," in *Marketing of Services*, James H. Donnelly and William R. George, eds. Chicago: American Marketing Association, 47-51.

Cassidy, Tony (1997), *Environmental Psychology: Behaviour and Experience in Context*. East Sussex, UK: Psychology Press.

Chebat, Jean-Charles, Claire Gelinas-Chebat, and Pierre Filliatrault (1993), "Interactive Effects of Musical and Visual Cues on Time Perception: An Application to Waiting Lines in Banks," *Perceptual and Motor Skills*, 77, 995-1020.

Creighton, Millie (1998), "The Seed of Creative Lifestyle Shopping: Wrapping Consumerism in Japanese Store Layouts," in *Servicescapes: The Concept of Place in Contemporary Markets*, John F. Sherry, Jr., ed. Chicago: NTC/Contemporary Publishing Company, 199-228.

Cronin, J. Joseph, Jr., Roscoe Hightower, Jr., and G. Tomas M. Hult (1998), "PSSQ: Measuring Consumer Perceptions of the Servicescape," unpublished working paper, Florida State University.

Dubé, Laurette, Jean-Charles Chebat, and Sylvie Morin (1995), "The Effects of Background Music on Consumers' Desire to Affiliate in Buyer-Seller Interactions," *Psychology and Marketing*, 12(4), 305-19.

Gottdiener, M. (1998), "The Semiotics of Consumer Spaces: The Growing Importance of Themed Environments," in *Servicescapes: The Concept of Place in Contemporary Markets*, John F. Sherry, Jr., ed. Chicago: NTC/Contemporary Publishing Company, 29-54.

Grayson, Kent (1998), "Commercial Activity at Home: Managing the Private Servicescape," in *Servicescapes: The Concept of Place in Contemporary Markets*, John F. Sherry, Jr., ed. Chicago: NTC/Contemporary Publishing Company, 455-82.

Grove, Stephen J., Raymond P. Fisk, and Mary Jo Bitner (1992), "Dramatizing the Service Experience: A Managerial Approach," in *Advances in Services Marketing and Management: Research and Practice*, Vol. 1, Teresa A. Swartz, David E. Bowen, and Stephen W. Brown, eds. Greenwich, CT: JAI, 91-122.

Herrington, J. Duncan and Louis M. Capella (1994), "Practical Applications of Music in Service Settings," *Journal of Services Marketing*, 8(3), 50-65.

—— and —— (1996), "Effects of Music in Service Environments: A Field Study," *The Journal of Services Marketing*, 10(2), 26-41.

Hightower, Roscoe (1997), "Conceptualizing and Measuring the Impact of Servicescape on Service Encounter Outcomes," doctoral dissertation, Florida State University, Tallahassee, FL.

Hui, Michael K., Laurette Dubé, and Jean-Charles Chebat (1997), "The Impact of Music on Consumers' Reactions to Waiting for Services," *Journal of Retailing*, 73(1), 87-104.

Joy, Annamma (1998), "Framing Art: The Role of Galleries in the Circulation of Art," in *Servicescapes: The Concept of Place in Contemporary Markets*, John F. Sherry, Jr., ed. Chicago: NTC/Contemporary Publishing Company, 259-304.

McAlexander, James H. and John W. Schouten (1998), "Brandfests: Servicescapes for the Cultivation of Brand Equity," in *Servicescapes: The Concept of Place in Contemporary Markets*, John F. Sherry, Jr., ed. Chicago: NTC/Contemporary Publishing Company, 377-402.

Mitchell, Deborah J., Barbara E. Kahn, and Susan C. Knasko (1995), "There's Something in the Air: Effects of Congruent or Incongruent Ambient Odor on Consumer Decision Making," *Journal of Consumer Research*, 22 (September), 229-38.

"The New VIP Rooms" (1998), *The Wall Street Journal* (1998), December 11, W1.

Otnes, Cele (1998), " 'Friend of the Bride'—and Then Some: Roles of the Bridal Salon During Wedding Planning," in *Servicescapes: The Concept of Place in Contemporary Markets*, John F. Sherry, Jr., ed. Chicago: NTC/Contemporary Publishing Company, 229-58.

Rafaeli, Anat (1993), "Dress and Behavior of Customer Contact Employees: A Framework for Analysis," in *Advances in Services Marketing and Management*, Vol. 2, Teresa A. Swartz, David E. Bowen, and Stephen W. Brown, eds. Greenwich, CT: JAI, 175-212.

Saegert, Susan and Gary H. Winkel (1990), "Environmental Psychology," *Annual Review of Psychology*, 41, 441-77.

Sherman, Elaine, Anil Mathur, and Ruth Belk Smith (1997), "Store Environment and Consumer Purchase Behavior: Mediating Role of Consumer Emotions," *Psychology and Marketing*, 14(4), 361-78.

Sherry, John F., Jr. (1998a), *Servicescapes: The Concept of Place in Contemporary Markets*. Chicago: NTC/Contemporary Publishing Company.

—— (1998b), "The Soul of the Company Store: Nike Town Chicago and the Emplaced Brandscape," in *Servicescapes: The Concept of Place in Contemporary Markets*, John F. Sherry, Jr., ed. Chicago: NTC/Contemporary Publishing Company, 109-46.

Solomon, Michael R. (1998), "Dressing for the Part: The Role of Costume in the Staging of the Servicescape," in *Servicescapes: The Concept of Place in Contemporary Markets*, John F. Sherry, Jr., ed. Chicago: NTC/Contemporary Publishing Company, 81-108.

Spangenberg, Eric R., Ayn E. Crowley, and Pamela W. Henderson (1996), "Improving the Store Environment: Do Olfactory Cues Affect Evaluations and Behaviors," *Journal of Marketing*, 60 (April), 67-80.

Sulek, Joanne M., Mary R. Lind, and Ann S. Marucheck (1995), "The Impact of a Customer Service Intervention and Facility Design on Firm Performance," *Management Science*, 41(11), 1763-73.

Sundstrom, Eric, Paul A. Bell, Paul L. Busby, and Cheryl Asmus (1996), "Environmental Psychology 1989-1994," *Annual Review of Psychology*, 47, 485-512.

Titus, Philip A. and Peter B. Everett (1996), "Consumer Wayfinding Tasks, Strategies, and Errors: An Exploratory Field Study," *Psychology and Marketing*, 13(3), 265-90.

Venkatesh, Alladi (1998), "Cyberculture: Consumers and Cybermarketscapes," in *Servicescapes: The Concept of Place in Contemporary Markets*, John F. Sherry, Jr., ed. Chicago: NTC/Contemporary Publishing Company, 343-76.

Wakefield, Kirk L. and Jeffrey G. Blodgett (1994), "The Importance of Servicescapes in Leisure Service Settings," *Journal of Services Marketing*, 8(3), 66-76.

────── and ────── (1996), "The Effect of the Servicescape on Customers' Behavioral Intentions in Leisure Service Settings," *Journal of Services Marketing*, 10(6), 45-61.

Wallendorf, Melanie, Joan Lindsey-Mullikin, and Ron Pimentel (1998), "Gorilla Marketing: Customer Animation and Regional Embeddedness of a Toy Store Servicescape," in *Servicescapes: The Concept of Place in Contemporary Markets*, John F. Sherry, Jr., ed. Chicago: NTC/Contemporary Publishing Company, 151-98.

Webster, Frederick (1992), "The Changing Role of Marketing in the Corporation," *Journal of Marketing*, 56 (October), 1-17.

Yoo, Changjo, Jonghee Park, and Deborah J. MacInnis (1998), "Effects of Store Characteristics and In-Store Emotional Experiences on Store Attitude," *Journal of Business Research*, 42, 253-63.

Zeithaml, Valarie and Mary Jo Bitner (1996), *Services Marketing*. New York: McGraw-Hill.

第3章

服務行銷的印象管理[1]

Kent Grayson

David Shulman

　　在人類的語言中，不乏將日常生活的種種以戲劇表演術語來形容的例子。某個人表現得很好，我們會說他「適合扮演這個角色」（well-suited for the role）；某個人矯揉做作，我們說他「像是在演戲」（scripted）。在文學或戲劇中，常常以「戲劇性隱喻」（dramaturgical metaphor）來呈現人生百態，而戲劇性隱喻亦成為印象管理理論的基礎之一，正如莎士比亞的名言所說：「在世界這個大舞台上，所有的男男女女都是演員」，印象管理學者則認為，「人」在人生舞台上根據各種腳本，演出不同的角色。

　　這樣的譬喻雖已屢見不鮮，但以此作為學術研究的基礎究竟恰當與否，很多學者則持相當保留的態度。根據Messeinger、Sampson和Towne對精神病患者的研究發現，一般人並不會認為自己的所作所為是在演戲，反而精神病患較容易產生這種感覺（1962）。Wilshire與Deway都認為戲劇與人生的差異太大，並不適合拿來作為科學研究的理論基礎（Wilshire 1982；Deway 1969）。Deway並認為戲劇分析流於機械式，它與思想的歷史脈絡抽離，忽略了社會學與社會心理學層面的探討（第310頁）。

我們能夠認同這些批評的本質，因為將複雜的生活簡化成戲劇表演，不論在實務或理論上，都無法輕易地予以分類歸納。為了啟發創造性、譬喻性的思考，某個領域可能挪用另一個領域的專業語彙（Polanyi 1964），以促進人們對日常生活的瞭解（Burke 1945；Fernandez 1986）。然而，若僅止於片面性的描述（descriptive），而非透過深入的說明或思辨過程，這種挪用的手法不但缺乏精確的預測能力，在面對批判時更容易顯得不堪一擊。許多印象管理學者體認到「生活即戲劇」的比喻有其缺陷，遂轉而將研究落實在較為具體的目標上：建立一個分析架構，以探討檢視人們在社會互動中面對表象與現實間的不一致時，如何解決這些衝突與矛盾。以此為目標，行銷服務裡的印象管理便出現了較大的研究空間。

公司有賴於站在前線（front-line）的員工對顧客傳達產品及公司的形象。然而由於服務人員與生俱來的個性與能力各有不同，在演出服務的劇碼時，常常與自己的真實面貌產生衝突。舉例而言，一個服務人員若想要善盡職責，可能意謂著他必須欺騙顧客，才能扮演好他的角色，例如在感到挫折的時候仍須面帶微笑、允應顧客一些根本做不到的承諾、對所有顧客都要表現出關懷與依順的模樣等。

在服務關係的另一端—即是顧客，可能會覺得服務人員只是公司花錢僱用來演出服務戲碼的人。當旅館櫃臺人員說「真高興又看到你」，顧客會將此詮釋為發自內心的真話，抑或只是例行性的客套話？哪一種詮釋方式會讓顧客有較高的滿意度？更複雜的是，顧客自身也會嘗試建立自己的形象，使服務人員必須加以琢磨臆測顧客的真正心意，例如銀行客戶在申請貸款、學生在發表評論或是病人對醫生陳述羞於啟齒的病情等情況時，顧客自己的考量都會使真正的狀況更加迂迴不明。

　　戲劇的隱喻能很可以說明表象和現實間的不一致。顯然，演員必須靠著演技來處理這些衝突，所以戲劇理論提供一套通用的語彙讓研究者來探索生活中的語言真偽。然而，這並不代表研究者僅僅以戲劇理論的語彙作爲人生的譬喻，因爲這樣一來，便無法達到稍早所提及的印象管理研究目標。事實上，到目前爲止在服務行銷的研究領域裡，距離達到此研究目標還有段距離。

理論背景

　　Victor Turner的研究指出，人類社會中最早的儀式之一就是「演戲」（Turner 1988），這可溯源自古代獵人僞裝成獵物的模樣。從此以後，這種僞裝的陷阱成爲文化與文學的中心，同時也漸漸哲學化，從早期柏拉圖的對話錄、莎士比亞的劇本，到十九世紀詹姆斯（William James）及皮爾斯（Charles Pierce）以及現代的艾科（Umberto Eco）、布迪亞（Jean Baudrillard）等人的作品，都可一窺僞裝行爲。由於無法得知人們各種行爲背後的真正想法或意圖，人們往往只能憑藉表面行爲所透露的訊息或象徵來臆測（例如衣著或手勢等）。因此，社會學家米德（George Herber Maed, 1934）與布魯莫（Herbert Blumer, 1986）強調，人類所有的社會都具有象徵性本質，並且建立了象徵互動論（symbolic interactionism）的理論觀點。印象管理研究便是象徵互動論的分支之一，也可說是戲劇傳統所衍生的應用性經驗主義學說。

　　一般來說，社會學家高夫曼（Erving Goffman）被視爲現代印象管理學說的創始人。在《日常生活的自我表現》（The Presentation of Self in Everyday Life）一書中，高夫曼認爲某個情境所存在的社會規範，會引導人們的行爲表現，他將這種規範稱爲「情境定義」

（definition of situation, 1959／1973），這個用詞意味著人們彼此會主動地（雖然不會表現出來）對每個互動情境產生清晰的共識，特別是個體應該如何在情境中扮演好自己的角色。這種共識有時可能廣泛適用於多種社會情境，也可能只適用於特定的互動場合中。例如，一般而言，「打人」這個行爲是被禁止的，但是在拳擊賽中則是必然的行爲表現。

在某個情境中被期望表現的行爲就是「角色」（Goffman 1959／1973；Solomon等 1985）。人們對於各種社會情境會產生某些主觀、預設的態度，並依此做出合宜的表現，這便是角色期望（role expectation，Sarbin & Allen 1968，第498頁）。人們處於不同的情境中，其預期角色也會隨之變化，情境中會有各種不同的角色安排，彼此之間的行爲預期常常具有互補性（Merton 1957）。

雖然每個社會情境各有不同，但是在同一個文化中，多數人都能根據環境中的線索、社會化過程及他人所透露出來的非語言訊號，迅速地知曉、詮釋情境內容。現象學家舒茲（Alfred Schutz）的思想也影響了印象管理理論，他認爲人類詮釋、定義情境的能力係來自他們對社會情境的「知識庫」（stock of knowledge），這些知識是在社會化的過程中逐漸汲取獲得的，成爲個體面對各種社會情境時的行動訣竅（recipe），並引導他們做出合乎情境的表現（Schutz & Luckmann 1973，第99至116頁）。例如面對熱心、親切、動作敏捷的服務生，顧客應該要給小費。顧客和服務人員就是根據這樣的「社會化訣竅」（social recipe），順利完成服務接觸。

戲劇係透過演員的台詞，呈現角色的性格。在實際的人生裡，有不同的「社會劇本」（social script）爲個人提供角色演出的指示。在戲劇和眞正的生活中，角色的扮演各有其尺度與規範。戲劇裡的演員必須根據劇本、導演及角色本身的動機從事演出；在現實生活中，人們也會因爲社會規範、個人目標而做出行爲表現。例如，受邀用餐的賓客如果要給主人好印象，不能批評菜色不佳；應徵工作者為了在面試中建立好形象，必須避免流露緊張不安的神色。

　　雖然印象管理理論認為人們對情境的定義主導其行為表現，但這並非意味著人們的行為絕對地受到「社會化訣竅」（social recipe）的束縛。一個社會互動的完成，需要仰賴於各方對情境定義的共識。當各方不能同意彼此對情境的詮釋時，則有賴更進一步的談判與協商（Grayson 1998a；Rafaeli 1989）。一個在自家開業的繪圖師，雖自詡專業，但可能因為營業場所（住家）的性質，顧客會表現得比較隨性或漫不經心。有些顧客會故意打破某些情境所存在的規則，以享受更多的利益（Bitner，Booms &Mohr 1994），例如租車公司雖然規定向他們租車的顧客不能在某些特定地區行駛，但顧客可能為了自己的便利而違反約定。

　　上述的例子顯示社會情境常會要求人們做出違反意志或約定的行為，這也是印象管理理論中的研究重點。為了呈現表象與現實間的差異，印象管理的研究者將社會互動的「場域」（以戲劇的術語來說，就是「舞台」）做了以下的分類（Goffman 1959／1973）：在「觀眾席」的人，可以看到舞台上（front stage）的動靜，但是後台（back stage）卻通常是隱形的，因此在後台的活動也有可能會使人們對其印象打折扣。一個侍者在舞台前提供顧客親切的服務，但是一旦退到了後台（如廚房等）可能變成一個行為惡劣的人，若是顧客看見，必定對其印象大打折扣（Goffman 1959／1973）。後台也是人們準備演出的場所，例如遊樂場工作人員的更衣室，或廚師在廚房準備餐點，這一切都是消費者看不到的前置作業。

　　人們如何劃分舞台與後台的行為，是印象管理理論裡一項重要的課題。印象管理研究認為人們雖然在舞台上依照劇本演出戲碼，在真實的後台可能根本不是那麼一回事，而且後台的行為更可能違反社會規範。Goffman指出，這是因為人們為了保住面子（save face），渴望建立正面的自我形象（1976）。針對這些符合社會規範的劇本，印象管理學者提出了一些解釋（Scott & Lyman 1968）以及中性化（neutralization）的技術（Sykes & Matza 1957），其他學者更延伸既有的研究成果，擴展了這個領域的豐富性（Gardner & Martinko 1988；Jones & Pittman 1982；Schlenker 1980）。

　　印象管理具有高度社會化的本質，相較於實體商品的行銷，服務行銷的活動來得更具社會化，因此本章採用印象管理理論作為服務行銷的研究基礎（Lovelock 1991，第7頁）。本章雖然以服務行銷議題為中心，但須注意的是，印象管理架構可以更廣泛地運用在與商業有關的各種社會性活動上，包括實體商品行銷（如Folkes 1984）和組織內部行為等（如Giacalone & Payne 1995）。單就服務行銷領域而言，印象管理就有許多不同的應用方式。Grove和Fisk（如1989，1991，1992）便強烈主張將戲劇理論應用到服務行銷（見本書第一章），他們強調印象管理研究架構對於發展、實行新的服務管理方式，能收到良好的效果。不過Grove等人也承認，他們所提出的服務管理方式只是眾多選擇之一（1989，第427頁），本章則要提供讀者一些其他可能的選擇。

　　為了達到這個目的，我們將檢視印象管理理論中的四個重要議題。首先我們要提出在服務行銷中涉及印象管理的演員角色：服務人員、公司及接受服務的顧客。其次，我們將探討服務行銷中關於「真實」與「虛偽」的問題。接著本文將討論顧客對於「舞台」與「後台」行為的感受。最後將提出其他的行銷學術研究對於印象管理理論的觀點，以開放性的討論為本章作一總結。

演員：服務人員、公司和顧客

　　戲劇上的用語「舞台」與「後台」本質上具有空間性的意涵，印象管理理論主要將其應用在服務環境的探討上。事實上，印象管理理論對服務環境的設計規劃很有幫助，因為它點出了看得到與看不到的空間對顧客究竟分別產生哪些影響。印象管理理論一開始被應用在人類的社會行為上，但是它也可以更廣泛地延伸到人類與組織的相關研究上。

　　研究者常常利用印象管理理論探討服務人員如何根據角色期望為顧客提供服務。人們對於服務人員的角色，有一套嚴格的認知標準，這方面最具影響力的書籍是 Hochschild 在 1983 年出版的《服服貼貼的心》（The Managed Heart），該書檢視了學生、空服員或收帳員等社會角色，如何處理社會對他們的期望。在公司組織中，服務人員往往是基層員工，面對雇主的要求，他們自會感受到巨大的壓力。尤其在最前線的服務人員身負代表公司的重責大任，他們的所作所為幾乎等於顧客對公司的全部瞭解。舉例而言，在一個為期數日的旅遊行程中，顧客很自然地就會依導遊所表現出來的情緒及行為，評估此次旅遊消費的經驗，並且衡量這家旅行社的服務品質（Price, Arnold & Tierney 1995）。

　　良好的情緒往往是服務人員必須具備的條件，因此 Hochschild 創造了「情緒勞務」（emotional labor）這個新詞（1983），意味著服務人員必須壓抑、內斂自己的情緒，以引導他人的感受，維持外在關係的和諧（第7頁）。在航空服務業裡，管理者認為服務人員表現出來的親切態度也是重要的產品之一，所以空服人員在面對數以百計的乘客時，一定要面帶微笑。因此，一個憤怒的服務生還是要保持笑容，一個慈祥的老師仍然要表現出嚴格的模樣，一個心中有所偏袒的律師仍要隱藏真實感受，努力表現出公正中立的態度。上述各種情況都是Hochschild所指的「情緒勞務」。用高夫曼的話來說，情緒勞務使演員必須要掩飾他在後台的真實面貌，方能使前台的自己成功地演出各種角色。

Hochschild的書中常常提到人們——特別是在服務業者——必須要付出情緒勞務，以及人們如何達到這個需求（1983）。Leidner延續了Hochschild的研究，勾勒情緒勞務訓練過程的輪廓，他深入地探究速食業者及保險公司如何教導員工發揮其情緒勞務（1993）。對服務人員的情緒要求衍生了有關道德、文化層面的問題。服務人員付出情緒勞務的各種影響（如角色衝突、角色模糊等問題），成為許多後繼出現的研究重點，關於這些研究，可以參考Rafaeli和Sutton（1987，1989）、Morris和Feldman（1996）的報告，而經驗研究的部分則可參閱下述學者的研究成果：Boles和Babin（1996），Gaines和Jermier（1983），Hartline和Ferrell（1996），Staw、Sutton和Pelled（1994），Sutton（1991），Wharton和Erickson（1993）。這些對情緒勞務案例及影響的研究，為服務業描繪出一幅幅複雜的圖像。

對於服務人員的印象管理，還有一個重要的議題：不同的服務角色所需具備的條件分別為何？一個人所呈現的外表，會影響觀眾對他／她的接受度。社會上某些角色具有傳統、正當化（legitimated）的性別分野，一旦跨越這條界線，會令觀眾較缺乏信心，例如男性護士或是女性建築工人（Williams 1995）。一般而言，觀眾對正當化（legitimating）條件具有迷思，即使這些條件並不明顯構成角色扮演的瑕疵。例如，不管是男護士或女護士，他們都懂得如何調配藥劑；同樣的，建築工人不管是男性或女性，都有能力操作推土機。然而性別的刻板印象卻會使觀眾在心中對於某些職業建立預設的看法，認為性別能決定個人能否成功扮演某些角色。同樣的，種族和性別一樣，也時常成爲人們判斷角色能力的預設條件。例如，當顧客要判斷一家異國餐館的菜色好壞，會先看看有沒有很多該國的客人在餐廳裡用餐。Neckerman和Kirschenman便指出雇主不會雇用某些特定人種做爲員工，因爲認爲在這個行業中，某些人種不具有正當性（1991），亦即顧客不會相信這個人種可以扮演好服務者的角色（參考Ginsberg 1996）。觀衆對於某些角色的能力之認定方式也是雇主所關心的，而員工也會對雇主的考量有所瞭解，因此，一個合格的實習醫師可能會避免直接面對病患，盡量讓自己只出現在後台的工作場所中。

　　不僅「人」的角色扮演有前後台之分，組織也會有這樣的分野。管理者、員工以及顧客通常將公司組織視爲一個整體，這個整體所表現出來的特色是經過安排、規劃的（Olins 1994）。公司的特色扮演重要的角色，因爲它能夠有效地使公司與競爭者形成區隔，以吸引並留住顧客。根據Dutton和Dukerich在1991年對運輸業者的研究顯示，公司本身所具備的特色也會影響顧客和員工的反應；另外，Elsbach和Kramer的研究亦顯示，在教育服務機構中，機構本身的特色若遭到損害，將會對員工造成莫大的衝擊。

　　有一些相關研究證明，公司會利用印象管理策略以影響他人對公司形象的認知。Elsbach和Sutton檢視了一個在私底下從事不合法活動的組織（如環境保護者往往加以撻伐的不環保行爲），如何在觀衆面前呈現截然不同的面貌（1992）。Elbach、Sutton，和Principe也曾經研究醫院在政策改變時，如何以「預期性的印象管理策略」(anticipatory impression management)，把對顧客的衝擊減低至最小的程度（1998）。有些研究則顯示，公司組織利用發行刊物或流通的印刷品，達到印象管理的目標（如Staw，Mckechnie和Puffer在1983年的研究）。Lutz的研究裡舉出了許多案例顯示，當組織在私下與公開的行爲之間有所差異時，他們會以模稜兩可（doublespeak）的方式將可議之處輕描淡寫帶過，以避免負面印象的產生（1983）。例如將

「裁員」的行動說成是爲了「讓員工有再創職場生涯高峰的可能性」。

　　相當令人驚訝的是，在服務行銷的印象管理研究中，對於「顧客」這個角色的探討是最少的。雖然很多研究探討員工在角色扮演時所做出的欺騙行爲（deception），但是卻很少提及顧客如何在服務環境中也虛假地呈現自己的形象，例如想要售屋的屋主，對房地產業者描述屋況時，會有所隱瞞；顧客在得知商品的價格時，會故意很驚訝地表示價格過高。提及顧客自我形象的研究，大多將重點放在他們是否合乎業者願意提供服務的條件（如Bitner、Booms與Mohr 1994；Grove、Fisk和Bitner 1992，第102-104頁），這樣的研究只看見了顧客在舞台的表現，但其實顧客本身在後台也是有所準備的，通常他們會根據交易的情境決定是否要將在後台的行爲帶到前台。

　　有些服務業致力於和顧客在舞台上交易，但是有一些服務業—例如整形手術、美容、提供個人訓練的業者—其實相當善於看穿顧客在後台不爲人知的秘密，他們的目的便是協助顧客建立在舞台上所表現出來的樣貌（如Schouten 1991）。相反的，顧客也會選擇某些只在後台工作的人員來爲他服務，例如心理醫師是爲了幫助顧客更瞭解後台的自己，而私家偵探則專門打探他人的後台生活面貌（如Shulman 1994）。

　　在這個部分，我們探討了服務環境中三種試圖建立形象的演員：服務組織、服務人員以及顧客。雖然我們獨立地說明將這三種演員的演出方式，但此三者在服務環境中是有所互動的；然而，可惜的是鮮少有研究針對這些互動進行深入探討。若能夠對三者之間的互動方式有所瞭解，將可以有效地研究某些情境定義的產生原因。對於情境的定義，往往是三方角色不斷拉据並交互影響後所決定的，例如顧客可能會抱怨價格太高而不想購買，以唆使賣主打折，旅客也可能多付點小費，讓旅館人員即使下了班也願意提供服務。同樣的，有氧運動的教練會借同儕之力讓緊張的學員放鬆心情。尤有甚者，服務公司更會建立一套特殊的規定，讓顧客和員工穿著他們所要求的服裝。總之，有關於情境定義本身的可塑性，以及三種角色在定義情境時的權力關係，都有待進一步的探討。

掌控後台與前台：
真實誠懇／欺騙性的印象管理

很多印象管理研究的重點在於，人們如何建立在舞台上的吸引力與正當性，無論在私下這些行為是否令人厭惡而難以苟同（Goffman 1959／1973：Schlenker 1980，第8頁）。相反的情形也可能會發生：一個人在舞台上所表現的行為可能並不討喜，但是私底下（即後台）的他可能是一個令人喜愛的人物。Becker和Martin的研究顯示，有些員工的確會故意在職場上表現得很差勁，以避免讓同事產生與自己競爭的心態，或他希望藉此逃避某些工作挑戰（1995）。

另一種後台與舞台的關係模式則是兩者之間具有一致性，亦即前台的表演真實地反映了後台的行為，我們稱之為「真實的自我呈現」（Leary 1993，第146頁）、「深度演出」（Hoschild 1983，第33頁）或「自我投射」（Schlenker 180，第8頁）。由於這種「真實的自我呈現」看似一種再自然不過的表演方式，可能因此被認為不需要再多做研究，但是在印象管理的研究架構中，任何形式的「自我呈現」（即使是最真實地表現自己真正面貌），都不會沒來由地產生，因此也都需要在社會規範層面上加以探討。

演員必須要說服觀眾他們所見到的演出都是真實的，根據Goffman的觀察（1959／1973）：

一名手中拿著書本的時尚雜誌（Vogue）模特兒，從她臉上的表

情、身上的穿著以及肢體動作，充分地表現出她已熟讀了手中所
握著的那本書。但是有些人可能會為了做出正確的姿勢而傷腦
筋，以致於沒有精力真的去讀那本書……有時間、有天分去完成
一項任務的人，不見得有相同的時間和天分將自己所具備的能力
展示在別人面前。（第32-33頁）

　　為了使行為看起來真切，人們必須要依據「真誠法則」（recipe of
sincerity）表現其行為。這裡產生了一個弔詭的問題：如果沒有社會
規範的存在，根本不可能有根據「真誠法則」而表現的行為。在哲學
思辨的範疇裡，這是一個進退兩難的困境，也是Satre所關切的問題
之一（1956）。從實務的觀點來談，要使演出成功且令人覺得真實這
的確要運用某些策略。研究的目的之一，便是將這些策略有效地歸納
整合。

　　Goffman指出：「有些組織指派某些專門人員花時間去執行演出
的任務，使觀眾瞭解演出的內容，但組織本身並不真正參與。」
（1959／1973）。Goffman所指的其實就是行銷部門的服務人員，藉由
這種方式，組織方得以解決上面所述的兩難問題。針對當代組織的生
產與正當功能，組織理論也漸漸強調「減震」（decoupling）措施在從
事印象管理時的關鍵性角色(Meyers and Rowan，1977)。欺騙性的印
象管理策略有一部份是因為疏忽，有一部份則是心懷不軌，但也可能
是出自於善意。例如醫生有時會為焦慮的病人開立安慰劑處方，即使
藥劑根本只是不具療效的維他命丸；老師為了鼓勵學生，會說出一些
不真實的讚美言語；賣鞋的人可能會偷偷為顧客挑大一號的鞋子，因
為顧客指定的鞋號可能實在太小了（如Goffman1959／1973）。不管
各種欺騙行為背後究竟是善意或惡意，人們通常頗關心表裡一致的程
度（亦即是前後台行為是否一致）。印象管理學者對此有深入研究，
並且也將相關事件予以概念化。Goffman（1969）就曾經將「策略性

互動」（strategic interaction）的過程作一分類，探討在這樣的過程當中，演員的行動（moves）以及揭穿不眞實演出的反向行動（countermoves）。許多文獻也研究人們在被認爲不當扮演某些角色時，他們如何努力地嘗試彌補。例如某個領域的專家可能會犯下令人質疑其權威的錯誤，而洩漏朋友秘密的人也可能被發現他的言行不一。不管是爲了掩飾某些實際存在的瑕疵，或是爲了彌補已經受損的形象，人們都會採取某些策略、或爲自己的不當行爲找藉口，以緩和緊張關係（相關案例見Goffman 1963；Scott和Lyman 1968）

舞台與後台對於顧客感受的影響力

印象管理研究的範圍並不侷限在可見的服務行銷上，有些研究會強調舞台上的表演是顧客看得到的部分，後台的行爲則是消費者所看不見的（Gummensson 1990，第44頁；Lovelock 1991，第14頁；Shostack 1987）。然而舞台上除了有視覺性的演出，也可能包含聲音、味道或是可以觸摸得到的成分。例如電話語音查號台提供餐廳電話號碼給詢問者，這項服務的舞台就完全以聲音爲主。

如果將後台定義成一個消費者完全看不到的區域，行銷者往往會因此以爲後台的活動將無法對顧客感受產生影響。用Lovelock的話來說，就是「顧客對（後台）並不感興趣，就像所有的觀眾一樣，（顧客）會依據他們所能夠眞實體驗到的事物，來評估一項產品的優劣」（第14頁）。這個觀點的研究以Matteis調查花旗銀行的顧客滿意度管理爲代表（1979）。花旗銀行爲了使服務更有效率，曾經努力簡化許多繁瑣的流程，以有效降低成本，並且提昇工作士氣，但是令人意外的是，顧客對於公司的評價卻未見提升。Matteis的結論是，因爲花旗銀行所做的努力是在後台默默進行的，它並未向顧客直接傳達了公司

所做的改變。同樣地，Mangold 與 Babakus（1991）也發現服務人員
對服務本身的認知會與顧客有所差異，因為服務人員涉入後台較深，
而顧客對於後台的一切，卻往往一無所知，這種認知上的差異，就是
因為雙方身處不同的場域。

　　以上種種對於前後台的觀察雖然很實用，但是它們往往忽略了印
象管理導向的服務行銷研究所帶來的啟發。雖然前台與後台之間有具
體的空間區隔，但事實上將前台與後台區分的並不是這種物理上的界
線，而是抽象的社會化界線（Mac Cannell 1976，第92頁）。顧客對於
服務者真正意圖的判斷，是造成前後台分野的重要因素，顧客會根據
服務人員的行為所透露的訊息從事臆測或評估，以印象管理的術語來
說，此時意味著顧客正在評量服務者是否已經成功地演出某個特定的
「社會現實」（social reality，Goffman 1959／1973，第65-66頁；
Sarbine 和 Allen 1968；Schlenker 1980，第98-105頁）。如果顧客認為
服務者試圖在他面前建立某種形象，這意味著服務者已經成功地演出
了前台的角色；如果顧客不覺得服務者試圖改變一些事物以在客人面
前建立某種形象，則代表服務者演出後台性的表演。

　　很多學者提到（雖然不見得很強調）：消費者會被一些他們認為
是後台表演的行為所影響（Goffman 1959／1973，第209頁；Grove
和 Fisk 1989，第436頁；Price, Arnold 和 Tierney 1995，第90頁；
Schlenker 1982；Tedeschi 和 Tiess 1981；Thomas 1937，第137頁）。
在管理學上，有效操弄這些後台行為可以帶來某些好處，以 Grayson
對於旅館服務場景的顧客反應研究為例，該研究顯示在某些情況下，
顧客對於「後台」行為的詮釋，的確會影響他們對於服務的態度及感
受（1988b）。

與印象管理相關的其他學術研究

　　印象管理對於人們對事物的看法有著無所不在的影響力，不管在人類的日常生活中，或是在學術研究上，都有不可輕忽的重要性。例如說服研究（persuasion research）便是探討人們如何影響他人的感受與意見（Keller 和 Block 1996； Petty, Cacioppo 和 Schuman 1983）。然而，說服研究較傾向於如何控制、影響人們的感覺（如照相機的品質或汽車的性能），印象管理卻傾向於操弄社會化訊息（如律師是否廉潔正直、服務生有沒有禮貌），因此，說服研究主要探討的是既有的認知，而印象管理則是對這些現象提供社會化或社會心理層面的說明與詮釋。

　　印象管理的另一個面向，可以作為一種歸因理論（attribution theory），然而印象管理著重於如何以策略影響他人對自己的印象，而歸因理論著重於分析人們如何對各種印象管理行為做出反應（即他們如何感覺某些行為，並且進行歸因的動作）。特定領域的研究往往很自然地引發人們對於相關事物的觀察，因此對於反應的研究也會回過頭來影響印象管理策略的訂定。在 Staw， McKechnie 和 Puffer 的研究中不但探究公司建立印象的策略，同時也以歸因理論來檢視這些策略（1983）。Bitner 曾經研究顧客對於服務不良的原因有何看法，她同時也更深入地探討服務提供者之印象管理策略的依據（1990）。

　　不過，有關於顧客對於印象管理行為之反應的研究，歸因理論並非唯一的理論基礎。Rafaeli 和 Sutton 在 1998 年與 1990 年曾經針對便利商店所呈現出來的氛圍（如熱絡擁擠的場面或空蕩的場面）從事研究，探討整個服務脈絡對顧客感受可能造成的影響；另外，Grayson（1998b）在探討旅館的氣氛對顧客感受有何影響時，他也以社會心理學的理論爲基礎，研究顧客信賴感與自我揭露的程度。

　　另外一個相關的理論則是人際矇騙理論（interpersonal deception，Buller和Burgoon 1996），這個理論並非將重點放在戲劇轉喻上，而是強調演員在演出時對觀衆從事某種矇騙的策略，以及觀衆判斷演出眞僞的技巧，其中較有趣的發現是，一般觀衆並不會詳細去評估演員的表現究竟是發自內心，或只是虛應故事（Ekman和O'Sullivan 1991；Fleming等人，1990；Poole和Craig 1992）。不過，演員的面部表情往往會透露他眞正的想法（Ekman，Freisen和O'Sullivan 1998），而且在某些情況下，觀衆對於欺瞞行爲的察覺能力也比較強（McCornack和Levine 1990）。另外，僅有少數的研究探討演員在從事某些欺瞞行爲或企圖掩飾後台行爲時，所需要的資源及技巧。目前爲止，對於顧客與服務者在從事交易時所採取的欺瞞或僞裝技巧，都還缺乏深入的探討。另外，有關人們如何偵測查知欺瞞的行爲，理論研究方面尚在萌芽階段。由此可知，成功的僞裝與掩飾行爲，究竟全貌爲何，仍有待進一步的瞭解。

結論：印象管理與認同

　　在各種社交活動中，印象管理只是其中的一環，雖然對學者而言，印象管理的確有助於他們更瞭解社會互動的本質，但是有更多的批評觀點也因此產生，其中有一個論點便認爲印象管理理論簡化了人類的「自我」，其觀點流於二元對立的窠臼。有些理論家認爲印象管理理論過於單純地將人的自我分成前台與後台，亦即後台的自我是眞實的，前台的自我則是戴上面具以後的演出。然而，人們在前台所扮演的角色其實是會影響眞實自我的（Thoits 1983），這意味著前台的形象多少呈現了一部份後台眞實的自我。Silver和Sabini更進一步強

調在各種社會規範下，印象管理理論架構似乎根本容不下眞實的自我
（1985）。

　　Goffman本身也支持這樣的看法，西方社會對於展現眞實自我面
貌懷有很大的焦慮，人們並不願意脫下面具讓別人一眼就看穿自己。
但是Goffman認爲，即使是在後台脫下了面具的人們，也未必擁有所
謂的「眞實的自我」。Goffman指出，在自我呈現的各種可能面向
裡，眞實的自我只是其中的一個。從這個觀點出發，我們發現：眞實
的自我並不存在，人們只有多種不同的面具，在某些特定的情況，會
戴上某個特定的面具；脫下一張面具，並非意味著眞正的自我因此展
現，充其量只是戴上了另一張面具罷了。這是後現代理論的延伸，因
爲後現代理論認爲「單一認同」（unitary identity，或者說是「眞實認
同」，authentic identity）是不存在的，人們的自我受到社會規範的分
割，自我會隨著不同的社會互動關係而流動游離（Lyotard 1979，第
15頁）。

　　眞實的個人認同是否存在？對於眞僞，是否僅是個人的主觀印
象？每個人的自我眞的具有本質上的差異，抑或只是有能力使別人相
信這是眞正的自我？印象管理理論將眞實的自我與表演的自我之間劃
分了一條明確的界線（亦即前後台之分），對於複雜的自我認同在社
會架構中的角色，其看法雖然稍嫌簡化，但它確實也反映了大多數的
人對於社會關係及人際互動的觀感。根據文化的不同，每個人在前台
與後台之間應有的平衡標準也有所差異，但是不可諱言的，多數人會
假設眞實自我的確存在（例如Abiodun，Drewal和Pemberton 1990；
Cheek和Hogan 1983；Drewal 1977；Fenigstein，Scheier和Buss
1975；Hamaguchi 1985；Scheier和Carver 1983）。因此，研究人們對
於自我的看法，對於人類互動，特別是在服務行爲的互動上，仍然有
所助益。

　　以Goffman的看法來說，這種對於自我的觀點似乎稍嫌簡化，然

而印象管理理論的功能並非僅止於作為研究或管理的基礎，它更進一步地探討人們如何面對真實與表象之間的衝突，也因此衍生了更多細緻的觀點與途徑去探討錯綜複雜的社交議題。單一的印象管理理論觀點並不能看透複雜的人類認同問題，但無疑的是，它為認同問題開啟了一扇窗，使更多值得探討深究的問題一一浮上檯面，這在理論研究或實務管理上，都具有關鍵性的意義。

1 作者注：在此特別感謝 Amy Ostrom 提供許多對於印象管理的看法及建議。

參考書目

Abiodun, Rowland, Henry J. Drewal, and John Pemberton II (1990), *Yoruba Art and Aesthetics*. Zurich: Center for African Art and the Rietberg Museum.

Becker, Thomas E. and Scott L. Martin (1995), "Trying to Look Bad at Work: Methods and Motives for Managing Poor Impressions in Organizations," *Academy of Management Journal*, 38, 174-99.

Bitner, Mary Jo (1990), "Evaluating Service Encounters: The Effects of Physical Surroundings and Employee Responses," *Journal of Marketing*, 54 (April), 69-82.

———, Bernard Booms, and Lois A. Mohr (1994), "Critical Service Encounters: The Employee's Viewpoint," *Journal of Marketing*, 58 (October), 95-106.

Blumer, Herbert (1986), *Symbolic Interactionism: Perspective and Method*. Berkeley: University of California Press.

Boles, James S. and Barry J. Babin (1996), "On the Front Lines: Stress, Conflict, and the Customer Service Provider," *Journal of Business Research*, 37, 41-50.

Buller, David B. and Judee K. Burgoon (1996), "Interpersonal Deception Theory," *Communication Theory*, 6 (August), 203-42.

Burke, Kenneth (1945), *A Grammar of Motives*. Berkeley: University of California Press.

Cheek, Jonathan M. and Robert Hogan (1983), "Self-Concepts, Self-Presentations, and Moral Judgments," in *Psychological Perspectives on the Self*, Vol. 2, Jerry Suls and Anthony G. Greenwald, eds. Hillsdale, NJ: Lawrence Erlbaum, 249-73.

Dewey, Richard (1969), "The Theatrical Analogy Reconsidered," *The American Sociologist*, 5 (November), 307-11.

Drewal, Henry J. (1977), *Traditional Art of the Nigerian Peoples*. Washington, DC: Museum of African Art.

Dutton, Jane E. and Janet M. Dukerich (1991), "Keeping an Eye on the Mirror: Image and Identity in Organizational Adaptation," *Academy of Management Review*, 34, 517-54.

Ekman, Paul, Wallace V. Freisen, and Maureen O'Sullivan (1988), "Smiles When Lying," *Journal of Personality and Social Psychology*, 54, 414-20.

———— and Maureen O'Sullivan (1991), "Who Can Catch a Liar?" *American Psychologist*, 49, 913-19.

Elsbach, Kimberly D. and Roderick M. Kramer (1996), "Members' Responses to Organizational Identity Threats: Encountering and Countering the *Business Week* Rankings," *Administrative Science Quarterly*, 41, 442-76.

————, and Robert I. Sutton (1992), "Acquitting Organizational Legitimacy Through Illegitimate Actions: A Marriage of Institutional and Impression Management Theories," *Academy of Management Journal*, 35, 699-738.

————, ————, and Kristine E. Principe (1998), "Averting Expected Challenges Through Anticipatory Impression Management: A Study of Hospital Billing," *Organization Science*, 9 (January-February), 68-86.

Fenigstein, A., M. F. Scheier, and Arnold H. Buss (1975), "Public and Private Self-Consciousness: Assessment and Theory," *Journal of Consulting and Clinical Psychology*, 43, 522-27.

Fernandez, James W. (1986), "The Mission of Metaphor in Everyday Culture," in *Persuasions and Performances*. Bloomington: University of Indiana Press.

Fleming, John H., John M. Darley, James L. Hilton, and Brian A. Kojetin (1990), "Multiple Audience Problem: A Strategic Communication Perspective on Social Perception," *Journal of Personality and Social Psychology*, 58, 593-609.

Folkes, Valerie (1984), "Consumer Responses to Product Failure: An Attributional Approach," *Journal of Consumer Research*, 10, 398-409.

Gaines, Jeannie and John M. Jermier (1983), "Emotional Exhaustion in a High Stress Organization," *Academy of Management Journal*, 26, 567-86.

Gardner, William L. and Mark J. Martinko (1988), "Impression Management in Organizations," *Journal of Management*, 14(2), 321-38.

Giacalone, J. and J. Payne (1995), "Evaluation of Employee Rule Violations: The Impact of Impression Management Effects in Historical Context," *Journal of Business Ethics*, 14, 477-87.

Ginsberg, Elaine K., ed. (1996), *Passing and the Fictions of Identity*. Durham, NC: Duke University Press.

Goffman, Erving (1963), *Stigma: Notes on the Management of Spoiled Identity*. Englewood Cliffs, NJ: Prentice Hall.

———— (1967), "On Face Work: An Analysis of Ritual Elements in Social Interaction," in *Interaction Ritual: Essays on Face-to-Face Behavior*. Middlesex, UK: Penguin Books, 5-46.

———— (1969), *Strategic Interaction*. Philadelphia: University of Pennsylvania Press.

———— [1959] (1973), *The Presentation of Self in Everyday Life*. Woodstock, NY: Overlook.

Grayson, Kent (1998a), "Commercial Activity at Home: Managing the Private Servicescape," in *Servicescapes: The Concept of Place in Contemporary Markets*, John F. Sherry, Jr., ed. Chicago: NTC/Contemporary Publishing Company, 455-82.

———— (1998b), "Customer Responses to Emotional Labor in Discrete and Relational Service Exchange," *International Journal of Service Industry Management*, 9, 103-25.

———— (1999), "The Dangers and Opportunities of Playful Consumption," in *Consumer Value*, Morris B. Holbrook, ed. New York: Routledge, 105-25.

Grove, Stephen J. and Raymond P. Fisk (1989), "Impression Management in Services Marketing: A Dramaturgical Perspective," in *Impression Management in the Organization*. Hillsdale, NJ: Lawrence Erlbaum, 427-38.

———— and ———— (1991), "The Dramaturgy of Services Exchange: An Analytical Framework for Services Marketing," in *Services Marketing: Text Cases and Readings*, 2nd ed., Christopher Lovelock, ed. Englewood Cliffs, NJ: Prentice-Hall, 59-68.

——— and ——— (1992), "The Service Experience as Theater," in *Advances in Consumer Research*, Vol. 19, Brian Sternthal and John F. Sherry, Jr., eds. Provo, UT: Association for Consumer Research, 455-61.

———, ———, and Mary Jo Bitner (1992), "Dramatizing the Service Experience: A Managerial Approach," in *Advances in Service Marketing and Management*, Vol. 1, Teresa A. Swartz, David E. Bowen, and Stephen W. Brown, eds. Greenwich, CT: JAI, 91-121.

Gummesson, Evert (1990), "Marketing Organization in Services Businesses: The Role of the Part-Time Marketer," in *Managing Marketing Services in the 1990s*, Richard Teare, Luiz Moutinho, and Neil Morgan, eds. London, UK: Cassell Educational, 35-48.

Hamaguchi, E. (1985), "A Contextual Model of the Japanese: Toward a Methodological Innovation in Japan Studies," *Journal of Japanese Studies*, 11, 289-321.

Hartline, Michael D. and O. C. Ferrell (1996), "The Management of Customer-Contact Service Employees: An Empirical Investigation," *Journal of Marketing*, 60 (October), 52-70.

Hochschild, Arlie Russell (1983), *The Managed Heart*. Berkeley: University of California Press.

Jones, E. E. and T. S. Pittman (1982), "Toward a General Theory of Self-Presentation," in *Psychological Perspectives on the Self*, Jerry Suls, ed. Hillsdale, NJ: Erlbaum, 231-62.

Keller, Punam Anand and Lauren Goldberg Block (1996), "Increasing the Persuasiveness of Fear Appeals: The Effect of Arousal and Elaboration," *Journal of Consumer Research*, 22 (March), 448-59.

Leary, Mark R. (1993), "The Interplay of Private Self-Processes and Interpersonal Factors in Self-Presentation," in *Psychological Perspectives on the Self*, Vol. 4, Jerry Suls, ed. Hillsdale, NJ: Lawrence Erlbaum, 127-55.

Leidner, Robin (1993), *Fast Food, Fast Talk: Service Work and the Routinization of Everyday Life*. Berkeley: University of California Press.

Lovelock, Christopher H. (1991), *Services Marketing: Text Cases and Readings*, 2nd ed. Englewood Cliffs, NJ: Prentice-Hall.

Lutz, William (1983), *DoubleSpeak*. New York: HarperCollins.

Lyotard, Jean-Franois (1979), *The Postmodern Condition: A Report on Knowledge*, Geoff Bennington and Brian Massumi, trans. Minneapolis: University of Minnesota Press.

MacCannell, Dean (1976), *The Tourist: A New Theory of the Leisure Class*. New York: Schocken.

Maiken, Peter T. (1979), *Ripoff: How to Spot It, How to Avoid It*. Kansas City, MO: Andrews and McNeel.

Mangold, W. Glynn and Emin Babakus (1991), "Service Quality: The Front-Stage vs. the Back-Stage Perspective," *The Journal of Services Marketing*, 5 (Fall), 59-70.

Mars, Gerald (1982), *Cheats at Work: An Anthropology of Workplace Crime*. Boston: Allen and Unwin.

Matteis, Richard J. (1979), "The New Back Office Focuses on Customer Service," *Harvard Business Review*, 57, (March-April), 146-59.

McCornack, Steven A. and Timothy R. Levine (1990), "When Lovers Become Leery: The Relationship Between Suspicion and Accuracy in Detecting Deception," *Communication Monographs*, 57 (September), 219-30.

Mead, George H. (1934), *Mind, Self and Society*. Chicago: University of Chicago Press.

Merton, Robert K. (1957), "The Role-Set: Problems in Sociological Theory," *British Journal of Sociology*, 8, 106-20.

Messinger, Sheldon L., Harold Sampson, and Robert D. Towne (1962), "Life as Theater: Some Notes on the Dramaturgic Approach to Social Reality," *Sociometry*, (March), 98-110.

Meyer, John W. and Brian Rowan (1977), "Institutionalized Organizations: Formal Structure as Myth and Ceremony," *American Journal of Sociology*, 83, 340-63.

Morris, J. Andrew and Daniel C. Feldman (1996), "The Dimensions, Antecedents, and Consequences of Emotional Labor," *Academy of Management Review*, 21, 996-1010.

Neckerman, Kathryn M. and Joleen Kirschenman (1991), "Hiring Strategies, Racial Bias, and

Inner-City Workers," *Social Problems*, 38, 433-47.

Olins, Wally (1994), *Corporate Identity*. London: Thames and Hudson.

Petty, Richard E., John T. Cacioppo, and David Schuman (1983), "Central and Peripheral Routes to Advertising Effectiveness: The Moderating Role of Involvement," *Journal of Consumer Research*, 10 (September), 135-46.

Polanyi, Michael (1964), *Science, Faith and Society*. Chicago: University of Chicago Press.

Poole, Gary D. and Kenneth D. Craig (1992), "Judgments of Genuine, Suppressed, and Faked Facial Expressions of Pain," *Journal of Personality and Social Psychology*, 63, 797-805.

Price, Linda, Eric Arnould, and Patrick Tierney (1995), "Going to Extremes: Managing Service Encounters and Assessing Provider Performance," *Journal of Marketing*, 59 (April), 83-97.

Rafaeli, Anat (1989), "When Cashiers Meet Customers: An Analysis of the Role of Supermarket Cashiers," *Academy of Management Journal*, 32, 245-73.

—— and Robert I. Sutton (1987), "Expression of Emotion as Part of the Work Role," *Academy of Management Journal*, 12, 23-37.

—— and —— (1989), "The Expression of Emotion in Organizational Life," in *Research in Organizational Behavior*, Vol. 11, L. L. Cummings and Barry M. Staw, eds. Greenwich, CT: JAI, 1-42.

—— and —— (1990), "Busy Stores and Demanding Customers: How Do They Affect the Display of Emotion?" *Academy of Management Journal*, 33, 623-37.

Sarbin, Theodore R. and Vernon L. Allen (1968), "Role Theory," in *The Handbook of Social Psychology*, Gardner Lindzey and Eliot Aronson, eds. Reading, MA: Addison-Wesley, 488-567.

Sartre, Jean-Paul (1956), *Being and Nothingness*. New York: Washington Square Press.

Scheier, Michael F. and Charles S. Carver (1983), "Two Sides of the Self: One for You and One for Me," in *Psychological Perspectives on the Self*, Vol. 2, Jerry Suls and Anthony G. Greenwald, eds. Hillsdale, NJ: Lawrence Erlbaum, 123-57.

Schlenker, Barry R. (1980), *Impression Management: The Self-Concept, Social Identity, and Interpersonal Relations*. Monterey, CA: Brooks/Cole.

Schouten, John (1991), "Selves in Transition: Symbolic Consumption in Personal Rites of Passage and Identity Reconstruction," *Journal of Consumer Research*, 17(4), 412-25.

Schutz, Alfred and Thomas Luckmann (1973), *The Structures of the Life World*. Evanston, IL: Northwestern University Press.

Scott, Marvin B. and Stanford M. Lyman (1968), "Accounts," *American Sociological Review*, 33, 46-62.

Shostack, G. Lynn (1981), "How to Design a Service," in *Marketing of Services*, James H. Donnelly and William R. George, eds. Chicago: American Marketing Association, 34-43.

—— (1987), "Service Positioning Through Structural Change," *Journal of Marketing*, 51 (January), 34-43.

Shulman, David (1994), "Dirty Data and Investigative Methods: Some Lessons from Private Detective Work," *Journal of Contemporary Ethnography*, 23, 214-53.

Silver, Maury and John Sabini (1985), "Sincerity: Feelings and Constructions in Making a Self," in *The Social Construction of the Person*, Kenneth J. Gergen and Keith E. Davis, eds. New York: Springer-Verlag, 191-201.

Solomon, Michael R., Carol Surprenant, John A. Czepiel, and Evelyn G. Gutman (1985), "A Role Theory Perspective on Dyadic Interactions: The Service Encounter," *Journal of Marketing*, 49 (Winter), 99-111.

Staw, Barry M., Pamela I. McKechnie, and Sheila M. Puffer (1983), "The Justification of Organizational Performance," *Administrative Science Quarterly*, 28, 582-600.

——, Robert I. Sutton, and Lisa H. Pelled (1994), "Employee Positive Emotion and Favorable Outcomes at the Workplace," *Organization Science*, 5 (February), 51-71.

Sutton, Robert I. (1991), "Maintaining Norms About Expressed Emotions: The Case of Bill Collectors," *Administrative Science Quarterly*, 36, 245-68.

———— and Anat Rafaeli (1988), "Untangling the Relationship Between Displayed Emotions and Organizational Sales: The Case of Convenience Stores," *Academy of Management Journal*, 31, 461-87.

Sykes, Gresham M. and David Matza (1957), "Techniques of Neutralization: A Theory of Delinquency," *American Sociological Review*, 22, 664-70.

Tedeschi, James T. and Marc Riess (1981), "Identities, the Phenomenal Self, and Laboratory Research," in *Impression Management Theory and Social Psychological Research*, James T. Tedeschi, ed. New York: Academic Press, 3-22.

Thoits, Peggy A. (1983), "Multiple Identities and Psychological Well-Being: A Reformulation and Test of the Social Isolation Hypothesis," *American Sociological Review*, 48 (April), 174-87.

Thomas, W. I. (1937), *The Unadjusted Girl*. Boston: Little, Brown.

Trilling, Lionel (1972), *Sincerity and Authenticity*. Cambridge, MA: Harvard University Press.

Turner, Victor (1988), *The Anthropology of Performance*. New York: PAJ Publications.

Wharton, Amy S. and Rebecca J. Erickson (1993), "Managing Emotions on the Job and at Home: Understanding the Consequences of Multiple Emotional Roles," *Academy of Management Journal*, 18, 457-86.

Williams, Christine L. (1995), *Still a Man's World: Men Who Do "Women's Work."* Berkeley: University of California Press.

Wilshire, Bruce (1982), "The Dramaturgical Metaphor of Behavior: Its Strengths and Weaknesses," *Symbolic Interaction*, 5(2), 287-97.

第4章

服務場景的美學價值模式

Janet Wagner

　　美學，是哲學、視覺藝術與建築中很重要的一個觀念。隨著商業競爭越來越激烈，品牌區隔也越來越具有挑戰性，美學價值對於市場定位和溝通策略造成前所未有的衝擊。傳統上，「美學」一詞常常讓人聯想到繪畫、雕塑、建築及音樂等各種形式的藝術，然而二十世紀以後，美學在某種程度上已經與風格（style）劃上等號，也可以用來泛稱消費者所購買商品（如車子或各種用具）之外形設計。近來在商業領域中，美學這個字眼已被用來指涉廣告、公司商標、服務業等與商業有關的設計（Schmitt和Simonson 1977）。設計良好的服務場景可以吸引顧客、傳達整體化的形象，並且能有效地和競爭者形成區隔。

　　Bitner將服務場景（servicescape）定義成提供服務的物理環境，我們可以從三個方面來說明服務場景的美學價值之重要性（1992）。第一，服務本身是無形的，因此顧客會以有形的服務場景設計來評估服務的品質。其次，服務場景是顧客接受服務的場所，因此它能影響顧客經驗的愉悅度。最後，美學價值可以強化顧客對服務經驗的整體滿意度。

　　本章將結合哲學、設計、行銷領域的相關概念，提出一個服務場景的美學價值模式（見圖4.1）。此模式著重於服務場景的視覺觀點—即建築與裝潢兩方面，目的是提供一個研究架構，歸納關於服務場景美學價值的各種假說，並且提出美學價值所面對的概念性及方法論上的挑戰。

　　Holbrook（1994，1999）根據價值論（axiology）提出顧客價值觀的類型模式，此模式歸納出顧客使用產品之經驗所衍生的八種價值觀，美學便是其中之一[1]。在價值論中，價值的定義是主體（subject）與客體（object）互動的經驗（Frondizi 1971）。所謂價值的客體（objects of value）稱之為「價值體」（axioforms），在商業領域中可以用來指涉任何一種產品—包括實體商品、服務、事件或想法（Holbrook 1999）。價值是一種愉悅的感受，這種感受來自對某個產品的感

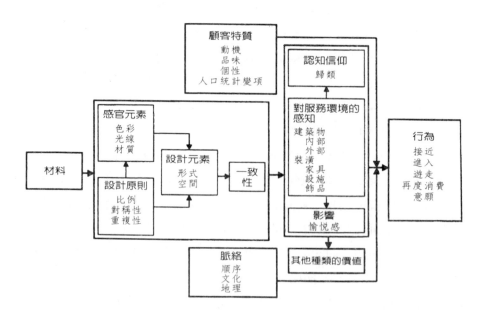

圖4.1　服務場景中的美學價值模式

覺、評估以及判斷。這個美學價值模式中所指的主體，就是和服務場景產生互動的消費者或企業體。

哲學上對於美學價值的研究，有兩個學派，分別是客觀主義和主觀主義。客觀主義者（如Kant 1964）認為美學價值存在於物體本身，而主觀主義者（如Hume 1963）則認為主體對於物體的反應才是美學價值存在之處。行銷學中通常以主觀主義的立場來研究顧客對於商品（Bloch 1995）或服務（Bitner）所產生的心理與行為反應。而視覺藝術設計及建築領域裡的價值模式則認為，物體本身的特性及美感才是價值所在之處。目前尚未有行銷模式詳細地探討物理設計形式對美學價值的貢獻。

如果服務業者要提供一個更具吸引力的服務場景，有必要更進一步地瞭解物理設計將如何影響顧客對於美學價值的判斷。本節所提出的模式涵蓋了主體及客體對於美學價值的觀點，有關於客體的概念主要來自視覺藝術及建築的理論（Ching 1996；Davis 1987；Feldman 1972），這些理論衍生自於哲學（Wagner 1992）和行銷學（Bitner 1992；Bloch 1995；Holbrook 1994，1999），強調物理設計是導致主體產生心理或行為反應的主要來源，因此美學價值模式應該將物理設計的特性納入考量中。

對於物理設計的視覺觀點，包括了設計的元素、質感以及設計準則，著重於探討彼此之間分別如何影響美學價值，而三者交互影響後又會產生何種作用。此一模式包含顧客對美學價值的認知、情感、行為反應，也兼顧顧客人格特質和整個環境脈絡的效果（contextual effects）等概念，後者被認為可以調節物體本身設計的客觀特性對顧客的影響力。我們可將此視為美學價值的一般化模式，以此應用在任何物理設計上，包括本章探討的服務場景設計。

在此模式中，我們將美學價值定義成顧客對建築或裝潢設計的感受及評估經驗。建築通常指人們建造的內在或外在環境，而裝潢指的是家具、設備、裝飾品等,主要係用來增加建築內在或外在的吸引力。和大多數的價值一樣,美學經驗可能在單一的情境中產生,也可能是透過一連串的事件後而建立(Mandker 1982)。要使物體具有美學價值,必須使顧客的整體美學經驗具有正面意義。

嚴格來說,視覺、聽覺、觸覺、嗅覺等感官的刺激使人們產生的知覺,就是美學。本章的模式之所以著重於物理設計的視覺元素,基於三個主要的原因。首先,各種不同的物理環境能夠多有效地傳達服務價值,會隨著服務業之不同性質而有所差異(Zeithaml 和 Bitner 1996),但是無論服務場景的設計精緻或粗糙,其所呈現的視覺感都具有高度的感染力。服務場景可能簡單到只是一部機器,但是仍會帶給消費者視覺上的感受,而像遊樂場或主題餐廳這類精緻複雜的服務業,為了提供給顧客豐富多樣的感官經驗,也高度倚賴視覺設計(Bitner 1992)。其次,各種感官經驗的美學價值是不同的,舉例而言,音樂上的編曲和視覺藝術的設計,兩者特性並不相同。最後,物理環境的視覺感對於人們的行為反應有絕對性的影響(Lnag 1987),因此在擬定行銷策略時,值得加以考量。

除了 Holbrook 和他的共事者之外(Holbrook 1981,1986,1994;Holbrook 和 Moore 1981;Huber 和 Holbrook 1981),行銷領域中對於美學的實務經驗研究可說付之闕如。不過,這個現象已經漸漸改變,逐漸有人開始研究顧客對商品(Eckman 和 Wagner 1994;Veryzer 和 Hutchinson 1998)、品牌商標(Henderson 和 Cote 1998)、廣告(Meyers-Levy 和 Peracchio 1995)的視覺設計有何反應。除了 Bitner(1990)探討辦公室外觀對顧客的影響之外,目前並未有人針對服務場景視覺藝術的美學價值觀從事相關的實務研究。

服務場景的客觀特性

　　整體服務場景設計裡的各種元素能夠決定服務場景的特性，業者若想要使服務場景具有吸引力，必須要多下點功夫在設計環境上，瞭解各種物體特質之間存在什麼關係、以及它們的美學價值。設計理論將客體特性分成兩大類，這種分類亦可以延伸到對於視覺藝術的探討，它們分別是視覺組成元素以及設計的原則（Feldman 1972）。根據以上的分類，我們可以將「設計」定義如下：根據某些原則將一系列的視覺元素組合起來，並藉此創造美學價值，這就是設計。

視覺元素

　　視覺元素指的是客體的知覺組成（constituents of perception），這些知覺是由設計者操弄各種視覺物質後所得到的結果。一般的設計理論粗略地將視覺元素以二度或三度特性來定義，例如線條（line）、形狀（shape）、形式（form）、空間（space）、色彩（color）、光線（light）及材質（texture）。服務場景通常是三度空間，因此用建築理論系統來分類視覺元素會較為恰當。在建築理論中，將視覺元素分成兩大類型，一是形式與空間，另一則是光線、顏色及材質等感官特性。線條及形狀和形式有關，因此它們也是設計元素之一。以下將說明線條是形式的來源，形狀則是形式的特性（Ching 1996）。設計元素和感官特性可以運用在服務場景的建築設計（包括在此服務場景裡的各種空間），也可以運用在任何一種三度空間化的裝潢上。

設計元素：形式和形狀

　　在設計理論中，形式至少具有三種意義。第一，形式是任何一個物體外觀所呈現的外在視覺形象（Bloch 1995）；其次，各種視覺元素組合而成的整體結構所賦予人們的感覺，也可以說是形式；最後，立體物體的設計形式指的其實就是物體的輪廓（Ching 1996）。在建築環境裡，形式是由內在及外在的外觀來定義的，包括了外部輪廓、屋頂、牆、地板以及天花板等將此環境圍繞起來的成分。裝潢物體的形式，如家具、設備或其他人造物品，也是由外觀來定義，它們也同樣地可以將某些空間、人群或同時將兩者圍繞起來。

　　視覺藝術理論認為形式來自於線條（如Ching 1996；Davis 1987；Feldman 1972；Lang 1987）。當線條在三度空間中延伸（長、寬、高），便產生了平面，把各種平面組合起來圍繞成空間，就會呈現形式。平面（如門、窗戶、天窗）是開放性的，它們創造了建築內部與外部的溝通管道—所謂建築內部就是服務場景所在，而外部就是建築物矗立之處，相關的服務行為在服務場景的三度空間中進行。舉例而言，旅館的大廳用來辦理登記手續，客房是提供顧客休息的地方，而吧台則是提供人們交際的場所。

　　形式和空間有形狀、大小和位置等物理特性，這些特性構成了服務場景的美學價值。形狀指的是輪廓，顧客會以輪廓的特徵來辨識建築物（Ching 1996；Lang 1987）、服務業者、裝潢物品的種類。例如加油站和速食店即使沒有招牌，人們也可以根據建築外觀的形狀輕易地知道它們所提供的服務內容；再例如牙醫診所的手術椅和安樂椅的外觀一定有所區別。大小指的是形式所佔據的物理空間，而位置指的是物體之間的相對關係。大小和位置是用來衡量美學價值的有效指標，因為它們是人們用來判斷比例是否恰當的重要標準。從顧客的觀點來說，大小及位置可以增進他們對於社會價值的評估。例如在客機座艙裡，頭等艙的空間較經濟艙寬敞；在高級餐館裡，靠近廚房的位子和靠窗或暖爐的位子相較之下，前者的美學及社會價值便相對減低；人們通常較喜歡位於市區、方便購物及能從事娛樂活動的旅館，而不是在郊區的旅館。

感官元素：光線、色彩與材質

「美學」這個詞源自希臘文，意指感官知覺（sense perception，Hermeren 1998），在建築、視覺藝術等理論上，光線、色彩、材質是物體所具備的知覺特性，同時也具有美學價值。

光線是電磁性的能量，也是我們之所以能看到各種物體的原因（Feldman 1972）。服務場景的美學價值會受光線的種類（如放射式或環繞式光線）及來源（自然光或人造光）之影響。光線在物體表面的折射，會產生色彩，而太陽光的各種色彩在可見的光譜上，其比例最為勻稱，通常人們會認為太陽光的色彩有助於提升環境的色彩，而且也是大多數的人造光線無法擬真複製的（Hope 和 Walch 1990）。相較於自然的太陽光，人造光就是人為控制的光源，因為它不受制於天氣或時間的因素。在這三種感官元素中，光線最重要，其他元素如形式、空間、色彩或材質等，如果沒有光線都無法呈現。

色彩是可見的光波在物體表面（如牆、地板、天花板等）反射之後所產生的，根據色彩理論，色彩主要的特性是顏色（hue），指的是某個光波在光譜或色輪上的位置。光學色彩理論中有三個主要的顏色：紅、綠、藍；色素色彩理論中，則有五種主要顏色：紅、黃、綠、藍、紫（Davis 1987；Hope 和 Walch 1990）。這兩種色彩理論都可以將各種顏色加以混合，產生無數種顏色，其中人們的感知可以辨識的只佔少數。顏色還有強度（明暗）及色調（深淺）兩種屬性，這兩種屬性之間有高度的互動關係（Alber 1963；Arnheim 1974；Davis 1987），因此有時暗綠色看起來像是橄欖色，而淺紅看起來像是粉紅

色。色彩和其他視覺元素的屬性（特別是形式）也會有密集的互動
（Ching 1996），例如實際上體積一樣的物體，淡紅色看起來會比深藍
色大，黃色的東西看起來比紫色的東西會更靠近一點。

　　材質係指物體表面可見／可觸知的部分，它不像光線或色彩，一
旦缺乏光源就不能辨識，材質是可以看得見、摸得到的（Ching
1996；Davis 1987；Feldman 1972）。建築物的材質和建築本身的大
小、形狀有關係，它是由各種不同的材料所構成的，比方一個建築物
的外部可能是磚造的、屋頂可能舖著瓦片，而建築物內部的地板也許
覆蓋著地毯、天花板的設計可能使自然光可以透入建築物內部等。

設計原則

　　設計者在安排各種視覺元素之間的相對關係時，會以設計原則為
指導方針，這種方針是對視覺元素的主觀看法，若運用得宜，可以創
造出視覺印象的秩序感與和諧感。在視覺藝術以及建築理論中，主要
有三項設計原則：比例、韻律感及對稱性（Ching 1996；Davis
1987；Feldman 1972）。一般而言，嚴格遵循這三個原則將可以使物
體呈現整體感，創造較高的美學價值。

　　比例指的是和某個物體整體／局部的相對關係，或者也可能是物
體與物體之間的關係（Feldman 1972）。在建築學上，比例主要和形式
及空間有關，以建築物為例，屋頂和整個建築、房間和房間、門的寬
度和高度之間，都存在著比例關係。理想的比例是數學運算系統裡的
一部份，源自於人類身體比例的概念，人們根據相關的數據研究，認
為某些比例是較具有吸引力的。例如在西方文化中的黃金切割
（Golden section，Ching 1996）、費布納西數列（Fibonacci sequence，
Feldman 1972）、以及柯柏彥係數（Le Corbusier　Modular, 1954）
等。某個物體和同一個環境中的其他物體也有比例的關係，例如在服

務場景中，某座建築物有的所在地和其他的建築物、屋內家具及設備和房間大小、掛畫和牆面等，彼此之間都存在比例關係。在建築物的設計中，良好的比例可以使各種物體之間產生韻律感，提昇美學價值。

韻律感指的是形式、空間、色彩、光線、材質等視覺元素的重複性（Feldman 1972），這種重複性可以創造連續感，使物體展現出富有整體的律動。服務場景的韻律感可以引導顧客在空間中的目光及行為，根據Ching的說法，很多建築的組合元素都具有重複的特性，空間不斷重複地用來滿足人類的功能性需求，如醫院的病房、法律公司的律師辦公室、機場登機門的等候區等（1996）。

對稱性係指各種設計元素的大小或看起來的重量，所呈現的平衡感（Feldman1972）。在設計建築環境時，對稱的形式和空間是根據想像的中心軸來安排。基本上，對稱有兩種形式，一是雙邊式（bilateral）的對稱，另一種則是放射式對稱。前者的對稱型態是以一條軸線的兩邊作為對稱的形式或空間，大多數的建築物都採用這種對稱方式；後者則是以兩條以上的軸線的交叉點為中心，將對稱元素向外擴張，許多大型或較為精緻的服務場景（如醫院、機場、體育館）會採用這種對稱形態。

整體性的美學價值

整體性指的是物體形象所呈現的秩序或一致性，因此一個具有整體性的設計，是根據上述的三個設計原則（比例、對稱、韻律感）來組織各種元素（Davis 1987；Feldman 1972）。一般而言，完形理論（gestalt theory）認為顧客對於某種秩序的視覺印象會有所偏好（Bloch 1995）。在服務場景中，一個具有整體性的設計會創造正面的美學反應，傳達和諧的公司形象，引導顧客涉入服務場景中，進而刺激顧客產生融入此環境的慾望。

　　整體性的設計容易流於雷同的弊病（Feldman 1972），設計者可以藉由控制視覺元素的特性，避免這樣的缺失。例如，大小、形狀的改變可以使形式更為活潑；利用色調及明暗來調整色彩，能使視覺印象更富有變化。在各種元素的屬性上加入某個程度的對比性、複雜性，可以使視覺形象更吸引人（Eibl-Eibesfeldt 1988；Turner和Poppel 1988）。一般而言，顧客可以接受某個程度的變化和複雜性（Berlyne 1974），但是Kotler則觀察到如果服務場景的設計過於複雜多變，反而會導致不良的作用（1973）。Huber和Holbrook 在1981的研究也顯示顧客對於過於繁複的建築物外觀設計，感覺是比較負面的。

　　關於變化和複雜性的概念可以應用到設計原則上。韻律感的變化--交替式（alternation）或階層式（gradation）變化--會使顧客感到有趣（Davis 1987），並且影響他們的行為。旅館走道的設計交互使用不同的材質（如兩種不同的地毯），不但可以創造某種視覺的連續性，也可以作為指示顧客從房間走往電梯的暗示。至於階層式變化最著名的例子是雪梨歌劇院，它的頂部由大至小呈波浪狀層次感。有些服務場景的光源是自然光，因此在一天中，該環境的色彩也是呈漸進式的變化。

　　如前所述，西方文化中對某些特定的比例有特殊偏好。從複雜性的觀點來談，較複雜的比例（如2：3：5：8）會比單純的比例方式（如2：3或5：8）來得令人感到有趣（Lang 1987）。雖然有些比例已經是固定的模式，但是仍然可以透過顏色、形式、增加感官元素等方式來提高變化性，或者運用窗門等建築物的對外開口、變化其形式軸線，使建築饒富變化趣味（Ching 1996）。

顧客對服務場景的反應

顧客對於服務場景的感覺會影響心理感受及行為表現。心理層面的反應包括認知與影響（Bitner 1992；Bloch 1995），行為表現則包括接近（approach）、進入（entrance）及遊走（circulate，Ching 1996；Lang 1987）等動作。

心理反應

認知

服務場景是一種非語言的溝通模式（Bitner 1992），在顧客從事歸類時，環境也會對其觀念造成影響。設計元素、感官特性以及兩者之間的關係，能左右顧客對於服務場景的想法，並依此描繪出對此服務場景物理空間、美學特質的「認知地圖」（Lang 1987）。服務場景可能透露的訊息包括產品的品質、主要顧客群（Fischer、Gainer和Bristor 1998）、及服務人員素質（Bitner 1990）等。

Bloch曾經指出，顧客會依據他所接收的各種視覺線索而產生某些概念。長期以來，概念產生的過程一直具有爭議性：這個過程究竟是線性的（linear）？還是整體性的（holistic）（Bloch, 1995）？前者意味著每次只一個視覺元素所產生的疊加效果，後者則是著重於物體的整體形象。視覺藝術及建築理論中認為視覺元素彼此之間有高度互動，個別元素配置在一起便產生整體的形象（Ching 1996；Davis 1987；Feldman 1972；Lang 1987）。Bloch的看法是，美學評斷的過程既是線性，也是整體性，其他學者如Eckman和Wagner也支持這個

看法（1994），他們針對視覺印象的成形過程進行一項研究，實驗方
法是讓顧客觀看男士西裝布料的彩色線條，結果發現：物體設計的某
些單一特質會對主體觀感產生一些影響，但是真正能夠吸引主體的，
卻是物體外觀的色彩以及形式的協調性。另外，Veryzer和Hutchinson
在1998的研究中提出「複合性影響」（superaddictive effect）的說法，
認為兩個設計特色合起來所產生的一致感，較所有元素整體給人的感
受要來得強烈。

　　在美學價值中，顧客的認知會影響他們對服務提供者的歸類方
式。Bitner指出，服務場景的設計會提供顧客某些暗示，傳達、告知
服務的內容（1992）。例如醫院的設計具有一些特性，而餐廳或銀行
的特徵通常也可以從其設計特質中辨識。最近Fischer、Gainer和
Bristor也研究了顧客如何對服務場景（美容院和理髮院）的性別
（gender）取向歸類。該研究顯示顧客並不是以客觀的物理環境來判
斷，而是以在該商店從事消費行為的顧客性別，來歸納這家商店提供
服務的對象是男性或女性（Fischer、Gainer和Bristor，1998）。顧客
的分類行為主要是透過和某類商店的原型比較，評估該商店的設計特
質是否與商店原型符合。關於商店原型對於顧客美學價值有何影響，
Veryzer和Hutchinson（1998）的研究指出，不管是「原型」或是「原
型變化形」（prototype distortion，即以原型為依據，但是將部份元素
稍做改變），對於美學評估都會有正面的效果。

　　Mandler（1982）認為價值判斷（包括美學價值判斷）是在認知
過程的脈絡中產生，在此脈絡中，主體會先敘述（description），然後
才進行評估（evaluation）（1982）。敘述，指根據客觀的物體特質（包
括設計和感官元素），主體得以從事歸類；評估則是依據設計原則，
觀察視覺元素之間的關係是否和諧恰當。大多數的美學價值判斷過
程，是敘述性的，也是評估性的。

影響

　　Bitner（1992）認爲服務場景的設計對於顧客反應會造成影響。根據價值論者，任何具有影響力的價值都有兩極性（polarity）、化合性（valence）、立即性（immediacy）的面向。兩極性是指影響力本身可能是正面，也可能是負面的（Bloch 1995）。美學價值通常指的是正面的，因爲美學能使顧客產生愉悅感（Kainz 1962）。化合性係指反應的強度，類似於Mehrabian和Russell（1974）對於激發效果（arousal）的看法，在Bitner（1992）的研究中也曾提及這個概念，而化合性是可強可弱的（Bloch 1995）。和其他種類的價值相較之下（特別是實用性和社會化價值），美學價值予人的觀感較爲強烈，但是在商品及服務場景的範圍裡，對於美學價值的感受也許不像它在藝術上給人的感覺那樣強烈（Bloch 1995）。立即性指的是令主體覺得驚訝或出乎意料之外的特質，這種意外可能造成不適感，並且超越了顧客可以接受的範圍（見Olive、Rust和Varki 1997），因此過度特殊的服務場景可能反而使顧客敬而遠之。

　　服務場景足以影響顧客的消費意願（Bitner 1992），Olive、Rust和Varki （1997）針對遊樂場和交響樂團的表演進行研究，結果顯示服務裡適當的驚喜（surprise）和激發（arousal）成分，具有正面效果。

對服務場景設計的行為反應

　　人們處於一個建構出來的環境中，他們對環境的感知是連續性的。美學經驗是主體在一連串的時間與空間中的行動所產生（Ching 1996）--例如從建築物外部走進內部；從一個房間到另一個房間；從房間的一部份，走到另一部份等等。根據Lang的觀察，雖然人們是在三度空間中行動，但是對於美學感知往往只有二度空間（1987）。一個設計良好的服務場景可以有效地利用各種吸引人的場景，緊緊抓住顧客的注意力；換言之，透過良好的空間組織（如隔間、通道、樓梯井等）、有吸引力的物體表面（如牆、地板、天花板），可以引起顧客對於這個環境的高度興趣。

本章的模式將美學價值視為一種正面的經驗，顧客藉此得以接近（approach）、進入（enter）並且遊走（cirticulate）於某個服務場景中。「接近」是一種具有主體性的行為，在此指人們在某種距離之外，觀看（或預期會看到）建築物外觀或其內部。在這個接近的過程中，顧客正準備要去感受、經驗和使用此服務場景（Ching 1996）。此時顧客會根據他過去的經驗建立預期的內容，但是他所預期的不僅止於美學價值，也包括了其他種類的價值。

「進入」某個服務場景是一種「滲透垂直性平面」（penetrating a vertical plane）的行為，此平面亦是建築物的內部與外部之分界，它也可能有切割空間的作用（Ching 1996）。入口（entrance）的美學價值在於它呈現了兩種空間在物理及心理層面的交界地帶，在各種實際的服務場景中，入口不外乎以「牆上的洞」（holes in the wall）作為存在的形式，在一般實用性的服務場景中（如醫師診所）指的當然就是門，但是在一些提供休閒娛樂的服務場景中（如旅館、博物館、音樂廳等），入口的形式可能五花八門，不一定是以一般的門作為呈現方式。

至於「遊走」指的是在服務場景中，顧客的身體、心理移動，亦即是指其不斷經過、穿越、停駐在各種空間的行為。「遊走」是顧客在產生美學經驗過程中的核心要素，同時也是顧客與服務場景、服務人員互動，進而感受其他種類價值（如效率、狀態、娛樂性、靈性）的決定性階段。Oliver、Rust和Varki認為在此階段顧客所萌生的正面經驗將有助於他們的消費意願（1997）。

美學價值的中介元素

顧客的個人特質

　　Bloch（1995）和Bitner（1992）的模式認為，顧客本身所具備的特質會影響他們對服務場景設計的心理、行為反應。雖然對於美學價值的中介因素之研究仍然相當貧乏，但藉由其他設計領域的經驗研究，我們發現顧客動機（motives）、品味（taste）、個性（personality）和人口統計學上的變項（demographics）等，都是影響美學價值評估的中介元素。

動機

　　哲學家們（如Mothersill 1984、Santayana 1955）認為，人們處理視覺形象的過程屬於較高層次的心智運作，與自我實現或自我提升的過程很類似。在面對物體所呈現的視覺印象時，顧客通常較偏好能予人正面感受或一致性的視覺印象，但是此視覺印象若過於平凡可能反而失去吸引力（Turner和Poppel 1988）。例如在機場餐廳裡，如果有位子可以看到窗外的飛機跑道，觀看飛機起起落落的情況，這將使旅客候機時的經驗變得更加豐富。

品味

　　顧客認知、辨識或欣賞物體美學特徵的能力，通常稱之為品味（Santayana 1955；Whewell 1995）或美學敏感度（Mothersill 1984）。Bloch認為品味可能是與生俱來，也可能是後天培養（1995）。先天的品味對於設計擁有某種敏銳度，是自然而然對美學有聰穎出色的天份；然而，後天的教育與經驗，也能形塑品味。Wallendorf、Zinkhan和Zinkhan指出，品味就是顧客對於美學的理解能力，這和認知一樣具有高度複雜性（1981）。同時，好的品味不見得是多數人的品味，因為所謂多數人的品味，大都是跟著流行時尚的潮流走（Whewell 1995）。

　　若要提昇品味，通常必須不斷地涉入或吸收相關設計領域的知識（Goldman 1995），某個設計領域的專家不見得對於其他設計領域也很在行，例如建築師和設計師通常會專精於某一種服務場景的設計--像是旅館、餐廳、醫院、機場、體育場等。對於設計的鑑賞能力則是透過學習各種設計形式或隨著時間不斷更新的美學標準而來（Eibl-Eibesfeldt 1998），經由淬煉品味的過程，個體對於物體設計特質的辨識能力會更為精進，也會產生更細緻的評估層次。

　　因此，專業建築師或設計師往往可以觀察到客戶不會注意到的某些視覺關係細節（Lang 1987）。雖然行家的品味往往被認為是好的品味，但並不是只有該設計領域專業人員才會具備這樣的好品味，對於經常光顧某些服務場景的客戶而言，他們可能也培養了出色過人的鑑賞品味。Huber和Holbrook研究了個體學習的過程對於辨識建築物美學價值有何影響（1981）。在實驗中，他們先讓受測者觀賞建築物的幻燈片，隨後安排一堂建築設計的課程。結果發現受測者在課前與課後，對於秩序和對稱的概念的確大有進步。

　　Holt在1998的研究中提出「文化資本」（cultural capital）的概念，讓服務的公司對顧客消費型態及品味從事分類。具有高度文化資本的顧客（HCC--high cultural capital）較偏好特異獨行、高度概念性的的消費型態，並且認為唯物式及奢華的商品粗糙不堪，因此他們可能會比較喜歡在一些具有異國風味或民族特性的餐廳，感受用餐的經驗。文化資本較低的顧客（LCC）在經濟上可能較不寬裕，因此對他們來說，具有富裕象徵的消費型態較令人嚮往，例如在昂貴的餐廳用餐或參加巨額費用的旅遊等活動。

個性

關於個性的研究似乎一直停留在30年前的階段，誠如Bagozzi所說，研究顧客的個性與反應之間的關連，是一片有待耕耘的土地（1994）。在服務場景中，有許多可能對顧客反應造成影響的因素，搜尋驅力就是其中之一（Bitner 1992）。Cox等人針對顧客的搜尋驅力和商品的複雜性對其在評估時裝的美學價值時有何影響，結果顯示雖然搜尋驅力本身不見得會有直接的影響力，但是卻會透過與商品複雜性的互動，對顧客的美學偏好產生作用（Cox和Cox 1994）。不過這項研究的結果與研究者的預期剛好相反：具有高度搜尋驅力的顧客，比較偏好設計簡單的衣服，而搜尋驅力較低的顧客則沒有什麼特定的偏好。其他的個人特質還包括了視覺／語言取向、以及浪漫主義／古典主義[2]，也都被證明會中介顧客對時裝商品的美學反應。

人口統計變項

Bloch（1995）觀察到年齡、性別等人口統計變項也會中介服務場景美學價值的判斷，只不過目前並沒有任何研究針對這兩個變項來探討，不過在其他藝術及設計領域上，倒是出現了一些探討性別和年齡如何影響個人的美學觀念和評估的研究，例如，Holbrook和Schindler（1989）指出二十歲前後的青少年會比較喜歡流行音樂，年紀稍長的人會比較喜歡剪裁長一點的夾克。性別差異對於服飾設計樣式的的喜好，是否有特定影響，不同的研究產生了不同的說法：Holbrook（1986）認為男女對於服飾設計的喜好是不同的，但是也有研究者（如Eckman和Wagner 1994）認為性別對喜好並不構成影響。

背景脈絡的影響

除了顧客的特徵之外，某些相關的脈絡也會中介人們對於美學價值的評估。這些脈絡包括順序（sequence）、文化（culture）和地理（geography）。

商品到達顧客的手中（Bloch 1995）、顧客經驗交易事件、服務場景空間的展現等，都會有某種先後次序，這就是「順序」（Bloch 1995和Ching 1996）。顧客在不同的時間購置物品，會有一貫的類似風格，因此每增添了一項物品，不管是獨項物品或整體而言，其美學價值可能會因此提升（參考Bell、Holbrook和Solomon 1991）。在消費服務時，顧客可能在結合自己所消費過的不同種類服務，進而對服務產生某種整體性的概念。比方有些顧客隨著時間的增長，會累積一些到餐廳用餐的經驗，進而知道哪家餐廳氣氛雖然不怎麼樣，但食物卻很好吃等印象。Wallendof、Zinkhan和Zinkhan（1981）認為在美學事件（如音樂、舞蹈、戲劇表演）中，順序的影響力是普遍存在的。在建築物的設計上，順序的安排也會產生一些影響力。建築裡所謂的順序，指的就是如何將空間與空間--如大廳、走道、房間、樓梯井等--概念性地交織連結（Ching 1996）。顧客如何感受空間，和他在此環境中遊走的經驗與預期心理有關。在一個服務的環境中，空間的順序安排會影響顧客對於服務行為的感受，例如在醫院中病患通常先在候診區等待，接著穿越走道，最後才進入醫師的問診室。

各種文化對於吸引力的看法並不相同，東西方文化對於比例的標準、顏色的意義，有不同的詮釋，西方消費者比較喜歡依人類身體結構所發展出來的比例，而日本人則否（Ching 1996）；西方文化裡，淺色有女性化意涵，深色則被視為較具陽剛氣質，但是東方社會則相反；美國社會裡的黑人較歐洲社會的黑人喜歡強烈而純粹的色系

（Williams、Arbaugh和Rucker 1980）。

　　地理因素也會構成美學價值判斷的中介元素（Ching 1996；Lang 1987）。當服務場景裡的各種物質、設計元素、感官特質，可以和所處環境的地點、氣候、地形等要素相輔相成時，美學價值便會增加，例如在處女島（Virgin Island）上，由於氣候溫和、雨量稀少，又有靠近海灘的區域可以開發利用，戶外餐廳在該地是很常見的；相對地，像聖塔菲（Santa Fe）這樣乾燥貧瘠的地區，建築物的主要材料是磚坏，當然很多位於該地的服務場景設計也無法例外。

未來的挑戰

　　在服務場景美學價值的實務研究上，研究者主要面臨兩項挑戰。第一個是理論性方面的課題—建立視覺形象的複雜架構，其次則是方法論方面的目標--如何根據經驗設計出最具刺激效果的服務場景。

　　如上所述，視覺元素不但各別地對美學價值產生具影響力的離散性概念（discrete concepts），完形論者也認為視覺元素彼此間的複雜互動會整合地、交互地產生影響力（Arnheim 1974；Davis 1987；Feldman 1972）。雖然在服務場景領域中對這些交互影響的研究付之闕如，但是在其他美學產品裡卻不乏相關研究（Eckman和Wagner 1994；Holbrook和Moore 1981）。即使只是二度空間的設計，要研究視覺形象的交互影響都相當困難，因為交互影響的可能型態是難以估計的，因此這是研究者所面對的最大挑戰之一。研究者應該要選擇最重要的理論和最實用的觀點來探討設計的問題。

　　Holbrook和他的共事者一直相當重視視覺刺激的效度研究（Holbrook 1981、1986；Holbrook和Moore 1981；Huber和Holbrook 1981），他們也從相關學者的研究（Whisney、Winakor和Wolins 1979）

中獲得一些靈感。雖然最理想的視覺刺激最好是以實體的美學物質型態存在，但是用經驗主義研究取向來獲知什麼才是理想的視覺刺激似乎顯得不切實際。在服務場景中，用一系列合適的物質來建構環境，其花費有時是難以負擔的昂貴，是否值得花費大筆的投資來鞏固市場，業者在面對顧客忠誠度等可能的衝擊時，必須考慮這樣做的風險是否太高。因此在其他的美學類別中，研究者認為應稍加妥協，例如可能可以加上一些口頭上的描述來達到較佳的刺激效果，或者以其他的視覺刺激（如照片或線條等）來代替眞實的美學物質。

　　用口頭方式傳達美學形象的困難在於，語言的機制無法全然地描述視覺特徵，就完形論的原則而言，語言表達的過程是整體性的，它不比視覺圖像般的在各種互動中產生更強烈的影響力。Holbrook 和 Moore（1981）就曾經比較過以語言和圖像來傳達一件時髦的物品（毛衣），其結果有何差異。這兩種刺激元素都用一種緊密的模式來試圖捕捉住整體互動的影響力，結果顯示圖像的影響力的確較為強烈，儘管如此，他們也發現兩者所造成的影響在本質上有些類似。

　　作為刺激元素的圖像可能是相片或是素描等，Bitner 用照片來研究服務場景的整體外觀（1990），而 Morganosky 和 Postelwait 也曾經以照片作為刺激元素來研究時尚商品的美學價值（1989）。雖然照片最大的好處是可以呈現眞實的物體，但是也必須要小心運用以免造成混淆的結果。素描是以一種具有高度實驗性的手法來操控設計元素（參考 Eckman 和 Wagner 1994；Holbrook 1986；Veryzer 和 Hutchinson 1998），由於素描缺乏顏色及材質的特性，它將會喪失一些擬眞度，但是如果加上了顏色，那又不如直接以照片的方式來呈現（見 Eckman 和 Wagner 1994）。

　　許多學者將照片和素描做比較，卻得到了不同的結論。Whisney、Winakor 和 Wolins（1979）分別以照片和素描呈現公司的制服，發現兩者所具有的吸引力並無差異。但是 Huber 和 Holbrook

（1981）對於二十世紀建築物外觀的研究則顯示，照片和素描之間具有相當的差異性。

　　如何妥善運用兩度空間的刺激元素來研究三度空間的美學價值仍有待了解。在研究服務場景的設計時，應該要特別注意顧客經驗本身是連續性的過程，而這樣的經驗是因為「身處其中」而產生的。Sherry（1998）曾以這些現象學的概念深入研究探討耐吉城的顧客在該服務場景中的消費經驗。目前現象學方法在研究傳統服務場景時（如醫生或律師的辦公室、旅館或機場）並未被充分利用。傳統的服務場景是為了支援某些無形的商品而設計。零售商店裡所陳設的商品是顧客主要的美學經驗來源，物理環境卻具有提升服務場景美學價值的潛力。

　　未來電腦模擬的科技也許可以用來將現象學和實驗技巧融合，以更深入地探討美學價值（見Burke 1994），刺激顧客經驗的元素也可能得以更具效果。雖然各種元素互動所產生的影響力仍然是一個難以解決的問題，電腦在這方面應該可以兼具重要的理論基礎與實務上的有效性，提供更佳途徑來控制視覺元素。同時，致力發展現象學和實驗性的研究，對理論學家或實際運用都會有所裨益。

註釋

1. 另外七種分別是效率（efficiency）、品質（quality）、階級地位（status）、尊重（esteem）、玩樂（play）、道德（morality）及靈性（spirituality）。
2. 譯註：浪漫主義較感性取向，古典主義較重視理性、秩序和平衡。

參考書目

Albers, Josef (1963), *Interaction of Color.* New Haven, CT: Yale University Press.
Arnheim, Rudolf (1974), *Art and Visual Perception.* Berkeley: University of California Press.
Bagozzi, Richard P. (1994), "ACR Fellow Speech," in *Advances in Consumer Research,* Vol. 21, Chris
　T. Allen and Deborah Roedder John, eds. Provo, UT: Association for Consumer Research, 8-11.
Bell, Stephen S., Morris B. Holbrook, and Michael R. Solomon (1991), "Combining Esthetic and
　Social Value to Explain Preferences for Product Styles With the Incorporation of Personality
　Effects," *Journal of Social Behavior and Personality,* 6(6), 243-74.
Berlyne, Daniel E. (1974), "Novelty, Complexity and Interestingness," in *Studies in the New
　Experimental Aesthetics,* David E. Berlyne, ed. New York: John Wiley & Sons, 175-80.
Bitner, Mary Jo (1990), "Evaluating Service Encounters: The Effects of Physical Surroundings and
　Employee Responses," *Journal of Marketing,* 54 (April), 69-82.
——— (1992), "Servicescapes: The Impact of Physical Surroundings on Customers and Employees,"
　Journal of Marketing, 56 (April), 57-71.
Bloch, Peter H. (1995), "Seeking the Ideal Form: Product Design and Consumer Response," *Journal
　of Marketing,* 59 (July), 16-29.
Burke, Raymond R. (1994), "The Virtual Store: A New Tool for Consumer Research," *Stores,* 76
　(August), RR1-RR3.
Ching, Francis D. K. (1996), *Architecture: Form, Space and Order,* 2nd ed. New York: Van Nostrand
　Reinhold.
Cox, Dena and Anthony Cox (1994), "The Effect of Arousal Seeking Tendency on Consumer
　Preferences for Complex Product Designs," in *Advances in Consumer Research,* Vol. 21, Chris T.
　Allen and Deborah Roedder John, eds. Provo, UT: Association for Consumer Research, 554-59.
Davis, Marian L. (1987), *Visual Design in Dress.* Englewood Cliffs, NJ: Prentice Hall.
Eckman, Molly and Janet Wagner (1994), "Judging the Attractiveness of Product Design: The Effect
　of Visual Attributes and Consumer Characteristics," in *Advances in Consumer Research,* Vol. 21,
　Chris T. Allen and Deborah Roedder John, eds. Provo, UT: Association for Consumer Research,
　560-64.
Eibl-Eibesfeldt, Irenaus (1988), "The Biological Foundation of Aesthetics," in *Beauty and the Brain,*
　Ingo Rentschler, Barbara Herzberger, and David Epstein, eds. Boston: Birkauser Verlag, 29-68.
Feldman, Edmund Burke (1972), *Varieties of Visual Experience.* New York: Harry N. Abrams.
Fischer, Eileen, Brenda Gainer, and Julia Bristor (1998), "Beauty Salon and Barbershop: Gendered
　Servicescapes," in *Servicescapes: The Concept of Place in Contemporary Markets,* John F. Sherry, Jr.,
　ed. Chicago: NTC/Contemporary Publishing Company, 565-90.
Frondizi, R. (1971), *What Is Value?* LaSalle, IL: Open Court.
Goldman, Alan H. (1995), "Aesthetic Properties," in *A Companion to Aesthetics,* David E. Cooper,
　ed. Malden, MA: Blackwell, 342-47.
Henderson, Pamela W. and Joseph A. Cote (1998), "Guidelines for Selecting or Modifying Logos,"
　Journal of Marketing, 62 (April), 14-30.
Hermeren, George (1988), *The Nature of Aesthetic Qualities.* Lund: Lund University Press.
Holbrook, Morris B. (1981), "Integrating Compositional and Decompositional Analyses to Repre-
　sent the Intervening Role of Perceptions in Evaluative Judgments," *Journal of Marketing Research,*
　28 (February), 13-28.

——— (1986), "Aims, Concepts, and Methods for the Representation of Individual Differences in Esthetic Responses to Design Features," *Journal of Consumer Research*, 13 (December), 337-47.

——— (1994), "The Nature of Customer Value: An Axiology of Services in the Consumption Experience," in *Service Quality*, Roland T. Rust and Richard L. Oliver, eds. London: Sage, 21-71.

——— (1999), "Introduction to Consumer Value," in *Consumer Value: A Framework for Analysis and Research*, Morris B. Holbrook, ed. London: Routledge, 1-28.

——— and William B. Moore (1981), "Feature Interactions in Consumer Judgments of Verbal vs. Pictorial Presentations," *Journal of Consumer Research*, 8(2), 103-13.

——— and Robert M. Schindler (1989), "Some Exploratory Findings on the Development of Musical Tastes," *Journal of Consumer Research*, 16 (June), 119-24.

Holt, Douglas B. (1998), "Does Cultural Capital Structure American Consumption?" *Journal of Consumer Research*, 25(1), 1-25.

Hope, Augustine and Margaret Walch (1990), *The Color Compendium*. New York: Van Nostrand Reinhold.

Huber, Joel and Morris B. Holbrook (1981), "The Use of Real Versus Artificial Stimuli in Research on Visual Esthetic Judgments," in *Symbolic Consumer Behavior*, Elizabeth C. Hirschman and Morris B. Holbrook, eds. New York: Association for Consumer Research and the Institute of Retail Management, New York University, 60-68.

Hume, David (1963), *Essays Moral, Political and Literary*. Oxford, UK: Oxford University Press.

Kainz, F. (1962), *Aesthetics the Science*. Detroit: Wayne State University Press.

Kant, Immanuel (1964), *Critique of Judgment*, J. C. Meredith, trans. Oxford, UK: Clarendon.

Kotler, Philip (1973), "Atmospherics as a Marketing Tool," *Journal of Retailing*, 49(4), 48-64.

Lang, Jon (1987), *Creating Architectural Theory*. New York: Van Nostrand Reinhold.

Le Corbusier (1954), *The Modulor*. Cambridge: MIT Press.

Mandler, George (1982), "The Structure of Value: Accounting for Taste," in *Affect and Cognition*, M. S. Clark and S. T. Fisher, eds. New York: Academic Press, 3-36.

Mehrabian, Albert and James A. Russell (1974), *An Approach to Environmental Psychology*. Cambridge: MIT Press.

Meyers-Levy, Joan and Laura A. Peracchio (1995), "Understanding the Effects of Color: How the Correspondence Between Available and Required Resources Affects Attitudes," *Journal of Consumer Research*, 22 (September), 121-38.

Morganosky, Michelle A. and Deborah S. Postelwait (1989), "Consumers' Evaluations of Apparel Form, Expression, and Aesthetic Quality," *Clothing and Textiles Research Journal*, 7(2), 11-15.

Mothersill, Mary (1984), *Beauty Restored*. Oxford, UK: Clarendon.

Oliver, Richard L., Roland T. Rust, and Sajeev Varki (1997), "Customer Delight: Foundations, Findings, and Managerial Insight," *Journal of Retailing*, 73(3), 311-36.

Santayana, George (1955), *The Sense of Beauty*. New York: Dover.

Schmitt, Bernd and Alex Simonson (1997), *Marketing Aesthetics*. New York: Free Press.

Sherry, John F., Jr. (1998), "The Soul of the Company Store: Nike Town Chicago and the Emplaced Brandscape," in *Servicescapes: The Concept of Place in Contemporary Markets*, John F. Sherry, Jr., ed. Chicago: NTC/Contemporary Publishing Company, 109-46.

Turner, Frederick and Ernst Poppel (1988), "Metered Poetry, the Brain, and Time," in *Beauty and the Brain*, Ingo Rentschler, Barbara Herzberger, and David Epstein, eds. Boston: Berkauser Verlag, 71-90.

Veryzer, Robert W., Jr. and J. Wesley Hutchinson (1998), "The Influence of Unity and Prototypicality on Aesthetic Responses to New Product Designs," *Journal of Consumer Research*, 24 (March), 374-94.

Wagner, Janet (1999), "Aesthetic Value: Beauty in Art and Fashion," in *Consumer Value: A Framework for Analysis and Research*, Morris B. Holbrook, ed. London: Routledge, 126-46.

Wallendorf, Melanie, George Zinkhan, and Lydia S. Zinkhan (1981), "Cognitive Complexity and Aesthetic Preference," in *Symbolic Consumer Behavior*, Elizabeth C. Hirschman and Morris N.

Holbrook, eds. New York: Association for Consumer Research and Institute for Retail Management, New York University, 52-59.

Whewell, David (1995), "Aestheticism," in *A Companion to Aesthetics*, David Cooper, ed. Malden, MA: Blackwell, 6-9.

Whisney, Anita J., Geitel Winakor, and Leroy Wolins (1979), "Fashion Preference: Drawings Versus Photographs," *Home Economics Research Journal*, 8 (November), 138-50.

Williams, Judy, Joyce Arbaugh, and Margaret Rucker (1980), "Clothing Color Preferences of Adolescent Females," *Home Economics Research Journal*, 9, 57-63.

Zeithaml, Valarie A. and Mary Jo Bitner (1996), *Services Marketing*. New York: McGraw-Hill.

第二篇

科技／參與

第5章

自助式服務與科技：
對顧客關係產生難以預料的影響力

James G.Barnes

Peter A. Dunne

William J. Glynn

拜科技進步之賜，越來越多的服務透過科技完成，不管顧客走到哪裡，他們多少都需要與科技產物互動後，才能夠獲取所需的服務，這種以科技完成的服務通常由顧客依個人需要而主動使用。工業技術的進步，使客服人員與顧客之間就算沒有任何直接或間接的接觸，也能達到服務的目的。顧客可以自行決定是否需要某項服務，再利用科技產物與公司完成互動。在現代社會中，這種以科技為基礎的自助服務方式，幾乎取代了傳統面對面的服務型態。現代消費社會在過去二十年來和科技發展緊密結合以後，公司已能用新興科技來完成服務客戶的目的。

這種毋須透過客服人員的服務形式在我們的日常生活屢見不鮮。電子商務提供線上購物的便利管道；需要用錢時就在提款機領錢；利用電話或網路更是家常便飯：航空公司自動語音系統提供航班資訊；

學生上網就可以完成註冊程序，也可以查詢成績；在自助式加油站可用信用卡付款；另外你也可以利用自動轉帳的方式在零售商店購物。

　　將科技引入顧客服務領域，創造了一個顧客自行從事服務的型態，這將持續減低真人服務在服務過程中傳遞的情感及社交成分。本章將檢視這種服務形式對服務業造成的衝擊，並且討論公司引進科技化服務型態的動機；同時我們也將討論這種服務型態對顧客的價值，以及如何將區隔顧客群的概念運用在這種服務型態上。

　　提供服務者在採用以科技為基礎的自助式服務系統時，所考慮的面向可能有以下兩個：公司本身和消費者的利益。對公司而言，這不啻是一種較為經濟的作法，因為科技本身具有高度穩定性及效率，而且全年無休，例如利用轉帳系統便能為公司省下一大筆現金流動所需要的成本。對顧客一方來說，使用自助式服務也有很大的好處，因為除非機器出了毛病，顧客可以隨時隨地使用各項服務，而且服務水準不會因時因地而參差不齊，比起依賴真人所提供的服務，消費者在使用服務時獲得了較大的控制權。

顧客的滿意和價值的創造

　　針對顧客使用服務的滿意度，Cumby 和 Barns 提出五個層次加以說明（1996）：

1. 服務的核心內容（core service）。
2. 為達到服務內容所需具備的相關支援。
3. 所使用的技術，其精確性為何。
4. 顧客和公司員工的互動關係。
5. 互動行為中的情感層面--此部分特別強調顧客的感受。

　　公司可以在每一個層次創造某些服務價值；而不同的消費案例則會產生不同的價值。

　　一般相信採用這種以科技爲基礎的自助式服務型態，不但能改善公司的服務品質，就顧客方面來說，當他在深夜時可以提款、從網路上可以註冊社區大學並選讀課程，他必定也能感受到這種服務的便利性。然而，或許有人認爲這種所謂有效率的服務方式並不一定能滿足所有顧客的需求，因爲顧客也希望獲得其他層面的價值，而且顧客也可能覺得有受制於機器的感覺。這類型顧客可能覺得自助式服務方式難以接受。

　　若我們以圖5.1來衡量以科技爲基礎的自助式服務，所創造的價值可能只有達到三個層次。第一個是服務本身的內容，如轉帳、註冊、獲取航班資訊。其次，科技化服務確實也提供了執行服務內容的

顧客滿意度的驅力

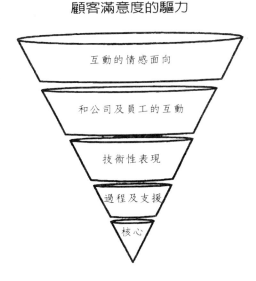

互動的情感面向

和公司及員工的互動

技術性表現

過程及支援

核心

圖5.1　顧客滿意度的驅力模式

相關支援，因為藉由這些資源顧客才能達到他的目的。第三個則是透過機器運作而完成了服務，讓顧客相信機器是有效率而精準的。然而這種服務型態妨礙了公司員工與顧客的互動，往往導致公司忽略顧客在接受服務時的感受，而這類服務方式也不可能為顧客量身製作他所希望獲得的服務，更別說是在某些的情況下顧客可能需要較為特殊的服務了。這種支援性的附加價值恐怕不是科技化服務所可以辦到的。

科技化服務對顧客情感面的影響

　　當公司一心一意只在乎用科技完成服務，但卻缺乏直接與顧客接觸的機會，是否會因此忽略了最高層次的顧客滿意度—亦即是情感層面的效果？從傳統面對面服務方式到完全以科技來傳遞服務，兩者之間最大的差異之一，就是人與人接觸的程度。在互動的過程中，顧客本身的情緒、感受必然受到相當的影響。這裡所浮現的問題是：一旦人們不再以面對面的方式接受服務，是否意味著應忽視顧客的感受？這種服務是否會造成顧客感受的差異？如果會，我們又該如何因應在科技發展下的顧客關係？另外，服務品質至上的觀念如何能建築在這種關係上呢？

　　在此我們必須要廣義地定義「服務接觸」（service encounter），也就是將顧客與公司間的所有互動納入服務的概念中。唯有這樣才可能在科技快速成長、市場急遽變化的商業環境中，開啟討論與研究的空間。

　　雖然公司短期的目標是利用科技化服務系統來減低成本，從消費者的立場來看，「省錢」又何嘗不是他們最關心的一件事呢？因此在設計服務方式及通路時，要同時考慮到消費者和投資者的期許。對提供服務的公司而言，科技使他們能夠將服務提供給顧客；但另一方面，也應該要注意：顧客如何看待這種越來越普遍的服務型態？

顧客看得到服務嗎？

　　科技所呈現的三種型態會影響到公司提供的服務或商品，這三種型態分別是材料、方式、資訊（Lovelock,1995）。用舞台表演的方式來比喻，一方面，我們可以將科技所執行的服務內容視爲在舞台後方默默完成的，另一方面，我們也可以把它視爲是顧客與機器在舞台上互動後所產生的結果，也就是說，科技取代了服務人員的角色，服務事件裡的部分眞人演出已經有替代方案。顯然，在傳統服務中，顧客和提供服務者會在舞台上有所接觸，而新興的服務方式則是以科技來取代傳統服務人員所扮演的角色。在科技的各種型態中，資訊是最常改變顧客與服務提供者互動方式的要素，因爲藉著資訊的交換與應用，使得這種互動逼近眞實。

　　科技對服務行爲所產生的衝擊往往發生在消費者的視線之外（Kingman-Brundage 1995）。資訊發達使商人能更有效地獲得關於消費者的訊息，並且提供了許多市場訊息，也因此使公司更準確地掌握顧客，並鎖定具有消費潛力的顧客族群。同時，科技也能使商人在顧客毫不知情的情況下完成對他們的服務，比方當電話線路出現問題時，電話公司不見得需要到使用者的住處修復，而是在總機一端處理即可，尤有甚者，在使用者發現電話有問題之前，公司已經完成了修復的動作。

　　再回到前述的舞台比喻，雖然我們可以認爲科技使互動行爲彷彿發生在後台，但這並不表示顧客不會感覺到他們的確利用到了科技。所以，從這個角度來說，科技不是眞的發生在幕後，反而是顧客可以感受得到的過程。顧客瞭解他們是在和機器互動，這種直接與「後台」

的互動使顧客對服務提供者產生回應。大多數的顧客並不會感覺到在後台的這些技術為服務帶來何種變化。相反的，能讓顧客感受得到的變化，通常必須是看得到、摸得著的東西，因此採用科技化服務要注意的一點，就是必須要讓顧客清楚瞭解提供服務者的目標為何。

對服務價值的感覺

　　就顧客的觀點來說，這種以科技為基礎的服務究竟是服務層級的提升還是低落？有哪些價值的增加是顧客在這種科技化服務中所能感受到的？不同的市場對於科技化服務會有何不同的反應？在某些情況下，提供服務者的角色退居幕後，使顧客無從察覺他們的存在。再者，顧客（或潛在顧客）是否認為服務在科技面的「進步」真的具有價值？如果一如前述之假設，科技化服務是從使用者的角度所設計的，這意味著服務提供者認為科技提供的功能性／機械性服務正是顧客所需要的方式。我們都知道每一個顧客對服務的需求有所差異，相對地也會對服務行為所蘊涵的的各項價值有不同的評量標準，但是現今科技化服務的趨勢似乎忽略了服務行為中的顧客關係或情感層面。

　　雖然某些服務內容的本質具有高度的例行性，但有更多的服務有人性化、個人化的需求，在過去，這種較具人際關係的服務型態可以使顧客產生社交上的互動及情感面的回應。Westbrook認為在購買商品的行為中，對於售後服務品質的衡量並非完全是一種認知的過程（1987），Barnes也認為提供服務者和消費者雙方關係的親密度是影響顧客滿意度的重要因素，當然也會影響顧客是否在未來會漸漸流失的問題（1997）。顧客情感面的回應在過去並非首要的衡量指標，然而近幾年來已有改變的趨勢，情感面的觀點成為顧客購買動機的重要因素，對於顧客在處理腦中相關消費資訊並做出決定時，產生很大的影響力。

對顧客情感的影響

　　首先我們必須瞭解以科技完成的自助式服務是否會改變顧客的情緒感受？如果會，又是如何改變？Cumby和Barnes認為在交易行為中情感層面是最重要的，公司必須要考慮員工與顧客的互動在顧客心理所產生的感覺為何，才能對其所提供的服務做出有效的經營策略。顧客對於這種互動方式的感受是非常關鍵的，他們的感受是正面或負面，對滿意度及公司與顧客的關係有決定性的影響。

　　前述由Cumby和Barns所提出的模式（圖5.1）透露「真實的」接觸對於提升顧客滿意度會有很大的助益，雖然在顧客與服務機器的互動中，顧客也會產生某些情緒反應，但如果是由公司的員工本人與顧客有所接觸，他們的情緒感受將會更為強烈。本文所討論的正是科技化自助式服務對不同顧客群所創造的價值；過去這種價值是藉由與員工的接觸所產生，現在則由科技化服務取代。有些顧客認為利用科技的確為服務創造了許多價值，然而也有人認為整體來說，科技事實上降低了服務的品質。

　　公司採用了另一種可能的途徑提供服務（即科技化服務），並不意味著情感層面與真實互動的價值已經不再重要，只是在採用科技化服務的同時，他們極可能低估了科技化服務對顧客忠誠度的影響力。科技化服務可能使顧客的安全感動搖，同時公司也不能夠有效地掌握顧客反應、了解每個顧客的需求。顧客在接受服務的過程中與服務者親身接觸的經驗，其重要性不可小覷，在變化多端的環境裡，顧客的感受和需求隨時有可能改變，這一點更是服務提供者應該予以細細考量的問題。

　　Dean和Brass在十幾年前曾提出這樣的說法：公司裡與顧客有大量接觸、或在公司前線為顧客直接提供服務的員工，較能以旁觀者（outsider observer）的角度來審視公司的角色（1985）。換句話說，他們的觀點更趨近於顧客及潛在顧客群。Barns和Glynn也認為常與顧客面對面溝通的員工比那些位於「後台」規劃、準備，卻鮮少與顧客接觸的人更加瞭解顧客的期望（1995）。面對科技化服務時代的挑戰，一家公司應該如何發展服務系統，才能維持顧客忠誠度、獲得顧客的良性回應，並且準確抓住客戶喜好，與其保持密切關係？

　　不管服務方式為何，如果我們體認到個人情感的確是一個非常重要的面向，採用科技化服務的公司應如何顧及顧客的感受？我們又如何知道顧客真正的感覺？顧客是否因為缺乏與真人的接觸，以致覺得科技化服務型態變得冷漠而缺乏人性？更甚者，這種服務是否會造成某些負面感受—如挫折或被忽視的感覺，進而阻礙正面情緒的產生—如瞭解與同理心？這樣一來，科技化服務就不再是一種進步，反而是導致服務品質低落的原因。

　　很多重要的服務不是斷裂式的交易（discrete transaction），因此服務機構可視為一個社會化的組織，隨著越來越多的服務藉著科技而完成，與消費者社會化的互動也因此被取代，這種以科技來服務消費者的型態只在乎「交易」本身，卻未以「關係」層次來考量交易這個行為，它將交易雙方侷限在服務內容本身（core service），只求機械式地完成交易，卻忽略了顧客亦希望能夠與人有所互動；只強調交易的精確性、有效性，卻不重視交易行為中顧客的情緒感受，低估了人與人真實接觸所帶來的的價值。

建立良好關係 創造更高價值

　　過去幾年來，無論在服務業或零售業的行銷都相當強調與顧客建立良好的關係，但想要與顧客真正建立長期關係，則必須使服務提供者與顧客有某種程度的接觸，才能有效地將雙方串聯起來。Goodwin與Cremler認為服務的社會面向是創造顧客忠誠度的要素（1996），忠誠度也是使公司獲利的重要原因，而提高忠誠度有賴於和顧客的良好關係（Heskett等，1994）。從接受服務的經驗中，顧客會有某些感受，例如：這樣的服務是否貼心？有沒有同理心？使用服務後是否會令人折服於它的人性化與友善？服務是否使顧客產生歸屬感，刺激信賴感的產生？一般來說，忠誠的顧客通常會對服務提供者訴說他們對於服務的真實感覺，至於無忠誠感的顧客則會貪圖一時的便利或選擇較為經濟的商品從事消費行為。

　　我們可否做出這樣的結論：在面對面（或是交談）的互動過程中，某些良性的關聯、親密及忠誠感會因此產生？在顧客與公司之間似乎會形成一種對雙方皆有所裨益的連結：服務本身所提供的價值會使顧客滿意，顧客滿意會使其對產品保有忠誠度，顧客的忠誠度對公司的獲利與成長大有好處（Heskett等，1994）。如果參考5.1的模式，可以看出顧客滿意度的最高層次落於最上方，但是它並未以顧客的觀點清楚地定義服務的價值，服務業者應該將重點放在導致顧客高度滿意的驅力上，在這種層次上才能清楚地看見顧客滿意度與服務行為在人際接觸、情感面向之間的關係。

　　在採用科技化服務時，我們可否評量與顧客的關係及情感面向的重要性？我們如何確知這種重要性已被削弱？科技所帶來的便利可否彌補缺乏人際接觸所造成的損失？在此，我們又觸及「價值」這個概念，自然又得回到顧客的觀點來探討。人際接觸是因此減弱，或只是以另一種形式存在？科技是否使我們與顧客的關係變得疏離？在非人際接觸的交易行爲中，是否可能與顧客維持眞實而良好的關係？

不同的顧客群接受科技化程度的差異

有些人可以接受「進步的」科技所帶來的變化，有些人則會立即產生抗拒心態。研究發現某些顧客群在面對科技變化時，對創新的事物會產生不滿的感覺，所以仍會回頭選擇傳統面對面的服務方式（Presndergast和Marr, 1994），這是在規劃市場區隔及目標時必須考慮的問題，這樣方能使服務提供者在面對顧客不同的反應時仍然保有彈性。再者，也許我們會直覺地認爲只有年長的顧客群會對科技產生排斥感，但是這個假設不見得正確。我們應該以顧客區隔作爲出發點來思考，以便進行科技化的服務行銷。在區隔顧客群的過程中，消費者對於科技的感覺與價值的評估，扮演重要角色。

令人驚訝的是，過去許多公司在推動服務管道科技化時，很少考慮到這對長遠的將來有何影響，因爲既然與顧客的互動方式改變了，與顧客的關係自然也會隨之改變。公司本身是一種社會組織，科技能夠改變整個商業行爲及員工與顧客的關係，這些改變自然也會影響到公司原有的文化。

尤其需要注意的是，市場並非呈現眞空狀態，當環境大量的「科技化」與「媒介化」時，其衝擊並不僅止於改變消費者對零售商品的看法。社會態度變化的腳步可能出乎預料地快，某些顧客群會因爲摸清楚商業運作方式的底細而質疑權威，公司所提供的資訊對他們而言是不夠的，因此他們會希望得到更多的訊息，但同時又不由得懷疑這些訊息的可信度（Barnard和Welsh, 1997）。

對顧客關係造成的衝擊

在這個動態的討論中，還有一個變數是我們還未提到的：與顧客的關係。很多服務提供者仍將其視爲靜態、單面向。以往在「關係行銷」方面的許多觀念現在不得不改變。這個變數雖然能引起公司最大的興趣，但在資訊高速公路上，大多數的公司仍未做好全力衝刺的準備。隨著科技的發展，很多組織在處理顧客關係及服務品質問題時仍然反應遲鈍，往往只是從公司內部來看待這個變數，因而產生觀點的偏差，與客戶之間的鴻溝也越來越大。科技築起一座高牆，使顧客與服務提供者之間出現了一道界線。服務管道越是科技化，顧客越覺得溝通困難，「服務」似乎變成是由顧客自己來進行。當顧客高度依賴機器以接受服務，最能發展與顧客關係的服務方式（即實際的接觸）便一再缺席，自然對於提供服務者的情感親密度也大打折扣，這樣的顧客關係變得表面而短暫。僅與機器接觸的後果使顧客忠誠度大爲降低，容易改變品牌偏好。

顧客使用科技並不代表他們能夠接受或是認同這種服務方式，那可能只是因爲沒有其他的選擇。也許顧客也感受到機器的冰冷，只是他們會以爲人際接觸衰微是科技進步的必然結果。市場中有一部份的人習於嘗試新事物、勇於尋求新經驗，就是所謂的 N 世代（Nexus generation），然而這類顧客的忠誠度並不容易掌握（Barbard 和 Welsh, 1997），因爲他們較傳統顧客具有懷疑精神，同時也要求得更多。

爲了吸引走馬看花型的顧客，越來越多的服務提供者在服務內容中加上一些新鮮好玩的成分，顧客依其客觀需要、主觀喜好，衡量服務內容的價值後，決定是否使用該項服務，而技術面的工具常常會讓使用者覺得新鮮有趣。顧客或許仍會以傳統的標準來衡量這項價值，不過這種使用科技的樂趣是否與服務本身顯得沒有太大關係,而這也有違服務提供者在規劃服務通路及方式時的初衷?公司當初採用某種服務方式乃是因為他們認為這是有效良好的服務工具,但是在市場上卻可能只是一種新鮮的玩意兒,某些顧客對於這類新科技會很感興趣而躍躍欲試。公司可能將這種使用新科技的熱潮視為服務內容價值的一部份,誤解也可能因此而產生。這樣一來,對於花錢投資於開發科技化服務的公司而言,是無法從中獲利的。

發展伸手可及的科技化服務,可能的結果是:顧客與員工及公司的接觸不再熱絡,店員沒有機會為顧客多做說明,顧客也不會直接向店員訂購商品,新顧客更無從發展與公司的真實情感及關係,如現在的銀行或電話公司和顧客之間的互動都以便利為出發點,導致缺乏情感層面,雖然顧客也認為這種服務方式對例行性事物來說,的確簡便又有效率,而顧客也能自行決定何時何地使用服務。儘管如此,許多人仍會因為這種服務關係缺少了公司與顧客的關係感,於是對這種服務型態產生厭惡感。這一類的顧客在遇見困難的時候,通常顯得較依賴,希望有人在旁提供協助解答疑問。因此,當他們心生不滿後自然會轉向其他公司尋求服務。因此公司在大量採用科技化服務的同時,所面臨最大的挑戰便在於如何與顧客建立、維繫親密的關係。

這並不是意謂著科技不能創造價值,「價值」不正是市場資訊管理者在決定是否援用某種科技化服務時的首要原則嗎?但是這樣的想法卻流於模糊不明:誰獲利?是裨益所有人?或者,某些人的利益是較為重要的?真正的價值是什麼?如何評估價值?回饋多少才不算是白費了投資?這樣衡量價值的意義是否流於一廂情願的想法?若交易的某一方必須單方面的為另一方負擔成本呢?若科技的引入有可能只對某些顧客群有好處,卻損害了另一個顧客群的利益,後果又如何呢?

採用新式服務管道

公司應將科技化趨勢的服務，納入長期的策略規劃中，也應當謹慎研究顧客對於科技的感覺與接受程度；亦即，如何有效地促進顧客接受科技帶來的變化，而非強迫性地讓顧客別無選擇只好使用新技術。另一方面，顧客是不是會產生被迫使用新技術的感覺？在不斷開發新技術的潮流中，服務也漸漸標準化（standardized），導致未能辨識顧客的個人需要。因此我們要強調的不但是將服務變得大眾化、有效率或更有一致性，也要盡力讓每一個顧客能夠認同這樣的服務方式。再者，我們應該還要提供其他服務方式給那些不願意使用科技的顧客，否則，雖然技術服務的效率提升了，與顧客的關係卻會因此惡化，這對於組織或管理者而言都是得不償失的做法。這種方式所導致的利潤對公司或客戶而言都是短暫的，更嚴重的是這將使顧客與公司的關係變得更為膚淺脆弱。

就經營者的角度來看服務一事，與顧客之間的關係是一個重要的概念。首先，不論公司作了多少努力、投資多少成本與顧客建立關係，若顧客沒有意識到自己與提供服務者之間的確存在著某種關聯，這樣的關係便無法成立。其次，公司必須瞭解應該與顧客保持何種距離，才是最恰當的；也就是說，在某種適當的距離之下，顧客面對公司的服務不會覺得不適（Barnes 1997）。這一點會隨著服務性質的不同一比方如乾洗服務、金融服務或醫療服務一而有所變化，同時也會因為顧客群的不同而有差異。每一種行業對關係的親密度或許有其標準，但是如何與顧客保持適當距離、同時又能即時地照顧到顧客的需要，兩者之間還是有調整的空間。我們應該將採用科技化服務時所面臨的最大挑戰謹記在心：隨著人際接觸漸漸在科技化服務中抽離，公司應如何與大多數的顧客建立緊密關係。

人性化與平行服務系統

　　一旦決定採用科技化服務，經營者勢必面臨如何設計人性化的服務管道，以保有彈性，滿足個別顧客的不同喜好與需求。科技化服務的互動成分減低後，顧客無從以雙方關係的情感面向來評估服務的價值，唯一可以衡量的便是科技化服務本身，因此不同的服務方式也會有不同的價值。經營者在設計服務通路時必定要注意服務方式或工具是否滿足人性化的標準、是否具備辨識客戶喜好的能力。這樣的服務方式必須能夠辨識客戶、並且預先設計某些訊息，在顧客使用服務時傳達給他們，讓顧客相信在科技化服務中還是有可能獲得他們所需要的人際接觸感。

　　在經營科技化服務時，有一個很重要的觀念必須在此提出：顧客衡量各種需求—如便利性、價格—的重要性，會隨個人而不同。因此，對於不同顧客群而言，服務價值的定義也會有別：對某些人來說，價格是最優先考慮的因素，對另一些人而言，他們會較為重視服務提供者是否可以和他們有良性的人際互動。市場區隔概念最基本的前提便是不能用同樣的方式對待所有的消費者，這一點是在衡量科技的價值時所不能忽略的。節省成本固然重要，但唯有同時提供多條服務管道（parallel streams of service）時，才有可能發展與顧客的親密關係。在提供顧客享受科技化自助服務所帶來的即時性、便利性、有效性時，公司也應該考慮發展一套平行的服務系統（parallel systems），以傳達服務者對顧客情緒、感受層面的關注，這正是建立真正的顧客關係最重要的一點。

　　為表示對顧客感受的關懷，公司應建立平行服務系統，這將可彌補因科技化服務所造成的機械式冷漠感。一個具有彈性的服務系統讓顧客不但可以使用科技化的服務,也可以選擇較傳統、較具人際互動的服務方式,更或者,他也可以同時使用新與舊的服務方式。公司可以舉辦例行性的巡迴服務、發送郵件、指派公司員工隨時提供協助等方式來進行平行服務。倘若公司缺乏與顧客的真實接觸,服務的情感層面就會被抽離,顧客容易將公司的服務視為理所當然,例如電話公司或電力公司的服務便常被認為是應該的,有越來越多透過科技完成的金融服務也漸漸有這樣的傾向。

還有另一個市場區隔的問題也值得加以注意:提供服務者應該要知道不同消費者會對科技化服務有不同的反應,同時對於服務與價值的定義也有差異,因此,在探討科技化服務系統時,我們不應將所有顧客視為整體,而應以區隔客戶族群的途徑來切入這個問題。

參考書目

Barnard, R. and J. Welsh (1997), "The Next Shoppers: Marketers Are Doting on the Preferences of 18 to 35 Year Olds," *Financial Post*, (November 8), P8, P12+.

Barnes, James (1997), "Closeness, Strength and Satisfaction: Examining the Nature of Relationships Between Providers of Financial Services and Their Retail Customers," *Psychology and Marketing*, 14(4), 765-90.

—— and W. Glynn (1995), "The Customer Wants Service: Why Technology Is No Longer Enough," *Journal of Marketing Management*, 9(1), 43-53.

Cumby, Judith A. and James G. Barnes (1996), "Relationship Segmentation: The Enhancement of Databases to Support Relationship Marketing," in *Contemporary Knowledge of Relationship Marketing*, Proceedings of the Third Research Conference on Relationship Marketing, Atul Parvatiyar and Jagdish N. Sheth, eds. Atlanta: Roberto C. Goizueta Business School, Emory University, 14-24.

—— and —— (1997), *How We Make Them Feel: A Discussion of the Reactions of Customers to Affective Dimensions of the Service Encounter*, in *New and Evolving Paradigms: The Emerging Future of Marketing* [CD-ROM], proceedings of three conferences of the American Marketing Association, Dublin, Ireland, June 12-15.

Dean, J. and D. Brass (1985), "Social Interaction and the Perception of Job Characteristics in an Organization," *Human Relations*, 38(6), 571-82.

Goodwin, Cathy and Dwayne Gremler (1996), "Friendship Over the Counter: How Social Aspects of Service Encounters Influence Consumer Service Loyalty," in *Advances in Services Marketing and Management*, Vol. 5, T. A. Swartz, D. E. Bowen, and S. W. Brown, eds. Greenwich, CT: JAI, 247-82.

Heskett, James L., Thomas O. Jones, Gary W. Loveman, W. Earl Sasser, Jr., and Leonard A. Schlesinger (1994), "Putting the Service Profit Chain to Work," *Harvard Business Review*, 72 (March-April), 164-74.

Kingman-Brundage, Jane (1995), "Service Blueprinting," in *Understanding Services Management*, William J. Glynn and James G. Barnes, eds. Chichester, UK: John Wiley and Sons, 119-42.

Lovelock, Christopher (1995), "Technology: Servant or Master in the Delivery of Services?" in *Advances in Services Marketing and Management*, Vol. 4, T. A. Swartz, D. E. Bowen, and S. W. Brown, eds. Greenwich, CT: JAI, 63-90.

Prendergast, G. and N. Marr (1994), "Disenchantment Discontinuance in the Diffusion of Self-Service Technologies in the Services Industry: A Case Study in Retail Banking," *Journal of International Consumer Marketing*, 7(2), 25-40.

Westbrook, R. (1987), "Product/Consumption-Based Affective Responses and Post-Purchase Processes," *Journal of Marketing Research*, 24(8), 258-70.

第6章

服務傳遞中的科技

Pratibha A. Dabholkar

　　近年來，科技的快速發展對服務業產生前所未有的衝擊。科技不但提供了更多樣化的服務管道，各種支援服務的方式也隨之改變。今日的顧客不但能夠從科技化服務方式裡擁有更多選擇，而且也能自行完成某些服務（Zinn 1993）。同時，公司方面也大量利用科技來規劃服務流程，並且盡量提供顧客豐富的資源，使服務內容在質與量上都有長足的進步（Blumberg 1994）。這些進展不但改變了公司與顧客之間的互動方式，也為服務行銷的研究開啟了另一扇門（Dabholkar 1994b）。

　　早期最為人們熟知的科技化自助式服務不外乎是八〇年代後開始流行的自動提款機（ATM-automatic teller machine）。自動提款機是選項式科技服務的濫觴，剛開始面世時一度為使用者所排斥，這主要係因為顧客已經習於和人互動，而非沒有生命的機器。以往的服務業一向非常強調服務者與顧客之間的互動，但是現代的科技化與自助式服務挑戰了這個觀念，在諸如銀行之類的行業中，科技化自助式服務常常可以讓顧客透過電話、網路、電視、金融卡等媒介進行交易

（Prendergast 1994a），而其他運用科技所提供的自助式服務更是不勝枚舉，例如旅客可直接利用飯店房間裡的電視端訂購機票、郵寄物品、選擇欲觀賞的電影或退房等，人們也可以在家裡透過網路或電視索取家用的電子醫療器材、買賣軟體、瀏覽商品目錄並購買零售商品等（Dabholkar 1994b）。

顧客想從科技化自助式服務中獲得什麼？

　　大多數利用科技提供自助式服務的公司，目的不外乎是為了使服務更快捷、更優良；從相關的研究數據顯示，科技化自助式服務的確有效地節省了顧客許多時間（Cowels和Brpsby 1990；Dabholkar 1991b，1996；Prendergast和Marr 1994a）。然而，不可諱言的是，如果科技過於複雜繁瑣，容易使顧客覺得不耐煩，則這種服務方案的交易時間可能不減反增。要避免發生這種情況，公司只有兩個選擇：一是盡量簡化過程，使任何人都能輕易地使用服務（如利用觸鍵式螢幕索取資訊或訂購商品）；另一個則是將複雜的科技服務對象鎖定為某些擅長使用高科技的族群（如金融專家或軟體經紀人）。

　　在採用高科技的服務方式之前，我們必須要釐清一個重要的問題：快速，就一定好嗎？在很多以便利為取向的服務裡，速度只是服務品質的一部份（Dabholkar 1991b，1996；Langeard等1981；Lovelock和Young 1979；Sellers 1990）。Ledingham認為，傾向使用科技化自助式服務的人通常較在意速度的快慢，然而，也有不少顧客最在乎的是服務行為中的人際互動（1984）。Presdergast和Marr對紐西蘭銀行的顧客從事調查，發現其中四分之三的人為了節省時間，表示將會繼續使用自動提款機，但是也有四分之一的人表示不喜歡使用提款機，主要是因為他們希望能夠有真實的人際互動。同時，二分之一的受訪者表示將繼續使用電話及電子媒介從事金融交易，但也有另外一半的受訪者相反，原因是一樣的─他們希望有更多的人際互動。為了能夠滿足這些重視人際互動甚於服務速度的顧客，業者除了提供科技化服務之外，也應該保有顧客選擇透過人際管道接受服務的權利，以提升個人化的服務品質（1994a）。

過去Dabholkar曾研究科技化的自助式服務對顧客的控制能力究竟是增加或是減弱，以及這樣的控制是否有助於服務品質的提昇（1996）。結果很有趣但並不令人意外，具有使用高科技能力的顧客認為他們在這種服務方式下有更多的控制權，而且對於服務品質也持肯定的態度，但是對於那些抗拒使用科技化服務的人而言，感覺剛好相反。不過，在任何人都能夠輕易使用的科技化服務裡，這兩者之間的差異性並不大。有些人認為使用自助式服務，使他們感受到較大的控制權，但是也有的人認為，若有服務人員在一旁隨時等候提供協助，比較能夠掌握狀況（Bateson 1985；Dabholkar 1990；Langear等1981；Lovelock和Young 1979；），並且滋生一種行為上的控制感（sense of behavioral control）。另外，提供多種服務方式（包括以科技為基礎的服務）讓顧客有所選擇，有助於提昇顧客的掌控感。還有些研究顯示，科技化自助式服務不僅使顧客擁有自主權，還兼顧到個人隱私權（例如利用儀器在家追蹤自己的健康狀況）。總而言之，在這方面的研究仍有待更深入的探討。

科技化自助式服務的應用

除了速度、自主權、隱私權，顧客對於運用科技化自助式服務還有哪些正面的評價？過去相關的研究揭露了電腦科技在服務裡的應用不但使顧客覺得很輕鬆，而且也很有趣，這些正面的感受會影響顧客使用服務的意願（Davis、Bagozzi和Warshar 1989, 1992）。在整個服務事件的脈絡中，我們發現如果顧客覺得科技化服務簡單、可靠又有趣，他們對於服務品質的評估也會比較高（Dabholkar 1991b，1996）。因此，服務公司在進行流程的規劃時，漸漸將相關的研究結論運用在促銷策略中。例如，全國租車公司（National Car Rental）在廣告中強調他們在機場提供的自助式租車服務，不但快速，而且也很可靠（Dabholkar 1996）；旅遊服務業的公司，如航空公司、旅館、觀光勝地等，也開始強調顧客上網自行瀏覽搜尋各種旅遊方案的簡便性和樂趣。

　　顧客參與生產服務的方式和消費實體商品的過程並不同，因此對服務業者來說，瞭解顧客對科技的接受度顯得格外重要。所謂接受科技，意味著他們雖然可能失去了人際互動的機會，不過卻願意接觸新穎的技術，而且也相信科技具有某種程度的可信賴性（Fitzsimmons 1985）。採用科技化自助式服務有一些相關的變項，我們能夠用不同種類的風險加以概念化（Gatignon和Robertson 1985；Rogers 1983）。為了降低這些風險，使科技化自助式服務收到更好的效果，其中的方式之一就是為不同的族群量身定做，設計富有變化的服務選擇（Dabholkar 1994b）。Meuter和Bitner認為自助式服務行為是一種連續譜（continuum），顧客在其中可以自行從事全部或部分的自我服務，也可能完全沒有參與服務的生產過程（1998）。這個概念可以應用在公司的服務規劃上，以符合各類顧客的不同需求，使他們在面對科技化自助式服務時不會有格格不入之感。

使用科技化服務時的情境和個人差異

　　情境的變因會影響顧客採用科技化自助式服務的意願。研究顯

示，冗長的等候時間會使顧客產生負面感受，即使對於那些喜歡使用
科技化服務的顧客亦然（Dabholkar 1991b, 1996）。等待的時間過長，
是很多科技化選項式服務設計者最憂心的問題，特別是在進入線上服
務或是下載相關資訊時，科技仍會面對速度過慢的問題，當等候時間
過久，顧客不但容易覺得不耐煩，也可能產生抗拒感或挫折感。服務
提供者必須審慎地設計服務的流程，使顧客在等侯時可以轉移注意
力，而非一直意識到自己正在等待某項服務的完成。到目前為止，這
個問題顯然還需要更進一步的努力（Dabholkar 1990）。

顧客對科技的熟悉度會直接影響公司對服務的設計以及使用。較
高的科技熟悉度會使顧客在使用科技化選項式服務時，產生正面的態
度（Dabholkar 1992），而且如果顧客已經習慣使用某種商品的科技化
服務，面對其他產業或商品的類似服務方式，他們也能很快就適應
（Dabholkar 1992，1994b）。再者，倘若顧客對科技化服務的熟稔度增
加，他們在交易過程中的決策模式也會更單純化（Dabholkar
1994a）。上述的研究結果使我們可以歸納出一個重點：公司若能發展
出令顧客覺得舒適的科技化服務，將有利於公司。不過，不可否認的
是，如何運用不同類型的科技，使顧客對科技產生熟悉感，繼而為公
司創造更多利潤，這是目前有待深入瞭解的課題之一。

既然顧客對於科技的態度有所不同，研究者也開始以顧客的性格
和一些人口統計變項，來探討顧客對於科技化服務的接納度。
Dabholkar發現，對於某些希望與服務提供者有所互動的顧客，他們
對科技化服務的接納度明顯較低（1991a, 1992）；Forman和Sriram也
發現有些顧客因為覺得孤單，渴望與他人有社會互動，因此對科技化
自助式服務產生排斥的感覺（1991）。正如同之前所提到的，有些銀
行的顧客的確會抗拒科技進步所帶來的變化，因為他們所需要的是一
些人際上的互動（Prendergast和Marr 1994a）。Stevens、Warren和
Martin發現那些拒絕使用自動提款機的民眾，似乎具有某些人口統計

特性，但是最大的抗拒理由並不是不願意使用機器，而是因爲有安全性方面的疑慮（1989）。Evans和Brown（1988）認爲，大多數顧客在衡量是否使用某種非到府的服務時，安全性和便利性是最重要的考慮因素。關於顧客個人差異對科技化自助式服務有何影響，以及公司應該如何針對這些差異性來發展市場區隔策略，這些問題仍有待更深入的研究探討。

科技化服務裡的價格、運作、生產議題

科技化服務是否能成功地被使用者接受，還有很多需要討論的問題。例如，當顧客願意使用科技化的自助式服務時，是否意味著他們相信這是一種省錢的做法？抑或他們認爲該項服務值得付出較高的價錢？過去的研究認爲顧客相信使用自助式服務可以省錢，所以願意接受此服務型態。然而，如果讓顧客在服務交易中有更深的涉入，藉此提升他們對服務品質的評價，或許會使他們並不在乎多花一點錢享受這項服務（Blumberg 1994）。例如一些從事市場研究或建立資料庫的公司，其索價往往很高，但是顧客爲了獲取正確的資訊，即使價格很高，仍會請他們所信任的市調公司提供相關研究資料（Dabhoklar 1990）。另一方面，對於那些使用線上股票交易系統的顧客，經紀業者可能在佣金上打個折扣，因爲這樣的交易方式省卻了經紀人不少麻煩。因此，科技化自助式服務的「價格」與產業的類型、市場運作、公司自我定位等有密切的關係。

科技不僅扮演支援服務的角色，它和顧客、公司的關係同樣密不可分。傳統的研究並不特別重視生產服務過程中的顧客參與度，也不認爲顧客本身具有生產能力（Chase 1978；Mills和Morris 1986）。這樣的看法在今日顯然備受挑戰，例如Lovelock和Young（1979）及

Langeard等人（Langeard 1981）指出，自助式服務有助於提昇生產效率，若賦予科技化服務多重選項的功能，將大量擴充服務運作的效益（Dabholkar 1990，1991b；Lovelock 1995）。同時，部分學者（如Hackett 1992）也注意到科技化服務的潛在問題，其中之一是有些公司在尚未瞭解服務運作的過程及次序之前，就一頭栽進去，爲了推動科技化服務而貿然投入大筆資金。科技，應該讓服務過程更爲合理化，而非一昧提供一些昂貴、不必要的操作選項，這樣的投資方式往往成爲公司沈重的負擔。

　　Hackett曾經提出這樣的警告：科技化自助式服務可能過於強調降低成本，而且這樣的服務型態往往意味著在交易失敗時，因爲缺乏人際互動，沒有眞正的服務人員在旁提供協助以解決問題，導致大大減低了顧客消費此公司其他服務的機會或意願（1992）。這些問題不可避免地存在於科技化服務型態中，但是我們仍舊能夠透過縝密的規劃來克服、預防這些潛在的問題。以全面而可靠的技術來支援可以幫助公司解決部分的問題，使服務的效率品質都讓顧客滿意。另外，服務系統應將服務人員含括在支援的項目中，讓那些使用自助式服務卻遭遇困難的顧客，不至求助無門，相反地，他們可以輕易地聯絡到服務人員來處理各種疑難雜症。另外，建立完善的顧客資料庫將有助於公司在未來成功地規劃個人化服務系統。如果降低公司成本導致服務品質的低落，則公司就不應過度強調成本的面向，而如果情況允許的話，公司可以考慮將某些服務成本適當地轉嫁到顧客身上。最後，公司也應該善加利用科技媒介來提供其他服務項目（即交叉性銷售，cross-sell），目前在網際網路上有許多成功地發展交叉性銷售的案例值得經營者參考。

　　有些學者或實務經驗豐富的人，對於科技在服務產業裡的角色都持著正面的看法。Blumberg認爲，服務業者利用科技上的各種突破能有效增加生產力，並且利用其他服務方式（如自助式服務）可以使公司的成本大爲減低（1994）。例如年輕人食品公司（Cub Foods）利用高科技搜尋指引讓顧客找到自己想要的東西，就是一個成功的例子（據估計，每週約有六萬人使用這項搜尋指南服務）。這種自助式服務實質地降低公司成本，也節省了顧客的時間（Sellers 1990）。和過去的認知有所差異的是，只要使用得宜，科技可能使服務變得更爲人性化。像Frito-Lay或Taco Bell這樣的公司，如果能夠讓他們的員工們利用電腦熟知最新的銷售資訊，將能使他們不再被種種繁瑣的工作所束縛，並且擁有更多的時間與顧客接觸、提供顧客眞正需要的購買訊息（Sellers 1990）。

　　資料庫的建立和科技支援系統可以幫助公司蒐集、處理、分類各種與服務支援有關的資訊（Berkeley和Gupta 1995）。與顧客有高度往來接觸的公司需要一套有效歸納顧客期許或顧客建議的工具，並且將這些資訊融入服務系統的規劃中，建構詳細的顧客檔案，盡量減低服務交易的失誤率，提升服務速度，並增加服務品質的一致性（Berkeley和Gupta 1995，第33頁）。Quinn曾經寫道，在服務產業裡運用資訊科技，可以提高公司的生產力，使顧客享受更高的便利性（如商店的收銀台）、準確性（如健康狀況的診斷）、可靠性（如銀行的財務分析資料）、安全性（如航空旅遊）以及彈性（如家庭娛樂）（1996）。

　　關於服務的操作和財務表現的各種問題，也是需要考慮的問題。在快速服務達成之前，有沒有一段等待啓動的時間？對於那些能夠熟練運作機器的人而言，這一段等待的時間是否變得很短？人體工學概念在設計服務時，扮演何種角色？科技化、多重選擇的自助式服務和不需要倚賴機器的服務相較之下，哪一種是較昂貴的服務？成本降低的效果要什麼時候才會眞正展現出來？科技化完全選項服務[1]（full service options）是否使員工感受到主控權？這樣的感受對於員工在評估公司服務品質時產生何種衝擊力？科技化服務能夠達到更高的顧客滿意度或再消費的意願嗎？公司的利潤會因此而增加？如果會，要多久才會在帳面上有具體表現？最後，一家公司如何監視同業競爭者或其他服務業者的狀況，以作爲規劃服務系統、流程的參考？

科技化服務的未來以及相關研究

在今天，大多數的消費者都感受到科技的進步，也越來越多人習慣於使用觸鍵式螢幕等其他科技化自助式服務（Deutsch 1989）。紐西蘭有一群金融業的專家和科技供應商預料，由於人們將持續使用金融自助式服務科技，讓銀行的出納人員能夠提供顧客更多有效而實際的忠告，而且有更多時間去進行交叉性的銷售服務（Prendergast和Marr 1994b）。因爲科技的進步，速食餐廳業者所掌握的不再是零零散散的顧客個人資料，而是以家庭爲單位，能有效地追蹤顧客的消費模式與顧客忠誠度等問題（Wallace 1995）。互動式電視和網際網路的出現，爲提供外送服務的餐廳業者及零售商打開了一線生機。對於服務業者而言，這是一個絕佳的機會，因爲他們可以仰賴科技的進步，爲公司及顧客創造利益，達到雙贏的局面。例如健康諮詢公司可以透過與提供軟硬體公司之間的合作，以先進的科技拓展他們的保健服務專案。對所有的服務業者而言，目前最大的挑戰便是如何規劃一套服務模式，滿足那些有能力使用高科技自助式服務的顧客，同時又不忽略那些習慣於傳統式服務交易、對新式科技抗拒的顧客。

過去的研究審視了科技化服務設計的各種選擇，包括呈現在顧客面前或者是屬於公司內部的運作機制、到府／非到府的服務等（Dabholkar 1994）。這些研究使得更多關於管理策略規劃或執行的議題漸漸浮上枱面。本章主要討論關於科技化自助式選擇的各種面向。首先探討的是究竟顧客想要從科技化選項式的自助服務型態中獲得什

麼好處？了解這一點以後，行銷規劃人員才可以依此設計、促銷他們
所提供的服務。其次，我們也以行銷的角度出發，討論科技化服務的
過程，讓公司避免可能的風險，漸進地教導顧客熟悉、習慣科技化服
務模式。第三個部分是討論情境和個人特質對於選擇科技化服務時有
何影響，同時也提到了服務的設計和推廣。最後一部份主要是結合價
格訂定、服務設計、財務表現等相關概念，討論公司的成本、服務運
作、生產力的問題。正如同本章所討論的種種，許多相關的議題已經
漸漸爲人所重視，這些問題仍有很大的研究空間，而各種研究的成果
將可以使服務業者未來在規劃服務模式、執行整合性行銷時，有一套
清楚而明確的指引。

1 科技化完全選項服務指的是一套讓顧客有充分選擇性的服務系統。

參考書目

Barrett, Mark (1997), "Alternate Delivery Systems: Supermarkets, ATMs, Telephone Banking, PCs, and On-Line Banking," *Bankers' Magazine*, 180(3), 44-51.

Bateson, John E. G. (1985), "Self-Service Consumer: An Exploratory Study," *Journal of Retailing*, 61(3), 49-76.

Berkeley, Blair J. and Amit Gupta (1995), "Identifying the Information Requirements to Deliver Quality Service," *International Journal of Service Industry Management*, 6(5), 16-35.

Blumberg, Donald F. (1994), "Strategies for Improving Field Service Operations Productivity and Quality," *The Service Industries Journal*, 14(2), 262-77.

Chase, Richard B. (1978), "Where Does the Customer Fit in the Service Operation?" *Harvard Business Review*, 56(6), 137-42.

Cowles, Deborah and Lawrence A. Crosby (1990), "Consumer Acceptance of Interactive Media," *The Service Industries Journal*, 10(3), 521-40.

Dabholkar, Pratibha A. (1990), "How to Improve Perceived Service Quality by Increasing Customer Participation," in *Developments in Marketing Science*, Vol. 13, B. J. Dunlap, ed. Cullowhee, NC: Academy of Marketing Science, 483-87.

—— (1991a), "Decision-Making in Consumer Trial of Technology-Based Self-Service Options: An Attitude-Based Choice Model," doctoral dissertation, Georgia State University.

—— (1991b), "Using Technology-Based Self-Service Options to Improve Perceived Service Quality," in *Enhancing Knowledge Development in Marketing*, Mary Gilly et al., eds. Chicago:

American Marketing Association, 534-35.

—— (1992), "The Role of Prior Behavior and Category-Based Affect in On-Site Service Encounters," in *Diversity in Consumer Behavior*, Vol. 19, John F. Sherry and Brian Sternthal, eds. Provo, UT: Association for Consumer Research, 563-69.

—— (1994a), "Incorporating Choice Into an Attitudinal Framework: Analyzing Models of Mental Comparison Processes," *Journal of Consumer Research*, 21 (June), 100-118.

—— (1994b), "Technology-Based Service Delivery: A Classification Scheme for Developing Marketing Strategies," in *Advances in Services Marketing and Management*, Vol. 3, Teresa A. Swartz, David E. Bowen, and Stephen W. Brown, eds. Greenwich, CT: JAI, 241-71.

—— (1996), "Consumer Evaluations of New Technology-Based Self-Service Options: An Investigation of Alternative Models of Service Quality," *International Journal of Research in Marketing*, 13(1), 29-51.

Davis, Fred D., Richard P. Bagozzi, and Paul R. Warshaw (1989), "User Acceptance of Computer Technology: A Comparison of Two Theoretical Models," *Management Science*, 35(8), 982-1003.

——, ——, and —— (1992), "Extrinsic and Intrinsic Motivation to Use Computers in the Workplace," *Journal of Applied Social Psychology*, 22(14), 1109-30.

Deutsch, Claudia H. (1989), "The Powerful Push for Self-Service," *The New York Times*, April 9, S3-1.

Evans, Kenneth and Stephen W. Brown (1988), "Strategic Options for Service Delivery Systems," in *Proceedings of the AMA Summer Educators' Conference*, Charles A. Ingene and Gary L. Frazier, eds. Chicago: American Marketing Association, 207-12.

Fitzsimmons, James A. (1985), "Consumer Participation and Productivity in Service Operations," *Interfaces*, 15(3), 60-67.

Forman, Andrew M. and Ven Sriram (1991), "The Depersonalization of Retailing: Its Impact on the 'Lonely' Consumer," *Journal of Retailing*, 67(2), 226-43.

Gatignon, Hubert and Thomas S. Robertson (1985), "A Propositional Inventory for New Diffusion Research," *Journal of Consumer Research*, 11 (March), 849-67.

Hackett, Gregory P. (1992), "Investment in Technology: The Service Sector Sinkhole?" *Sloan Management Review*, 34 (Winter), 97-103.

Langeard, Eric, John E. G. Bateson, Christopher H. Lovelock, and Pierre Eiglier (1981), *Marketing of Services: New Insights From Consumers and Managers*, Report No. 81-104. Cambridge, MA: Marketing Science Institute.

Ledingham, John A. (1984), "Are Consumers Ready for the Information Age?" *Journal of Advertising Research*, 24(4), 31-37.

Lovelock, Christopher H. (1995), "Technology: Servant or Master in the Delivery of Services?" in *Advances in Services Marketing and Management*, Vol. 4, Teresa A. Swartz, David E. Bowen, and Stephen W. Brown, eds. Greenwich, CT: JAI, 63-90.

—— and Robert F. Young (1979), "Look to Consumers to Increase Productivity," *Harvard Business Review*, 57 (May-June), 168-78.

Meuter, Matthew L. and Mary Jo Bitner (1998), "Self-Service Technologies: Extending Service Frameworks and Identifying Issues for Research," in *Marketing Theory and Applications*, Dhruv Grewal and Connie Pechman, eds. Chicago: American Marketing Association, 12-19.

Mills, Peter K. and James H. Morris (1986), "Clients as 'Partial' Employees of Service Organizations: Role Development in Client Participation," *Academy of Management Review*, 11(4), 726-35.

Prendergast, Gerard P. and Norman E. Marr (1994a), "Disenchantment Discontinuance in the Diffusion of Technologies in the Service Industry: A Case Study in Retail Banking," *Journal of International Consumer Marketing*, 7(2), 25-40.

—— and —— (1994b), "The Future of Self-Service Technologies in Retail Banking," *The Service Industries Journal*, 14(1), 94-114.

Quinn, James B. (1996), "The Productivity Paradox Is False: Information Technology Improves Service Performance," in *Advances in Services Marketing and Management*, Vol. 5, Teresa A.

Swartz, David E. Bowen, and Stephen W. Brown, eds. Greenwich, CT: JAI, 71-84.

Rogers, Everett M. (1983), *Diffusion of Innovations*. New York: Free Press.

Sellers, Patricia (1990), "What Customers Really Want," *Fortune* (June 4), 58-68.

Stevens, Robert E., William E. Warren, and Rinne T. Martin (1989), "Nonadopters of Automatic Teller Machines," *ABER*, 20(3), 55-63.

Wallace, Jeffrey H. (1995), "Recipe for Success: Throw Technology Into the QSR Mix," *Nation's Restaurant News* (June 5), 34.

Zinn, Laura (1993), "Retailing Will Never Be the Same," *Business Week,* (July 26), 54-60.

第7章

顧客參與的服務生產與交易

Amy Risch Rodi

Susan Schultz Kleine

　　服務商品和實體商品之間存在著一項根本的差異性：服務的生產與消費是同步發生的，顧客身處於「生產服務的工廠」（service factory）裡（Lovelock 1981），對於服務品質和滿意度也具有某種程度的影響力。在很多服務種類裡（如醫療健康、吉他課程、自行車探險活動），顧客不僅消費服務，同時也參與了服務的生產和傳遞過程。一般大多認為服務人員的態度和行為的確會影響服務品質與服務成果，因此，服務人員角色的重要性已經受到廣泛的注意。相較之下，顧客的態度和行為對服務具有的影響力就比較容易被忽視。行銷人員在企圖了解生產、傳遞服務的過程時，也應該考慮到顧客參與的問題，才能創造公司和顧客的雙贏局面。

　　顧客參與是本章的重點，我們將提出相關的概念和實證，檢視顧客參與對公司和顧客自身的利益之影響；同時，我們也將探討經理人所扮演的角色。最後，由於截至目前為止，顧客參與的相關研究仍然相當有限，因此本章最末也會針對未來的研究提供一些方向上的建議。

顧客參與

顧客參與（CP--Customer Participation）是一個行爲性的
（behavioral）概念，指顧客在服務的生產或傳遞過程中所提供的資源
或從事的行爲。顧客參與包括了顧客在精神、體力或情緒上的投注
（Hochschild 1983；Laraaon和Bowen 1989；Silpakit和Fisk 1985）。精
神方面的投入指顧客在訊息和心智上所做的努力，訊息所指涉的範圍
很廣，小從告訴洗衣店老闆衣服上的污漬是怎麼來的，大到告知經紀
人一個複雜的投資理財計畫目標，這些都是由顧客提供的訊息。至於
心智通常是顧客在認知上所付出的努力（cognitive labor），例如，一
個病人必須準備好如何清楚、有效地對醫務人員說明自己的症狀，或
一個房地產客戶先溫習相關的資料後，對不動產經紀人提出知識性的
問題。顧客在體力上的投注包括有形實物和無形的體能勞力。有形資
產的範圍小可從描述自己的身體狀況（例如：對美容師描述自己的指
甲），大到顧客本身所擁有或管理的資產（例如：向造景設計師說明
自家庭院的概況）（Lovelock， 1983）。體力上的努力是某種勞力的付
出，例如顧客上網從事金融交易、在沙拉吧餐廳裡自行盛放食物、遵
照物理治療師的指示安排生活作息等。顧客參與的形式還包括了情緒
的投入，例如在與一些不友善、不積極的服務人員互動時，顧客仍表
現出耐心和氣的態度。當顧客認爲完成交易可以獲得高度的利益，其
付出的情緒勞力也會比較多。當然，在許多服務交易的脈絡中，需要
複合性的顧客參與要素。例如在與經紀商交易時，顧客必須要付出精
神上與體力上的勞力；參加戒菸課程的人，則需要投注精神、體力與
情緒的勞力。

　　顧客參與和幾個容易混淆的觀念可以互相作爲比較對照。首先，顧客參與和顧客接觸（customer contact）是不同的（Chase 1978，1981；Kellogg 和 Chase 1995）。顧客接觸在一開始被概念化的時候，指的是顧客眞正出現在某個交易事件的時間，在整個服務交易行爲的時間中所佔的百分比（Chase 1987），比例越高，顧客接觸的程度越高。最近顧客接觸指涉的概念則更加明確，意味著顧客與員工溝通互動的時間長短、雙方所交換的訊息所具有的價值、以及在交易過程中兩方所衍生的信任感或依賴感的程度（Kellogg 和 Chase1995）。反觀顧客參與這個概念，它是從顧客的觀點出發，指的是顧客對於服務生產與傳遞所付出的一切，因此並不受限在服務事件所發生的時空裡（Mills 和 Moberg 1982）。

　　顧客參與和顧客涉入（customer involvement）也是不同的。以日常生活的用語來說，我們可能會把顧客參與服務這個行爲描述成他涉入生產服務的過程，但是在行銷與顧客行爲的研究中，所謂的「涉入」指的其實是顧客個人對某種服務的興趣，我們稱之爲顧客的性向特徵（dispositional characteristic of a customer）。顧客對於某種服務的涉入，可能是短暫的，例如一個人一輩子可能就面對一次遺產繼承的問題，因此對投資理財服務的涉入也僅止於爲了處理這個問題；但是，顧客涉入也有可能是長期性的，例如，顧客可能爲了某種長期的目標而不斷地與投資公司接觸。個人的性向特徵在顧客進行某項服務交易之前便已形成，但是顧客參與卻是在顧客做出某些行爲、與服務人員共同完成某項服務交易時，才會呈現出來。因此，顧客可能密集地參與服務的傳遞工作，但是不見得也會有那麼高度的涉入感（一般日常生活的雜貨採購就是一個例子）。另一方面來說，也有一些服務可能提供較少的機會讓顧客參與其服務的生產，但是顧客卻會對服務的本身有深刻的涉入感（例如歌劇迷會深深地投入情節中）。

　　最後，在服務生產的過程中，顧客參與和顧客消費（customer

consumption) 不同。顧客消費指的是顧客從服務交易中得到好處的過程。事實上，顧客參與和顧客消費的差異性在某些服務產業會更加明顯。例如，在理髮美容、法律訴訟、婚禮攝影等服務中，顧客所感受到的利益與其對服務的投注有所不同，不過在一些以經驗為基礎的服務業裡（如登山隊的導遊），顧客參與和顧客消費就不容易區分。顯然，這些相似的概念還需要更進一步地加以釐清。

顧客參與和顧客評估的關係

關於顧客參與的經驗研究至今仍然相當零散瑣碎，不過這些有限的研究都發現，顧客參與和顧客對於服務品質、滿意度、再消費意願等等的評估，兩者之間有密切關聯。不過，這些關係在某種程度上似乎較偏重在顧客投入的本質特性上。

顧客對服務品質的感知

顧客參與和他們對服務品質的感覺有很大的關係（Cermak、File和Prince 1994；Dabholkar 1996；Kelley、Skinner和Donnelly 1992；Kellogg、Youngdahl和Bowen 1997）。根據Kelly、Skinner和Donnelly在1992年針對銀行進行的研究顯示，顧客在訊息及勞力上的付出（即「顧客技術品質」，customer technical quality）和他們在交易時的的態度（即「顧客功能性品質」，customer functional quality）會影響互動的模式（Kelly、Skinner和Donnelly 1992，第199頁）。研究也發現顧客感受到自己的投注將對品質造成影響，這種感受和他們對提供者服務導向的認知有關。另外，顧客在服務交易過程中所表現的某些行為具有高度的重要性，有助於提昇交易的品質，這些行為可以歸納成四

類：（一）服務交易前的準備；（二）關係的建立；（三）交易時的
訊息交流；（四）對於調停所做的努力（即顧客挽救交易行為問題或
錯誤的企圖）（Kellogg、Youngdahl和Bowen 1997）。另外一個研究是
關於個體利用觸鍵式螢幕或口頭方式訂購速食的顧客參與（Dabholkar
1996），該研究顯示顧客在技術上的參與和顧客本身對於技術的期望
及正面態度、從使用機器所得到的控制感與愉悅感，會相互呼應，這
些期望與感受對服務品質具有正面的影響力。實務研究方面的證據也
證明了，顧客參與和顧客所感受到的服務品質呈正相關。

顧客歸因

　　顧客參與和顧客歸因有關，因為參與服務生產的顧客多少都要為
結果負責，學者通常假設顧客對於服務若有不滿意或負面的想法，他
們多少會認為或許這是因為自己並沒有成功扮演服務接觸中的角色
（Zeithaml 1981）。當顧客參與越是積極，公司就必須更瞭解顧客的想
法（Anderson 1981，第64頁）。理論上來說，顧客的參與度越高，他
們越可能將失敗的結果歸咎於自己，而非公司（Silpakit和Fisk
1985）。經驗研究亦顯示，在一個高度顧客參與的服務事件脈絡中，
如果有負面的結果產生，顧客較不傾向於怪罪公司（Hubbert 1995）。
相對地，在顧客參與度較低或顧客並未參與的情況下，顧客對於不好
的結果會傾向將責任歸罪到服務提供者身上（如Folkes 1984；Folkes
和Kotsos 1986）。因此，具有參與度的顧客對公司的威脅性比較低
（Mills、Chase和Margulies 1983；Zeithaml 1981）。另外，部分的經
驗研究亦顯示，會將負面或不滿意的經驗歸咎到服務提供者身上的顧
客，和那些認為自己也必須負責任的顧客相較之下，前類顧客的性格
傾向於暴躁易怒（Folkes 1984），而且也比較容易口出惡言（Krishnan
和Valle 1979；Richins 1983；Valle和Wallendorf 1977）。

顧客滿意度

顧客參與和顧客滿意度是不可分割的兩個概念（Cermak、File和Prince 1994；Kelley、Skinner和Donnelly 1992；Kellogg、Youngdahl和Bown 1997；Oliver和DeSarbo 1988）。根據Kelley等人的研究，在銀行的交易行爲中，顧客對於自己付出的多寡和滿意度呈正相關（Kelley、Skinner和Donnelly 1992）。同時，顧客在交易前所做的準備、在交易時和服務者所建立的關係、以及雙方之間的訊息交流行爲，常常作爲評估服務經驗滿意度的指標（Kellogg、Youngdahl和Bowen 1997）。當顧客對服務經驗感到不滿的時候，他們較常想到自己的參與、介入對於這樣的結果是否造成影響。有趣的是，服務過程參與層次較高（從時間、思考及情緒的角度來說）的顧客，較常提到不令人滿意的服務經驗，這可能是因爲他們在不滿意的服務經驗中必須較努力地從事調停、中介的行爲，而這是出乎他們預期之外的事情，因此印象會格外深刻。另外，研究結果也發現，當顧客的參與促使了服務交易功成圓滿，顧客的滿意度會較高，相對地，如果顧客認爲服務交易的成功，主要是來自於服務提供者的努力與付出，他們的滿意度反而不會這麼高（Oliver和DeSarbo 1998）。因此，除非顧客必須付出程度遠超過他預期的努力才能避免服務失敗，一般而言，顧客的參與越高，滿意度通常也越高。

顧客未來的消費意願

研究發現，顧客參與和其未來的消費意願有關係（Cermak、File和Prince 1994；Dabholkar 1996）。經驗研究指出，既然顧客參與會影響顧客對於服務品質的期許，自然也會影響他們使用科技化自助

式服務系統的意願（Dabhlokar 1996）。其他的研究也揭示了參與度會
影響顧客再度消費、或是口頭傳播此項服務的意願。不過，這種影響
力會依據服務種類的差異性，而呈現不同的結果（Cermak、File和
Prince 1994）。關於顧客的高度參與是否產生更高、更強烈的再度消
費意願，這個問題是需要更多實際案例研究加以釐清。

顧客參與度對公司裨益良多

　　將顧客的參與納入服務生產及傳遞的過程，對公司有許多潛在的
好處。稍早我們提及許多研究皆證明，顧客的參與度和他們對服務品
質的評估具有正面作用。還有一些有利於公司的結果，這些利益包括
增加公司生產力、創造提升整體服務價值的機會、使公司攻進市場空
隙、獲得顧客高度的忠誠和再度消費的意願等。

增加生產力

　　過去曾有學者發現，顧客在整個服務事件當中所提供的資源，有
時和公司本身的員工所付出的努力，並沒有太大差異（Barnard
1948），公司若能在某些社會化界線的原則下，將顧客納入生產過
程，將裨利公司和顧客雙方（Parsons 1956）。許多學者都同意，將顧
客視為公司員工的一部份，並且善加規劃、管理顧客參與公司運作的
模式，將有提高生產力的效果（如Bateson和Langeard 1982；Bowen
1986；Bowen和Jones 1986；Gartner和Riessman 1974；Larsson和
Young 1979；Mills、Chase和Margulies 1983；Mills和Moberg 1982
等）。事實上，在某些情況下，顧客所能提供給公司的資源（如顧客
所知道的資訊、顧客的能力和動機），甚至比公司員工所能付出的還

要豐富（Mills、Chase和Margulies 1983）。

增加服務的附加價值

顧客參與的另一個好處是使服務的價值更高，因為顧客為公司省下的成本，就等於為公司創造的價值。例如一家沒有附設餐廳的連鎖汽車旅館，可能會建立自助式早餐的機制，讓投宿的旅客到大廳去，為自己準備一頓簡單的早餐。雖然其實這樣的早餐從頭到尾都是顧客自己動手，但是因為汽車旅館提供了相關的設備和資源，才使自助式早餐有可行性。因此，公司除了核心的服務內容之外（提供房間和車庫），還有輔助的附加服務（早餐），藉此公司的服務便顯得具有更高的價值。很多頂尖的服務業者，都知道如何善加利用顧客的價值以提升服務本身的價值，他們都因此而獲得更具競爭力的市場優勢。

填滿市場的空隙

在每一個市場中，總有一些尚未被挖掘或佔據的空間，將顧客參與納入混合式行銷策略中，會為公司創造許多有利的優勢，打入這些尚未被佔據的市場。最成功的案例是金柯斯公司（Kinkos Inc.），該公司引導顧客投入自已擁有的有形資產、相關資訊、身體勞力等，另一個成功的例子則是一家叫做MainStay Suite的連鎖旅館，他們將主要的顧客族群鎖定在一些長期旅人，通常這些人願意自行從事某些服務，利用互動式的櫃臺使來往頻繁的旅客進出事宜變得單純化，大廳旁邊有簡單的自助式早餐吧，每個套房都有設備齊全的烹調廚具，不需要有清潔人員每天到房間清掃整理，另外還有一個擺置了毛巾、亞麻布、廚房用具、化妝品等其他物資的小房間，旅客需要時也可自行取用。MainSaty Suites是一家聰明而創新的公司，他們巧妙地利用了

顧客參與來提供了旅館業市場裡絕無僅有的服務，一躍成爲產業中的
佼佼者。

進入全新市場

　　有時公司爲了適應不同類型的顧客參與，必須重新設計服務產
品。經過調整以後的服務產品，可能會吸引某些顧客族群，或者進入
另一個市場區隔。例如很多大學裡的線上遠距教學，使學生／使用者
不再受制於時空的因素，這種教學的媒介使傳統的授課方式有了進一
步的突破，以往不能參加學校課程的顧客族群（如偏遠地區的居民、
經常兩地奔波的員工，或忙碌的高階主管等），現在都可以利用非傳
統的方式重拾求學樂趣。

增加顧客忠誠度及再消費的意願

　　懂得利用顧客參與的服務公司，可以獲得較高的顧客忠誠度以及
使顧客產生再度消費的意願。公司必須提供獨一無二的利益給顧客，
讓他們不會想要投向其他公司的懷抱。在一些較簡單、穩定、低風險
的服務業中，顧客參與通常會有下列好處：顧客能省下一些非金錢性
的成本（如時間），使交易完成的時間縮短，交易的過程更有效率。
例如，乘客不需下車即可接受洗車的服務，或是利用網際網路處理帳
戶事宜等。另外，高度的顧客參與可以讓公司所提供的服務變得更人
性化、個人化，並且增加公司與顧客之間的聯繫感。例如某些時候顧
客可能有特殊的烹調或室內設計需求，這些都是需要公司分別爲他們
量身訂做的。在類似這種服務型態中，顧客參與變得更加重要，因
此，顧客的參與其實已經被公司納入規劃服務時的考量重點之一了。
經驗研究顯示，由於顧客通常會假設服務提供者瞭解他的需求，因此

和服務提供者保持密切關係的顧客，顯得對服務提供者比較有信心，雙方之間的互動更友善，這能使服務的品質和結果更令人滿意（Gwinner、Gremler 和 Bitner 1998）。總之，服務提供者可以盡量發揮創意，規劃、利用顧客參與，以有效提升顧客忠誠度並刺激再度消費的慾望。

服務組合及顧客決策

在一個服務交易事件中，顧客與公司雙方的關係常常因顧客所扮演的角色比重大小而有變化。所謂顧客角色的比重，指的就是在生產、傳遞一項服務時，顧客參與的比例有多少（Bowen 1986）。顧客角色比重在各種服務種類裡，差異性極大。在某些服務中，顧客可能只需要露個臉（如看電影），但也有可能必須要提供大部分的資源，才能獲得想要的結果（如參加一系列的戒煙輔導課程）（Bitner 等 1997；Hubbert 1995）。即使在某種特定的服務產業裡，理想的顧客角色也可能相差十萬八千里。例如，傳統的經紀公司和現代的經紀公司，對於顧客角色的比重，就會有不同的規劃與期許。不過，不管公司如何有計畫地引導顧客適度參與服務的生產和傳遞，真正的顧客參與程度還是要視顧客本身的合作意願和能力而定。

顧客若要參與服務的生產和傳遞，本身必須擁有一些相關資源，才能扮演合乎公司預期的理想顧客角色。廣泛來說，顧客的資源包括：知識、技能、經驗、活力、努力、金錢或時間等，各種資源的總和，就是顧客所具備的參與能力。舉例來說，如果沒有基本的電腦操作技能、沒有足夠的時間、或是沒有付出某種程度的精力，顧客便無從參與銀行的線上交易服務。在任何一種狀況下，利益與成本所形成的比例，都會影響顧客從事參與的各種決策（如：是否參與？參與多少？）。

　　角色的釐清是顧客必須要具備的知識之一，因爲這有助於提昇參與服務的能力。角色訴求指「動機的方向」（motivational direction）（Kelley、Donnelly和Skinner 1990；Kelley、Skinner和Donnelly 1992），意味著顧客能夠瞭解如何扮演某種角色（Bowen 1986）。顧客藉著和服務提供者的互動，累積相關經驗後對自己的角色訴求加以定義。因此，顧客和某些服務提供者之間可能有一套固定的互動腳本，雙方可以依此從事服務的生產與傳遞。例如，某家銀行的老主顧熟練地使用他的保管箱，也知道哪一個櫃臺的服務人員既友善又有效率。顧客也會透過類似的服務經驗進行角色釐清的工作。例如：一個長期旅行的人即使第一次到某家旅館，也知道應該要事先訂房，同時，萬一無法準時辦理登記手續時，他也懂得如何處理這種狀況，這些都是從以前的旅行所累積的經驗與知識。

　　服務公司可以透過組織性的社會化手段（organizatonal socialization）或提供顧客某種引導輔助（orientation aids），幫助顧客進行角色釐清的工作（Bowen 1986，第379頁）。所謂組織性的社會化手段，指公司應與顧客溝通，讓顧客瞭解在服務的生產以及傳遞中，應該如何恰到好處地扮演自己的角色（Kelley、Donnelley和Skinner 1990；Kelley、Skinner和Donnelly 1992）。組織性的社會化有幾種進行的方式：第一，提供一系列正式的課程，如大學裡的新生訓練；第二，讓顧客預覽服務的流程，例如向病患說明看診、治療的過程（Bowen 1986；Faranda 1994；Mills和Morris 1986）；第三，提供顧客說明性的資料或手冊，例如給健身俱樂部的會員相關簡介，讓他們知道俱樂部提供哪些課程或服務內容；最後，在服務環境裡，設置相關的指示，例如在銀行的大廳裡通常會有放置各式表單、書寫用品或計算機的地方，方便顧客自行取用（Bitner 1992）。另外一方面，其他引導性的輔助可能包括員工（如看門員）、程序（如排隊）、規定

（如穿著方式）等，這些事物都可以讓顧客對自己的角色有更進一步
的認識及釐清（Bowen 1993）。例如，泛舟的主辦單位通常會向參加
者說明進行方式，利用溝通的過程使隊員的行為充分地社會化，進而
對整個活動貢獻正面的力量（Arnould 和 Price 1993）。因此，公司必
須要瞭解、提升顧客的能力，並且讓他們充分發揮自己具備的能力，
這樣才能使顧客參與效益擴充至極致。

顧客參與的意願

　　理想的顧客參與模式需要顧客具有參與的意願，顧客所具有的各
種資源（如能力），會影響他／她參與服務的意願。例如，某個忙碌
的客戶可能沒有時間處理自己的稅務，因此他寧願多花點錢，委託專
業會計師代勞。顧客有意願參與某些服務的生產或傳遞，主要往往因
為下列三種好處：第一，服務過程更有效率；第二，服務結果的有效
性；第三，情緒或精神上的愉悅感。這三種好處彼此互不排斥，而且
在服務過程的各種環節中，不同顧客可能有相同的參與行為，但是獲
得的好處卻不同。舉例來說，搭乘飛機的乘客不托運行李，可能因為
他覺得這樣可以省時，但是有的人這麼做的原因卻是為了掌握對行李
的控制權。就像日常生活裡的其他層面一樣，只要有機會，顧客總是
希望可以讓好處超越他付出的成本。

　　顧客參與服務的生產以及傳遞，目的是為了使服務效益最大化，
或是使自己所付出的金錢／非金錢成本降至最低（Bateson 1983；
Bateson 和 Lnageard 1982；Dabholkar 1996；Silpakit 和 Fisk 1985），特
別是在一些經常性或低度風險的服務脈絡中，這種現象更加明顯。以
「加油」為例，人們現在不但習慣於自己動手加油，也可以直接對機
器付款（pat at the pump），這樣的加油模式省卻了時間、精力，更省
卻了與服務人員打交道的麻煩。自助式加油的例子給我們的啟示是，

機器（科技）往往是提昇效率的工具，因此大多數的顧客會認為使用自動提款機，比和銀行裡的出納人員接觸，既省時又省力。事實上，甚至也有不少顧客願意多付點錢，以獲得使用自動提款機的特權。

　　另一個顧客參與的動機是為了讓服務的效果達到最大化，某些服務的性質具有較高的風險，這些風險可能指社會性（如美髮）、財務性（如投資管理）、功能性（如汽車修護）或技術性（如大學的線上註冊）。這一類的服務通常需要顧客的付出才能達到服務的目的。例如顧客需要投注一些有形的物資、有效地和服務人員溝通或者清楚地表達自己想要的結果。顧客的付出和參與會簡化服務提供者的工作，使他們能夠根據顧客的期望，達到預期的效果。雖然有些顧客參與的動機純粹是因為他們「喜歡」參與（下一個部分將針對這一點進一步討論），但是絕大多數的人都是為了避免產生不好的結果。一旦顧客知道若自己不參與，可能導致不良的後果，他們通常會提高參與的程度（Kellogg、Youngdahl和Bowen 1997）。例如某個學生的期中考分數太低，之後他會有所警惕，盡量出席每堂課，然後也會開始用功一點。

　　顧客參與的第三種動機屬於心理層面，意即藉著參與獲得愉悅感、新鮮感或歡樂感，有些顧客也可能因為這些心理上的回饋而主動參與服務的生產及傳遞（Dabholkar 1996；Holbrook 和 Hirschman 1982）。顧客的購買行為或對產品的涉入感會使他們主動參與。在高度涉入性的服務場景中，經驗上的利益可能最能刺激顧客參與。例如參加泛舟探險活動的人，雖然主要目的是為了見識活力十足的河流真貌，但是不同凡響的快感卻會因為泛舟者的參與而產生（Arnould和Price 1993）。獲得這種經驗的好處，還包括了與大自然產生親密和諧感、自我成長、自我革新、以及感受與隊友之間的同志情誼和同體感（Arnould和Price 1993；Celsi、Rose和Leigh 1993）。在一些需要高度參與感和涉入感的服務中，類似這樣的情緒感受會導致人們的行為具有較高的忠誠度。如果在規劃服務時，可以讓顧客藉由參與獲得愉悅的經驗，也可以使服務提供者與顧客之間的聯繫感更爲堅固（例如運動場所或婚禮招待的服務設計等）。

　　有時候，顧客參與還會爲了另一種心理上的利益，亦即，顧客認爲，參與服務能夠使自己掌握事件的發展和結果。影印店的顧客可能寧願自己動手影印、裝訂重要的文件，這麼做令他覺得安心而滿足。根據相關的研究，顧客會比較傾向於高度參與一些經常性的服務類型，如加油、使用自動提款機、手提行李上飛機等（Bateson 1983），受訪者認爲因爲這樣做比較有效率，而且可使他們掌握服務中的各種情況（第52頁）。Dabholkar（1996）更發現在速食業裡，顧客利用觸鍵式螢幕點餐並不僅僅爲了使結果更有效率或良好，還有一個重要的因素是因爲他們從中獲得更多的行爲控制感。研究也證實，在醫藥保健業中，病人若在認知或心理上有較高的掌握感，往往能夠使治療產生較好的結果，並且減輕疾病所帶來的痛苦或縮短住院的時間（如Langeard、Janis和Wolfer 1975；Young和Humphrey 1985）。另外，Dennis（1987）指出，病人的認知控制（cognitive control）有三種面向：瞭解並實現病人的角色、參與決策的過程、管理人際間或環境裡的各種構成要素。這三種面向多少都需要病患額外地投注努力。Faranda（1994）針對前往醫院接受乳房X光照射的病患進行調查，結果顯示病人所獲得的控制感越強，他們的滿意度也越高。因此可知有時候顧客積極參與服務的過程，是因爲渴望獲得心理上及行爲上的控制感。Lasch（1984）更提出，現代人對於資訊爆炸、官僚制度等複雜的環境因素容易產生無助感、依賴感，因此更企求自己能保有對於事物的控制權，顧客參與使得人們擁有獨立感，對自我肯定及自我控制有正面的影響，這種心理上的利益可能就是顧客追尋的目標。

　　總之，顧客的能力和意願會影響他們參與服務生產及傳遞的程度，而參與的好處則包括了效率、結果的有效性、以及滿足心理上的需求（如愉悅感或控制感）。

給經理人的啟示

　　具體的顧客參與模式（即如何參與？參與多少？），會隨著公司的目標及未來規劃有所差異。當公司在發展服務的相關概念、辨識潛在的市場、鎖定目標市場、以及定位行銷組合時，就應該在整體的管理策略中，決定理想的顧客參與程度。例如，著名的戴爾電腦（Dell Computer Corporation）在成功地打入直銷市場之後，它便開始在網際網路上施行線上銷售。線上的顧客參與模式如下：首先顧客先搜尋、研究商品資訊，隨後決定需要購買的東西，接著進入戴爾的網站，明確地告知他們對於商品的需求為何，然後進行訂購的動作。到1998年秋天的時候，戴爾每日的線上銷售量已經超過了1000萬元美金，佔公司每日總營業額的百分之十以上（Gillmore 1998），該公司並且預估2001年時，透過網路訂購的產品比例將佔公司總營業額的一半以上。

區隔市場，為服務的商品找到定位

　　公司可以依據顧客的能力進行市場區隔的工作。以戴爾電腦為例，該公司鎖定那些已經具備電腦技能、而且清楚自我硬體需求的顧客群。對於那些不能以傳統方式修課或考試的學生，大學除了提供另一種學習方式以外，也可能會頒發另一種學位證明。例如，某社區大學設計的碩士課程，把所有的課安排在週六，同樣的，遠距教學也為那些無法親自到學校上課、但卻有心進修的學生提供另一種接受教育的管道。

　　還有另外一種區隔市場的方式，是依據顧客的參與意願，規劃一

套能夠使公司獲利的策略，例如有些服務組合可能針對那些以效率為
第一考量的顧客族群（如：透過郵件訂購郵票）。另一方面，服務提
供者本身可能以交易結果的有效性來自我定位，以服飾業而言，一般
顧客可能習慣於在服飾零售店裡試穿衣物，以確知是否合身好看，但
是有些精緻走向的服飾業者卻會為顧客量身訂作最合適的衣服，這樣
的經營方式顯然將顧客目標鎖定在一個較小的市場。在服務組合裡的
各項成分（例如有品味的設備和家具、有知識而且細心的銷售人員、
偏高的訂價、更具人性化的消費過程等）都應該符合公司的市場區隔
策略，這一類的服務需要顧客在各方面提供一些額外的參與，包括在
時間、金錢、精力、知識、溝通技巧等。其他業者則會針對不是特殊
情況（例如當新娘）不會想要這些益處的顧客群。在從事市場定位
時，業者如果以那些最重視效果的顧客為目標，這類顧客的生活方
式、對風險的評估以及其他情境變項，都是很有用的資訊。

新產品和產品線的延伸

　　有時候，業者若能夠創新地規劃顧客角色，可能有機會開發出新
產品，或是將原先的產品線加以延伸。例如，由於大量應用科技，顧
客現在能夠以遠距教學的方式進修。資料顯示，和傳統課堂上的教學
比較起來，參加遠距教學課程的學生之學習動機比較強烈，在交作業
或討論的時候，態度也比較積極（Kunde 1998）。在大學裡面，科技
漸漸普及化，學生因此可以從線上擁有更多選擇機會。另外，由於使
用網際網路的管道增加，越來越多的學生開始使用遠距教學。遠距教
學是一種新的產品，在市場上已經成功地吸引了某些學生族群，未來
則可能吸引更多學生投入。

顧客角色比重的管理

雖然理想的顧客角色比重是由服務提供者根據其服務內容而設計規劃的，但是事實上，顧客的反應才是其角色比重的關鍵性決定因素。業者爲顧客訂定的角色可能太重（參與程度過高），也可能過於微不足道（參與程度不足），此時顧客可以自行調整。倘若顧客參與程度不足，可能無法享有自己應得的權益（如節食者可能瘦得不夠多、學生學得太少）；然而一個參與程度過高的顧客，公司可能就需要付出超過其預期的時間和成本，來爲這名顧客提供他所要求的事物（如到美容院剪頭髮的顧客對設計師的要求可能很多、投資人過於密集地和他的經紀商聯絡等）。因此，經營者必須要巧妙地先將新客戶社會化，提供一些協助，讓顧客可以適當地扮演自己的角色，以達到最理想的效益。當經營者在規劃顧客角色時，應該體認不同的顧客族群會有不同的參與程度，而造成這些差異的，其實就是顧客本身的特質、目標以及他們所希望得到的利益（Bateson 1983）。瞭解這些差異，是規劃服務、區隔市場的第一步，蒐集這些資料將有助於公司與這些顧客族群溝通、交涉，使顧客參與的程度達到最理想的層次。

未來研究顧客參與的方向

顧客參與的概念雖然很重要，可惜相關的實務研究卻付之闕如。目前已浮現一些重要的議題，在此我們簡要予以說明。

顧客參與在服務交易中的角色雖然複雜，但值得注意的是它和其他關於「興趣」的變項有何關係呢？研究者應利用一些實例，就此一問題加以深入探討。例如對服務生產或傳遞有高度涉入感

（involvement）的顧客，是否必然具有高度的參與意願呢？顧客所具備的其他特質（如他對「參與」一事的態度，或是對服務提供者的觀感）對他眞正的參與行爲究竟有何影響？顧客本身的參與能力和意願對實際的參與產生何種作用？顧客參與本質上似乎就是一個變項--有些顧客可能比較喜歡參與，有些則否（Bateson 1983；Bowen 1990），這種「參與的需求」又將如何影響顧客在服務接觸中的角色比重？參與度不同的顧客是否對各種服務有不同的看法？如果是，這些看法會使他們對服務品質的滿意度產生何種評價？服務提供者又如何藉著顧客的能力、意願以及眞正的角色比重來進行市場區隔呢（Bateson 1983）？

　　另一個需要更深入研究的議題，是顧客參與對於評估（如品質、滿意度以及未來再度消費的意願）及其行爲有何影響。舉例來說，在何種情況下，顧客的參與不會像一般研究所顯示一樣呈現正面的結果，反而會造成反效果（如不滿意服務品質）？顧客參與對於評估的影響和一些顧客較能掌握的變項之間，存在哪些相對的影響力？例如，顧客參與程度和顧客與員工之間的接觸程度，分別對評估產生何種影響（Silpakit和Fiske 1985）？有什麼策略可以有效地結合顧客參與、信任感以及其他相關變項，來促進顧客與業者之間的正面關係？顧客參與對交易雙方言語交談，會產生多大的影響力？

　　關於顧客參與在心理層次上所帶來的好處，也應該有更多的實務研究。這種好處應如何增加交易結果的價值（如提高滿意或忠誠度）？在服務事件中，心理層次的感受要大到什麼程度，才可以算得上是一種「好處」？例如高度的參與通常會使顧客保有較高的自尊，認爲自己不再只是被動地接受，而是和服務提供者平等的個體，而自尊的來源是因爲顧客發現自己有能力使服務的品質達到完美。另一個問題是，在哪些狀況下，顧客對控制感的需求會導致他們從事參與？尋求控制感，是一種與生俱來的天性，或是情境使然（Bateson

1983）？當顧客的涉入感和參與度有所變化時，他們的控制感、對品質的評估或滿意度又會產生哪些變化呢？

　　顧客在消費某一種特定的服務，或與不同的服務提供者進行互動時，會汲取相關的經驗，並且逐漸社會化，繼而知曉在服務中的自我角色（參考Kelley、Donnelly和Skinner 1990）。組織對顧客進行社會化的過程，其型態及強度分別為何？高度社會化的顧客如何影響其他的新顧客？公司應該如何適當地影響顧客，使他們的參與程度達到最理想的狀態？

　　對公司而言，顧客參與的好處是，一旦交易失敗，顧客也要負責任，公司不用承擔全部的過錯，問題是：在何種情況下，交易失敗的原因確實是因為顧客的參與？當交易成功時，顧客的參與又能獲得何種評價？顧客會將交易結果的成敗歸功／歸咎於自己，或是剛好相反？有沒有可能不管成敗，顧客在歸因時會認為公司和自己都有一些功勞或責任？在什麼情況下，顧客會認為交易的結果好壞其實是情境所致，而非任一方所造成？

　　理想的經驗研究應該能夠釐清下述問題：在哪一種市場區隔裡，服務提供者應於何時，用何種方式，去鼓勵或阻止顧客參與？最後，負責規劃的經營者更應該有效地衡量、決定顧客與公司的角色比重，才能夠使雙方的利益都達到最大化。

參考書目

Abelson, Robert P. (1981), "Psychological Status of the Script Concept," *American Psychologist*, 36 (July), 715-29.

Allen, Chris T., Karen A. Machleit, and Susan Schultz Kleine (1992), "A Comparison of Attitudes and Emotions as Predictors of Behavior at Diverse Levels of Behavioral Experience," *Journal of Consumer Research*, 18 (March), 493-504.

Andreasen, Alan R. (1983), "Consumer Research in the Service Sector," in *Emerging Perspectives in Services Marketing*, Leonard L. Berry, G. Lynn Shostack, and Gregory D. Upah, eds. Chicago: American Marketing Association, 63-64.

Arnould, Eric J. and Linda L. Price (1993), "River Magic: Extraordinary Experience and the Extended Service Encounter," *Journal of Consumer Research*, 20 (June), 24-45.

Barnard, C. (1948), *Organization and Management*. Cambridge, MA: Harvard University Press.

Bateson, John E. G. (1983), "The Self-Service Customer—Empirical Findings," in *Emerging Perspectives in Services Marketing*, Leonard L. Berry, G. Lynn Shostack, and Gregory D. Upah, eds. Chicago: American Marketing Association, 50-53.

────── and E. Langeard (1982), "Consumer Uses of Common Dimensions," in *Advances in Consumer Research*, Andrew A. Mitchell, ed. Chicago: Association for Consumer Research, 173-76.

Bitner, Mary Jo (1992), "Servicescapes: The Impact of Physical Surroundings on Customers and Employees," *Journal of Marketing*, 56 (April), 57-71.

──────, William T. Faranda, Amy R. Hubbert, and Valarie A. Zeithaml (1997), "Customer Contributions and Roles in Service Delivery," *International Journal of Service Industry Management*, 8(3), 193-205.

Bowen, David E. (1986), "Managing Customers as Human Resources in Service Organizations," *Human Resource Management*, 25(3), 371-83.

────── and Gareth R. Jones (1986), "Transaction Cost Analysis of Service Organization-Customer Exchange," *Academy of Management Review*, 11(2), 428-41.

Bowen, John (1990), "Development of a Taxonomy of Services to Gain Strategic Marketing Insights," *Journal of the Academy of Marketing Science*, 18(1), 43-49.

Celsi, Richard L., Randall L. Rose, and Thomas W. Leigh (1993), "An Exploration of High-Risk Leisure Consumption Through Skydiving," *Journal of Consumer Research*, 20 (June), 1-23.

Cermak, Dianne S. P., Karen Maru File, and Russ Alan Prince (1994), "Customer Participation in Service Specification and Delivery," *Journal of Applied Business Research*, 10(2), 90-97.

Chase, Richard B. (1978), "Where Does the Customer Fit in a Service Organization?" *Harvard Business Review*, 56 (November-December), 137-42.

────── (1981), "The Customer Contact Approach to Services: Theoretical Bases and Practical Extensions," *Operations Research*, 24(4), 698-706.

────── and David A. Tansik (1983), "The Customer Contact Model of Organizational Design," *Management Science*, 29, 1037-50.

Dabholkar, Pratibha A. (1996), "Consumer Evaluations of New Technology-Based Self-Service Options: An Investigation of Alternative Models of Service Quality," *International Journal of Research in Marketing*, 13, 29-51.

Dennis, Karen E. (1987), "Patients' Control and the Information Imperative: Clarification and

Confirmation," *Nursing Research*, 39 (May-June), 162-66.

Faranda, William T. (1994), "Customer Participation in Service Production: An Empirical Assessment of the Influence of Realistic Service Previews," doctoral dissertation, Arizona State University, Tempe.

Folkes, Valerie S. (1984), "Consumer Reactions to Product Failure: An Attributional Approach," *Journal of Consumer Research*, 10 (March), 398-409.

———— and Barbara Kotsos (1986), "Buyers' and Sellers' Explanations for Product Failure: Who Done It?" *Journal of Marketing*, 50 (April), 74-80.

Gartner, Alan and Frank Riessman (1974), *The Service Society and the Consumer Vanguard*. New York: Harper & Row.

Gillmore, Dan (1998), "Direct Approach Pays Off for Dell," *San Jose Mercury News*, November 13. Retrieved November 12, 1998, from the World Wide Web: www.mercurycenter.com/business/top/006486.html

Gwinner, Kevin P., Dwayne D. Gremler, and Mary Jo Bitner (1998), "Relational Benefits in Services Industries: The Customer's Perspective," *Journal of the Academy of Marketing Science*, 26(2), 101-14.

Hochschild, Arlie Russell (1983), *The Managed Heart: Commercialization of Human Feeling*. Berkeley: University of California Press.

Holbrook, Morris B. and Elizabeth C. Hirschman (1982), "The Experiential Aspects of Consumption: Consumer Fantasies, Feelings, and Fun," *Journal of Consumer Research*, 9 (September), 132-40.

Hubbert, Amy R. (1995), "Customer Co-Creation of Service Outcomes: Effects of Locus of Causality Attributions," doctoral dissertation, Arizona State University, Tempe.

Kelley, Scott W., James H. Donnelly, Jr., and Steven J. Skinner (1990), "Customer Participation in Service Production and Delivery," *Journal of Retailing*, 66(3), 315-35.

————, Steven J. Skinner, and James H. Donnelly, Jr. (1992), "Organizational Socialization of Service Customers," *Journal of Business Research*, 25, 197-214.

Kellogg, Deborah L. and Richard B. Chase (1995), "Constructing an Empirically Derived Measure for Customer Contact," *Management Science*, 41(11), 1734-49.

————, William E. Youngdahl, and David E. Bowen (1997), "On the Relationship Between Customer Participation and Satisfaction: Two Frameworks," *International Journal of Service Industry Management*, 8(3), 206-19.

Krishnan, S. and Valerie A. Valle (1979), "Dissatisfaction Attributions and Consumer Complaint Behavior," in *Advances in Consumer Research*, Vol. 6, William L. Wilke, ed. Chicago: Association for Consumer Research, 445-49.

Kunde, Diana (1998), "Distance Learning Latest Trend in Management Education," *The Dallas Morning News*, (June 24), 1D.

Langer, Ellen J., Irving L. Janis, and John A. Wolfer (1975), "Reduction of Psychological Stress in Surgical Patients," *Journal of Experimental Social Psychology*, 11(2), 156-65.

Larsson, Rikard and David E. Bowen (1989), "Organization and Customer: Managing Design and Coordination of Services," *Academy of Management Review*, 14(2), 213-33.

Lasch, Christopher (1984), *The Minimal Self: Psychic Survival in Troubled Times*. New York: W. W. Norton.

Leigh, Thomas W. and Patrick F. McGraw (1989), "Mapping the Procedural Knowledge of Industrial Sales Personnel: A Script-Theoretic Investigation," *Journal of Marketing*, 53 (January), 16-34.

Lovelock, Christopher H. (1981), "Why Marketing Management Needs to Be Different for Services," in *Marketing of Services*, James H. Donnelly and William R. George, eds. Chicago: American Marketing Association, 5-9.

———— (1983), "Classifying Services to Gain Strategic Marketing Insights," *Journal of Marketing*, 47 (Summer), 9-20.

——and Robert F. Young (1979), "Look to Consumers to Increase Productivity," *Harvard Business Review*, 59 (May-June), 168-78.

Mills, Peter K., Richard B. Chase, and Newton Margulies (1983), "Motivating the Client Employee System as a Service Production Strategy," *Academy of Management Review*, 8(2), 301-10.

——and Dennis J. Moberg (1982), "Perspectives on the Technology of Service Organizations," *Academy of Management Review*, 7(3), 467-78.

——and James H. Morris (1986), "Clients as 'Partial Employees' of Service Organizations: Role Development in Client Participation," *Academy of Management Review*, 11(4), 726-35.

Oliver, Richard L. and Wayne S. DeSarbo (1988), "Response Determinants in Satisfaction Judgments," *Journal of Consumer Research*, 14 (March), 495-507.

Parsons, T. (1956), "Suggestions for a Sociological Approach to the Theory of Organizations," *Administrative Science Quarterly*, 1, 63-85.

Richins, Marsha L. (1983), "Negative Word-of-Mouth by Dissatisfied Consumers: A Pilot Study," *Journal of Marketing*, 47 (Winter), 68-78.

Silpakit, Patriya and Raymond P. Fisk (1985), " 'Participatizing' the Service Encounter," in *Services Marketing in a Changing Environment*, Thomas M. Bloch, Gregory D. Upah, and Valarie A. Zeithaml, eds. Chicago: American Marketing Association, 117-21.

Valle, Valerie and Melanie Wallendorf (1977), "Consumers' Attributions of the Cause of Their Product Satisfaction and Dissatisfaction," in *Consumer Satisfaction, Dissatisfaction, and Complaining Behavior*, Ralph H. Day, ed. Bloomington: Department of Marketing, School of Business, Indiana University, 26-30.

Young, L. and M. Humphrey (1985), "Cognitive Methods of Preparing Women for Hysterectomy: Does a Booklet Help?" *British Journal of Clinical Psychology*, 24 (November), 303-4.

Zeithaml, Valarie A. (1981), "How Consumer Evaluation Processes Differ Between Goods and Services," in *Marketing of Services*, James H. Donnelly and William R. George, eds. Chicago: American Marketing Association, 186-90.

第8章

自覺控制感與消費經驗

John E. G. Bateson

　　本章主要目的是檢視有關自覺控制感的研究，這些研究認爲在顧客對服務接觸（service encounter）—即他們與服務公司之間的實體互動—的詮釋中，自覺控制感對他們的情緒經驗有決定性的影響。首先，本章將提出一個重要的概念：人性的本身具有控制環境的慾望與需求，這個概念在 White（1959）、DeCharms（1968）、和 Brehn（1966）的研究中都已獲得證實。其次，本章會指出服務接觸的內隱特性意味著，對於控制局面的需求顧客往往必須有所讓步，即遵循公司所制訂的遊戲規則；同時，在交易行爲的另一方，亦即服務提供者，也希望能夠對交易情勢有所掌控。在這種狀況下，顯然交易雙方之間具有潛在的衝突性。這種衝突性常常是服務管理中的主要問題。所幸控制理論的內涵相當豐富，行爲性的控制並不是滿足顧客自覺控制感的唯一途徑。因此，若能夠妥善運用控制理論，將能有效處理、化解公司和顧客間的衝突。在此我們將以控制理論來檢視顧客經驗、探討自覺控制感對於顧客的抉擇程序、顧客的福祉、擁擠、等候等相關現象究竟有何影響。最後，我們也會爲未來的研究方向，提出一個以自覺控制感爲基礎的研究典範。

與生俱來的控制慾

　　有關人類動機的各種研究，幾乎都是以心理學的人性驅力論（如性和飢餓）出發。然而，隨著現代社會的急遽變化，心理學家在嘗試解釋人類行爲的過程中，漸漸發現人性驅力觀點的不足之處。因此，以過於簡化的人性驅力說過於簡化地解釋人類行爲，已經暴露其侷限。許多研究進而轉向以目標論來作爲思考點。其中一個理論認爲，在人類性格中具有一種表現能耐、展示優越性、以及統御環境的需求。許多學者發現，「獲得控制感」在人類的各種驅力中，是很重要的一種（如White 1959、DeCharms 1968、和 Brehn 1966 等）。

　　White 首先將控制的概念運用在人類動機的研究上（1959）。人類處於各種環境中會產生不同的行爲，如探險或操縱儀器，這些行爲背後都潛藏著某種動機。White 提出「影響動機」（effectance motivation）的概念，爲心理學研究建立了一項新的驅力。人類想要控制環境的動機，其實就是渴望能夠對環境發揮自身的影響力，並且由此肯定自己的能耐。

　　在研究人類行爲之因果的過程裡，DeCharms 認爲「控制感」是人類各種動機中最重要的一環（1968）。他追溯人類行爲之因果的軌跡，挪用了兩個名詞「小卒」（pawn）和「原創者」（origin）來詮釋一個人外在與內在的行爲因果軌跡。本質上來說，所謂的「原創者」指個人自己的行爲能控制周遭環境及事情發展的結果。另一方面，DeCharms所謂的「小卒」概念，就是個人只能受環境的擺佈，無力對事情發展的結果做出任何有影響力的行爲。DeCharms的論點是：人們渴望作一個原創者，而非只是處處受制於外在環境的小卒。他說：『在各種場域裡，人類會努力不懈地使自己成為主動的「因」，可以掌握行為及情勢的發展；也就是說，人會努力成為自身行為的主人（DeCharms 1968，第269頁）。

　　Brehm的誘導抵抗理論（reactance theory）則強調控制感的確扮演動機裡的重要角色，這項看法已被廣泛接受（1966）。根據Brehm的說法，一旦人們面臨行為自由可能受到剝奪的威脅時，會產生再度獲得行為自由的動機。例如，當父母親禁止小孩從事某種行為時，這個小孩將會尋找其他管道，嘗試抵抗外界的壓力和限制，重新宣示自己的優越性與掌控能力。這種動機驅力的強度往往反映著以下幾種力量的程度：一、他對於自由的期許；二、自由對當事人而言的重要性；三、威脅力量的強度。

服務接觸：
為爭奪控制權，三方陷入角力？

　　服務的生產和消費通常由三個主角進行一連串的互動後而產生：顧客、與顧客接觸的服務人員、公司所提供的服務環境（Eiglier和Langeard 1977）。從人與人的互動（顧客和服務人員）和人與環境的互動（顧客和服務環境）中，顧客希望取得所需並獲得滿足感。公司組織和顧客之間的互動就是我們指稱的服務接觸（service encounter，Czepiel、Solomon和Surprenant 1985）。在這裡必須指出的是，顧客接受服務的經驗不同於實際可見的互動行為，通常服務經驗指顧客在服務接觸中的情緒感受。

　　服務具有獨一無二的特性：顧客在服務接觸中，同時扮演著生產者與消費者的角色，很多學者都已提出類似的看法。早期Langeard等人就曾經說過，服務的生產和消費是同時進行的，顧客也介入這個過程（1981）。Lovelock和Young更進一步指出，顧客在服務過程中做得越多，將使公司更具有生產力（1979）。

　　在組織行為的研究裡，Schneider提出一個「開放系統取向」的觀念（open-system approach，1980），在這個系統中，顧客也被納入，成為公司的一部份。更有學者乾脆將顧客視為公司的兼職員工（Mills 1983；Mills和Moberg 1982），在公司制訂的交易遊戲規則中，顧客必須扮演某種角色、表現出某種行為，才能推動、完成一項完美的服務交易。

　　就經濟學的觀點而言，公司必須要以「顧客密集度」（consumer intensity）來衡量顧客參與，就像衡量公司的資本密集度與勞力密集度一樣。在探討服務公司的業務管理效率時，有些學者認為與顧客接觸的業務應和其他內部的業務分開來談（Chase 1987、1980；Chase和Tansik 1982），而公司運作的效率和與顧客接觸的程度之間是呈反向的關係。他們之所以有這樣的看法，係因為他們假設在公司的運作過程中，顧客的介入和參與具有一種牴觸的作用，會造成效率的低落。

　　綜合上述，我們於是得到一個結論：顧客參與了服務的生產過程，並且必須要從事某些行為才能使服務完成。因此，顧客、與顧客接觸的服務人員、以及公司本身三方存著互相依賴的關係，彼此都涉入交易的過程和交易的環境中。

　　就某種程度而言，這三者必須相輔相成，才能各取所需：顧客必須和公司組織所指派的服務人員接觸，才能使自己花的錢值得，並使所需獲得滿足；而服務人員必須依公司所規定的方式和顧客接觸，滿足顧客的需要，並且從中獲得工作上的成就感和酬勞；從商業運作的觀點來說，公司必須能夠長期地使自己的顧客和員工都滿意，才能創造獲利的契機。

　　然而，如前所述，由於三者都有「控制感」的需求，因此會造成彼此間的衝突（Bateson 1985a）：顧客渴望展現自己的優越感和掌握能耐，然而服務的環境通常是由公司提供的場景和公司的服務人員所組成，一方面服務人員希望控制，而公司方面則希望能夠同時掌握顧客和員工。Schneider、Partington和Buxton的研究指出，服務公司本身是「開放系統」（open system），服務人員身處於系統的邊緣，顧客和服務人員都實地體驗了公司所制訂的程序和提供的環境（1980）。在這樣的假設下，服務人員對於服務接觸希望有掌控權似乎是合理的推斷。

　　在早期的研究中，Whyte清楚地指出服務人員也具有控制慾（1949）。Whyte採取社會學觀點來探討服務人員的控制需求，他研究餐廳裡的女服務生如何面對各種情況下的壓力。有些女服務生因為缺乏控制感，甚至崩潰地產生哭泣的行為。在這項研究中，Whyte發現了一些值得探討的現象，他並且仔細地探究這些產生哭泣行為的服務生和他人究竟有何不同。

　　Whyte發現女服務生們處理事情的能力不同，因此有些人感受到的壓力較大，有些人則否。他提到：「事實上，在與顧客的互動中扮演主動、領導角色的女服務生，比較能夠維持情緒的平衡穩定，因此並未出現哭泣的行為，她們不僅僅回應顧客，而且常能夠主動地控制顧客的行為。」（1949，第135頁）

　　自從這份研究問世以後，很多人開始試著瞭解位於邊界的服務人員之角色。公司組織和顧客彼此的要求往往有所衝突，而服務人員正好位於兩者之間，他們必須同時滿足雙方的要求。這使得他們的角色不但具有衝突性，也有了曖昧性。所謂角色衝突性，指的是這個角色面對著來自不同客體的要求；角色曖昧性指的是，服務人員的角色性質和目的並不清楚。這種衝突性和曖昧性，往往使這個角色無法有效地擁有控制權，承受的壓力也相對提高。

　　Sutton和Rafaeli曾經研究如何才能減低角色的衝突和曖昧，他們所提出的各種策略都回應了早期 Whyte 的看法，因此可視為重建個體的控制權（re-establish control）而設計。例如，服務人員可以選擇不理睬顧客的叫賣（1988）。另一種可能的策略，則採人群處理模式（people-processing mode，Klaus 1985）來面對顧客的需求。在這種策略中，服務人員不視顧客為人，而是無生命的物體。其中，可能利用服務環境中的各種指示或設備，提升客服員在服務環境中的地位和控制感，甚至膨脹其角色，迫使顧客屈服於他們的權力之下。

控制需求造成的管理問題

在服務接觸中，顧客幾乎多少都需要放棄一些控制權，同樣地，如果沒有顧客的付出，單靠公司一方是無法運作服務接觸的。如果顧客想要和公司交易，顧客必須要放棄一些掌控權，遵守公司的服務系統和服務人員所規定的程序規則。假設喪失控制權對顧客而言是一種負面的損失，那麼，我們可進一步將服務接觸看成是顧客以金錢和控制權來換取其他好處的交易。

在大部分的情況下，服務接觸中通常會有服務人員的存在。一旦他們覺得自己缺乏對顧客的主控權，工作士氣可能因此大打折扣。事實上，面對「大家都要控制權」的困境，我們必須更深入地探究控制的慾望和本質，並且將顧客的「自覺控制感」（perceived control）與「真正的控制」（actual control）分開來談。接下來，我們就要說明這一點。

「自覺控制感」和「真正的控制」

目前的研究一致認為，客觀的掌握情況對於掌控感並不是必要的

程序。Rothbaum等人曾經提出「主要控制」和「次要控制」的概念
（Rothbaum、Weisz和Snyder 1982），他們認爲當個體無法獲得客觀控
制或行爲控制時，他們會使用各種不同的認知工具，使自己帶著控制
感去適應環境。

　　Averill提出一個架構，試著瞭解這些創造控制感的認知工具
（1973）。他檢視實驗室的研究後，發現控制形式可分爲三種：行爲
上、認知上、決策上。以下將分述之。

行爲控制

　　行爲控制指主體在面臨威脅時所從事的行爲可以直接影響情勢的
發展（Averill 1973，第286頁）。因此，行爲控制是一種眞實的控
制，而非只是「自覺到」的控制。Averill注意到學生會使用多種不同
的行爲控制。有一些研究探討允許受測者控制施放刺激的方式、時間
點以及施放者，Averill稱這一類的行爲控制爲「受到管制的控制」
（regulated control）。另有其他研究允許受測者去調整刺激，Averill稱
之爲「刺激調整」（stimulus modification）。

　　許多研究探討控制對於受測者對負面刺激反應的影響。這些實驗
室研究通常是對受測者施予電擊刺激、傷害性噪音、或給他們看一些
令人不悅的圖片（如屍體），然後再衡量受測者（通常是學生）的反
應。衡量的方式包括評估觀察受測者的生理反應（如手心流汗），或
讓受測者自行陳述心理狀況（如壓力、不適感）。有些實驗則是對受
測者進行刺激後，再分配某些工作，並觀察他們的執行能力。在這種
實驗設計裡，控制感的操弄是讓受測者能選擇結束這些刺激（參考
Straub、Tusky、和Schwartz 1971）。這些研究共同的發現是，如果提
供一些行爲控制的機制讓受測者選擇、使用，通常會減輕刺激的負面
效果。例如，Sherrod的研究發現，當受測者可以支配、控制負面刺
激時，他們再從事校對工作會有較好的表現（Sherrod等人，1977）。

這些發現也和Seligman的習得無助感（learned helplessness）有關。根據Seligman的研究，當個體不斷重複地經驗著某些情境時，他們會發現自己的努力並不一定有助於掌握事情發展的結果，此時個體會將這種非偶發性概括化，並且運用在未來各種類似（甚至根本不同）的經驗裡。類似像無助感、被動、挫折感或是不良的工作表現等，往往是因為這種非偶發性所造成的結果。因此，習得無助感理論認為，心理上或行為上的控制系統，和個人對於行為與結果之間的偶發性或非偶發性解釋有關。

認知控制

認知控制指個體如何詮釋一個具有潛在危險的情境。Averill的定義如下：個體用一種減輕淨長期壓力的方式，處理一些具有潛在威脅的訊息（1973，第293頁）。在Averill的定義中，有兩個重要的成分：訊息利得和評估。訊息利得指事件的可預測性和對事件的預期；評估，指個體對事件的衡量比較。

在Averill的研究中，他指出訊息本身並不能減輕個體的壓力，其他的研究甚至指出，訊息不但不能紓解壓力，反而可能帶來更多的壓力（Cromwell等人，1977）。心理學家則認為，人們通常寧可選擇自己對事件的預期和真實發生的情況一致。根據Abelson的說法，人們比較願意相信在環境中所發生的事情是可以預期的（1976）。若將此一概念運用在顧客滿意度的研究上，不難理解，當交易結果符合顧客預期、甚至比預期更好時，通常能夠使顧客獲得滿足感（Churchill和Surprenant 1982）。

有一群理論學家則專注於另一方面的研究：若在對個體施予負面刺激（利用諸如上述的電擊等方式）之前先給予相關訊息，對個體的感受會有何種作用？這樣的預告對於個體減低焦慮又造成何種影響？結果發現，這樣的訊息對於受測者對於情境的評估有正面的效果

（Leventhal和Everhart 1979）。例如在Mills和Krantz的實驗中便證明了
這項效果（1979，實驗一）。該實驗在一個捐血中心進行，捐血者在
事先都被告知捐血的程序和捐血以後可能會產生的生理、心理反應。
在這個實驗中相關的測量係來自兩方面的資料：第一，護士對捐血者
的暈眩感或壓力感所做的觀察評量；其次，由個體衡量自己產生的不
適感。其中最重要的發現就是，對捐血過程事先有所瞭解的人，在抽
血過程中所產生的壓力顯然比那些一無所知的捐血人要輕微許多。

決策控制

　　Averill對決策控制所做的定義是，「在一系列可能的結果和目標
中做出選擇」（1973，第289頁）。乍看之下，這和行為控制似乎有點
雷同，不過，兩者主要的差別在於，在一個複雜的情境中，各種可
能、可以選擇的目標和負面的刺激未必一定有關。因此，即使個體無
法直接對負面刺激作出任何行為控制（如直接關閉電擊電源），但是
藉由改變或有機會改變在特殊壓力情境下成就事物的焦點，還是有可
能獲得控制感。

　　要將決策控制講得更清楚一點，恐怕還是得舉實際的例子來說
明。讓我們先想想在聖誕節去擁擠熱鬧的百貨公司裡採購時的兩種不
同情形。第一種狀況是，現在已經是聖誕夜了，採購的工作必須完
成；第二種情形是，現在是星期六，還有兩三個星期聖誕節才來臨。
在第二種情況下，顯然購物者的決策控制可以比較輕鬆地運作，因為
在時間上還有舒緩的空間。在這種情況下，購物者在面臨購買決定
時，不是處於某種高度的壓力之下（像行為控制的情況），而是究竟
要買什麼才好。然而，第一種情況是，明天就要過聖誕節了，購物者
顯然沒有這種選擇，因此他並未擁有決策控制權。

　　如果沒有兩個以上的方案能讓個體可以擁有選擇的自由，就不會
有決定的機會。因此，大多數的研究者都會以「選擇」或「選擇的自

由」來說明決策控制。「自由」和「選擇」兩個詞彙可以互換,當情境中可能的方案選擇越受到限制,會使自由或彈性變得越少。

　　Averill強調,各種不同性質的控制並不是獨立運作的,它們往往有互動關係。Langer等人在探討這些控制模式時提出,行為控制和認知控制的運作有其次序(Langer和Saegert 1977;Labger 1983):當他們無法獲得行為性控制時,個體首先會以認知性控制--也就是說服自己相信自己有某些控制-來減低負面刺激之資訊的強度,接著是重新評估自己所面臨的威脅,最後則是藉著掌握這個威脅可能帶來的結果及影響之資訊。

歸因和控制

　　另一研究體系指出,認知控制的極端版就是歸因歷程。理論性的假說是,個體控制環境的一般化動機是為了影響他們詮釋環境訊息的方式,以及為了解釋自己與他人的行為。根據Kelly的說法,人類的歸因行為除了形塑對世界的瞭解以外,還有另一個更重要的目的--支持並維繫人們對於環境的控制感(1967,1972)。相關的實驗也已經證實了這項假說:當個體的行為控制被剝奪時,其控制動機會增強,在這種情況下,他將越傾向於對各種事物進行歸因的動作(如Pittman和Pittman)。

　　人們對於控制的渴望和需求除了會刺激歸因的進行之外,也可能會引導與扭曲其歸因。Pittman歸納出三種普遍的歸因模式,分別為:一、若結果是成功的,則功勞在於自己,若結果是失敗的,則責任並不在於自己。二、有些事件的發展其實是隨機性的結果,但是個體往往會高估自己的掌握能力。三、個體傾向認為自己的行為主要決定於各種情境因素,以及別人的行為主要決定於一些穩定的性情因素(如人格特質等)。很多學者都證實,上述三種偏差反映著人類控制動機的存在(Pittman和Pittman 1980;Wortman 1976)。

控制模式的延伸以及與顧客服務經驗的關係

若我們延伸自覺控制感模式,將可作爲解決服務接觸之內在衝突的基礎。從管理者的角度來看,顧客的控制慾望可能產生下列幾個問題:

- 我們能否提高顧客的控制感,並且因而使交易變得更有價值?
- 顧客如何以自覺控制感的角度來看待我們的服務?更重要的是,顧客又如何看待其他競爭者的服務?
- 我們能否引導顧客的行為,使服務至少變得更具有可預測性;亦即,如何利用資訊來增加顧客的認知控制?
- 我們能否使顧客有心理準備,知道自己可能會喪失一些控制權,以及放棄控制權將會對他們造成哪些影響,也就是利用資訊來幫助顧客從事評估,進而增加他們的控制感。
- 我們能否將服務接觸的各種成分拆開來談,看看每個部分如何影響顧客的控制感?我們能否在服務接觸中建立、塑造顧客的控制感?

控制感是選擇過程的一部份

Langeard等人(1981)曾經針對顧客選擇服務的過程從事研究,他們特別關心自助式服務和傳統服務方式有何差異。一開始,這些研究都採取質化研究(qualitative,即深度訪談),結果發現顧客評估服務有幾個不同的面向(Bateson 1983;Bateson和Langeard 1982):

- 服務所花費的時間
- 個人對情況的控制感
- 服務過程的效率
- 人際接觸的深淺
- 承擔的風險高低
- 付出的精力多寡
- 依賴他人的程度

研究發現，選擇自助式服務的顧客和傾向傳統服務方式的顧客之間的差異，有兩個重要面向：時間和控制感（Bateson 1985b）。這個研究中的六種不同服務環境（從銀行、加油站、旅館到航空業等）顯示，選擇自助式服務的顧客認為選擇這樣的服務方式可以擁有較多的控制感，而傳統的服務方式則會使他們喪失一些控制感。這樣的差異具有重要意義，因為我們發現選擇自助式服務的顧客通常最重視控制感。

在低控制情境中保留控制感

對於大多數的人而言，在醫院裡的服務接觸，是高度壓力的事件，偏向院方的便利性。有一系列的醫學研究已經將重心放在醫療程序對於病人之健康的影響上。很多院方認為是例行性的程序，對病人而言往往具有壓力，這可能會對痊癒的進展有負面影響（Cromwell等1977）。研究者認為病人之所以會覺得有壓力，是因為他們喪失自覺控制感。醫院為求治療流程的順暢和效率，在規劃行政程序時往往必須犧牲病人的控制感。

為了克服這個難題，一群研究者嘗試重新賦予病人行為性或認知性控制的權利。舉例來說，Langer、Janis和Wolfer研究了在各種不同程度的認知控制下，外科病人在手術前後所承受的壓力（1975）。研究者以告知病人手術程序及結果的方式，作爲認知控制的變因--也就是對不同的測試者，分別在手術前、手術時、手術後提供相關的訊息。結果發現當病人擁有較高程度的控制感時，其壓力顯得較小，心情也比較平靜，甚至痊癒的情況也較良好。

　　針對一些接受密集看護的病人，Langer等人探討若能賦予病人某些行爲控制的機會，會產生何種效果（LangerJanis、和Wolfer 1975）。一般而言，高度看護療程下的病人，其自覺控制感較少；然而，如果病人可以自行決定何時接見訪客、何時用餐等，病人的壓力會明顯減輕許多，同時對於其康復狀況也較正面。

　　在1980年，Krantz和Schultz從事了一項關於高齡病患的「制度化」過程（institutionalizaton）研究，也就是讓服務在另一種環境裡進行（即老人之家）。制度化和上述Seligman所說的習得無助感有關（Seligman 1975）。Krantz和Schultz認爲，個體對於重新安頓在老人之家的反應，可以從當事人的自覺控制感和搬遷相關事件的可預測性來瞭解，並能比較這兩種環境所提供的控制感差異。（1980）。

　　受測者若是出自自己的意願決定進老人之家，比起那些由別人爲他決定的病患而言，對於這樣的搬遷事宜顯然較能應付。對於在老人之家和照護病房的病患而言，如果他們可以擔負較多的責任，如控制時間或訪客，他們的情緒似乎會比較愉快。在後續的研究中也顯示，擁有較高程度之行爲控制的病患，其壽命通常比較長（Rodin和Langer 1977）。

服務接觸的負荷量、擁擠狀況及控制感

　　服務和實體商品最大的不同之一，在於服務的生產過程較不穩定（Chase 1978、1981）。在生產實體商品時，公司可以利用原料和成品

庫存的方式，來緩衝製造過程中的不穩定因素。然而，服務本質上是
在服務接觸中產生，公司不可能利用上述的方式來減低不穩定性。

　　服務作業必須直接因應需求的巨大變動。服務作業的效率，通常
來自如下的應付能力：在面臨需求高峰時，公司並不需要增加人手或
其他資源。然而，大多數的服務業者經常以需求高峰來規劃所需的資
源，這往往使公司在大部分的時間賠錢。以零售業來說，顧客會出現
在公司所提供的服務環境中，其負荷量是由擁擠程度來定義。

　　Stokols主張，「密度」（density）和「擁擠」（crowding）是兩個
必須加以區分的概念。密度，指的是一種物理性的空間參數（Stokols
1972，第275頁）；另一方面，擁擠，指的是個體因為人潮而產生不
悅感的主觀感受（Stokols，1972）。

　　對一個服務業者來說，它有以下兩種選擇：一為提高公司服務的
負荷量，二是在不使顧客覺得擁擠的前提下，將所謂的密度提高。有
不少的研究都指出，要上述兩種策略生效是可能的，只要使自覺控制
感成為密度與擁擠之間的中介變數（Schmidt和Keating 1979）。

　　Proshansky、Ittelson和Rivlin認為，密度是個體在特殊環境中控
制感之決定因子，因為密度可以促進或阻礙行為，並且影響他對擁擠
的感覺（1974）。例如Robin、Solomon和Metcalf（1978）的研究就指
出，一旦密度使得顧客無法隨心所欲地做出某些舉動，顧客會對環境
產生擁擠的感覺。從另一個角度來說，也有不少研究證明擁擠感也會
影響密度（如Langer和Saegert 1977），這樣的看法並不令人意外，因
為擁擠感指「在某種密度水準下所產生的負面主觀經驗」（Rapoport
1975，第134頁）。

　　有三項研究企圖證明一點：若改變顧客控制感的水準，將可能調
整密度對個體的影響。Langer和Saegert假設，如果讓個體在進入一個
擁擠的環境之前，事先告知他們可能面臨的情況，增加他們的認知控
制，將得以使密度的負面影響降低（1977）。因此，實驗人員操縱了

認知控制兩大要素，即資訊利得與評估。

　　第一個實驗是在一家超級市場中進行，探2×2的因素實驗設計，探討個體在操弄不同的擁擠度和認知控制下的反應。認知控制的操弄是實驗者事先向顧客提出警告，讓他們對於超級市場中的擁擠程度及可能的狀況有所瞭解。然後實驗者給受測者一長串的購物清單，要求他們在限制的時間內（30分鐘），將清單中的商品放在推車中，而且，這些商品必須是各種不同品牌中價格最低廉者。在完成任務之後，受測者還需要接受一項超市問卷調查。

　　結果顯示，和那些在不擁擠的超市裡受測的人們比較起來，在擁擠超市裡的受試者找到的清單項目較少，而且，找對的比例也較低。在隨後的超市測驗中，擁擠情境下的受測者答對的題目比不擁擠情境下的受測者少了許多。一開始，實驗者的假設是，訊息只有在顧客面臨擁擠情境下才會發生作用。但是實驗的結果卻發現，只要是能夠事先獲得相關訊息（亦即能進行認知控制），受測者在回答測驗的題目時，會有較佳表現，更重要的是，他們對於問卷中有關服務經驗的問題，也比較正面。

　　在第二個實驗中，Hui和Bateson檢驗圖8.1模式，他們做了下列幾項假設：密度會直接透過控制感而影響對擁擠的感受；顧客的選擇會影響控制感；顧客的情緒會受到擁擠感和控制感的影響，進而從事某種行為。Hui和Bateson所提出來的模式，直接測試控制感的中介效果，因為它將控制感作為一個獨立的因素來操控（1991）。

　　在另一個實驗中，顧客在服務接觸中的選擇和人潮密集度被獨立操弄，以探討顧客對服務接觸的心理與行為反應。這項實驗的服務場景有兩個，分別為銀行和酒吧。這項饒富創意的研究發現，一般而言，人們並不排斥到人群密集度很高的酒吧，但是如果銀行的人群密度過高，受測者表示一定會盡量避免在人多的時候進入銀行。因此，高密度在酒吧中所造成的負面影響，將比銀行來得低。簡言之，在這

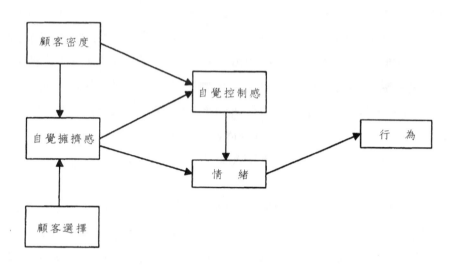

圖8.1　顧客密度和顧客選擇對服務經驗的影響

個研究的因素設計如下：3（顧客密度：高、中、低）×2（顧客選擇：去、不去）×2（服務場景：酒吧、銀行）。其中顧客密度和顧客選擇是受測者的主觀因素，而服務場景則是一再重複被操作的因素。

　　在這個實驗中，顧客密度以幻燈片顯示，在兩個不同的服務場景（銀行和酒吧，大約都是中型規模）有三種不同的顧客密度，實驗並以文字來描述這六種不同的服務情境以及顧客可能的選擇，同時，該實驗也給予受測者不從事交易的選擇，亦即行為控制的權利。

　　該實驗的資料以多樣本的LISREL統計軟體（Joreskog和Sorbom 1989）來檢定。測量的項目包括：擁擠度、自覺控制感、愉悅度（代表受測者的情緒）、以及迴避與否（代表受測者的行為）。結果證實，控制感的確扮演相當重要角色。操弄擁擠度與選擇這兩者可以強力地決定控制感。密度與擁擠度之間的單純關係之中介變數是顧客的選擇，而且很顯然是經由控制感這個變數而產生中介作用。

1992年，Bateson和Hui將實驗場景換爲鐵路售票處，他們分別以幻燈片、錄影帶、準實驗（quasi-experiment）設計來探討顧客的控制感對於其消費行爲的影響，結果亦顯示控制感是具有關鍵影響力的因素。

這些研究紛紛指出，有效運用控制感可以創造令顧客更滿意的消費經驗。其中一種做法，便是提供顧客更多的選擇。Mills和Krantz研究「捐血」行爲，當他們讓捐血人自行選擇要用哪一隻手臂來捐血時，能夠減輕捐血過程的壓力（1979）。事實上，讓顧客擁有越多的選擇，能夠使消費更加個人化，而個人化的服務也是服務公司常用的競爭策略（Surprenant和Soloman 1987）。

另外，這些研究也證實了控制感可以解釋顧客對於服務環境的人群密度所產生的反應。給顧客較多的選擇，可以減低高密度人群所產生的負面效應（Surpremant和Soloman，1987）。除此之外，也有研究顯示，讓顧客獲得較多關於情境的訊息（Baum、Fisher和Soloman，1981）、以其他事物轉移顧客的注意力（Worchel 1978）或是務環境的設計規劃（Baum和Valins 1977），都能夠減低高密度人群的不良影響。

找尋路徑（way-finding）和排隊

另有研究利用控制感來探討服務接觸中的許多其他要素。服務場景中的物理環境，往往給予顧客一些明示或暗示性的訊號，當這些訊號不夠明確時，顧客可能會覺得困惑，同時，環境中所透露的訊息如果過於複雜，顧客可能會覺得恐懼，害怕自己迷失了方向；當各種訊息不明確、不易辨識時，可能會使顧客對服務系統的有效性產生懷疑。雖然顧客的其他經驗可能消彌上述所說的不確定或恐懼感，但一般而言，這種因爲「找尋路徑」過程所衍生的負面感受，通常只會造成拖延、憤怒或挫折感（Wener 1985）。大多數有關「找尋路徑」的研究，都將重心放在控制感上，認爲控制感是一項中介變數（Winkel和Sasanoff 1976）。舉例而言，清楚而明確的訊息指標可以提供控制感，減低顧客在高密度環境中對擁擠的負面感受。

另一個對於擁擠的服務物環境所做的安排是「排隊」。然而研究指出，過長的等候時間會取代人們對於擁擠所產生的不適感。心理學家曾經提出，即使時間長短本身是一項客觀事實，但是人們對於等待時間的長短，卻是一種相當主觀的認定。

這個發現的重點就是我們所說的認知控制。Taylor認爲，當顧客覺得冗長的等待時間是服務提供者造成時，顧客將會對服務提供者產生較多負面的評價（1995）。最後，Hui和Tse指出，服務人員告知顧客可能需要等待的資訊以及顧客在等候隊伍裡的位置會影響顧客對於等待的情緒和認知反應（1996）。這一類的訊息，往往可以用來操弄顧客的控制感。

以控制感爲研究典範

以控制感取向爲研究典範來探討服務接觸，有很多的優點。其中有一點是，管理者很容易就可以瞭解這個觀念，雖然這個簡單的概念在稍後衍生了許多較爲複雜的看法，但卻不減這個概念本身的直覺性。控制感的概念雖然直接，其優勢不容低估，因爲研究的目的若是要幫助管理者規劃服務流程，容易爲人瞭解的概念會很重要。

就研究的觀點來說，這個研究取向的優勢在於它是以社會心理學爲理論基礎。因此，服務管理的研究可以踏著學理及實證上已有的基礎。另一方面，在社會心理學的研究領域中，尚有一些懸而未決的問題，因而管理方面的研究也可以回過頭來對社會心理學有所貢獻，彼此相得益彰。總之，匯集已經存在、且不斷修正的概念、方法論等，都能使服務行銷的研究更加豐碩。

當然，將心理學領域的概念應用在行銷研究中，也不是完全沒有問題。首先是眞實性的問題。在心理學實驗室中對受測學生施以電擊這一套受控流程，並不能直接移植到服務上。在眞實世界中應用社會心理學的實驗概念，還有另一個問題：以服務事件的標準來說，很多心理學研究的情境都比較極端。例如，心理學對老年人的研究，不管是在醫院或在家裡，老人們往往被強制地禁止從事某些活動，被剝奪許多控制感；相對而言，在一般的服務事件中，控制感並不會絕對、嚴格地遭到剝奪。之前在我們曾經提及的一些研究中，特別是Hui和Bateson都認爲服務事件本身具備某些特質，具有改變控制感的強大潛力（1991）。

控制感在實驗中可以操控。事實上，在很多心理學研究中，各種情境裡的高低條件是給定的。Hui和Bateson對於刺激的研究（1991）爲低花費的控制感之實驗室研究開啓了另一扇窗，且仍能有高水準的生態效度。

未來的研究方向

未來的研究有四個寬闊的領域。第一，延伸控制感的應用。對於擁擠和選擇的研究（Bateson和Hui 1987；Hui和Bateson 1991；Langer和Saegert 1977）只是其中重要的一小部份。本章已經指出，關於這方面的研究，可以進一步運用在服務環境的規劃與設計上，特別是如何有效指引顧客的流向、行爲等。另外，對於排隊的研究可說已有初步的成果，似乎已能輕易延伸以控制感爲研究的典範。

第二個主要的發展領域則是在方法論方面：控制感應該更精確地加以測量，雖然它在實驗中可以作爲可操縱的變數，但是其測量方法

仍有進一步精進的價值。Hui 和 Bateson 提出兩種測量控制感的量表
（1991）。Mehrabian 和 Russell 的支配量表（scale of dominance，1974）
與 Glass 和 Singer 的無助感量法（scale of helplessness 1972）結合之
後，產生了一個以語義為基礎的「七點」量表（seven-point）。在控制
感的衡量中，支配感和無助感往往是刻度的兩端（Russell 和
Mehrabian 1976；Seligman 1975）。在支配感和無助感的量表中包含
了九個不同的項目，其中有三個因為並不恰當，或因為對衡量的信度
有負面影響（Cronbach 的 α 值＝0.77），因此被排除。第二種控制感
的量表（α 值＝0.61）有三個七分尺度的 Likert 型問項（「我會覺得一
切都在我的掌握之中」；「我覺得綁手綁腳的」；「我覺得自己有能
力影響事情發生的方向」）。在分析的脈絡中，這些量表相當可靠，不
致於威脅到模式的健全性。儘管如此，控制感量表很明顯還需要進一
步發展。

　　第三個研究方向，應該延伸到服務提供者。在管理上，有兩件頗
為重要的問題有待解決：

1. 可否給予服務人員更多的控制權，使他們能夠為顧客提供更好
   的服務？
2. 我們可否讓服務人員在服務接觸中的控制感增加，但卻不一定
   需要增加其行為控制？

　　第一個問題和給予服務提供者的行為控制水準有關。在組織行為
的領域裡，這個問題通常會放在「賦權」（empowerment）的主題下來
探討（Kelly 1993；Schlesinger 和 Heskett 1991）。第二個問題則和消
費者研究相呼應，而且要探討擁擠、尋找路徑等現象，不過，並不是
從消費者的觀點來看，而是服務提供者的觀點。

　　最後一個將此領域的研究概念化的方向，則是探討個體對控制感
的不同需求。我們曾經提過，控制感一直被定義為展現能耐來主導環

境的動機。然而每個人的動機強弱不一定相同，例如對於一些自信、果斷或主動的人而言，控制感顯得非常重要。因此，Burger和Cooper（1979）提出一個控制感需求量表（the Desirability of Control Scale），用以測量每一個不同的個體對於控制感的需求強度。至今的研究都只是算出平均數值，並未探討個體差異的潛在影響。

根據一份對453名大學生所做的研究顯示，控制感需求量表比Rotter的內外控制量表（Locus of Control Scale）更有區隔效度。後者的人格構念僅圍繞著控制環境的能力，並未帶有好或壞的色彩。相反的，控制感需求量表著眼於個體對控制感的評價之差異。

根據Burger和Cooper（1979）所提的理論架構，有高控制感慾望的個體，處於令人嫌惡的情境時，缺乏控制感將會對他造成較大的負面衝擊。相反地，外控型（external type）的個體（認為情境的結果並非自己所能夠客觀控制），若偶爾展現出較高的控制慾，會是所有受測群體中最抑鬱的人（Burger 1984）。在從事消費者研究時，若將人格特質的因素融入研究中，將能獲得更豐富的研究成果。

雖然研究的特性是永遠會有一些問題懸而未決，本章試圖指出，對於服務行銷與管理的研究課題，以控制感為典範的研究取向會很有收穫。

參考書目

Abelson, Robert F. (1976), "Script Processing in Attitude Formation and Decision Making," in *Cognition and Social Behavior*, John S. Caroll and John S. Payne, eds. Hillsdale, NJ: Erlbaum.

Averill, James R. (1973), "Personal Control Over Aversive Stimuli and Its Relationship to Stress," *Psychological Bulletin*, 80(4), 286-303.

Bateson, John E. G. (1983), "The Self-Service Consumer—Empirical Findings," in *Marketing of Services*, Leonard Berry, Lynn Shostack, and G. Upah, eds. Chicago: American Marketing Association.

——— (1985a), "Perceived Control and the Service Encounter," in *The Service Encounter: Managing*

Employee/Customer Interaction in Service Business, John A. Czepiel, Michael R. Solomon, and Carol F. Surprenant, eds. Lexington, MA: Lexington Books, 67-82.

————— (1985b), "Self-Service Consumer: An Exploratory Study," *Journal of Retailing*, 61 (Fall), 49-76.

————— and Michael K. Hui (1987), "A Model for Crowding in the Service Experience: Empirical Findings," in *The Service Challenge: Integrating for Competitive Advantage*, John A. Czepiel et al., eds. Chicago: American Marketing Association, 85-90.

————— and ————— (1992), "The Ecological Validity of Photographic Slides and Videotapes in Simulating the Service Setting," *Journal of Consumer Research*, 19 (September), 271-81.

————— and Eric Langeard (1982), "Consumers' Use of Common Dimensions in the Appraisal of Services," in *Advances in Consumer Research*, Vol. 9, Andrew Mitchell, ed. Chicago: American Marketing Association, 173-76.

Baum, Andrew, Jeffrey D. Fisher, and Susan K. Solomon (1981), "Type of Information, Familiarity, and the Reduction of Crowding Stress," *Journal of Personal and Social Psychology*, 40(1), 11-23.

————— and Stuart Valins (1977), *Architecture and Social Behavior: Psychological Studies of Social Density*. Hillsdale, NJ: Erlbaum.

Brehm, J. (1966), *A Theory of Psychological Reactance*. New York: Academic Press.

Burger, J. M. (1984), "Desire for Control, Locus of Control, and Proneness to Depression," *Journal of Personality*, 52(1), 71-89.

————— and H. M. Cooper (1979), "The Desirability of Control," *Motivation and Emotion*, 3, 381-93.

Chase, Richard B. (1978), "Where Does the Customer Fit in the Service Operation?" *Harvard Business Review*, 56, 137-42.

————— (1981), "The Customer Contact Approach to Services: Theoretical Bases and Practical Extensions," *Operations Research*, 29(4), 698-706.

————— and David A. Tansik (1982), "The Customer Contact Model for Organizational Design," *Management Science*, 29(9), 1037-50.

Churchill, Gilbert A. and Carol Surprenant (1982), "An Investigation Into the Determinants of Customer Satisfaction," *Journal of Marketing Research*, 19 (November), 491-504.

Cromwell, R. L., E. C. Butterfield, F. M. Brayfield, and J. J. Curry (1977), *Acute Myocardial Infarction: Reaction and Recovery*. St Louis, MO: C. V. Mosby.

Czepiel, John A., Michael R. Solomon, and Carol F. Surprenant (1985), *The Service Encounter: Managing Employee/Customer Interaction in Service Business*. Lexington, MA: Lexington Books.

DeCharms, R. (1968), *Personal Causation*. New York: Academic Press.

Eiglier, Pierre and Eric Langeard (1977), "Services as Systems: Marketing Implications," in *Marketing Consumer Services: New Insights*, Pierre Eiglier et al., eds. Cambridge, MA: Marketing Science, 83-103.

Gartner, A. and F. Reissman (1974), *The Service Sector and the Consumer Vanguard*. New York: Harper & Row.

Glass, David C. and Jerome E. Singer (1972), *Urban Stress: Experiments on Noise and Social Stressors*. New York: Academic Press.

Godsell, Charles T. (1977), "Bureaucratic Manipulation of Physical Symbols: An Empirical Investigation," *American Journal of Political Science*, 21 (February), 79-91.

Hui, Michael K. and John E. G. Bateson (1991), "Perceived Control and the Effects of Crowding and Consumer Choice on the Service Experience," *Journal of Consumer Research*, 18 (September), 174-84.

————— and David K. Tse (1996), "What to Tell Consumers in Waits of Different Lengths: An Integrative Model of Service Evaluation," *Journal of Marketing*, 54 (April), 81-90.

Jöreskog, Karl G. and Dag Sörbom (1989), *LISREL 7 User's Reference Guide*. Moorsville, IN: Scientific Software.

Katz, Karen, Blair Larson, and Richard Larson (1991), "Prescriptions for the Waiting in Line Blues," *Sloan Management Review*, 32 (Winter), 45-53.

Kelly, N. N. (1967), "Attribution Theory in Social Psychology," in *Nebraska Symposium of Motivation*, Vol. 15, D. Levine, ed. Lincoln: University of Nebraska Press.

────── (1972), "Attribution in Social Interaction," in *Attribution: Perceiving the Causes of Behavior*, E. E. Jones et al., eds. Morriston, NJ: General Learning Press.

Kelly, Scott (1993), "Discretion and the Service Employee," *Journal of Retailing*, 9(1), 104-26.

Klaus, Peter (1985), "The Quality Epiphenomenon," in *The Service Encounter: Managing Employee/Customer Interaction in Service Business*, John A. Czepiel, Michael F. Solomon, and Carol R. Surprenant, eds. Lexington, MA: Lexington Books.

Krantz, D. S. and R. Schultz (1980), "A Model of Life Crisis, Control, and Health Outcomes: Cardiac Rehabilitation and Relocation of the Elderly," in *Advances in Consumer Psychology*, Vol. 2, A. Baum and J. E. Singer, eds. Hillsdale, NJ: Lawrence Erlbaum.

Langeard, Eric, John E. G. Bateson, Christopher H. Lovelock, and Pierre Eiglier (1981), *Marketing of Services: New Insights From Consumers and Managers*, report no. 81-104. Cambridge, MA: Marketing Science Institute.

Langer, Ellen (1983), *The Psychology of Control*. Beverly Hills, CA: Sage.

──────, Irving L. Janis, and John A. Wolfer (1975), "Reduction of Psychological Stress in Surgical Patients," *Journal of Experimental Social Psychology*, 11(2), 156-65.

────── and Judith Rodin (1976), "The Effects of Choice and Enhanced Personal Responsibility for the Aged: A Field Experiment in an Institutional Setting," *Journal of Personality and Social Psychology*, 34(2), 191-98.

────── and Susan Saegert (1977), "Crowding and Cognitive Control," *Journal of Personality and Social Psychology*, 35(3), 175-82.

Leventhal, M. and D. Everhart (1979), "Emotion, Pain and Physical Illness," in *Emotions in Personality and Psychopathology*, C. E. Izard, ed. New York: Plenum.

Lovelock, Christopher H. and R. Young (1979), "Look to Consumers to Increase Productivity," *Harvard Business Review*, 47 (May-June), 168-79.

Mehrabian, Albert and James A. Russell (1974), *An Approach to Environmental Psychology*. Cambridge, MA: MIT Press.

Mills, Peter K. (1983), "The Socialization of Clients as Partial Employees of Service Organizations," working paper, University of Santa Clara.

────── and D. J. Moberg (1982), "Perspectives on the Technology of Service Operations," *Academy of Management Review*, 7(3), 467-78.

Mills, Richard T. and David S. Krantz (1979), "Information, Choice and Reactions to Stress: A Field Experiment in a Blood Bank With Laboratory Analogue," *Journal of Personality and Social Psychology*, 37(4), 608-20.

Pittman, T. S. and N. L. Pittman (1980), "Deprivation of Control and the Attention Process," *Journal of Personality and Social Psychology*, 39, 377-89.

Proshansky, Harold M., William H. Ittelson, and Leanne G. Rivlin (1974), "Freedom of Choice and Behavior in a Physical Setting," in *Environmental Psychology*, Harold M. Proshansky et al., eds. New York: Holt, Rinehart & Winston, 170-81.

Rapoport, Amos (1975), "Toward a Redefinition of Density," *Environment and Behavior*, 7(2), 133-58.

Rodin, Judith and Ellen J. Langer (1977), "Long-term Effects of a Control-Relevant Intervention," *Journal of Personality and Social Psychology*, 35(12), 897-902.

──────, Susan K. Solomon, and John Metcalf (1978), "Role of Control in Mediating Perceptions of Density," *Journal of Personality and Social Psychology*, 36(9), 988-99.

Rothbaum, F., J. R. Weisz, and S. S. Snyder (1982), "Changing the World and Changing the Self: A Two-Process Model of Perceived Control," *Journal of Personality and Social Psychology*, 42, 5-37.

Russell, James A. and Albert Mehrabian (1976), "Some Behavioral Effects of the Physical Environment," in *Experiencing the Environment*, Saul B. Cohen and Bernard Kaplan, eds. New York: Plenum, 5-18.

Schlesinger, Leonard A. and James L. Heskett (1991), "The Service-Driven Service Company," *Harvard Business Review*, 59 (September-October), 71-81.

Schmidt, Donald E. and John P. Keating (1979), "Human Crowding and Personal Control: An Integration of Research," *Psychological Bulletin*, 86(4), 680-700.

Schneider, Benjamin J. (1980), "The Service Organization: Climate Is Crucial," *Organizational Dynamics*, 8 (Autumn), 52-65.

————, J. J. Partington, and V. M. Buxton (1980), "Employee and Customer Perceptions of Service in Banks," *Administrative Science Quarterly*, 25, 252-67.

Seligman, Martin E. P. (1975), *Helplessness*. San Francisco: Freeman.

Sherrod, Drury R., Jaime N. Hage, Phillip L. Halpern, and Bert S. More (1977), "Effects of Personal Causation and Perceived Control on Responses to an Aversive Environment: The More Control, the Better," *Journal of Experimental Social Psychology*, 13(1), 14-27.

Stokols, Daniel (1972), "On the Distinction Between Density and Crowding: Some Implications for Future Research," *Psychological Review*, 79(3), 275-78.

Straub, Ervin, Bernard Tursky, and Gary E. Schwartz (1971), "Self-Control and Predictability: Their Effects on Reactions to Aversive Stimulation," *Journal of Personality and Social Psychology*, 18(2), 157-62.

Surprenant, Carol F. and Michael R. Solomon (1987), "Predictability and Personalization in the Service Encounter," *Journal of Marketing*, 51 (April), 86-96.

Sutton, Robert I. and Anat Rafaeli (1988), "Untangling the Relationship Between Displayed Emotions and Organizational Sales," *Academy of Management Journal*, 13(3), 461-87.

Taylor, Shirley (1995), "The Effects of Filled Waiting Time and Service Provider Control Over the Delay in Evaluation of Service," *Journal of the Academy of Marketing Science*, 23(1), 38-48.

Wener, Richard E. (1985), "The Environment Psychology of Service Encounters," in *The Service Encounter: Managing Employee/Customer Interaction in Service Business*, John A. Czepiel, Michael R. Solomon, and Carol F. Surprenant, eds. Lexington, MA: Lexington Books.

———— and Robert D. Kaminoff (1983), "Improving Environmental Information: Effects of Signs on Perceived Crowding and Behavior," *Environment and Behavior*, 15(1), 3-20.

White, Robert W. (1959), "Motivation Reconsidered: The Concept of Competence," *Psychological Review*, 66(5), 297-333.

Whyte, W. Foote (1949), *Men at Work*. Homewood, IL: Dorsey/Richard Irwin.

Winkel, Gary H. and Robert Sasanoff (1976), "Analysis of Behaviors in Architectural Space," in *Environmental Psychology: People and Their Physical Settings*, 2nd ed., Harold M. Proshansky et al., eds. New York: Holt, Rinehart & Winston, 351-63.

Worchel, Stephen (1978), "Reducing Crowding Without Increasing Space: Some Applications of an Attributional Theory of Crowding," *Journal of Population*, 1(3), 216-30.

Wortman, Camille B. (1976), "Some Determinants of Perceived Control," *Journal of Personality and Social Psychology*, 31(2), 282-94.

第二部

服務：需求管理

第9章

服務業的季節性需求

STEVEN M. SHUGAN

SONJA RADAS

　　季節性是一個非常普遍的概念，幾乎每個國家的每一種服務業，都會受到季節性因素的衝擊。提到季節性，讀者最先想到的也許是一些季節性商品，例如玩具或聖誕樹等。然而，事實上，季節性對行銷策略的影響力幾乎遍及各行各業。舉例來說，每年政府的例行性公務如課稅，對會計業、仲介業、銀行業、甚至書籍零售業都會造成重大的衝擊；每年運動比賽季節一到，也會左右廣告公司的行銷決策、零售業者的促銷活動或娛樂業者的活動規劃；更遑論學校假期對相關的旅遊服務產業，如航空公司、旅館、租車公司，甚至是零售業或娛樂業所造成的影響。

　　很多時候，單一產業的季節性也會帶動其它產業的季節性需求。最明顯的例子是聖誕節，這個節日是零售業的銷售旺季，而零售業的銷售旺季也會使其他以零售業者為服務對象的產業在聖誕節期間達到高峰，例如流通業、信用徵信業、活動佈景設計及快遞業等。其它的產業也會發生類似的情況。舉例來說，體育活動會影響旅館業和餐飲業，而秋季的新車展示會或許不只提升了汽車相關產業的需求，同時也影響了辦理汽車貸款業務的融資公司。

製造業通常以各種存貨調度策略來緩和季節性造成的衝擊。這些存貨調度策略有助於解決淡季時的生產及勞工問題。然而，服務業可沒這麼幸運，它們能夠採用的存貨調度策略相當有限。服務業先天上的限制也會爲季節性的需求帶來行銷和營運應變上的問題（例如 Lovelock 1984）。我們將在本章探討行銷決策和季節性的關聯。在此之前，我們則必須先嚴謹地定義何謂季節性。

季節性的定義

季節性（seasonality）指在一段時間中可預測之變數。可預測性通常跟週期性的事件或活動有關，且不是任何公司所能左右。然而，各種產業之季節性的精確模式和相對的時間區隔，可能有極大的差異。季節性的模式可能指幾個小時、幾天、幾個禮拜、幾個月、幾年、或是幾種時間區段組合的尖峰（peak）。而這種尖峰可能會遵循可預測且無法掌控的模式重覆發生。

舉例來說，健康中心所面臨的季節性只有數個小時，它的尖峰時段在晚上或清晨，也就是多數會員下班的時段。電影院業者則呈現假日性的季節性需求模式，因爲大多數的人都集中在星期假日看電影。航空公司所面臨的季節性則以月計算，它的尖峰需求集中在暑假期間。而奧林匹克比賽則造成體育活動相關產業的季節性需求，以二至四年爲周期。另一個非常明顯的例子是餐飲業，它們面臨了複合模式的季節性需求。簡單來說，餐廳除了反映早、中、晚三種用餐時間的飲食需求，產生以小時來計算的季節性模式以外，也面臨了每日的季節性需求移動，其尖峰在星期假日。除此之外，它們更是經歷了和每年各種節日假期相關的季節性移動模式，例如母親節或感恩節等。現在，我們將分別探討這些季節性的不同面向。

季節性的面向

可預測的需求變動

我們已經將季節性定義為可預測的事物。在大多數的情況下，這種可預測性會涉及周期性的事件，而且這些事件並非任何單一企業所能夠掌控的。我們必須區分這些無法掌控的事件，和一般性但無法預測的需求變動。無法預測的需求變動通常都是因為隨機且難以完整定義的循環所產生。當一大群消費者突然同時對某項特定的服務產生需求時，就可能發生這種無法預測的需求變動。舉例來說，一大群消費者可能不約而同地湧入某家超級市場或銀行；數個營建計劃案可能意外地在同一天動工，而且每個計劃案可能對於相同的的服務產生需求，例如相同的建築師、木匠、水電工、混凝土承包商或其它服務提供者。

本質上來說，管理無法預測的需求和管理可預測的需求，兩者之間有相當大的差異。舉例而言，一個服務提供者若是能夠預測淡季或旺季的到來，則他很可能提高旺季的定價，以從可預測的需求身上增加獲利力。相反地，若是服務提供者無法預測需求變動，則他可能很難利用驟增的需求來提升獲利力，也無法在銷售狀況趨於疲軟時擬定刺激需求的方案。舉例而言，面對突然大量湧進的顧客或預料之外的生意清淡，一般的餐廳業者都無法馬上調高或降低價格。

進一步來說，無法預測的需求變動數和季節性不同，它的影響對所有的服務提供者經常都不一樣，而且對於個別服務提供者都具有獨特性。因此，管理無法預測的需求，必須採取根本上不同的方式，而且，在這種情況下，消費者很容易馬上就投入競爭者的懷抱。舉例來說，一家餐廳若沒有針對突然無預警增加的需求有所準備，那麼顧客很可能被另一家沒有遇到需求驟增狀況的餐廳所搶走。在一般的尖峰時段中（如週末夜晚），通常這兩家餐廳可能都會客滿；當這二家餐廳同時客滿時，它們的顧客都不會被對方搶走。這段推論暗喻了一個事實：需求變動是否可以預測，會使競爭的本質截然不同。除此之外，當單一服務業者已經以其產能極限營運時，則競爭的本質或許也會有所差異。

無法控制的需求變動

季節性的第二個問題在於業者無法隨意控制季節性的變動。雖然透過促銷活動或廣告可以改變需求，然而季節性需求卻是無法經由任何單一企業的控制而有所改變。舉例來說，在各種產業中，例如電影業者、兒童樂園、以及兒童的營隊，都必須面臨學校學年制度的影響。對所有實際的規劃來說，每個服務提供者都必須把季節性需求視為外生變數，並且也無法立刻控制。

因為季節性之故，每個服務提供者仍然可保有各式行銷工具以影響需求，例如廣告或定價策略。然而對於大部份的行銷工具而言，季節性仍將對它們的運用成果造成無法控制的衝擊。舉例來說，相同的減價或促銷行為，對旺季產生的作用可能比淡季還大，以至於在旺季產生更多的消費需求。

值得注意的是，季節性對需求的影響，以及對銷售的影響，兩者之間的差異有必要加以嚴格區分。我們通常只能觀察到一個產業的銷售狀況，而非其需求。在大部份的情況下，觀察產業的銷售模式可能已經足以測度其季節性的模式。舉例來說，整體的電影票房結果應該能夠反映出電影的季節性需求。然而，藉著觀察銷售狀況，我們只是觀察了一段特定時期的需求曲線。若是要精確地比較各個時間點有何不同，我們必須先假設行銷方式維持不變；但事實是，季節性會對產業的行銷方式造成影響，在這種情況之下，銷售曲線可能無法完全反映出原始的需求。舉例來說，若是企業提高了它們旺季時的售價，則產業的旺季銷售量會低估實際的季節性需求，因為價格的提高可能會降低了旺季時原本可能的銷售量，以至於各個季節的需求變動呈現差異不大的假像。當產業在旺季時的營運達到其產能限制，而需求實際超過其產能時，也會發生相同的問題。如此一來，觀察銷售量可能低估了季節性對需求造成的衝擊。因而，對銷售量的觀察只能對於季節性模式提供一個概略值。若是能夠同時檢驗一些明顯的外生變數，例如價格的變動等，則季節性對產業銷售影響的研究或許會較準確。即使如此，對季節性的研究仍有相當的重要性，因為即使是只能得到一個概略值，也比完全不考慮季節性的影響來得好。

季節性的成因

自然因素

　　季節性的歷史成因一直以來都是源於一年當中四季的變化：春、夏、秋、冬的遞嬗。季節的變化是可以預測的；每個季節都始於節氣變化之日。這些季節不但帶來了特定的氣候現象，也對於許多產業——例如農業——帶來重大的影響。如同我們所知，許多原始的經濟型態都始於農業，有些地方到如今仍然以農立國，因此，不論過去或現在，季節性都將持續在許多經濟體系中扮演重要的角色。

　　季節性也同時在歷史中扮演一個重要的角色：許多節慶或節日都是年復一年地存在於特定的季節中；政治或軍事活動也會考量季節性因素；許多宗教性的活動和宗教典禮通常也是依循著每年的季節來規劃。在特定的季節中，有些產品或勞務無法獲得，或只能以較低的品質水準呈現。舉例來說，消費者無法購得非產季的水果和蔬菜，而某些魚類、蝦蟹等海鮮的品質可能會隨著季節的變化而有極大的差異。除此之外，消費者的種類也會隨著季節而改變。一家在佛羅里達州紐奧蘭多市的旅館，在夏季的主要客戶可能是帶著孩子的家庭，而在冬季則專作商務旅客或商展的生意。

　　當季節和自然活動產生關連時，它們通常都是可以預測而且容易觀察。舉例來說，天氣的變動會影響運動相關產品的銷售，如籃球、手套、球棒及頭盔等商品會和相對應的運動季節息息相關。雖然人們很難準確預測氣候的變化，然而，我們卻可以很有把握地預測天氣對許多產業造成的衝擊，例如滑雪盛地在冬天一定會面臨需求的增加。

　　對許多不同的產業而言，這些效果不僅止於單純地增加商品銷售量。事實上，季節和許多社會現象也有密不可分的關係。夏季是傳染病肆虐的季節，但是心臟病的發作率則偏低。春季是三胞胎生產的旺季，卻也是自殺率最高的季節。一半以上的青少年第一次和異性交往都集中在五月到八月之間。無論男性或女性，因腦溢血而死的情況也同時和季節有密切關聯，其中男性腦溢血死亡的案例多集中在秋末，而女性則集中在冬季。從十一月至四月這段時期，高血壓的死亡率偏高，而六月至八月則有明顯緩和之勢。在溫暖的季節較容易使燥鬱症發作，而許多狂熱分子也特別容易滋事。男性通常在某個季節會特別想留鬍子，而在另一個季節卻特別喜歡將鬍子刮乾淨。

人為因素

除了氣候之類的自然變化外，有許多其它因素也會促成季節性的現象。在許多情況下，季節性都是每年重覆發生。舉例來說，眾所皆知的聖誕節銷售季總是會帶來對於禮品、存貨倉庫、信用卡服務、旅遊相關服務業、以及餐飲業之需求大增的現象。

政府每年度週期性的業務如徵稅等，總是會造成需求的季節性變化。在隨後的退稅期間，耐久財零售商會面臨需求大增的現象。當企業或消費者準備各項報稅事宜時，有關所得稅繳納須知的書籍在美國總是堂堂登上銷售排行榜。

政府的業務同樣也會改變季節性需求。舉例來說，政府可以影響放假的日期或繳納必要文件的截止日期。所有這些措施對於無數產業的需求都具有深刻的影響。

在某些狀況下，產業會自行創造它們自身的季節性模式。定期性的貿易商展扶植了季節性的活動，例如新產品或新服務的發表會。新車發表會帶來了汽車相關產業在秋季時的需求。雖然對任何單一公司而言，要改變產業的季節性模式通常很困難，但是許多公司聯合起來或許可以塑造出新的季節性慣例。

大多數自然的季節性模式以年度為單位，其他則可能每月、每週、甚或每小時發生。航空公司、遊樂場、美容院、餐廳、租車代理、電影院、就業服務、通訊、建築材料、教育、公共設施、金融服務、住宿等，除了季節性需求之外，有時也會遭遇非季節性需求。清晨和傍晚，航空公司在商務旅客身上，遭遇到以小時計的季節性需求；許多遊樂場在週末感受到需求的增加；美容院在星期五和星期六下午也會面對需求的增加；餐廳則在用餐時間和週末期間出現需求增加的現象。電影院幾乎在所有假日都一定會經歷需求的增加。

季節性的衝擊

集中銷售

　　許多公司面臨銷售量集中在特定期間。以史考特公司為例,它是一家消費性草皮和草地保養產品的領先製造商和行銷商。三月到六月期間佔有史考特公司銷售總額的七成。汽車的蓄電池也是一個例子,因為電池在冬季往往無法正常使用,而必須購買備用電池。

　　旅遊相關業者更是要靠老天臉色吃飯的行業。以滑雪休憩旅館為例,它們的生意就會因為下雪或陽光普照的海灘而受影響。冷天氣可能也會增加對化學品和燃料(即天然瓦斯)的需求,因為它們可以調節溫度或控制植物的成長狀況。最後,通常天氣還會影響農業活動和相關產業,因為天氣和農作物的種植和收成時間與收益息息相關。以曳引機供應公司為例,會計年度的第二季和第四季都是銷售和獲利的高峰。照明產品也具有高度的季節性,因為日光照射的時數和強度會因為季節變化而異。當日光節約時間結束,而且白天變短時,這些產品在秋季和冬季達到銷售高峰。室內觀葉植物的銷售,也因季節而產生極大的變化。在這些植物的銷售利潤中,通常有百分之四十集中在春季,百分之三十則來自夏季。汽車保養產品的銷售也和天氣有關,這些產品包括汽車臘、亮光劑、補漆條、輪胎處理、完工保護劑和雨刷片等,這些銷售項目具有高度的季節性,它們往往在春季達到高峰,在冬季則處於離峰期。天氣所引發的各種疾病,也使藥局銷售的藥劑如阿斯匹靈,有高度的季節性。

　　某些產業呈現非常明顯的季節性,導致這些產業規律性地在銷售淡季蒙受損失。舉例來說，小學和中學的教科書業者在淡季（即會計年度的前兩季）往往發生營業虧損。

季節性模式的形狀

季節性模式有不同的型態。圖9.1和圖9.2顯示兩種似乎特別適合理論分析的型態。圖9.1的型態是以階梯函數繪出的兩種季節：旺季和淡季。旺季和淡季各自的密度都相同。圖9.2的型態則顯示，旺季到淡季呈現了平順的遞變，兩者之間並沒有絕對清楚的分界。

圖9.1和圖9.2顯示的兩種季節性模式，是由旺季和淡季輪替出現的單純模式。這兩種簡單的季節性模式，是理論研究的便利模式。然而，即使是這些模式，也蘊含著複雜的涵義。

我們姑且以一個新推出的耐久品為例，來探討其投入市場的最佳時機。當耐久品的生命週期和旺季的期間比起來非常短時，第一個銷售模式（圖9.1）意味著該耐久品最好在完成時或等到下一個旺季發動前推出。若是第二個銷售模式（圖9.2），則在中期推出較適當。當耐久財的生命週期增長時，更複雜的推出策略可能更能獲利。在旺季之後成長緩慢的耐久財產品，可以在旺季前用廣告來拉抬尖峰的銷

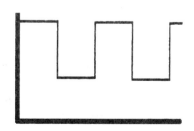

圖9.1　指出旺季和淡季的階梯函數（Step function）

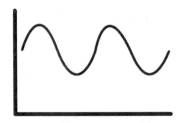

圖9.2　旺季和淡季較平順的遞變

量。

　　雖然就理論上來說，圖9.1和圖9.2是有趣的季節性模式，但實際的季節性模式卻更複雜。我們以圖9.3和圖9.4的實例來說明。

　　圖9.3是佛羅里達州迪士尼樂園實際的季節性模式，而圖9.4則顯示電影工業（國內銷售）實際的季節性模式。近年來有關於電影工業的研究，出現了許多有趣的文章

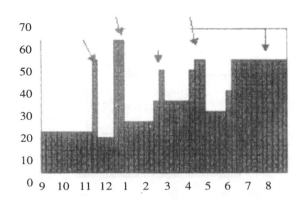

圖9.3　佛羅里達州迪士尼樂園的季節性模式

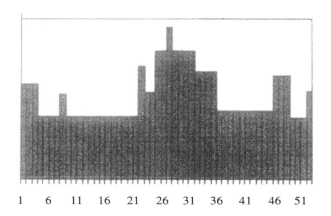

1　　6　　11　　16　　21　　26　　31　　36　　41　　46　　51

圖9.4　電影工業的季節性模式

季節性的模式化

在這個部分，我們將說明數個有關季節性的觀點以及一個時間轉換模型。

對季節性不同的觀點

以下先敍述幾個季節性觀點，包括市場的大小、購買率、及其他的解讀。

以市場大小來解讀

關於季節性有一個共同的觀點：旺季會增加市場的規模。舉例來說，假設某個市場在旺季期間擁有100個購買者，以及在淡季時的需求降低到旺季的一半，因此我們可以推論該市場在淡季時只有50個購買者。

　　雖然這種說法似乎很合理，但是在成立之前必須先有幾個前提存在。例如，假設我們在旺季推出新產品或服務，並獲得六十單位的銷售量，那麼，在淡季時應有多少銷售量？

　　如果我們的產品或服務並非耐久財，我們可能預期淡季的銷售量有三十單位，這樣的期望和零成長的假設一致。換句話說，如果不是因為淡季使需求降低，銷售數量應持續保持在六十單位。我們或許會說，有一半目前的購買者已經不在市場上。離開市場的購買者，在各方面都與留下的購買者相似。因此，我們的銷售量僅僅減少成原來的一半，即60/2或30單位。因此，如果離開的購買者與留下的購買者相似，那麼市場大小的改變與零成長的非耐久產品或服務一致。

　　現在考慮單一購買（single-purchase）的耐久產品或服務。在此一情況下，一旦購買者買了一次我們的服務，就會離開市場。舉例來說，某個觀眾到電影院看了一部電影，下一次不會再去看一次。

　　在這種情況下，市場大小的改變會變成觀念性的問題。舉例來說，我們再假設，當耐久產品推出時，購買者在旺季買了六十單位。在此情形下，這六十個購買者勢必會離開市場。看起來這六十個離開市場的購買者應該會對淡季造成衝擊。我們較早的假設是，無論旺季的銷售量多少，淡季的市場大小應該一樣。

　　我們可能認為應該藉由銷售減去離開市場的那60個購買者來減少淡季的市場大小。不過這種計算可能造成淡季市場的負數規模。我們顯然無法單純的減去第一季的購買者數，來得知第二季的市場大小。

　　我們必須明確的知道市場到底發生什麼事。我們可能會說，在淡季購買者購買的機率降低。舉例來說，在旺季，看電影的機率是60%，所以0.6 X 100＝60個購買者去看電影。第二，在淡季，看電影的機率只有30%，所以市場大小維持在100個購買者，但是購買的機率降低。在某些市場，購買的機率可能降到零，或幾近於零。換句話說，購買者仍然存在市場上，但是許多（甚至所有）購買者的購買機率可能大幅減低。

當我們允許市場大小維持固定不變時，我們可以避免在耐久性服務商品的情況下銷售量會耗去市場，以及在非耐久性服務商品的情況下依賴前一季的銷售來決定成長等概念性問題。以看電影爲例，在旺季，購買機率是0.6 X 100（即60）個購買者。在第二季，100-60（即40）個購買者仍然存在於市場上。然而，在第二季的淡季，購買的機率降低到30%。以一個40個購買者和30%購買機率的市場來說，我們預期有0.3 X 40=12個購買者。因此，在季節性的模式化方面，調整購買機率是比調整市場大小更合理的方法。藉著調整購買機率，在計算購買服務的人數因素，轉移到不同的季節時就不會那麼複雜。這個重點在我們引介行銷組合變數時，會變得更有力。

我們再度假設我們在旺季時推出一種新的服務。在旺季，我們可能應用行銷組合變數，諸如在下一季不再繼續的廣告和促銷活動。許多購買者可能在第一季知道這種服務，而且無論接下來是旺季或淡季，這些購買者在下一季仍然知道這種服務。舉例來說，在旺季推出新服務時，廣告可能讓100個潛在購買者立即知道這項新服務。這些潛在購買者當中的90個，將在接下來的任何一季，都記得這個新服務商品。進入淡季可能因減少購買機率而減少銷售量，但是有90個人仍然知道這種產品。進一步而言，假設我們進入旺季，不會只因爲購買機率增加，知道這項服務的顧客人數增加超過90個。知道這項新服務的人數將保持不變。

以購買率來解讀

Radas和 Shugan（1998b）以另一種方式來解釋季節性。他們認爲季節性是因爲「購買率」或時間轉換所形成的改變。換句話說，購買率在旺季增加，在淡季減少。例如購買率可能以星期爲週期而產生季節性。

　　要注意的是，購買率與購買機率的概念雖然相似，不過，它是一個更廣泛的概念。購買率適用於兩種情況—固定與非固定的市場大小。而且，當某個服務是銷售沒有成長的非耐久性產品時，購買率的觀念就會減為以市場大小來詮釋季節性。

　　用Radas和Shugan（1998b）的方法，我們可以將季節性變化詮釋成隨著時間推移而產生的購買率變化。我們以下述的說明來了解這一點：一項服務的生命週期可以沒有季節性。這種生命週期是銷售額的時間序列。降價時，我們可能改變該生命週期的一些參數。當推出廣告時，我們改變的可能是其他參數。無論如何，這種生命週期所說明的是該服務在沒有季節性時的銷售額。

　　當季節性效應發生時，成長率會隨著生命週期而改變。當季節性變得更強時，成長跟著增加。在旺季裡的一個月可能等於淡季的兩個月。旺季中一個月的銷售量，可能是淡季兩個月的銷售量。換句話說，進入旺季以後，時間推進的速率會增加。

　　當季節性轉弱，成長率隨著生命週期而減緩。淡季一個月的營業額可能只相當於旺季的幾天而已。淡季一個月的廣告效果可能只有旺季廣告效果的幾天而已。換句話說，進入淡季，時間推進的速率會減弱。

其他的解讀

　　我們已探討過、且將持續探討季節性的形成，以及與季節性結合的決策模型。然而，我們也可以用其他方式來解釋季節性。舉例來說，我們可以將季節性想像成資料的污染物（contaminant），而它只會阻礙我們對模型的清楚推估。

　　這種季節性的解釋意味著，在分析資料之前應該將季節性的影響從資料中去除。舉例來說，我們可能以過去幾年同一個月的銷售額除以我們目前每月銷售量。藉著過去幾個基本年的單月銷售量，除以今年的每月銷售額，我們可以將資料「去季節化」（de-seasonalize），以及無須清楚地觀察季節性效應，即可檢視成長情形和管理決策變數的影響。

　　除了以一些基本數字相除之外，有許多方法可以將資料「去季節化」。不過，這些方法並無法迴避季節性的問題。當我們使用其中任何一種方法時，我們便作了一個有關季節性對資料的影響之內隱假設。此外，我們假設除了銷售量以外，季節性對此模式中的其他變數，沒有或只有很小的影響力。這種假設和基本模型可能一致，也可能不一致。

　　舉個簡單的例子來說。假設我們的基本模型是，每個看過某期廣告的人都會在下一期購買。如果有100個人在四月看到我們的廣告，我們在五月的單位銷售量是100個。現在假設我們在四月做了廣告，並預期五月的單位銷售量是100個。這100個單位銷售量是根據「去季節化」的資料（即去除季節性對銷售資料的影響）所得出的預測。因此，實際的銷售預測必須根據季節性來加以調整。如果五月的需求是四月的兩倍，我們必須將原來預測為100個的銷售量加倍，預測五月的銷售量是200個。使用這種季節性調整，可能與將季節性視為污染物的看法一致，但是與廣告如何作用的基本模型則不一致。在此，在四月沒看廣告的100個人購買了該產品。根據季節性所做的調整，改變了基本模型的理論，因為該模型只看「去季節化」的資料。在本例中，去除季節性做了一個強烈的假設。它假設旺季會產生一批新的購買者，這些購買者和前一期看到廣告的購買者擁有相同的察覺與情報。

季節性的時間轉換模型

Radas and Shugan（1998b）所提的季節性調節之數學細節已超出本章的討論範圍，不過，我們在此提出一個更直觀的解釋。

試考慮一項具有生命週期函數的服務產品。生命週期函數呈現每個時間點的銷售量。該函數可能會、也可能不會決定於行銷組合變數。此一服務將遵循沒有季節性的生命週期。

Radas and Shugan（1998b）認為，在季節變強時（即進入旺季），該服務會沿著生命週期而加速老化。相反地，當進入淡季時，該服務老化的速度會減緩。因此，季節性僅改變老化的過程，而且可以單純地以時間的轉換來加以模型化。

這種對於季節性的解釋，其優點在於不必改變生命週期的基本假設。換言之，如果我們根據擴散（diffusion）、行銷組合、廣告遞延效應（lagged advertising effects）等發展健全的理論來建構生命週期，季節性不會影響我們的理論或預測的生命週期。時間轉換使我們在季節性出現時可以根據理論上的預測和實際觀察到的現象，對生命週期加以調整。

在本章，我們採用上述的季節性理論，並且在以下的各小節探討這種理論的應用。值得注意的是，成熟服務業的銷售不再呈現系統化的趨勢，對這些服務業而言，以時間的轉換來解讀和以市場的大小來解讀，都提供了相同的預測。換言之，當銷售量沒有向上或向下的趨勢時，則無法分辨這兩種對季節性的解讀。

季節性的最新發現

我們將在本節討論新服務的推出和變動的需求。

推出新服務

在本節關於推出新服務的討論，我們擬思考推出的問題、服務產品的壽命、以及推出的策略，並探討推出新服務前的等待。

推出的問題

Radas 和 Shugan（1998b）曾研究新耐久性服務的推出，以及像電影產業類的服務。購買者只購買一次耐久性產品。因此，耐久性產品的銷售量從某個正數開始，最後趨於零。不過，在某些情況下，由於新購買者進入市場及替換性購買，儘管銷售量降低，卻能保持在一定的水準。這種維持的銷售水準，往往比新服務在成長階段的銷售量要低很多。

公司可以在耐久性服務產品發展出來之後就推出，不管該耐久性服務是在淡季或旺季發展完成。另外的方式是，公司可以等到下一個旺季才推出新的耐久性服務，這種做法有許多優點。

旺季可以為銷售增加更多配銷的機會。在淡季，新服務商品可能很難取得配銷通路。舉例來說，一個零售商可能不願意在冬季將盡時，銷售新推出的冬季服裝。隨著這類產品銷售力的減弱，可能很難在淡季取得耐久性產品的配銷通路。增加配銷通路意味著沿著生命週期有更快速的成長。

　　相對的，試考量單次購買性質的服務商品以及包括電影業在內的其他服務商品。在電影業，電影院或放映商在不同季節裡增加或減少配置容量的能力有限。他們可以在旺季安排晚場並取消折扣，但是可能在淡季面臨影片不足的窘境。在這種情形下，在淡季推出新片可以有更多的配銷通路，但相對的，上電影院的人數也減少許多（Krider和Weinberg 1998）。

　　另一因素是金錢的時間價值。在投資一個新的服務商品之後，服務提供者一定希望他的投資可以盡快回收。

　　Radas和Shugan（1998b）指出，新服務商品沿著生命週期的銷售額形狀對於何時推出新服務，有決定性的影響。舉例來說，他們考量兩種典型的銷售額：指數型生命週期（圖9.5）和Bass擴散型生命週期（圖9.6）。在這兩種情況下，圖示者是需求不具有季節性變化的銷售曲線。

　　指數型生命週期呼應著那些以緩慢的速度耗盡市場銷售量的耐久性服務。擴散型生命週期是指一開始知名度可能很低的耐久性服務商品。不過，一旦開始銷售，首批購買者將以口耳相傳的方式增加銷售量。最後，購買者數增加，市場逐漸呈現飽和並達到巔峰。隨著越來越多購買者購買該耐久商品，市場會逐漸耗盡，最後會使銷售量滑落

圖9.5　指數型生命週期

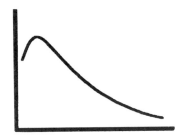

圖9.6　Bass的擴散型生命週期

至零。

服務的壽命

　　假設我們在淡季完成新服務商品的開發，我們想知道：是否應該即刻推出新服務，還是應該等到旺季，甚至等到下一個旺季。如果我們現在推出新服務，該服務的生命週期將隨著指數曲線走。如果我們等到旺季，生命週期也將跟著指數曲線走，但是曲線將以較高的水準開始，我們也將達成較高的銷售額。

　　Radas和Shugan（1998b）藉由兩種情形來探討這個議題。在第一種情形中，服務商品的生命期是內發性的（endogenous）；服務商品的壽命由銷售商決定，以電影業為例，則是由放映商決定。銷售商持續提供這種服務，直到潛在折價銷售降到某種危險的程度。當銷售商預料服務的潛在銷售量已經小到某種程度時，則銷售商就會放棄該服務商品。因此，服務商品的壽命取決於銷售，而銷售則取決於服務推出的時間點。另一種情形是外發性（exogenous）生命期的服務商品。服務提供者（如果在電影業，則是電影製作人）與經銷商（或放映商）簽訂合約，以便在特定期間提供該項服務，這種方式使服務的壽命成爲外發性,即在推出之前就已經被決定了。

推出的策略

　　Radas和Shugan（1998b）發現,當服務商品的壽命是內發決定時,則它完成時就應立即推出。換言之,我們不該等到下一個旺季的到來。這種結果背後的直觀（intuitive）是,服務在淡季享有較長的壽命,因爲需要較長的時間來消耗其壽命。

　　因此,當服務的生命週期是指數模式,以及一旦其銷售潛力掉到某個特殊水準就會中斷該服務時,則此服務商品應在完成後立即推出。當服務商品的生命是內發性的,則相較於等候旺季需求的到來,即時推出此新服務具有較多的優勢,因爲該服務可以在淡季享有較長的壽命。由於到了以折扣價銷售時,很快就會降到低於終止點,因此服務的壽命短,使等候推出的優勢也較小。

　　現在讓我們看看:如果服務商品的生命週期是外發的,或由合約預先決定,可能會發生兩種狀況。首先,相較於從現在到旺季開始之間的時間長度,服務的生命週期較短;另一種可能是,相較於從現在到旺季開始之間的時間長度,服務的生命週期較長。

　　假設某個案是,與季節的時間長度比較,服務的生命週期是內發的,而且比較短。圖9.7顯示可能採行的策略。

　　圖9.7的陰影部分代表旺季。我們的選擇如下:我們可以現在就推出,則整個生命週期發生在淡季（曲線A）。另一種作法是,我們再稍微等待一段時間,就算如此,服務的整個生命週期也是發生在淡季（曲線B）。我們可以一直等到使服務的生命週期末期發生在旺季開始的部分（曲線C）。我們也可以繼續等,直到旺季開始時才推出（曲線D）。最後,我們可以一直等到旺季開始以後才推出新服務（曲線E）。

　　在此例中,服務在淡季和旺季都有相同的生命週期,不過在淡季

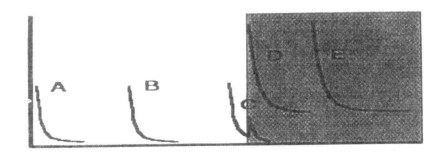

圖9.7　當生命週期比季節長度短時，可以考慮的策略。

的銷售量則少了許多。在進行推出的決策時，必須考慮目前部分的銷售量和未來較大的銷售量。對一個壽命短的服務而言，如果曲線的任一部分都不會進入旺季，就不應等待。如果等待具有獲利性，延遲必須長到足以讓部分銷售進入旺季。這樣做將加速銷售，並增加收益。因此，曲線B比曲線A的獲利低（在曲線B的情形，已經浪費了一些時間，放棄了某些銷售量，未能持續到旺季；在曲線A的情形，服務提早進入市場，因此取得較長的銷售期間）。事實上，曲線B向右移動意味著獲利滑落。

　　在此圖中，也意味著曲線E的獲利低於曲線D。如果旺季的曲線是平坦的，最好能延後到旺季正好開始時。任何較長的等待都不會增加銷售，但是卻必定會因折扣而損失。這些限制使得曲線A、C和D都可以作為推出時機的策略。

　　無論是現在推出（曲線A）、推出後尾端會進入旺季（曲線C），或是在旺季來臨才推出（曲線D），你會發現服務都面臨相同的生命週期。然而服務分別在第一種策略中出現最低銷售（曲線A），而在最後的策略（曲線D）則獲得最高的銷售量。

何時應該等待

如果旺季和淡季的需求差異增加—因差異越大,銷售的提升越大,則相對於其他策略,等到旺季(曲線D)再推出新服務,將會有較高的獲利。如果等待旺季的時間減少—因較長的等待(金錢的時間價值)會因折扣而形成損失,那麼一直等到旺季(曲線D)也會有較大的獲利。如果淡季的需求減少,則等到旺季(曲線D)來臨則會有較大獲利,因為機會成本降低。最後,等待的優勢與旺季帶來的銷售量增加形成正面關係,而與折扣率形成反向關係(這反映了金錢的時間價值)。

如果服務的壽命夠長,服務將在生命週期的早期穿過旺季。因此,等待的優勢將小於折價之衝擊(即開始有收入的時間比較晚)。如果旺季還要很久以後才來臨,則因為折價所造成的損失,將超過因等待旺季而增加的銷售。

生命週期的曲線非常重要(圖9.8)。和其他策略相較之下,若曲線是介於中間(圖9.8曲線B),等待到旺季再推出服務的獲利會較高。如果曲線弧度非常大(圖9.8曲線A)或非常小(圖9.8曲線C),

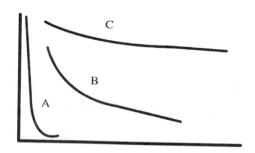

圖9.8   有獲利的推出時機決定於曲線的走勢

則即刻推出新產品可以有較高的獲利。

　　這種結果顯示，當服務的銷售量大多集中在生命週期的早期時，則應該即刻推出新服務。如果該服務的銷售集中在生命週期的晚期，也應該即刻推出。然而，如果是介於中間的情況，則應等待旺季的到來。

　　我們也應注意到旺季似乎有加速銷售、並將這些銷售往前推進的傾向。如果曲線弧度非常大，則不利於該項加速，因為銷售已經在淡季就被加速了。如果曲線弧度非常小，對於該項加速也較不利，因為該項加速所帶來的衝擊非常小。然而，介於中間的曲線弧度，可能有利加速，所以等到旺季可以增加獲利。

　　最後，如我們前面說過的，推出新服務有三個可能的策略。我們可以即刻推出（圖9.7曲線A）、一直等到旺季再推出（圖9.7曲線D），或是利用一些介於中間的等待（圖9.7曲線C）。這顯示，在非常特定的情形下若屬指數型的生命週期（圖9.5），則介於中間的等待可以創造最高的獲利，但這是非常少見的情況。在大多數的情況下，最佳的策略是即刻推出，或是等到旺季才推出。

　　如果是Bass的擴散型生命週期（圖9.6），則會有不一樣的結果，因為介於中間的等待，似乎比指數函數更能提供較大的獲利。介於中間的等待比立即推出，或是等到旺季才開動，更能獲利。以擴散型生命週期而言，在銷售旺季和接下來的淡季之前會出現一段成長期。也許我們應該延後新服務的上市時間，使所有或多數的銷售發生在淡季。因此，如果服務的銷售呈現Bass擴散型生命週期（圖9.6），則介於中間的等待（圖9.7曲線C）往往是較佳的推出策略。

　　這些介於中間的等待可能是最佳的方式，因為擴散模型呈現了初期的成長。有時候，成長最好發生在淡季。在此情況下，服務提供者應在旺季即將到來前推出新服務，並開始擴散程序，以便讓尖峰銷售發生在旺季。

　　這種結果的直觀是以銷售曲線的形成爲基礎。想想在淡季和旺季，銷售曲線的形成。在每一時期，當我們走向未來，增加的季節性銷售將隨著指數銷售模式而持續減少；然而，在擴散銷售模式的成長階段，銷售會增加。當然，這兩種模式的銷售終究會減少。

　　因此在指數模式下，等待的優勢持續降低，一直到所有銷售發生在旺季爲止。舉例來說，等待一分鐘後推出新產品，僅僅將銷售往前推進一分鐘，實際上並未改變曲線的弧度。只有當銷售曲線的尾端進入旺季時，它的曲線才會向上拉。如果尾端向上移動，比即刻開始銷售的獲利更好，我們就應該將整個銷售曲線移入旺季；即我們應等待旺季開始時才推出新服務。如果等待一分鐘，並不比立即推出更能獲利，則我們根本不應該等；相反地，我們應該立即推出。以指數銷售模式而言，介於中間的等待永遠不可能是最好的作法。因此，在指數銷售模式下，最好的方案是，將所有銷售推向旺季或立即推出新服務。

　　在擴散模型下，當銷售的高峰進入旺季後，因等待而增加的獲利會減少。雖然極端的解決方案仍很平常，等待的利益仍可能超過整個曲線在旺季之前的成本。

　　Bass的擴散模型有代表擴散率的參數。這些參數的研究發現類似指數分佈。圖9.9指出，如果參數非常大或非常小，立即推出的相對利潤便會增加。如果參數係爲中等數值，等待策略可能比立即推出更能獲利。

　　如果參數較小（圖9.9的虛線部份），無論我們何時推出，成長都將非常緩慢。雖然等待會創造稍高的銷售，但就折扣率而言，立即推出仍比較有利。在此，金錢的時間價值將大於旺季期間可能增加的銷售。

　　如果參數較大（圖9.9的點線部份），由於成長非常快速，導致服務商品大部分的生命週期會在淡季度過。在生命週期的尾聲，等待可

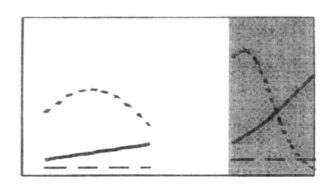

圖9.9　參數較大或較小時，立即推出的獲利最大

以稍微增加銷售。這些銷售量相對上較少。因此，金錢的時間價值主導一切。

　　如果是介於中間的參數（圖9.9的實線部份），服務商品無法在淡季期間完成生命週期的快速成長階段。等待使某些銷售發生在旺季，可以加速成長，而服務商品也可以完成生命週期的快速階段。在這種情況下，等待旺季的來臨主導一切。旺季所增加的銷售足以彌補金錢的時間價值。

移動的需求

　　有關移動的需求，我們討論移動的概念及其獲利能力。我們也將討論合併之策略及其獲利能力。

移動的觀念

　　許多服務提供者應用一種稱為「需求移動」（demand shifting）的策略。當需求超出產能時，這種常見的策略會試圖將需求從旺季轉移到淡季，因為在淡季，多數服務提供者可以在產能限制下進行良好的運作。需求轉移的例子不勝枚舉，其中有一個是市政府試著把尖峰時刻的車流量轉移到離峰時段。有些城市藉著錯開員工的上班時間，來轉移需求。另一個例子是，家電設備商給顧客一個定時裝置，如此顧客可以先設定好啓動洗碗機一類的家電用品，即使不在家也可以使用。這個策略還有一個例子是，自來水公司的限水措施，規定用戶只有在用水需求較低的時段，才可以為草坪澆水。最後，郵務系統舉辦「提早寄聖誕卡」的比賽，也是另一個典型的例子。

移動的獲利能力

乍看之下，移動需求似乎是合理的策略。如果服務提供者要在能力範圍內運作，可能在季節性期間而有無法服務到的其他顧客。因此，如果可以把部份顧客轉移到非尖峰的時段，使我們有足夠能力提供服務，似乎是很合理的做法。

然而，這個看來理所當然的策略卻是錯的（Radas 和 Shugan 1998a）。非營利性的服務部門可能認為，需求轉移策略是達成社會目標的有效方法，但是轉移策略並未創造更多利益，而且往往反而降低整體利益。需求轉移策略之所以變得不具獲利性，那是因為它們的成本超出它們的利益。如果想要在旺季創造足夠的需求使移動變得可能，我們必須提供夠低的價格。隨著低價會產生機會成本的問題。我們向所有接受旺季服務的顧客，收取稍微低於他們願意支付的費用。以較低的價格在淡季所創造的額外利益，並不足以克服旺季收取較低費用的機會成本。事實上，如我們所見，刺激尖峰需求才是最佳策略。

合併策略

接著我們要思考的是以合併策略（bundling strategy）來促進尖峰

需求。這個策略是為那些在旺季購買服務的顧客，提供淡季的免費服務。也就是，這些在旺季以最高價購買服務的顧客，無須另外付費，就可以獲得在淡季的服務。這種合併的例子包括，高頻率宣傳單俱樂部和行動電話公司（舉例來說，美國科技行動電話服務公司，在平日晚上八點到早上六點以及週末的非尖峰時段，提供新顧客免費服務）。另一個例子是顧客購買包括尖峰和非尖峰的套裝服務。

　　為了要更精確的了解合併策略，我們需要具備一些關於需求函數的知識。以我們的討論而言，可以探討兩種可能的需求函數。第一個是如圖9.10所顯示的線性需求函數（linear demand function），第二個需求函數模型則是圖9.11所示之固定彈性需求函數（constant elasticity demand function）。要特別注意的是，這些模型可能因為需求函數的參數而變化；然而，以下的結論無論對哪一個模型，都是成立的。當需求呈現線性或固定彈性時，可能意味著將需求從旺季轉移到淡季絕對是無利可圖的做法。對於尋求獲利的服務提供者而言，把需求從旺季轉移到淡季，永遠不會是最好的策略。在尖峰需求下，假設我們以最大獲利來定價，並且發現在最好的價格下，需求會超出產能。我們不應該把需求轉移到淡季，相反地，我們應該提高旺季的價格。我們應

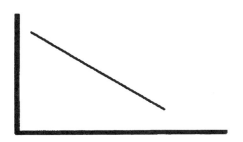

圖9.10　線性需求函數

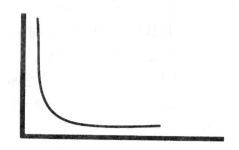

圖9.11　固定彈性需求函數

該提高價格，一直到我們預期在旺季會需要我們服務的顧客人數，確實相當於我們可運作的產能。藉著把旺季的價格設定到某個高度，會阻礙那些在旺季尋求我們服務的顧客，進而根本消除在旺季預期的過多需求。這樣一來，就不需要將需求轉移到淡季。

合併策略的獲利能力

合併策略不像移動策略，它可以提供較高的獲利。事實上，合併策略的操作方向正好相反。合併藉著在旺季促進購買服務的價值，增加旺季需求。換句話說，合併策略是反向的轉移策略，它把需求轉移到旺季。

合併能具有獲利能力是因為，在旺季提高價格會使服務提供者獲得相當大的利益。在旺季需求期間，服務提供者依產能而運作。在旺季，微幅的價格變動可以對獲利造成很大的影響。

身為服務提供者（以最簡單的例子來說），我們面對的是線性需求函數。我們將市場潛能定義如下：當價格趨近於零時，顧客對服務的需求。故市場潛能就是需求函數在y軸的截距（intercept）。當然，我們不會以零作為價格。無論如何，截距（intercept）（即價格為零時的需求數量）會是需求強度良好的量數，因爲它可以衡量需求函數的高度。舉例來說，當淡季的市場潛能低於我們產能的兩倍時，即使在價格爲零時的需求，也不足以創造足夠的顧客來塡補這兩倍的產能。這表示，只要是一般價格，就會有過剩的產能。

在分析需求時，會精確地計算出需求，而市場潛能只是衡量需求強度的量數之一。現在讓我們思考研究文獻上的一些發現。

當我們面對線性需求函數，而淡季的市場潛能低於我們產能的兩倍，而且合併策略擴張了旺季的市場潛能——在所有這些合理的條件下，合併會使獲利增加。當淡季的市場潛能太小時，則我們的產能將會過剩。只要淡季的市場潛能低於淡季產能的兩倍，就會發生這種情況。如果我們有這種過剩的產能，應該利用這些產能來促進旺季的需求，這麼做必定有助於獲利。如果我們在旺季以最大產能運轉，合併使我們能夠對該產能的每一單位收取較高的價格。如果我們在旺季沒有以最大產能運轉，合併則使我們增加旺季的銷售量，甚至使銷售量達到產能極限。

相較下，試思考以下這種情形： a）旺季的市場潛能低於可用的產能，b）尖峰價格的敏感度夠大，c）購買合併配套的顧客，大部分是非配套裝不買的人。當這三種條件存在時，合併所有銷售標的是最能獲利的方式。如果有非常大的產能，我們不應該分開銷售淡季的服務商品，而是應該將淡季服務與旺季服務合併。舉例來說，美國科技行動電話服務公司的費率制度是讓顧客同時購買尖峰和離峰時段的服務，顧客永遠沒有機會單獨購買尖峰服務。

我們接著思考當價格與需求呈線性關係時的情形。當需求是訂價的結果時，我們將之定義爲可調整的市場潛能。當可調整的旺季市場潛能，大於產能的兩倍以上時，則最佳策略決定於淡季的市場潛能。當可調整的淡季市場潛能大於產能的兩倍很多時，則不應該合併任何的旺季銷售。當淡季的可調整市場潛能在兩倍產能的附近時，則應合併部份（但不是全部）的旺季銷售。當可調整的淡季市場潛能非常小時，那麼我們應該合併全部的旺季銷售。

當可調整的旺季市場潛能相對於產能而言較大時（大於產能的兩倍），讓我們來探討合併的獲利能力。除了唯一的例外之外，這種說法表示，當可調整的淡季市場潛能變小時，合併的優勢也隨之增加。這種結果背後的直觀是直接了當的。當可調整的淡季市場潛能變小時，淡季產能的價值也跟著減少。在較小的可調整淡季市場潛能之下，使淡季獲利最豐所需要的產能也會較小。

淡季產能每單位的價值變小時，便會增加合併的優勢，因為合併成本正是和淡季產能有關的機會成本。當淡季產能沒有什麼用途時，我們的合併成本隨著降低。面對這樣的直觀，我們不禁會懷疑，為什麼當可調整的淡季市場潛能低於產能的兩倍時，會有例外的情況。在那樣的情況下，我們發現合併可獲利，但是合併部分銷售，比合併所有銷售來得更有利。這樣的結果與價格敏感度大有關聯，正如和淡季產能間的密切關係一樣。

旺季與淡季的價格敏感度差別，可能是影響合併之獲利能力的重要因素。這種價格敏感度的差別越大，合併獲利能力越大，而合併銷售的最適數量也跟著增加。因此，產能較小的服務提供者，在淡季和旺季的價格敏感度非常類似時，應該避免合併。如果價格敏感度差異很大，則應該採取合併策略。如果價格敏感度差別非常大，合併整個淡季則變成最大利基。

我們可以總結說，當可調整的淡季市場潛能變小時，合併將增加獲利，除非淡季銷售接近產能，而且淡季的價格敏感度比旺季的價格敏感度來得小。如果淡季的價格敏感度低，我們可以藉著較高的淡季價格，為淡季產能收取較高費用。為淡季產能收取較高費用，會使產能更有價值，因為該產能的每一單位能夠創造更多收益。當產能已接近極限，合併可能迫使我們放棄一些收益。因此，在淡季，如果淡季

表9.1　合併策略的適用條件

	旺季需求大	旺季需求小
合併所有淡季的銷售	淡季需求小	淡旺季的價格敏感度之差距大；許多顧客會合併購買，否則就不買。
合併部份淡季的銷售	淡季的需求適中	淡季需求小；合併策略能刺激旺季需求。
不合併	淡季的需求很大	

價格高，而且已接近產能的極限時，我們可能需要限制合併銷售。表9.1是這些發現的總結。

　　最後，我們來看看固定彈性需求函數。試想尖峰市場潛能大於產能的情形。在這種情形下，當淡季的市場潛能相對於產能足夠小時，合併將可改善獲利。當淡季市場潛能大於產能，而旺季市場潛能相對於產能是足夠大大，則合併還是能改善獲利。

　　當淡季市場潛能小到某種程度，將會有淡季產能過剩的現象。這些過剩的產能，可以在旺季用來促進淡季的需求。如果在旺季我們處於產能極限，則合併能使我們對每一單位的產能收取較高的價格。如果在旺季我們無法達到產能極限，則合併可以幫助我們增加旺季的銷售，而且使銷售達到產能的極限。

結論

　　幾乎每一種服務業都會表現出某種季節性。我們的討論為季節性的模式化提供了一種理論基礎。此一研究取向會轉換時間,以便在旺季時,可以讓時間比觀察到的時間移動得更快。而在淡季,使時間比觀察到的時間移動得更慢。

轉換時間的方式比僅僅爲季節性的需求而調整銷售,來得更有用。沿著生命週期,這種方式加速與減速了服務商品的銷售和老化。同時,這種轉換時間也提供一種方式,使我們無須改變原有的基本模型,就可以將已知的季節性模式微妙地融入任何動態模型中。

轉換時間的方式也對於新服務的推出時機提供啓發,包括在目前的淡季推出,或是等到下一個旺季才推出。生命週期的型態很重要。舉例來說,當服務的銷售會持續減少時,我們就應在現在的淡季推出,或等到下一個旺季時再推出。介於中間的等待比立即推出服務將獲得較少的利潤。當淡季的初期成長非常快速或非常慢,我們應該立即推出——等到下一個旺季並不能改善獲利情況。如果成長中等,那麼等到下一個旺季也許可以改善獲利。

我們認爲,對於尋求改善獲利情況的服務提供者而言,移動需求的策略是無效的。這些服務提供者若能減少在旺季裡過剩的需求,可能比試圖將旺季的需求部分地轉移到淡季來得好,例如在旺季時把價格提高。想要獲利的服務提供者,應該致力於進行刺激需求的策略。例如,運用我們所提出的策略,可以藉著在旺季時合併免費的淡季服務以改善獲利。我們發現,服務提供者應該在旺季刺激需求,而不是把旺季需求轉移到淡季。

參考書目

Krider, Robert E. and Charles B. Weinberg (1998), "Competitive Dynamics and the Introduction of New Products: The Motion Picture Timing Game," *Journal of Marketing Research*, 35 (February), 1-15.

Lovelock, Christopher (1984), "Strategies for Managing Capacity-Constrained Service Organizations," *Service Industries Journal*, 4 (November), 12-30.

Radas, Sonja and Steven M. Shugan (1998a), "Managing Service Demand: Shifting and Bundling," *Journal of Services Research*, 1(1), 47-64.

—— and —— (1998b), "Seasonal Marketing and Timing New Product Introductions," *Journal of Marketing Research*, 35(3), 296-315.

Sawhney, Mohanbir S. and Jehoshua Eliashberg (1996), "A Parsimonious Model for Forecasting Gross Box Office Revenues of Motion Pictures," *Marketing Science*, 15(2), 113-31.

Shostack, G. Lynn (1977), "Breaking Free From Product Marketing," *Journal of Marketing*, 41 (April), 73-80.

第10章

等候服務
等候經驗的知覺管理

Shirley Taylor

Gordon Fullerton

> 我正要接受健診服務，我在預約時間前五分鐘就到醫院報到，接待員要我在候診室等，過了五十分鐘以後，我覺得很火大很生氣。
> （醫生診療室的一位病患）

等候服務的不愉快經驗相當尋常，最近有許多不同的組織皆提供了相關的實驗證明。（例如Chebat、Filiantrault等 1995；Chebat、Gelinas-Chebat等 1995；Coffey和DiGiusto 1983；Folkes、Koletsky和Graham 1987；Hui和Tse 1996；Taypor 1994）。

等待服務可能會讓人覺得極度漫長，正如以下所描述的情形一樣：

> 我等了四十五分鐘。感覺上好像會永無止盡地等下去。（等待的餐廳顧客）

> 他們是全都在忙，而我周圍全是生病的小鬼們。這讓我覺得好像

永遠要等下去。（一個等了四十五分鐘的病人）

這種直覺的反應同時出現在許多實驗的場景中（例如Chebat、Filiatrault等 1995；Chebat、Gelinas-Chabat等 1995；Hornik 1984）。正如以下數名被耽擱的顧客所發表的意見，等候可能使顧客對該服務業的評估產生負面效果：

我打了好幾個小時的電話，好不容易才有一名接線生幫我安排時間，讓「電話先生」到府服務。我對於電話公司的服務極為失望。（試圖請電話公司裝設一支電話線的顧客）

現在，我在點餐櫃檯，心情極端惡劣，心中懷有敵意，而且變得有些粗魯。等待，影響了我對服務的評價。（在速食店等了十分鐘的顧客）

一想到要等，我就認為服務已經不及格了。五分鐘的諮詢卻要等候一小時，讓你覺得像在吃速食。（花了一小時等候醫生診療的病人）

我正要買一個資料夾，這花了我半小時；但是店裡並沒有顧客，買個資料夾根本不應該這麼耗時。我非常生氣，所以我發誓再也不來這家店了。（在文具店等了半小時的顧客）

許多從實驗場景得到的結果，都不約而同地證明了延遲對服務評估的負面衝擊（Chebat、Filiatrault等 1995；Davis和Vollman 1990；Dube-Rioux、Schmitt和LeClerc 1989；Katz、Larson和Larson 1991；Taylor 1994、1995；Taylor和Clxton 1995；Thompson和Yarnould 1995；Tom和Lucey 1995）。

等候服務在購物經驗中是很普遍的成分。服務提供者已經意識到等候的負面效果；然而，儘管公司透過營業管理技術努力地減少大排長龍的情況，仍然無法消彌這個現象。因此，服務提供者轉而尋求觀點管理，以期控制等候的負面效果。倘若無法控制實際等候的時間，那麼只能控制顧客對等候的感覺。為了達到這個目的，首先必須找出影響等候經驗的變數。

　　本章擬勾勒出某些重要變數的輪廓，這些變數將影響顧客對於等待服務的反應。其中有兩個重要的變數已經顯示了對等候經驗的決定性影響：感覺等候的時間，以及對等候的情感反應。這兩個主要變數結合了其他先行變數，影響顧客對服務的評估（圖10.1）。以下簡單地說明各種等待類型及服務類型研究以後，我們將分別討論各項變數，以及它們分別如何對等候經驗造成影響。接著，我們將提出幾個試圖整合這些變數的模式，並且探討這個研究領域的未來。

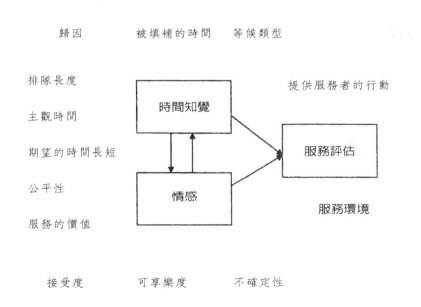

圖10.1　等待經驗的主要變數

等候的類型

「等候」一詞可以指稱許多不同類型的等候情形。等候可以發生在處理前（服務發生之前）或處理中（服務經驗中）（Dube、Schmitt和LeClerc 1991；Dube-Rioux、Schmitt和LeClerc 1989、Hui、Thakor和Gill 1998、Maister 1985）。Taylor（1994）指出三種不同類型的處理前等候：安排前（比預約時間提早到達）、延後安排或延遲（開始的時間往後延）、以及排隊等候（往往採先到先服務的運作原則）。Schwarts（1977）也建議將等候分類為主動（短時間等候）和被動（長時間等候）。另一種等候分類則端看等候是發生在現場或非現場（Taylor 1994）。另外，Hui，Thakor，和Gill（1998）等人則提出了兩種服務等待的類型：程序型等候（顧客預期會完成服務）和修正型等候（服務有可能無法完成）。

區分不同形式的等待非常重要，因為它顯示出顧客對不同等候形式的不同反應（例如Dube-Rioux、Schmitt和LeClerc 1989；Hui、Thakor和Gill 1998）。另外，某些等候類型，例如排隊等候，比其他類型更具有傳導性；延遲，則會對作業管理形成干擾。當今大多數的實證研究都以現場的處理前等候為主且多以排隊的方式為之。因此，其他型態的等候以及相關的等候經驗尚有許多寬廣的研究空間。

接受檢視的服務業

雖然等候的類型對於理解等待經驗非常重要，研究的服務型態也很重要。服務業的分類方式有很多種（例如Bowen 1990；Iacobucci和

Ostrom 1996；Lovelock 1983）。到目前為止，這些分類方式都尚未運用等待經驗來檢視各類型之間的差異。

關於等待經驗的研究，已經在田野和實驗室兩種環境中進行。田野環境包括銀行等金融機構（Chebat 和 Filiatrault 1993；Chebat、Gelinas-Chebat 和 Filiatrault 1993；Hui、Dube 和 Chebat 1997；Katz、Larson 和 Larson 1991）、航空旅遊（Folkes、Kolesky 和 Graham 1987；Taylor 1994；Taylor 和 Claxton 1995）、健康服務（Mowen、Licata 和 McPhail 1993；Thompson 和 Yarnould 1995）、牙醫診所（Coffey 和 DiGiusto 1983）、教育服務（Dube、Schmitt 和 LeClerc 1991；Hui、Thakor 和 Gill 1998；Hui 和 Tse 1996）、藝術畫廊（Meyer 1994）、零售商店和超級市場（Hornik 1984；Tom 和 Lucey 1995）、就業諮詢服務（Taylor 1995）、以及速食餐廳（Davis 和 Maggard 1990）。還有許多研究係完全在實驗室裡完成，包括書面、視覺或電腦製作的場景（Chebat 和 Filitrault 1993；Chebat 和 Filiatrault 等 1995；Dube、Chebat 和 Morin 1995；Dube-Rioux、Schmitt 和 LeClerc 1989；Hui、Dube 和 Chebat 1997；Hui、Thakor 和 Gill 1998；Kumar、Kalwani 和 Dada 1997）。這些研究絕大多數都只檢視單一的服務業場景或情境，因此有關跨服務場景的歸納總結，還有待進一步的研究努力。

等待經驗的三個主要變數

許多研究已經找出等待經驗的主要變數：感覺的時間長度、情感和服務評估。此三個變數顯然互有關聯；然而，不同的研究已針對不同的因果關係提出假設和測試—尤其是感覺的時間長度和情感。圖10.1顯示這兩個變數之間的相互關聯。

感覺的時間長度

個體在等候時對於時間長度的感覺，是等待研究中主要的變數之一。感覺的時間長度是指，顧客在等待的過程中對於時間長度的感受。研究指出，對於延遲所感覺到的時間長度，是一個比延遲的客觀時間長度更重要的變數，顧客對延遲的感覺很可能是影響服務評估較近身的因素（Hornik 1984），因為對延遲感覺的時間長度可能直接影響消費者對服務的評估（Chebat、Gelinas-Chebat 和 Filiatrault 1993；Clemmer 和 Schneider 1993；Hui、Thakor 和 Gill 1998；Hui 和 Tse 1996；Katz、Larson 和 Larson 1991）。此外，也有研究認為，顧客在等候時感覺到的時間長度，會藉由某些中介變數（如情感），間接地影響對整體評估（Chebat、Filiatrault 等 1995；Chebat、Celinas-Chebat 等 1995；Hui、Thakor 和 Gill 1998；Hui 和 Tse 1996；Hui 和 Tse 1996；Taylor 1994）。

情感反應

情感是等待研究中第二個主要的變數。情感的定義是一連串「人們對目標事物的感覺和情緒」（Eagly 和 Chaiken 1993，第 10 頁）。各種等待研究分別操弄不確定感和生氣（Folkes、Koletsky 和 Graham 1987）、愉悅（Chebat、Gelinas-Chebat 等 1995）、焦慮（Coffey 和 iGiusto 1983；Osuna 1985）、整體心情（Chebat、Filiatrault 等 1995；Meyer 1994）和滿意（Hui、Dube 和 Chebat 1997；Hui、Thakor 和 Gill 1998）等等。如上所述，在許多等待研究中，情感已被視為一個會中介感覺長度和評估之關係的變數（Taylor）。Baker 和 Cameron（1996）則提出逆向的假設──感覺的長度會中介情感和評估之間的關係，並由Hui，Dube和Chebat進行檢視，但是並未獲得證實。

有許多研究指出，情感是最鄰近於服務評估的決定性因素。Taylor（1996）曾經做出一項結論，憤怒的情感會直接影響評估的結果。當消費者很生氣的時候，他們對服務的整體評估，也會比較負面。同樣的，Hui和Tse（1996）發現，在等待時間分別爲短、中、長的情況中，感受和服務評估之間有直接的關係。Chebat，Gelinas-Chebat（1995）等人則以整體心情爲情感變數，發現情感對服務評估會造成直接衝擊。

研究已經發現了許多對延遲的情感反應有決定性影響的近身因素，其中包括：延遲的位置點和穩定性、延遲的長度、對於等待的接受度、等待期間的時間塡補、透過資訊提供來降低不確定性、以及服務環境。

服務評估

等待研究中最終的依賴變數是評估：品質的評估及滿意度的評估。許多研究指出，在與延遲相關的構念連鎖中，服務品質爲最終的依賴變數（Chebt、Filiatrault等 1995；Dube-Rioux、Schmitt和LeClerc 1989；Taylor 1994、1995）。此外，在等待與延遲的討論中亦指出，顧客滿意度也是最終的依賴變數（Katz、Larson和Larson 1991；Kumar、Kalwani和Dada 1997；Thompson和Yarnould 1995；Tom和Lucey 1995）。儘管論者認爲滿意度和服務品質是兩個相關、但是不同的構念，但多數有關等待和延遲的研究並未區別品質特性的評估與滿意度特性的評估（Gotlieb、Grewal和Brown 1994；Taylor和Baker 1994）。

研究者指出，除了感覺的長度和情感之外，還有一些構念也是服務評估的近身因素，包括歸因、塡補的時間、認知和客觀的等待時間、以及認知的等待時間與期望之落差。

等候經驗的決定性因素

　　以下我們將概述很多在研究中被當成等候經驗之決定因素的變數
（即感覺的長度、情感、和評估之決定因素）。除了披露相關的等候經
驗研究外，並以表10.1作爲總結。此表概述了研究類型，並且指出了
研究中的獨立變數和依賴變數。藉由找出重要的獨立變數，我們可以
尋求知覺管理的機會，以減少等待的負面影響。

等待的類型

　　許多研究人員已經著手探討等待的類型是否會影響等待經驗
（Davis和Maggard 19990；Dube-Rioux、Schmitt和LeClerc 1989；
Hui、Thakor和Gill 1998）。Davis和Maggard（1990）發現，處理前
的延遲比處理中的延遲，對服務評估具有更大的負面效果。處理前的
等待比處理中的等待，在時間的感受上更爲漫長（Haynes 1990；
Maister 1985）。一般認爲，等待處理中的延遲，和處理前或後處理階
段的延遲比較起來，前者對服務評估的衝擊較小（Dube、Schmitt和
LeClerc 1991；Dube-Rioux，Schmitt和LeClerc 1989）。Hui，
Thakor，和Gill（1998）發現，就程序型等候來說，處理前的等待比
處理中的等待造成更多的負面影響；而修正型等候的延遲則正好相
反。

　　一般認爲，如果服務提供者讓消費者覺得服務已經開始，消費者
對於等待就比較不那麼厭惡；例如在餐廳裡讓等候的顧客先坐下來，
就是個常見的例子。正如Maister（1985）所說，這麼做可以減低顧客

表10.1　延遲和服務評估的文獻摘要

作者	研究設計	等待類型	服務種類	依賴變數	獨立變數
coffey and DiGusto (1983)	田野實驗	先行處理、被動等候、現場	牙醫	情緒	感覺的時間長度、性別
Hornik (1984)	橫剖研究	處理中、排隊、被動、現場	零售業	感覺的時間長度	排隊長度、客觀的延遲、等候的愉悅性
Maister (1985)	非實證	排隊、延遲	—	感覺的時間長度	時間的填補、等候的愉悅性、處理前vs處理中、情感、不確定性、服務的價值
Folkes, Koletsky, and Graham (1987)	橫剖研究	先行處理、被動延遲、現場	—	航空旅遊	延遲歸因、情緒歸因
Larson (1987)	非實證	排隊、現場	—	感覺的時間長度	時間的填補、公平、減少不確定性
Dubé-Rioux, Schmitt, and LeClerc (1985)	橫剖研究	延遲、現場	餐廳	評估	先行處理vs處理中處理、不確定性
Davis and Maggard (1990)	書面插圖	延遲、現場	餐廳	評估	先行處理vs處理中
Haynes (1990)	非實證	先行處理、排隊、現場	—	感覺的時間長度	時間填補、公平、處理前vs處理中、服務價值、業者採取的行動、期望

表 10.1 延遲和服務評估的文獻摘要 (續)

作者	研究設計	等待類型	服務種類	依賴變數	獨立變數
Dubé, Schmitt,and LeClerc (1991)	田野實驗	延遲,現場	文教機構	情緒	先行處理 vs 處理中 vs 後處理
Katz, Larson, and Larson (1991)	橫剖研究	處理中,排隊,現場	銀行	感覺的時間長度	時間的填補,減少不確定性
Chebat and Filiatrault (1993)	錄影紀錄實驗	延遲,現場	銀行	感覺的時間長度 對等待的接受度 情緒 評估	主動 vs 被動,處理中 vs 未處理 處理中 vs 未處理 處理中 vs 未處理 主動 vs 被動,處理中 vs 未處理
Chebat, Gelinas-Chebat, and Filiatrault (1993)	錄影紀錄實驗	延遲,現場	銀行	感覺的時間長度 情緒 注意力	視覺刺激,情感,注意力 視覺刺激 情緒,視覺刺激
Mowem, Licata, and McPhail (1993)	田野實驗	先行處理	醫院	評估	等候的資訊
Meyer (1994)	田野實驗	先行處理,排隊,現場	畫廊	預期服務時間	服務的價值,感覺的時間長度
Taylor (1994)	橫剖研究	先行處理,延遲,現場	航空旅行	評估 情緒	感覺的長度,時間填補,延遲起因,影響,準時性 感覺的長度,延遲起因,時間填補

表10.1 延遲和服務評估的文獻摘要 (續)

作者	研究設計	等待類型	服務種類	依賴變數	獨立變數
Chebat Filiatrault et al. (1995)	錄影紀錄實驗	處理中、延遲、現場	銀行	評估	情感、延遲原因
Katz, Larson, and Larson (1991)	錄影紀錄實驗	處理中、延遲、現場	銀行	感覺的時間長度、對等待的接受度	情感、感覺的時間長度、時間的填補
Taylor (1995)	實驗	先行處理、延遲、現場	生涯諮商	評估諮商	延遲起因、時間的填補
Taylor and Claxton (1995)	橫剖研究	先行處理、現場	航空旅行	評估	準時性
Thompson and Yarnould (1995)	橫剖研究	先行處理、延遲、現場	醫院	評估	期待未得確認
Tom and Lucey (1995)	書面插圖實驗	處理中、延遲、被動	零售業	評估	感覺的延遲、期待未得確認、延遲起因
Baker and Cameron (1996)	非實證	現場、延遲／排隊、先行處理／處理中	—	評估、感覺的時間長度、情感	感覺的長度、情感、延遲起因、時間的填補、服務環境、時間的填補、服務環境、延遲起因、服務環境

表 10.1　延遲和服務評估的文獻摘要（續）

作者	研究設計	等待類型	服務種類	依賴變數	獨立變數
Hui and Tes (1996)	實驗	處理中，延遲／排隊，被動，現場	選課註冊	評估情感	感覺的時間長度，情感，對等待的接受度，對等待的接受度
Hui, Dubé, and Chebat (1997)	錄影紀錄實驗	處理中，延遲／排隊	銀行	感覺的時間長度情感評估行為意圖	服務環境，情感，服務環境，服務環境評估，情感，感覺的時間長度
Kumar, Kalwani, and Dada (1997)	實驗	延遲／排隊，被動	-a	評估	期待，未確認，承諾
Hui, Thakor, and Gill (1998)	實驗	處理中，延遲，被動	選課註冊	感覺的時間長度情感評估	服務階段，延遲型態，延遲型態，感覺的時間長度，感覺的時間長度，情感

a. 本實驗設計未明確說明。

「擔心自己被遺忘」的焦慮（117頁）。

客觀的時間

延遲或等待的客觀時間係指以標準時鐘測量顧客真正花在等待上的時間（Hornik 1984）。Katz，Larson和Larson（1991）找出延遲的客觀時間和服務的整體評估間的直接關聯。實驗顯示，消費者傾向於高估等待或延遲的時間（Hornik 1984）。因此，服務提供者必須更關注認知的時間長度，而不是等待的真正時間。

認知的等待與期望之落差

我等了四十五分鐘。我原先預期最多只等十到十五分鐘。我感覺好像過了好幾個小時。（一名等了四十五分鐘看牙醫的顧客）

我們等了三個月才可以修理甲板，結果到現在還沒修好。我原本預期可以在一週內就修好。這讓我非常生氣與沮喪。（等候木匠的顧客）

許多研究人員發現，等待時間不符合顧客的預期—亦即實際的等待時間與預期等待時間之落差—是整體服務評估的關鍵因素（Hui和Tse 1996；Kumar、Kalwani和Dada 1997；Mowen、Licata和McPhail 1993；Thompson和Yaenould 1995；Tom和Lucey）。Taylor從事的相關研究亦發現，準時是服務評估的直接決定因素；因此可以視準時為另一個與反確認（disconfirmation）相關的構念。

對於服務提供者，這無異揭示處理顧客對於延遲的實際期待之必要性。如果消費者認為服務提供者應該針對等待的時間長度做出承諾，但是卻沒有這麼做，則消費者會覺得很生氣。另一方面，承諾的時間長度如果比顧客所預期的還要長，服務提供者應該更加小心，努力讓顧客覺得承諾的時間早於預期的時間。顧客或許會了解這種模式，並且調整期望；但是，如果服務提供者所承諾的時間實在太長，顧客也可能乾脆放棄。

不確定性

沒人告訴我，到底發生什麼事。（乘客對於飛機誤點四十五分鐘的看法）

不確定的等待時間，指顧客缺乏有關等待接受服務的時間預期或告知（Haynes 1990）。顧客在無法判斷等待或延遲時間下，他們所感覺到的等待時間長度，可能比真正客觀的時間還要長（Haynes 1990；Maister 1985）。不確定性是造成不安和焦慮的主要原因（Maister 1985；Taylor 1994）。

對顧客提供延遲的時間長度之資訊，會減低他們的不確定感，進而減短顧客認知的等待時間（Hui 和 Tse 1996）。Kumar、 Kalwani 與 Dada（1997）發現，藉由向顧客提出等待時間的保證，以減少不確定感，能顯著地改善對處理中之服務的滿意分數，但是對於最終處理的評估則沒有太大的影響。因此，服務提供者可以藉著減低顧客對於等待時間長度的不確定感，來縮小等待對顧客可能造成的衝擊，進而降低等待的負面影響。舉例來說，通知旅客飛機會誤點多久，並且讓他們知道誤點可能對轉機造成的影響，將減少不確定感及其相關的作用。然而，服務提供者必須準確地估計延遲的時間。如果顧客真正等待的時間，超過他們被告知必須等待的時間，那麼提供有關延遲時間長度的資訊，可能反而導致顧客的惱怒和負面的評估（Katz、Larson 和 Larson 1991）。

等候隊伍的長度

等候隊伍的長度是一種空間的刺激，影響顧客感覺到的等待時間長度（Hornik 1984）。當隊伍變長、空間顯得較擁擠，顧客感覺上的等待時間也隨之增長（Hornik 1984）。同時，隊伍的長度也可能影響顧客心中對於自己是否可以得到服務的焦慮感，因此會造成好像等了很久的錯覺（Maister 1985），這也是為什麼有些服務提供者會讓顧客排成多條隊伍，而不是單線隊伍；不過，多線隊伍往往也會造成不公平的感覺（另一條隊伍好像前進得比較快），因而對感覺的等待時間產生負面的結果。

公平性

當我到達時，我排在第三個。當我在等的時候，有更多後來的人插隊排到我前面。我當時非常生氣，因為後來的人排在我前面，而我必須等候。（在教授辦公室外面等候的學生）

我在雜貨店。我在趕時間，所以我到快速結帳線。在我前面的男人有三十件貨品要結帳。我氣炸了，因為我真的要趕快上路。（在雜貨商店等十分鐘結帳的顧客）

Maister（1985）、Larson（1987）和Haynes（1990）認為，不公平的等候，讓人感覺比公平等候來得更久。公平等候是指在排隊的隊伍中，到達者和離開者之間的互相呼應，而服務提供者應該讓等最久的人最先得到服務。公平等候源於社會公正的觀念（Larson 1987）。感覺是否公平也可能受到各種因素的影響，例如顧客主動選擇站在哪一條線等候，或是其接受的服務範疇（Haynes 1990）。在某些特殊情況下，顧客願意接受違反「先到先處理」的原則，例如醫院的急診室。

　　這種現象意味著，服務提供者應該盡可能地遵循「先到先處理」的原則。利用「抽號碼牌」的處理方式，就是這個道理。除了公平之外，抽號是得知顧客排隊人數多寡的資訊來源。在特定情況，這可以減少等候引發的不確定性。

填補時間

> 時間一分一秒過去，我孤伶伶一個人，感覺很沮喪。我只能盯著我自己的鞋子看。（等了十分鐘的銀行顧客）

> 我等了五分鐘。因為我是獨自一人，所以感覺更久。（在速食店等候的顧客）

> 我獨自一人。我必須買火車票。他們說只要一下子。我因為站太久，開始感到疲倦。我坐了下來。我不知道要做什麼。我只是看著天空，並不停地盯著我的錶看。（等著買火車票的顧客）

> 只要手邊有書，我不在乎等候。（美容院的顧客）

　　一般認為，如果沒有填滿等待的空白時間，感覺上等待似乎會變得更漫長（Haynes 1990；Katz、Larson和Larson 1991；Larson 1987；Maister 1985）。因此，藉著提供資訊或是讓顧客在等待時做些別的事，將顧客的注意力從等待本身轉移，是一件很重要的事（Maister 1985）。Taylor（1994）發現，填補等待期間的空白，減少無聊的感覺和對等待的注意，可以影響顧客對等待的反應。另一方面，Chebat和Filiatrault（1993）則發現，填補等待期間的空白雖然導致顧客覺得等待的時間較長，但是卻會對服務品質產生較正面的評價。Baker和

Cameron（1996）假設，在等待期間的社交互動或與其他顧客的互動，對於延遲的影響有正面的作用。這和Maister的看法相當類似（1985），他認為「獨自」等待，感覺上似乎比「團體」等待更長。因此，填補等待期間的空白，會影響顧客對服務提供者的整體評估（Taylor 1995）。

因此，服務提供者可以藉著填補等待期間的空白，改變顧客的等待經驗及其負面影響。任何能夠轉移顧客注意力的填充方法都是可行的，雖然Taylor（1995）發現，與該服務相關的填充物（例如在就業諮詢服務裡提供有關就業的資料），比無關的填充物（如熱門雜誌），更能創造較高的服務評估。不過，要注意的是，無論是否與該服務相關，有充填物都比沒有填充物，更能夠發揮提高對服務評估的作用。

有些服務提供者會透過電話供應一部分的服務，他們以相關的語音訊息做為等待期間的填充物。雖然在顧客等待的時候提供相關訊息，可能比播放流行音樂更受歡迎，但是有些顧客也可能認為他們不斷地接收重複的訊息，因而產生負面的反應。

如果我聽到不同的資訊、得到不同的資訊，我就不會覺得等了很久。但是如果資訊一再重複，我會對於等待時間的長度更加注意。（使用航空訂位服務系統的顧客）

服務的價值

我因久候而覺得生氣，因為我不習慣等待。但是Jamiroqha是個很棒、很有創意的現場表演樂團。（等候五個小時買演唱會門票的顧客）

服務的價值是顧客主觀的決定。一般認為，消費者在購買較有價值的商品或服務時，所感受到的等待時間較短（Haynes 1990；
Maister 1985）。價值不只與服務本身的價格有關，它也涉及服務或產
品對顧客的重要性。因此，客觀上相等的等待時間，在醫學專家辦公
室的等待，感覺上可能比在一般醫師辦公室的等待來得短。這種現象
有一部分的原因可能是物以稀為貴的原理。因為「珍貴的服務」可能
同時也是較「稀少」的服務，因此消費者願意接受無可避免的等待。
雖然這種說法看起來很合理，但是卻尚未經過實驗證明；因此，服務
提供者必須很小心地闡釋這種說法。

服務提供者的行動

　　Haynes（1990）認為，服務提供者形諸於外、改善服務的行動，
可以減少顧客感覺到的等候時間，同時也可能影響顧客的情感，如下
例所示：

　　在銀行，我的前面有一條小小的隊伍，此時只有兩個客服代表在
　　處理顧客的工作。當隊伍漸漸變長時，並沒有其他服務人員上前
　　幫忙，我對此有些惱怒。（在銀行等了二十分鐘的顧客）

　　儘管有這一類的直觀訴求，但是尚未有人針對這種現象進行驗
證。不過，一般相信，服務提供者可以藉著讓顧客只看到真正進行服
務的人員，以更有效地管理等候情況。例如Katz、Larson和Larson
（1991）便建議，銀行應該讓支援人員位於顧客的視線之外，如此一
來，等候的顧客才不會期待這些後勤部門的員工也能加入提供服務的
行列。

　　在等待期間，有一個很顯著的管理行動—主動說抱歉。如同一個
顧客所說：

我在這家銀行進出有十五年了，而且我常常來。只要銀行行員說
聲抱歉就可以了，但是我的等待一點也沒有受到注意。（在銀行
等了二十分鐘的顧客）

歸因

因為只有一個工作人員，所以我必須等。等這麼久，是貝果店的
錯，因為他們沒有足夠的人手。這是我第一次來這家店，我想我
不會再來。（在貝果店等了五分鐘的顧客）

　　歸因是指顧客對某些情況進行原因的評估（Folkes、Koletsky和
Graham 1987）。歸因的重要議題在於控制的部位（locus）、可控制的
程度、及穩定度。顧客將等待或延遲的原因歸咎於服務提供者、顧
客、或其他外來因素，和控制的部位有關；可控制的程度則指上述的
部位對等待一事的控制能力；而穩定度與造成延遲的原因是否穩定有
關—穩定的原因意味著延遲將很快地再度發生，而不穩定的原因則讓
顧客不能確定這個原因未來會有何發展（Folkes、Koletsky和Graham
1987）。這些有關等待／延遲穩定度與部位的歸因，被認為會引發服
務經驗中的情感反應（Baker和Cameron 1996）。研究發現，服務提供
者對等待／延遲的控制程度（Folkes、Koletsky和Graham 1987；
Taylor 1994；Tom和Lucey 1995），以及延遲的穩定度（Folkes、
Koletsky和Graham 1987），和顧客的情感反應（如憤怒）之間，有非
常顯著的關係。

　　當延遲的原因被歸咎於服務提供者的行為時，將會產生較負面的
整體評估。研究並發現，關於延遲的可控制度之歸因，會直接影響服
務的整體評估（Taylor 1995）。Folkes、Koletsky和Graham（1987）
發現，顧客對於控制部位和缺乏穩定度的歸因，會反映在他們的抱怨

和再度購買的意願上，並直接地對評估產生影響。Chebat與Filiatrault
等人（1995）證明，服務提供者對於延遲歸因的整體措施，會明顯影
響整體的服務品質。因此，已有足夠的證據顯示，提供服務者對延遲
的歸因及延遲穩定度所進行的控制，會直接影響等待經驗。

　　除非等待不是服務提供者的錯，否則他們很難直接處理這個問
題。如果服務提供者無可避免必須讓顧客等待，他們往往必須操控等
待經驗的其他面向，以便減輕等待的負面影響（例如提供免費服務或
表達歉意）。我們建議服務提供者讓顧客知道爲什麼必須等待，以減
輕不確定感。然而，Taylor（1994）也發現，旅客往往不會將航班誤
點歸咎於航空公司，實際上這對航空公司有利。

服務環境

　　我在美容院等了大約一個小時，但是我喜歡待在那裡，因為美容
　　院的氣氛很高雅。（一個髮廊的顧客）

　　Baker和Cameron（1996）認爲，服務環境的特性，如燈光、音
響或溫度，會中介延遲與延遲所造成的影響。他們並提出一系列有關
服務環境設計的原則，以便降低延遲的負面效果。例如，服務環境的
色調越溫暖，造成的負面情緒越強烈。儘管如此，Coffey和DiGiusto
（1983）卻也發現，無論是在呆板無生氣的醫院走廊等待，或是在燈
光充足而舒適的等候區，牙醫病患的焦慮並沒有呈現任何差異。而且
顧客在愉悅的環境下，也可能在知覺上經歷較長的等待。Chebat、
Gelinas-Chebat和Filiatrault（1993）發現，消費者在有高度視覺刺激
的區域，會覺得等待的時間比較長，這個令人意外的發現與假設正好
相反，更何況傳統的想法認爲，空白的等待期間感覺上應該比較漫長
（Haynes 1990；Maister 1985）。

整合模式

有些研究試著整合上述提及的各項變數。Taylor（1994）、Hui和Tse（1996）、Baker和Cameron（1996）三組研究者的討論具有重要性，因為他們找出了相關的整合模式，有助於探討因為等待而發生的延遲和服務評估之間有何關聯。

Taylor（1994）的模式（如圖10.2a）顯示，延遲造成負面影響，進而影響整體的服務評估。在Taylor的模式中，情感和不確定感是延遲和評估之間的中介因素。同時，延遲也會透過準時這項構念對評估

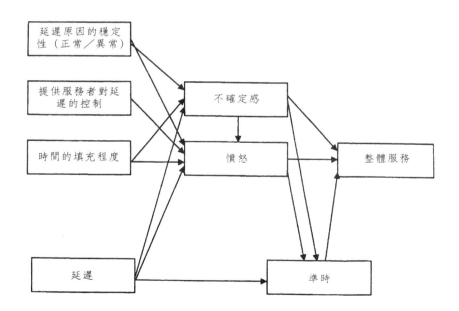

圖10.2a　Taylor的模式

資料來源：節錄自"等候服務"。延遲和服務評估之間的關係。

而產生影響。這種模式經由實驗測試，而且也與從班機誤點的旅客身
上所蒐集的資料呈現一致的結果。

　　圖10.2b是由Hui和Tse（1995）提出的模式，其核心元素是有關
延遲的訊息所帶來的情感反應、對延遲的感覺長度及預期，這些元素
最終會對評估造成影響。與Taylor（1994）提出的模式相較，Hue和
Tse的模式並未將情感視為感覺的延遲和評估間的中介元素，而是每
一個構念對於服務評估都會產生獨特而未受中介的效果。Hui和Tse
的模式係以等待使用電腦註冊系統的學生進行實驗測試，此一模式和
他們收集到的資料呈現一致的結果。

　　圖10.2c的模式則由Baker和Camero（1996）提出，其核心概念
是：情感是由客觀的延遲時間長度所造成，這接著會影響感覺到的等
待時間。感覺的時間長度調節情感反應和評估之間的關係；因此，就

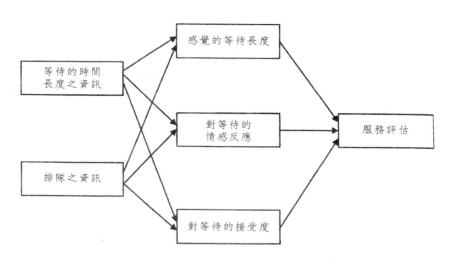

圖10.2b　Hui和Tse的模式

資料來源：" 如何告訴不同等待時間的顧客：服務評估的整合模式"

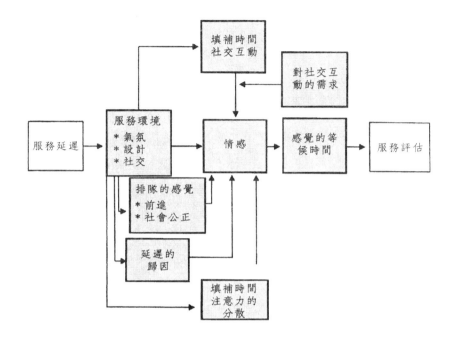

圖10.2c　Baker和Cameron的模式

資料來源：＂服務環境對影響和顧客感覺的等待時間長度之效應：整合回顧和研究提議＂

情感在感覺的延遲和評估之間所扮演的角色而言，這個模式和Hui和Tse（1996）及Taylor（1996）提出的模式不同。Baker和Cameron的模式未經實證。

　　雖然還有其他研究檢視各種變數，但是能夠把所有直接與間接關係納入架構中的完整模式，則寥寥可數。從稍早所提到的各種獨立變數來看，各項構念仍有加以精緻化的寬廣空間，從而發展更全面性的模式。

未來之路

　　雖然關於等待經驗還有很大的探討空間，但是過去十年來可說已有很大的進展。感覺的時間長度、情感和評估等構念似乎是探討的中心，而且我們也已經了解，感覺的時間長度和情感雙雙影響服務評估。透過各種研究的努力，我們找到許多影響這三個主要變數的變項。然而，如我們所見，對於這些構念的定義方式眾說紛紜，而且測量的標準與項目也各有不同，這無疑會導致更多不同的發現。

　　就研究而言，等待經驗仍是一個有待了解的課題。儘管過去十年有幾個等待經驗的研究嶄露頭角，但至今尚未有任何研究可以讓實務界直接找到關鍵的變數（本章的引言係出自一份針對這個目的所從事的事件研究）。其他研究方法論，例如民族誌、深度訪談、及現象學研究，也許可以為等待經驗提供洞察。

　　如前所建議，進一步精煉構念、研究各種型態的等待和服務、以及更多整合性的模式，對於這個研究領域的發展來說都是不可或缺的。隨著這個領域的擴展以及顧客對時間越來越敏感，這些需求終將引起注意，而服務提供者必須準備好一套管理感覺的技巧，以因應等待和延遲的問題。

參考書目

Baker, Julie and Michaelle Cameron (1996), "The Effects of the Service Environment on Affect and Consumer Perception of Waiting Time: An Integrative Review and Research Propositions," *Journal of the Academy of Marketing Science*, 24(4), 338-49.

Bowen, John (1990), "Development of a Taxonomy of Services to Gain Strategic Market Insights," *Journal of the Academy of Marketing Science*, 18(1), 43-49.

Chebat, Jean-Charles and Pierre Filiatrault, (1993), "The Impact of Waiting in Line on Consumers," *International Journal of Bank Marketing*, 11(2), 35-40.

————, ————, Claire Gelinas-Chebat, and Alexander Vaninsky (1995), "Impact of Waiting Attribution and Consumer's Mood on Perceived Quality," *Journal of Business Research*, 34, 191-96.

————, Claire Gelinas-Chebat, and Pierre Filiatrault (1993), "Interactive Effects of Music and Visual Cues on Time Perception: An Application to Waiting Lines in Banks," *Perceptual and Motor Skills*, 77, 995-1020.

————, Alexander Vaninsky, and Pierre Filiatrault (1995), "The Impact of Mood on Time Perception, Memorization, and Acceptance of Waiting," *Genetic, Social, and General Psychology Monographs*. Washington, DC: Heldref, 413-24.

Clemmer, Elizabeth and Benjamin Schneider (1993), "Managing Customer Dissatisfaction With Waiting: Applying Social Psychological Theory in a Service Setting," in *Advances in Services Marketing and Management*, Vol. 2, Teresa A. Swartz, David E. Bowen, and Stephen W. Brown, eds. Greenwich, CT: JAI, 213-29.

Coffey, P. A. F. and Janice DiGiusto (1983), "The Effects of Waiting Time and Waiting Room Environment on Dental Patients' Anxiety," *Australian Dental Journal*, 28(3), 139-42.

Davis, Mark and Michael Maggard (1990), "An Analysis of Customer Satisfaction With Waiting Times in a Two-Stage Service," *Journal of Operations Management*, 9(3), 324-34.

———— and Thomas Vollman (1990), "A Framework for Relating Waiting Time and Customer Satisfaction in a Service Operation," *Journal of Services Marketing*, 4(1), 61-71.

Dubé, Laurette, Jean-Charles Chebat, and Sylvie Morin (1995), "The Effects of Background Music on Consumers' Desire to Affiliate in Buyer-Seller Interactions," *Psychology and Marketing*, 12(4), 305-19.

————, Bernd Schmitt, and France LeClerc (1991), "Consumers' Affective Response to Delays at Different Phases of Service Delivery," *Journal of Applied Social Psychology*, 21(10), 810-20.

Dubé-Rioux, Laurette, Bernd Schmitt, and France LeClerc (1989), "Consumers' Reaction to Waiting: When Delays Affect the Perception of Service Quality," in *Advances in Consumer Research*, Vol. 16, Thomas Srull, ed. Provo, UT: Association for Consumer Research, 59-63.

Eagly, Alice and Shelly Chaiken (1993), *The Psychology of Attitudes*. Fort Worth, TX: Harcourt Brace Jovanovich.

Folkes, Valarie, Susan Koletsky, and John Graham (1987), "A Field Study of Causal Inferences and Consumer Reaction: The View From the Airport," *Journal of Consumer Research*, 13 (March), 534-39.

Friedman, Hershey and Linda Friedman (1997), "Reducing the Wait in Waiting-Line Systems: Waiting Line Segmentation," *Business Horizons*, (July-August), 54-58.

Gotlieb, Jerry, Dhruv Grewal, and Stephen Brown (1994), "Consumer Satisfaction and Perceived Quality: Complementary or Divergent Constructs," *Journal of Applied Psychology*, 79(6), 875-85.

Haynes, Paula (1990), "Hating to Wait: Managing the Final Service Encounter," *Journal of Services Marketing*, 4(4), 20-26.

Hornik, Jacob (1984), "Subjective vs. Objective Time Measures: A Note on the Perception of Time in Consumer Behavior," *Journal of Consumer Research*, 11 (June), 615-18.

Hui, Michael, Laurette Dubé, and Jean-Charles Chebat (1997), "The Impact of Music on Consumers' Reactions to Waiting for Services," *Journal of Retailing*, 73(1), 87-104.

——, Mrugank Thakor, and Ravi Gill (1998), "The Effect of Delay Type and Service Stage on Consumers' Reactions to Waiting," *Journal of Consumer Research*, 24(3), 469-80.

—— and David Tse (1996), "What to Tell Consumers in Waits of Different Lengths: An Integrative Model of Service Evaluation," *Journal of Marketing*, 60(2), 81-90.

Iacobucci, Dawn and Amy Ostrom (1996), "Perceptions of Service," *Journal of Retailing and Consumer Services*, 3, 195-212.

Katz, Karen, Blaire Larson, and Richard Larson (1991), "Prescription for the Waiting-in-Line Blues: Entertain, Enlighten, Engage," *Sloan Management Review*, 32 (Winter), 44-53.

Kumar, Piyush, Manohar Kalwani, and Maqbool Dada (1997), "The Impact of Waiting Time Guarantees on Consumers' Waiting Experiences," *Marketing Science*, 16(4), 295-314.

Larson, Richard (1987), "Perspectives on Queues: Social Justice and the Psychology of Queuing," *Operations Research*, 35(6), 895-905.

Lovelock, Christopher (1983), "Classifying Services to Gain Marketing Insights," *Journal of Marketing*, 47 (Summer), 9-20.

Maister, David (1985), "The Psychology of Waiting Lines," in *The Service Encounter*, John Czepiel, Michael Soloman, and Carol Surprenant, eds. Lexington, MA: Lexington Books, 113-23.

Meyer, Thierry (1994), "Subjective Importance of Goal and Reactions to Waiting in Line," *Journal of Social Psychology*, 134(6), 819-27.

Mowen, John, Jane Licata, and Jeannie McPhail (1993), "Waiting in the Emergency Room: How to Improve Patient Satisfaction," *Journal of Health Care Marketing*, 13(2), 26-33.

Osuna, Edgar Elias (1985), "The Psychological Cost of Waiting," *Journal of Mathematical Psychology*, 29, 82-105.

Schwartz, Barry (1978), "Queues, Priorities and Social Process," *Social Psychology*, 41(1), 3-12.

Taylor, Shirley (1994), "Waiting for Service: The Relationship Between Delays and Evaluations of Service," *Journal of Marketing*, 58(2), 55-69.

—— (1995), "The Effects of Filled Waiting Time and Service Provider Control Over the Delay on Evaluations of Service," *Journal of the Academy of Marketing Science*, 23(1), 38-48.

—— and John Claxton (1995), "Delays and the Dynamics of Service Evaluations," *Journal of the Academy of Marketing Science*, 22(3), 254-64.

Taylor, Steven and Thomas Baker (1994), "An Assessment of the Relationship Between Service Quality and the Formation of Consumers' Purchase Intentions," *Journal of Retailing*, 70(2), 163-78.

Thompson, David and Paul Yarnould (1995), "Relating Patient Satisfaction to Waiting Time Perceptions: The Disconfirmation Paradigm," *Academic Emergency Medicine*, 2(12), 1057-62.

Tom, Gail and Scott Lucey (1995), "Waiting Time Delays and Customer Satisfaction in Supermarkets," *Journal of Services Marketing*, 9(5), 20-29.

為提供的服務訂價

整合性的觀點

PAUL J. KRAUS

　　一家知名管理顧問公司的行銷團隊，剛接獲好消息。一家大型有潛力的客戶，邀請這些行銷顧問為重要的企劃案提交一份企劃書。他們必須在一週內完成這份包括專業費用估價的企劃書。行銷顧問面臨關鍵性的抉擇：在訂出價位時，他們必須考慮到競爭者可能提供較低價位的商品，但是會低到什麼程度？他們顯然並不清楚。他們是否應該限制企劃書的範圍，以確保可以用較低的成本完成企劃案？或者他們應該在品質上競爭，以適當的高價位提供延伸服務，以便與競爭對手有所區隔。如果他們的估價較競爭對手低了許多，客戶會有什麼反應？客戶是否認為他們所提供的服務比較有價值？或是會因削價而對知名顧問公司的形象造成損害？這會以何種方式影響公司在顧問市場上的定位，而將來可能又會接到哪一種生意？

　　除了考慮客戶的感受，同時也要考量公司內部的層面。例如，這

個團隊應該多大程度地考慮公司的開銷？生意不佳時，是否應該考慮
降價？他們是否應該在工作初期降低價格，以發展較穩固的關係，並
且在將來售出企劃案時，回收投資成本？凡此種種，應該先考慮哪個
因素？企劃案、客戶或競爭等因素將如何地影響答案？更重要的是，
這個團隊要如何找出答案？

決策，決策，決策

　　如同上述的例子，服務在訂價時所牽涉到的選擇比乍看之下更複
雜。雖然經理人可以應用各種既有的理論架構來了解這些決策的意
義，但是這些架構大多構築在實體商品訂價的脈絡中，因此，將之援
用在服務性商品的定價時，往往無法掌握服務訂價的複雜性與議題。
影響服務商品最適訂價的因素與實體商品訂價有所不同，原因有很
多。首先，與實體商品相較之下，服務業具有不可觸知性
（intangibility），這個特性可能讓消費者更重視服務的外在線索，而非
服務本身的內在屬性（Zeithaml 1988）。消費者可能將價格視為一種
外在線索，以此臆測服務的品質。第二，許多服務業都具有為顧客量
身訂作的特性，並且有相當程度的顧客涉入，使服務的產品和價格可
以依顧客的需要來訂作（Lovelock 1996）。第三，服務具高度的不可
儲存性，加上短期的承載量（short-run capacity）往往受限於人力資
源，因此需求管理問題特別重要，價格有助於穩定需求。最後，服務
業的關係取向面向將使重要的暫時性訂價和客戶維持議題導入定價決
策中，這種決策和實體商品所涉及之忠誠度問題經常有所不同。因
此，相較於實體商品的訂價，服務的訂價問題，需要更廣泛、更富彈
性的架構。
　　本章擬參考有關訂價文獻與服務研究之理論，找出影響服務訂價

之主要因素，並且提出一個整合性架構。同時，我們也試圖了解，過去的研究有哪些限制，進而爲未來的研究勾勒出重要的方向。

爲服務訂價的方法

有關服務訂價的探討源自許多學科，從傳統經濟理論到現代的行銷研究、消費者心理學及行爲決策理論。這些學科分別以不同的觀點來考量訂價決策的獨特層面。在發展最佳化的長期訂價策略時，競爭、費用、能力和消費者感受等面向無一不是重要的角色。在這一節，我們依序說明每一因素，並觀察它們對服務訂價的主要影響和正規意涵。

競爭和訂價：經濟理論的涵義

從完全競爭模式、獨占模式到介於兩者之間的模式（即不完全競爭），新古典經濟理論提供了多種觀點來瞭解價格決定。每一種模式對消費者的偏好都有特定的假設，然後利用這些假設來指出對產品的需求。這樣的需求連同供給，決定出每一單位的市場均衡價格（market-clearing equilibrium price），亦即當需求等於供給時的價格。

在完全競爭中，可以看出公司是價格接受者（price takers），這意味著他們被迫冒著可能失去所有業務的危險，以市場價格來訂價（如Samuelson 1995）。不過，這個模式假設，有許多競爭者分別提供同一種大宗貨物般的商品，所有競爭者的產品消費者認爲是可以完全互換的取代品。以此一模式來檢視上述的顧問公司企劃案，從該企劃案任務的標準、清楚的陳述、而且許多顧問公司能夠提供等程度來看，該團隊要偏離業界的收費水準，可以預期較無彈性。在這些情況下，任務可能落在報價最低的競爭者手中。

事實上，在多數的行業類別中，尤其是服務業，替代性的品牌並不被看做是完美取代品。因此，雖然該模式直接了當的預測（顧問公司會以競爭性的價格來訂價），其基本假設往往無法成立。因此，我們應考慮其他替代模式。

從另一個極端的角度來說，獨占的競爭模式使不同公司可以根據市場對具差異性品牌的需求程度及公司的邊際生產成本，來訂出可以獲得最大利潤的最佳價格（Samuelson 1995）。這個最佳價格大多決定於消費者需求的特性，例如：消費者對價格較敏感的品牌，面對著有較大彈性的需求，因此必須改訂較低的價格，保住足夠的業務量，以獲得最大的利潤。另一方面，吸引對價格較不敏感的消費者之品牌，面對較低的需求彈性，所以可以訂較高的價格而無損利潤。因此，在此一模式下，品牌的最佳價格，是其成本與消費者願意為其獨特屬性付出價格之函數。在我們所舉的顧問公司實例中，這種預測意味著高度量身訂製、獨特的技術和服務可傳遞性，可以讓公司訂出高於其他技術較低或工作較規格化的競爭者之價格。

在這兩個極端之間，有許多產業呈現寡佔競爭的形式──由少數的市場領導者提供相當標準化的產品。賽局理論模式往往被用來分析這種情況下的訂價行為。在「Bertrand equilibrium」中，兩個競爭的公司根據產業需求的總水準，以及預期競爭者的反應，來決定最高價格（Tirol 1988）。在「Cournot equilibrium」，公司係以訂定產出數量來競爭，而不是以價格（Tirol 1988）。在這兩種模式中，最終的最高價格水準是由競爭反應的互相平衡來決定，而且每家公司幾乎相同。較精緻的模式則會考慮市場力量潛在的不對稱性，這些市場力量係以價格領導與內隱的共謀等形式而存在，而這種模式使公司所訂定之價格，是完全競爭市場中不可能訂出的高價。倘若以這些模式檢視上述案例顧問公司的情況，則意味著：如果只有少數公司正在競標此企劃案，則該團隊應該根據對其他公司可能訂出較低價位的最佳預測，策略性地訂定其價格。

另一個有關訂價的經濟學研究中出現了一個重要的概念：價格歧視（price discrimination）。不同的消費群對相同產品會訂出不同的價值。因此，公司可以藉著對不同消費群收取不同價格的方式，以增加獲利，就像消費者區隔一樣。有很多方式可以達成不同的價格水準，其中包括提供量販折扣、進行價格促銷、提供加值服務或依季節訂出不同價格（Lilien、Kolter和Moorthy 1992）。每種策略都行得通，因為它可以吸引那些願為量身訂製的產品付出較高價格的消費群。因此，

再以前述顧問公司為例，這種觀點意味著，公司可以根據手上的企劃案特性，針對不同顧客訂定不同的價格，例如根據任務的急迫性、時間架構而提供不同的費用結構。

定價決策中的成本和能力

雖然經濟理論顯示，最佳訂價是消費者需求的供給和彈性兩者之函數，實際上，許多公司並未獲得（或尋求）能正確預測需求的資訊。相反地，它們仰賴傳統以「成本加成」（cost-plus）的方式來訂價，以確保獲得特定的利潤，並未全面性地分析需求（Simon 1989）。這種受到普遍援用的方式，因為許多因素而無法達到最佳訂價。首先，它忽略了消費者的反應，並且因此無視於價格在銷售量上所扮演的角色。雖然它確保了每個產品銷售的毛利，但是這種方式並無法指引公司訂出一個能夠達到足夠銷售量之價格水準，並獲取最大總利潤。其次，由於成本加成法的訂價方式並未考慮競爭者的反應；成本過高可能使公司毫無競爭力，而成本低廉時則很容易犧牲潛在的利潤。因此，可能的話，公司應盡量避免使用簡單的成本加成法來訂

價。以上述的顧問公司為例，成本加成法可能導致公司罔顧競爭程度或任務的獨特性，而訂出一律相同的鐘點費，導致沒有機會承接簡單的任務，以及公司特有的優勢未獲得應有的利潤。

　　訂價策略可以透過產能極大化來實現（Simon 1989）。以航空公司這類產業為例，其短期產能具有高度可預測性，所訂定之價格應可以使產能獲得「最佳使用」，即在產能吃緊時抬高價格，反之則下降（可參閱Ehrman 和Shugan 1995）。這種訂價方式的基礎是，公司在營運時持續評估價格對需求量的影響，使企業隨著時間的推移，內隱將消費者和競爭者對價格改變的反應列入考慮。然而，這是一種被動的反應，而不是主動的出擊，它並未提供經理人適當的預測工具，讓他們能夠即時訂出符合現況的價格，也未能預測未來消費者和競爭環境的改變可能引發哪些結果。當然，唯有不考慮變動成本時，填補產能的訂價才可以達到最佳化；如果這些成本很高，必須注意降價仍然可以攤平這些成本。而且，當未被利用的產能之成本很高，而且服務高度標準化時，「收益（yield）管理」可以提供實際而相對上較有效的訂價，以便為預設的產能水準增加獲利。再回到顧問公司的例子，這種方式建議該團隊所提出的專業費用，應該根據案子進行的時間點所預期的人員限制和可得的人力資源來訂價。在服務產業中，荒廢不用的資源成本特別高，這方面的考量可能特別顯著。

訂價與消費者的感受

　　目前為止所討論的觀點均視價格扮演會負面影響消費者需求的分配機制角色。然而，價格同時也可以傳達其他訊息給消費者，而且可能進而影響顧客對於公司所提供的服務之觀感。經濟學和消費者心理學的重要研究顯示，消費者對於服務品質的看法可能與價格有密切的關係。如同Milgrom 與及Robets（1986）及其他經濟學家所說，一個品牌的訂價可能作為產品品質的「信號」。根據信號模式，價格（在一些條件下）可以作為公司可靠高品質之媒介，因為消費者會認為公司若企圖以過高的價格誤導其產品真正的品質，會導致銷售量的減少；相關的行為研究文獻亦顯示，價格可能提供解讀捷徑的線索（heuristic cues），影響消費者對品質的觀感（Monroe和Krishnan 1985）。特別當系統性的品牌屬性評估未能產生單一而清楚的偏好時（如同上述顧問公司的例子，其服務的某些理想特性模糊），消費者可能依賴這些解讀捷徑線索來決定他們的選擇（Petty、Cacioppo和Schumann 1983）。其中一個解讀捷徑線索可能是，顧客假設許多高品質服務的價格都很昂貴，因此較昂貴的價格可能意味著較高的服務品質。這種解讀捷徑線索在特定購買脈絡中受到使用的程度，取決於許多因素，例如，當任務複雜度較高、消費者參與程度較低、或無從作出更有系統的決定時，消費者一般更可能會利用解讀捷徑的線索（如Petty、Cacioppo和Schumann 1983）。

除了利用價格作為解讀捷徑線索，有些行銷研究已經開始建立概念性的模式，企圖了解價格及其他線索如何影響消費者對品牌品質的觀感。根據Zeithaml（1988）的說法，在購買實體商品的初期，以及在很多內在屬性並未如外在屬性般可知的服務業中，價格線索對於消費者的信賴與經驗，可能扮演更重要的角色。在此模式中，「毛價值」被視為消費者對產品或服務之整體喜愛度的評估，與成本相關的犧牲無關；而「淨價值」則是對成本之淨價值的評估。價格因此可能對感受到的毛價值與淨價值產生相反的效果，即增加毛價值卻減低淨價值。因此，在此模式中，價格對品牌形象的正面效果，和價格對銷售量的負面效果之間，互有消長。為服務所訂的最佳價格必須平衡這些考量。最近有些研究顯示，由於缺乏較客觀的績效判斷標準，如果消費者看到的危險性高（如財務性、社會性），他們可能會更依賴價格線索（Olshavsky、Aylesworh和Kempf 1995）。以我們所舉的顧問公

司爲例，若在客觀上不易監督、評估顧問的表現，但是計畫案的結果
卻很關鍵時，價格線索可能扮演特別重要的角色。

　　服務的最佳價格同時也應反映出相對於競爭對手的自我定位，以
及服務所針對的目標消費者。價格對高級商品的消費者以及對價格變
化較敏感的購買者，提供著非常不同的線索。同樣的，經理爲其品牌
定位爲「全面服務」的選擇時，可能需要特別了解這對於消費者做品
質評估的影響。這些影響對於尙未在業界建立名聲的新品牌來說，可
能格外重要。如果應用在顧問公司例子，將公司定位成爲高層提供策
略性建議，可能必須特別注意，他們的費用必須能反映這種策略的重
要性，以便和那些只在戰術層次上執行較標準化的工作、價格也比較
低廉的公司有所區隔。

脈絡對訂價決策扮演的角色

　　近來有關消費者行爲研究顯示，消費者對於價格的態度大大地影
響其購買行爲。其中，脈絡可能以各種方式影響消費者對價格的反
應。首先，以低於「參考價格」（如「一般價格」）來訂定的價位，可
以增加消費者對服務的偏好。長期以來，相較於改變正常價格，促銷
折扣被認爲對銷售量有更大的影響力（Blattberg 和 Neslin 1990）。同
樣的，各種服務產品線的差別訂價，可以創造出脈絡的效果。例如，
推出較高價格的服務選擇，可以增加對原來、較低價位之替代選擇的
需求（Huber、Payne 和 Puto 1982）。這些效果同時也意味著，服務的
最佳價格必須同時考量競爭廠商的相關訂價。對那些價格線索的作用
有限的服務部門而言，針對競爭品牌設定折扣訂價，可能比缺乏更昂
貴的競爭對手時，使消費者對折扣品牌產生更多回應。

在什麼時候，何種考量最重要？

　　如上之討論，這一系列觀點之研究對於服務訂價僵局有獨特的洞見；然而，關鍵問題卻懸而未決：何種因素影響這些考量的先後順序？以我們所舉的顧問公司為例，該團隊如何做出最合適的訂價？不令人意外的是，要獲得這個問題的答案，關鍵在於進一步了解類別和消費者。訂價最重要的第一步，是在服務同業中，辨識影響競爭的基本力量。不同的服務業市場，競爭基礎的差異也很大。下列的討論，將列出四個這種基礎，並分別顯示它們如何可能影響和脈絡最貼切也最有幫助的理論架構。

以價格為中心的競爭

　　對於許多服務業而言，消費者的喜好和競爭反應幾乎都集中在價格上。有些成熟的服務業類別所提供的服務可能變得高度標準化，尤其在消費者的需求很類似、產品有高度可取代性、轉換品牌的成本很低等時候。在這種環境中，試圖區隔和掌握價格優勢，很可能會失敗。這種企業環境的可能案例包括，長途電話服務折扣的消費市場和基本網際網路撥接服務業。許多消費者並沒有看出服務品質的基本差異，所以他們會經常變換品牌以取得較佳價格的交易。因此，以經濟學理論為架構的觀點來看這種環境中的訂價，可說分析成果最豐碩。公司應該採用哪個特定的經濟模式，端視在此服務類別中的其他競爭面向而定，例如該行業集中的程度。當競爭對手數目眾多且集中度低時，公司將在完全競爭的模式中扮演價格接受者。他們必須將價位訂定在接近或等同市場價格的水準上，否則就可能失去基本銷售量。另一方面，如果集中度高，且競爭大多發生在少數公司之間時，賽局理論模式可能是分析相互策略反應較有用的工具。以雙邊賽局為例，對於競爭者反應的預期，是決定價格的依據。默契式的合作（tacit collusion）和價格領導（price leadership）模式可以用來分析在哪些條件下可以訂定高於一般的價格。

作業的競爭

在某些服務業中，內部的成本考量較其他標準來得重要。以航空業和醫院為例，這些產業的固定成本偏高，獲利的關鍵基本上在於是否能填滿飛機上的座位或病房。雖然經濟模式也有助於這些產業的訂價分析，但是短期的價格設定往往牽涉到調整訂價使供需得以配合的收益管理方法。例如，已知某一固定產能（以及假設低邊際成本），則最佳的短期價格將仍取決於在可以充分利用產能，且能抵補變動成本下，能將價格訂得多高。較長期的價格決策決定於產能水準的調整，而此一調整又決定於未來展望的需求和產業界的產能。

形象的競爭

雖然上述之服務業的產品都反映著相當程度的標準化，使消費者較無法區隔差異，然而仍有許多其他的服務提供者是根據消費者對他們形象的觀感而彼此競爭。對許多服務業而言，理想的提供物或屬性多少有些模糊不清，而且多半仰賴消費者的偏好。價位較高的顧問業或法律服務，往往就是高度講究量身訂做的服務，而且要得到顧客一定程度的信任。在這種情況下，個別品牌的獨特性及無可取代性會調節直接競爭的價格效應；此時，消費者行為文獻，或許可以提供一個架構，來了解涉及訂價決策的關鍵議題。如同本研究所示，當消費者沒有進行分析診斷的較好工具，而且感受到較高風險時，消費者更可能依賴價格線索（Olshavsky、Aylesworth和Kempf 1995）。在這些情況下，消費者會藉由低價位而推論服務的品質和完整性，這可能抵消掉任何競爭性的價格優勢。

價格線索的效應也可能取決於品牌所鎖定的目標顧客區隔。高價位商品的消費者可能將折扣與社會性風險聯想在一起（Olshavsky、Aylesworth和Kempf 1995），而且亦有證據證明某些促銷折扣的確有損品牌形象（Dodson、Tybout和Sternthal 1978）。因此，形象主導的市場訂價必須反映相當程度的風險感以及業者對品牌定位的期望。

彈性和多樣化的競爭

最後，服務業的競爭可能在於所提供服務之彈性和種類。許多服務業會提供多種相關的服務讓消費者依特定之需要而組合採購。從有獨特菜單的餐飲業，到高度個人化美髮師和美容室的髮廊，這些服務業類型不勝枚舉。在這些例子中，訂價應能反映出掌握這些需要「量身定製」產品的企圖。如果這些服務的成本可以比較，服務提供者可以根據不同顧客付款的意願而訂定不同價位，進而增加交易的獲利。在一個有各種不同品味與需求消費者的市場中，訂價應該反映出這些獨特服務的不可取代性與較高的品牌變換風險。如果以某種特定方式準備和供應的特殊菜色，只能在某一家餐廳裡吃得到，一般來說，消費者會較願意付出較高的價錢。我們付較高的代價購買較稀少的產品。因此，這些市場的訂價，必須反映出這類產品的特殊性質。

這個訂價策略和類別競爭架構的涵義

我想要清楚說明的是，在特定的訂價脈絡中可能介入的影響因素大部份取決於該產業或類別的特性。此外，這些特性可能因時間和各種市場而改變，因此，在競爭中原本具有重要性的因素，可能隨著產業類別的進化或其他更重要因素的出現，而減低其重要性。舉例來說，原來是標準化的服務，競爭的基礎可能轉移到形象或彈性，也可能反向變化。因此，以行銷人員必須在競爭環境中隨時留意重要的趨勢。更重要的是，服務業者也許可運用策略性的方式來影響或改變競爭基礎，以符合自身之優勢。以獨特的方式，藉著區隔、擴張或組合配套服務，公司可以為產業中的其他公司設定新標準與獲得更多優勢，以及影響消費者對其產業類別的感受與期望。

結論與未來之研究方向

　　雖然這種整合取向為服務的訂價決策應進行哪些考量提出了一些重要看法，它也引發了許多有待未來研究的問題。由於沒有一組單一的訂價原則可以適用在所有的環境中，因此有必要進一步研究哪些因素會決定性地影響消費者對價格的反應，以及它們在不同的服務中為什麼會有不同的變化。這些問題可能使研究者開始思索行銷策略的一些關鍵議題。例如，服務業公司如何影響消費者可能考量的因素？公司的哪些實務會使消費者和公司發展出服務關係、對品牌保持忠誠度，以及進而提升顧客的保有率與付出更高價格的意願？

　　每一個問題都是進一步了解服務訂價之僵局的起點。藉由採取一種整合性、權變性的方法來訂定價格，行銷人員將開始可以處理在價格決策中普遍存在的許多複雜問題。

參考書目

Blattberg, Robert C. and Scott A. Neslin (1990), *Sales Promotion: Concepts, Methods, and Strategies*. Englewood Cliffs, NJ: Prentice Hall.

Dodson, Joe A., Jr., Alice M. Tybout, and Brian Sternthal (1978), "Impact of Deals and Deal Retractions on Brand Switching," *Journal of Marketing Research*, 15(1), 72-81.

Ehrman, Chaim M. and Steven M. Shugan (1995), "The Forecaster's Dilemma," *Marketing Science*, 14(2), 123-47.

Huber, Joel, John W. Payne, and Christopher Puto (1982), "Adding Asymmetrically Dominated Alternatives: Violations of Regularity and the Similarity Hypothesis," *Journal of Consumer Research*, 9, 90-98.

Lilien, Gary L., Philip Kotler, and K. Sridhar Moorthy (1992), *Marketing Models*. Englewood Cliffs, NJ: Prentice Hall.

Lovelock, Christopher H. (1996), *Services Marketing*, 3rd ed. Upper Saddle River, NJ: Prentice Hall.

Milgrom, Paul and John Roberts (1986), "Price and Advertising Signals of Product Quality," *Journal of Political Economy*, 94 (August), 796-821.

Monroe, Kent B. and R. Krishnan (1985), "The Effect of Price on Subjective Product Evaluations," in *Perceived Quality: How Consumers View Stores and Merchandise*, Jacob Jacoby and Jerry C. Olson, eds. Lexington, MA: Lexington Books, 209-32.

Olshavsky, Richard W., Andrew B. Aylesworth, and DeAnna S. Kempf (1995), "The Price-Choice Relationship: A Contingent Processing Approach," *Journal of Business Research*, 33, 207-18.

Petty, Richard E., John T. Cacioppo, and David Schumann (1983), "Central and Peripheral Routes to Advertising Effectiveness: The Moderating Role of Involvement," *Journal of Consumer Research*, 10 (September), 135-46.

Samuelson, Paul A. (1995), *Economics*, 15th ed. New York: McGraw-Hill.

Simon, Hermann (1989), *Price Management*. New York: North-Holland.

Tirol, Jean (1988), *The Theory of Industrial Organization*. Cambridge, MA: MIT Press.

Zeithaml, Valarie A. (1988), "Consumer Perceptions of Price, Quality, and Value: A Means-End Model and Synthesis of Evidence," *Journal of Marketing*, 52, 2-22.

第三部

服務：卓越績效與獲利力

第12章

服務利潤鏈

知識的基礎、現況、及未來的展望

ROGER HALLOWELL

LEONARD A. SCHLESINGER

　　在九○年代初期，由James L. Heskett、W. Earl Sasset、及Leonard A. Schlesing領軍的哈佛商學院服務管理團隊，為了解勞力密集[1]的服務公司之獲利能力和成長來源，提出了一個新的架構[2]。圖12.1的「服務利潤鏈」（Service Profits Chain）架構指出成長和獲利能力的來源來自一系列不同要素（鏈的連結）之間的關係，每一要素都值得從管理的角度加以密切注意。

　　本章一開始，我們先討論服務利潤鏈在管理上的實用性，並簡述其理論基礎。接著本章將詳細敘述此鏈中的每一個連結，並討論實務工作以為佐證。然後我們以席爾斯公司（Sears Roebuck and Co.）為例，說明公司如何運用此鏈來創造改變、評估結果、以及持續地有助於作業與策略的管理。最後，本章將總結相關研究的新方向，這些方

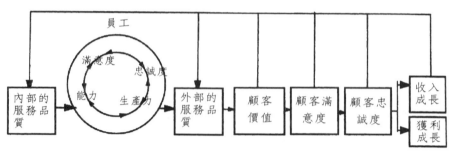

圖12.1　服務利潤鏈

向包括：第一，檢視一個新的分析技術與管理觀點，「完全獲利潛能」（full profit potential），這項分析技術是爲了使公司和顧客及員工間的價值交換最適化，進而達到最大獲利率而設計。第二，我們將討論以科技爲媒介的服務（例如透過網際網路取得之服務）中，人力服務提供者受到科技的支援或排擠。這些討論強調的是以科技創造更大顧客價值的重要性，說明透過科技的媒介提供複製的服務，代替單純而傳統的「售貨員—顧客」的服務方式。

　　服務利潤鏈在於提供經理人一個架構，以便幫助他們管理、評估勞力密集的服務公司。基本上，這個鏈是一種績效假說，它可以讓經理人專注導致財務績效結果的量化指標。因此，該鏈提供的是領先指標，相對於落後實際績效的財務結果。服務利潤鏈是領先指標的來源，與 Kaplan 和 Norton（1996）所提的「平衡計分卡」（Balanced Scorecard）實屬一致。

　　服務利潤鏈有歸納和演繹這兩種研究方法的根源。 Heskett、Sasser、Schlesinger 等人對許多服務機構進行詳細的個案研究，以歸納的方式觀察到此鏈關係，其中有許多個案都可以在 Heskett、Sasser 與 Hart（1990）、及 Heskett、Schlesinger 與 Sasser（1997）的研究文獻中讀到。有些特定的個案研究被哈佛商學院「服務管理」課程作爲教學素材，其中有些也被Sasser、Hart與Heskett（1991）納入他們的書中。

　　服務利潤鏈也可以在許多學術研究主流中發現其演繹方法的根源，其中包括作業、人力資源、策略、及組織行為。此鏈以交換關係的概念為核心（March和Simon 1958），因為此連環中的各個組成要素之間都涉及價值的交換。舉例來說，顧客滿意度被假設為導致顧客忠誠度，因為如果顧客認為他們可以從自己與某公司的關係中獲得比其他公司更高的價值，則他們對前者會產生較高的忠誠度。價值的定義是顧客所感受到的服務品質，相對於他們對服務品質的期望，它們全和價格有關（比較Zeithaml、Berry和Parasuraman之「服務品質量表」Servqual, 1988）。

　　勞力密集的服務機構和其員工之間（包括第一線的服務提供者），也進行類似的價值交換。當組織能提供員工為顧客服務的良好工具，以及當員工覺得自己從組織得到較高的價值（金錢性或非金錢性的補償）時，員工便獲得此鏈中所謂的內部服務品質。因此，價值從公司轉移到員工身上，接著依序期望員工會有較高的生產力、滿意度、以及對公司的忠誠度，並在改善其服務品質的同時，也降低勞力密集服務公司的成本。因此，轉移到員工身上的價值部分地再度被轉移到顧客和公司身上，產生了另一串的價值交換。這種型態的價值交換來自員工認同感的研究文獻，認為員工滿意度與組織的作業和財務性結果有關（如Mowday、Porter和Steers 1982）。

　　當服務的設計與傳遞是為了滿足目標顧客的特定需要時，則可以達到最高的顧客滿意度；這樣的看法與服務利潤鏈的其他演繹要素有關。這種看法有兩個根源：a）Skinner（1974）對焦點工廠所進行的作業研究先驅，b）觀察發現，服務範圍較狹窄的公司（相對於競爭對手）往往可以用較低的成本提供品質較高的服務。

　　策略理論也對服務利潤鏈有所貢獻。環繞著此鏈來組織的公司，必須整合兩種策略取向：競爭定位（Porter 1980, 1996）和組織資源（Prahalad和Hamel 1990；Wernerfelt 1984）。鏈中的外部服務價值和競爭定位直接關連，因為此外部服務價值是由公司所提供的價值，也是顧客所感受的價值，相對於競爭者提供的價值。因此，外部服務價值是公司所提供之訂價與差異化的組合[3]，以及公司提供此一價值的能力（即執行能力）。公司企圖達到的訂價和差異化與競爭定位有關，而傳遞這些服務的能力與考量競爭定位後的組織能力有關（Heskett 1986；Porter 1996）。

　　因此，服務利潤鏈有各種跨學科的學術觀點，也有來自真實世界的觀察和經驗。這些複雜的根源使此鏈更站得住腳。以研究設計的原則來說，當多種來源的資料皆導致類似的結論時，「三角定位」的結果會增加對結論的信心。類似的現象可能發生在服務利潤鏈身上，因為多種研究取向全都導致一個單一與內部一致的架構。

對服務利潤鏈中的連結進行理論與實證上的檢視

　　本節將說明服務利潤鏈的要素間之理論連結，以及至目前為止對這些關係所進行的實證工作[4]。我們從服務利潤鏈的右上角—顧客忠誠度與公司營收成長和獲利能力之間的關係，接著沿著鏈返回起點，說明內部服務品質如何影響員工的忠誠度、生產力、能力、及滿意度。

顧客忠誠度和獲利能力／成長

　　從汽車經銷商Carl Sewell所著《終身顧客》（Customer for Life,

Swell和Brown 1990）一書所提之「顧客的終身價值」原理，可以看清顧客忠誠度與獲利能力和成長的關係在管理（相對於理論）上的根源。顧客的終身價值指，顧客終其一生爲服務公司創造的利潤[5]。此一原理非常有力，因爲它以簡單易懂的方式說明：只要顧客保持忠誠度，則看起來似乎只是微不足道的現金流動（例如10元美金的外送披薩），實際上可能是價值幾萬元的營業額。當終身價值的概念結合管理上的諺語「留住一個舊顧客比找一個新顧客來得省錢」，獲利能力和成長與顧客忠誠度的關係就變成一個在管理上很符合直覺的觀點。事實上，顧客忠誠度與公司的獲利能力及成長間的關係，　直覺上吸引了許多服務業龍頭裡的經理人，這些經理人的行動反映與強化了這項關係。

在Reichheld和Sasser（1990）發表有關服務公司中的顧客忠誠度和獲利之關係的報告中，這些管理上的想法開始獲得實證上的支持。該報告確定這種關係的確存在於相當多的樣本中，並指出在許多服務公司中，顧客忠誠度和獲利之間的關係，可能比Ruzzell、Gale和Sultan（1975）所稱的市場佔有率與獲利之間的關係更強。在Reichheld和Sasser的假說背後之理論邏輯是：一般而言，忠誠的顧客a）以重複購買和口耳相傳的行爲，減少公司的行銷成本（包括發掘一個新顧客的費用），b）因爲熟悉運作系統而減少公司的作業成本，c）透過降低對價格的敏感度而增加公司營收。

顧客忠誠度與獲利和成長之間的關係的主要好處之一，就是使公司的利益與顧客的利益一致。顧客忠誠導致獲利的看法，並不強調哪一方取得創造出來的總價值之大部分，而是強調當公司相對於競爭對手爲顧客創造出更多價值時，可以贏得顧客忠誠度，並藉此創造獲利和成長，最終則增加公司所分配到的價值。

外部的服務品質、顧客價值、顧客滿意度及
顧客忠誠度

　　現在回到這個鏈中的三個連結──外部服務品質與顧客價值、顧客
價值與顧客滿意度，以及顧客滿意度與顧客忠誠度之間的關係。如前
所述，這些連結源自 March 和 Simon（1958）所提出的價值交換原
理。簡單的說，顧客認為從某處所獲得之價值大於從其他來源所獲得
之價值，則會感到滿意，進而變得忠誠，因為他們從服務關係中獲得
滿意的結果。由於外部服務品質對顧客價值有其貢獻，它是這些關係
的核心部份（同樣的，在此顧客價值的定義是相對於價格與實際服務
而言，顧客對服務的期望）。對於高度體驗性或具有信用特性的服務
而言，品質、價值、滿意度、及忠誠度之間的關係特別強烈
（Zeithaml 1981）。

　　在服務利潤鏈對顧客價值的定義中，含有一個重要的策略性定位
要素。「顧客價值」的定義是，顧客感受到的價值（相對於原先期望
的價值）；因此，某服務機構提供的高顧客價值，可能大異於提供類
似服務、卻定位在吸引不同類型顧客（人口訪試變數或心理特質方面）
的公司所提供的高顧客價值。Grant 和 Schlesinger（1995）對價值交
換觀念之本質的討論認為，一個公司必須盡可能擴大他們為越來越區
隔化的顧客群所提供的價值。接受服務的群體越小，此群體之成員間
的需求差異越小，因此，公司愈有機會提供完全符合顧客需要的服
務，符合的程度甚至超出顧客的預料。隨後，公司可以為提供高度區
隔化的服務產品而收取額外的費用，或試著降低成本及價格來增加提
供的服務量。後者的策略只提供顧客所需要的服務，並取消目標顧客
並不重視的週邊服務要素。這使公司有機會以相對低廉的成本創造高
度品質的服務，提供更多價值給顧客群。

　　顯然，以較小眾的顧客群體為服務的目標時，必須衡量某些服務種類的規模經濟問題。然而，技術的進步使服務公司在數量不大時仍可達到規模經濟，並且能以越來越低的成本來了解小眾顧客團體的喜好；因此，公司能把服務定位在更小的群體，提供遠遠超過這些顧客群預期的服務，進而提升他們的忠誠度[6]。

　　許多研究者已討論了品質、價值、滿意度、忠誠度、以及獲利能力之間的關係。下列的研究者皆曾討論這些關係的不同面向，包括Heskett、Sasser和Hatt（1990）；Reichheld和Sasser（1990）；Zeithaml、Parasuraman和Berry（1990）；Gummensson（1992）；Rust和Zahorik（1993）；Anderson和Fornell（1994）；Reichheld（1996）；Storbacka、Strandvik和Gronroos（1994）；Jones和Sasser（1995）；Rust、Zahorik和Keingham（1995）；Schneider和Bowen（1995）。

　　Jones和Sasser（1995）曾深入探討顧客滿意度／顧客忠誠度的關係，並發展出一個權變的架構來說明此一關係如何因為公司的競爭環境而有所差異。他們認為，在獨占或寡占的市場中，即使顧客的滿意度只達中等，甚至再稍低，公司仍會擁有高度的顧客忠誠度，因為顧客幾乎沒有替代的服務選擇。雖然他們的例子不是極端，公司若能夠提供高度區隔化的服務，或顯著提高顧客轉換品牌之成本，則也可以在中等的滿意度下看到相當高的忠誠度。

　　相反的，處於高度競爭市場的公司，即使顧客滿意度持續提升，仍會發現顧客的相對忠誠度偏低。唯有當滿意度非常高時，忠誠度才會大為提高。Jones和Sasser以全錄公司為例，說明這種類型的滿意度／忠誠度關係。在這個例子中，經理人發現，對服務滿意度評為五分的顧客（以五分為總分，表示最高滿意度），比報告滿意度為四分的顧客再次購買全錄公司產品的可能性為6倍。

　　Jones和Sasser以「為什麼滿意的顧客會變節？」（"Why satisfied

customers defect？"）爲標題，說明這個問題的答案在於發現滿意度／忠誠度之關係既非常數，也不是線性，而且必須從行業類別的脈絡來加以了解，而非比較不同的公司。在他們的研究中所引發的疑問是，公司必須進一步了解俗稱「wow顧客」的需求。顯然，在高度競爭、但競爭障礙較低的產業中，若有能力不斷地提供超出「wow顧客」所預期的服務，則此一能力可視爲競爭優勢的來源。然而，在其他競爭受到限制且持續如此的產業中，公司應該爲「wow顧客」提供何種程度的服務，則可能有根本上的差異。

有關品質、價值、滿意度上及忠誠度之間的關係，已出現不少實證的研究。由於一般認爲，品質和價值內隱在滿意度中，因此這些研究大多專注於顧客滿意度和顧客忠誠度（態度和行爲上）的評估，或是以獲利能力爲討論主題。這些研究包括Anderson、Fornell和Lehmann（1994）；Anderson和Sullivan（1993）；Boulding等人（1993）；Fornell（1992）；Hallowell（1996）；Nelson等人（1992）；及Rust和Zahorik（1991）。

員工能力，滿意度，忠誠度和獲利能力，以及他們與外部服務價值的關係

員工滿意度與公司營收（顧客滿意度、降低的成本、及最終優異的財務績效）有關的觀念可以溯及1930年代，霍桑實驗在西屋實驗室長期進行的豐富、具爭議性之研究歷史（Roethlisberger和Dickson 1939）。一項有關員工承諾的重要研究指出，雖然有些實證研究已證實這種關係，但是也有其他實證研究卻無法得到相同的結果（Mowday、Porter和Steers 1982）。這樣的關係可能高度受到情境的影響，因此也會受制於模式以外的外在要素。

有些服務管理研究者已經可以接受這些發現的曖昧性，而且已經

開始以新的觀點（1985）複製並延伸Schneider、Parkington和Buxon（1980）的研究，指出員工對服務品質的觀感，與顧客對服務品質的觀感之間有很強烈的關係。Schneider和Zornitsky（1991）更進一步指出，員工對自己提供高品質服務之能力的看法（稱爲「員工能力」，employee capability），與顧客對服務品質的觀感有強烈的關係，事實上甚至比員工滿意度與顧客對服務之觀感還要強。Hallowell、Schneider和Zornitsky（1996）假設，員工的能力可能取決於員工滿意度，這接著或許可以解釋一個管理上的現象—爲何滿意的員工不見得可以創造出滿意的顧客，但是很少有滿意的顧客卻沒有滿意的員工。

　　服務利潤鏈幫助我們更加了解員工／顧客滿意度之間的關係，詳言之，這項關係的強弱，可能與員工的能力、滿意度、忠誠度、及生產力等四個與員工相關且被認爲會影響顧客滿意度的因素息息相關。在這種假設背後的邏輯很簡單。有能力的員工能夠提供良好的服務（使顧客感受到高價值的服務）。如果徒具制度與程序，卻缺乏工具，因而扼殺了員工提供良好服務的能力，那麼員工不大可能創造顧客滿意度。對於自己的工作並不滿意的員工，比較不能像那些對工作滿意的員工般地對待顧客。忠誠的員工比較有意願爲了組織的長期利益而犧牲自己短期的利益，並且提供較佳的服務品質給顧客。此外，忠誠的員工也較可能較長期地留在同一個組織裡，減少公司汰換員工的成本、及此對服務品質的負面影響（Heskett、Sasser和Hart 1990）。最後，員工的生產力會重大地影響價值等式的另一方：成本。如果在降低價格時仍能保持服務品質的水準，就可以提升外部服務價值。因爲如果想要在不降低獲利能力的情況下降低價格，則必須縮減成本。這種成本的降低（進而造成價格降低），可以藉著改善員工的生產力來達成。

內部服務品質與員工的能力、滿意度、忠誠度、及生產力之關係

服務利潤鏈的最後一個連結是，內部服務品質與員工的能力、滿意度、忠誠度和生產力之間的關係。內部服務品質可以定義為：員工和經理人從組織中接受到、可以讓他們盡其職責的服務品質。內部服務品質的要素包括：工作場所的設計、工作設計、員工遴選、獎勵和表揚制度、訓練、政策和處理程序、管理風格、目標的協調一致、以及和為了服務外部或內部顧客的溝通與工具（包含資訊科技和自動化）。因此，本質上來說，內部服務品質必須因地制宜，這些不同要素中的每一個要素都可能在不同的組織與不同的時間點有不同的重要性。

許多學者都曾經在服務管理與品質研究中討論過內部服務品質的問題，包括：Garvin（1988）、Zembe 和 Bell（1989）、Heskett、Sasser 和 Hatt（1990）、Zeithaml、Parasuraman 和 Berry（1990）、Hart 和 Bogan （1992） Berry（1995）[7]等。雖然這些學者很少使用「內部服務品質」一詞，但是他們卻分別指出內部服務品質中的各種要素對員工與顧客的重要性。

行銷領域很少進行有關內部服務品質的實證研究，這可能是因為目前並沒有公司針對這方面的績效進行測量。然而有兩項研究顯示了內部服務品質與服務能力之間的關係，以及內部服務品質與工作滿意度之間的關係。

本節的主要目的在於列出服務利潤鏈中的各種關係，並舉出一些曾經在理論上和實證上檢視過它的學者。這些學者大多以獨立（某個連結與另一個連結的關係）或一小群要素（如滿意度、忠誠度、和獲利能力）的方式來檢視這些關係。不過，最近幾年有四個公司開始評

估此服務利潤鏈中的每一個連結。根據我們的了解，這些關係中沒有
一個連結是不存在的，也沒有一個因為太薄弱而顯得不重要或無效
用。其中有兩家公司不願透露名字，另外一家是席爾斯公司（Sears
Roebuck and Co.），下一節將針對該公司的經驗做進一步的討論。第
四家公司則是美國的一家地區性銀行，在Loveman（1998）的研究報
告中有詳細的討論。

席爾斯和服務利潤鏈

在1992年，席爾斯公司在五百二十億美金的銷售金額中發生了三
十九億元的虧損[8]。它曾經是美國零售鏈商店的龍頭，這次的虧損使
席爾斯的地位落在K-Mart和Wal-Mart之後。為了因應這項財務損失
以及相關的問題，董事會請Arthur Martinez來領導席爾斯零售集團
（他很快就成為公司的執行長）。為了使這家曾經是美國最大的零售商
重振雄風，Martinez採用非常類似服務利潤鏈的模式，賣掉非主要零
售營業項目，並活絡核心的零售業務。在四年之內，零售業的普查表
示，席爾斯不只穩定了業務，而且更有所提升。這種看法反映在席爾
斯的股價上，該公司的股價從在1992年9月到1997年6月間，漲了
274％，超過可口可樂（同一期間成長率為239％）、迪士尼公司
（140％）及席爾斯的直接競爭對手—J. C. Penny公司（82％）。

席爾斯的煥然一新，有一部分應歸功於服務利潤鏈模式對該公司
主管在管理方面的啟發。同時，經理人也承認其靈感來自Kaplan和
Norton的「平衡計分卡」（1996）。席爾斯採用服務利潤鏈是基於如下
的原理：經理人了解他們必須改善財務績效（落後的指標），但是急
需日常性的工作指示來影響公司長期的財務提升。服務利潤鏈的要素
提供了領先性的指標，幫助經理人把注意力集中在席爾斯認為是扮演

財務績效推手的重點，尤其是對於員工和顧客的評估測量。

席爾斯的主管們體認到服務利潤鏈顯得複雜而難以了解，於是他們將服務利潤鏈轉換成他們所說的3C：席爾斯必須是一個有吸力的工作場所（a Compelling place to work）、一個有吸力的購物場所（a Compelling place to shop）及一個有吸力的投資場所（a Compelling place to invest）。席爾斯將工作、和投資之間的關係簡化成為下列的等式：

$$工作 \times 購物 = 投資$$

雖然這並非一個絕對的因果關係，但是席爾斯卻有信心地認為，工作品質（以測量員工滿意度來定義）影響購物品質（以測量顧客滿意度來定義），接著會影響該公司作為投資標的之品質。席爾斯刻意選擇工作和購物的乘數關係，因為這表示，如果這兩個要素中有任何一方的品質低於某個水準（以數字1表示），其結果將小於這兩個測量數之較大者（即，$2 \times 0.8 < 2$）。因此，席爾斯的員工在了解工作和購物間的關係之後，在努力改善之際，各個要素須達到某種程度的平衡。

雖然「工作×購物＝投資」的公式非常具吸引力，也相當簡單明瞭，席爾斯所應用的完整模式卻較複雜，並給予經理人更多的指引。席爾斯的資料指出[9]，員工對自身工作的態度，加上他們對公司的態度，會影響他們的行為（包括員工是否留在公司）。這些員工行為會進一步影響顧客對服務品質和商品價值的觀感，而這些觀感將影響顧客對公司的印象（即所謂的顧客滿意度），最終並影響顧客繼續向公司購買或口耳相傳的意願[10]。

雖然席爾斯基於競爭考量，不願公布這些關係（或資料分析的方法論）的完整資料，不過仍部分地釋出某些資料。席爾斯指出，根據至少兩個調查（以短時間進行）蒐集到的資料，顧客印象每增加1.3

單位[11]，就能帶來0.5%的收益成長。同樣的，員工對公司和工作的態度每增加5單位，能夠使顧客印象增加1.3單位。

席爾斯的顧客印象取決於複雜的因素組合，其中最重要的包括員工行為和其他具有對顧客購物經驗有關鍵影響力的要素。顧客印象（「購物」）與五個要素緊密連結：a）相關（員工）的能力，b）相關的協助，c）正確的庫存商品，d）所付價錢的價值，以及e）退貨商品。席爾斯將這幾個要素視為顧客價值的不同構面，這與席爾斯對服務利潤鏈的推測具有一致性，也就是說，顧客價值主導著顧客滿意度。

這五個與顧客印象關係最密切的要素中，有兩個是關於員工之行為—相關的能力和相關的協助，這是席爾斯早已和員工態度連結的。席爾斯對其員工對自身工作和公司的滿意度，進行多種面向的調查（其中有些問題也多少和員工生產力和員工能力密切相關）。以下是調查員工的敘述和問題：

- 我喜歡我所從事的工作。
- 我的工作讓我有一種成就感。
- 我為自己能在席爾斯裡工作感到驕傲。
- 你被期望去做的工作量，如何影響你對工作的整體態度？
- 你的身體狀況，如何影響你對工作的整體態度？
- 主管對你的態度，如何影響你對工作的整體態度？
- 對於公司的未來我感覺充滿信心。
- 席爾斯已做了必要的改變，以便進行更有效的競爭。
- 我能夠了解公司的經營策略。
- 你認為你所做的工作是否與公司的策略性目標有所關聯？

雖然席爾斯未將員工態度和內部服務品質之間的關係加以量化，該公司已做了相當的努力，以提升公司對前線工作人員的支持程度。

藉由這麼做，席爾斯改善了員工為顧客服務時所須使用的工具（包括有形與無形的）。例如，席爾斯成立一個中央化「大學」，並要求經理人參加各種主題的課程。這樣的政策有助於席爾斯把訓練和發展活動和行為、價值觀及目標加以連結。

　　席爾斯發展出類似「學習地圖」（Learning MapsTM）[12]之類的工具，和前線員工分享概念上的視覺地圖，大量改善公司內部的溝通。這些地圖的範例包括（a）零售競爭環境的改變（稱為「零售街上新的一天」（A New Day on Retail St.）之地圖，總結過去三十年來加入的新競爭者和人口上的改變，和（b）席爾斯以典型零售總銷售額獲得的利潤，員工相信是0.45元，而實際金額是接近0.027元（稱為「席爾斯金錢流量」（The Sears Money Flow）地圖）。席爾斯大量地運用這些地圖，由高階經理人輔導中階主管討論這些主題，再由中階經理人輔導前線人員和後援人員進行討論。

　　席爾斯同時藉著重整現有賣場的銷售空間，加強對前線工作的支援。家具被移到較便宜、離購物中心（席爾斯家居生活商店）較遠的場地，以改善資產報酬率，並讓員工專注在銷售高週轉率的產品項目。重新裝潢購物中心商店，使銷售空間之外觀更具現代感。席爾斯並且給予商店經理較大的空間，使商品更能跟上潮流。除了這些方法以外，席爾斯還運用更多方法強化公司對前線員工的支援，進而改善

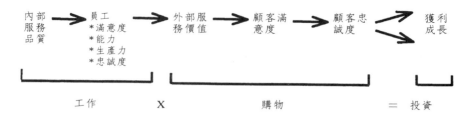

圖12.2　席爾斯之服務利潤鏈的各種關係

內部服務品質，努力促使公司成爲一個充滿活力的工作場所。圖12.2
顯示席爾斯的服務利潤鏈之各種關係。

在席爾斯實執行服務利潤鏈

對於組織而言，了解這些服務利潤鏈的各種關係是一個強力的出
發點，但是它畢竟只是出發點。這些關係必須能被經理人和員工所接
受，並融入日常進行的商業行爲中，進而與公司的策略和系統設計能
夠整合。

幸運的是，許多席爾斯的高階經理人都相當認同服務利潤鏈中的
各種關係。根據一名高階主管說，要席爾斯的主管們認同這個模式，
相對上來說並不難，因爲這個模式的觀點是由這些主管團隊一起創造
的。在組織內推廣這個模式，也沒有想像中那麼困難，因爲席爾斯內
部對公司的過去有一種集體記憶—它曾經是一個能夠激勵員工、獲得
員工認同、使顧客得到良好服務而忠誠度與獲利率也很高的公司。許
多該組織裡的人，尤其是那些在1960年代和1970年代早期就已在席
爾斯任職的專業經理人，他們更是企盼類似的良性循環能再度重現。

在接受服務利潤鏈概念的同時，席爾斯也採取具體行動，將此鏈
鞏固在其策略和系統中。例如，Martinez的首要工作之一是，找出核
心顧客。1993年以前，席爾斯假設其核心顧客是那些對工具和家電產
品有興趣的男性。事實上，收入中等、有家庭的女性也是公司的核心
決策者和購買者。了解這一點以後，席爾斯在商品和對外溝通策略上
有了重大的改變。過去，席爾斯的婦女服飾部門一度形同虛設，如今
逐漸湧入新的顧客，並出現更多新穎的商品。席爾斯同時也引進化妝
品部門。這些改變都是爲了吸引女性購物者前往這些部門消費而設
計。新的廣告促銷則邀請婦女「看看席爾斯柔性的一面」。在進行這
些努力的同時，席爾斯開始注意服務利潤鏈的顧客價值要素，有關這

一點則必須先了解誰是主要的顧客，以及這些顧客如何定義價值。

　　席爾斯同時也推行新制度，評估服務利潤鏈中的特定要素，其中包括顧客印象和忠誠度（後者透過席爾斯的信用卡追蹤[13]），以及員工對自身工作及公司的態度。1998年，席爾斯開始測試一個新的制度，針對個別顧客接受服務之經驗與提供服務給該顧客的員工。測試的方法是，從完成購買行為的顧客中，連同其收據隨機選取將會收到折價券的顧客，要求他們打一個免費的服務電話，並回答一系列有關受到的服務之簡短問題，以便使折價券生效。雖然這個測試在作者寫作本書時尚在進行中，初步結果顯示顧客有高度的回應率，以及低開玩笑現象。

　　獎勵制度也有所改變。席爾斯調整其激勵制度，獎勵所有店長級以上的經理人（包括執行長），以改善公司的服務利潤鏈。同時，Martinez宣布，他將在席爾斯的股票中獲得高於他五倍年薪的利潤，他也為其他主管們一直期待採用的，為類似的股票增值方案設定標準。更高比例的業務員得到績效評等誘因，而店長級的所有經理人也包括在依績效獎賞的計畫中。

　　雖然服務利潤鏈的測量並沒有延伸到他們自己的商店本身，營業經理人的升遷從依達成財務目標的能力，轉換到他們的訓練能力。為了在公司往上爬，經理人必須明確地支持其員工，這會透過諸如360度評比程序（由主管和屬下來評鑑經理人）來評估。這種程序是席爾斯改善內部服務品質的工具之例子，也是其服務利潤鏈中的第一要素。

　　這一切有關席爾斯如何執行服務利潤鏈的說明，勾勒出許多重點。首先，執行服務利潤鏈的經理人，必須了解並接受此鏈之連結關係。對席爾斯而言，這相當簡單（在其他公司應該也不難）。第二，組織必須樂於評估鏈中各要素的表現。一般而言，組織最善於衡量類似收益和獲利等落後指標。他們在評估顧客滿意度方面，也有一些傳統的經驗，雖然做得不夠頻繁也不夠正確（他們沒有測量到正確的滿意度要素，或正確的顧客對象）。然而，公司很少測量員工的滿意度、能力或生產力（對服務公司而言），而且也幾乎從不檢視內部服務品質。如果公司想要運用服務利潤鏈來開創新局、改善獲利能力，這些測量都是缺一不可的。

第三，公司可以從連結變動薪酬與對服務利潤鏈的評估而受益（席爾斯相信可以）。雖然這種連結的評估對席爾斯中階經理人和執行長而言，僅代表總變動薪酬的一部分，但卻是整個變動薪酬的一大部分（Hallowell 1997b）。因此，如果經理人決定，藉著採取無法讓財務績效立即明顯改變的方式，投資在人員和服務身上，來建立他們自己的事業，他們在員工和顧客測量上得到的會是某段期間的改善，這些最終將影響其財務績效。以這種方式，席爾斯接受服務利潤鏈中因果關係的風險，鼓勵經理人專注於那些他們可以直接影響的鏈要素，因為他們知道這些努力將得到回報。接著，組織知道長此以往他們將得到更多的獲利和成長。

最後，在席爾斯的個案中呈現了一個經常被忽略的服務利潤鏈要素。如前所述，服務利潤鏈的根源之一是，整合競爭定位和組織能力的組織策略之看法。觀察服務利潤鏈的人，往往只把注意力集中在外顯的策略要素上，他們認為這個鏈只與組織中的策略能力一致。事實上，內隱在此鏈中的「外部服務價值」連結是構思競爭定位策略的一個重要構面。對顧客而言，外部服務價值是指相對於競爭者所提供的價值。因此，一家公司可能掌握了服務利潤鏈的每個連結，但是如果它和競爭對手以相同的數量提供著相同的價值，則不可能出現卓越的獲利能力和成長。

席爾斯以兩種方式來突顯「外部服務價值」連結的重要性。首先，席爾斯找出核心顧客，了解他們如何定義價值，並改變其商品組合和宣傳策略，藉此改變其競爭定位（雖然相當微妙）。第二，席爾

斯的主管們以開放的態度思考：以目前的競爭定位是否可以使公司的
成長足以吸引投資者？以席爾斯當前所提供的服務水準而言，要服務
鎖定的目標顧客在產業中可能有超額的容量。此一超出容量的結果，
可能造成降價，這將傷害本身並非低成本製造者的席爾斯（如果無法
像 Nordstrom's 採取真正高度的服務策略）。席爾斯承認他們面對的
問題是：「繼續做現在做的事，並且做得更好，這樣夠不夠？還是應
該做一些不同的事，並且把它們做得一樣好？」席爾斯因此表示，一
個公司做些什麼，以及做得有多好，是很重要的問題。雖然這個結論
看起來好像很基本，但是那些自認其所持之單一觀點的策略理論優於
其他觀點的人，卻往往忽視這一點。

新的研究方向

　　服務利潤鏈的研究應該何去何從？雖然有許多可能性，但有兩個
新的研究方向已然浮現。他們是眾所皆知的「完全獲利潛能」與「科
技介入服務」。兩者共同的潛在假設都與此鏈密切整合：使公司能力
超出顧客之期望，具有策略上的重要性，因為超出預望是策略的兩個
要素—競爭定位（擁有高於競爭者的價值提供物）和組織能力（能夠
提供該價值提供物）之交叉點[14]。

完全獲利潛能

　　服務利潤鏈的第一個新研究方向，是思索有關（因顧客忠誠而產
生的）顧客終身價值，即「完全獲利潛能」。對顧客終身價值的分
析，係以顧客現有的購買模式，來檢視顧客在平均的關係生命幅長中
的價值。許多組織中的員工或經理人，仍以顧客下一次的交易來思考

顧客創造的利潤，因此顧客終身價值對他們顯然還是相當激進的想法。這種典型的思考模式是空間中的一點（以次元性而言），探討顧客的終身價值也仍只是一條線——一種從一度空間到二度空間的進步，但是尚不足以逼近我們居住的世界有多重次元。

　　要增加模式的次元需要先思考一個新問題：如果顧客的行為模式可以改變的話呢？具體言之，如果顧客將買得更多？如果「購買的東西」有較高的利潤？如果顧客更長期地購買？如果公司可以賣給更多顧客？那會怎麼樣呢？這些問題將模式擴充至三個或更多度的空間。現在，不只是空間的一點（將顧客的價值定義為下一次交易的價值）或一條線（將顧客的價值定義為，在平均的購買生命幅長中的購買行為為公司所累積的價值），而是一個方塊（顧客的價值定義為某已知的特定行為改變能產生的潛在利益）。藉著檢視現有的行為及其帶來的利潤，以及新行為的潛在利潤，我們可以發現與了解顧客關係的大好機會。圖 12.3 是一個雜貨零售商的例子，陰影部分代表每一顧客目前創造的利潤，而方塊的部分則表示某已知的特定行為改變之潛在獲利。

　　這種分析方式的力量在於顯現：當公司持續提供超出顧客期望的服務，而超出之程度使顧客願意改變其行為時，該名顧客對公司所具有的潛在利潤。這可能意味著該顧客將與公司從事更多交易、以不同的方式交易，或以具體行動（如口耳相傳）為公司帶來好處。在圖 12.3 所呈現的雜貨零售商例子強調的是行為改變，包括從某種型態的顧客（如潛在客戶、撿便宜者或偶然購物者）變成另一種型態（如主要購物者）。很重要的是，這是一種互惠的新關係，而不是賣給顧客他們並不想買的商品。這種計畫是為了超出顧客期望、促使他們願意改變行為。因此，這也是一個價值改變的計畫—讓雙方相信他們在這個關係中都獲取高度價值的計畫。

　　完全獲利潛能分析同時也適用於員工（工作人員）和公司之間的

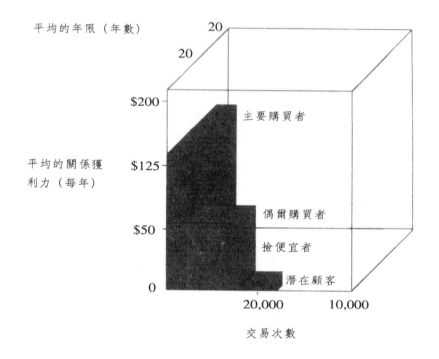

平均的年限（年數）

平均的關係獲
利力（每年）

20

20

$200

$125

$50

0

主要購買者

偶爾購買者

撿便宜者

潛在顧客

20,000　　　10,000

交易次數

圖12.3　以顧客型態區分每個顧客的現有利潤與潛在利潤

關係。正如顧客／公司之分析，員工／公司之分析的目的在於探索與
了解員工／公司關係的最大潛在價值，並使雙方透過這樣的結合，獲
得最大的價值。

　　圖12.4所呈現的員工／公司之完全獲利潛能分析，考量了員工的
任職年限、行為剖析（相對於目前行為的最適行為），以及公司中有
能力展現最適行為的員工比例。

　　價值交換的觀念，與服務利潤鏈對世界的觀點是一致的，因為這
兩種方式都把世界看成一個不斷擴大的餅。為員工和顧客創造價值的
焦點，使這塊餅得以擴增，進而為員工、顧客和股東創造更多價值。

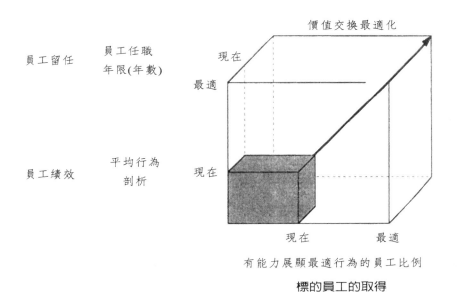

圖12.4　獲利潛能分析

科技中介的服務

　　研究服務利潤鏈的另一個新方向，是探索科技中介的服務，其定義是：由某種形式的科技（從零售業者的自動收銀機到資訊提供者的網際網路）取代員工的服務接觸。在這種新的情況下，雖然服務利潤鏈的右側保持原貌，但是左側則產生了根本的變化，因為工作人員不再位於前線與顧客互動。圖12.5顯示科技中介的服務利潤鏈。

　　雖然已經有些發展中的研究假說可能對未來的研究有所幫助，但是有關科技的介面能力的探討，在此萌芽階段仍像是「黑盒子」一般。此研究方向的核心概念是，僅僅改變服務介面仍不足以讓公司發掘新的服務傳遞方式。相反地，這些公司必須了解，新的介面如何為顧客和公司創造更多價值，並以互惠的方式執行新介面（Rayport和

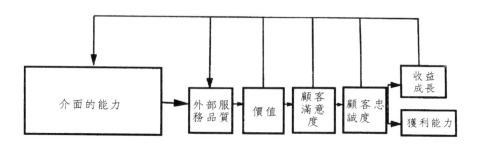

圖12.5　科技中介的服務利潤鏈

Sviokla 1994）。

　　以機器取代人類勞力，是人類在文明化進程中亙古不變的法則，而這種新互動—以機器爲介面直接提供顧客服務—最後可能會造成一場新的工業革命。對某些服務業而言，新介面的出現使其以全新的方式增加價值：百科全書可以描述某些東西的外觀，但是如果透過網際網路或光碟，則可以展示這些東西，也可以用聲音來說明。消費者在「網路」上購物時，能夠以更具成本效益的方式大量取得關於產品的資訊，成本也隨之降低。報業在銷售其產品（資訊）時，可以調整實體生產與發行的成本。航空公司可以採電子機票，以大量節省傳統機票的紙張成本。

　　這些改變有何意義？組織最後將能夠提供更多價值給顧客。這意味著：以相同的成本提供較好的服務，以較低的成本提供相同的服務；最理想的是（以顧客的觀點而言），以較低的成本提供更好的服務。十九世紀的產業領袖拓展鋼鐵和石油等資源的規模與應用廣度，爲製造業創造出這種效果。不久的將來，科技的介入對某些服務業而言，最終的結果可能是生產力的大幅邁升。

註釋

1. 勞力密集的服務公司是指：在公司中，勞力是總成本中很重要的一部分，也可以使公司的服務與競爭對手的服務有所區隔。

2. 完整的架構由 Heskett 等人（1994）提出。

3. 競爭定位通常以公司的地位來思考，因此它的主要面向是成本領導或區隔（Porter 1980）。然而，若以顧客的觀點來看，競爭定位和價格及區隔有關。服務利潤鏈結合這兩種觀點：顧客關心的是相對價格，而公司關心的是價格與成本。

4. 有關這部分的探討請參考 Hallowell（1996）與 Loveman（1998）之研究。

5. 有些公司傾向以收益而非利潤來計算終身價值。這種做法對於產業裡獲得較微薄邊際利潤的公司有其好處，因為這樣一來，一名顧客仍然具有相當大的總價值。藉由這種方式，顧客價值能夠繼續對服務人員發生激勵作用。

6. 此概念中的要素和 Pine、Pepper 與 Rogers（1995）所說的「大量量身訂製化」（mass customization）很類似。

7. 有關此研究的完整討論可以參考 Hallowell、Schlesinger 和 Zornitsky（1996）。

8. 有關這部分的資料，除了特別註明，皆出自 Hallowell（1997b）及該個案調查所依據之研究。

9. 席爾斯與 Claes Forneel International 合作，該組織以因果徑模式建立此等關係（例如本書第十五章 Anderson 和 Fornell）。

10. 見 Rucci、Kirn 及 Quinn（1998）為這些關係所製作之圖表。

11. 「單位」指的是席爾斯用來評估工作與購物要素的測量單位。

12. Learning MapTM 是 Root Learning Inc. of Perrysburg, Ohio 的產品商標。

13. 管理階層指出，透過席爾斯的信用卡來追蹤忠誠度並不是最妥當的方式，但是如果席爾斯卡受到普遍的使用（席爾斯是美國最大的商店卡片提供者，而席爾斯在 1993 年以前並不接受除了自己發行的 Discover 卡之外的信用形式），管理者認為席爾斯在使用這種方法上的問題會比其他百貨公司來得小。

14. 作者們指出，在某些案例中，競爭定位有助於提升公司傳遞其價值提供物的能力（Hallowell 1997a；Porter 1996）。

參考書目

Anderson, Eugene W. and Claes Fornell (1994), "A Customer Satisfaction Research Prospectus," in *Service Quality: New Directions in Theory and Practice*, Roland T. Rust and Richard Oliver, eds. Thousand Oaks, CA: Sage, 241-68.

———, ———, and Donald R. Lehmann (1994), "Customer Satisfaction, Market Share and Profitability: Findings From Sweden," *Journal of Marketing*, 58 (July), 53-66.

——— and Mary Sullivan (1993), "The Antecedents and Consequences of Customer Satisfaction for Firms," *Marketing Science*, 12 (Spring), 125-43.

Berry, Leonard L. (1995), *On Great Service*. New York: Free Press.

Boulding, William, Ajay Kalra, Richard Staelin, and Valarie A. Zeithaml (1993), "A Dynamic Process Model of Service Quality: From Expectations to Behavioral. Intentions," *Journal of Marketing Research*, 30 (February), 7-27.

Buzzell, Robert D., Bradley T. Gale, and Ralph G. M. Sultan (1975), "Market Share—A Key to Profitability," *Harvard Business Review*, 53 (January-February), 97-105.

Fornell, Claes (1992), "A National Customer Satisfaction Barometer: The Swedish Experience," *Journal of Marketing*, 56 (January), 6-21.

Garvin, David A. (1988), *Managing Quality*. New York: Free Press.

Grant, Alan W. H. and Leonard A. Schlesinger (1995), "Realize Your Customers' Full Profit Potential," *Harvard Business Review*, 73 (September-October), 59-72.

Gummesson, Evert (1992), "Quality Dimensions: What to Measure in Service Organizations," in *Advances in Services Marketing and Management*, Vol. 1, Teresa A. Swartz, Stephen W. Brown, and David E. Bowen, eds. Greenwich, CT: JAI, 177-205.

Hallowell, Roger (1996), "The Relationships of Customer Satisfaction, Customer Loyalty, and Profitability: An Empirical Study," *The International Journal of Service Industry Management*, 7(4), 27-42.

——— (1997a), "Dual Competitive Advantage in Labor-Dependent Services: Evidence, Analysis, and Implications," in *Advances in Services Marketing and Management*, Vol. 6, David E. Bowen, Teresa A. Swartz, and Stephen W. Brown, eds. Greenwich, CT: JAI, 23-59.

────── (1997b), *Sears Roebuck and Co. (A) and (B)*, Harvard Business School Cases 9-898-007 and 9-898-008. Boston: Harvard Business School Case Services.

──────, Leonard A. Schlesinger, and Jeffrey Zornitsky (1996), "Internal Service Quality, Customer and Job Satisfaction: Linkages and Implications for Managers," *Human Resource Planning*, 19(2), 20-31.

Hart, Christopher W. L. and Christopher E. Bogan (1992), *The Baldrige*. New York: McGraw-Hill.

Heskett, James L. (1986), *Managing in the Service Economy*. Boston: Harvard Business School Press.

──────, Thomas O. Jones, Gary W. Loveman, W. Earl Sasser, Jr., and Leonard A. Schlesinger (1994), "Putting the Service Profit Chain to Work," *Harvard Business Review*, 72 (March-April), 164-74.

──────, W. Earl Sasser, Jr., and Christopher W. L. Hart (1990), *Breakthrough Service*. New York: Free Press.

──────, Leonard A. Schlesinger, and W. Earl Sasser, Jr. (1997), *The Service Profit Chain*. New York: Free Press.

Jones, Thomas O. and W. Earl Sasser, Jr. (1995), "Why Satisfied Customers Defect," *Harvard Business Review*, 73 (November-December), 88-99.

Kaplan, Robert S. and David P. Norton (1996), *The Balanced Scorecard: Translating Strategy Into Action*. Boston: Harvard Business School Press.

Loveman, Gary W. (1998), "Employee Satisfaction, Customer Loyalty, and Financial Performance: An Empirical Examination of the Service Profit Chain in Retail Banking," unpublished paper, Harvard Business School.

March, James and Herbert Simon (1958), *Organizations*. New York: John Wiley and Sons.

Mowday, Richard T., Layman W. Porter, and Richard M. Steers (1982), *Employee Organization Linkages*. New York: Academic Press.

Nelson, Eugene T., Roland T. Rust, Anthony J. Zahorik, Robin L. Rose, Paul Betalden, and Beth A. Siemanski (1992), "Do Patient Perceptions of Quality Relate to Hospital Financial Performance?" *Journal of Health Care Marketing*, 13 (December), 1-13.

Pine, B. Joseph, Don Pepper, and Martha Rogers (1995), "Do You Want to Keep Your Customers Forever?" *Harvard Business Review*, 73 (March-April), 103-8.

Porter, Michael E. (1980), *Competitive Strategy*. New York: Free Press.

────── (1996), "What Is Strategy?" *Harvard Business Review*, 74 (November-December), 61-78.

Prahalad, Coimbatore K. and Gary Hamel (1990), "The Core Competence of the Corporation," *Harvard Business Review*, 68 (May-June), 105-11.

Rayport, Jeffrey F. and John J. Sviokla (1994), "Managing in the Marketspace," *Harvard Business Review*, 72 (November-December), 141-50.

Reichheld, Frederick F. (1996), *The Loyalty Effect*. Boston: Harvard Business School Press.

────── and W. Earl Sasser, Jr. (1990), "Zero Defections: Quality Comes to Services," *Harvard Business Review*, 68 (September-October), 105-11.

Roethlisberger, F. J. and William J. Dickson (1939), *Management and the Worker*. Cambridge, MA: Harvard University Press.

Rucci, Anthony J., Steven P. Kirn, and Richard T. Quinn (1998), "The Employee-Customer-Profit Chain at Sears," *Harvard Business Review*, 76 (January-February), 82-98.

Rust, Roland T. and Anthony J. Zahorik (1991), "The Value of Customer Satisfaction," working paper, Vanderbilt University.

────── and ────── (1993), "Customer Satisfaction, Customer Retention, and Market Share," *Journal of Retailing*, 69 (Summer), 193-215.

──────, ──────, and Timothy L. Keiningham (1995), "Return on Quality (ROQ): Making Service Quality Financially Accountable," *Journal of Marketing*, 59 (April), 58-70.

Sasser, W. Earl, Jr., Christopher W. L. Hart, and James L. Heskett (1991), *The Service Management*

Course: Cases and Readings. New York: Free Press.

Schlesinger, Leonard A. and Jeffrey Zornitsky (1991), "Job Satisfaction, Service Capability, and Customer Satisfaction: An Examination of Linkages and Management Implications," *Human Resource Planning*, 14(2), 141-49.

Schneider, Benjamin and David E. Bowen (1985), "Employee and Customer Perceptions of Service in Banks: Replication and Extension," *Journal of Applied Psychology*, 70(3), 423-33.

—— and —— (1995), *Winning the Service Game*. Boston: Harvard Business School Press.

——, John J. Parkington, and Virginia M. Buxton (1980), "Employee and Customer Perceptions of Service in Banks," *Administrative Science Quarterly*, 25, 252-67.

Sewell, Carl and Paul B. Brown (1990), *Customers for Life*. New York: Pocket Books.

Skinner, Wickham (1974), "The Focused Factory," *Harvard Business Review*, 52 (May-June), 113-21.

Storbacka, Kaj, Tore Strandvik, and Christian Grönroos (1994), "Managing Customer Relationships for Profit: The Dynamics of Relationship Quality," *The International Journal of Service Industry Management*, 5(5), 21-38.

Wernerfelt, Birger (1984), "A Resource-Based View of the Firm," *Strategic Management Journal*, 5(2), 171-80.

Zeithaml, Valarie A. (1981), "How Consumer Evaluation Processes Differ Between Goods and Services," in *Marketing of Services*, James H. Donnelly and William R. George, eds. Chicago: American Marketing Association, 186-90.

——, Leonard L. Berry, and A. Parasuraman (1988), "Communication and Control Processes in the Delivery of Service Quality," *Journal of Marketing*, 52 (April), 35-48.

——, A. Parasuraman, and Leonard L. Berry (1990), *Delivering Quality Service*. New York: Free Press.

Zemke, Ron and Chip R. Bell (1989), *Service Wisdom*. Minneapolis, MN: Lakewood Books.

第13章

推估品質的報酬率

洞察對服務品質的有利投資

Anthony J. Zahorik

Roland T. Trust

Timothy L. Keiningham

品質運動怎麼了？

美國的品質改革已達成熟階段，類似Crosby的《品質免費》（Quality Is Free, Crosby 1979）等洋洋得意的書，似乎已經遇到了瓶頸。從七〇年代到八〇年代，日本商品的品質傲視全球，以迎頭趕上日本而自許的「全面品質管理」（TQM, The Total Quality Management）運動，對美國的公司產生了複雜的結果。

無庸置疑的是，TQM運動喚醒了一向不重視客戶的美國產業界，使美國的製造部門和服務部門吹起「品質革命」的風潮；為了因應八〇年代末期與九〇年代初期的商業社會對於提升品質議題的求知若渴，商業出版機構推出大量有關品質管理實務與顧客滿意度的書籍，內容從軼聞閒談（Zemke和Schaaf 1989）到執行層面（Deming 1986；Heskett、Sasser和Hart 1990；Juran和Gryna 1980），可謂包羅萬象。

　　這股新潮流的結果大致上來說還算正面。美國很多績效平平的公司都意識到競爭的激烈與全球性的現實，這樣的覺醒使他們的產品與服務再次站上世界的舞台。

　　另一方面，有些公司直接將日本的品質計畫移植到美國—不管是全面地或部份移植，結果卻發現它們和美國產業並不相容（Arnold和 Plas 1993；Grant、Shani和Krishnan 1994）。此外，很多公司為了提升品質而大量投資，然而高成本卻未帶來高利潤，甚至使公司陷入財務困難的窘境，對品質的夢想因而破滅。

　　有一些著名的公司大量投資在品質提昇計畫上，其產品與服務亦獲得極高的評價，但是，良好的評價卻未能帶來相對的利潤與顧客忠誠度。舉例來說，在1990年，擔任IBM總裁的John Akers全力推動整個公司的品質管理計畫「市場驅動的品質」（Market Drive Quality，Bemowski 1991），其成就包括：IBM羅徹斯特分部獲得1990年的 Malcolm Baldrige國家品質獎與NASA的卓越品質獎，以及在1992年獲頒George M. Low獎盃。然而，優良的品質並未提升銷售量，反而被迫資遣數萬名員工，最後更導致Akers黯然辭職。另一家Baldrige得主—位於休士頓的輸油管配給公司Wallace，在獲獎後因為每月虧損三十萬美金，在兩年內即面臨破產與資產清算的命運（Rust、Zahorik 和Keiningham 1994）。另一個著名的例子是Florida Power & Light，該公司曾獲得日本至高的戴明獎（Deming Award）榮譽，但是消費者卻無法接受額外的成本，導致該公司多數的品質計畫一一宣告撤除（"The Post-Deming Diet" 1991；Wiesendanger 1993）。

　　然而，這並不意謂著TQM的主張是錯誤的。儘管有上述案例的發生，仍然有很多作者證明了品質與獲利率之間的關聯。有關品質等級與獲利率的研究一直認為，提供優質產品的公司或顧客滿意度最高的公司通常也最具有獲利潛力（Anderson、Fornell和Lehmann 1994；Anderson、Fornell和Rust 1997；Buzzell和Gale 1987；Fornell 1992；Nelson等 1992）。此外，商業週刊也證實了品質與利潤之間的關係，因為Baldrige獎得主在股市的表現超越了標準普爾（Standard & Poor's 500）33%至89%。

　　一般說來，問題並不在於品質提升的目標物，而在於公司提高品質時最重視的事情為何。品質優劣是以顧客的眼光來看，為了保持競爭力，品質的提升必須以顧客所珍視的價值為努力的方向。顧客用不到或不欣賞的「高品質」只是一種浪費，除非它還具有其他可以創造利潤的效果，例如較低的生產成本。簡言之，管理者必須將提升品質的支出視為一種投資，亦即確認此項支出是否能夠帶來更大的利潤，抑或只是徒增成本。我們將此種投資報酬評估稱之為「品質報酬率」（Return on Quality）或ROQ。

　　ROQ分析的重要性與日俱增，並且吸引了使用多種方法的分析師。舉例來說，Dillon等人（1997）提出，以結構性等式模式來預測信用卡公司之服務升級對獲利的影響（有關早期對此問題之研究，見Zahorik和Rust 1992）。本章擬以標準化的顧客滿意度調查所獲得的資料和市場動態的基本資料，提出一個不同的方法，來預測品質提升對市場佔有率與獲利能力的影響，細節可以詳見Rust、Zahorik和Keiningham（1994）。

正確的品質投資

　　品質以幾種不同的方式影響獲利率：降低生產成本與提升收益。

降低生產成本

第一次就正確地生產出商品或服務，比日後再重做、處理顧客抱怨或其他為了彌補產品瑕疵而做的努力，前者會比較省錢（Gryna 1998）。這種預防性的觀點也是Crosby（1979）影響至鉅的作品《品質免費》之書名所彰顯的概念。商品的製造成本可能非常驚人，因此，「品質可以自行負擔成本」的概念，使很多人成為品質運動的信仰者。就高度講求顧客個人化的服務業而言，這種成本節約也許不像製造業一樣顯著，但是仍然可能相當可觀（Anderson、Fornell和Rust 1997）。

一般來說，追求報酬首先應該考慮的是內部成本，因為成本可能可以大量地節省，對顧客滿意度可能有立即性的正面效果，以及對於原因的診斷也通常非常直接。從懶散遲緩的生產程序中進行成本的縮減，可說是提升品質的一種「垂手可得」的方法。

另一方面，研究這些問題時應該將焦點置於公司內部，而非顧客身上。當製造產品的成本顯著降低，就能彰顯出努力的價值。然而，很多努力可能未能大量降低成本，甚至反而使成本增加。有時候可能只有負責生產過程的設計者或工程師了解這些進步，但是顧客卻看不到公司的努力，此時，這些支出反而降低了ROQ。

提升收益

品質改善可以透過三種增加銷售量的方式來提升收益：留住現有的顧客、吸引新的顧客、以及增加使用率。以下分別說明之。

加強留住現有的顧客

留住現有的顧客可以增加公司的市場佔有率,並對利潤產生顯著的影響 (Reichheld and Sasser 1990)。很多研究都顯示,顧客滿意度和留住顧客之間有明確的關係 (Anderson 和 Sullican 1993;Boulding 等 1993;Fornell 1992;Fornell 和 Wernerfelt 1987;Rust 等 1999;Rust 和 Zahorik 1993;Rust、Zahorik 和 Keiningham 1994、1995;Woodside、Frey 和 Daly 1989)。利用標準化的顧客滿意度調查,可以輕易地評估滿意度和再度購買意願之間的關係,而這項關係也經常是各種專賣研究 (proprietary studies) 觀察到的結果。

吸引新顧客

品質改善很可能吸引到新顧客,這些新顧客或許原本就存在於市場中,也可能剛剛加入。他們通常可以從不同的管道得知有關某項商品提升品質的訊息,包括口耳相傳或由公司所推出的宣傳廣告等。

口耳相傳一直被視為一種重要的行銷傳播方式 (Arndt 1967)。從社會學 (Rogers 1962) 到行銷學 (Bass 1968;Sultan、Farly 和 Lehmann 1990),很多研究者都將這種透過民眾傳播產品新聞的方式加以模型化。大多數的顧客滿意度評估都發現,整體顧客滿意度和顧客是否願意向他人推薦公司,兩者之間呈正相關。Danaher 和 Rust (1996) 發現,廣告與口耳相傳都會影響行動電話服務公司的銷售結果。儘管很多顧客滿意度的問卷都會問到是否願意向他人推薦某公司,然而,卻很少有研究可以幫助行銷者了解,如何運用這些資料來預測未來的銷售績效。在利用購買意願資料來預測銷售量時,有一些實際上的問題,很不幸地,這些問題使多數公司都無法有效地進行預測。

時間落差（lags）　現有顧客再購買往往有其規律的模式可循，或至少可以預測；但是口耳相傳對於銷售量的影響卻很難加以預測。Kordupleski、Rust和Zahorik（1993）發現，顧客對於工業用品的滿意度，與透過口耳相傳而產生其他顧客的銷售量，兩者之間存在著一種落差的相互關係，這種時間的落差是四到六個月，而類似餐廳或低成本的消耗性商品，這種時間的落差則顯得短暫許多。典型的顧客滿意度調查並不足以了解某種產品的落差，亦無法掌握此落差與顧客滿意度之間的關聯性。

口耳相傳的行為難以測量　公司可以掌握廣告並且評估廣告給顧客的印象和說服力，但是卻沒有實際的方式可以測量口耳相傳的數量或品質。顧客滿意度及其後續由新顧客所增加的銷售量之間，存在著未知而無法測量的關係，而口耳相傳的效果只能從這種關係中加以臆測探討。

貧乏的銷售資料　在評估口耳相傳的影響時，還有另一個難解的問題是有關新顧客與交叉銷售的資料。根據我們的經驗，很少有公司仔細記錄某筆銷售是由原有的顧客、新顧客或原本是競爭對手擁有的顧客所創造的，通常公司只有總計的銷售資料。沒有這些資訊，公司無法分清楚銷售量的增加，究竟是因為留住了更多原來的顧客，或增加了新顧客所致。

增加使用率

品質提升對於收益的效果還包括促進更高的使用率，使長期顧客為公司創造更大的利潤。Reichheld和Sasser（1990）發現，較長期持有信用卡的人往往較常使用卡片，這是許多管理者一致確認的結果。如果品質的改善會導致顧客滿意度的提升，而滿意度的提升會增加顧客留住率，這樣的連鎖效果呈現了品質投資的另一種好處。然而，這種連鎖關係未必一定來自顧客留住率的提高。Danaher和Rust（1996）發現，即使是一個新的行動電話市場，滿意度和服務的使用之間亦有正面關係。他們找到一個解釋這種關係的新證據：令人滿意的商品或服務有較高的實用性，因此也佔用了使用者較多的時間與資源。不管原因為何，很多公司都認為顧客滿意度和銷售量之間的確呈正向的關係。

　　圖13.1a與圖13.1b明顯顯現滿意度、再購買意願、實際購買數量之間的關係。這些資料來自月刊資訊訂購服務。

　　根據以上的討論，我們認為公司在著手評估顧客導向品質的效果時，最能感受到的是增加原來顧客留住率所帶來的利潤。這種評估的焦點是品質改善的立即性的效果—亦即對於原來顧客的影響，他們是

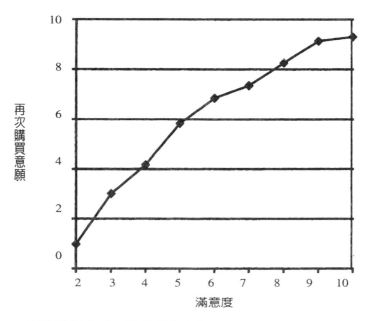

圖13.1a　再次購買意願會隨著滿意度之增加而增加

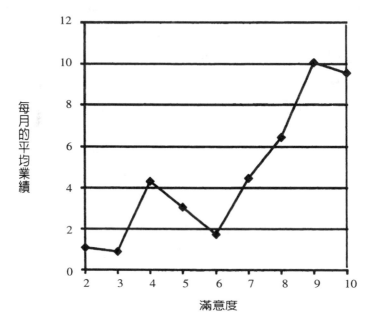

圖 13.1b   高度滿意的顧客所創造的業績往往最高

最早感受到品質提升的一群人。此外,透過標準化的調查方法,公司也可以蒐集到顧客滿意度和再購買意願的資料。將顧客陳述的意願和實際的顧客留住率加以比較所獲得的紀錄,這些數字可以提供公司合理而可靠的預測。

連鎖效果的模式化

要將品質提升對於顧客留住率及利潤的影響加以模式化,必須要採用一個多階段的模式,如圖13.2。在這個模式中,公司的表現會影

圖13.2 導致利潤的連鎖效果

響顧客滿意度,而滿意度則會影響顧客忠誠度。現有顧客滿意度則影響了市場佔有率和獲利力。

我們將討論這些連鎖事件在模式化過程所經歷的幾個階段（詳見Rust、Zohorik和Keiningham 1994）。首先,我們必須先了解:哪些事情會導致顧客滿意,而何種程度的顧客滿意度會產生顧客忠誠。其次,我們必須以忠誠度的變化來詮釋銷售量和市場佔有率的變化。最後,把利潤和成本資料帶入分析中,以比較品質投資和此種投資對銷售量的變化產生何種影響。透過這樣的比較,我們可以計算出ROQ。

整體顧客滿意度的驅力

進行ROQ分析的第一個步驟是了解什麼是整體顧客滿意度的決定性因素,以便將投資鎖定在與顧客最為攸關的事物上。服務的元素和整體顧客滿意度之間的關係通常以層級的方式呈現（如圖13.3,Kudernatsch 1998）。這個特定的例子描述了以電話／網路為管道的投資銀行之顧客滿意度層級結構。在這個層級結構中,導致顧客留住的整體滿意度是我們最終所要的結果,而整體滿意度則又決定於顧客對於其他服務元素或「程序」的滿意度。對於各種程序的滿意度取決於程序的細節部分或「子程序」（subprocesses）。特定的服務接觸——通常被稱為「關鍵時刻」（moments of truth）,可能是程序細節,亦可能是

程序

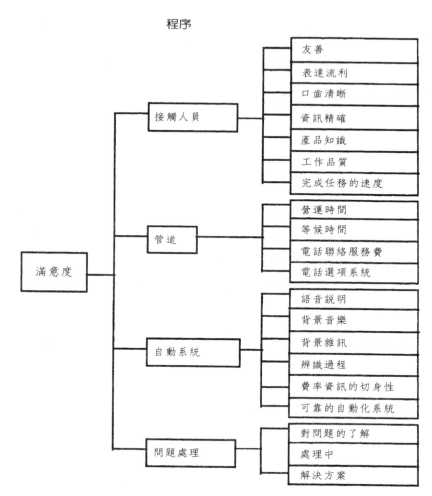

圖13.3　電話中心銀行的顧客滿意層級

來源：Kudernatsch（1998）

子程序，視其複雜度或對整體顧客滿意度的影響而定。雖然這樣的解
剖程序可以進一步往下做更細緻的劃分，但是受限於問卷的篇幅限
制，通常公司只能在子程序的層次上就打住。

好的方法可以幫助分析者辨識出樹狀的結構。品質功能發展指數（QFD, Exponents of Quality Function Development）與品質屋（House of Quality, Hauser和Clausing 1988）已經建立了名為「姻親分析圖法」（affinity diagrams）的類似層級，幾十年來，這些方式幫助人們了解顧客對品質知覺之驅力（Nayatani等 1994）。

首先，利用有關顧客和員工的品質研究、文獻搜尋、顧客申訴檔案、管理上的腦力激盪（brainstorming）等方式，找出所有可能存在的程序和子程序。在這個階段中，最重要的是不要漏掉任何一種重要的「滿意度驅力」（drivers of satisfaction），使清單上的備選項目足夠多。

第二個階段需要分析者將個別項目加以分類組合成一個連貫的樹狀結構。為這些層級發展出多層次的結構，對於後續之分析工作來說很重要。根據作者在各領域的研究經驗顯示，平淺的層級（即只有兩個層次）把所有的細節部分都直接歸屬於整體滿意度，常常獲致無法令人滿意而無效的分析結果。在任何情況下，選定的結構都應該符合下列幾項標準：

1. 可以反映顧客對於服務和服務之元素的看法
2. 每個程序應該合理地各自獨立，而每個程序中的子程序亦然。為了對管理當局做出有關品質提升之可執行而準確的建議，各個程序必須明確定義，使單一程序的改善不會對其他程序造成影響（亦即讓這些程序都能獨立）。特別是服務裡的各元素之滿意度評估不應該互相牽連混淆。
3. 可執行的建議亦要求程序與子程序能呼應管理職責的範圍。

將這些項目建立成一個層級化的結構，可以採取幾個步驟（Griffin和Hauser 1993），包括由專門的工作小組將這些項目建構至程序與子程序中，以及對顧客進行抽樣研究，以便將相關與非相關的項目加以分類組合。（有些分析者也採用因素分析的方式企圖尋找出自然的結構，該結構係以顧客對於清單中的項目之滿意度評比為基礎；然而，根據我們的經驗，這種資料驅動的作法可能只能獲致無法執行的結構。此外，為了導出相對的重要性評分，每一個程序都應該有獨立的滿意度評定，而不只是一個包含相關次程序之評比的因素分數。在顧客知覺、管理職責範圍、以及分析者對於各種有影響力的概念所持的理論之妥協下，最終的層級結構通常會反映出一個可行的折衷方案。

　　此種層級結構也會成為顧客滿意度問卷及後續ROQ分析的基礎，在層級中的「節點」（nodes）是影響顧客滿意度和忠誠度最鉅的議題，因此，其表現必須透過對顧客進行追蹤方得以確認。在問卷中必須讓顧客評估他們對每個節點的滿意度，包括：再購買意願、整體滿意度、對每個程序的整體滿意度、對每個子程序的滿意度。分析這些資料，有助於管理人員釐清改善各項問題之輕重緩急。

資料之蒐集與分析

　　管理者需要從調查中獲得兩種資訊，以便配置品質改善策略之資源：（a）公司的績效如何以及有哪些地方有改善的可能；（b）在這些地方，哪些對於整體滿意度與忠誠度有重要的影響，哪些則是顧客根本不在乎的事情。以下分別說明這兩種資訊。

績效的測量

　　第一組資訊是基本的「成績單摘要」（report card summary），多數公司都會從滿意度調查中取得這類資訊：平均值、最高與最低得分以及其他用來評估目前表現、並與過去或競爭對手之表現加以比較之特性資料。這些資料也可以用來比較公司在不同方面的表現成果。

　　這一組資料並不足以顯示公司的投資是否能夠提升顧客留住率。並非所有的程序與子程序對於整體滿意度都有相同的影響力，因此，某方面在評比時的得分可能很低，但這並不表示公司有必要立即針對這方面加以改善。管理者應該將公司資金只投注在那些有助於提高顧客留住率的事項上，因此，還有一個重要的工作是：決定相對的重要性。

　　在上述所訂定之層級結構中，藉著了解整體滿意度與單一程序滿意度之間的關聯性，可以用來找出影響力最大的程序。管理者只需要改善那些會影響整體滿意度和顧客留住率的程序與子程序，當然，這亦需要很多的努力。至於公司已經做得很好的部分，或是對於顧客留住率影響不大的部分，就沒有立即增加投資的必要性。

確認導出的重要性

　　有些分析者直接詢問顧客對各種服務的重要性有何看法（Parasurama、Zeithaml和Berry 1988）。這種方法取得個人層次的資料，可以作為區隔分析的重要訊息。然而，這也增加了問卷的篇幅，而且個人層次的資料並不一定和分析有重要的關聯。如果分析者只是要確定程序與子程序在整體層次上的重要性，這些資料可以使用相關性直接從滿意度評分中取得。如果整體滿意度評分的變化可以反映個別顧客對於某個程序滿意度的變異，那麼這種高度相關性意味著該程序對於滿意度具有「重要性」，或是滿意度的「驅力」之一。如果某個程序的滿意度變異並未呼應整體滿意度的變異，則兩者之間的低度相關性意味著該程序「不重要」。

　　一般來說，從相關性資料進行因果關係的推論，並非明智的做法：然而，在顧客滿意研究中這卻很常見的方法，原因可能有兩個。首先，數年來關於顧客的討論都認為，整體滿意度的確取決於服務的數個特定面向，而且兩者之間有所關聯。其次，實務上來說，各項程序和整體顧客滿意度之間的相關性之變異極大；不難理解，有人認為各項程序的滿意度並不是整體印象的光環效應，而是具有因果關係——從子程序發展到程序，再從程序發展到整體滿意度。

相關性通常是以配對的相關性迴歸或多元迴歸（multiple regression）加以測量，其中整體滿意度是依賴變項，而程序層次的滿意度得分則屬於獨立變項。（如果要再繼續進一步了解程序滿意度的驅力為何，則程序滿意度會變成依賴變項，而此程序下的每一個子程序則分別成為獨立變項。）比較迴歸中各個標準化的迴歸係數，可以決定各程序的相對重要性，只要是這些因素之間並沒有任何關聯。實務上，程序之間通常具有高度相關性，這會使迴歸分析無法真正發揮效果。處理多元共線性（multicollinearity）的方法很多，包括脊狀迴歸（ridge regression, Hoerl 和 Kennard 1970）或衡平推估因子（equity estimator, Krishnamurthy 和 Rangaswamy 1989、1994；Rangaswamy 和 Krishnamurthy 1991），但是從業人員指出將這些方法套用在這種脈絡中通常不能獲致令人滿意的結果。

整個多元共線性的問題可以迴避，如果單純地比較整體滿意度與個別程序間的相關性（Rust 等 1996）。這種方法清楚明確地呈現哪個程序和整體滿意度之間互有牽連，但是其缺點在於無法預測品質改善的效果——如果管理者決定改善兩個高度相關的程序之一，則此資料並無法清楚得知其效果究竟如何。另一個程序的滿意度也會隨著提升？或兩個程序之間的關聯性只是假象？此時，對於高度相關程序之品質改善結果的預測，則只能仰賴管理者的判斷。因此，這就是我們在前面建議建構以獨立程序為基礎的結構（可能的話）之理由。

我們也提到，當問卷以程序層次和子程序層次來評估滿意度時，分析的結果會較清晰。這個建議根據的事實是，子程序與整體滿意度之間的相關性通常小而不穩定，使它們難於詮釋。當使用程序層次的測量作為決定重要性時的中介變項時，通常可以獲致較大的詮釋空間。

綜合

　　評分卡報告與重要性的測量最好能夠以類似「績效—重要性圖表」（performance-importance diagram）的形式來總結，如圖13.4所示，這個圖例清楚呈現：最需要注意的程序是「管道」的部分。位於此圖左上角部分的程序，係指滿意度低、但是對整體滿意度和顧客留住率卻相當重要。對於改善其他程序的投資可能對於顧客留住率的重要性較低，所以投資會比較少。舉例來說，「問題處理」的滿意度雖然偏低，但是它的重要性並不高，而「接觸人員」雖然很重要，但是再作改善的空間與機會卻不大。

滿意與高興的概念

　　顧客純粹覺得滿意，不一定足以建立忠誠度或為公司創造利潤。如圖13.1a和圖13.1b所示，在資料訂購服務中，當滿意度增加，忠誠度也會隨著提升。雖然以該公司的十分等級來說，六至七分的得分代表顧客滿意度約為中等，而平均的再購買意願評分變得接近確定，當顧客給予九至十分的高度評價時，才能達到最高銷售量。這種對品質的滿意度差異等級是常見的。特別是，雖然滿意度經常以七分等級或十分等級來測量，事實上，管理者最重視的顧客滿意度通常只有三種層級：不滿意、滿意、高興（dissatisfaction, satisfaction, delight，

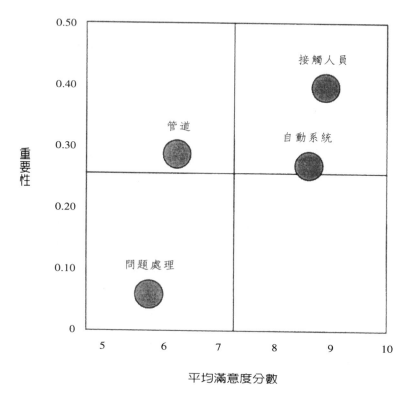

圖13.4　根據電話銀行整體滿意度之驅力的平均績效評分為基礎之「績效
　　　　—重要性」圖表

來源：根據Kudernatsch（1998）

Rust、Zahorik和Keiningham 1994）。

　　行銷文獻普遍接受的滿意度定義是以「期望的反確認」
（expectancy disconfirmation）或顧客期望得到與實際得到者之間的差
異為基礎（Day 1984；Oliver 1980；Olshavsky和Miller 1972；Olson
和Dover 1976）。顧客的期望有幾個不同的來源，包括顧客對於其他
公司所提供的服務內容之認識、公司推出的廣告所傳達的訊息、以及

口耳相傳或過去的經驗。如果顧客認為公司的表現符合、超越他們的期望，這就是所謂的滿意，反之則為不滿意。公司表現亦可能遠遠超越顧客的期望，在這種情況下，顧客的反應則可定義為高興。

行銷研究人員在詢問顧客的滿意度時，常常使用這樣的比較性概念。反之，服務品質量表（SERVQUAL）的方法論（Parasuraman、Zeithaml和Berry 1985、1988；Zeithaml、Berry和Parasuraman 1993）則嘗試直接對顧客分別提出有關績效與期望的問題，以及透過差異的計算來掌握反確認的資料。這種方式的可信度曾經受到質疑（Brown、Churchill和Peter 1993；Carman 1990；Cronin和Taylor 1992；Peter、Churchill和Brown 1993；Teas 1993），部分原因是有人認為受訪者在使用過產品以後，很難再度精確地重構自己的期望。當然，針對重要性而提出直接的問題，也將會拉長問卷的篇幅。

很多分析者並不採用分別詢問有關表現或期望的問題，而是建議直接讓受訪者根據記憶來評估自己所經驗的「比期望糟很多」、「比期望好很多」（Bakakus和Boller 1992；Carman 1990；DeSarbo等 1994；Devlin、Dong和Brown 1993；Oliver 1980；Rust、Zahorik和Keiningham 1994）。這種反確認的方式也和管理者對於顧客滿意度與品質評估的經驗一致。即使滿意度是以十分等級來評估，管理者也傾向將這些資料總計為三個自然的類別（DeSarbo等 1994）：

不滿意的顧客（dissatisfied customers）　這類顧客使用尺度中最靠近底部的評分，約為1-5分。這類顧客多數都遭遇到明顯的問題，因而覺得生氣。他們所感覺到的績效比期望來得差，並且極可能會轉而成為其他公司的顧客。

正好滿意的顧客（just-satisfied customers）　這類顧客的期望得到滿足，但是沒有超過，大約為6、7分，甚至可以達到8分。一般說來，這樣的評比結果代表產品還算平價，而且沒有比競爭對手所提供的產品更好或更差。這些顧客有可能再度上門，但是很容易就被其他更有競爭力的行銷策略所吸引。

高興的顧客（delighted customers）　獲得9-10分的極高評比（在某些產品類別中只將10分列入此等級。），公司的表現超越了顧客的期望。

藉著適當的品質提升努力，一方面對各類顧客進行管理，一方面引導他們進入更上一層的類別，公司可以因此提高顧客的留住率。然而，這些努力通常需要不同的計畫。將不滿意的顧客轉變成滿意的顧客，經常需要一個能夠找出、排除問題來源的計畫；然而，若要使滿意的顧客變成高興的顧客，則必須找出掌握顧客需求的有效方法，以便使服務有出乎意料之外的高品質，讓顧客覺得驚喜萬分。

將不滿意的顧客變成滿意的顧客或是將滿意的顧客提升至高興的顧客範疇，可以明顯地提升顧客留住率，但是唯有將高興的顧客擴充到最多數，才能達到真正的忠誠度。高興的概念（即「正面的驚」（positive surprise））是反確認的特殊情況，這是很多科學研究的主題（Chandler 1989；Oliver 1989；Oliver、Rust和Varki 1997；Westbrook和Oliver 1991；Whittaker 1991），而它對於建立忠誠度的影響以及越來越多為這個概念所投入的花費，都為行銷管理人員所熟知。AT&T是一個耳熟能詳的案例，該公司發現，當顧客對其產品的評比為「良好」（good）時，顧客留住率為60%，然而，當顧客將產品評比為「卓越」（excellent）時，則有高達90%的忠誠度（Gale 1994）。

雖然任何一種度量標準都可以用來將顧客分成這三種範疇，不過，要在7分或10分的滿意度中找到適當的區隔點，則需要實證上的調查研究。舉例來說，圖13.1b明確地指出，在公司的顧客中，9至10分的評比在性質上不同於較低的評比，亦即上方兩個方格的評估可以用來追蹤高興的程度。不同公司或不同產品類別的顧客可以不同的方式使用同一個度量標準，因此應該用自己的方式加以詮釋。

另一方面，我們使用三分等級的度量標準（比期望糟、和期望差不多、比期望好很多）直接評估反確認，已經獲致相當的成功。要注意的是前後兩個範疇的用語並沒有以對稱的方式來表達。很多使用標準滿意度評估的公司都會面臨一個問題—受訪者過度使用位於頂端的範疇，因此，要確認顧客是否真的覺得高興、或是要追蹤整體的表現，都有其困難度。在這種非對稱性的三分等級度量中，由於最上層範疇的用語過度極端，除了較為熱中的回應者以外，大多數的答案都集中在中間範疇；至於度量中的最下層，不滿意的顧客未必一定有極度負面的經驗才會轉而投向競爭者。

「應該做些什麼」之診斷

將顧客區分成不滿意、滿意、高興，使品質投資的管理有了優先順序的考量。一般說來，如果不滿意的顧客數量偏高，首要之務應該是排除那些導致不滿的問題。對顧客來說，如果令人氣憤的問題持續存在，但公司卻想要以標新立異的把戲來吸引顧客，不但沒有意義，恐怕還會令顧客覺得很討厭。只有當公司已經可以控制住問題、而很多不滿意的顧客已經漸漸變得滿意時，公司才應該開始想辦法讓滿意的顧客覺得更高興。

為了瞭解在這兩個階段的投資重點，我們建議公司發展兩組類似前述之績效—重要性（**PI**, performance-importance）圖表，一組是不滿意的驅力，另一組是高興的驅力。此處要注意對於高價值的詮釋。為了評估重要性，我們可以利用以下所述之迴歸係數，或計算整體滿意度—程序滿意度或程序滿意度—子程序滿意度之滿意度（如 ϕ）。（這些計算是在將各種量數轉換成指出顧客滿意與否或高興與否的虛擬變數之後再來進行）圖13.5是Kudernatsch（1998）所描述的電話銀

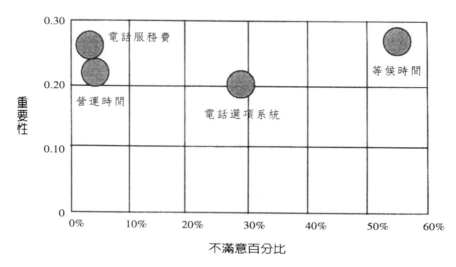

圖13.5　電話銀行的管道程序中導致不滿意度的子程序之「績效—重要性」圖

來源：根據Kudernatsch（1998）

行，該圖說明了「管道」程序中四個子程序的現況。該銀行發現在管道程序中有幾個導致整體不滿意的問題需要注意。這個PI圖表指出，在管道程序中，等候時間是不滿意的重要驅力，而且也有很高的不滿意度，因此應該將等候時間視為品質改善計畫的重點項目。

聯結滿意度層次與顧客留住率

　　ROQ將顧客的整體滿意度與顧客留住率串聯起來，把顧客族群分成三種層次：不滿意、滿意、高興。一般來說，每個層次的平均顧客留住率都會有顯著的差異，而公司的整體顧客留住率等於這三個值的加權平均。這三個顧客族群的百分點加起來是100%，因此，加權平均值可以下述的等式表達：

$$R=b_0+b_1OS+b_2OD$$

其中，R是整體的顧客留住可能性，OS是滿意的顧客比例（即剛好滿意或高興—或不會不滿意的顧客之比例），而OD是高興的顧客之比例。此一等式的係數可以用一般最小平方方法（OLS, ordinary least square）加以估算，將實際的顧客留住率量數作爲依賴變數，而以表示滿意或高興的虛擬變數作爲依賴變數。（詳見Rust、Zahorik和Keiningham 1995）

ROQ模式延續前述之層級結構，將整體的不滿意度模式化爲對一個或多個程序不滿意所導致的結果：

$$OS=\beta_0+\Sigma\,\beta_i\,PS_i$$

正如整體的高興度必須是對一個或多個程序的高興度所導致之結果：

$$OD=\beta_0+\Sigma\,\beta_i\,PD_i$$

同樣地，對於每個程序的正面或負面反應模式化爲對於對應的每個次程序之反應的函數。

在個體層次的虛擬變數上進行推估時，由於這些等式中的準則變數是二分法的名目變數（dichotomous nominal variables），我們應該適當地採取邏輯曲線迴歸來分析這些關係。然而，我們發現OLS從實際的觀點提供了適合的估算值，這是因爲，由品質提升的努力所導致的不滿意或高興的顧客比例之變化，事實上並不大。在下一個階段的ROQ分析中，這些等式將用來預測改變服務品質對顧客留住率、佔有率和獲利率的影響。

　　此外，如果虛擬變數的多元共線性並不嚴重，β is 可以用來作為各程序或各子程序之相對重要性的指標。然而，如前所述，避免多元共線性的標準做法應該是，從相關的滿意度虛擬變數之間的配對 ψ 係數，來推估相對重要性。

推估品質的報酬率

找對改善的標的項目

　　對於了解哪裡才有改善品質的機會而言，前面的分析具有高度的重要性。第一個步驟是確定公司是否需要進一步尋找不滿意的來源，或是想辦法讓顧客高興才是比較有獲利潛力的做法。第二個步驟需要透過各種績效—重要性圖表的分析，找到導致不滿意或高興在程序層次與子程序層次的驅力為何，以便（a）有更多改善的空間，（b）對於提升顧客留住率能造成有力的影響。

　　然而，這樣的分析仍然不夠深入。找到需要改進的重要項目是一回事；決定怎麼做，又是另一回事。PI圖表指出顧客對於某個程序高度不滿，而且和整體滿意度有關，但這並不代表任何為了解決這個問題而設計的方案都值得進行，畢竟有些問題的解決方式實在過於昂貴，因此公司最好能夠區隔它的市場，並且專心地留住那些對公司服務覺得滿意的顧客。

　　此種分析的下一個階段需要請管理者提出一個品質改善計畫，以影響欲改善領域的滿意度。接下來的ROQ分析所要評估的是，增加顧客留住率所帶來的額外收益，是否足以支付實施該計畫所需之成本。

ROQ分析

ROQ分析利用前述之層級結構以及其節點間的關聯，來預測特定品質提升計畫的財務性結果。以電話銀行為例，冗長的等候時間是管道中導致不滿意的決定因素，而管道是顧客對該公司的整體滿意度最重要的決定因素。管理者可能會擬定一個昂貴而立即性的計畫，進行電腦化語音系統的升級，並且增加處理顧客來電的人手。在執行這項昂貴的計畫之前，管理者應該先確認這是不是個好投資。

ROQ模式直接推估從品質改善到顧客留住率的改變之效果（利用前述獲得的等式）。首先，分析者必須了解，系統升級是否可以減低顧客對於等候時間的不滿。有幾種可行的方式可以確認這項可能性。首先，管理者可能會根據過去的經驗、對顧客抱怨的內容進行分析或其他「軟性」資料，對此問題進行管理上的判斷。初始的投入可以調整放入最壞與最好的情況，以便對於推估的精密度獲得某種感覺。如果在任何情況下，該計畫對於顧客留住率與獲利率的影響恆為正面或負面，在這個階段就應該決定是否執行此一計畫。如果資料顯示有獲利可能，但卻無法完全確定，則管理者最好試驗性地進行計畫，以進一步確認該計畫對於整個系統有何影響。

一旦提出改善子程序的計畫，分析者應該利用模式來推估對應的效果，如圖16.3所示。利用稍早所建立的關係，降低重要子程序的不滿意度，將會降低整個程序的不滿意度，並由於前者屬於後者之一部分，因此後者所減低之幅度應該小於前者。同樣地，對於程序的不滿意度一旦減低，也會使整體的不滿意度較微幅地縮小。最後，由於某些比例的顧客已經從不滿意變為滿意，整體的顧客留住率會增加，而公司也就能夠留住原本可能流失的顧客。這使公司市場佔有率的發展軌跡會隨著時間而逐漸上揚，以及利潤也跟著提高。這種因佔有率增

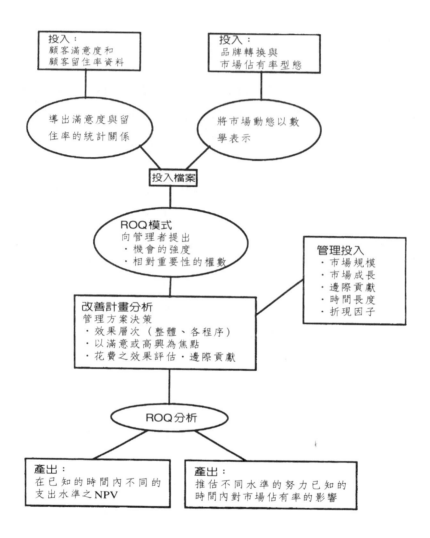

圖13.6 ROQ分析的投入與產出

來源：Return on Quality；Measuring the Financial Impact of Your Company's Quest for Quality，第106頁，Rust、Zahorik和Keiningham，(c)copyright 1994 by Richard D.Irwin, Reprinted with permission.

加而提高的邊際利潤，以及因為生產力改善所節省的成本，可以和執
行計畫所需的成本加以比較，以計算投資報酬率，即ROQ。

為了執行這項分析，必須建立市場的規模或轉換率等量數，以及
其他與公司有關的資料：

1. **顧客留住率**：這項研究須知道要求的（stated）顧客留住率，
   此種顧客留住率應該和實際的留住率應該加以妥協。很多公司
   對於這項數字的要求並不大清楚，但是它卻對於校對此模式有
   很重要的作用。

2. **吸引新顧客的比例**：為了瞭解在市場中轉換品牌的動態，這個
   模式必須能掌握在這個市場中有多少新顧客選擇此公司的服
   務。為了獲得此一量數，可能有必要針對新顧客進行另一項研
   究。

3. **市場規模**：此模式以顧客留住率與市場佔有率來表達，然而為
   了轉換這些數值成金錢，我們必須知道市場的規模有多大。

4. **市場佔有率**：顧客留住率影響市場佔有率，我們必須知道自己
   身在何處，方能決定該往何處去。

5. **市場成長率**：很多公司對此量數有某種估計。在預測下一個時
   期的市場大小時，這是一個非常關鍵的估算值。

6. **每個顧客平均的邊際貢獻**：這個數字對於將新顧客轉換成邊際
   利潤來說很重要。這個量數通常以每個時期的平均值呈現。評
   估此量數需要和成本會計部門合作。

7. **時間長度**：服務品質的改變需要經過一段時間後，才會受到注
   意並影響顧客留住率，就像任何投資都需要過一段時間才能回
   收。公司必須設定期限，在期限內回收投資的成本。時間的配
   置取決於公司的財務政策以及該服務提升計畫的生命週期。舉
   例而言，有些行動只具有暫時性的競爭力，當其他競爭者起而

效之，甚至青出於藍時，這種優勢的持續時間將會較短暫。

8. **資金成本**：公司在品質上的投資，和其他投資一樣，都必須秉持相同的標準。

　　利用這些市場動態的資訊與假設，我們可以擬訂出如圖13.7的投資回收時間表。（此圖是「nCompass」軟體計畫案的投資回收預估，由Keiningham與Clemens在1995年提出。）

　　以上是電話銀行為縮短等候時間而擬訂之計畫，圖13.7係該計畫之預測成果。該銀行考慮實施品質提升計畫，增加並訓練額外的電話

改善重點：等候時間。目前有 54.3% 的顧客不滿意子程序「等候時間」。改善計畫擬將不滿意的顧客比例降低至 10%。

目前的顧客留住率：　　　78%
要求的顧客留住率：　　　79.3%
折現率：　　　　　　　　15.0%
計畫期限：　　　　　　　3 年

時期	0	1	2	3
市場佔有率	.5000	.5046	.5073	.5088
市場規模	$56,000	$78,400	$109,760	$153,664
改變的貢獻	$0.00	$136,500.00	$299,250.00	$504,750.00
支出	($30,000.00)	($360,000.00)	($360,000.00)	($360,000.00)
節省	$0.00	$0.00	$0.00	$0.00
淨現金流量	($30,000.00)	($223,500.00)	($60,750.00)	($144,750.00)
淨現值	($30,000.00)	($224,347.83)	($270,283.56)	($175,108.08)

第3年淨現值：－$175,108.08
品質報酬率：－21.3%

圖13.7　ROQ的現金流量預測：預估本品質提升計畫將獲得負報酬率

來源：根據 Kudernatsch（1998）

服務人員，使電話中心隨時都有四名服務人員在系統中待命，管理者根據顧客抱怨與載量需求之分析，估計對等候時間不滿之顧客比例可望從54.3%降低至10%。該計畫之成本除了原本每年支出的$360,000以外，並增加了額外的$300,000。如果假設正確，此模式預估公司的顧客留住率將從原來每年的78%提升至79.3%。該銀行以三年為計畫期限，並且以15%的折現率來評估此項投資。

　　圖13.7顯示該計畫可能過於昂貴（在該模式之假設下）。雖然降低不滿意度會帶來額外的收益，但是這些增加的收益並不足以支付這項為期三年的計畫所需要的成本。現金流量的淨現值是－$175,108.08，而投資報酬率為－21.3%。該銀行必須尋找更具成本效益的方式解決等候時間的問題。

結論

　　從1980年代興起品質提昇競賽迄今，很多公司並未將品質方面的支出視為一種投資，以致於遭受重大損失甚至因而破產，也促使目前品質提升的議題似有趨緩之勢。事實上，提升品質與顧客滿意度的支出的確可以轉換成可觀的利潤，但是如果沒有以ROQ的分析作為管理的指引，這些支出可能付諸流水。

　　ROQ分析可以扭轉這個趨勢，並且將顧客滿意度計畫置於一個穩固的經濟理論之上。很多公司事實上都已經蒐集了估算時所需要的資料，包括顧客滿意度調查、內部顧客紀錄、競爭市場資訊、行銷測試資料等。同時，此模式初期的評估需要許多管理上的判斷，管理者根據某些規律做出這些判斷，只是未將這些判斷運用在預測模式中。

　　藉由確定市場佔有率，以及品質提升計畫的獲利潛力，我們可以將這些改善計畫和公司其他的支出項目加以比較並挪出資金，否則，提昇品質與滿意度計畫無法成爲可行的行銷策略中之重要元素，反而只能繼續被視爲昂貴而時髦的玩意，一旦時機艱難就必定遭到大筆刪減。

參考書目

Anderson, Eugene W., Claes Fornell, and Donald R. Lehmann (1994), "Customer Satisfaction, Market Share, and Profitability," *Journal of Marketing*, 58 (July), 53-66.

——, ——, and Roland T. Rust (1997), "Customer Satisfaction, Productivity, and Profitability: Differences Between Goods and Services," *Marketing Science*, 16(2), 129-45.

—— and Mary W. Sullivan (1993), "The Antecedents and Consequences of Customer Satisfaction for Firms," *Marketing Science*, 12 (Spring), 125-43.

Arndt, Johan (1967), "Role of Product-Related Conversations in the Diffusion of New Project," *Journal of Marketing Research*, 4 (August), 291-95.

Arnold, William W. and Jeanne M. Plas (1993), *The Human Touch*. New York: Wiley.

Babakus, Emin and Gregory W. Boller (1992), "An Empirical Assessment of the SERVQUAL Scale," *Journal of Business Research*, 24, 253-68.

Bass, Frank M. (1969), "A New Product Growth Model for Consumer Durables," *Management Science*, 15 (January), 215-27.

Bemowski, Karen (1991), "Big Q at Big Blue," *Quality Progress*, 24 (May), 17-21.

"Betting to Win on the Baldie Winners" (1993), *Business Week*, (October 18), 18.

Boulding, William, Ajay Kalra, Richard Staelin, and Valarie A. Zeithaml (1993), "A Dynamic Process Model of Service Quality," *Journal of Marketing Research*, 30 (February), 7-27.

Brown, Tom J., Gilbert A. Churchill, Jr., and J. Paul Peter (1993), "Improving the Measurement of Service Quality," *Journal of Retailing*, 69 (Spring), 127-39.

Buzzell, Richard and Bradley T. Gale (1987), *The PIMS Principles: Linking Strategy to Performance*. New York: Free Press.

Carman, James M. (1990), "Consumer Perceptions of Service Quality: An Assessment of SERVQUAL Dimensions," *Journal of Retailing*, 66 (Spring), 33-55.

Chandler, Colby H. (1989), "Quality: Beyond Customer Satisfaction," *Quality Progress*, 22 (February), 30-32.

Cronin, J. Joseph and Steven A. Taylor (1992), "Measuring Service Quality: A Reexamination and Extension," *Journal of Marketing*, 56 (July), 55-68.

Crosby, Philip B. (1979), *Quality Is Free*. New York: McGraw-Hill.

Danaher, Peter J. and Roland T. Rust (1996), "Indirect Financial Benefits From Service Quality," *Quality Management Journal*, 3(2), 63-75.

Day, Ralph S. (1984), "Toward a Process Model of Consumer Satisfaction," in *Conceptualization and Measurement of Consumer Satisfaction and Dissatisfaction*, H. Keith Hunt, ed. Cambridge, MA: Marketing Science Institute, 153-83.

Deming, W. Edwards (1986), *Out of the Crisis*. Boston: MIT Center for Advanced Engineering Study.

DeSarbo, Wayne, Leonard Huff, Marcello M. Rolandelli, and Jungwhan Choi (1994), "On Measurement of Perceived Service Quality: A Conjoint Measurement Approach," in *Service Quality*, Roland T. Rust and Richard L. Oliver, eds. Thousand Oaks, CA: Sage, 199-220.

Devlin, Susan, H. K. Dong, and Marbue Brown (1993), "Selecting a Scale for Measuring Quality," *Marketing Research*, 5(3), 12-17.

Dillon, William R., John B. White, Vithala R. Rao, and Doug Filak (1997), " 'Good Science': Use Structural Equation Models to Decipher Complex Customer Relationships," *Marketing Research*, 9 (Winter), 22-31.

Fornell, Claes (1992), "A National Customer Satisfaction Barometer: The Swedish Experience," *Journal of Marketing*, 56 (January), 6-21.

—— and Birger Wernerfelt (1987), "Defensive Marketing Strategy by Customer Complaint Management: A Theoretical Analysis," *Journal of Marketing Research*, 24 (November), 337-46.

Gale, Bradley T. (1994), *Managing Customer Value*. New York: Free Press.

Grant, Robert M., Rami Shani, and R. Krishnan (1994), "TQM's Challenge to Management Theory and Practice," *Sloan Management Review*, 35 (Winter), 25-35.

Griffin, Abbie and John R. Hauser (1993), "The Voice of the Customer," *Marketing Science*, 12 (Winter), 1-25.

Gryna, Frank M. (1988), "Quality Costs," in *Quality Control Handbook*, 4th ed, Joseph M. Juran and Frank M. Gryna, eds. New York: McGraw-Hill, 4.1-4.30.

Hauser, John R. and Don Clausing (1988), "The House of Quality," *Harvard Business Review*, 66 (May-June), 63-73.

Heskett, James L., W. Earl Sasser, Jr., and Christopher W. L. Hart (1990), *Service Breakthroughs*. New York: Free Press.

Hoerl, Arthur E. and Robert W. Kennard (1970), "Ridge Regression: Biased Estimation for Non-Orthogonal Problems," *Technometrics*, 12(1), 55-67.

Juran, Joseph M. and Frank M. Gryna, Jr. (1980), *Quality Planning and Analysis From Product Planning Through Use*. New York: McGraw-Hill.

Keiningham, Timothy L. and Stephen Clemens (1995), *nCompass Users Manual*, unpublished manuscript, Nashville, TN.

Kordupleski, Ray, Roland T. Rust, and Anthony J. Zahorik (1993), "Why Improving Quality Doesn't Improve Quality," *California Management Review*, 35 (Spring), 82-95.

Krishnamurthy, Lakshman and Arvind Rangaswamy (1989), "The Equity Estimator for Marketing Research," *Marketing Science*, 6 (Fall), 336-57.

—— and —— (1994), "The Statistical Properties of the Equity Estimator: A Reply," *Journal of Business and Economic Statistics*, 12 (April), 149-53.

Kudernatsch, Daniela (1998), *Return on Quality: Ein Ansatz zur monetären Bewertung von Qualitätsverbesserungsmassnahmen—kritische Darstellung und empirische Anwendung im Call Center*. Munich: FGM Verlag.

Nayatani, Yorhinobu, Toru Eiga, R. Futami, and H. Miyagama (1994), *The Seven New QC Tools*. White Plains, NY: Quality Resources.

Nelson, Eugene T., Roland T. Rust, Anthony J. Zahorik, Robin L. Rose, Paul Betalden, and Beth A. Siemanski (1992), "Do Patient Perceptions of Quality Relate to Hospital Financial Performance?" *Journal of Healthcare Marketing*, 13 (December), 1-13.

Oliver, Richard L. (1980), "A Cognitive Model of the Antecedents and Consequences of Satisfaction Decisions," *Journal of Marketing Research*, 42 (November), 460-69.

—— (1989), "Processing of the Satisfaction Response in Consumption: A Suggested Framework and Research Propositions," *Journal of Consumer Satisfaction, Dissatisfaction, and Complaining Behavior*, 2, 1-16.

——, Roland T. Rust, and Sajeev Varki (1997), "Customer Delight: Foundations, Findings, and Managerial Insight," *Journal of Retailing*, 73 (Fall), 311-36.

Olshavsky, Richard and John A. Miller (1972), "Consumer Expectations, Product Performance and Perceived Product Quality," *Journal of Marketing Research*, 9 (February), 19-21.

Olson, Jerry C. and Philip Dover (1976), "Disconfirmation of Consumer Expectations Through Product Trial," *Journal of Applied Psychology*, 64 (April), 179-89.

Parasuraman, A., Valarie A. Zeithaml, and Leonard Berry (1985), "A Conceptual Model of Service Quality and Its Implications for Further Research," *Journal of Marketing*, 48 (Fall), 41-50.

———, ———, and ——— (1988), "SERVQUAL: A Multiple-Item Scale for Measuring Consumer Perceptions of Service Quality," *Journal of Retailing*, 64(1), 12-40.

Peter, J. Paul, Gilbert A. Churchill, Jr., and Tom H. Brown (1993), "Caution in the Use of Difference Scores in Consumer Research," *Journal of Consumer Research*, 19 (March), 655-62.

"The Post-Deming Diet: Dismantling a Quality Bureaucracy" (1991), *Training* 28 (February), 41-43. (Excerpts from two letters sent to employees of Florida Power and Light Co. by James L. Broadhead, FLP's chairman and CEO)

Rangaswamy, Arvind and Lakshman Krishnamurthy (1991), "Response Function Estimation Using the Equity Estimator," *Journal of Marketing Research*, 28 (February), 72-83.

Reichheld, Frederick F. and W. Earl Sasser, Jr. (1990), "Zero Defections: Quality Comes to Services," *Harvard Business Review*, 68 (September-October), 105-11.

Rogers, E. M. (1962), *The Diffusion of Innovation*. New York: Free Press.

Rust, Roland T., Stephen Clemens, John Gregg, Timothy Keiningham, and Anthony Zahorik (1999), "Return on Quality at Chase Manhattan Bank," *Interfaces*, 29(2), 62-72.

———, Greg L. Stewart, Heather Miller, and Debbie Pielack (1996), "The Satisfaction and Retention of Front-Line Employees: A Customer Satisfaction Measurement Approach," working paper, Owen Graduate School of Management, Vanderbilt University.

——— and Anthony J. Zahorik (1993), "Customer Satisfaction, Customer Retention and Market Share," *Journal of Retailing*, 69 (Summer), 193-215.

———, ———, and Timothy L. Keiningham (1994), *Return on Quality: Measuring the Financial Impact of Your Company's Quest for Quality*. Chicago: Richard D. Irwin.

———, ———, and ——— (1995), "Return on Quality (ROQ): Making Service Quality Financially Accountable," *Journal of Marketing*, 59 (April), 58-70.

Sultan, F., John U. Farley, and Donald R. Lehmann (1990), "A Meta-analysis of Applications of Diffusion Models," *Journal of Marketing Research*, 27 (February), 70-77.

Teas, R. Kenneth (1993), "Expectations, Performance Evaluation, and Consumer Perceptions of Quality," *Journal of Marketing*, 57 (October), 18-34.

Westbrook, Robert A. and Richard L. Oliver (1991), "The Dimensionality of Consumption Emotion Patterns and Consumer Satisfaction," *Journal of Consumer Research*, 18 (June), 84-91.

Whittaker, Barrie (1991), "The Path to Excellence," *Canadian Business Review*, 18 (Winter), 18-21.

Wiesendanger, Betsy (1993), "Deming's Luster Dims at Florida Power & Light," *Journal of Business Strategy*, 14 (September-October), 60-61.

Woodside, Arch G., Lisa L. Frey, and Robert Timothy Daly (1989), "Linking Service Quality, Customer Satisfaction and Behavioral Intention," *Journal of Health Care Marketing*, 9 (December), 5-17.

Zahorik, Anthony J. and Roland T. Rust (1992), "Modeling the Impact of Service Quality on Profitability: A Review," in *Advances in Service Marketing and Management*, Vol. 1, Teresa A. Swartz, Stephen W. Brown, and David E. Bowen, eds. Greenwich, CT: JAI, 247-76.

Zeithaml, Valarie A., Leonard Berry, and A. Parasuraman (1993), "The Nature and Determinants of Customer Expectations of Service," *Journal of the Academy of Marketing Science*, 21 (Winter), 1-12.

Zemke, Ron and Dick Schaaf (1989), *The Service Edge: 101 Companies That Profit From Customer Care*. New York: Plume Books.

第14章

顧客滿意度

Richard L. Oliver

有關於顧客滿意度的研究，至今堪稱已邁入成熟階段。不論是導致顧客滿意度的原因、核心機制，或是顧客滿意度的影響力，都已一一被指出。過去各項研究所提出的滿意度成形模式，相當詳盡地說明顧客係依據哪些理由或觀點評估自己對服務滿意與否。這些理由或觀點，指的就是顧客心理的感受——本質上來說，也就是顧客對實體商品或抽象服務的一般性感受。以消費者心理學而言，顧客對於商品屬性或特徵的看法，就是滿意度形成的基礎。換句話說，顧客歸納商品屬性的過程所反映出來之具體結果，就是對商品或服務的滿意度（satisfaction response）。

本文主要的目的是為勾勒出目前在服務業中關於滿意度機制的各種看法，讀者將會發現，在此所討論的機制和存在於「製造業模式」（product model）中的機制，在性質上沒有很大的差異；不同的是，服務性消費所具備的特殊屬性會使某些機制顯得格外具有影響力，使另外一些機制發揮不了太多作用。事實上，這是因為服務業在本質上有高度的人際互動特性，因此容易讓顧客產生某些情感性的反應。

基本的滿意度機制

　　滿意，是經由比較的過程而來的。因此，滿意可說是人類在「比測器」機制下所產生的反應（comparator response，Oliver 1997）。人類需要滿足某些基本需求方得以繼續生活下去，通常人們會從過去的經驗來衡量自己的需求或慾望是否獲得滿足。滿意和人類其他的情感（如快樂或愉悅）是不同的，因為像快樂這一類的情感是絕對性的，毋需依賴某種標準去判斷快樂與否。

　　對顧客而言，大多數的消費行為都是出於自願的，他們往往有許多可替代的選擇。當他選擇了某項服務時，是因為期待這樣的選擇可以滿足自己的需求。消費者選擇購買某項商品，他們認為這符合自己的所需與慾望、能夠提供愉悅感、減輕痛苦或得到其他方面的滿足。有了這樣的期待，顧客心中就產生了採取行動（消費）的驅力。當然，有些期待是以一種被動的型態存在，因此並非所有消費者都會有意識地處理自己的期待。例如，顧客會理所當然地假設某項商品價格是合理的，然而稍後當他發現自己可以用更便宜的價格購得同一樣商品時，他才恍然大悟原來自己的假設／預期有誤。這樣的發現使原本被動存在的期待變得活絡起來，此時便會產生滿意感（或不滿意感）。因此，被動的預期或是主動的預期同等重要，因為他們都會影響顧客滿意度反應。

　　前述的例子說明預期心理是顧客在比較商品（包括服務在內）時的基本標準。對於商品素質（consumable performance）的觀察，則是另一個影響顧客滿意度的重要元素。事實上，所有用來評估滿意度的標準，都需要藉著商品素質加以驗證，才能使比較機制的標準產生作用、並且構成真正的滿意度。Oliver歸納出幾個會產生幾種不同認知反應比測器，顧客的比較機到根據這些認知反應判斷自己的滿意度（1997）。

　　當消費者比較自己的期待和實際的服務表現時，就會產生所謂期待的反證行為（expectancy disconfirmation）（稍後我們會再加以說明）。同樣地，顧客比較服務素質和自己的需求時，會評估此服務是否已經滿足了自己的需求。另外，顧客心裡自有一套所謂「完美的標準」，他會用這把尺來衡量服務的品質是否達到要求。用它來衡量價格與結果是否公平合理。在這種比較的機制中，顧客可能覺得很合理，但也可能有後悔的感覺。上述所說的各種比較機制，有些是出於顧客的主動意志，有些則是屬於被動因素。需求、慾望及花費是主動因素，合理與否及其他替代的可能選擇（可能產生不同結果）則是屬於被動的因素。

　　我們姑且假設只有一個以預期為基礎的比較機制，則滿意度形成的過程可能是：當服務完成後，顧客便將服務素質和自己的預期相比較，於是完成「反確認」的行為。反確認的結果可能是負面的（服務素質不如預期）、正面的（服務素質超越預期）或中立的（服務素質符合預期），因此，反確認的關鍵（負面、正面或中立）必須明確陳述。一般而言，正面的反確認結果也會導致正面的滿意度；若反確認呈負面結果，則滿意度也會是負面的；而當預期與服務結果相符時，顧客則「確認」了自己的期待。

　　除了預期心態以外，還有其他的比較標準可能會影響滿意度。消費者所獲得的服務和這些標準比較之後，結果可能有所差異或不一致（discrepancy or incongruency），也可能是一致的（congruency）。這種根據預設標準來比較實質結果的行為，與上述之反確認行為在本質上是相同的。

　　在各種比較的標準之中，「公平」原則也是常見的比較機制（參見Oliver和Swan, 1989）。在這種比較行為中，消費者以被動的公平標準，從各種層面來檢視自己在交易中所受到的待遇。例如，消費者會衡量服務提供者和自己的付出與所獲是否公平合理，我們稱之為「分配的正義」（distributive justice）。而顧客用以衡量交易是否公平的指標可能包括價格、代理商所抽取的佣金、小費等。

　　除此之外，顧客也可能根據其他的比較標準來判斷交易的公平性（見Goodwin和Ross，1992）。以程序正義（procedural justice）為例，顧客常以服務人員傳遞服務的態度及方式來評估交易的公平性。資料顯示，大多數的顧客都希望參與服務過程，並期待自己有影響交易結果的能力。在許多具有壟斷性的場域中（如政府機構），顧客參與服務過程的機會較少。另外，在利用機器傳遞服務的模式中，想要達到個人化的困難度比較高，因此顧客不容易實際參與服務過程。

　　「互動的公平性」（interactional fairness）也是顧客經常使用的一種比較標準。消費者通常期待受到重視與關懷，並且預期服務人員有禮貌地提供服務。因此，如果服務人員的態度粗魯而無禮，讓顧客感覺被忽略、不受尊重，這和原先的預期有所違背，互動的公平性就會打了折扣。

歸因所扮演的角色

　　「歸因」（attribution）是評估事件因果及責任關係的行為。當顧客接受了一項服務，不管結果好壞，他可能會追根究底地思考：為什麼會這樣？在反省過程中，顧客找到了可以解釋事件發生的原因，這就是所謂的歸因行為。歸因行為是一項複雜的過程，以下將加以說明。

　　Weiner在1986年提出了一個架構，他分別從三個面向來探討歸因。第一個是原因的行動者（causal agency），也就是造成事件發生的事物。此行動者可能是歸因者本身，也可能是歸因者以外的其他人事物。第二個層面是可控制性（controllability），本質上來說，這一類的導因行動者是依據某個人事物對結果所擁有的控制力來判斷，也就是這個行動者是否能夠改變或避免事件的發生。第三個層面是穩定性（stability），也就是說，如果在同樣的情境之下，事情是否會有相同或類似的結果。由於我們探討的重點是由他人所提供的服務，因此我們將這三種層面的歸因鎖定在他人的導因行為、控制力以及穩定性。

情緒所扮演的角色

研究顯示，情緒在顧客滿意度中也扮演重要的角色（如Oilver 1993、1997；Westbrook和Oliver 1991）。一般來說，顧客滿意的情緒主要有三種不同的來源。第一種來源是顧客對消費結果的整體印象好壞，會直接地導致顧客產生快樂或鬱悶的情緒。第二種情緒來源是透過特定的比較行為而來，就像本章稍早提及的反確認行為：當結果是負面的，顧客會產生受騙或後悔的情緒。第三種則是由歸因行為所衍生的情緒，顧客對於結果的好壞，會產生感激或抱怨的感覺。這三類的情緒相當易於辨識，可以作為標識物（markers），與各種不同結果相互對應。對此，Oliver（1997）曾以列表說明；表14.1歸納了各種特定的比較行為所導致的情緒標識。

Folks也曾經提出類似的看法，他認為消費經驗中的歸因過程在本質上是相當情緒性的（1998）。進一步來說，顧客達到滿意的過程和消費事件所引發的結果、歸因行為及情緒反應有關。各種歸因的情況會導致不同的情緒反應，我們以14.2來歸納歸因與反應的關係。不同的反應會交互地彼此影響，使顧客對消費經驗產生概括性的情緒感受。例如，原來的「準情緒」（quasi-emotion）感受，和顧客從事反確認或比較行為後的情緒混合後，產生對服務經驗的一般性情緒感受。

表14.1　反確認和和公平性的情緒標籤

反確認的情況	溫和的反應	強烈的反應
	當顧客預期有正面的結果：	
預期好，結果更好	高興	快樂
預期好，結果一樣好	滿意	愉悅
預期好，結果不好	懊惱	失望
	當顧客預期有負面的結果：	
預期不好，結果較好	和緩	放心
預期不好，結果也不好	忍受	苦惱
預期不好，結果更不好	沮喪	絕望
	當顧客預期交易是公平的：	
預期公平，結果更公平	這種狀況不常見，如果有，通常會產生謝意，甚至有罪惡感	
預期公平，結果也公平	顧客通常不會特別意識到此狀況，如果有，通常會懷有感激	
預期公平，結果不公平	惱怒	氣憤

　　由反確認和歸因所引發的每一個情緒標籤，都會影響顧客滿意度的結果。因此，在本質上，滿意度同時具有認知性和情感性的特質，因為它是經由反確認行為所產生，並且是不同情感交互調和之後所形成。從這一點來說，滿意度是一種混和性的反應，其中含有資訊性和情緒性的成分。圖14.1勾勒了顧客滿意度的形成過程。

　　圖14.1上部呈現了本章所描述的預期性反確認的模式，在這個部分，顧客將自己的預期和實際的服務素質予以比較，無論是服務或實體商品的表現都會被加以評估。該圖的底部則呈現了非主動性的標準，顧客在心理存有某種他認為理所當然的標準，這一個層面的衡量即前述之公平性。根據心裡那把標準的尺進行反確認行為，顧客會產生某些情緒反應，這些情緒互相交織混和後會對滿意度產生影響。若

表14.2 各種歸因情況下的情緒標籤

	好的結果	不好的結果
可控制的結果	讚賞、感激	抱怨、憤怒
不可控制的結果	驚訝、高興	失望、勉強
預期穩定的結果	有信心	退縮
預期不穩定的結果	嘗試性	猶豫

混和的最終結果是正面的,就大致意謂著顧客是滿意的;倘若混和的結果是負面的,則通常顧客會覺得不滿意這樣的服務經驗。所以,圖14.1也呈現了反確認行為和差異對於顧客滿意度的影響力。

位於圖14.1中間的部分即為歸因行為。在歸因過程中,顧客衡量服務提供者的表現是否值得讚賞或非難、自己對於服務的結果是否擁有控制力、以及未來是否會再度光顧,這些衡量的結果將與其他的情緒來源結合,最後將反映在整體滿意度的層面上。

服務滿意度的應用模式

如前所述,不論採用此模式來評估實體商品或抽象服務,在運用上並沒太大的差異性。然而,必須強調的是,在服務的傳遞過程中,顧客的注意力很容易就集中在「人」的問題上。因此,在這個模式中,人際間的交互作用是重點所在。和實體商品的交易型態相較之下,服務業裡負責傳遞服務的人員對顧客滿意度有絕對的影響力。

在社會認知科學領域中,人們對於物體(如實體商品)的評斷和對「人」的表現之各種不同的衡量方式,一直是受到熱烈討論的問題(Fiske和Taylor 1991)。一般而言,相對於人們對物體性的評估,社會

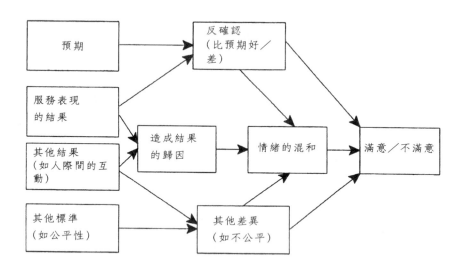

圖14.1　滿意度的預期／標準反確認模式

性的評估較可能產生正面的結果,因為在複雜的服務表現脈絡下,個
體的表現與各自扮演的角色較為模稜兩可(Menon和Johar 1997),然
而,這些研究觀察似乎較適用於整體上還算滿意的服務接觸過程。

　　正面而令人滿意的服務接觸會提高顧客再度消費的意願,同時他
也可能會告知親朋好友,自然為服務提供者帶來不少好處。然而,研
究也顯示,當顧客感到不滿意時,對服務提供者所造成的傷害將超過
當他們感到滿意時對服務提供者所帶來的好處(Anderson和Sullivan
1993)。兩者之間的落差主要是來自於顧客會有「基本的歸因謬誤」
(fundamental attribution error):顧客會認為成功的交易(當服務結果
是好的)是自己的功勞,而失敗(當服務結果不好時)則是別人所造
成的。另外一個可能的解釋則是,人們比較不會有意識地察覺正面的
事物,但是對負面的事物卻相當敏感。基於這樣的理由,對服務提供

者來說，避免錯誤似乎比取悅顧客要來得重要。然而在實際情況中，由於每個人具有異質性和獨特性，有時顧客和服務提供者不見得可以相處得很融洽，所以和販售實體商品的行業比較起來，以「人」為核心的服務業比較容易出現這種歸因謬誤。因此，對服務提供者而言，若能夠詳查是哪些錯誤造成顧客滿意度低落的罪魁禍首，不啻是一個具有建設性的作法。

　　從圖14.1的模式可以清楚地知道，服務人員扮演的角色對於顧客的情緒有絕對的影響力。首先，服務人員和服務素質之間往往被劃上等號，這當然也和顧客的反確認行為有絕對的關係，正如表14.1所呈現，每種反確認行為都有相對應的顧客情緒反應。當實際的服務素質不如顧客的預期時，顧客會傾向認為服務人員應對此負責。研究已經發現，當服務接觸的結果不良時，顧客很容易覺得沮喪，因此一旦顧客認定失敗是因為服務提供者（而非自己）所造成，沮喪的感覺很容易會轉化成憤怒，因為顧客通常會假設服務人員沒有盡力避免不好的結果。除此之外，如果顧客認為這種事情以後還是會發生的時候，自然對這個服務提供者敬而遠之了。

　　一家公司的服務體系可能是由許多人組成，在某些情況下，即使錯誤僅是由其中一名服務人員所造成，卻無法改變顧客對公司整體的負面想法。例如，餐廳侍者端來一盤味道不佳的菜餚，雖然這並不是他的錯，但是侍者扮演傳遞菜餚的角色，仍被顧客視為公司整體服務的代表之一。在這種情況下，歸因的可控制性層面雖然已經改變，但是責任的面向卻仍然落在服務人員身上。

　　最後，當某個服務業者打破了市場的公平交易原則，不管結果是正面或負面，情況就會變得更加複雜。這樣的情形在餐廳業裡比比皆是：索價過高（分配的不公正）、晚到的客人比早到的客人先享用菜餚（程序的不公正）、服務人員態度粗魯匆促（互動的不公正）等，都可能使顧客的消費經驗雪上加霜。事實上，各種負面的經驗整合、互動之後的負面性將遠高於個別的負面因素。

總結

　　本章主要探討在普遍的預期心態及標準下之反確認模式中，服務業具有哪些特殊性：由於服務過程具有的高度人際化特質，顧客滿意度裡包含了有很多的情緒成分，因此，情緒性因素對顧客滿意度有決定性的影響。這些影響力在幾個不同的層面上都分別產生作用：第一，在服務最終的結果方面，服務是由人員所提供，然而由於人的情緒總會有高低起伏，人際互動不可能穩定不變，所以不同的服務人員和不同的顧客交涉，會產生不同的服務素質及服務結果，也比較容易產生衝突而導致失敗的交易結果。另一個層面是來自於顧客將服務素質和自己的預期進行比較，兩者之間的落差也會使顧客產生情緒反應。

　　由於服務可能在一個複雜的情境中傳遞給顧客，其中更牽涉了許多人際互動（如醫療服務業），此時第三種影響力的作用層面就會出現。顧客將依公平的標準定義，衡量自己受到的待遇是否公平，並且將自己受到的待遇歸因於服務提供者，並且對應性地產生一些情緒反應，此為第四種機制。根據這些理由，服務業者應謹慎觀察顧客滿意度所包含的情緒成分，並且仔細評估導致顧客各種情緒反應的相關前導因素，才能徹底瞭解顧客滿意度模式中的構成元素。

參考書目

Anderson, Eugene W. and Mary W. Sullivan (1993), "The Antecedents and Consequences of Customer Satisfaction for Firms," *Marketing Science*, 12 (Spring), 125-43.

Fiske, Susan T. and Shelley E. Taylor (1991), *Social Cognition*. New York: McGraw-Hill.

Folkes, Valerie S. (1988), "Recent Attribution Research in Consumer Behavior: A Review and New Directions," *Journal of Consumer Research*, 14 (March), 548-65.

Goodwin, Cathy and Ivan Ross (1992), "Consumer Responses to Service Failures: Influence of Procedural and Interactional Fairness Perceptions," *Journal of Business Research*, 25 (September), 149-63.

Menon, Geeta and Gita Venkataramani Johar (1997), "Antecedents of Positivity Effects in Social Versus Nonsocial Judgments," *Journal of Consumer Psychology*, 6(4), 313-37.

Oliver, Richard L. (1993), "Cognitive, Affective, and Attribute Bases of the Satisfaction Response," *Journal of Consumer Research*, 20 (December), 418-30.

—— (1997), *Satisfaction: A Behavioral Perspective on the Consumer.* New York: Irwin/McGraw-Hill.

—— and John E. Swan (1989), "Equity and Disconfirmation Perceptions as Influences on Merchant and Product Satisfaction," *Journal of Consumer Research*, 16 (December), 372-83.

Weiner, Bernard (1986), *An Attributional Theory of Motivation and Emotion.* New York: Springer-Verlag.

Westbrook, Robert A. and Richard L. Oliver (1991), "The Dimensionality of Consumption Emotion Patterns and Consumer Satisfaction," *Journal of Consumer Research*, 18 (June), 84-91.

第15章

做爲領先指標的顧客滿意度指數

Eugene W. Anderson

Claes Fornell

　　企業績效的財務性或會計性指標，如生產力、營業額、淨利等，是評估過去經營狀況的基礎，但是對未來的預測能力卻很有限（Kaplan和Norton 1992）。不管是獨立企業體或國家經濟，如果只依賴對過去的評估，很難達到有效的管理；正如開車的時候，駕駛不能只看後視鏡一樣，經理人或政策制定者也必須知道前景究竟爲何。顧客滿意指數（Customer Satisfaction Indices，簡稱CSI）可以預測重複性的交易，以作爲財務狀況的領先指標，將可彌補傳統評估方式之不足。

　　傳統評估指標對於當前狀況的了解亦有其侷限，這些指標在評估生產水準方面的貢獻很大，但是卻無法揭露消費品質。如果顧客只覺得服務差強人意，對市場佔有率或營利銷售能力可能構成非常不利的條件。質和量之間可能存在著某種妥協（Anderson、Fornell和Rust 1997；Huff、Fornell和Anderson 1996）。數量上的增加（如每架飛機上的座位、每個服務生負責的桌數、每位看護員照顧的小孩、每個班級的學生人數、每名老師授課的班級數或每個律師負責的案件量）很可能導致品質與顧客滿意度的低落。公司必須努力在效率（efficiency）與效果（effectiveness）之間取得平衡。藉著將注意力集中在消費品質的問題，顧客滿意度的評估將可以成為管理上的指標。

在評估經濟體健全與否時，也需要顧及平衡。傳統上用來了解經濟體的方式呈現了數量方面的訊息（如GDP、失業率、成長率或煤礦產量），但是並未評估生產品質。舉例來說，如果物價指數升高是因為品質改善，則通貨膨脹未必會發生。如果沒有評估產品品質的工具，我們很難了解由傳統評估手法得出的數字的真實意義。在現代的市場經濟中，買方的決定成為驅動的力量，因此，評估產品數量和評估產品品質是同等重要的工作。顧客滿意度（特別是以一致而系統性的測量方式所得到的顧客滿意度資料）有助於我們對經濟的全盤認識。

我們要傳達的概念是：我們必須透過一個能夠同時說明數量與品質的評估手法，去了解公司的績效與國家的經濟。在過去，世界的市場具有大量生產與大量消費的特色，競爭情況說來不算激烈。在那樣的時代裡，供給和成長是優先目標，因此，光以生產量就能評估公司或國家的經濟狀況。今日的市場卻不然：顧客比以前來得精明，他們的偏好或預期不斷地改變；新市場區隔出現的同時，舊市場漸漸消失；野心勃勃地想擠掉別人以取得領導地位的新公司也不在少數；新技術的發展淘汰了舊有的交易方式，產生了創造價值的新工具、新的競爭型態甚至全新的產業。想要在這樣波濤洶湧的世界中具備競爭力，必須更全面性地了解財務與經濟上的績效。

本章將概觀性地提出一個廣為接受的績效評估方式，以彌補傳統衡量標準之不足。對於公司財務表現或國家經濟狀況的評估，CSI有重要的補足作用。在以下的討論中，我們將說明CSI的本質與目的、CSI在方法學上的背景發展，並且檢視目前有關於公司財務表現或國家經濟狀況的CSI研究。

CSI的本質

　　CSI是用以評估商品與服務的品質和消費者的購買經驗。一個公司的CSI代表所經營的市場（即該公司的顧客）對購買與消費經驗的整體性評估，此評估包括了實際經驗與預測經驗（Anderson、Fornell和Lehmann 1994；Fornell 1992；Johnson和Fornell 1991）。因此，CSI是一家公司對其市場供給的累計性評估，而非特定交易類別的單一評估項目。雖然特定交易的滿意度可以作為對某種商品或服務過程的診斷資訊，不過如果要全面了解公司在過去、目前及未來的表現，整體性的顧客滿意度則具有更重要的指標意義（Anderson、Fornell和Lehmann 1994）。

為什麼以顧客滿意度為指標？

　　顧客滿意度在財務或經濟表現上的指標性角色，可以直接從它所衍生的行為及經濟結果為公司創造之利益談起（Anderson、Fornell和Lehmann 1994）。顧客滿意度可以達到更高的顧客忠誠度（Anderson和Sullivan1993；Fornell 1992；LaBarbera和Mazyrsky 1983；Oliver 1980；Oliver和Swan 1989；Yi 1991）。透過忠誠度的提升，顧客滿意度能保證公司未來的收益（Bolton 1998；Fornell1992；Rust、Zahorik和Keiningham 1994，1995）、減少未來交易的成本（Reichheld和Sasser 1990）、降低價格彈性（Anderson1996），並且減緩品質不良時的顧客流失情況（Anderson和Sullivan）。基於上述理由，實證研究的結論並不令人意外—產品品質優良的公司將有較高的獲利率（Aaker

和Jacobson 1994；Anderson、Fornell和Lehmann 1994；Anderson、Fornell和Rust 1997；Bolton 1998；Capon、Farley和Hoening 1990）。

　　不管是針對個別的產業、經濟部門、國家經濟或是單一的公司，CSI同樣都具備了引導性的指標意義。結合各項CSI以後的總體經濟滿意度指數，可以提供寶貴的訊息，以了解過去、現在與未來的經濟表現。產業、部門或國家的CSI呈現有關商品或服務品質的資料，也是評估產業或國家未來財務表現的手法。因此，了解總體經濟滿意度可以有效監督、改善國家經濟表現，並且提升全球性的競爭力以及經濟生活的品質。

CSI的運作方式

　　作為評估整體顧客滿意度的指標，CSI必須具備一致性以及可比較性，CSI的概念需要一套具有兩個基本特質的方法論1。首先，此方法學必須體認，單一的CSI無法直接測量的顧客評估項目。其次，作為一個能夠估量整體顧客滿意度的工具，CSI不僅僅描述消費經驗，同時也具有預測未來的能力。

　　因此，一個CSI必須嵌建在一個因果關係系統之內（如圖15.1所示），此關係由顧客滿意度之前導因素（包括預期、感覺到的品質和價值）及其結果（如忠誠度和迴響）運作，而CSI則位於此關係鏈結之中心。評估此系統或模式的最重要目的是對顧客忠誠度提出解釋。藉由這樣的設計，一個CSI才能以鑑往知來的方式掌握市場對公司產品的評價。

　　顧客滿意度（CS）有三個前導要素：認知品質（perceived quality）、認知價值（perceived value）和顧客期望。一般認為，顧客對品質的認知以及被服務的市場（served market）對消費經驗的評估，與顧客滿意度有直接而正向的影響。影響顧客滿意度的第二個決

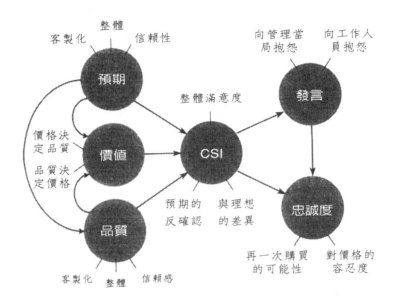

客製化　整體　信賴性
預期
向管理當局抱怨　向工作人員抱怨
發言
整體滿意度
價格決定品質
品質決定價格
價值
CSI
忠誠度
品質
預期的反確認　與理想的差異
客製化　整體　信賴感
再一次購買的可能性　對價格的容忍度

圖15.1　顧客滿意度指數（CSI）模式

定性因素是顧客對於價值的感覺，或是對價格與品質之關係的看法。此模式融合了顧客對價值的認知和價格，並且加強所有公司、產業或部門之間的可比較性（comparability）。滿意度的第三個決定因素—被服務市場的預期（the served market's expectations）—所顯示的訊息包括：其一，市場對公司產品的預先消費經驗（prior consumption experience），包括不同來源的非經驗式資訊（non-experiential information），如廣告或口頭消息；其二，預測產品供應者在未來提供優質產品的能力。

　　根據Hirschman的出走—發聲（exit-voice）理論（1970），顧客滿意度升高最立即的結果是申訴的減少及顧客忠誠度的提升（Fornell和Wernerfelt 1988）。如果顧客覺得不滿，他們會選擇出走（例如投向競爭對手的懷抱）或表達他們的抱怨。如果顧客覺得滿意，抱怨率會比較低，也會呈現較高的忠誠。由於忠誠度可說是獲利能力的代名詞，因此，在此模式中，忠誠度是最終的應變項（ultimate dependent variable最終的依賴變項？）（Reichheld和Sasser 1990）。

　　CS和此模式中的其他構成項目是潛在的變項，無法直接測量，因此必須用多種方式予以評估，如圖15.1所示。評鑑此模式的時候，需要掌握近來顧客對其他十五個明顯變項的看法（有關更詳細的調查設計，請參考Fornell等人 1996）。根據調查資料並採用計量經濟學技巧—即部分最小平方法（partial least square）（Wold 1989），可以評估一個CSI項目。部分最小平方法是一個用來評估原因模式的　互動性過程。其他原因模式技巧則不適用（如透過一組類似LISREL的結構平衡等式），因為用這一類的方式評估CSI會產生問題。想要評估CSI，需要能夠處理非對稱性（skewed）及非常態（non-normal）資料的方式，並且能適應連續性及絕對性的變項，以減少因為多重共線性（Multicollinearity）所造成的偏差。這三個方面都說明了部分最小平方法優於LISREL的原因。在計算CSI時，PLS根據這些調查方法解釋顧客忠誠度的能力，評估各方法所佔之比重；並以評估出來的比重建立CSI以及其他構素的指數值（index values，從0~100）。

全國顧客滿意指數

　　密西根大學商學院的國家品質研究中心（National Quality Research Center，簡稱NQRC）已經分別在瑞典（1989）及美國（1994）發展出一套評估全國性顧客滿意度的系統；在台灣、紐西蘭、韓國及巴西進行標竿性的調查，並且獲准在馬來西亞、加拿大及巴西等國家進行全國性的研究；1999年起，該中心與十五個歐盟國家合作推行歐洲顧客滿意度指數（European Customer Satisfaction

Index）。在美國與歐盟採用顧客滿意指數以前，研究者孜孜不倦地分析各種評估CSI的方式，結果發現NQRC CSI用以為基礎的方法論較其他方式有更多可取之處（European Union 1997；國家經濟研究協會National Economic Research Associates 1993）。在德國、挪威、瑞士等國家試圖以其他方法學建立CSI，這些方法學和NQRC CSI的規格與標準無法直接比較。當美國、亞洲、歐洲的評估系統完成之際，公司、產業及國家CSI將可進行跨國性的比較，因為這些國家將使用相同的評估手法，這樣的比較方可發揮其效力與意義。

NQRC CSI是針對國家整體經濟而設計的。舉例來說，在選擇公司以評估美國顧客滿意度（American Customer Satisfaction Index，ACSI）時，將可以觸及顧客終端的七個主要經濟部門（一位數的SIC碼）全部納入；在每一個部門中，將主要的產業群體（industry groups）依相對GDP之高低納入（兩位數的SIC碼）。在每一個產業類別裡，以總銷售量為基礎納入數個具有代表性的產業（四位數的SIC碼）。最後，在每一種產業中，選出最大的幾家公司，因此NQRC CSI的範圍涵蓋了絕大多數優質產業的銷售。

產業、部門和整體經濟的ACSI值是根據公司等級的結果總計而得（Fornell等 1996）；產業等級的ACSI則是公司銷售量加權後的合計（weighted by firm sales）的累計結果（例如Phillip Morris所銷售之Miller啤酒是在飲料／啤酒產業，排除了其他Philip Morris的銷售）；部門的ACSI則是產業銷售量加權後的合計結果；整體的ACSI則是各部門的平均結果，而這些部門的結果是根據其對GDP的貢獻加權後所得。

CSI研究之概要

CSI與標竿設定

　　CSI評估有助於從事時間與脈絡（如產業）方面的標竿設定。舉例來說，圖15.2顯示，美國顧客滿意度指數在近年來呈衰退現象。ACSI從1994年的74.5，降為1997年的71.1。服務部門的顧客滿意度降低，導致ACSI也隨之衰退。由於長期的獲利能力必須仰賴顧客忠

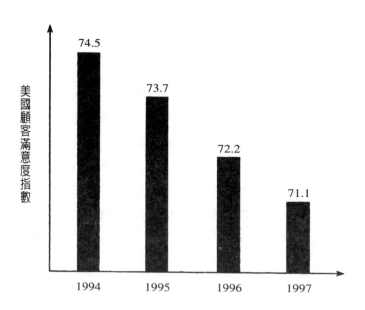

圖15.2　近年來美國顧客滿意度指數（ACSI）

誠度,而顧客—公司在長期關係下的交易效率也較高,因此,如圖 15.2呈現的衰退現象對於公司在長期上的獲利前景顯然發出警訊。更 重要的是,假如服務業在經濟體中的比例仍然持續成長,這樣的衰退 所反映的可能是整個經濟的衰弱趨勢,以及生活中的消費品質標準偏 低。

持續追蹤ACSI還有另一項在公司層級的有趣發現。在最初公佈 的公司層級資料中,美國郵政管理局(the U.S. Postal Service)是最大 的贏家之一,在1995年的指數為69,足足增加13%(Stewart 1995)。 郵政管理局從1995年到1996年之間致力於品質與利潤的提升;相反 地,許多相繼致力於組織瘦身或裁員的公司,其指數則大幅跌落,例 如GTE(72,跌幅5.3%)及K-Mart(70,5.4%)。

公司、產業、部門或國家的ACSI也可以在某段期間內進行橫跨 部門的評比。例如,我們不僅可以拿某公司與其產業中的佼佼者比 較,還可以和同一部門但不同產業中最好的公司、或全國最好的公司 進行比較。產業或部門也可以用類似的方式加以比較。

ACSI也可以和瑞典的CSI(SCSB)或台灣的CSI(TCSI)比 較。例如,在ACSI中顯示部門的差異形式,和SCSB或TCSI呈現一 致的情況:在這些不同的國家中,實體商品的評分都比服務部門高, 而敬陪末座的都是公共行政部門。

雖然探討哪一個公司、產業、部門及國家提供的商品或服務比較 令人滿意,似乎更單刀直入一點;不過,探討哪一個公司、產業、部 門或國家表現得比較好,則是另外一回事。為了要回答這個問題,必 須將ACSI置於脈絡中探討;換句話說,一旦考慮「結構」上的差異 性,某個ACSI的得分究竟算不算好,其實很難評斷。在這個論證 中,把「結構」換成其對比變項「經營」遇到的問題也一樣,這一種 基準上的評斷在某一特定產業中是比較直接的,因為此產業中的各公 司之間可以作為對照;在這樣的情況下,產業結構是固定不變的,因此不同公司在表現上的差異，可以歸因為公司的經營方式。

表現格外優異的公司包括西北航空（ACSI為76，該產業之平均ACSI為67）及BellSouth（ACSI為78，該產業之平均ACSI則為71）；分別緊跟在後的競爭對手則是Delta（ACSI=69）和Ameritech（ACSI=73）。這兩家拔得頭籌的公司都發展了不易仿效的策略，使他們分別在各自的產業中均遙遙領先其他公司。而嚴重落後的公司則包括Hyundai（ACSI=68，汽車業的平均ACSI為79）和麥當勞（ACSI=60，速食業的平均ACSI為66），這樣的成績無疑使這兩家公司面臨對手的攻擊時，顯得岌岌可危。

雖然不同的產業可能共享某些特質，但是就某個部門內部來說，基準調查必須考慮不同產業在結構上的差異性。長途電話服務的ACSI（77）高於市內電話服務（70）；或許我們可以說，長途電話服務的顧客滿意度可能比較高；但是，如果沒有考量結構性特質對顧客滿意度造成的影響，則很難評估整個產業的表現。換句話說，高度競爭可能是長途電話服務的ACSI偏高的原因；因此，如果沒有將此結構差異納入考慮就評斷此產業的經營表現，恐怕是很有問題的做法。例如以長途電話服務產業的結構特性來說，ACSI為77可能算差；而在市內電話服務產業的狀況中，ACSI為71卻可能已經是佼佼者。如果是這樣，即使長途電話服務的顧客滿意度已經很高，但是仍舊有進步的空間；另一方面，如果以產業特性為基礎，市內電話服務的市場滿意度超過個人的預期，則市內電話服務在整個市場中的表現相對上比較好。因此，基準調查需要進一步的判斷，如高爾夫球的讓桿（golf handicap）一樣，以說明結構性的差異。

進一步了解有哪些因素不利於ACSI的評分，是非常有潛力的基準研究方向。舉例來說，在探討產業層級和公司內部對CSI的相對影響力時，這是很有幫助的。其結果有助於了解產業的特性在何種程度上箝制了公司在提升顧客滿意度方面的成就與表現。採取這種嚴謹的

方式，可以使公司及員工的基準調查更爲精確，同時，對於公司的發
展策略、資源分配、表現評估和以滿意度爲基礎的補償政策等也都分
別具有重要的啓示。除此之外，了解公司或產業的獨特性質也能對公
共政策有所裨益，並且使產業間顧客滿意度之參照產生意義。

顧客滿意度和財務表現

　　針對顧客滿意度和獲利能力間的關聯，Anderson、Fornell和
Lehmann（1994）進行了一項兼顧理論與實證的調查。很多公司致力
於提升品質，但卻無法在獲利上得到立竿見影的效果，這往往令他們
備感挫折。爲此，Anderson等人以理論解釋公司爲什麼應該在何時預
期回收，並且以實證研究說明提升品質的公司多能獲得高度的報酬。
以瑞典的一家典型公司爲例，倘若顧客滿意度調查每年提升1點，反
映在淨利上後，五年間可獲利748萬美元。假如該公司淨收入是6500
萬美元，這意味著11.5%的累計增加，如果顧客滿意度對獲利能力的
影響和Business Week 1000中的公司類似，那麼，如果公司年度的顧
客滿意度指數平均增加一點，就等於有9400萬美元的價值，相當於目
前投資報酬率（return on investment）的11.4%。因此，此研究對那些
可能打算放棄的經理人，無異是一線曙光。

　　Anderson、Fornell和Rust（1997）研究顧客滿意度、生產力和獲
利能力之間的關聯性。雖然一般普遍相信顧客滿意度和生產力之間相
輔相成地運作，不過，我們還是得問：在高度重視服務的公司中，以
上的看法是否依然成立？有一個與顧客滿意度和生產力相關的模式，
經常被用來假設滿意度和生產力在何種狀況下會產生協力或平衡？明
確地說，當顧客對於品質的感受取決於客製化（customization，即產
品是否符合顧客需求）時，而非標準化（standardization，即產品功能
是否良好）時，顧客滿意度和生產力之間較可能產生平衡狀態。有人
認爲，服務業公司的顧客滿意度比較依賴客製化，而實體商品產業的

顧客滿意度則比較依賴標準化。實驗分析發現，雖然同時改善生產力和顧客滿意度可以增加貨物生產的利潤，但只改善其中之一項卻會影響服務工作的回饋。

實證研究對於ACSI在財務表現方面的領導性地位，已經越來越有說服力。這項事實不管是就帳面利潤或股東價值（shareholder value）來說都成立。具體來說，ACSI（Ittner和Larcker 1996）和瑞典的SCSB（Anderson、Fornell和Lehmann 1994）都與投資報酬率有正向關聯，根據Ittner和Larcker的評估，就市場價值而言，每一單位的ACSI變動，普通股票的市場價值將隨著增加6億5400萬美元，這已超出資產與負債帳面的價值。以ACSI或SCSB為基礎而發展的股市交易策略，其投資組合報酬率皆遠遠超出市場報酬（Fornell、Ittner和Larcker 1995）。除此以外，最近的結果顯示，正式公開的ACSI評比造成股票市場的顯著反應—ACSI得分高的公司有正面的市場修正報酬率，而得分較低的公司，其市場修正報酬率則呈現負面反應（Fornell、Ittner和Larcker 1995）。

儘管CSI和財務表現之間的關聯，出現了許多令人振奮的證據，不過，未來仍有很大的研究空間。顯然，對於CSI和獲利能力之間的關聯還需要更精緻的分析，這個關聯可能控制很多足以影響關係之評估的因素，例如一些固定、隨機或無法以時間來觀察變化的效應（time-varying "unobservable" effects）。就測量來說，Tobin的q是一個很有潛力的方法，所謂的q指的是公司有形資產的帳面價值和市場價值的比例（Montgomery和Wernerfelt 1998；Tobin 1969）。Tobin的q所具有的優勢在於其納入了資本市場所有關於均衡報酬的資訊。

未來還有另一個重要的研究方向：顧客滿意度和財務表現之間的關係所具有的系統性差異。如果能夠了解這些關係，並且找出調節CSI和獲利關係的因素，我們可以預測顧客滿意度和獲利能力之間在何種狀況下最可能產生強烈的關聯性。

顧客滿意度和經濟表現

在國家的層次上，一個CSI也為經濟表現提供了重要的指標。全國性的股市交易指數（如道瓊工業指數，Dow Jones Industrial Average，DJIA）已經證實能夠預測國家的經濟表現（以GDP評估）（Harvey 1989）。反過來說，ACSI的變動也會帶動道瓊指數的變化，如圖15.3所示。如果這項關係成立（我們的研究正開始證實這個看法之正確性），則我們將有另一項可以評估並預測經濟成長的新工具。

就評估國家經濟表現的其他方式來說，一項全國性的CSI提供了補充性的訊息。舉例來說，物價指數並不能反映出有關於品質的資

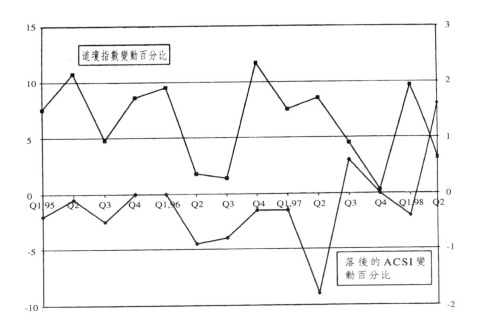

圖15.3 道瓊工業指數（DJIA）的變化落後一季美國消費者滿意指數（ACSI）的變化

訊，以CPI（Customer Price Index消費物價指數）而言，所有商品或服務具有的品質會隨著時間有劇烈的改變，因此，一個「眞正的」特徵價格指標——一個能夠根據品質等級而調整的物價指數—和滿意度指數則指向相反的方向。

目前，人們對於低通貨膨脹率和高就業率普遍感到不解，ACSI爲此疑惑提供解答：近年來的通貨膨脹率並未反映在價格上，而是在顯現在（服務）品質的低落上。換句話說，消費物價指數雖然保持穩定，但是全國性的ACSI卻呈現滑落現象。因此，ACSI傳達的訊息是：通貨膨脹的確發生了，因爲今天的1美元可以買到的服務比數年前要來得少。未來的研究或許可以比較實體商品和服務的相對物價指數，以及兩者的滿意度評比。另一個可能的方向則是以單一的「價值」指數將相關的經濟狀況和生產力之資訊加以結合，這樣一來可以將hedoni顧客滿意度指數視爲獲利，將價格視爲成本。

CSI和公司經營

雖然有些研究探討顧客滿意度和財務表現之間的關聯（如Anderson、Fornell和Lehmann 1994；Anderson、Fornell和Rust 1997），但是卻沒有人檢視創造顧客滿意度的內部程序，並且將之轉換成競爭優勢以提升財務表現。哪些因素決定公司是否成功地提升顧客滿意度，並且改善財務表現？未來CSI研究的重要方向之一是，了解並且評估對於影響顧客滿意度至鉅的管理工作，並且從中找出最重要的顧客滿意度與財務表現驅力。藉由這樣的努力，可以爲策略上的觀點提供寶貴的指引；對於有意評估並提升顧客滿意度的公司，也可以此作爲診斷工具。

結論

　　顧客滿意度指數為企業或經濟表現提供了一個新穎而重要的領導性指標，越來越多證據顯示CSI能夠預測獲利結果，並且首度結合各種詮釋表現的指標，如價格和生產力。在接下來的幾年，隨著人們越來越了解CSI在跨公司、產業或國家之間的變化，以及更加瞭解CSI、前導性的管理工作、最終獲利結果之間的關聯，我們預料CSI的實用性將持續不斷地升高。

註釋

1. 有關ACIS方法學更詳細的説明，請見American Customer Index：Methodology Report, the American Society for Quality Control，Milwaukee, WI。

參考書目

Aaker, David A. and Robert Jacobson (1994), "The Financial Information Content of Perceived Quality," *Journal of Marketing Research*, 31 (August), 191-201.

Anderson, Eugene W. (1996), "Customer Satisfaction and Price Tolerance," *Marketing Letters*, 7(3), 19-30.

—— (1998), "Customer Satisfaction and Word-of-Mouth," *Journal of Service Research*, 1(1), 1-14.

——, Claes Fornell, and Donald R. Lehmann (1994), "Customer Satisfaction, Market Share, and Profitability," *Journal of Marketing*, 56 (July), 53-66.

——, ——, and Roland T. Rust (1997), "Customer Satisfaction, Productivity, and Profitability: Differences Between Goods and Services," *Marketing Science*, 16(2), 129-45.

—— and Mary Sullivan (1993), "The Antecedents and Consequences of Customer Satisfaction for Firms," *Marketing Science*, 12(2), 125-43.

Bearden, William O. and Jesse E. Teel (1983), "Selected Determinants of Consumer Satisfaction and Complaint Reports," *Journal of Marketing Research*, 20 (February), 21-28.

Bolton, Ruth N. (1998), "A Dynamic Model of the Duration of the Customer's Relationship With a Continuous Service Provider: The Role of Customer Satisfaction," *Marketing Science*, 17(1), 45-65.

——— and James H. Drew (1991), "A Multistage Model of Customers' Assessments of Service Quality and Value," *Journal of Consumer Research*, 17 (March), 375-84.

Boulding, William, Ajay Kalra, Richard Staelin, and Valarie Zeithaml (1993), "A Dynamic Process Model of Service Quality: From Expectations to Behavioral Intentions," *Journal of Marketing Research*, 30 (February), 7-27.

Capon, Noel, John U. Farley, and Scott Hoenig (1990), "Determinants of Financial Performance: A Meta-Analysis," *Management Science*, 36 (October), 1143-59.

European Union (1997), "European Customer Satisfaction Index Feasibility Study," Research Report, National Quality Research Center, University of Michigan Business School, Ann Arbor, MI.

Fornell, Claes (1992), "A National Customer Satisfaction Barometer: The Swedish Experience," *Journal of Marketing*, 56 (January), 1-21.

———, Christopher D. Ittner, and David F. Larcker (1995), "Understanding and Using the American Customer Satisfaction Index (ACSI): Assessing the Financial Impact of Quality Initiatives," *Proceedings of the Juran Institute's Conference on Managing for Total Quality*. Wilton, CT: Juran Institute, 76-102.

———, Michael D. Johnson, Eugene W. Anderson, Jaesung Cha, and Barbara Bryant (1996), "The American Customer Satisfaction Index: Description, Findings, and Implications," *Journal of Marketing*, 60(4), 7-18.

——— and Birger Wernerfelt (1988), "A Model for Customer Complaint Management," *Marketing Science*, 7 (Summer), 271-86.

Harvey, Campbell R. (1989), "Forecasting Economic Growth With the Bond and Stock Markets," *Financial Analysts' Journal*, (September/October), 38-45.

Hirschman, Albert O. (1970), *Exit, Voice, and Loyalty—Responses to Decline in Firms, Organizations, and States*. Cambridge, MA: Harvard University Press.

Huff, Leonard, Claes Fornell, and Eugene W. Anderson (1996), "Quality and Productivity: Contradictory and Complementary," *Quality Management Journal*, 4(1), 22-39.

Ittner, Christopher D. and David F. Larcker (1996), "Measuring the Impact of Quality Initiatives on Firm Financial Performance," *Advances in the Management of Organizational Quality*, Soumen Ghosh and Donald Fedor, eds. New York: JAI, 1-37.

Johnson, Michael D. and Claes Fornell (1991), "A Framework for Comparing Customer Satisfaction Across Individuals and Product Categories," *Journal of Economic Psychology*, 12(2), 267-86.

Kaplan, Robert S. and David P. Norton (1992), "The Balanced Scorecard—Measures That Drive Performance," *Harvard Business Review*, 70 (January-February), 71-79.

LaBarbera, Priscilla A. and D. Mazursky (1983), "A Longitudinal Assessment of Consumer Satisfaction/Dissatisfaction: The Dynamic Aspect of the Cognitive Standardization," *Journal of Marketing Research*, 20 (November), 393-404.

Montgomery, Cynthia A. and Birger Wernerfelt (1988), "Diversification, Ricardian Rents, and Tobin's q," *RAND Journal of Economics*, 19 (Winter), 23-32.

National Economic Research Associates (1993), "Developing a National Quality Index," Research Report, National Quality Research Center, University of Michigan Business School, Ann Arbor, MI.

Oliver, Richard L. (1980), "A Cognitive Model of the Antecedents and Consequences of Satisfaction Decisions," *Journal of Marketing Research*, 17 (November), 460-69.

——— and John E. Swan (1989), "Consumer Perceptions of Interpersonal Equity and Satisfaction in Transactions: A Field Survey Approach," *Journal of Marketing*, 53 (April), 21-35.

Reichheld, Frederick F. and W. Earl Sasser, Jr. (1990), "Zero Defections: Quality Comes to Services," *Harvard Business Review*, 68 (September-October), 105-11.

Rust, Roland T., Anthony J. Zahorik, and Timothy L. Keiningham (1994), *Return on Quality: Measuring the Financial Impact of Your Company's Quest for Quality*. Chicago: Probus.

———, ———, and ——— (1995), "Return on Quality (ROQ): Making Service Quality Financially Accountable," *Journal of Marketing*, 59 (April), 58-70.

Stewart, Thomas A. (1995), "After All You've Done for Your Customers, Why Are They Still Not Happy?" *Fortune*, (December 11), 178-82.

Tobin, James (1969), "A General Equilibrium Approach to Monetary Theory," *Journal of Money, Credit, and Banking*, 1, 15-29.

Wold, Herman (1989), *Theoretical Empiricism: A General Rationale for Scientific Model Building*. New York: Paragon House.

Yi, Youjae (1991), "A Critical Review of Customer Satisfaction," *Review of Marketing 1989*, Valarie A. Zeithaml, ed. Chicago: American Marketing Association, 112-56.

第四部

服務補救

第16章

服務補救：文獻精華與實務

Stephen S.Tax

Stephen W. Brown

　　在現代的消費社會中，服務的補償性措施不但對顧客滿意度具有強大影響力，同時也在品質管理策略中扮演舉足輕重的角色（Fornell和Wernerfelt 1987；Rust、Zahorik和Keiningham 1996；Smith、Bolton和Wagner 1998；Tax和Brown 1998）。如果補償措施運用得宜，不但可以消彌顧客的不滿，更有助於雙方關係的提升；然而，倘若是不良的補償措施卻可能傷害既存的顧客滿意度和信賴感，導致顧客的流失（Keaveney 1995；Smith和Bolton 1988；Tax、Brown和Chandrashekaran 1998）。很多公司都已經體認到這項事實，所以願意投入大筆成本進行各項補償性措施（如聯邦快遞或漢普敦度假飯店），這些措施包括軟性的計畫（如服務保證、售後客服人員培訓）與硬性的設備（如顧客電話服務中心）。事實上，服務業者是在近年來才逐漸重視彌補措施，相較於過去的態度可說相去十萬八千里。即使如此，目前還是有許多公司雖然已經意識到補償性服務的重要性，然而卻無法完全拋棄舊有的觀念，以為用來解決顧客抱怨的成本應當能省就省（Hoffman、Kelley和Rotalsky 1995）。

　　本章的主要目的是檢視基本的服務業補償方案，內容包括對相關研究之回顧，並舉出管理或規劃補償服務品質的成功案例。首先，我們針對目前的行銷研究為補償性服務做出定義。其次，我們將探討補償性服務和顧客及員工的滿意度、忠誠度之間有何關聯。我們要探究顧客的抱怨行為，藉此幫助公司對服務品質不良警訊有所察覺。在第四個部分，本章將檢視顧客如何評估公司處理抱怨的方式，以及公司應如何藉由補償性措施提升顧客對公司的評價。最後，我們將各種服務品質不良的狀況加以分門別類，並與相關資料整合後，期望讓服務業者瞭解如何從失敗的服務中獲得教訓，以作為重新規劃服務行為的基礎。

補償性服務的定義

　　很多關於服務行銷的研究都把補償性服務和處理顧客申訴案件劃上等號，這毋寧是相當令人惋惜的事。因為這種定義之下的補償性服務並未積極地將補償性服務視為一項管理工具，而且也容易成為公司在執行補償性服務時的致命傷，使補償性服務策略功虧一簣。我們從Lovelock（1994）的看法為補償性服務做出如下的定義：所謂補償性服務係指公司不但有辨識失敗服務行為的能力，還能有效地解決顧客的問題，並且將各種問題分類整理，有系統地和公司其他的服務內容進行整合，藉此評估、改善公司整體的服務表現。這樣的定義以過程為導向，具有高度的整體性，不但和品質管理相輔相成，同時也與包芮吉國家品質獎（Baldridge National Quality Award）對補償性服務所制定的標準具有一致的精神。

補償性服務、滿意度和忠誠度

　　在各種有關服務的研究中，有一項重要的發現：顧客忠誠度能為公司帶來獲利的機會（Reichheld 1993）。當公司與顧客的關係日益加深時，有效的補償性服務更是建立滿意度、信任感及承諾感的重要關鍵（如Bolton 1998；Hart、Heskett和Sasser 1990）。Tax等人曾經研究補償性服務和顧客過去的消費經驗對信賴感及承諾感有何作用，他們發現即使只是單次的補償性服務，也可能整個扭轉顧客從過去所累積的消費經驗，並且建立顧客對公司的信賴或承諾感（Tax、Brown及Chandrashekaran 1998）。不過他們也發現，僅僅靠著補償性服務來提昇與顧客的關係，可能也是很冒險的作法，這和Bolton與Smith的看法不謀而合（Smith&Bolton 1998），因為一旦服務出現瑕疵，儘管顧客對公司的補償行為抱持高度的期許，但卻顯得沒什麼耐心（Zeithaml、Berry和Parasuranman 1993），這使公司在處理顧客抱怨時必須格外謹慎。根據Tax等人與Hart的研究小組所做的調查發現，曾經投訴抱怨的顧客，在經歷整個申訴求償的過程後，絕大部分對公司的印象都變得更差（Tax、Brown及Chandrashekaran 1998、Hart、Heskett和Sasser 1990）。過去的研究認為，即使公司不能有效地解決顧客所抱怨事宜也無大礙〈如工業輔助研究計劃，Technical Assistance Research Program 1986〉，這種看法現在顯然已經備受挑戰與質疑。從各種研究中，我們得到一個初步的結論：唯有高度有效的補償性服務才能夠提昇顧客滿意度和忠誠度。

　　另外一個和忠誠度相關的補償性服務議題是：補償性服務對員工有何影響？一些針對成功及失敗的服務個案研究顯示，如果員工可以有效地解決顧客的問題，也會導致員工對公司擁有較高的忠誠度與滿意度（Schledinger和Heskett 1991）。根據我們的研究，員工與補償性服務關係的兩個相反的面向。第一個面向是，如果顧客覺得某公司的補償性服務品質很好，通常他對公司的服務人員也會持有正面看法，包括這些員工（1）很關心問題，（2）熱切地希望提供協助，（3）樂於解決申訴或抱怨，希望使顧客滿意。相反地，如果顧客覺得公司的補償性服務品質很低，他們通常會覺得公司的員工（1）沒禮貌而且很被動，（2）對顧客的需求顯得漠不關心，（3）在雙方發生歧見時，通常他們容易動怒（Tax和Brown 1998）。

　　一般的研究很少特別研究補償性服務對員工有何影響，不過在Bowen和Johnson即將發表的研究中，倒是提出「內部補償性服務」（internal service recovery）的概念說明公司組織如何讓員工以健康的態度處理顧客抱怨事宜。他們針對一家銀行裡負責處理客戶申訴案件的服務人員從事調查，發現服務人員覺得處理客戶抱怨是一件吃力不討好的差事，同時，這些服務人員也比較不容易對自己的工作感到滿意。當他們談到處理顧客抱怨的經驗時，常有如下的描述：「挫折感很深」、「你必須很厚臉皮才做得來」、「新人來做這個工作真是吃不消」、「使工作環境惡化」（leads to a poor working envornment）、「每天都得面對的挑戰」。該研究並指出位於公司前線的員工容易有「習得性無助感」（learned helplessness）的問題，在這種工作環境中使員工變得畏縮而被動，經常出現適應不良的現象（例如做出不成熟的行為或缺乏創意等）。在整個服務過程中，若公司在一開始的時候無法避免服務不良的發生，卻又無法對顧客抱怨提供令人滿意的對策，員工很容易就會面臨上述的種種問題。

　　因此，補償性服務所牽涉的不僅是顧客滿意度，同時也和員工滿意度息息相關。服務獲利表現指出員工的滿意度和他們的生產力與留住顧客的能力有直接關聯，對於顧客抱怨若能處理得宜，使顧客覺得滿意，員工的士氣也會大為捉昇，但是如果處理不當，對顧客或員工都會造成滿意度低落。很多服務業者都致力於提升員工留在公司的意願，因爲他們深知顧客和員工（而非公司）有深厚的關係。例如美國運通相當重視公司的投資顧問，因爲根據他們估計，若一名投資顧問離職，原來屬於該名顧客的客戶大約有百分之三十也會因此流失。

顧客對於不良服務的反應

　　提供補償性服務的必要前提之一是公司必須能夠察覺不良服務的存在，其中一個方法是鼓勵消費者在不良的服務接觸發生時，能夠直接像公司提出申訴。事實上，根據研究顯示，多數的消費者對於服務經驗有所不滿時，並不會選擇向公司提出申訴，反而傾向以口耳相傳的方式傳遞對公司的負面看法，並且在未來轉換消費品牌（參見工業輔助研究計劃，Technical Assistance Research Program 1986）。許多有關顧客對不良服務之反應的調查研究都指出了補償性服務所面對的挑戰，其中有一些值得深思的問題：顧客在經歷了不滿意的服務經驗以後，會採取哪些行動？有哪些因素會影響顧客的反應？

　　Day和Landon於1977年曾經針對第一個問題提出一個階層性的架構：顧客首先會先決定是否採取表達不滿的行動；再來則是決定要以公開或私下解決的方式來表達不滿一公開方式包括直接要求公司的補償及修正、採取法律行動或向經銷商投訴等，私下解決的方式則是拒絕再購買或消費此一廠牌的商品（即轉換品牌）、或者以口頭方式傳播該商品的負面訊息。

　　另一個概念上的研究途徑是由Day在1984年所提出，他以顧客的目的爲出發點，探討顧客的申訴行爲。Day指出，顧客抱怨的目的可以概略地分成三種範疇：尋求補償（向公司抱怨或採取法律行爲）、純粹表達抱怨與不滿（口頭傳播關於公司的負面訊息）、個人性的抵制（拒絕再度購買、品牌轉換）。

　　Singh 也提出了另一種分類架構，該架構指出顧客有所不滿時的反應可分為三類：口頭反應（voice responses，如：向販售者求償），非公開反應（private responses，如：口耳相傳），以及由第三者介入（third-party responses，例如採取法律行動）。這個架構基本上是以顧客抱怨行為（Consumer complaint behavior, CCB）所針對的對象來分類：其中表明不滿係針對與交易有直接涉入的另一方，如零售商或製造商。Singh 認為，若顧客向販賣商的抱怨純粹是為表達不滿，並未採取其他具體行動，也可歸納在這個範疇之中。相反地，非公開的反應則是以未直接涉入交易行為的個體為對象（如顧客的朋友或親戚）。最後一個種類也是以交易行為以外的第三方為對象，但是以較正式的形式呈現，例如採取法律途徑或向公平交易局（Better Business Bureau）提出申訴等。

　　至於第二個問題，事實上，已有許多研究試圖找出影響顧客對不良服務反應的各種變項。研究者考慮了人口統計學及性格變項（如年齡、收入、教育程度、職業、自信程度等）和問題與情境方面的特徵（如：嚴重性、公司的回應方式、申訴成本、過去和此公司交易的經驗等）。一般來說，年紀較長、經濟較富裕、教育程度較高的消費者比較可能提出申訴表達不滿。其他會影響顧客申訴行為的原因還包括問題的嚴重性、交易價格高低、服務品質不良的責任是否應歸咎於公司、公司是否會做出負責任的回應、顧客對於申訴或抱怨的結果是否持有正面態度等。倘若顧客覺得提出申訴的成本太高，或者對自己的權利和公司的義務不太清楚的時候，他們都會傾向不採取抱怨的行動。

　　Dube 和 Maute 也曾經探討認知和情緒反應對顧客抱怨行為的影響（1996）。他們認為多數的負面口語傳播是情緒性的反應（如：憤怒），但真正會影響顧客忠誠度的因素，通常是認知和情緒混合以後的反應（如：冷靜）。顧客之所以向公司表達抱怨，一方面是因為有憤怒的情緒，一方面則是對整個交易經驗（消費初期及服務補償）本身覺得不滿。

　　Singh還提出另一個類型化的比較，有助於了解顧客抱怨行為（1990）。他以實際案例將顧客抱怨反應分成四種群組，分別稱之為被動者（Passives）、發言者（Viocers）、憤怒者（Irates）、行動者（Activists）。他仔細研究在這四種類型的人中，哪一種傾向於公開表達不滿（直接對經銷商或造商表示不滿）、哪一種會採取非正式的行動（向親戚朋友抱怨或轉換品牌），而誰會傾向由第三者介入（找律師或請公平交易局Better Business Bureau一類的機構仲裁）。屬於被動型的人對販賣商或製造商抱怨的比例低於平均值；發言者雖然會主動向服務提供者表達不滿，但是他們不傾向於以口頭傳播的方式散佈負面訊息，同時也不會試圖尋求第三者的支援；憤怒者常會向親朋好友抱怨，向販賣者反映的比例則相當於平均值，不過他們尋求第三者介入補償事宜的傾向則低於平均值。至於行動者在上述各種不滿的反應表現上都高於平均值。

　　顧客抱怨行為（CCB，Customer complaint behavior）的研究所彰顯的關鍵概念是：大多數不滿的顧客都不會直接向公司提出抱怨，原因之一是顧客要向公司提出抱怨往往必須要跨越一些障礙。這意味著公司有兩個選擇的解決方案：第一，打破這道使顧客打退堂鼓的藩籬；第二，公司必須能夠主動察覺不良的服務。這也是接下來要討論的主題。

察覺不良服務

　　從經理人的角度來說，上述各項討論有一個核心的問題：怎樣才

可以讓不滿的顧客向公司抱怨，而不是私底下向親朋好友散佈不利公
司的負面訊息？另一個相關的問題則是：即使沒有任何來自於顧客的
申訴或抱怨，公司如何能夠自行發現問題，以採取對策消彌顧客的不
滿？服務業者可以參考許多大型公司的補償性服務策略，提升公司對
不良服務的察覺能力，也引導顧客願意向公司提出申訴，而非逕向周
遭親友抱怨各種不滿。這些策略包括制定服務標準、教導顧客提出抱
怨、爲電話客服中心提供技術上的支援（Tax 和 Brown 1998）等。

制定服務標準

　　當顧客覺得服務品質不良卻不提出申訴，原因可能是因爲他們不
太確定什麼才是「好的服務」，也就是說他們並不清楚自己對於服務
應有何種期許。藉由保證書的說明是解決這個問題的方案之一，因爲
保證書可以讓顧客清楚地知道公司提供的服務有何標準。以聯邦快遞
爲例，他們會明確地告知顧客，如果在早上十點以前沒有收到包裹，
將全數退還費用。

教導顧客如何抱怨

　　顧客有時不並清楚提出申訴的程序。以加拿大頗受好評的銀行
Scotiabank 爲例，各分行都以小冊子說明顧客提出申訴的程序。這本
小冊子強調他們相當重視與顧客的關係，並且承諾會快速地提出解決
方案。小冊子詳細地告訴顧客應該如何提出申訴，以及公司處理各種
申訴案件的程序。

技術的應用

　　為了提昇服務品質、降低公司成本、並且增加顧客的使用率，很多公司都提供免付費電話服務。奇異公司的客戶關係和補償性策略主要就是以電話服務作為核心。

　　該公司的電話服務是全年24小時開放，每年約有三百萬通電話。奇異公司提供八百個電話號碼，讓遇到困難的顧客可以直接和相關的產品部門聯絡，同時也鼓勵顧客直接與公司接洽。

　　也有些公司開始利用網際網路加強顧客申訴案件的處理。思科公司提供Q&A資料庫，讓顧客輸入關鍵字查詢相關訊息，這可說是找尋問題解答的快速方法，萬一顧客的問題無法在線上資料庫獲得解決，公司還提供了電話管道為顧客服務。

　　雖然可能還有其他可能的方式，不過這些方法幫助公司突破了傳統補償措施服務的侷限、有效地發現服務不良並鼓勵顧客抱怨或申訴。唯有讓顧客願意提出申訴、並且提供令人滿意的解決方案，公司才能夠掌握更高的獲利契機。

對不良服務的處理

　　早期有關服務的研究重點是，公司處理抱怨的方式和後續的顧客購買行為有何關聯，最近的研究方向則有所調整，傾向探討顧客對補償性服務的評估。主導整個研究方向改變的核心觀點是「正義理論」（Justice Theory）。公正，通常意味著判決是否符合公平的原則。對公正的看法也牽涉到決定的結果（分配正義）、決定的過程（程序正義），甚至近來也指涉傳遞結果和制定程序時的人際互動（互動正義）。這個理論常被用來解決各種衝突的情境（如買賣雙方、勞資雙方、婚姻關係或法律訴訟案件等）。同時，這項理論充分地解釋人們面對衝突時所產生的各種反應（如抱怨）（例如Blodgett、Hill和Tax 1997；Goodwin和Ross 1992；McCollough 1998；Smith、Bolton和Wagner 1998；Tax、Brown和Chandrashekaran 1998）。以下我們用圖16.1說明正義理論如何運用在顧客抱怨的處理。

正義的考量

原本有關於正義理論的研究是獨立發展的，一直到最近，正義理論才漸漸與服務評估（service evaluation）的範疇整合，並具體地被運用在關於補償性服務的探討當中。以下我們將更詳細地檢視分配、程序、互動三種正義和補償性服務之間的關聯。

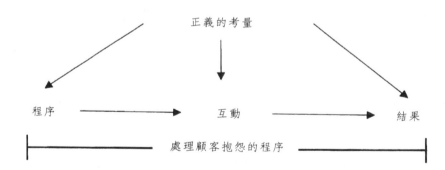

圖16.1 正義在顧客抱怨程序中所扮演的角色

來源：Bies和Moag（1986）

附註：在這個模式中，公司對顧客抱怨的處理是由一連串的事件所組成的：先透過程序產生互動後再做出決定，最後由相關人員（如顧客或客服人員）承擔其結果。這一連串中的每一個事件都有正義性的考量。因此在解決客戶抱怨時，各種不同的面向（程序、互動、結果）都必須接受正義與否的檢驗。

分配的正義

分配正義的理論主要涉及利益與成本的分配方式。補償性服務的相關研究指出，當服務出了問題導致失敗時，顧客會期望自己蒙受的損失可以獲得賠償（如 Berry 和 Parasuraman 1991；Blodgett、Hill 和 Tax 1997；Goodwin 和 Ross 1992）。不良的服務除了造成顧客實質上的金錢損失以外，也會造成不便，而且往往還得經過特定程序後才能獲得理賠，顧客會認為這部分的損失也應該得到彌補才是（Zemke 1995）。典型的賠償是以退錢、賒帳、減價、修理、換新及道歉等方式進行，有時公司可能以一種以上的組合彌補顧客的損失（如 Kelley、Hoffman 和 Davis 1993）。以不同的研究方式（實驗、調查、關鍵事件回述法）針對各行各業的彌補性策略（如零售業、飯店、餐廳、航空業、汽車修理等）所做的探討皆顯示，分配的正義對顧客滿意度、後續之購買意願及口頭傳播都具有影響力。

程序的正義

程序上的公平性應用在補償性服務中所呈現的具體面向就是公司所制定的申訴政策規定。組織行為方面的研究指出了程序正義的元素：一致性、抑制偏見、精確度、可修正性、代表性及道德性（Leventhal、Karuza 和 Fry 1980）。Tax、Brown、和 Chandrashekaran（1998）以關鍵事件回述法作為基礎，探討顧客申訴行為的核心元素，他們提出了幾個相當重要的議題，說明在顧客抱怨事件中最常被提到的問題：服務失敗的責任應由公司承擔、申訴過程的速度和便利性、公司對於解決問題的保證、公司政策的彈性、顧客在過程中所擁有的控制權。

　　組織研究發現，程序性的正義和顧客對其他變項的滿意度（如價格、服務表現的評估、營業時間政策及選擇的程序）有關。儘管有些行銷研究認為程序的正義會直接地影響顧客的決定，但不少研究也指出程序正義中的各種元素主要影響的是顧客對於服務或補償性服務的評估（如Bitner、Booms和Tetreault 1990；Clemmer 1988；Goodwin和Ross 1992；Smith、Bolton和Wagner 1998；Tax、Brown和Chandrashekaran 1998；Taylor 1994）。

互動性的正義

　　互動性的正義主要牽涉到的人物是代表公司處理顧客抱怨案件的員工。將互動性的正義納入討論的範圍，可以幫助我們了解何以有些顧客雖然認為申訴的過程和得到的結果符合公平原則，但是仍舊覺得自己沒有受到合理的對待（Bies和Shapiro 1987）。研究發現，在服務接觸中，人際之間相互對待的公平性往往也是顧客衡量服務品質的指標之一，這項指標影響了顧客對於服務事件的評估（Bitner、Booms和Tetreault 1990；Clemmer 1988）、對服務品質的整體看法（Parasuraman、Zeithaml和Berry 1985）、以及對公司處理顧客抱怨方式的滿意度（Blodgett、Hill及Tax 1997；Tax、Brown與Chandrashekaran 1998）。人際互動的正義包括下列元素：表現禮貌、關心、誠實、對之前的不良品質所提出的解釋、努力解決問題的態度（Tax、Brown和Chandrashekaran 1998）。

　　總之，關於正義的三個面向皆會影響顧客對補償性服務的評估，整體來看更有助於解釋顧客對公司處理申訴案件的滿意度。儘管只是其中一個面向的正義性不足，都可能嚴重地影響顧客的滿意度。這意味著假使公司讓態度粗魯或冷漠的員工和顧客接觸，即使顧客獲得應有的賠償，公司還是可能留不住顧客的心。下一個部分我們將討論公司可以運用哪些策略來改善處理顧客申訴的三種面向。

成功地執行補償性策略

有各種不同的策略都可能有效地改善公司的補償性服務品質，本章提出一項組合性策略，可以作爲改善公司補償性策略的利器：人力資源管理、建立補償性服務的標準和方針、使顧客輕易就可使用電話解除各種疑難雜症、建立顧客及產品的資料庫。

人力資源管理

位於公司前線、負責傾聽、接受顧客申訴的服務人員，對於補償性服務成功是關鍵的角色。公司若能建立一套僱用服務人員的標準，並且予以訓練規範，使其妥善扮演協助顧客的角色，將能夠有效地提昇顧客對於公司正義性的評價。以福特汽車公司爲例，他們的評估中心根據九種不同的技巧將所有的面試者予以分類。根據該中心的標準，補償性服務工作範圍重視書面與口語溝通能力、傾聽技巧、問題分析、組織能力、貫徹始終的態度、彈性與壓力管理。此外，在福特公司評估中心的員工訓練課程中，也納入了補償性服務的技能，例如了解公司政策、對顧客的承諾、傾聽技巧、情緒管理、人際溝通能力等。爲使新進員工了解如何因應各種實際狀況，培訓課程也讓受訓員工實際地面對憤怒的顧客、和廠商開會並且撰寫報告等。

若員工在回應各種服務失敗的抱怨時，若能獲得公司充分的授權，對於正義性的三種面向都具有實質的影響力（Bowen and Lawler 1995）。首先，當員工有權力解決問題時，他的態度和付出程度會因而改善。其次，當員工被授與足夠的權力時，他不需要再透過主管或其他部門，就可以快速地對失敗或不良的服務有所回應，兼顧了顧客在速度及便利性方面的需求。最後，服務人員一旦能夠掌握各種顧客的狀況與需求，並且提供適當而有彈性的補償方案，也將提昇顧客對結果正義性的評價。授權給員工和提供顧客服務保障，兩者之間是相輔相成的，以知名的漢普敦酒店（Hampton Inn）與假日大飯店（Holiday Inn）為例，兩家公司都讓員工全權處理服務不良的狀況，員工可以給予顧客承諾並提供適當的補償方案。在漢普敦酒店，包括訂房部員工、管理員及侍者，都可以提供全額退款的保證給顧客。

建立方針與標準

為達到補償性服務的正義性，並且提昇顧客滿意度，設計一套品質標準是改善服務表現最直接了當的方式。在麗池卡爾登酒店（Ritz Carlton）的品質政策中，明確地要求員工必須有禮貌（互動性）、迅速地在廿分鐘內回應顧客的問題（程序性），並且改正問題（結果性）。再以福特汽車為例，該公司針對補償性服務的責任和管道發展了一套特定的標準，例如五日內完成各項聯絡事宜，抱怨案件必須在廿日內結案；打到公司的電話中至少有95%以上必須接通，而且不能讓顧客等候超過30秒等。

暢通的管道，有效的回應

電話有效地撤除公司和顧客之間的屏障，使顧客願意提出申訴，除此之外，電話對於各種正義性的面向也產生正面的功能。奇異公司的電話服務中心提供全年無休的服務，並且隨時更新各種服務及產品的訊息，不暢通了顧客提出申訴的管道，也能讓問題快速地獲得解決。對顧客而言，這樣的程序具有高度正義性。奇異公司更進一步地對每一位打電話抱怨的顧客寄發致歉函，這種行為突顯出了程序與結果的正義性，因為顧客因此得到了奇異公司善意的保證，例如免費到府維修、賠償顧客因為電器產品不良而導致食物腐壞的損失等。另外，不管不良的情況為何，奇異公司都會視個別狀況予以彌補，這種作法也有助於提升結果的正義性。最後，對公司的客戶服務代表進行全方位的補償性服務實務訓練，也能為互動的正義性加分。

建立顧客及產品之資料庫

資料庫若能與電話中心及網際網路緊密結合，將有助於公司達到更高的正義性。以電腦軟體業巨擘思科公司為例，詳實紀錄公司各種失敗案例，藉此找出系統性的問題，改善補償性服務的品質。在解決問題的同時，思科給予消費者高度的控制權及彈性，對顧客而言，這是一項具有正義性的做法。而奇異公司更擅長利用資料庫處理廣大客戶群的採買紀錄或經驗，以此作為其補償性服務策略之參考指標。舉一個具體的例子，倘若商品在剛過保證期後就損壞，絕大多數的顧客都會覺得很懊惱。當公司體認到顧客有這樣的問題時，他們可以將保證期限的相關資訊建立在個別顧客的資料庫中，依此調整公司對顧客賠償的方案。這是全方位的補償性服務策略，不但致力抓住顧客的心，也強調了公司在這方面投資的重要性。

從失敗中學習

身為Marriott公司的執行長，Bill Marriott要求所有員工都應該竭盡所能地照顧顧客，並且要求員工以過去的經驗作為基礎，思考未來如何成功地處理類似事件（Bowen和Lawler 1995）。倘若要將補償性

服務的投資轉化成公司獲利的契機，必須要將各種失敗的經驗與相關
資訊加以分類並整合，才能提昇補償性服務的品質。

將失敗的服務加以分類

　　想要從失敗中學習，首先必須要找出服務過程究竟出了什麼問
題。將失敗加以分類的好處是，一方面讓公司掌握問題與狀況，另一
方面則是找出解決、改善的策略。Bitner、Booms和Tetreault用危機
事件觀點提出一個可以將服務事件加以分類整理的模式（1990）。此
研究將失敗的服務分為幾個類別：服務傳遞系統失敗、無法對顧客的
需求有所回應、服務人員過於冷漠或太過多事而造成的服務失敗。每
一個類別下面都有更多細項分類。除此之外，Kelley等人在1993年也
以類似的方法將零售業的服務失敗加以分門別類（Kelley, Hoffman及
Davis），他們將失敗的服務分成十五種類型，包括存貨不足、價格不
合理、產品有瑕疵、錯誤的情報、變質或需要修理、緩慢的服務效率
或無法達到某些特殊訂單的要求。他們同時也檢討了零售業者處理各
種類別問題時的效率，並追蹤每一個類別的顧客在後續階段是否依然
願意成為公司的顧客。

　　顧客的抱怨還有其他的分類角度，例如發生頻率以及對顧客的衝
擊（Rust, Zahorik和Keiningham 1996），這些情報可以使公司有效地
調整或修正服務系統。蒐集整理服務失敗的紀錄，是聯邦快遞每天例
行的工作之一，該公司不但將其分門別類，而且也依顧客不滿意的程
度評估事情的輕重緩急。例如，公司認為遺失了顧客託付的包裹或是
送錯地方這一類的服務失誤，比延遲一小時將包裹送達顧客手中這種
事情要來得嚴重。

　　全錄公司制定「顧客行動要求表」（"Customer Action Request
Form"），提供詳盡的細節說明顧客可能面臨的各種問題，並且將服務

失敗分為十三個類別（如器材之性能、服務、訂單／交貨／安裝、顧客詢問、銷售等），在每一個類別之下還包括更具體的細項，例如在顧客服務方面有十二個可能的問題（如不易取得服務、客服代表無能解決顧客的問題、服務價格過高或維修時間太長等）。全錄公司更追根究底地以三個觀點找出問題發生的原因所在。第一，問題主要牽涉到過程、人事、產品或政策。第二，問題主要涉及下列七種原因中的哪一個：態度、溝通、訓練、道德、人為錯誤、技術方面或開立發票時的問題。第三個觀點主要則與業務方面有關（如銷售、服務、供應與通路）。蒐集各種相關情報遂成為尋求解決之道的利器，因為公司可藉此釐清重要的問題：應該由誰負責處理問題、如何處理、評估提供補償的開銷、以及與顧客接觸的各種細節等。當這些資訊完整地呈現在這張表格時，該表就會被呈送到負責顧客關係的部門，由該部門負責讓相關人員都獲知這些訊息。這張能夠全面呈現顧客抱怨案件的表格，創造了顧客抱怨情報的價值，使公司能夠提昇改善服務品質。

　　將顧客抱怨案例加以分門別類，除了能夠發覺問題的癥結點以外，也有助於公司擬定策略提昇顧客長期性的滿意度與忠誠度。不斷累積的失敗案例將嚴重地造成顧客流失（Smith和Bolton 1998）。J. Peterman公司是一家型錄商品公司，只要是曾經提出抱怨的顧客，該公司一律將其列入VIP名單中，這些人往後在購買該公司產品時，都能享受特殊待遇，例如公司會特別為其精挑細選、檢查或測試商品。

　　常常抱怨或總是不滿意公司解決方案的顧客，可能是所謂的「上錯門的顧客」（wrong customer，Lovelock 1994）。這類顧客的要求可能超過公司之服務範圍所及，若公司任這一類顧客予取予求，最後可能會面對入不敷出的財務窘境。部分顧客可能會利用服務的各種保證方案大佔便宜，漢普敦酒店對這種顧客也有因應辦法，因為公司建立了一套紀錄顧客使用保證方案的資料庫，一旦漢普敦認為某個顧客並不值得信任，員工將拒絕提供投宿服務，並建議該名顧客至別家旅館消費。

補償和其他情報的整合

　　顧客抱怨的資料最好能夠和相關情報整合，以便正確地判斷問題的嚴重性和牽涉的層面，據此決定應由哪些相關的部門共同著手改善問題。由 Berry 和 Parasuraman 共同提出的「服務品質情報系統」（Service-Quality Information System）是一個有效定義顧客抱怨問題的模式，這個情報系統包含的資料項目相當廣泛，包括顧客、員工、對競爭對手的顧客從事調查、匿名購物調查（mystery shopping）、焦點團體、顧客與員工的諮詢小組及服務表現的資料等，上述各項資訊經過整合以後，可以作為全面改善公司服務品質的基礎，以規劃公司之服務策略及資源分配。加拿大的 Delta 飯店利用各種方式持續地為提昇服務品質而努力，包括蒐集顧客意見卡、員工意見調查、匿名購物調查、自我品質評量等。這些從不同來源及方法蒐集而來的資訊，為服務品質勾勒出一幅清楚的圖像。

　　電話客服中心或顧客資料庫往往累積了許多有價值的資訊，例如奇異公司追蹤所有售出產品的性能，以及公司與顧客的互動品質。將這些資訊（如顧客向公司尋求的服務、顧客對產品及服務的褒貶、表達好惡的顧客來電、諮詢商品訊息等）整合以後，可作為公司在商品規劃或服務決策時的參考。

分享資料

　　雖然資料的來源可能來自於公司組織內的不同部門，但是凡與提昇服務品質相關之人員都應該有管道取得這些資料。Delta 飯店有一套確保資料傳遞效度的制度：各部門每個月至少舉行一次會議，分享手中的資料、想法或計劃，會中並且確認全體幹部都應該有令顧客印象深刻的籌碼及資源。同時，該公司還有「員工代表小組」（Empl-oyee Representative Team），此團隊係由每一部門推選一名代表和各分支飯店之總經理所組成，負責檢視跨部門之間的資訊往來，例如Delta公司安排前線的克服人員和管理階層一同與會，以確保雙方資訊的交流與分享。福特公司更以電子化方式將顧客抱怨訊息蒐集之後，直接發送至相關的經銷商，尋求處理紛爭的辦法。同時，這些訊息也被傳送到行銷研究及工程部門，必要的時候，這些單位必須予以回饋，使整個循報系統更具整體性。

結論

補償性服務是一個複雜的過程，如果處理得宜，可以使顧客和員工雙方覺得滿意，而且也能使他們對公司產生更多的承諾感。如果說和顧客的關係是一輩子的事，難免會遇到一些問題。越來越多的研究顯示，公司處理這些問題的方式對顧客滿意度、忠誠性或信賴感，有關鍵性的影響力。公司若想更有效地處理這方面的問題，首先必須建立一套全面性的補償性服務系統，先想辦法讓顧客說出他們的不滿，其次再以具有正義性的程序、互動與結果提出解決問題的方案。為了使補償性服務的策略達到最大的效益，公司應該結合服務規劃與投資決策，以改善公司整體表現，提昇顧客及員工的滿意度，創造公司更多獲利契機。

參考書目

Berry, Leonard L. and A. Parasuraman (1991), *Marketing Services: Competing Through Quality*. New York: Free Press.

—— and —— (1997), "Listening to the Customer—The Concept of a Service-Quality Information System," *Sloan Management Review*, 38(3), 65-76.

Bies, Robert J. and J. S. Moag (1986), "Interactional Communication Criteria of Fairness," in *Research in Organizational Behavior*, Vol. 9, R. J. Lewicki, Blair H. Sheppard, and Max H. Bazerman, eds. Greenwich, CT: JAI, 289-319.

—— and Debra L. Shapiro (1987), "Interactional Fairness Judgments: The Influence of Causal Accounts," *Social Justice Research*, 1, 199-218.

Bitner, Mary Jo, Bernard M. Booms, and Mary Stanfield Tetreault (1990), "The Service Encounter: Diagnosing Favorable and Unfavorable Incidents," *Journal of Marketing*, 54 (January), 71-85.

Blodgett, Jeffrey G., Donna J. Hill, and Stephen S. Tax (1997), "The Effects of Distributive, Procedural, and Interactional Justice on Postcomplaint Behavior," *Journal of Retailing*, 73(2), 185-210.

Bolton, Ruth N. (1998), "A Dynamic Model of the Duration of the Customer's Relationship With a Continuous Service Provider: The Role of Satisfaction," *Marketing Science*, 17(1), 45-65.

Bowen, David E. and Robert J. Johnston (forthcoming), "Internal Service Recovery: Initial Conceptualization and Implications," *International Journal of Service Industry Management*.

—— and Edward E. Lawler (1995), "Empowering Service Employees," *Sloan Management Review*, 36 (Summer), 73-84.

Clemmer, Elizabeth C. (1988), "The Role of Fairness in Customer Satisfaction With Services," doctoral dissertation, University of Maryland.

Day, Ralph L. (1984), "Modeling Choices Among Alternative Responses to Dissatisfaction," in *Advances in Consumer Research*, Vol. 11, Thomas C. Kinnear, ed. Ann Arbor, MI: Association for Consumer Research, 496-99.

—— and E. Laird Landon, Jr. (1977), "Toward a Theory of Consumer Complaining Behavior," in *Consumer and Industrial Buying Behavior*, Arch G. Woodside, Ingdish N. Seth, and Peter D. Bennett, eds. New York: Elsevier North-Holland, 425-37.

Dubé, Laurette and Manfred Maute (1996), "The Antecedents of Brand Switching, Brand Loyalty, and Verbal Responses to Service Failures," in *Advances in Services Marketing and Management*, Vol. 5, Teresa Swartz, David Bowen, and Stephen Brown, eds. Greenwich, CT: JAI, 127-51.

Fornell, Claes and Birger Wernerfelt (1987), "Defensive Marketing Strategy by Customer Complaint Management: A Theoretical Analysis," *Journal of Marketing Research*, 24 (November), 337-46.

Goodwin, Cathy and Ivan Ross (1992), "Consumer Responses to Service Failures: Influence of Procedural and Interactional Fairness Perceptions," *Journal of Business Research*, 25, 149-63.

Hart, Christopher W. L., James L. Heskett, and W. Earl Sasser, Jr. (1990), "The Profitable Art of Service Recovery," *Harvard Business Review*, 68 (July-August), 148-56.

Heskett, James L., Thomas O. Jones, Gary W. Loveman, W. Earl Sasser, Jr., and Leonard A. Schlesinger (1994), "Putting the Service Profit Chain to Work," *Harvard Business Review*, 72 (March-April), 164-74.

Hoffman, K. Douglas, Scott W. Kelley, and Holly M. Rotalsky (1995), "Tracking Service Failures and Employee Recovery Efforts," *Journal of Services Marketing*, 9(2), 49-61.

Keaveney, Susan M. (1995), "Customer Switching Behavior in Service Industries: An Exploratory

Study," *Journal of Marketing*, 59(2), 71-82.

Kelley, Scott W., K. Douglas Hoffman, and Mark A. Davis (1993), "A Typology of Retail Failures and Recoveries," *Journal of Retailing*, 69(4), 429-52.

Leventhal, Gerald S., J. Karuza, and W. R. Fry (1980), "Beyond Fairness: A Theory of Allocation Preferences," in *Justice and Social Interaction*, G. Mikula, ed. New York: Springer-Verlag, 167-218.

Lovelock, Christopher H. (1994), *Product Plus*. New York: McGraw-Hill.

McCollough, M. A. (1998), "The Effect of Perceived Justice and Attributions Regarding Service Failure and Recovery on Post-Recovery Customer Satisfaction and Service Quality Attitudes" (abstract), in *Enhancing Knowledge Development in Marketing*, Ronald C. Goodstein and Scott B. Mackenzie, eds. Chicago: American Marketing Association, 163.

Parasuraman, A., Valarie A. Zeithaml, and Leonard L. Berry (1985), "A Conceptual Model of Service Quality and Its Implications for Future Research," *Journal of Marketing*, 49 (Fall), 41-50.

Reichheld, Frederick F. (1993), "Loyalty-Based Management," *Harvard Business Review*, 71 (March-April), 64-74.

Rust, Roland T., Anthony J. Zahorik, and Timothy L. Keiningham (1996), *Service Marketing*. New York: HarperCollins.

Schlesinger, Leonard A. and James L. Heskett (1991), "Breaking the Cycle of Failure in Services," *Sloan Management Review*, 32(3), 17-29.

Singh, Jagdip (1988), "Consumer Complaint Intentions and Behavior: Definitional and Taxonomical Issues," *Journal of Marketing*, 52(1), 93-107.

——— (1990), "A Typology of Consumer Dissatisfaction Response Styles," *Journal of Retailing*, 66 (Spring), 57-99.

Smith, Amy K. and Ruth N. Bolton (1998), "An Experimental Investigation of Customer Reactions to Service Failure and Recovery Encounters," *Journal of Service Research*, 1(1), 65-81.

———, ———, and Janet Wagner (1998), "A Model of Customer Satisfaction With Service Encounters Involving Failure and Recovery," working paper No. 98-100, Marketing Science Institute.

Tax, Stephen S. and Stephen W. Brown (1998), "Recovering and Learning From Service Failure," *Sloan Management Review*, 40(1), 75-88.

———, ———, and Murali Chandrashekaran (1998), "Customer Evaluations of Service Complaint Experiences: Implications for Relationship Marketing," *Journal of Marketing*, 62 (April), 60-76.

Taylor, Shirley (1994), "Waiting for Service: The Relationship Between Delays and Evaluations of Service," *Journal of Marketing*, 58 (April), 56-69.

Technical Assistance Research Program (1986), *Consumer Complaint Handling in America: An Update Study*. Washington, DC: Department of Consumer Affairs.

Zeithaml, Valarie A., Leonard L. Berry, and A. Parasuraman (1993), "The Nature and Determinants of Customer Expectations of Service," *Journal of the Academy of Marketing Science*, 21(1), 1-12.

Zemke, Ron (1995), *Service Recovery: Fixing Broken Customers*. Portland, OR: Productivity Press.

第17章

申訴

Nancy Stephens

　　當顧客對購買的商品不滿意時就會產生怨言。儘管從傳統的商業觀點而言，業者應該努力減少顧客的怨言，但是開明的行銷經理人卻將各種反饋的意見（包括抱怨）視為一種助力，並且鼓勵顧客表達不滿。顧客提出申訴時，可能會有兩項潛在的正面效應。第一，公司可藉此機會修正缺失，以改善與顧客之間的關係。第二，顧客的不滿可以揭露出需要改進的部份，甚或調整原來的策略。因此，我們可以清楚的了解，「申訴」已經成為一種重要的售後現象，其重要性也與日俱增。一般認為，審慎處理顧客怨言事宜的公司能建立較高的顧客忠誠度，並提高公司的獲利率。

　　1970年代中期，「申訴」成為行銷研究人員關注的焦點，這也許反映了同時期興起的消費主義現象。Hirschman（1970）對申訴的分析為許多早期的研究奠定了基礎，也提出了與相關的證據及描述。研究人員一方面努力統計申訴的次數，一方面更依企業類別、申訴性質及申訴方式進行各種分類。

　　1970年代末期至1980年代初期的研究人員除了詳細紀錄各種申

訴行為之外，同時也在找尋變數，企圖建立能夠解釋或預測申訴行為的模型或理論（例如 Day and Bodur 1978; Day and Landon 1977; Richins 1983; Warland, Herrmann, and Willits 1975）。他們想了解某些市場因素是否會重視抑或輕視顧客的怨言，同時也試著找出在商品及服務中有哪些特質會引發抱怨。有些調查試圖指出消費者在人口統計學及生活型態上的特質與抱怨行為之間的關聯性。稍後，在1980年代末期到1990末期的研究，則進一步檢視了情緒因素在申訴行為中所扮演的角色，以及在B2B商業模式下中的申訴現象（e.g., Godwin, Patterson, and Johnson 1995; Ping 1997; Westbrook 1987）。另外，從經營者的角度出發所做的研究明確指出，行銷經理人可以將怨言視為具有價值的回饋，並且作為公司在規劃服務補償措施或行銷策略時的指引。總之，在過去的廿五年來，消費者申訴行為研究方面的發展可說既豐富又多樣化。

　　本章的目的在於檢視有關申訴的現象、對申訴的認知，以及服務行銷經理人和學者應該如何運用相關的知識。

消費者行為模型中的申訴

　　大部份的消費者行為模式都將申訴視為消費者不滿意的產物。一般認為，當消費者覺得他們所購買的東西和原來的預期之間出現落差時，就會產生不滿。如果消費者所獲得的遠比預期來得少，就會產生不平之鳴。然而，許多人未必會說出他們的不滿，使得不滿成為消費者申訴的必然原因，但卻非充份的原因。換句話說，消費者會提出申訴，必定是有所不滿；然而，有些顧客即使覺得不滿，仍然不會將怨言表達出來。因此，或許有其他因素能解釋為什麼顧客在某些情況下才會有抱怨的傾向，這些因素也是許多研究企圖尋找的目標。

引用「申訴行為」的文獻為例

照慣例，在探討一個新現象時，研究人員都會先進行描述性的研究，諸如計算申訴次數，依企業類型及申訴的本質加以分類（Day and Ash 1979；Day and Bodur 1978；Day and Landon 1977; Diamond, Ward, and Faber 1976），以往消費者採取的申訴方法，也是研究者從事分析與歸類的對象。（Day and Ash 1979；Day and Bodur 1978；Day and Landon 1977；Mason and Himes 1973；Singh 1988, 1990；Technical Assistance Research Program 1979；Warland, Herrmann, and Willits 1975）。

消費者如何申訴（他們是否申訴）？

很不幸的是，有關消費者申訴行為的研究都顯示，無論是對公司、店家或服務提供者，很多消費者覺得不滿時，幾乎什麼也不會說。不滿的消費者有可能直言不諱，但通常也僅止於在私底下告誡自己的朋友或家人，而最常見的情況是，他們不再購買這個品牌的商品。對公司而言，無法得知顧客直率的意見是一大損失，因為如此一來，他們將永遠無法發現問題的癥結所在，更遑論解決問題或留住顧客的心了。

尤有甚者，假若沒有機會找出問題，公司將無法判斷該問題是否牽涉到更嚴重的疏失，自然也就不能改善行銷策略以解決問題。

表17.1 顯示了不滿的顧客向各公司提出申訴的比例，這些申訴的行為使各公司有機會做出回應。顧客是否對公司直接提出申訴，各公司的比例差異極大。有高達80%者，如Day and Ash's（1979），也有低到令人不禁憂心忡忡的程度（4%）（科技輔助研究計畫，Technical

Assistance Research Program 1979）。不滿的顧客若不向公司或員工投訴，很可能會轉而向他們的朋友或家人抱怨（Day and Ash 1979；Day and Bodur 1978；Day and Landon 1977；Technical Assistance Research Program 1979；Warland, Herrmann, and Willits 1975；Zaltman, Srivastava, and Deshpande 1978）。不到5%～10% 的人會對第三類的機構如商業促進局（Better Business Bureau）或政府機構提出抱怨（Day and Ash 1979；Day and Bodur 1978；Day and Landon 1977；Technical Assistance Research Program 1979；Warland, Herrmann, and Willits 1975；Zaltman, Srivastava, and Deshpande 1978）。顧客更有可能對他人提出警告，使公司流失更多顧客。在一項由白宮的消費者事務辦公室所主導的研究（Technical Assistance Research Program 1979）中指出，無論不悅的消費者有沒有向公司提出申訴，他們通常會對其他九到十個人傾吐不滿。

顯然對任何組織而言，傾聽顧客的不滿，都和組織的長期利益有關。忽略顧客的心聲可能會使得業績衰退，同時也會使企業診斷更形困難（Hirschman 1970）。一旦對問題的判斷有誤，不但容易錯用行銷策略，更可能誤導行銷資源的配置方式。除非各組織機構能深究問題的根本，了解引起顧客不悅以及顧客流失的因素，否則只會使問題更加混亂。

人們在抱怨什麼？

消費者在每個購物環節上會碰到各式各樣的問題。舉例來說，在購物前，人們可能覺得廣告有欺瞞之嫌或覺得受到冒犯；在訂購物品時，消費者可能面臨遞送或付款的問題；購物之後，使用者可能會對不完善的維修服務或保固項目感到不滿。然而，有趣的是，無論消費者購買的是有形的商品或是無形的服務，一半以上的都與遞送付款

表17.1　不滿的顧客提出申訴的比例

	直接提出申訴 （公司可予以回應者）	間接提出申訴或 全然不提者 （公司無法予以回應者）[a]
Day and Ash (1979)		
耐用品	80	20
Day and Landon (1977)		
耐用品	73	27
服務	66	34
非耐用品	52	48
Bolfing (1989)		
連鎖飯店／汽車旅館業者	49	51
Andreason (1984)		
服務	48	52
Day and Bodur (1978)		
服務	45	55
Warland, Herrmann, 　and Willits (1975)	40	60
Richins (1983)	33	67
Moyer (1984)	30	70
Andreason (1985)		
醫療服務	8	92
Technical Assistance 　Research Program (1979)	4	96

a. 這些不滿的顧客可能會向朋友，家人或第三者抱怨。在後者的情況下，公司可能會有所回應，但這些回應並非即時的。而事實上，能否即時對顧客的不滿作出反應和公司與顧客間的關係及顧客忠誠度有關。

卡、領貨、修理、保證書以及保固期等服務問題有關（Diamond, Ward, and Faber 1976）。

如果針對服務業中的抱怨進行分析，我們發現顧客感到不悅的原因常常和服務不夠專業、未能準時完工、收費過高有關（Bitner, Booms, and Tetreault 1990；Day and Bodur 1978；Day and Landon 1977）。Bitner, Booms 和 Tetreault（1990）等人發現，公司在處理有關顧客滿意與否的問題時，員工對問題的回應，通常和問題本身同樣重要。

與申訴有關的因素

當行銷學學者引證申訴的現象時，他們也試著就市場結構，產品特性以及消費者特質（如人口統計學，信仰與態度，人格以及情緒）等方面來解釋申訴現象。他們尋找各種變數，以期預測申訴發生的時機。

市場因素

經濟學者Albert Hirschman 在1970年所出版的經典著作出走，意見與忠誠度（Exit, Voice, and Loyalty）一書中，指出企業對顧客的意見不理不睬可能導致的風險。他對照獨佔市場與競爭市場以後，發現在一個商家眾多的市場裡，不滿的消費者可以很輕易地找到到替代品，因此他們不一定會表達自己的抱怨。對消費者來說，與其耗時費力地表達不滿，又不見得可以獲得回饋，不如換個牌子還容易一些。處於競爭市場的企業若不努力傾聽顧客的聲音，可能糊裡糊塗就失去了商機還不自覺。相較於競爭市場，獨佔市場出現較多的申訴案例。

由於顧客受制於市場，不容易出走或尋找其他替代供應者，提出抱怨就成了改善唯一的機會了。Hirschman早期所做的這些觀察在後來的研究調查中都已經獲得了支持（Andreaspn 1984，1985）。

賣方與服務的因素

至少有一項影響傾聽顧客意見的因素，是組織機構可以控制的範圍之內，亦即公司在品質以及回應申訴方面的口碑（Bolfing 1989；Day and Landon 1977；Granbois, Summers, and Frazier 1977）。不滿的顧客比較願意向關心產品品質、有心解決問題的公司表達他們的想法。因此，讓顧客明白公司重視他們的意見和反應，而且更在乎顧客滿意與否，這麼做對公司是有所裨益的。

相照之下，一個無法掌控、且會對貨品或服務的申訴造成影響的因素，則是該公司獨一無二的特質了。如果一項服務既複雜又昂貴，而且具有重要性，一旦服務發生了問題，消費者就比較可能表達不滿。（Blodgett and Granbois 1992；Bolfing 1989；Day and Landon 1977；Landon 1977；Lawther, Krishnan, and Valle 1978；Richins 1983）消費者對於便宜而單純的商品（如消耗品）較不傾向於提出申訴（Day and Landon 1977）。因此，販售簡單便宜用品以及提供日常服務的公司就得多花心思，以取得顧客的意見或回饋。速食店、自助加油站及雜貨店都是很好的例子。

消費者因素

許多研究都企圖探討會增強或抑制申訴的各種消費者因素。（Bearden and Teel 1983；Day and Ash 1979；Day and Landon 1977；Fornell and Westbrook 1979；Krishnan and Valle 1979；Mason and

Himes 1973；Moyer 1984；Richins 1983；Warland, Heermann, and Willits 1975；Zaltman, Srivastava, and Deshpande 1978），另外更有許多研究係以服務業作爲研究脈絡（Andreason 1985；Day and Bodur 1978；Folkes, Koletsky, and Graham 1987；Singh 1988,1990）。

人口統計學與生活形態

在研究文獻中，有一個相當一致的發現：提出申訴者擁有較高的社會經濟地位。他們有較高的所得、教育程度及社會參與歷練，因此，當這類型顧客受到委屈時，通常有足夠的知識、自信和動機來表達自己的意見（Day and Landon 1977；Landon 1977；Mason and Himes 1973；Moyer 1984；Singh 1990；Warland, Herrmann, and Mooe 1984；Warland, Herrmann and Willits 1975；Zaltman, Srivastava, and Deshpande 1978）。相對地，在不滿的時候保持沉默的消費者，其社經地位就可能比較低（Kraft 1977；Spalding and Marcus 1981），而且很可能屬於市場上較弱勢的一方，如貧戶或移民（Andreason and Manning 1990）。

信念與態度

消費者的信念與態度一向與他們的申訴行爲有關。舉例來說，相信申訴能改變事情結果的人比較願意嘗試表達不滿（Blodgett and Granbois 1992；Day and Ash 1979；Day and Bodur 1978）。覺得市場上有很多不公平的行銷案例的人，也比較可能申訴（Zaltman, Srivastava, and Deshpande 1978）。對於問題責任歸屬看法，也影響人們的申訴行爲。當消費者覺得問題的發生應歸咎於他人、而非自己，特別是當顧客認爲公司控制了整個局勢的時候（Folkes, Koletsky, and Granham 1987）他們也比較可能提出申訴（Krishnan and Valle 1979；Richins 1983）。相反地，如果消費者將問題歸咎於自己，他們則傾向於不說出來（Godwin, Patterson, and Johnson 1995；Spalding and Marcus 1981；Stephens and Gwinner 1998；Westbrook 1987）。

人格特質

儘管研究文獻對此鮮有著墨，人格特質因素仍可能與消費者申訴有關。一般來說，行為專斷的人比較可能提出申訴，反之，習於順從的人可能寧可保持沉默（Bolfing 1989；Fornell and Westbrook 1979）。

情緒

最近的研究已假設申訴行為會受到情緒的影響（Bolfing 1989；Godwin, Patterson, and Jhonson 1995；Westbrook 1987），特別是有關於各種不提出申訴的情況（Bolfing 1989；Spalding and Marcus 1981；Stephens and Gwinner 1998）。人們對於是否提出申訴的決定，除了與滿意度有關，由購物經驗所產生的情緒也扮演著同等重要的角色。消費者覺得不滿時，可能會產生三種不同的負面情緒，這些情緒是以他們對責任歸屬的認定（誰該為問題受責難）為基礎（Godwin, Patterson, and Johnson 1995；Smith and Ellsworth 1985）。將責任歸咎於他人（通常是公司、員工）的人，通常會感到生氣、厭惡以及鄙視。這些負面因素最有可能促使顧客提出申訴（Folkes, Koletsky, and Graham 1987），同時也可能使消費者向家人或朋友口頭傳達對產品的負面評價（Westbrook 1987）。

視情境為問題發生原因（而非任何人的錯）的消費者，較傾向於覺得煩惱或害怕。

消費者在面對公司時，可能會因為公司的規模和市場定位而自覺渺小、無力，因此，這些情緒因素所引發的申訴行為在比例上可能不高（Stephens and Gwinner 1998）。社交恐懼也可能也是不提出申訴因

素之一；有些不滿的消費者不願表達意見，是因為怕失禮、麻煩別人
或傷了他人的心（Bolfing 1989；Stephens and Gwinner 1998）。
Stephenes 與 Gwinner 指出，有些消費者可能因為同情或憐憫員工而不
願提出申訴，這可能是服務業獨有的情況，因為通常在服務業中會有
面對面的接觸情境。

　　把問題歸咎於自己的人，通常會感到羞恥以及罪惡感，這些負面
情緒可能是讓失望的消費者三緘其口的原因（Godwin, Patterson,
Johnson 1995；Stephens and Gwinner 1998；Westbrook 1987）。

摘要

　　一般來說，如果消費者在市場上沒有其他選擇，公司可以預期將
會聽到不滿的顧客發聲抱怨。如果公司的服務內容複雜或價格昂貴，
同時又具有良好的口碑，通常會得到較多顧客的意見回饋。社會階層
較高的人若認為公司有錯而表達不滿，通常能夠獲得公司的解決方案
及滿意的答覆。一家公司如果有許多競爭對手，顧客得以輕易找到替
代方案，或是該公司只做簡單而便宜的服務，可能就無從得知不滿顧
客的心聲。那些感到失望而默默離開公司的顧客，社會地位可能較
低，他們認為表達不滿也沒有用。

B2B 模式裡的申訴行為

　　直到最近，行銷學學者才開始對 B2B 商業模式中的申訴行為產生
興趣。他們企圖了解過去有關於消費者申訴行為的研究，是否亦可以
援用在新興的 B2B 模式中（Dart and Freeman 1994；Hansen, Swan,
and Powers 1996, 1997；Ping 1997）。在少數已經發表的研究中發現，

這些與消費者申訴行為相關的文獻，大致上都能應用在B2B的運作模式中。

舉例來說，使用同一組衡量申訴的標準，不管是應用在消費的抽樣上，或是對業者、公司、經理人或銷售業務員的抽樣，都發現各種抽樣對不滿的回應都呈現著極為相似的型態。就消費者抽樣而言，三分之一的人在轉移消費對象之前會告知原公司、告誡其他人或聯繫第三者（Singh 1990）；業者抽樣中，同樣有三分之一的人會在改變採購對象之前，對原來的服務提供者表達不滿（Dart and Freeman 1994）；在採購代理人及公司經理人的部分，則有較高比例（51%）的人會在轉換採購對象之前向原來的服務提供者表達其關切的意見（Hansen, Swan, and Powers 1996），也許這是因為採購代理人或公司經理的身分具有代表性，他們在轉換供應商之前，會比較勤於維繫雙方之間的關係。

對供應商心懷不滿卻又不說出來的企業執行長，就和沉默的消費者一樣，會向其他人口頭表達負面的評價。而在轉換供應商之前，他們也不會對冒犯他們的公司表達不滿（Dart and Freeman 1994；Hansen, Swan, and Powers 1996）。這種行為會對組織機構造成傷害，正如Hirschman所預期，公司將蒙受消費市場的損失──也就是說，公司將漸漸地失去市場，但是卻不知道究竟哪裡出了問題。賣方的目標是增加買方對公司的意見回饋（特別是不滿的意見），以避免業績因為不明原因而下滑（Hansen, Swan, and Powers 1997；Ping 1997）。鼓勵顧客表達意見的方法包括：一、提供消費者所需的專業資訊；二、快速地與顧客交換重要的資訊；三、避免侵犯到消費者自己認定的責任範圍；四、試著勿讓消費者有過度的依賴性（Hansen, Swan, and Powers 1997）。

如此一來，對於消費者申訴行為的探討，似乎也可以運用在B2B商業模式的脈絡下。公司應試著傾聽顧客的心聲，找出他們可能不滿的地方，並解決問題。

申訴：挽救服務的機會和未來的忠誠度

消費者的抱怨使公司與顧客間的關係彷彿處於十字路口，公司的
行動與溝通方式將會決定雙方的下一步。公司的政策及／或員工的決
定，通常也決定了顧客的去留。

明智的組織機構會運用防禦性（defensive）的行銷策略，以嘗試
挽救顧客關係，甚至比過去更為堅固。此策略對大多數的顧客而言都
能奏效（Gilly and Gelb 1982；Kolodinsky 1992），這往往也意味著公
司能以較低的成本吸引更多的顧客（Fornell and Wernerfelt 1987）。原
因何在？當顧客的問題透過申訴一途而獲得解決，不但顧客本人對公
司或產品保持忠誠，他也會與其他人透分享購物經驗，替公司傳播正
面形象。在一項聯邦政府的調查報告中顯示，有95%的申訴者表示，
如果自己的申訴能夠得到迅速而即時的處理，他們將便會繼續忠於原
產品（公司），並且會將此經驗告知其他人（平均五個人）（Technical
Assistance Research Program 1979）。顯然，鼓勵意見回饋的策略是比
較明智而有利的選擇（Reichheld and Sasser 1990）。

公司以顧客為依歸而採用防禦性行銷策略，意味著該公司將抱怨
視為顧客給公司的機會。當公司透過顧客的抱怨，得知交易或顧客關
係出了問題時，應有採取兩項動作：立刻行動，並做進一步分析以判
斷是否是系統性的問題。

立刻行動，意味著客服代表應告知顧客，公司已知悉其申訴並表
達願意負責，且將迅速公正地解決問題（Conlon and Murray 1996）。
一家公司若能在發生問題時，迅速而有效地作出回應，將可以扭轉劣
勢，化失敗為成功，進而創造出更高的顧客忠誠度（Bitner, Booms,

and Tetreault 1990； Hart, Heskett, and Sasser 1990）。爲了達到這個目
標，公司必須了解顧客的觀點，以及顧客的期待（Goodwin and Ross
1990）。舉例來說，在交易時損失金錢的人與抱怨服務設備中的廁所
不乾淨的人，對於何謂公平便有不同的觀點（Gilly and Gelb 1982）。
Tax, Brown, 以及Chandrashekaran（1998）等三位研究者表示，在顧
客心中，「公平」由三個要素組成：第一、公司需藉由解決問題來表
達普遍的正義；第二、公司需維持程序的正義，迅速處理問題並排除
爭端；第三、公司需提供互動的正義，亦即以誠意與尊重對待申訴
者。回應顧客的抱怨最後的一步，也是最重要的一件事是：向申訴者
致謝，並告知該問題的處理狀況（Hart, Heskett, and Sasser 1990）。

　　公司應進一步分析顧客的抱怨，以判斷此問題是否牽涉到更廣泛
的層面，這意味著公司必須將其對於抱怨的需求與分析加以形式化。
公司必須替怨言開闢一條通路，使顧客的抱怨可以進入行銷情報系
統，作爲行銷決策之參考（Kasouf, Celuch, and Strieter 1995）。有太多
公司沒有充分利用怨言在診斷預測方面的潛力，他們可能對顧客作出
回應，但卻未能清楚地呈現公司挽救服務、整理或利用抱怨的方法。

　　爲了促進顧客提出申訴的意願，公司應該暢通接觸的管道，並且
讓顧客相信公司重視他們的意見，以鼓勵顧客提出意見。公司應該提
供多種管道讓顧客表達意見，例如專線電話、對近期的客戶進行電話
訪問或提供網址，並且經常讓這些溝通管道有曝光的機會。除了解決
問題之外，公司應該將資訊納入可分析的資料庫中。如此一來，公司
可能會發現某些特定的服務項目是問題的主因，也可能某些部門或員
工招惹較多怨言。舉例來說，Hart，Heskett 和Sasser（1990）等人發
現，新產品或新的服務項目很容易就會發生問題，因此公司應施以更
嚴格的監控。公司藉此將得以找出潛在的問題癥結，規劃補救措施，
在問題發生時有因應之道。

　　一旦組織發展出一套強而有力的系統，可以獲得、分析怨言，並

且有所行動，公司將會更具有競爭力。他們會了解顧客的感受，也能夠為未來發展出更清晰更有效的策略。

摘要

　　申訴是一項售後行為，當顧客感到失望的時候，有可能申訴，也可能不會。在競爭較不激烈的市場，向社會經地位較高的消費者銷售昂貴又複雜的服務比較可能聽到抱怨的聲音。反之，在競爭較激烈的市場，對低社經地位的消費者銷售簡單而便宜的服務商品時，便較不容易聽到抱怨的聲音。對於所有組織機構來說，不管銷售何種服務給哪些顧客，都應該將取得顧客的意見與怨言視為恰當的挑戰與目標。研究顯示，只要有所行動，這種資訊便能夠改善公司與顧客間的關係並培養顧客的忠誠度。

參考書目

Andreason, Alan R. (1984), "Consumer Satisfaction in Loose Monopolies: The Case of Medical Care," *Journal of Public Policy and Marketing*, 2, 122-35.
—— (1985), "Consumer Responses to Dissatisfaction in Loose Monopolies," *Journal of Consumer Research*, 12 (September), 135-41.
—— and Jean Manning (1990), "The Dissatisfaction and Complaining Behavior of Vulnerable Consumers," *Journal of Consumer Satisfaction, Dissatisfaction and Complaining*, 3, 12-20.
Bearden, William O. and Jesse E. Teel (1983), "Selected Determinants of Consumer Satisfaction and Complaint Reports," *Journal of Marketing Research*, 20 (February), 21-28.
Bitner, Mary Jo, Bernard M. Booms, and Mary Stanfield Tetreault (1990), "The Service Encounter: Diagnosing Favorable and Unfavorable Incidents," *Journal of Marketing*, 54(1), 71-84.
Blodgett, Jeffrey G. and Donald H. Granbois (1992), "Toward an Integrated Conceptual Model of Consumer Complaining Behavior," *Journal of Consumer Satisfaction, Dissatisfaction and Complaining Behavior*, 5, 93-103.
Bolfing, Claire P. (1989), "How Do Consumers Express Dissatisfaction and What Can Service

Marketers Do About It?" *The Journal of Services Marketing*, 3 (Spring), 5-23.

Conlon, Donald E. and Noel M. Murray (1996), "Customer Perceptions of Corporate Responses to Product Complaints: The Role of Explanations," *Academy of Management Journal*, 39(4), 1040-56.

Dart, Jack and Kim Freeman (1994), "Dissatisfaction Response Styles Among Clients of Professional Accounting Firms," *Journal of Business Research*, 29, 75-81.

Day, Ralph L. and Stephen B. Ash (1979), "Consumer Response to Dissatisfaction With Durable Products," in *Advances in Consumer Research*, Vol. 6, William Wilkie, ed. Ann Arbor, MI: Association for Consumer Research, 438-44.

—— and Muzaffer Bodur (1978), "Consumer Response to Dissatisfaction With Services and Intangibles," in *Advances in Consumer Research*, Vol. 5, H. Keith Hunt, ed. Ann Arbor, MI: Association for Consumer Research, 263-72.

—— and E. Laird Landon (1977), "Toward a Theory of Consumer Complaining Behavior," in *Consumer and Industrial Buying Behavior*, Arch G. Woodside, Jagdish N. Sheth, and Peter D. Bennett, eds. New York: North-Holland, 425-37.

Diamond, Steven L., Scott Ward, and Ronald Faber (1976), "Consumer Problems and Consumerism: Analysis of Calls to a Consumer Hot Line," *Journal of Marketing*, 30 (January), 58-62.

Folkes, Valarie, Susan Koletsky, and John L. Graham (1987), "A Field Study of Causal Inferences and Consumer Reaction: The View From the Airport," *Journal of Consumer Research*, 13 (March), 534-39.

Fornell, Claes and Birger Wernerfelt (1987), "Defensive Marketing Strategy by Customer Complaint Management: A Theoretical Analysis," *Journal of Marketing Research*, 24 (November), 337-46.

—— and Robert Westbrook (1979), "An Exploratory Study of Assertiveness, Aggressiveness, and Consumer Complaining Behavior," *Advances in Consumer Research*, Vol. 6, William Wilkie, ed. Ann Arbor, MI: Association for Consumer Research, 105-10.

Gilly, Mary C. and Betsy D. Gelb (1982), "Post-Purchase Consumer Processes and the Complaining Consumer," *Journal of Consumer Research*, 9 (December), 323-28.

Godwin, Beth, Paul G. Patterson, and Lester W. Johnson (1995), "Emotion, Coping and Complaining Propensity Following a Dissatisfactory Service Encounter," *Journal of Satisfaction, Dissatisfaction and Complaining Behavior*, 8, 155-63.

Goodwin, Cathy and Ivan Ross (1990), "Consumer Evaluations of Responses to Complaints: What's Fair and Why," *The Journal of Services Marketing*, 4(3), 53-61.

Granbois, Donald, John O. Summers, and Gary L. Frazier (1977), "Correlates of Consumer Expectation and Complaining Behavior," in *Consumer Satisfaction, Dissatisfaction and Complaining Behavior Proceedings*, Ralph L. Day and H. Keith Hunt, eds. Bloomington: Indiana University, 18-25.

Hansen, Scott W., John E. Swan, and Thomas L. Powers (1996), "Encouraging Friendly Complaint Behavior in Industrial Markets," *Industrial Marketing Management*, 25, 271-81.

——, ——, and —— (1997), "Vendor Relationships as Predictors of Organizational Buyer Complaint Response Styles," *Journal of Business Research*, 40, 65-77.

Hart, Christopher W. L., James L. Heskett, and W. Earl Sasser, Jr. (1990), "The Profitable Art of Service Recovery," *Harvard Business Review*, 68 (July/August), 148-56.

Hirschman, Albert O. (1970), *Exit, Voice, and Loyalty: Responses to Decline in Firms, Organizations, and States*. Cambridge, MA: Harvard University Press.

Kasouf, Chickery J., Kevin G. Celuch, and Jeffrey C. Strieter (1995), "Consumer Complaints as Market Intelligence: Orienting Context and Conceptual Framework," *Journal of Consumer Satisfaction, Dissatisfaction and Complaining Behavior*, 8, 59-68.

Kolodinsky, Jane (1992), "A System for Estimating Complaints, Complaint Resolution, and Subsequent Purchases of Professional and Personal Services," *Journal of Consumer Satisfaction,*

Dissatisfaction and Complaining Behavior, 5, 36-44.

Kraft, Frederic B. (1977), "Characteristics of Consumer Complainers and Complaint Repatronage Behavior," in *Consumer Satisfaction, Dissatisfaction and Complaining Behavior Proceedings*, Ralph L. Day and H. Keith Hunt, eds. Bloomington: Indiana University, 79-84.

Krishnan, S. and Valerie A. Valle (1979), "Dissatisfaction Attributions and Consumer Complaint Behavior," in *Advances in Consumer Research*, Vol. 6, William Wilkie, ed. Ann Arbor, MI: Association for Consumer Research, 445-49.

Landon, E. Laird, Jr. (1977), "A Model of Consumer Complaining Behavior," in *Consumer Satisfaction, Dissatisfaction and Complaining Behavior Proceedings*, Ralph L. Day and H. Keith Hunt, eds. Bloomington: Indiana University, 26-29.

Lawther, Karen L., S. Krishnan, and Valerie A. Valle (1978), "The Consumer Complaint Process: Directions for Theoretical Development," in *New Dimensions in Consumer Satisfaction, Dissatisfaction and Complaining Behavior*, Ralph L. Day and H. Keith Hunt, eds. Bloomington: Indiana University, 10-14.

Mason, J. Barry and Samuel H. Himes, Jr. (1973), "An Exploratory Behavioral and Socio-Economic Profile of Consumer Action About Dissatisfaction With Selected Household Appliances," *Journal of Consumer Affairs*, 7 (Winter), 121-27.

Moyer, Mel S. (1984), "Characteristics of Consumer Complainants: Implications for Marketing and Public Policy," *Journal of Public Policy and Marketing*, 3, 67-84.

Ping, Robert A., Jr. (1997), "Voice in Business-to-Business Relationships: Cost of Exit and Demographic Antecedents," *Journal of Retailing*, 73(2), 261-81.

Reichheld, Frederick F. and W. Earl Sasser, Jr. (1990), "Zero Defections: Quality Comes to Services," *Harvard Business Review*, 68 (September-October), 105-11.

Richins, Marsha L. (1983), "Negative Word-of-Mouth by Dissatisfied Consumers: A Pilot Study," *Journal of Marketing*, 47 (Winter), 68-78.

Singh, Jagdip (1988), "Consumer Complaint Intentions and Behavior: Definitional and Taxonomical Issues," *Journal of Marketing*, 52 (January), 93-107.

────── (1990), "A Typology of Consumer Dissatisfaction Response Styles," *Journal of Retailing*, 66 (Spring), 57-99.

Smith, Craig A. and Phoebe C. Ellsworth (1985), "Patterns of Cognitive Appraisal in Emotion," *Journal of Personality and Social Psychology*, 48(4), 813-18.

Spalding, James B., Jr. and Norman Marcus (1981), "Postal and Telephone Complaint Handling Procedures: A Comparative Study of the U.S. and the U.K.," in *Consumer Satisfaction, Dissatisfaction and Complaining Behavior Proceedings*, Ralph L. Day and H. Keith Hunt, eds. Bloomington: Indiana University, 91-97.

Stephens, Nancy and Kevin P. Gwinner (1998), "Why Don't Some People Complain? A Cognitive-Emotive Process Model of Consumer Complaint Behavior," *Journal of the Academy of Marketing Science*, 26(3), 172-89.

Tax, Stephen S., Stephen W. Brown, and Murali Chandrashekaran (1998), "Customer Evaluations of Service Complaint Experiences: Implications for Relationship Marketing," *Journal of Marketing*, 62(2), 60-76.

Technical Assistance Research Program (1979), *Consumer Complaint Handling in America: A Final Report*. Washington, DC: White House Office of Consumer Affairs.

Warland, Rex H., Robert O. Herrmann, and Dan E. Moore (1984), "Consumer Complaining and Community Involvement: An Exploration of Their Theoretical and Empirical Linkages," *Journal of Consumer Affairs*, 18(1), 64-78.

────── , ────── , and Jane Willits (1975), "Dissatisfied Consumers: Who Gets Upset and Who Takes Action," *Journal of Consumer Affairs*, 9 (Winter), 148-63.

Westbrook, Robert A. (1987), "Product/Consumption-Based Affective Responses and Postpurchase

Behavior," *Journal of Marketing Research*, 24 (August), 258-70.

Zaltman, Gerald, Rajendra K. Srivastava, and Rohit Deshpande (1978), "Perceptions of Unfair Marketing Practices," in *Advances in Consumer Research*, Vol. 5, H. Keith Hunt, ed. Ann Arbor, MI: Association for Consumer Research, 263-68.

第18章

服務保證：研究與實務

Amy L. Ostrom

Christopher Hart

美國人常說，人生除了死亡和繳稅兩件事以外就沒什麼可以保證的了。說這句話的人，恐怕從來沒住過漢普敦假日酒店（Hampton Inn），也沒有委託聯邦快遞（Federal Express）傳送重要信件的經驗，應該也不曾獲得Delta牙科的保證給付。上述這三家公司展現了「保證」的力量，並且將服務的本質發揮到淋漓盡致的境界，成功地凝聚了公司內部員工的團隊精神，更塑造了顧客對公司的觀感與評價。長久以來，優良的服務業者孜孜不倦地努力滿足顧客的需求，有時甚至不計代價，只求賓至如歸（例如當顧客覺得菜餚品質不佳時，可以要求更換；旅客覺得房間水管裝設不良，也可以提出換房的要求）。近年來，服務業者漸漸體認：提供顧客服務的「品質保證」，已經不只是行銷的花招之一，同時也是用來定義、提昇、維護公司整體品質的工具。

「給予顧客保證」並不是什麼新潮的概念，以近代而言，我們至少可以追溯到1855年時，發明收割機的Cyrus McCormick以書面形式

給予顧客退款保證。幾年後，另一名商人John Wanamaker也保證在他
的百貨公司銷售的產品絕對讓顧客滿意。最初他們提出保證政策時，
一度讓人覺得不可思議，不少人冷眼旁觀，等著看他們收拾這筆爛
帳，但是McCormick和Wanamaker很快就證明他們的先見之明，因為
這些政策不但贏得顧客的青睞，不久以後，兩人還搖身成為全美最富
有的人之一。人們漸漸體認到，「保證」不僅可用來解決在交易時所
產生的問題，公司所提供的產品保證，也正是對經營理念最有力的宣
示。

為什麼要提供服務保證？

　　從公司的觀點來說，提供顧客服務保證有相當多的好處[1]。首
先，提供產品保證將促使公司一切以顧客為中心，因為公司必須要先
深入了解主要顧客群的期望及需求，才能夠擬定保證的內容。另外，
商品保證往往也會為公司和員工訂定清楚的規範與標準。在Schneider
和Bowen兩人合著的《打贏服務戰役》（Winning the Service Game）
一書中提到，要讓員工表現得好，最有效的辦法就是提供他們一個明
確的目標。對員工而言，達到目標就等於得到了報酬，而公司也能將
此作為標準，適當給予員工其他形式的報酬，如回饋、認同、獎金等
（Schneider和Bowen 1995）。公司一但提出了商品保證，也就等於為
員工指出了一個服務工作的明確目標，藉著目標的訂定與釐清，公司
和員工才能步伐一致地往目標邁進。
　　提供保證的另一個好處是能夠獲得較多顧客的迴響，因為公司一
旦提出保證，也就意謂著鼓勵顧客提出抱怨。根據研究顯示，當顧客
有所不滿時，只有一小部份的人會向公司提出申訴（Heskett, Sasser和
Schlesinger 1997；Technical Assistance Research Programs Institute

1986），當公司有完善的保證政策時，顧客會較樂於向公司表達不滿，原因如下：首先，商品保證的內容有助於幫助顧客了解應以何種標準來評量服務的品質；其次，提供顧客保證書也就等於告訴顧客「你有抱怨的權利」，同時也表達了服務提供者願意傾聽的態度，以及期望知道是否已經滿足使用者的需求。最後，保證中提及的補償方案，也是促使顧客願意向公司提出申訴的原動力。

公司對顧客提供產品保證，目的之一是為了刺激顧客的申訴意願。不論就短期或長期來說，這些來自於顧客的迴響與反應，和公司的有很大的關係。短期而言，每一次有顧客要求履行保證書上的約定時，對公司而言都是一個「關鍵的時刻」（moment of truth），一旦顧客提出申訴，就等於讓公司有彌補的機會，而非選擇從此之後拒絕再向此公司購買產品。因此，補償性服務的重要性無庸置疑，公司至少因此擁有扭轉劣勢的空間，而且倘若處理得宜，還能贏得更高的顧客滿意度（Bitner、Booms和Tetreault 1990）。以這樣的觀點來說，即使大多數的時候公司總是希望產品不會有什麼閃失，但是一旦問題真的發生了，補償性的服務等於讓公司有機會將危機化為轉機。另一方面，就長期而言，公司若能對顧客及補償性服務案例詳加研究反省，藉此瞭解顧客為什麼不滿意，這些重要的訊息有助於公司系統性地改善服務品質。

Promus飯店集團的漢普敦酒店正因為實施一項「保證百分之百滿意」計畫（100% Satisfaction Guarantee）而大牟其利，隨後同屬該集團的相關品牌（如大使飯店Embassy Suite及Homewood飯店）也都採行相同的方案。有關產品保證的研究顯示，當員工有代表客戶發言的能力與動機時，他們的工作士氣顯然大為振奮，他們對於自己能夠為顧客提供優良服務而感到非常自豪。毫無意外，這種環境下的員工流動率也比較低。從經營的角度來說，Pormus不斷地發現改善服務品質的機會，同時也吸引許多理念相同的經銷商加盟Promus系統，至於不認同Promus的「保證百分之百滿意」方案的人,自然就不會與其合作。

　　整體來說,若公司能夠透徹地分析顧客不滿的各種因素,並且將之與公司面臨的財務瓶頸結合,進而規劃、執行強而有力的服務保證制度,將有助於打破官僚體系,穿越藩籬,在公司內部創造一種同舟共濟的氣氛,一起為提升服務品質而打拼。雖然公司設定的目標可能非常困難,但是並非無法達到,在這種狀況下,這個目標還有凝聚員工熱忱的作用。另外,很重要的一點是,服務保證提供顧客向公司反映的管道,使公司瞭解顧客的期望和需要,如果公司忽略了顧客真正的想法,可能就得付出沉重的代價—顧客就一去不回頭了。

　　雖然服務保證給予顧客的往往是實質的好處,但是許多學術研究更常探討服務保證在其他方面的重要影響。最初的研究將重點放在顧客對商品保證書的評估,稍後的研究逐漸把重心轉移至公司對顧客財產或付出所提供的承諾,探討這些承諾的影響力[2]。有一些針對耐用商品所做的研究,探討的問題包括:1.保證書內容對顧客的重要性(Lehmann & Ostlund 1972;Olson & Jacoby 1972),2.商品的保證書如何影響顧客的風險評估(Bearden & Shimp 1982;Erevelles 1993;Shimp and Bearden 1982)3.保證書如何影響顧客對商品的態度以及他們對品質的看法(Boulding & Kirmani 1993;Erevelles 1993;Innis & Unnava 1991)。結果發現,顧客在購買耐久性商品時,公司提供的保證書會降低顧客對風險程度的評估,在某些情況下(特別是在顧客並未掌握充分的產品訊息時),保證書還能夠提昇顧客對產品品質的評價。

　　公司給予顧客的承諾,其本質從消極地對失敗的服務負責,漸漸變成積極地提升顧客滿意度,這樣的概念移轉更加深了服務保證對顧客感受的影響。舉個例子來說,對大多數的製造商而言,顧客的滿意主要來自於產品的性能表現與可信賴度,廠商可以從這個角度來評估品質，並且以此作爲保證書的擬定標準。一般來說，如果產品的品質沒有問題，大多數的顧客都會覺得滿意，而且也不需訴諸保證書的權利。因此，通常產品保證基本上都會授予顧客無條件的商品保證，即使商品的功能或信賴度都堪稱良好，只要顧客不滿意，他仍有向公司要求退貨之權利。例如有些保證書會明訂顧客可以要求退回商品的情況：商品的操作說明不夠清楚、其他品牌的同種商品有更好的品質、商品的抗污性不良或是出現了擦痕、商品褪色等。

　　一些針對商品保證與顧客滿意度的研究發現，產品保證可以減低顧客在購買時的風險評估，而且也使顧客對公司有更高的評價（Ostrom & Iacobucci 1998）。Promus飯店集團以其「保證百分之百滿意」的政策實踐了這個看法，吸引更多顧客上門消費，直接地提昇了公司的獲利。

　　公司提供商品保證的最終目的，說穿了其實就是爲了提高利潤。雖然商品保證究竟爲公司帶來多少利潤，無法實質加以測量，但是從一些案例來看，一套強而有力的商品保證政策的確能爲公司獲利帶來顯著的效果。Promus在1990年開始實施「保證百分之百滿意」政策，該年度的總收入增加了七百萬美元，同時根據公司的調查發現，大約2%的顧客會因爲這項政策而選擇再度光臨。另外，共有3,300名曾經使用這項保證的顧客在同一年再度住進Promus，其中61%的人更是明白指出他們正是因爲這項保證措施才會再度選擇Promus，光是這些重複的消費者，在當年就爲Promus創造了一百萬美元的進帳。因此，雖然公司眞正花在服務保證的成本只有卅五萬美元，但是這項保證措施至少增加了八百萬美元的歲入。事實上，這個數字尙嫌保守，因爲還有大約一半的顧客雖然沒有使用到這項保證，但卻都指出Promus的品質保證方案使他們更願意在未來再度選擇Promus的連鎖飯店。1991年，這個方案對公司的歲入影響更是鉅大，據估計，它使公司的歲入增加了一千八百萬美元，而該年公司花費在品質保證的支出與前一年相較仍舊呈現持平狀態。

　　另外一個例子是羅柏伍德強森大學醫院（Robert Wood Johnson Hospital）。這所位於紐澤西州新布朗維克（New Brunswick, New Jersey）的醫院是一家設有創傷治療中心的教學醫院。該醫院的急診中心保證在十五分鐘內就會有護士為病人服務、卅分鐘內有醫生看診，否則醫院將會負擔醫療費用（Pallarito 1995）。原本每個月大約有五十名病人會因為看不到醫護人員或尚未接受診療就離開，使醫院白白損失了一筆收益；但是當醫院開始實施這項保證方案後，每個月多出了十五萬美元的收益（一年下來則是一百八十萬美元）。

　　從以上的例子看來，對顧客提供額外的產品保證服務，的確可以使公司在合理的成本下，相對地獲得更高的利潤。一般來說，公司在計算成本效益時，並不會將一些抽象的利益納入。例如，一個設計及執行良好的保證方案可以提昇員工的士氣（以漢普敦酒店而言，85%的員工認為這項保證方案使他們更樂於做好自己的工作）、改善管理決策、加強品質工程、使顧客忠誠度與日俱增。這些「軟性」的好處雖然不容易量化評估，但是許多曾經有效執行服務保證策略的公司都一致同意：建立以顧客為中心的公司文化，是再重要不過的事了。

　　除了前述的好處之外，還有更多其他的理由促使服務業者主動地提供服務保證。首先，與製造業者相較之下，服務業者的保證方案可以明確地突顯與其他競爭者的差異性，因為法律並未規定服務業者一定要提供產品保證（根據美國的統一商務法規 "The Uniform Commercial Code"，販售實體、可移動的商品時，必須附有保證書；在這樣的定義之下，實體商品並不包括抽象的服務商品，而可移動的商品則未包含不動產）。因此，除了零售業和次日送達包裹的快遞公司之類的服務以外，在服務業中提供商品保證的公司，比例上相對較低。除了法律的觀點以外，服務業者提供保證的比例偏低還有另一個原因：和實體商品比較起來，顧客可能很容易就找到實體商品的問題

（例如明顯的瑕疵或功能不良等），但是對抽象服務感到不滿意的原因卻往往模糊曖昧。

　　Wirtz在1998年針對新加坡數種服務業公司的保證策略從事調查研究，結果發現在一個並不盛行提供保證的服務產業中，倘若有公司獨樹一幟地推出各種保證方案，大多能夠為公司盈收帶來正面效益。隨著市場競爭的激烈化，顧客的要求越來越嚴格，多數的公司都有所體認，瞭解與其他同業競爭者有所區隔是刻不容緩的任務，同時也致力為顧客創造最大的利益。很多服務業者雖然口口聲聲喊著顧客至上，但是事實上，在各種傳達公司誠意的方式中，提供服務保證給顧客可說是最強而有力的做法。

　　當顧客對於風險的評估偏高時，服務保證也是能夠有效刺激顧客消費的策略。在現代，有許多服務業是以勞力密集的型態進行，而且大多數的交易都是同步進行服務的生產與消費，在這種消費型態下，顧客難以預測服務的結果，而且品質也是良莠不齊。另外，在真正接受服務以前，往往很難預先知道可能發生什麼問題，更別說預防或事先修正了。這些原因使顧客在消費服務商品時，對風險的評估皆會偏高（Guseman 1981；Murray and Schlacter 1990）。儘管如此，服務產品所具備的高風險特性，一方面雖然是公司的挑戰，也是建立有效保證制度、降低顧客風險評估的絕佳機會。對於很多專業性較高的服務業者而言，相形之下，服務保證具有更大的影響力。由於專業性服務的收費偏高而且通常是高度個人化的服務，顧客都會意識到服務品質不良將會造成嚴重的損失，因此，儘管公司的服務在過去享有很高的評價，恐怕也無法減低消費者對於風險的評估。

　　服務保證對餐廳、汽車修護廠、廣告代理商等類似的服務業也有很大助益，因為這一類的服務業非常依賴顧客的口耳相傳以招攬生意，因此，這類服務業者在面對負面的評價時，往往顯得難以招架、不堪一擊。公司對不滿意的顧客提出保證方案，可以為過去所造成的錯誤負責，彌補顧客的損失，避免顧客傳播公司的負面訊息，甚至讓曾經使用過公司保證政策的顧客願意爲公司廣爲宣傳。

　　對很多服務公司而言，提供強有力的保證方案或許並不是什麼大創新。有些公司本來就已經以「顧客的滿意」作爲目標，並且將之融入其經營哲學中。當有問題發生時，公司會盡可能地解決問題。在這種狀況下，提供服務保證往往只是將公司原有的理念進一步具體落實，使公司能夠擁有更大的市場佔有率與更高的顧客忠誠度，並且讓顧客滿意的概念在公司組織內部根深柢固，最理想的結果就是提昇公司的獲利力。另一方面，實施保證制度也會促使公司以更謹慎的態度面對服務交易中經常發生的問題，這些問題可能存在已久，並且是導致服務品質低落的元兇，例如有些公司在不同地方分別設有服務據點，就可能會有品質良莠不齊的情況發生。

保證的種類和元素

　　當公司在設計保證策略時有很多不同的選擇，圖18.1顯示保證方案的不同元素，我們的重點在於服務保證，特別是外部和內部的服務保證。

　　所謂的外部保證是由公司向外對顧客所提供的保證，而內部保證則是公司內部的一群人提供保證給公司裡的另一群人。雖然內部保證看起來或執行起來可能和外部保證沒有兩樣，但是內部保證的對象是公司的內部顧客，最終目的是爲了提高某個領域的服務品質。接下來我們就分別說明這兩種服務保證。

　　外部保證可能是直接而明顯，也可能以較低調而內隱的方式進行。很多公司都能夠成功地運用內隱的外部保證；換句話說，內隱的外部保證指的是，公司並未明確地陳述保證的方式或內容，但是在顧

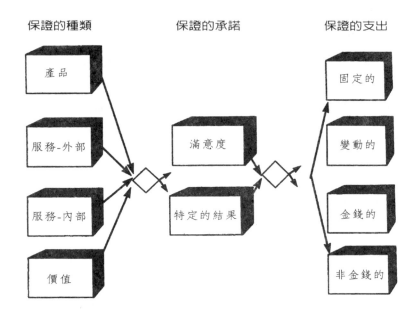

圖18.1 保證的設計選擇

客心裡卻知道他們擁有這樣的服務保證。例如多數的消費者都知道諾斯東百貨公司(Nordstorm Department Store)一向樂於向不滿的顧客做出補償,即使該公司從未真正明確地對顧客做出任何承諾。還有許多高級的餐廳或飯店(甚至只是較普通的餐旅業者)也是採取這類的服務保證型態:儘管業者沒有直接陳述保證內容,一旦顧客有所抱怨,公司都會給予顧客退貨換貨的權利。一個能讓顧客感受到內隱服務保證的公司,在市場上具有很大的優勢。不過,公司並非一夕之間就能建立內隱的保證政策,而是必須妥善地回應、處理每一個顧客的申訴與抱怨事件,證明公司的確擁有絕佳的服務品質與補償方案。對於剛起步的公司或是一些苦於無法令顧客印象深刻的公司而言,要做到這一點尤其困難。因此,內隱的服務保證較適用於提昇品質計劃中

的稍後階段，在發展初期，公司應該致力於提供顯性的服務保證，才
能逐步進入內隱的保證階段。

　　已經建立內隱服務保證的公司，並不需明確地給予顧客任何承
諾，也未必會告訴在無法信守承諾時，公司會怎麼做（即保證的「支
出」）；顯性的服務保證則正好相反，他們必須清楚地承諾、告知顧客
相關的保證方案。顯性的服務保證可分為以下兩種：無條件的顧客滿
意保證與特定結果的保證，以下我們將分述之。

無條件的顧客滿意保證

　　在公司傳達給顧客的各種訊息中，無條件保證顧客滿意是最具有
吸引力的保證型態。這種保證的重點就在於它是「無條件」使顧客
「滿意」—沒有藉口或解釋、更不用以黑紙白字的契約來規範；而
「滿意」與否則是由擁有最高裁決權的顧客來判斷。無條件的保證意
謂著公司承諾一定會滿足顧客的期望。這種「包君滿意」的保證等於
是公司對經營理念所提出的使命聲明（mission statement）。有一家專
門將電腦磁帶轉換成縮影膠捲的公司—「第一形象」公司（First
Image）—曾經建立一套相當具有優勢的服務保證制度，並且以此作
為該公司的使命聲明。它們的服務保證是無條件的，而這樣的觀念不
但受到高層主管的認同，實際上也致力向此目標邁進，原因之一可能
是他們願意以同理心為顧客設身處地著想。該公司的保證方案雖然未
必稱之為「無條件的保證」，但是其在執行各種保證方案時，本質上
都仍是無條件的保證型態。

　　當公司在陳述自己所提供的無條件保證時，往往言簡意賅，就能
達到強大的效果。有一家環保諮商公司在給顧客的企劃案中，出現這
麼一句話：「本公司無條件保證顧客滿意，否則不予收費」。還有一
家禮服目錄公司「大地的盡頭」（Land's End）更是簡單明瞭地以「有

保證。就這樣。」（ "Guaranteed. Period." ）來說明它們的保證方案。這些實施無條件保證制度的公司，他們以超高的標準自我要求-換句話說，他們也是以顧客的標準來作為其品質的目標。

在過去，零售商店是最擅長執行無條件保證的服務業之一，但最近有越來越多作風大膽的公司，特別是服務業者更是卯足了勁準備全力加強各項保證方案。上面前提到Promus飯店承諾顧客，倘若無法令顧客覺得滿意，Promus將全數退還費用。美國的班恩企管顧問公司（Bain & Company）也對部分顧客提供無條件的保證服務，紐約時報還曾經引用其中一名顧客的話，指出他一直選擇班恩公司的原因：「如果他們表現不好，就賺不到錢。就這麼簡單[3]。」

即使在過去從來不怎麼重視服務保證的業者，最近對無條件的保證策略，都顯得躍躍欲試。南加州大學一名企管教授向學生保證，如果對他的授課內容不盡滿意，不但會全數退回學分費，連教科書也免費，唯一的條件是，學生必須在成績公佈之前提出。Banc One無條件地向客戶保證，如果不滿意他們的服務品質，公司將全數退還費用，每一筆費用高達一萬美金，有時可能更多。對服務業者而言，這麼做的原因不外乎是：顧客的滿意就是他們所販售的產品。服務品質的好壞並不容易客觀地定義，這往往是主觀的認定，例如：你如何判斷設計師幫你設計的髮型好不好看？因此，當服務品質沒有一定的標準可依循或評估時，顧客滿意度當然就是公司必須奉為圭臬的核心原則了。

特定結果的保證

事實上，無條件的保證並不是唯一有效的保證方案，也不是使公司獲利的唯一保證形式。「特定」的服務保證是由公司指定要保證產品中的哪一部份。因此，公司也會事先聲明，如果不是在公司保證範

圍之內的不良情況，不論顧客不滿意的程度有多嚴重，公司仍舊不會
承擔補償顧客的責任。

　　雖然這一類保證不是無條件地保證顧客滿意，但是顧客不見得會
覺得不公平。事實上，特定結果的保證也可以得到很好的效果，在某
些情況下甚至能夠使顧客達到無條件保證般的滿意程度（Wirtz
1997）。採取無條件保證的缺點在於有些顧客會提出一些不合理的求
償，使公司的成本提高，因此，特定結果的保證方式可以避免公司面
臨這棘手的問題。藉由特定的保證內容，公司可以強調產品的某些特
性，使顧客的注意力集中在公司最重視的部分。而保證的內容有可能
是對顧客而言最重要的部分，也可能是公司最想向顧客展現的產品優
勢。聯邦快遞的「保證隔天送達」（overnight delivery guarantee）（在
大多數的地區）就是最典型的例子，顧客們都對聯邦快遞深具信心。
聯邦快遞的舉動對同業也有很大衝擊，聯合包裹服務公司（United
Parcel Service）爲了一別苗頭，也推出「保證早上八點送達」（"8 a.m.
guaranteed"）方案，準備給聯邦快遞一記迎頭痛擊。很多服務業者都
會將保證內容的重點鎖定在「時間」方面，例如上述的羅柏伍德強森
大學醫院急診中心，再如專門製造組合階梯以及扶欄的通用階梯公司
（General Stair Company）[4]，也向顧客保證，如果不能在時間內爲顧
客遞送並組裝階梯，每一天要賠償顧客五十元美金。自從通用階梯公
司實施此方案以後，公司的生產量提高了三倍；當該地區的整體住宅
營建量下降百分之五時，通用階梯公司絲毫未受影響，在訂單方面仍
有百分之廿的成長率。

　　Delta牙科的服務保證計劃[5]涵括的範圍很廣泛，包括絕對不會爲
顧客帶來麻煩，他們向顧客提出如下的保證：「Delta牙科保證在電
話中就立刻爲您的問題進行解析，或是在一個工作天內就爲您服務，
並且持續追蹤治療結果。否則我們將退費（美金）五十元」。再以網
際網路爲例，由於業者體認顧客最不能忍受的問題就是時常斷線，因

此也針對這一點提出保證方案。一家單一費率撥接上網業者Sprint Flat Rate Internet Service向用戶保證，如果使用該公司的撥號連線時出現忙碌訊號，以致無法連線，可獲得一週免費的撥接服務（「ISP的契約書」）[6]。同樣的，AT&T的服務方案之一「WorldNet Virtual Private Network Service」也向用戶保證，如果一天以內連線速度緩慢的時間超過十分鐘，AT&T將會退回百分之五的月租費，每個月最多還可能退回百分之廿五的撥接費用（Guy 1997）。

內部保證

外部保證可以鞏固公司和顧客的關係，內部保證指的則是由公司內部的一群員工提供保證給同屬一家公司的另一群員工，同樣具有提升顧客關係的效果。因為內部保證對於解決公司內部的品質痼疾很有幫助，公司內部的品質一旦改善，自然能夠對顧客呈現更好的服務品質。基本上，除了一些細微的差異性，內部保證與外部保證在概念和形式上很類似。兩者之間最明顯的差異在於，外部保證是公司對其顧客所做的承諾和保證，內部保證則是對服務卓越性的保證（如服務的即時性、精確度、回饋、態度等其他與服務相關之事宜），這是由公司內部的部門所提出，對象是公司內其他部門的員工。有時提供保證的部門可能只需對單一部門負責（如工程部門對產品部門提出保證），有時則可能多於一個（如出版印刷部門的保證對象可能是公司的所有部門）。

內部保證和外部保證還有其他的差異。例如，每個公司的外部保證不見得都一樣，但是內部保證卻適用於大多數的公司。在組織內部推廣內部保證，能夠促進各部門之間的互動與合作，使公司內部發展出積極解決問題、建立與顧客對話、交流的機制。例如在某製造業公司中，行政部門主管彼此協議必須準時出席各項會議，否則得賠償其

他每個與會者一百美金。大使飯店對負責清理飯店的女傭也保證一定
會應其所求提供補給物資，否則負責補給物資的部門得付給女傭五塊
美金。創意專業服務公司是一家提供直接郵件服務（direct-mail，直
接向消費者個別郵寄廣告印刷品）的公司，該公司內部執行一項保證
方案，銷售部門必須負責提供產品部門各種規格，以供產品部門人員
提供服務給外部顧客。如果銷售部門人員無法完成任務，就要請產品
部門人員吃飯，還要在下一次的部門會議唱一首歌，或是獨力將所有
規格輸入電腦裡。

　　不管是顯性的內部保證或外部保證，都具有某種一致的理想特
質。首先，無條件的保證必須建立在毫無限制的前提之下。其次，保
證方案必須簡單明瞭，使消費者很容易就理解使用保證的條件。第
三，保證內容對顧客而言必須具有意義，亦即保證的項目應該切入要
點，讓顧客覺得所費值得。最後，申請使用保證的程序應該容易、快
速。如果顧客需要經過重重關卡、填寫各種表格的繁瑣手續，並且久
候一段時間以後才能獲得相關補償，恐怕很難對公司的保證方案感到
滿意。大多數執行保證方案卓然有成的公司，它們的保證方案大多符
合上述各種要求。

保證方案的設計與執行

　　在發展保證方案時，公司必須考慮許多問題。表18.1列舉了許多
重要的問題點，都是公司應該加以了解檢視的：

誰是決策者？

　　任何保證計劃是否能夠成功，都相當倚賴公司的管理階層對保證

表18.1 規劃及執行保證方案時應考慮的問題

I. 誰是決策者?

公司裡有沒有最擅於規劃保證方案的人選?

公司在管理方面是否一直很重視保證政策?

是否有一個團隊來規劃保證方案嗎?

是否應該讓顧客參與保證政策的規劃與執行?

II. 實施保證方案的最佳時機?

品質標準有多高?

公司有能力執行保證方案嗎?

顧客的風險有多高?

公司的競爭者是否也提供顧客服務保證方案?

公司的文化是否與保證政策一致?

III. 應該提供何種保證方案?

公司應該提供無條件保證或特定結果的保證方案?

公司的服務品質可以測量出來嗎?

公司應該特別向客戶保證些什麼?

有哪些是公司不可控制的變數?

公司是否會特別小心地避免讓某些顧客為了貪圖便宜而提出不合理的要求?

保證內容的賠償措施為何?

以退費作為賠償的方式是否容易傳達錯誤的訊息?

全數退還費用是否會令消費者覺得有罪惡感?

申請使用保證方案的過程是否容易?

政策所承諾的程度。一個絕佳的保證方案或許是成功的第一步,但是公司的管理階層對於保證方案所給予的承諾與支持,是絕對必要的,因為這些管理高層手中握有執行保證方案所需的各種資源。有了來自資深管理階層的支持以後,公司應該組成一個決策小組,這個工作團隊本身最好是跨部門(cross-functions),主要任務是評估某個保證方案的優缺點,以作為組織在規劃或執行保證政策時的指導方針。如果這個評估小組的成員來自公司內不同的單位，在進行評估時能夠融合更多元的觀點與知識；一旦公司經過評估的階段，決定執行某個保證方案時，通常可以帶來大筆的收益。最後，提供保證的目的是為了對顧客提出承諾，顧客的參與對於保證方案的設計也很重要，因此，公司應該要仔細瞭解：要保證些什麼？何種補償對顧客而言才具有意義？應該如何設計求償程序？

實施保證方案的最佳時機

　　一旦公司決定了決策小組的成員，該小組的首要任務就是從整個產業及市場的性質檢視保證方案的優缺點及合理性。在這個過程中，有幾個頗為重要的問題值得公司深思熟慮：首先，公司應先考量自身在品質標準及表現方面的水準。當一家品質聲譽良好的公司，已經在顧客心理建立優良的形象，就算執行顯性的品質保證方案，恐怕無助於吸引更多新顧客上門。另外，這和公司已經建立的高品質形象，可能也會有所衝突（顧客或許會覺得奇怪，這麼優秀的公司怎麼還需要用到保證呢？）。

　　其次，和品質標準相關的問題是，公司是否真的負擔得起執行保證方案所需要的成本。公司在執行保證方案時所花費的成本主要有兩方面：第一個是公司必須致力於產品品質的改善，第二個是對顧客理賠所需要的支出。這兩種開銷在本質上是截長補短的關係（trade-off），一家公司投資大筆成本於改善品質，理論上可以大量減低賠償顧客的花費；另一方面，公司也可以寧願不要花費心思在品質的提升上，不過卻做好花錢的準備以處理各項保證賠償措施。對於那些長久以來產品品質一直不良的公司而言，他們可能會發現，實施保證方案反而使公司陷入了困境-特別是當有些地方實在有待加強，而公司卻視若無睹，不曾試著加以改善的時候。

　　第三，公司還要考慮顧客對風險的評估。許多研究都已經證明，保證方案有助於降低風險（Bearden和Shimp 1982；Erevelles 1993；Ostrom和Iacobucci 1998；Shimp和Bearden 1982）。在具有高度風險的購買行為中，保證方案的影響力更是昭然若揭。顧客覺得風險高，有以下幾種原因：產品價格偏高；服務品質倘若不良，可能會有很嚴重的負面結果；顧客高度的自我參與；顧客對服務本身的知識有限。

　　第四個應該考慮到的問題是：競爭者是否也有保證方案？如果競爭者也提供同樣的保證方案，保證方案很可能成為該產業的一種「標準配備」，也就是說，顧客都會理所當然地認為公司應該提供這樣的保證。在這種狀況下，提供保證變成公司想要與同業齊頭競爭的必要手段。唯一的區別在於公司能夠提供哪些其他競爭者無法提供的保證內容。相反地，有些產業並不時興提供保證，那麼，一但某個公司提出了保證方案，往往就很容易凸顯出和其他競爭者不同之處。

　　最後，公司的文化是否適合提供保證制度，也是應當考慮的問題之一。對於品質一向良好、顧客滿意度很高的公司而言，提供顯性的保證方案，可能只是順水推舟、再容易不過的事。但是，對於那些沒有品質保證概念的公司來說，在踏出第一步時可能會覺得困難重重，特別是要如何說服公司前線的員工，讓他們相信公司有實施保證制度的決心，而且不會有人因為保證方案而受到處分。如果公司因為保證方案對員工做出處分，很快地所有的員工都會對保證方案敬而遠之。這樣一來，公司的保證計畫不但不能帶來好處，反而會嚴重打擊士氣。

哪一種保證方案較適合？

　　一但決定要採用保證方案，公司的下一步就是決定要保證哪些品質。這個問題主要牽涉到公司要提供無條件的保證，或針對服務產品的某些特性而保證。無條件的保證不但是效果最大的保證，當顧客的滿意度很難分解評估時（例如「周到有禮的」服務，或「有用的」財務建議），也適於採用無條件的保證。然而，公司在決定採取無條件保證時，必須考慮有些潛在的不利因素，例如一些人為無法控制的變數（如航空公司可能面對空中交通管制），這些變數會影響公司的服務品質，迫使公司面臨某些不利或不公平的索賠案件。想要解決這些難以控制的變因，可以嘗試將保證的內容縮小範圍，針對可預期的部分加以保證。此外，公司對於不合理索賠案件的花費，可能仍舊小於無條件保證所帶來的利潤。例如一家專業服務公司可能主要仰賴幾個主要的大宗客戶，以這些利潤營收來處理不盡公平的索賠案件，可能還是綽綽有餘，雖然短期之內公司會覺得障礙重重，但是這些大客戶會因此再度選擇此公司，進行更大筆的交易，這將使公司以前的投資成本漸漸回收並且創造更高的價值。當然，若公司自認為無法熬過最艱難的時期，是否採用無條件保證方案，則應三思。

採用特定結果的保證方案時，公司必須要釐清：顧客最重視的是什麼？公司最擅長的又是什麼？把上述的問題弄清楚，有助於公司管理政策的訂定，以決定保證的內容。在採用特定結果的保證方案時，常常會犯下一個錯誤：保證的內容是常被忽略、但卻極可能發生問題的地方，這樣一來可能不但無法成功地銷售產品，而且保證方案很快就會夭折，甚至成為公司的致命傷。

對無條件保證和特定結果的保證而言，賠償行為的性質都需要加以標示。如圖18.1所示，一項保證措施所提出的解決方案可能是固定的，也可能是有所變動化的（即所有申請使用保證方案的人所獲得的賠償獲解決方式可能一樣，也可能從數種不同的解決方案中擇一採用），而且有可能是金錢或非金錢上的補償。就這一點而言，消費者的參與及介入無疑會很重要。對消費者來說，何種解決方式才算公平？某些退款換貨的方式會不會反而對消費者產生負面的影響？有些公司以退款的方式作為其保證內容，是否反而與其企圖營造高級形象的目標有所違背（例如高價位的餐廳或顧問公司等）？同時，當公司實施退款保證時，顧客會不會因此怯步，缺乏提出申訴的動機，在這種狀況下，除非顧客已經忍無可忍（不滿意到希望公司全額退費），顧客可能不會要求使用保證。特別是服務業的顧客（尤其是專業的服務）容易對申請使用保證有所疑慮而踟躕不前。舉例來說，當消費者覺得有必要和服務提供者保持良好關係時，即使他們對於服務的部分內容有些不滿，通常也不會提出抱怨或要求公司履行保證方案。公司訂定保證方案的初衷是希望能夠從顧客身上獲取訊息、認清自身產品的缺點，並以此作為品質提昇之依據。然而，當這樣的保證方案隱約地減低顧客使用保證的動力時，便有違公司當初的目標。一般來說，當顧客不清楚保證的本質和目的，或是有其他管道可以表達他們對服務品質的看法時，很容易發生上述缺乏求償動機的情況。

最後，當公司已經決定要提供何種保證承諾時（即保證的項目及賠償的方式），就要進一步決定顧客申請使用保證及公司提供賠償的程序。在著手制定程序時，最重要的原則是盡可能省卻顧客的麻煩，同時，也應該讓公司的員工主動而樂意地為顧客執行保證方案，這一點在推動保證方案的初期，無異是最難跨出去的一步。有時候，某些公司為了傳達支持保證政策的決心，當員工提出使用保證申請時，甚至還會給予獎勵。

保證研究的重要議題

根據研究者針對許多不同的組織所做的個案調查顯示，保證制度不但可以成功地使公司內部轉型，還能提高營運量，並且有效地留住顧客。不過，關於保證制度還有許多研究空間，特別是有關於保證制度對顧客消費過程的影響。例如，當顧客在購物前，若公司提供保證

方案，顧客會對公司或產品產生何種印象？顧客或許會掌握與公司有
關的品質資訊，這些訊息會如何影響顧客對保證制度的評估？若其他
競爭者也提供保證方案，對於顧客的感受有何影響？就公司的生命週
期來說，實施保證制度的時機是否會影響其成效？

　　另外一個需要更進一步研究的重要議題與要求使用服務保證有
關。雖然在有保證的情況下，顧客似乎比較可能提出抱怨或申訴，但
是每個顧客對產品有所不滿的時候，真的都會要求使用服務保證嗎？
答案顯然是否定的，特別是在面對面的服務接觸型態中，某些顧客雖
然覺得委屈，但因為本身的個性比較消極或被動，面對為他們提供服
務的工作人員，或許很難開口要求公司履行保證承諾。關於顧客因為
哪些因素願意／不願意申請使用保證方案的研究，到目前為止仍舊相
當有限（請見Bolton and Drew 1995）。未來探討這個問題時，不妨思
考究竟哪些因素可能影響顧客使用保證方案的決定，這可能包括公司
傳遞服務失敗的原因；相對於失敗的服務，公司所提供的賠償是否公
平合理；以及顧客和服務提供者的關係本質為何等等。

　　保證方案具有潛在功能，有助於提昇顧客對公司的評價及強化其
重複購買之行為，這一點已經從很多實際的成功案例中獲得證實（如
Promus集團）。不過，我們應該更深入地探討關於保證方案的規劃設
計、在剛開始實施保證政策時的競爭環境、顧客知識等問題，並且體
認到申請及履行服務保證的程序也會影響顧客對服務經驗和公司的整
體評價，當然也會對未來的購買行為造成不容忽視的衝擊。

註釋

1. 本文多處引用 Hart 的著作（Hart 1988, 1993a, 1993b, 1995; Hart、
   Schlesinger 與 Maher 1992）。

2. 保證書（warranty）是公司的書面形式保證。

3. 原出於New York Times 在1989年9月24 日刊載「國王的軍師」（ "Counselor to the King"）一文。本文係源自於Hart的文章（1993a）。

4. 有關通用階梯的詳細保證方案內容，請見Hyatt（1995）。

5. 詳見Raffio（1992）。

6. Sprint已在契約裡列出保證方案：如果用戶再撥接上網時接獲忙線訊息，可以打電話到客服中心，客服人員會給用戶一組新的號碼，如果用戶仍舊無法使用這組號碼撥接成功，此時可以再打電話到客服中心，要求公司退回一個星期的費用（即5元美金，見 "ISP Guarantee Has Fine Print"）。

參考書目

Bearden, William O. and Terence A. Shimp (1982), "The Use of Extrinsic Cues to Facilitate Product Adoption," *Journal of Marketing Research*, 19 (May), 229-39.

Bitner, Mary Jo, Bernard H. Booms, and Mary S. Tetreault (1990), "The Service Encounter: Diagnosing Favorable and Unfavorable Incidents," *Journal of Marketing*, 54 (January), 1-84.

Bolton, Ruth N. and James H. Drew (1995), "Factors Influencing Customers Assessments of Service Quality and Their Invocation of a Service Warranty," in *Advances in Services Marketing and Management: Research and Practice*, Vol. 4, Teresa A. Swartz, David E. Bowen, and Stephen W. Brown, eds. Greenwich, CT: JAI, 1-23.

Boulding, William and Amna Kirmani (1993), "A Consumer-Side Experimental Examination of Signaling Theory: Do Consumers Perceive Warranties as Signals of Quality?" *Journal of Consumer Research*, 20 (June), 111-23.

Erevelles, Suni (1993), "The Price-Warranty Contract and Product Attitudes," *Journal of Business Research*, 27, 171-81.

Guseman, Dennis S. (1981), "Risk Perception and Risk Reduction in Consumer Services," in *Marketing of Services*, James H. Donnelly and William R. George, eds. Chicago: American Marketing Association, 200-204.

Guy, Sandra (1997), "Guarantees Get Real," *Telephony*, 233(21), 14.

Hart, Christopher W. L. (1988), "The Power of Unconditional Guarantees," *Harvard Business Review*, 66 (July-August), 54-62.

——— (1993a), *Extraordinary Guarantees*. New York: AMACOM.

——— (1993b), "Using Service Guarantees," in *The Service Quality Handbook*, Eberhard E. Scheuing and William F. Christopher, eds. New York: AMACOM.

———— (1995), "The Power of Internal Guarantees," *Harvard Business Review*, 73 (January-February), 64-73.

————, Leonard A. Schlesinger, and Dan Maher (1992), "Guarantees Come to Professional Service Firms," *Sloan Management Review*, 34 (Spring), 19-29.

Heskett, James L., W. Earl Sasser, and Leonard A. Schlesinger (1997), *The Service Profit Chain*. New York: Free Press.

Hyatt, Joshua (1995), "Guaranteed Growth," *INC.*, (September), 69-78.

Innis, Daniel E. and H. Rao Unnava (1991), "The Usefulness of Product Warranties for Reputable and New Brands," in *Advances in Consumer Research*, Vol. 18, Rebecca H. Holman and Michael R. Solomon, eds. Provo, UT: Association for Consumer Research, 317-22.

"ISP Guarantee Has Fine Print" (1997), *PC World*, (December), 63.

Lehmann, Donald R. and Lyman E. Ostlund (1972), "Consumer Perceptions of Product Warranties: An Exploratory Study," in *Proceedings of the Third Annual Conference of the Association for Consumer Research*, M. Venkatesan, ed. Chicago: Association for Consumer Research, 51-65.

Murray, Keith B. and John L. Schlacter (1990), "The Impact of Services Versus Goods on Consumers' Assessment of Perceived Risk and Variability," *Journal of the Academy of Marketing Science*, 18(1), 51-65.

Olson, Jerry and Jacob Jacoby (1972), "Cue Utilization in the Quality Perception Process," in *Proceedings of the Third Annual Conference of the Association for Consumer Research*, M. Venkatesan, ed. Chicago: Association for Consumer Research, 167-79.

Ostrom, Amy L. and Dawn Iacobucci (1998), "The Effect of Guarantees on Consumers' Evaluation of Services," *Journal of Services Marketing*, 12(6), 362-78.

Pallarito, Karen (1995), "Hospital Stands Behind Promise of Fast Service," *Modern Healthcare*, 63.

Raffio, Thomas (1992), "Quality and Delta Dental Plan of Massachusetts," *Sloan Management Review*, 34 (Fall), 101-10.

Schneider, Benjamin and David E. Bowen (1995), *Winning the Service Game*. Boston: Harvard Business School Press.

Shimp, Terence and William Bearden (1982), "Warranty and Other Extrinsic Cue Effects on Consumers' Risk Perceptions," *Journal of Consumer Research*, 9 (June), 38-46.

Technical Assistance Research Programs Institute (1986), *Consumer Complaint Handling in America: An Update Study Part II*. Washington, DC: U.S. Office of Consumer Affairs.

Wirtz, Jochen (1997), "Is Full Satisfaction the Best You Can Guarantee: An Empirical Investigation of the Impact of Guarantee Scope on Consumer Perceptions," in *Proceedings of the Eighth Biennial World Marketing Congress*, Vol. 8. Kuala Lumpur, Malaysia: Academy of Marketing Science, 416-18.

———— (1998), "Development of a Service Guarantee Model," *Asia-Pacific Journal of Management*, 15(1), 51-75.

第五部

服務關係

第19章

關係的行銷和管理

Paul G.Patterson

Tony Ward*

Len Berry 在 1983 年提出一項具有前瞻性的研究，他指出公司必須發展、培養與顧客間的關係，這是成功的重要策略。這個概念在近年來已被許多學者及實務人員所重視。不過，相關研究尚在萌芽階段，還有更多值得探討之處。

在市場競爭愈漸激烈的趨勢下，服務業者若要避免顧客轉身投向其他競爭者的懷抱，一定要和客戶發展良好的關係。同時，在服務產業中，一舉一動都很容易被同業模仿跟進，因此，與顧客培養長期關係的策略也顯得格外重要。公司組織試著與顧客建立關係，並不是什麼新潮的觀念，從過去的經驗中，我們看到很多成功的產業，都將顧客關係作爲事業發展、茁壯的根基。Berry 認爲這是一個「既舊且新」的概念（1995），Gronroos 更進一步地追溯到古老的中國與中東帝國的發展過程，來檢視關係行銷（1994）。他曾用一句古老的諺語來說明這個概念：「要當個商人，你得在每一個城市都有朋友才行。」在企業經營策略方面，Levitt（1993）認爲，不管在任何產業市場中，

對顧客而言，眞正的價值往往產生在交易完成以後。因此，公司應該
要將眼光放遠，把目標放在超人一等的服務行爲上，使產品有更高的
附加價值，創造顧客更高的滿意度，讓公司與顧客的關係是可以無盡
延續、而非只維持在短暫的交易行爲上（Payne 1997）。

　　爲顧客提供無形的服務，和銷售實體商品是不同的概念，在行銷
規劃上也具有不同的面向。公司提供顧客服務，必須經過某種程序，
顧客和公司的實質關係往往建立在和某些服務人員（也可能是某個品
牌或組織部門）的互動上，上述的事實使關係行銷產生了不同於其他
行銷方式的觀點。因此，當我們企圖建立一個能夠瞭解關係行銷之理
論基礎、特徵、及各種實例的架構時，必須以不同的觀點、藉著不同
的研究來探討各種相關概念。

　　在探討關係行銷及顧客忠誠度的問題時，有四個重要的因素會影
響研究的重心：一、顧客的價值永遠存在，二、資料庫系統的弔詭
性，三、顧客忠誠度對公司利潤的益處，四、競爭日趨激烈的服務市
場。

　　在今日，關係行銷已經位居行銷實務或學術研究的最前線，如何
保住已經存在的顧客群，讓他們未來繼續在公司消費，成爲忠實的顧
客，在行銷學的各領域裡都是顯學。美國的艾莫里大學（Emory
University）成立了關係行銷研究中心（Center for Relationship
Marketing），對於這方面的研究可說卓然有成，但是不可否認的是，
許多早期的研究都是源於歐洲。斯堪地那維亞半島的瑞典流派經濟學
（Swedish School of Economics）所研究的就是這個領域的拓荒者
（Gronroos 1989；Gummrddon 1987）。他們將重點放在探討服務和行
銷的互動網絡理論。IMP（即「工業行銷暨購買研究團」，Industrial
Marketing and Purchasing group）對於工業市場的網絡、互動及關係等
研究，也具有相當關鍵的影響力（例如 Ford 1990；Hakansson
1982；Turnbull和Cunnungham 1981），近年來Christopher、Payne和

Ballantyne更將品質、顧客滿意度、行銷功能等相關的概念融入研究中（1991）。本章要談的也就是這些概念。由於在下一章會提到企業對企業（business-to-business）的服務行銷，因此在這裡我們將顧客服務（即顧客與生產者的互動）做爲討論重點。確切地說，本章將討論的議題如下：

- 簡述關係行銷的出現過程。
- 定義什麼是與什麼不是關係行銷。
- 益處和限制。
- 列舉和顧客維持長期關係的成功案例。
- 留住顧客的策略。
- 關係行銷如何和其他行銷功能有效結合。
- 在何種情況下適合進行關係行銷。
- 未來的發展方向。

企業的成長之路

服務業茁壯發展的方式有很多可能性：

- 吸引新的顧客。
- 鼓勵原來的顧客群從事更多的消費。
- 鼓勵原來的顧客群消費更昂貴的商品（如：鼓勵經濟艙的旅客改坐頭等艙）。
- 減低顧客的流失率，這種顧客流失指的是那些轉向競爭者的顧客群（一般而言，當顧客轉換公司的成本較低時，這種流失的情況會更加容易發生。例如在旅行業、計程車公司或管理顧問

產業中，顧客從一家公司轉向另一家公司，並不需負擔太高的
轉換成本）。

● 終止某些無法導致公司獲利、停滯不前、不令人滿意的關係，
轉而與那些符合公司的利益、成長目標、市場定位之新顧客建
立關係。

上述各種企業成長的方式中，其中有四種方式都和關係的管理有
關。

和已經存在的顧客群維持並發展更良好的關係，需要以不同的行
銷活動來作為思考的基礎。在 Laura Liswood 的《正中目標的服務》
一書中，提到行銷上一個不太尋常的發展（1990）：

在過去，獲取市場和保有市場是相輔相成的兩件事，賣東西和提
供服務是在同樣的「公司—顧客」關係裡不斷重複進行的行為。
然而，當我們漸漸進入流動性、工業化、技術專家導向的社會
時，交易本身和交易完成以後的各種事情漸漸變成兩回事。交易
完成以後的事情，通常我們就交給了負責處理顧客抱怨的部門解
決。近年來在公司的正式結構、組織層級、預算編列上，都反映
出這樣的思考模式。爭取市場、努力促銷產品仍然是公司主要的
目標，但是負責客服的部門往往被視為只花錢不進帳，因此不但
在預算上被大幅刪減，連人員也都遭到大量裁撤，成為公司競爭
策略裡的邊緣地帶。

傳統的行銷傾向於吸引新顧客上門，也就是所謂的「攻擊性行銷」
（offensive marketing），這種行銷通常以4P組合作為其商業手段。有
些人認為這種行銷方式太過於強調運用4P的組合策略，並不能夠真
正有效拓展公司的市場關係之特性。然而，一個有效管理的組織，應
該要小心地經營與顧客之間的關係，以留住現有的顧客群，這是所謂

的「防衛性／關係行銷」（defensive or relationship marketing）。

關係行銷的定義

「關係」一詞具有多種意涵，許多對於關係行銷的定義都是以企業對企業的行銷脈絡為出發點（如 Bummesson 1994；Iacobucci 1994）。但是本章要以顧客的角度作為出發點，來定義關係行銷。Shani 和 Chalasani 認為，所謂的關係是建立在顧客與產品及服務提供者之間，而不是發生在顧客與公司之間。「關係行銷的核心目標，是使顧客和公司的各種系列服務與產品發展出持續性的關係」（1993，第59頁）。Gronroos 則以公司整體的觀點來檢視關係行銷，他指出，「行銷，就是建立、維持、增進、以及商業化顧客關係（這種關係通常是長期性），使涉入的各方之目標得以吻合」（1990，第5頁）。另一方面，Morgan 和 Hunt 強調「關係的交換」，他們指出，「關係行銷指的是各種以建立、維繫、發展成功的關係交換為目的之活動」（1994，第22頁）。而 Peelan、Ekelmans 和 Vijn 則相當重視在這種關係中的每一方對彼此的影響力：『所謂的「關係」，指的是雙方會長期地彼此相互影響對方的行為—其中一方的行為會引發另一方的回應』（1989，第8頁）。

為了能夠清楚地討論消費者服務產品在脈絡下的行銷關係，我們將關係行銷定義如下：關係行銷是基於顧客與公司彼此的利益所建立的一種長期關係。

在這個定義下，必須注意幾個重點：

- 關係，並非無來由地產生，而是需要主動建立並努力經營。
- 長期的關係才能使公司獲得最大的利潤，這也意味著公司在面臨短期利益與長期利益之間的衝突時，必須審慎考量的問題。

● 關係存在於顧客和提供服務的公司（可能是公司整體，也可能是公司裡某個員工）之間，而顧客有能力辨識這樣的關係是否存在。

● 關係的存在應該有利於顧客和公司雙方，亦即呈現雙贏的局面。

然而，Bitner也提醒我們注意一點：並非所有的顧客都希望和公司建立關係（1995）。

資料庫行銷

精確掌握顧客的資料，將其購買行為、社會人口統計變數、品牌愛好等各種資料加以彙整，建立公司的顧客資料庫，方能夠針對某一顧客群提供合適的服務。新加坡航空公司就深諳此道，緊緊抓住商務艙、頭等艙客戶的習性和喜好，提供符合顧客需求的食物、飲料、書籍、影片等。在每次的飛行過程中，公司會蒐集和顧客相關的資訊，因此，顧客在下一次搭機的時候可能會驚訝地發現，居然有個新加坡女孩叫得出他的名字，和他打招呼，並且對他說「這是你最喜歡的酒！」無庸置疑，細膩縝密、隨時更新的顧客資料，是公司和顧客培養長期關係不可或缺的一部份。因此，資料庫是公司在建立顧客關係、進行關係行銷時的利器。

關係所指涉的意義，與雙方的利益有關，因此應該獲得雙方的認可。從這個角度來說，一般的行銷手段所利用的顧客資料庫是單向的，它往往只對公司有利。真實的關係既然建立在互惠的原則下，資料庫的運用顯然與此一原則有所違背。如果這樣的推論正確，由公司單方面主導的資料庫行銷之手段（例如「鎖定」顧客群或「給予」顧客會員資格等），往往意味著公司從顧客身上獲取利益，而非依顧客所需來提供服務或商品，因此，資料庫行銷似乎稱不上是真正的關係。從關係的觀點來看，公司必須將顧客的立場納入行銷的考量中，使顧客在與公司往來時，也能獲得利益、好處或回饋（Blois 1995）。Barns曾針對顧客的參與，做了鞭辟入裡的說明：「除非顧客真的感覺到關係的存在，否則它是不存在的」（1995，第133頁）。目前有很多以資料庫規劃行銷策略的公司，似乎都忽略了這一點。

忠誠度方案

關係，並不是經過一來一往以後就可以建立，必須透過連續的互動來達成。但是Barnes也指出，「連續性的互動不見得一定能夠導致關係的建立，但是重複性的消費卻是構成顧客忠誠度的重要因素」（1995，第1397頁）。關係或忠誠度指的往往是顧客在情感層面、心理層面對公司的承諾感，這種承諾感在行為上的反映就是重複購買的行為。從這個角度來說，很多所謂的「忠誠度方案」（loyalty program）也是公司單向的行為：公司將顧客緊緊地扣住在他們設計的關係中，所用的方法不外乎是會員制度之類的手段。很多航空公司、零售業或銀行業的組織將忠誠度方案視為有效控制顧客行為及其選擇的工具，往往會使顧客好像是公司的抵押品一樣。事實上，這很可能只是業者的如意算盤罷了。根據Dowling和Uncles的調查顯示，某種商品的重度使用者（heavy users）不見得會對某個特定的品牌或公司具有忠誠度，Dowling和Uncles將此稱之為多妻／多夫制的忠誠（1997，polygamous loyalty）。舉例而言，根據資料顯示，歐洲百分之八十的商務艙旅客都不是單一航空公司的會員，拿英國的經常性商務艙旅客

來說（這類顧客一向炙手可熱），平均每個人加入成為3.1個航空公司
的會員。

關係行銷

　　那麼，在何種狀況下，公司和顧客之間才稱得上真正建立了關係
呢？當顧客希望和公司建立關係、同時感覺到關係的存在，認為這個
關係有利於雙方，並且在心中對此一關係有特定的認同感，因此即使
在面對有吸引力、垂手可得的同類商品時也不願意轉換品牌，我們才
可以說顧客和公司之間存在著真正的關係。Patterson在1998年公布一
項報告，以數據顯示在各行各業中分別有多少比例的顧客很確定在未
來將繼續在目前所消費的商店購物消費，分別是：美容業—85%，家
庭醫師—77%，汽車維修中心—77%，旅行社—69%。

　　關於上述的調查結果，可以用幾個理由來說明。除了汽車修護中
心之外，上述的服務都是以真人面對面的方式為顧客提供服務。在長
期的關係脈絡下，服務提供者的確可以變成顧客之社會網絡資源裡的
一部分（Adelman、Ahuvia和Goodwin 1994）。舉例來說，理髮師和
家庭醫師常常也是顧客的知己，這是一種社會層面的價值，已經遠遠
超越了業者所提供的技術性服務之核心內容。另外一個使顧客產生忠
誠度的原因係由於顧客希望能夠降低風險與不確定感，因此他們不願
意貿然就改變目前的消費習性。這種長期性的關係有助於顧客提升生
活品質和安定感（Zeithaml和Bitner 1996），對公司的信賴因此產生。
顧客會願意在某個程度上倚賴這些已經有處理自己的頭髮、健康問題
之經驗的美容師或醫生。因為顧客認為，既然這些服務提供者已經瞭
解自己的喜好（如裁縫師已經知道客戶的身材尺寸），再找新的服務
提供者似乎顯得多此一舉。最後，九○年代的消費者往往分秒必爭

（尤其是一些專業人士和雙薪家庭），對於時間都精打細算，因此，他們不斷地尋求各種方式，讓決策過程變得簡單一點，對他們而言，節省時間就意味著獲得更高的生活品質。換句話說，顧客通常不會「準備」要去浪費時間尋找新的服務提供者，因此他們和旅行社、汽車修護中心、醫師等服務提供者維持著穩定的關係，把寶貴的時間用在更重要的事情上面。

關係行銷和關係管理

　　和顧客建立關係可以分成兩個階段：首先要使顧客對商品感興趣，接著就要以時間來累積、經營和顧客的關係，使顧客與公司能夠互謀其利。

　　Christopher、Payne和Ballantyne指出，很多公司在達到了交易目標以後，就急著轉移重心，汲汲營營地開發、吸引新的顧客群，忘記了與既有的顧客群保持良好的關係，努力使其未來會繼續在公司從事各種消費（1991）。圖19.1顯示了顧客的忠誠度層級。首先，公司的目標是利用各種行銷工具，展示新產品的吸引力，經過一段時間的累積後，逐漸與消費者建立關係（我們將這種吸引／建立／創造的階段稱為關係行銷，relationship marketing）。接下來，公司的目標是將顧客往上提升變成委託人（clients）、並且讓委託人成為公司產品的擁護者、提倡者（advocate），最後不僅為公司講好話、散播正面的形象，還會對公司產生情緒上的親密感，真正變成公司的福音傳播者（evangelists）。公司在這些階段的策略由守轉攻，也就是開始發展關係管理（relationship management），主動保持、提升與顧客的關係，並藉由提供更多的附加價值、增加顧客的信賴感、滿意度，以及強化與顧客間的社會化連結，使公司與顧客的關係屹立不搖。

圖19.1　顧客的角色層級

　　談到專業服務公司的關係管理，Levitt認為：

一般而言，在很多專業公司和顧客之間的合夥關係中—如法律、
醫藥、建築、諮詢、投資公司、廣告公司等，公司會根據顧客關
係的深淺來衡量個人在此種關係中的等級，以及應該享受的回饋
多寡……關係的管理有賴公司全方位地加以規劃，以進行維持、
投資、改善甚至汰舊換新等工作（1993，第88頁）。

關係的本質

　　公司和顧客之關係的本質，和客服部門或B2B服務型態中的顧客
關係之差異頗大。雖然我們對於關係的定義可以適用在這兩種關係
裡，但是兩者的關係行銷之實際運用技巧上卻大相逕庭。

在服務業裡，服務提供者和顧客之間常常需要面對面互動，但是在多數的實體商品交易中，顧客與生產者直接接觸的機會相對少了許多。因此，服務業特殊的交易型態提供公司絕佳的機會，與客戶直接建立長期的關係。在這種情況之下，關係可能建立在兩人之間、也可能是建立在多名服務提供者與多名顧客之間；這樣的關係可能很單純，但也可能因為顧客對於服務提供者的認同度而顯得複雜。例如，一個顧客可能和美髮院裡兩名以上的設計師建立某種程度的關係，一旦其中一位設計師離職，前往另一家美髮院工作，顧客可能會跟著這名設計師師到新的公司；但是也可能留在原本那家美髮院裡，這樣一來，無異使顧客有機會和該家美髮院裡的其他設計師建立更深厚的關係。

這個例子凸顯了一個問題：在消費行為中，顧客所察覺到的關係，主要是和哪些事物（公司或品牌）、哪些人（某個服務提供者或多名服務提供者）所建立的。關於這些問題，由於中介的變項太多，因此相關的研究仍無法獲得一個明確的答案。這些變項可能包括顧客本身、提供服務的團隊、服務產品的種類、各種關係的強度、關係持續的時間、以及顧客所感受到自己和公司、及其品牌形象之間的關係等，凡此種種都會對顧客的消費行為造成影響。

顧客和服務提供者之間的關係種類繁多，大約可以分為社會化、公司／品牌、虛擬、內部關係行銷等關係，以下將分別簡述之。

社會化關係

社會化關係指的是服務人員和顧客之間的人際關係，這樣的關係可能是個人對個人、多人對個人，也可能更加錯綜複雜。這類關係反映了兩人以上的互動型態，聯邦快遞（FedEx）體認到這類人際關係的重要性，即使是電話的互動，也都是該公司極為重視的環節之一。

因此，聯邦快遞運用來電號碼辨識技術，某個顧客的來電都會被直接轉給某個特定的服務人員，久而久之，即使透過電話，顧客和服務人員仍能夠建立關係。

公司／品牌關係

當顧客認為自己和某個公司／品牌（而非某個服務人員）有某種關係時，公司／品牌關係就存在了，典型的例子是顧客和某家銀行或保險公司之間的往來。要研究這一類的關係並不容易，因為顧客本身未必很清楚自己和公司／品牌之間究竟是否真的擁有某種關係。很多案例都顯示，顧客不會像評估上述的社會化關係一樣，去衡量自己跟某個公司或品牌之間的關係。

虛擬關係

過去幾年來，行銷出現了一個新的戰場，亦即網際網路行銷。在網路這個虛擬的行銷市場裡，直接的人際接觸已然消失；這個新領域的出現，也為市場行銷人員帶來了許多新的挑戰。另外，有些既有的行銷方式也漸漸不需要透過人際接觸就可以完成（如郵購等）。這一類行銷關係的研究尚嫌不足，不過，目前已有的相關研究顯示，顧客的確感受到這種虛擬關係的存在（如成功的亞馬遜網路書店，Amazon.com），行銷者在企圖建立與顧客之間的關係時，不妨以此作為參考。

內部關係行銷

內部關係行銷基本上和前述之關係行銷不同，因為內部關係行銷的對象是組織內部的人員（我們可稱之為功能性團體，functional groups），這種關係可以凝聚所有服務人員的向心力，一起為服務顧客而努力，諸如旅館櫃臺人員、公司內部不同部門裡支援前線部門的員工，例如在租車服務公司裡，負責清理、準備汽車讓顧客使用的人員，即屬於公司內部的功能性團體。在這種組織型態裡，公司內部的一部份員工負責準備服務內容，支援公司前線的員工（亦即真正和顧客接觸、建立關係的員工）而提供顧客相關的服務。雖然很多公司漸漸對內部關係的重要性有所認知，不過，也有不少組織往往在內部關係已經發生問題時，才瞭解到內部關係也可能對行銷造成很大的衝擊。

　　公司裡的每一名成員（特別是位於前線的工作人員）都應該體認到自己的一舉一動（無論顧客是否看得到）都可能影響公司和顧客之間的關係，因此Gummensson認為公司所有員工都是「兼職的行銷人員」（part-time marketer, 1992）。公司員工和顧客的互動通常有三種形式，我們以下列的定義來說明之：

- 直接的人際接觸，即個人之間的直接互動，如銀行員與顧客面對面或透過電話的接觸方式。
- 非直接的人際接觸，即非個人與個人之間的直接互動，如銀行的經理寫給顧客的信。
- 非可見的行動，如透過機器提供顧客所需要的資訊，進而完成服務的工作。

　　組織裡的每一個成員都可能在某個時間裡和某個顧客以不同的形式有所接觸，公司應該將這些接觸分別視為獨立的行為，否則，和顧客沒有直接接觸的員工便不認為自己的行為和顧客之間有任何關係。然而，從顧客的角度來說，任何一個員工都可以代表公司，而顧客藉由整合和員工的互動經驗（不管是直接、間接或看不見的），來塑造並且感受他們對公司的整體觀感以及自己跟公司之間的關係深淺。

關係的前後脈絡

　　首先，我們要知道，關係管理必須放在一個較為寬廣的脈絡下來討論，而非僅僅在行銷的工作中進行。Gummesson曾經一針見血地指出關係管理的複雜性：「公司必須清楚地釐清究竟面臨著哪些關係，這是勢在必行的任務。我已經發現了三十種可能存在的關係，並將它們稱為行銷的30R」（1994，第10頁）。Christopher、Payne和Ballantyne也提供另一種觀點，建議將關係的脈絡視為市場的類型（1991，見圖19.2）。

　　此架構提出了一個簡單有力的概念：想要在競爭激烈的商業環境中享受成功的果實，公司不只要在顧客行銷方面多下點功夫，還得要

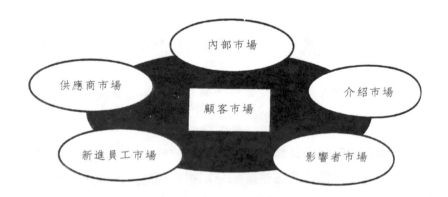

圖19.2　六種市場架構

來源：Christopher、Patne和Ballantyne（1991）

與其他相關團體保持良好關係。行銷包含了以下幾種：

- 顧客行銷（新顧客和已經存在的顧客群）
- 供應商行銷（即傳統所稱之材料提供者）
- 介紹行銷（已存在的顧客將公司介紹給其他人）
- 新進人員行銷（吸引、雇用合適的員工）
- 影響者行銷（可能包括新聞記者、消費者團體、財務分析師、
  政府機關、股東等）
- 內部行銷（即公司全體人員）

　　成功的行銷有賴於公司全體員工對於服務工作具有動力，而這種服務的動機有一部份來自顧客的滿意，兩者之間形成一種良性的循環與互動。對於以「人際接觸」做為媒介的服務型態而言（如醫學服務、物理治療、提供個人訓練、教育、航空公司等行業），讓顧客感受到「關鍵性的瞬間」（moments of truth）則是首要任務之一。

關係──對公司的好處

　　何種關係才具有價值？對顧客而言，當他們認為自己從服務中所得到的好處，超過其所付出的金錢時，這就值回票價了；同樣地，對公司而言，有價值的關係能夠創造財務上的利益。對雙方而言，要建立良好的關係必須使兩方都能夠相互地產生正面的影響，而非只是操作著一種匿名性的交易。當交易雙方都能夠願意長期（持續多年）維繫彼此的關係時，便可稱之為良性而互利的關係。特別是在公司一方，即使短期的一兩年內無法回收成本或獲利，但長期而言，只要公司能夠深入瞭解顧客需求、獲得更多顧客青睞，這樣的投資終究能有所回收。有些學者已經發現良好的顧客關係之潛在利益（參見

Reichheld 和 Sasser 1990；Zeithaml 和 Bitner 1996）：

- 獲得更多交叉性銷售（cross-sell）的機會。
- 有效留住既有顧客、提高市場佔有率。
- 固定的顧客群可以為公司省下大筆的運作成本。
- 長期在公司消費的顧客比初次消費的顧客更常採買大量商品。
- 長期顧客較可能會口耳相傳，為公司說好話。

關係──對顧客的好處

　　近年來很多研究都清楚地提出例證，說明長期性的顧客忠誠度對公司的好處（如 Morgan 和 Hunt 1994；Reichheld 1996）。然而，真正成功的關係，通常需要實現交易雙方的承諾，亦即達成「雙贏」的局面。可惜的是，除了 Bitner（1995）、Gwinner、Gremler 和 Bitner（1995）等人的研究之外，似乎很少有研究說明顧客的忠誠度對顧客本身有何好處。要成功地維持和顧客之間的關係，我們必須要瞭解建立穩定的關係對顧客的好處，並且激發顧客與公司維繫關係的動機（Barns 1995）。

　　不管顧客是初次上門、或是已經和公司建立某種程度的關係，最終的期望都是能夠獲得滿意的核心服務（core service，即最基本的服務內容）。到汽車修護中心的人，最希望可以修好自己的車子；尋求財務規劃服務的客戶，最希望可以在合理的風險下，使自己的投資有某種水準的利潤回饋；到美容院的顧客，則是希望藉著自己的說明和指示，美髮師能提供專業的染燙髮服務。任何想要繼續生存下去的服務業，都一定要依顧客的指示，提供其所需之核心服務（Gronroos 1983）。然而，僅僅在核心服務上面下功夫，公司很難創造長期性的顧客關係。顧客應該享有或希望得到的利益有很多，公司如何創造這些利益，有待更深入的探討。顧客希望獲得的利益可能包括一些社會面的關係—例如提供一個令顧客覺得友善而舒適的服務環境（Goodwin 1994）、或為既有之忠實客戶提供加值服務等，我們姑且將這一類的利益稱為「關係利益」。這方面的研究直到最近才漸漸浮上檯面成為研究重心之一。

　　循著上述的思考脈絡，並且參照Gwinner、Gremler和Bitner（1998）、及Patterson（1998）近年來的研究，我們發現顧客在消費時做出的思考和抉擇，比我們所想像的更具有經濟效益、也更理性。事實上，根據以上數名學者的說法，顧客會「有意識地」在服務提供者身上找尋關係利益，所以，並不是只有汽車修護廠或旅行業者會試著尋找具有忠誠度的客戶，顧客自身也會思考哪些公司或廠商可以激發他們付出忠誠的動機或理由（Berry 1995）。

　　Gwinner、Gremler和Bitner針對美國部分服務業所做的調查發現，有三種類型的關係利益，能促使顧客願意與某個服務提供者維持長期關係（1998），它們分別是：

- 信賴感、心理層面的好處：例如顧客發現自己可以信任某個服務提供者，確定這個服務者會正確無誤地提供自己想要的商品，免於消費時的焦慮感。
- 社交性利益：例如公司員工認得某個顧客，或者喊得出他的名字，或與服務人員建立友誼。
- 享受特別待遇的利益：顧客可以獲得特別的優惠，或成為公司優先的服務對象。

　　Patterson在1998年針對澳洲醫藥業、理髮業、旅行業及汽車修護業的客戶所做的調查顯示，顧客對於能提供社交性利益的公司通常有很高的評價（不過Patterson的這項調查裡並未探討顧客的信賴感）。

Patterson 以及 Gwinner 等人的研究也發現，顧客若強烈地感受到與公司維持關係的好處，將使雙方的關係更爲堅固（1998）。

理論上來說，不同的行業存在著不同的關係利益（Lovelock 1983）。在某些服務業裡，特別是具有高度人際互動或較強調個人化的服務類型中（如美髮業、物理治療、個人健身訓練等），社交性利益顯得特別重要；相對地，在一些較缺乏人際互動或較模式化、標準化的服務情境中（如銀行提款服務），社交性利益則顯得較次要。

圖 19.3 考量了服務中的兩個重要面向：第一、人際接觸的程度，第二、信賴感與經驗的屬性。這兩種面向可能影響顧客對於利益的感受。舉例來說，在一些需要贏得顧客信賴感的行業中（如醫療或一些專業性的服務），即使在消費完成之後，顧客依舊很難在性質上去評估公司提供的技術性服務，因此會將信賴感等其他社交性利益納入評估內容中，例如公司提供服務的方式、服務人員和顧客的溝通技巧、兩者間的關係是否令顧客覺得友善舒服、顧客對公司的認同程度等。如前所述，社交性利益在高度人際接觸的服務業裡，扮演很重要的角

評估的特性

		信賴感	經驗
人際接觸的程度	高	醫療業	美髮業
	低	汽車修護業	旅遊業

圖 19.3　低經濟切換障礙的服務公司之分類

色，然而在一些中低度人際接觸的服務業中，能否獲得一些特別的優待則是顧客較重視的。

並不是所有的顧客都會希望和公司建立關係，但是如果是在一些對於顧客有相當重要性、品質差異容易呈現兩極化、需要顧客高度涉入或需要贏得顧客信賴感的服務業裡，例如在醫療業、美髮業、旅遊業、金融業、汽車修護業，顧客則較傾向尋求固定的服務提供者。

總之，有效運用關係行銷技巧，將能夠爲顧客及業者雙方帶來好處，達到雙贏的結果。

進行關係行銷的條件

有時候眞正的關係行銷並不容易辨識，主要是因爲每個人的生活態度或對於關係的看法並不一致，因此也會產生不同的標準。儘管對於關係行銷的適當時機，仍有很多疑問，不過，在進行關係行銷之前，至少有兩個要點值得加以考慮：一是在何種條件下才足以發展關係，二是顧客使用何種面向來衡量自己與服務提供者的關係。

發展關係的條件

顧客在發展、維持關係之前，顯然需要有某些先決條件，明確地說，這些條件就是個人的需求、價值觀、顧客滿意度、有效的溝通、以及相互性（mutuality）。

個人需求：顧客對於建立關係的需求程度。不難理解，有時候顧客並不認為需要與服務提供者建立任何關係（Barns 1995；Ward 和 Smith 1998）。在這種狀況下，如果業者刻意和顧客

　　發展關係，結果可能正好適得其反。

價值觀：一旦建立關係，必須讓顧客認為自己能從這樣的關係中
　　獲得某些利益（Lovelock、Patterson 和 Walker 1998）。換句
　　話說，顧客在這種關係中所獲得的利益必須超過他所做的犧
　　牲，包括選擇其他具有吸引力的服務提供者。顯然地，如果
　　顧客發現這種關係為他帶來的好處很少，甚至根本沒有任何
　　利益可言，他與商店之間的關係也會很快地受到傷害
　　（Ward、Frew 和 Caldow 1997）。

顧客滿意度：顧客一旦心有不滿，自然就不會繼續在同一家商店
　　從事消費行為。

有效的溝通：利用容易瞭解的語言，有效地進行雙向溝通並且交
　　換資訊，可以化解彼此之間的歧異（Ward、Frew 和 Caldow
　　1997）。

相互性：根據定義，雙方應當都希望建立某種關係。如果這只是
　　單方面的期望，則很可能變成任何一方都得不到什麼好處。

顧客評估關係時的面向

　　很多學者提出了特定的面向來探討關係（otherwise referred to in
the literature as elements or criteria），例如連結性、同理心、互惠性、
信賴感、承諾、忠誠、瞭解、及共享的價值觀等（Callaghan
1993；、Crosby、Evans 和 Cowles 1990、Evans 和 Laskin 1994；Ford
1980、Morgan 和 Hunt 1994；Storbacka、Strandvik 和 Caldow 1997）。
光是在零售服務業環境中，近年來的研究就提出了多達四十五種以上
的關係面向（Ward、Frew 和 Caldow 1997），可見顧客用以評估自己
與服務提供者之關係的面向頗為複雜。每個人都有一套自己的評估標

準，每一種面向對他們所產生的意義不盡相同。

　　因此，想要一一陳述、定義關係行銷裡的各種面向幾乎不可能，然而，這些研究還是努力地為一些主要而常見的面向提出了簡單的定義，他們分別是信賴感、連結性、同理心、互惠性、和忠誠感。

信賴感（trust）：信賴，可以說是關係裡最重要的部分（Morgan 和 Hunt 1994），我們將它定義為一方有信心另一方會長期地帶來自己最多的利益，因此值得依賴託付（Ward、Frew 和 Caldow 1997）。在商業行為中，信賴感指顧客相信服務提供者所給予的建議、商品的品質、及其承諾的售後服務。如果沒有贏得顧客的信賴感，服務提供者和顧客之間將難以發展良性而互利的關係。

連結性（bonding）：連結性指雙方的行為在某種連結的基礎進行。

同理心（empathy）：當雙方對於彼此的感受能有所體會理解時，便產生了同理心。在同理心的基礎下，雙方會以對方的觀點來考量彼此的互動和交易。

互惠性（reciprocity）：雙方都能從關係中獲得一些好處。

忠誠感（loyalty）：顧客在情緒上、心理上對公司的承諾感。忠誠感的程度往往很容易就看得出來，它可能只限於短暫而表面的層次，也可能達到一種長期、顯者的程度。

　　總而言之，商人和顧客之間的關係，還有很多問題等待我們去瞭解，而且，如果要讓雙方都能從關係中獲得利益，上述各種面向都應該是考量的要素之一；換句話說，雙方所能獲得的最大利益必須平衡相當。最後，不要忘了顧客對各種關係的感受在本質上很複雜，因此，服務提供者在看待自己和顧客之間的關係時，也切勿過於單純化。

留住顧客群

　　無論是在學術研究或實務場域裡，如何留住顧客一直是為人所重視的課題，因為大多數的行業都要靠著已經存在的顧客群來店裡重複消費，才有生存的空間，更別說讓生意蒸蒸日上了。很久以前，商人們就已體認到，把商品賣給同樣的客戶，要比尋找新的客戶來得簡單多了，所花費的成本相對也較低廉。事實上，要成功地留住顧客，就必須和顧客建立堅固的關係，同樣地，如果和顧客之間有良好穩定的關係，也就毋須擔憂顧客流失的問題。

　　要瞭解如何留住顧客群，首先得瞭解顧客為什麼會流失。Keaveney 歸納了八種顧客選擇其他商品提供者的原因，這些原因分別為：價格、便利性、核心服務品質不良、交易過程互動不佳、競爭性、服務不良卻未獲得回應、倫理問題、以及非自願性的轉換消費目標。以下我們將分述這八種因素（1995）。

　　價格：Keaveney 認為價格是導致顧客轉換消費品牌的重要理由之一（1995）。

　　價格的問題通常有過高、不公平、或不誠實三種。其他的研究者則清楚指出，在公司與顧客的關係中，價值是很重要的一個元素（如 Ward、Frew 和 Caldow 1997）。一旦顧客認為商人的服務或商品並不具備他們所期望的價值，通常會傾向改變消費行為。在交易行為中，價值雖然不容易定義，但是卻很容易可以從顧客的消費行為裡察覺。

　　便利性：在選擇服務提供者時，便利與否也是很多消費者考量的重點，相關的面向包括地點、不用大排長龍、營業時間等（Keaveney 1995）。

核心服務品質不佳：Keaveney認為，這是最容易導致顧客變換消費目標的原因。一旦某項服務的核心內容令顧客覺得不滿意，幾乎沒有什麼補救的餘地（例如：飛機誤點了一個小時且弄丟了旅客的行李、銀行系統效率低落，顧客需要等三天才拿得到財務報告書、旅行社不能提供正確的航班資訊、技術員修不好機器等）。即使是最堅定的顧客關係，也都會因不良的服務內容及不適當的服務方式而岌岌可危。在競爭激烈、顧客擁有多重選擇的商業環境裡，不良的核心服務絕對是令人無法忍受的致命傷。

交易過程互動不良：在交易過程中，服務提供者和顧客的互動品質可能很糟，而這往往和服務提供者的行為有關。顧客會對服務方式懷有某種期望，如果實際情形不符合他們的期望，很容易產生不滿的情緒。每一個顧客對於自己所得到的關注程度及方式會有不同的期許，對於服務人員來說，要在長時間的工作中達到每一個顧客不同的要求，無異相當困難，因此顧客的期許和服務人員的服務方式之間難免產生落差。如果顧客在消費經驗中發現服務提供者的作法無法達到他的要求，自然會傾向轉換品牌。哪些顧客可能有轉變品牌的傾向，並不是公司輕易能掌握的訊息，實際上，幾乎只有前線的服務人員才能看清楚哪些顧客有這樣的傾向。

服務不良卻未獲得回應：當顧客已經開始發出抱怨，但公司卻沒有任何反應，肯定會讓顧客的情緒更加不滿。公司若不能做出適當的回應，顧客就會轉換公司。這一點和公司如何看待顧客有關，同時也和員工的訓練息息相關。

競爭者的吸引力：全世界各種行業的競爭越來越激烈，因此，行銷手段也會越來越複雜。市場行銷本身具有動態的特質，幾乎每個公司都汲汲營營地砸下大量的時間精力，努力在搶奪顧客的大戰中放手一搏。一旦公司擁有了顧客的忠誠，顧客在面臨其他公司的誘惑時，也就不會心動，遑論有所行動，因此，建立顧客忠誠度成為留住顧客最有效的策略之一。

倫理問題：這一點包括了商品是否因為不合法、不道德、不安全、不健康等因素使顧客覺得不願消費而轉換品牌（Keaveney 1995）。

非自願性或其他因素：有時候顧客會因為一些非自願性的因素而無法繼續維持和公司之間的關係，並且轉換消費品牌，例如公司關門大吉、顧客本身的遷徙等。

留住顧客的策略

Berry 和 Parasuraman 提出了一套有助於瞭解留住顧客的架構（見表19.1, 1991）。這套架構呈現了三個層次，而高度個人化往往較能拉近顧客與服務提供者之間的關係（關於這一點，也可以參考本章稍早提出的忠誠度層級概念）。正如 Zeithaml 和 Bitner 所說，公司達到的層級越高，也意味著它所具備的競爭優勢越強（1996）。

層次一

在層次一，公司和顧客的關係主要建立在金錢層面上。例如，顧客在大量購買的情況下，可能得以享有折扣，例如在航空業裡，旅客可以依消費量累積免費的哩程數。在這個層次上，公司主要的目標是使顧客繼續在此消費，基本上在這種以經濟層面作為出發點的動機中，顧客很像是公司的「抵押品」（hostage），公司的策略很容易被其

表19.1　留住顧客策略的三種層次

層次	連結型態	行銷導向	顧客個人化	主要的行銷組合要素	競爭優勢潛能
1	金錢性 社交性	顧客	低度	價格	低度
2	金錢性 社交性	委託人	中度	人際溝通	中度
3	金錢性 社交性 結構性	委託人	中高度	服務的內容	高度

來源：Berry 和 Parasuraman（1991）

他競爭者識破而仿效，因此，就中程發展來說，公司其實並未擁有太多競爭優勢。不過，在發展顧客關係的初期，這樣的策略的確能夠有效地擴展公司的發展空間，並且為邁向更高的層次而鋪路。

層次二

　　雖然顧客在經濟層面上的動機很重要，長期關係卻必須以堅固的社交層面為基礎。在層次二上，每個顧客都被視為獨立的個體，公司往往能夠認得個別顧客的身份。本章稍早曾經提到，對大多數的顧客來說，社交層面具有正面的價值—也就是說，當服務人員認得自己，知道自己的名字，顧客會覺得開心，甚至也樂於和某位服務人員發展出類似朋友的情誼，因為在這種關係下，顧客覺得自己可能享有特別的待遇。例如Crosby、Evan和Cowles在研究企業對企業（business to business）的市場時發現，定期地和顧客聯繫、在某些特別的時刻裡私下寄張卡片、送些小禮物、分享一些個人的資訊等（就像朋友之間

會做的事一樣），都能夠有效地建立關係，並且留住顧客（Crosby、
Evan和Cowles, 1990）。

層次三

　　這個層次的策略較不容易為其他競爭者所模仿，因為它不僅僅以
金錢及社交層面為基礎，還包括了結構性的連結。所謂結構性的連
結，係指公司將每一個客戶視為一個獨立的個體，為其提供高度顧客
化的服務。例如有些航空公司或銀行為極重要的客戶開設一支電話專
線，以提供訂位等相關服務。

　　總之，關係行銷在公司企圖保住顧客群時，扮演關鍵性角色。當
顧客經歷一些不愉快的消費經驗後，關係行銷的重要性更是不容小
覷。以下我們就要談談所謂的補償性行銷。

補償性的服務

　　不論公司如何小心翼翼地滿足顧客的需求，仍然無法避免發生一
些差錯。發生問題不見得一定是服務提供者的錯（例如飛機可能因為
天候不佳而延遲、停飛），但是公司處理這些意外狀況的方式，對於
顧客未來是否會繼續消費，卻具有決定性的影響。此等問題的核心即
在於：對公司而言，每一個顧客都很珍貴，服務提供者應該如何照顧
到每一個顧客，並且解決他們的問題？

　　可惜的是，很多公司會將意外發生的原因，視為理所當然的藉
口，讓顧客自己去解決這些問題（甚至有時明明是公司的錯，顧客仍
舊得自行承擔後果）。想想看，當出了狀況時，如果公司能伸出援手
幫助顧客解決難題，雙方將能夠建立何種關係？顧客對公司的援助會

有何反應？補償性的服務之目的不僅在於幫助顧客度過難關，同時也是向顧客輸誠、表現公司重視他們的最佳時機。

最後，公司應該讓每一個員工瞭解，不論是對於員工個人或是公司整體，和顧客建立良性關係都是有利的。根據經驗顯示，員工只有在真正感受、獲得實質的利益時，才可能努力地和顧客發展與維持良好關係。然而，很多公司往往會忽略這一點。在講求時效的工作型態中，許多公司只達到最基本的服務品質，這是相當危險的一件事。公司可以藉由各種不同的方式，讓顧客明白他們的忠誠度對公司裡的員工和公司整體，具有很重要的意義，例如執行、規劃提升顧客忠誠度的方案、給顧客累積的折扣、建立會員俱樂部，或者就直接了當地告訴顧客公司的想法（不過，一定要發自內心，而且讓顧客認為你是真心的！否則，這樣的表白可能只會令顧客覺得虛偽而更加反感。）

顧客價值取向的市場區隔策略

事實上，我們要認清：並不是所有的顧客關係都值得公司努力維繫。有些顧客可能根本不適合作為公司的服務對象，當然也就不應納入公司策略的對象。一方面，這可能是因為公司策略有所調整，另一方面也可能由於顧客行為及其需求產生了變化。公司必須審慎地分析：維持關係所投注的成本是否高於這個關係為公司所帶來的收益？一旦答案是肯定的，意謂著這個關係不具有獲利的潛力。例如，投資者必須要放棄一些不值得的投資，而銀行必須要拒絕不良的貸款申請。公司應該定期地檢討顧客資訊，並且考慮終止與某些顧客的關係。舉例而言，我們曾經拜訪一家中型的財務規劃公司，他們在一年內有計畫地縮減了四分之一的顧客人數，兩年後，不僅公司獲利不良的狀況漸趨平緩，還增加了大約百分之五十的收益。（此係由

Patterson在1997年訪談史考特財務規劃公司（Scott Financial Service）
所得。）

　　公司應該將哪一類型的顧客納入服務的範圍內呢？我們如何和這
些顧客維繫長期的關係？市場區隔策略可說是上述問題的核心概念，
不過，較可惜的是，很少有服務公司針對這個問題詳加斟酌。對市場
區隔進行審慎的分析，將可以有效解決下列問題：

- 應該用何種方式來區隔服務市場？
- 某個市場區隔，有著何種需求？這個市場的整體面貌為何？
- 哪一個市場區隔最符合公司的能力和工作內容？哪一個市場區
  隔有獲利的潛力？
- 顧客會認為公司具有何種競爭優勢或劣勢？是否能夠將劣勢扭
  轉為優勢？
- 根據以上的分析，應該將那個市場區隔鎖定為目標？
- 公司的行銷活動如何與競爭者有所區隔？
- 公司如何與目標市場的顧客建立長期的關係，並且創造有利於
  雙方的各項價值？

　　無庸置疑的，正確的市場區隔分析，往往是規劃良好、有效執行
的策略之核心要素。

投資組合的觀念

　　投資組合（portfolio）指投資者整體的投資工具或銀行的貸款配
套。在金融服務業裡，投資組合分析會依據不同顧客的需要、資源及
風險承擔能力來決定其資金的運用。投資組合的內容應隨著時間反應
各個組合要素的表現及反映投資者本身的情況或偏好。

　　我們可以將投資組合的概念運用在建立起顧客分類的服務業中：如果經營者知道每一類顧客為公司所創造的價值為何（即以收入總額扣除相關的服務成本），並且計算每一類顧客所佔的比例，便能預估公司未來的收益。根據過去顧客增加、購買服務的層級、服務升級與降級、及終止的歷史資料，我們可以歸納出模式，以便預估公司未來的獲利潛力（Weinberg和lovelock 1986）。公司應該善加運用這些歷史資料，來反映價格及成本的變動，以及未來的行銷努力可能造成的衝擊。

　　對公司而言，某些市場或許過於狹窄而顯得沒有獲利潛力，不過，在決定放棄小眾市場之前，必須三思而後行。較大的市場雖然有眾多顧客群，但是想要分食市場大餅的公司也必然很多，在這種情況下，收益可能只能反映成本。英國電信公司的例子（British Telecom）可以作為前車之鑑：由於忽略了一群為數較少的消費者，該公司只將目標鎖定在一般的使用者，導致一家新興的電信業者趁虛而入，透過成本低廉的電話與顧客聯繫，就獲得了良好的反應，銷售數字也節節高昇。另外，以投資組合的概念來思考時，必需區分既有的顧客關係（亦即和公司進行交易的所有顧客）與某個時間點上的顧客組合。前者將可以決定顧客在現在及未來為公司創造的收益潛力，後者則可以幫助決策者，在各個時間點上，都做出最正確的決定，使公司的產能發揮到極致。

關係的發展

　　如何發展與加強公司與顧客的關係，一直是各種研究關注的事項之一。事實上，目前我們對於關係的發展、關係的強度、影響關係成長的變項等問題，知道得很有限。以下是目前所瞭解到的事項（Ward

和Smith 1998）：

- 在一些需要顧客高度涉入的服務業裡，關係會隨著時間而強化。
- 年紀較長的顧客比年紀較輕的顧客來得容易與服務提供者建立關係。
- 一般而言，性別並未在建立關係傾向方面有顯著的差異。
- 人際間的接觸越頻繁，對雙方關係越有正面的影響。
- 約有百分之三十的人不希望自己和服務提供者之間產生任何的關係。

　　在某些情況下，服務提供者和顧客之間並不適合發展關係。如果沒有詳細考量各種服務商品的特性，只是一昧地嘗試與顧客建立關係，有時候可能只是白忙一場、浪費公司資源。另一方面，我們也不應忽略關係行銷與增加關係優勢可能的涵義，考慮的面向包括：競爭優勢、與其他競爭者有所區隔、核心能耐、市場佔有率、產業關鍵的成功因素、及提高獲利力等。對於行銷者而言，瞭解關係行銷構念的本質將決定一項關係行銷方案的成敗。

適時適地的關係行銷

　　以連續譜的觀念來檢視關係建構的過程會產生些洞察（Barns 1995；Congram 1991；Dwyer、Schurr和Oh 1987），我們將之歸納如表19.4（關係連續譜）。我們要問的是：在何種情況下，適合公司去建構一個如表19.4右方的顧客關係呢？首先，公司一定是在確定可以獲利的前提下（亦即以長期的觀點來看，公司可以獲利），才會認真去規劃、執行關係行銷策略。不過，這不單單適用於以營利為目的的

交換性的交易	關係性的交換
・不連續	・高度信賴感
・短暫	・持續進行
・雙方缺乏承諾	・高度個人化
	・受到高度重視
	・有合作色彩
	・有忠誠度

表 19.4　關係連續譜

公司,對於一些非營利的機構而言,其目標或許並非金錢上的回饋,而是組織其他的目標。在此必須注意,這並非一種全或無的策略,也就是說,公司可能只針對部分的顧客群進行關係行銷。例如,有些公司可能只需要針對具有較高價值的顧客來進行關係行銷。

拿一個硬體設備公司為例,該公司有兩種顧客群:一種是「量購」型的顧客(business account),指的是常常大量購買產品的公司組織,另一種則是為了家用或私人需要而購買的顧客群,他們購買商品的頻率和數量通常較小。這種顧客群的結構印證了八十／二十法則(即 Pareto 法則:百分之八十的利潤來自於百分之二十的顧客)。我們發現,在這家硬體公司的歲入中,有 82% 的收入係由公司 13% 的顧客所創造(Gordon 1998)。在這樣的情況下,公司當然要擬出一套與大客戶建立關係的策略,而非針對那些為了家用或個人需要、一年只消費一兩次的顧客進行關係行銷。

其次,有些固定或經常與公司交易的顧客,也值得公司與之發展關係。有些服務業創造長期顧客的潛力較高,例如:銀行、電信公司、家庭醫師、旅行社、托兒所、美髮師、汽車修護中心等。在這些行業中，業者往往和顧客有較頻繁的接觸和互動，因此能夠更正確地評估顧客的需求和購買行為，自然有更多機會和顧客培養堅固的社交性關係，例如提供更個人化的服務、獲得顧客的信賴感、對顧客表達關懷等。某些顧客和公司並未有頻繁的接觸（例如每一、兩年才會上門一次的顧客，如獸醫手術、特殊門診等），建立關係的機會也就相對較少。當然，就公司的成本效益的角度來說，與這類型顧客建立關係未必值得。

第三，和顧客有中高度接觸的服務業，相較於低度接觸的行業有更多的機會去作補救的工作（Ward 和 Smith 1998）。當顧客實質參與交易過程的時間越長，業者也有更多的機會去連結雙方的社交關係。這也許能夠解釋為什麼有分別高達 77% 和 85% 的人會找同一個美髮師和家庭醫師了。Czepiel 曾經指出，「服務性交易具有一種社交化的特性，使買者和賣者相互協商，建立一種長期性的關係」（1990，第13頁）。許多行業有漸漸走向電子化的趨勢，這種服務方式使中高度的人際接觸變成低度人際接觸，往往造成新關係的窒礙難行，使顧客在消費過程中因為缺乏人際接觸，減弱了交易的真實感。這樣一來，公司所承擔的風險隨之提高，當然也可能使公司喪失部分的競爭優勢。

第四，需要顧客高度涉入的服務業，發展顧客關係的潛力較高。顧客尋求家庭醫師、會計師、財務規劃師、美髮師、汽車修護人員、看護人員、體能訓練師等人的服務時，顧客本身也需要投注相當多的情緒與精力。一旦他們認為值得，通常也會與服務提供者維持較長久的關係。

第五種情境是當顧客察覺到風險的存在時。很多服務業富有變化，服務的程序及內容並不容易標準化。高度倚賴顧客之信賴感的服務業之風險特別高，主要是因為顧客可能在購買或使用了商品之後，發現自己很難絕對、清楚地評估商品的品質。由於顧客體認到消費某些服務的風險很高（如財務規劃、會計、醫療、美髮、旅行等），一旦找到一家值得信任的公司，顧客可能就會繼續選擇該公司的服務。這也是Gwinner、Gremler和Bitner等人所持的看法：在公司所獲得的各種利益中，其中有一種是「信任利得」（confidence benefits）。（例如：顧客會認為「這樣作的話，出錯的機會比較小」、「我對於這樣的服務品質較有信心」、「在消費這項服務時，我的焦慮感減低了。」）（Gwinner、Gremler和Bitner, 1998）

最後，當服務提供者和顧客建立Lovelock所謂的「會員式關係」時（membership relationship, 1991），將有更多的機會鞏固公司和顧客的關係。在銀行、保險業、讀書會、電信公司這一類的服務業裡，公司擁有顧客較多的個人資料，因此能更有效地掌握顧客的消費行為模式，使公司正確地區分顧客群、提供個人化的服務。這樣一來，對顧客來說，改變服務提供者既耗時又費力，因此，有效的會員制度也能加強公司和顧客之間的關係。

未來的方向

Leonard Berry曾經一針見血地指出：「關係行銷的時代已經來臨了」（1995，第243頁）。儘管行銷人員和研究人員都已經敞開心胸擁抱這個觀念，不過，仍然有許多懸而未決的問題需要探究：

* 服務業大量運用資訊科技，將會為顧客關係帶來何種影響？它們是否切斷了公司與顧客之間的社交聯結，使真實關係的建立難上加難？或者剛好相反，捷足先登運用科技的服務提供者可以從中獲得更多利益、吸引更多顧客（例如亞馬遜網路書店或線上旅遊服務）？

- 哪一類的顧客較能接受和公司建立關係？哪一類不能？
- 應該如何發展顧客關係？
- 與公司建立關係，不同的顧客族群會有哪些不同的看法？
- 在各種不同的服務型態中，什麼是顧客產生關係承諾感的關鍵驅力？
- 在關係發展的過程中，「價值」扮演何種角色？
- 關係的發展對公司的組織結構有哪些涵義？

很顯然，關係行銷是一項有力的行銷工具，但不見得絕對有效，它可能只對某些商品或某些消費者才會發生作用，而且，唯有在公司和顧客雙方都能從關係中獲利時，公司才應該運用關係行銷工具。同時，不要忘記至今我們對於如何將關係行銷與整體的行銷計畫結合，瞭解得實在很有限！

＊作者姓名係依字母順序排列。

參考書目

Adelman, M. B., A. Ahuvia, and C. Goodwin (1994), "Beyond Smiling: Social Support and Service Quality," in *Service Quality: New Directions in Theory and Practice*, R. T. Rust and R. L. Oliver, eds. Thousand Oaks, CA: Sage, 139-72.

Barnes, James B. (1995), "The Quality and Depth of Customer Relationships," in *Proceedings of the 24th European Marketing Academy Conference*, Michelle Bergadaa, ed., Cergy-Fontoise, France, May 10-16, 1997, 1393-1402.

Berry, Leonard (1983), "Relationship Marketing," in *Emerging Perspectives on Services Marketing*, Leonard L. Berry, G. Lynn Shostack, and Gregory Upah, eds. Chicago: American Marketing Association, 25-28.

——— (1995), "Relationship Marketing of Services—Growing Interest, Emerging Perspectives," *Journal of the Academy of Marketing Science*, 23(4), 236-45.

——— and A. Parasuraman (1991), *Marketing Services: Competing Through Quality*. New York: Free Press.

Bitner, Mary Jo (1995), "Building Service Relationships: It's All About Promises," *Journal of the Academy of Marketing Science*, 23 (Fall), 246-51.

Blois, K. J. (1995), "Relationship Marketing in Organisational Markets—What Is the Customer?" *Proceedings of the 24th European Marketing Academy Conference*, Michelle Bergadaa, ed., Cergy-Fontoise, France, May 10-16, 1997, 131-47.

Callaghan, M. B. (1993), *The Development and Application of a Test Instrument for Relationship Marketing Orientation Within Australian Businesses,* Honours Thesis, Faculty of Business, University of Southern Queensland, Australia.

Christopher, M. G., A. F. Payne, and D. Ballantyne (1991), *Relationship Marketing: Bringing Quality, Customer Service and Marketing Together.* Oxford, UK: Butterworth-Heinemann.

Congram, Carole A. (1991), "Building Relationships That Last," in *The AMA Handbook for Marketing for the Services Industries,* C. A. Congram and M. L. Friedman, eds. New York: American Management Association, 263-79.

Crosby, Lawrence A., Kenneth R. Evans, and Deborah Cowles (1990), "Relationship Quality in Services Selling: An Interpersonal Influence Perspective," *Journal of Marketing,* 54 (July), 68-81.

Czepiel, J. A. (1990), "Service Encounters and Service Relationships: Implications for Research," *Journal of Business Research,* 20, 13-21.

Dowling, Grahame and Mark D. Uncles (1997), "Do Customer Loyalty Programs Really Work?" *Sloan Management Review,* 38 (Summer), 71-82.

Dwyer, F. R., P. H. Schurr, and S. Oh (1987), "Developing Buyer-Seller Trust," *Journal of Marketing,* 51(2), 11-27.

Evans, J. R. and R. I. Laskin (1994), "The Relationship Marketing Process: A Conceptualisation and Application," *Industrial Marketing Management,* 25(5), 439-52.

Ford, D. (1980), "The Development of Buyer-Seller Relationships in Industrial Markets," *European Journal of Marketing,* 58 (April), 339-53.

————, ed. (1990), *Understanding Business Markets: Interaction, Relationships, Networks.* London: Academic Press.

Goodwin, Cathy (1994), "Between Friendship and Business: Communal Relationships in Service Exchanges," working paper, University of Manitoba.

Gordon, Mary Ellen (1998), "Relationship Marketing—Is It Black or White?" in *Services Marketing,* C. P. Lovelock, P. Patterson, and R. Walker, eds. Sydney: Prentice-Hall, 213-19.

Grönroos, Christian (1983), *Strategic Management and Marketing in the Service Sector.* Boston: Marketing Science Institute.

———— (1989), "Defining Marketing: A Market-Oriented Approach," *European Journal of Marketing,* 23(1), 52-60.

———— (1990), "Relationship Approach to Marketing in Service Contexts: The Marketing and Organizational Interface," *Journal of Business Research,* 20 (January), 3-11.

———— (1994), "From Marketing Mix to Relationship Marketing: Toward a Paradigm Shift in Marketing," *Management Decision,* 32(2), 4-20.

Gummesson, Evert (1987), "The New Marketing—Developing Long-Term Interactive Relationships," *Long Range Planning,* 20, 10-20.

———— (1992), "Marketing-Orientation Revisited: The Crucial Role of the Part-Time Marketer," *European Journal of Marketing,* 25(2), 60.

———— (1994), "Making Relationship Marketing Operational," *International Journal of Service Industry Management,* 5(5), 5-20.

Gwinner, Kevin, Dwayne Gremler, and Mary Jo Bitner (1998), "Relational Benefits in Service Industries: The Customer's Perspective," *Journal of the Academy of Marketing Science,* 26(2), 101-14.

Hakansson, H., ed. (1982), *International Marketing and Purchasing of Industrial Goods.* Chichester, UK: John Wiley and Sons.

Iacobucci, Dawn I. (1994), "Toward Defining Relationship Marketing," *Relationship Marketing: Theory, Methods and Applications,* proceedings of a research conference at Goizueta Business School, Emory University, 1-10.

Keaveney, Susan M. (1995), "Customer Switching in Service Industries: An Exploratory Study,"

Journal of Marketing, 59, 71-82.

Levitt, Theodore (1993), "After the Sale Is Over," *Harvard Business Review*, (September), 87-93.

Liswood, Laura (1990), *Serving Them Right*. New York: HarperCollins.

Lovelock, Christopher H. (1983), "Classifying Services to Gain Strategic Marketing Insights," *Journal of Marketing*, 47(3), 9-20.

—— (1991), *Services Marketing: Text Cases and Readings*. Englewood Cliffs, NJ: Prentice-Hall.

——, Paul G. Patterson, and R. H. Walker (1998), *Services Marketing—Australia and New Zealand*. Sydney: Prentice Hall Australia.

Morgan, R. and S. D. Hunt (1994), "The Commitment Trust Theory of Relationship Marketing," *Journal of Marketing*, 58 (July), 20-38.

Patterson, Paul G. (1998), "Customer Perceptions of Relationship Benefits Across Service Types," *Australian and New Zealand Marketing Academy Proceedings*, Brendan J. Gray and Kenneth Deans, eds., University of Otago, Dunedin, New Zealand, December.

Payne, Adrian (1997), "Relationship Marketing: The UK Perspective," *Proceedings of Australian and New Zealand Marketing Educators' Conference*, Peter Reed, Sandra Luxton, and Michael Shaw, eds., Melbourne, December 1-3.

Peelan, E., C. F. W. Ekelmans, and P. Vijn (1989), "Direct Marketing for Establishing the Relationships Between Buyers and Sellers," *Journal of Direct Marketing*, 3(1), 7-14.

Reichheld, Frederick F. (1996), *The Loyalty Effect: The Hidden Force Behind Growth, Profits and Lasting Value*. Boston: Harvard Business School Press.

—— and W. Earl Sasser (1990), "Zero Defections: Quality Comes to Services," *Harvard Business Review*, (September-October), 105-11.

Shani, D. and S. Chalasani (1993), "Exploiting Niches Using Relationship Marketing," *Journal of Business and Industrial Marketing*, 8(4), 58-66.

Storbacka, K., Tore Strandvik, and Christian Grönroos (1994), "Managing Customer Relationships for Profit: The Dynamics of Relationship Quality," *International Journal of Service Industry Management*, 5(5), 21-38.

Turnbull, P. W. and M. T. Cunningham (1981), *International Marketing and Purchasing*. London: Macmillan.

Ward, A., E. Frew, and D. Caldow (1997), "An Extended List of the Dimensions of 'Relationship' in Consumer Service Product Marketing: A Pilot Study," *American Marketing Association Conference*, 6, 531-44.

—— and T. Smith (1998), "Relationship Marketing: Strength of Relationship Time Versus Duration," *European Marketing Academy Conference Proceedings*, Per Andersson, ed., Stockholm, May, 569-88.

Weinberg, C. B. and C. H. Lovelock (1986), "Pricing and Profits in Subscription Service Marketing: An Analytical Approach to Customer Valuation," in *Creativity in Services Marketing*, M. Venkatesan, D. Schmalensee, and C. Marshall, eds. Chicago: American Marketing Association.

Zeithaml, Valarie A. and Mary Jo Bitner (1996), *Services Marketing*. Singapore: McGraw-Hill.

第20章

B2B服務品質面面觀

Martin Wetzel

Ko de Ruyter

Jos Lemmink

在服務行銷研究中，大家的重心通常放在以顧客爲對象的服務產業，而企業對企業（business-to-business，即B2B）的服務型態則乏人問津。廣泛來說，企業型服務可以分成兩個範疇：一、保養及維修性的服務，二、企業諮商服務或其他專業性的服務（Boyt和Harvey 1997）。這種二分法在本質上是依據該商品是否與實體商品有關（goods-related），或者是純粹的服務（pure services）。純粹專業性的服務是這一類型公司所提供的核心商品，重要性不在話下；同時，顧客服務可說是B2B型態的服務產業中最重要的一個環節（Clark 1993）。因此，這兩種對企業提供的服務各有其重要性，這也是本章即將探討的主題。

目前在服務行銷研究領域中，首要任務是對服務品質的管理和評估再作更深入的探討與瞭解。在此所提到的品質好壞，通常是由顧客的觀點出發，指的是顧客對於服務提供者的表現有何看法。儘管有很

多的研究針對顧客（B2C）的看法加以討論，但是對於B2B服務型態
特性所作的研究，恐怕就稍嫌不足。因此，我們除了將探討顧客根據
哪些指標來評估企業的服務品質以外，另外一個關注的問題則是，服
務品質如何影響、維持顧客和服務企業之間的長期關係。基本上，良
好的服務品質對於顧客忠誠度究竟有何種影響，這個問題的答案仍然
需要更進一步釐清。隨著行銷研究中各種關係典範的出現，更多其他
可能提昇（或降低）顧客忠誠度的因素已然浮現。在上述兩個關注的
重點裡，服務人員皆扮演重要角色，原因如下：第一、「關係」必須
建立在人與人之間；第二、在傳遞服務的過程中，服務人員的態度和
行為是顧客評估服務品質的依據。因此，一般咸認在公司組織裡直接
面對顧客的服務人員對公司的獲利狀況扮演關鍵的角色（Hartline和
Ferrell 1996）。因此，本章第三個主題，將探討服務人員的表現對服
務品質有何影響。

　　本章擬以B2B服務型態的觀點，檢視上述三個問題。首先，我們
先討論企業服務品質的中心架構。其次將探討有助於服務人員提供良
好服務的因素。最後，我們將探討在B2B服務市場中，服務品質對顧
客與公司的長期關係有何影響。圖20.1勾勒出本章的架構：在B2B服
務型態中，企業組織的前置作業（organizational antecedents），如何透
過直接面對顧客的服務人員，建立公司和顧客的關係。

B2B型態的服務品質

　　在評估顧客滿意度時，最常見的方式是讓顧客從不同的面向對服
務經驗進行整體性的評估。其中SERVQUAL評估法，是最常見的一
種指數，它以服務品質中的五個面向來衡量顧客對於服務的看法。雖
然有時候SERVQUAL也可以有效地套用企業服務品質的評量上，但

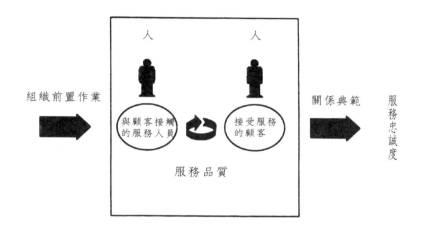

圖20.1 本章的架構圖示

事實上，還有一些其他以顧客為基礎的評估模式，也能夠適用於衡量 B2B型態的服務品質。相對於顧客服務，企業服務更具有下列幾個特性：不可觸知性（intangibility）、量身訂作（customization）以及顧客參與（customer participation）。

　　Szmigin（1993）曾經提出一個三重面向的企業服務品質模式：硬性品質（hard quality）、軟性品質（soft quality）和成果品質（outcome quality）。所謂硬性品質指的是顧客所獲得的實質服務（例如：一個具有商業價值的概念、一份市場研究報告）。這一個面向是從服務的技術性觀點來評量，而且可說是最客觀的一個面向。軟性品質的面向，通常是指服務人員傳遞、提供服務的方式（例如：售後技術支援），此面向和服務人員的行為、態度有絕對的關聯。上述兩種面向和提供服務的過程有關，而第三個服務品質面向--成果品質，則是指服務的效果是否和顧客的目標一致。Szmigin認為，成果品質和硬性品質、軟性品質是不同的，因為這並非服務提供者可以完全控制的部分。例如一名爲企業提供建言的顧問，可能提供了良好的硬性及軟性品質服務，但是公司真正執行的結果不見得會符合預期的目標。

還有其他的學者指出成果品質在概念上有別於其他的品質面向（如Halinen 1994），他們認爲從時間的觀點來說，一項服務所造成的暫時性結果和最終的結果可能不同。暫時性的結果指的是爲某個企業客戶提供解決問題的方案，最終的結果指的則是該公司真正執行該方案後所產生的結果。很多情況是，企業顧問所提出的解決方案的確是解決公司問題的良方，但是公司實行之後的結果卻可能不如預期。在企業服務品質的研究中，服務成果是很重要的觀念，而整個商業市場一向非常重視長期關係（long-term relationship），兩者之間是具有一致性。服務過程的核心是服務人員的表現，下個部分我們就來談談服務人員的角色。

角色壓力和服務品質

服務人員是公司和顧客之間的橋樑，由於這個特性，服務人員的表現和公司成功與否有密切的關聯。在很多B2B的服務產業中，負責與顧客接觸的服務人員必須要扮演具創意、有特色的服務人員角色，幫助顧客解決問題，以提昇公司整體的服務品質與形象。在B2B服務型態中，服務是無形而個人化的，而且往往需要高度的顧客參與；然而，這些特徵有時會和提供服務的公司所制訂的準則、規範及目標形成衝突，此時，處於中間地帶的服務人員往往面臨高度壓力，這種狀況在B2B服務型態裡更加明顯。角色壓力可能影響服務人員所提供的服務品質高低，我們從這個觀點出發提出概念性的架構，以進一步討論服務人員角色壓力的前因後果。

古典的角色理論認爲，組織中的每個個體都會扮演某種角色，沒有任何角色可以獨立存在，相反地，它必定與組織中的其他角色有所關聯。面對其他的個體、組織的政策、或是顧客的要求時，都可能使服務人員的角色扮演承受某種壓力，隨著各方的預期與壓力而產生的便是角色衝突（role conflict）與角色模糊（role ambiguity）的情況。角色衝突指的是「當兩組不同的壓力同時存在時，順從其中一組，便意味著無從解決另一組壓力」（Kahn等人 1964，第19頁）。對服務人員而言，他們不但要符合公司與上司的期望、還有來自於同事的壓力（因為工作效率等問題），除此之外更要滿足顧客的需求，在這樣的情況下，服務人員往往會遭遇角色衝突的困境。另一方面，角色模糊所指的是一個個體可能沒有獲得充分而有用的訊息，使他確知自己究竟應該如何適當地扮演服務人員的角色。有時候這是由於主管所賦予服務人員的角色期許不清楚，使員工無所是從，對於如何扮演角色以贏得讚賞，主管沒有明確的指示。在接下來的部分，我們試圖建立一個概念性的結構，探討服務人員角色壓力的形成與影響。

　　很多公司組織皆以法則、規範或正式化的方式來管理員工的態度和行為。例如有些公司規定售後服務部門的員工必須在限定時間內服務某一數量的顧客。我們認為這樣的正式化規定有助於減低員工的角色模糊，但是卻會造成更多員工的角色衝突問題。這一類的規定清楚地釐清了公司、管理目標或是共事者對於個別員工的要求，避免員工對工作內容產生曖昧不清的感覺。另一方面，由於這樣的規定剝奪了員工處理事情的自主權，可能因此增加了角色衝突：公司對員工的「規定」可能與顧客的利益有所衝突。

　　不過，目前有不少的公司組織漸漸地釋出權力，企圖使員工不但有能力提供服務，還賦予足夠的自治權讓員工決定提供服務的方式。就減輕角色壓力的問題而言，賦予員工更多權力可以兼顧服務表現和員工自主權，的確有效地減低了員工的角色壓力。

　　除了從公司政策出發的正式化和向下授權兩種作法以外，管理行為也是另一個影響服務人員角色壓力的因素。我們認為，領導啟發結構（leadership initiating structure）和領導人關懷（leader consideration）可以減低員工的角色壓力。領導啟發結構所指的是領導者引導員工了解工作內容、控管工作效率、以促進員工在工作上發揮能力，這是一個以工作目標的角度出發的面向。而所謂的領導人關懷指的則是領導階層協助員工建立社會化及人際化的關係（Jackson 和 Schuler 1985），因此，這個面向的重心在於創造公司與員工的良好關係。

　　最後，個體在工作環境中不僅被上司的態度及行為所影響，共事者也會對其發生作用。在角色壓力的形成過程中，另一個群體性的因素亦會影響角色壓力，我們將之稱為「群體凝聚力」（group cohesiveness，Griffith 1988）。群體凝聚力指的是「個體渴望成為群體中的一份子」（Lott 和 Lott 1965，第260頁）。Kahn 和 Quinn 指出，若能夠得到同事的支持，有助於減輕個體在工作上的角色壓力（1970）。這意味著如果個體屬於某個群體，並且有來自於群體的支持，比那些單打獨鬥、沒有任何群體作為後盾的人，會得到較多的心理性支援。追根究底，這係因為屬於群體之中的個體，比較有可能和同事討論、分享自己所面對的角色衝突或模糊問題，藉由這樣的討論減輕壓力。

　　以上分述數個影響角色壓力的因素，以下我們將檢視角色壓力的可能結果。一般而言，低度角色壓力會使員工對自己的工作有較高的滿意度（Babin 和 Boles 1996）。工作滿意度反映了員工對於工作內容和組織所抱持的態度與知識結構（George 和 Jones 1996）。當角色壓力越沈重，員工就越不容易對自己的工作滿意，而一個不快樂的員工，其工作動機自然較為低落，更遑論其是否努力使顧客覺得滿意。另外更有學者指出，就服務品質而言（無論是服務的過程品質或結果品質），員工的工作滿意度和工作表現都成正比的關係。藉由圖20.2的模式，我們可以綜觀角色壓力（包括角色衝突和角色模糊）的前導因

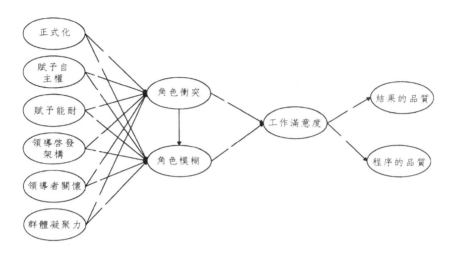

圖20.2　服務品質的組織性前導要素

素，以及角色壓力所帶來的結果。

　　Wetzel曾經以結構平衡的模式（structural equation modeling），針對專門提供辦公室器材售後服務的公司從事實證研究（1998）。此研究以256位技術服務人員為對象，企圖瞭解他們對於顧客評估服務品質的看法。該研究發現，賦予技術服務人員自主權，能夠抑制角色衝突和角色模糊，並且使服務人員因為擁有自主權而對工作產生更高的滿意度。相反地，正式化或過於刻意的做法，則會使角色壓力更加沈重。因此，此研究認為售後服務部門的管理者應該減低對服務人員的機械性控制，相反地，如果能讓服務人員擁有較大的空間，選擇自己認為適合的服務方式，將有紓解角色壓力之效。關於領導層次的兩個面向，研究認為領導主動結構能緩和角色模糊的壓力，但是領導者關懷則對於兩種壓力似乎並未產生太大的作用。領導主動結構可以讓服務人員對於工作需求有較清楚的認知，因此，管理階層本身對於服務人員和工作目標的期許，都應有先有清晰的認識；當服務人員被授與

更多權力時，這一點顯得格外重要（Barry和Stewart 1997）。另外，
團體凝聚力會減輕角色衝突。就角色壓力的結果而言，角色模糊和工
作滿意度之間會呈現反比關係，特別是當工作性質曖昧不清時，服務
人員對工作的滿意度將降低。最後，研究並且指出，工作滿意度和服
務過程與結果的品質成正比關係，員工對自己的工作感到滿意，是提
供良好服務的先決條件。服務品質本身並非是目標，而是達到目標的
工具。在這個部分，我們討論了B2B服務型態的公司達到良好服務品
質的先決條件，接下來我們將檢視服務品質對顧客忠誠度的影響。

服務品質、關係和顧客忠誠度

　　對企業而言，顧客忠誠度是決定其競爭力的重要因素之一
（Gremler和Brown 1996）。過去幾十年以來，顧客的評估性判斷（即
服務品質、滿意度和價值）對於忠誠度具有絕對的影響力（Dick和
Basu 1994）；也就是說，顧客對服務品質的正面評價往往能夠使顧客
對某個服務提供者產生好感，並且願意繼續接受該公司的服務。然
而，顧客的評估和其忠誠度之間究竟有哪些直接或間接的影響力，相
關研究仍稍嫌不足。首先，Wetzel指出，在市場中，服務品質和忠誠
度之間的關係並不總是單純而直接的，因為還必須考慮另一個中介因
素—顧客的情感性承諾（1998）。其次，滿意度和忠誠度之間並非呈
現線性關係，顧客對某家公司有高度的滿意度，並不意味著他對這家
公司也會有很高的忠誠度。第三，目前很多產業市場都有建立單一來
源供給（single-source suppliers）的趨勢，這使彼此互相依賴的程度升
高，轉換品牌的成本也隨之提高（Wilson 1995）。最後，服務接觸具
有多重性互動的特色，也就是所謂的多頭式消費者與銷售者
（multiheaded customer and seller，Gummesson 1987），在這種互動關

係中，溝通和合作扮演重要的角色。因此，顧客的評估和忠誠度之間，有許多不同的因素同時發生作用，並且彼此影響。關係研究的典範便指出了部分的因素。

在建立關係時，承諾感（commitment）和信賴感（trust）是最常被提及的兩項基礎。信賴感指的是雙方對彼此具有信心，覺得對方可靠而正直（Morgan和Hunt 1994）。承諾感則是指顧客和某個服務提供者繼續交易的動機。Moorman等人指出，承諾感是一種持續性的期望，個體希望維繫他們認為有價值的關係（Moorman、Zaltman和Deshpande，1992）。Kumar、Hibbard與Stern將承諾感分為兩種類型：情感性的（affective）與估算性的（calculative）（1992）。情感性的承諾指的是顧客和服務提供者維持關係的意願，服務提供者在顧客心中的正面形象是情感性承諾感的來源。估算性承諾感則是因為無法找到合適的替代者，所以選擇與目前的合作對象繼續維持關係，這種承諾感基本上是一種以成本、利益為基礎的估算行為。

由於承諾感往往不堪一擊，因此雙方只會選擇值得信賴的對象作為合作伙伴（Morgan和Hunt 1994）。信賴可以提高情感性承諾的層次，也就是激起雙方維持關係的慾望。Morgan等人的實證研究已經證明了這一點（Morgan和Hunt 1994，Geyskens等人 1996）。信賴可以使顧客對服務供給者產生親密感和認同感，並且刺激他們產生和服務供給者保持關係的動機，同時，信賴感也使顧客比較不會以估算性的方式，找尋和某個公司保持關係的理由。另外，Geyskens等人的研究指出，信賴感和估算性的承諾感，兩者的關係呈現反比狀態。當一個公司對其事業夥伴的信賴感增加時，該公司會變得缺乏繼續合作理由，因為它覺得需要以成本效益的分析方式來看待雙方的關係

在企業服務的複雜環境中，除了服務品質的特性之外，市場和關係的特性往往會決定承諾感和信賴感。另外，承諾感和信賴感也會影響服務關係的忠誠度。圖20.3提出了B2B服務關係的架構。

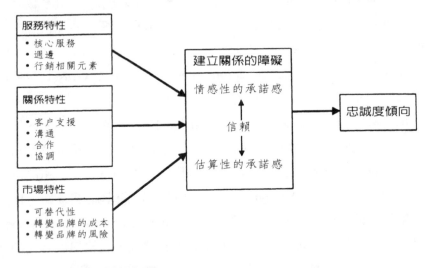

圖20.3　B2B服務關係架構

　　服務品質對於顧客的信賴感和承諾感是決定性的因素。MacKenzie對於辦公室設備市場的的研究證明，顧客對於服務的看法，會影響他們對公司的信賴程度（1992）。同樣地，Vemetis針對廣告業的研究也發現，廣告代理商和客戶的關係的確深受服務品質與承諾感影響（1997）。除了服務品質以外，服務提供者也不遺餘力地提昇雙方關係。

　　建立良好的顧客關係是公司經營策略的要務之一（Morgan和Hunt 1994）。負責管理、經營顧客關係的部門，其重要性與日俱增。服務供給者和顧客間的整合性網絡也已經受到高度的重視，公司不但指派人員負責促進顧客關係；對於互動中某些非正式協議或承諾，公司也會審慎處理（Gemunden和Walter 1994；Ring和Van de Ven 1994）。在服務的市場中，顧客和服務提供者間的直接接觸，是獲得資訊的最重要管道，Larson的研究指出，顧客會透過和服務人員的接觸，觀察可能的風險，以降低不確定感。同時，Larson也指出，顧客在選擇的過程中，服務提供者是否值得信任，是最重要的考量之一（Larson 1992）。此外，情感性的承諾感可以透過人際接觸而建立。藉由雙向的溝通交流—無論是正式或是非正式的資訊分享-將得以實現顧客關係的價值（Anderson和Weitz 1992）。MacKenzei也認為顧客的確會藉著溝通來衡量彼此之間的關係（1992）。Dwyer、Schurr和Oh認為溝通是使顧客產生承諾感的泉源之一（1987）。這和Anderson等人的看法可說不謀而合，他們的實證研究證明溝通的確有利於提升顧客的信賴感（Anderson、Gerbing和Hunter 1987；Anderson和Narus 1990）。

　　另一方面，合作也能夠導致信任感的產生。在市場中，公司和客戶的合作是一個常見的現象。例如CPA公司和他們的客戶可能會共同發展一套資訊系統，以簡化雙方資訊流通的流程，並且促進雙方資訊交流的順暢。

　　最後，當雙方對於目標無法取得協議或無法達成時，B2B的服務關係會發生衝突（Dwyer、Schurr和Oh 1987）。雖然衝突可能導致雙方關係的惡化（Dwyer、Schurr和Oh 1987），但是衝突也可能是轉機，一旦能有效化解歧見，雙方的關係可能因此更能禁得起考驗，而承諾感和信賴感也得以進一步提昇（Weitz和Jap 1998）。當雙方面臨衝突時，亦可以透過非正式的程序，彼此妥協獲取共識，這也會使顧客對於公司的承諾感大為提昇（Gundlach、Achrol和Mentzer 1995）。因此，解決衝突以及協調化（harmonization）是關係管理中的另一項重要變數。

　　無庸置疑的，在企業運作中，供給者和顧客有多元面向的關係（Heide和John 1998）。顧客是否會接受其他供給者的服務，有時並不僅根據顧客對某個供應商是否有承諾感；選擇其他的供給者時，顧客還必須考量風險與成本。在此我們提出三個可能的變項討論關於顧客轉換品牌的行為：可替代性（replaceability）、顧客對改變品牌的成本（perceived switching costs）和風險（perceived switching risks）之評估。可替代性變項指的是因為缺乏合適的對象，導致顧客不容易更換品牌（Heide和John 1988）。更換品牌的成本與風險指的是顧客一旦與新的對象合作，他們在時間、金錢、財務上，可能面臨的風險。服務提供者若要影響顧客對於可替代性、改變品牌的成本及風險的評估，除了努力使自己所提供的服務無可取代之外，還可以透過常規性關係（vender-specific learning）之建立，維持顧客的忠誠度（Heide和Weiss 1995）。另外，若服務提供者可以建立一套獨特的品質標準，這也將有助於減少顧客產生轉換品牌的行為（Meldrum 1995）。最後，若讓顧客感受到科技的快速發展和進步，也將使顧客不再考慮其他可能的選擇（Heide和Weiss 1995）。顧客對供應商的依賴程度越高，雙方之間的合作關係則越堅固持久（參考Ganesan 1994）。很多學者都已經提出了相關的證據，指出依賴和承諾感之間存在著正比的關係（Kumar、Scheer和Steenkamp 1995；Geyskens等 1996）。同樣地，在企業關係中，顧客對於某個供應商的承諾感越高，在考量更換品牌時，他們所估算的風險和成本也會相對地提高（Venetis 1997）。一旦顧客覺得更換品牌不是一件容易的事，對於現有的合作對象就會產生更迫切的依賴與需要。

承諾感意味著維持關係的動力。以承諾感也被論者以時間面向來探討，重點在於只有建立長時間的一致性才能使承諾感有意義。（Moorman、Zaltman和Deshpande 1992）。這種「時間上的一致」可減少顧客流失的情況，而顧客和服務提供者雙方會更願意為了彼此共同的目標而保持合作關係（Anderson和Narus 1990）。顧客和供應商之間存在著長期性的承諾感和信賴感，會引發一些相關的作用，例如減低顧客的投機心態（Morgan和Hunt 1994）。Kumar、Hibbard和Stern（1994）認為，承諾感會使交易雙方有處於某種關係之中的意願與動機，這種意願對服務提供者與顧客之間的關係有直接的影響。

圖20.3所呈現的概念性架構係來自於一份對高科技公司所作的研究，該研究是以491位顧客作爲樣本。圖20.4則大略地呈現該研究的架構，這是應用「結構方程模式」（structural equation modeling）的統計方法分析以後所所獲得的結果。

分析發現，關係的特性影響情感性承諾感，這意味著若能有效地管理、控制顧客關係，將使顧客從這樣的關係中得到了愉悅感。同樣地，在顧客與服務提供者的關係中，信賴感對情感性承諾的影響也是正面的。信賴感指的是顧客對於某個服務提供者的信心，認爲他們是值得信任、並且願意聆聽心聲、滿足需求的供應商。除此以外，市場特性和情感性承諾感也呈正比關係，乍看之下，這樣的說法似乎不合

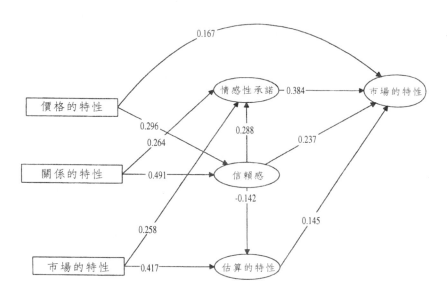

圖20.4　實證研究的結果

注：相關係數介於1與-1之間，代表關係的作用方向和大小。

常理，不過我們將提出解釋說明之。在高科技產品市場中，由於服務提供者的數量有限、更換品牌的風險及成本較大、導致顧客對服務提供者的高度依賴。在這種狀況之下，高科技產品或服務提供者應享有更多市場優勢，甚至具有獨佔性。Frazier等人認為，雖然在這種市場狀態中的服務提供者無須迫切地採取某些激進手段以活絡顧客關係，但是他們卻認為，供應商此時應該要運用一些非強硬的策略，使交易的氣氛變得更加和諧愉快，讓顧客對於這個合作關係有更高的依賴感（Frazier、Gill和Kale 1989）。另外，研究也顯示，價格的特性和關係的特性對顧客的信賴感也有重要的影響力。在高科技市場中，顧客選擇與某個服務者合作的過程中，往往會經過利潤分析的重要階段。服務提供者在經營顧客關係時，經常利用資訊共享、合作互惠、降低顧客對風險高低的評估等方式，增強顧客的信心。例如，當公司提供顧客一套開放的資訊交換系統，與顧客分享公司專有的資料，往往能使顧客也願意與服務者分享訊息，並且更密切地與之合作。最後，我們發現市場特性對估算性承諾感也有相當的影響。在市場上可能有一些可以取代現有服務提供者的其他選擇，這也可以說明市場狀況所具備的影響力。另一方面，此研究顯示，信賴感和估算性承諾感之間成反比。信賴感越低，顧客估算成本與利潤的動機越強。

就建立顧客忠誠度而言，研究發現此三種變項對於維持雙方關係具有正面效果。我們的研究提出證據，證實情感性承諾是企業關係中的要角。關係，本身是一個複雜的問題（除了不穩定以外，往往還涉及大筆的投資金額），這三個變項各有其重要性，不管是情感性動機或認知性動機，都可能導致顧客做出是否要和某個供應商繼續保持合作關係的決定。我們偶然地發現了價格可能也是影響顧客願不願意與供應商交易的重要因素。服務品質的核心問題，在這個架構中展露無疑。

結論和對於管理的一些啓示

　　本章針對B2B服務型態的三個重要議題進行討論。第一，我們探討B2B型態服務品質的本質爲何，相較於以單一顧客爲服務對象，B2B的服務更重視服務品質的結果。其次，服務人員在B2B型態的服務產業中，扮演中樞角色，服務人員的表現，往往和服務品質劃上等號。我們提出的模式列舉了影響服務人員表現的可能因素，並且說明當服務人員的自主權對服務品質有正面影響，因爲自主權一來可以減輕服務人員的角色壓力，二來可以提高他們對工作的滿意度。最後，我們介紹了一個關係典範，說明服務品質和顧客忠誠度的關係。在承諾感中，信賴，是一項重要的中介變項；此外，除了服務品質以外，關係特性或是市場特性也分別扮演著重要的角色。

　　總之，本章的種種結論對於經理人而言，都具有豐富的參考性及實用性。首先，改變公司組織裡的控制系統，賦予工作人員更多的權力，可能會爲公司帶來良性的效益。其次，與顧客進行溝通合作、採用顧客導向的財務分析系統，可以建立更友善的顧客關係。第三，經理人可以創造新的因素（如：以簽訂長期合約的方式來增加轉換品牌的成本），改變目前的市場特性。雖然行銷管理的重要性不容置疑，但是一個公司組織要進行徹底的改造，並非行銷管理部門可以獨力完成，這需要公司其他部門的通力合作，才能眞的賦予員工更多權力，進而建立以顧客爲導向的財務管理。

參考書目

Anderson, Eugene W. and Barton Weitz (1992), "The Use of Pledges to Build and Sustain Commitment in Distribution Channels," *Journal of Marketing Research*, 29 (February), 18-34.

Anderson, James C., David W. Gerbing, and John E. Hunter (1987), "On the Assessment of Unidimensionality Measurement: Internal and External Consistency Criteria," *Journal of Marketing Research*, 24 (November), 432-37.

———— and James A. Narus (1990), "A Model of Distributor Firm and Manufacturer Firm Working Partnerships," *Journal of Marketing*, 54 (January), 42-58.

Babin, Barry J. and James S. Boles (1996), "The Effects of Perceived Co-Worker Involvement and Supervisor Support on Service Provider Role Stress, Performance and Job Satisfaction," *Journal of Retailing*, 72(1), 57-75.

Barry, Bruce and Greg L. Stewart (1997), "Composition Process and Performance in Self-Managed Groups: The Role of Personality," *Journal of Applied Psychology*, 82(1), 62-78.

Boyt, Thomas and Michael Harvey (1997), "Classification of Industrial Services," *Industrial Marketing Management*, 26, 291-300.

Clark, T. (1993), "Survey Underscores Importance of Customer Service," *Business Marketing*, 78, 41.

Dick, Alan S. and Kunal Basu (1994), "Customer Loyalty: Toward an Integrated Conceptual Framework," *Journal of the Academy of Marketing Science*, 22 (Spring), 99-113.

Dwyer, F. Robert, Paul H. Schurr, and Sejo Oh (1987), "Developing Buyer-Seller Relationships," *Journal of Marketing*, 51 (April), 11-27.

Frazier, Gary, James D. Gill, and Sudhir H. Kale (1989), "Dealer Dependence Levels and Reciprocal Actions in a Channel of Distribution in a Developing Country," *Journal of Marketing*, 53 (January), 50-69.

Ganesan, Shankar (1994), "Determinants of Long-Term Orientation in Buyer-Seller Relationships," *Journal of Marketing*, 58 (April), 1-19.

Gemunden, Hans G. and Achim Walter (1994), "The Relationship-Promoter: Key Person for Interorganizational Innovation Co-operation," in *Relationship Marketing: Theory, Methods and Applications*, Jagdish N. Sheth and Atul Parvatiyar, eds., proceedings of the 2nd Research Conference on Relationship Marketing, Roberto C. Goizueta Business School, Center for Relationship Marketing, Atlanta.

George, Jennifer M. and Gareth R. Jones (1996), "The Experience of Work and Turnover Intentions: Interactive Effects of Value Attainment, Job Satisfaction and Positive Mood," *Journal of Applied Psychology*, 81(3), 318-25.

Geyskens, Inge, Jan-Benedict E. M. Steenkamp, Lisa K. Scheer, and Nirmalya Kumar (1996), "The Effects of Trust and Interdependence on Relationship Commitment: A Trans-Atlantic Study," *International Journal of Research in Marketing*, 13(4), 303-18.

Gremler, Dwayne D. and Stephen W. Brown (1996), "Service Loyalty: Its Nature, Its Importance and Implications," in *QUIS V: Advancing Service Quality: A Global Perspective*, Bo Edvardsson, Stephen W. Brown, R. Johnston, and E. Scheuing, eds. New York: ISQA, 171-81.

Griffith, James (1988), "Measurement of Group Cohesion in U.S. Army Units," *Basic and Applied Psychology*, 9(2), 149-71.

Gummesson, Evert (1987), "The New Marketing—Developing Long-Term Interactive Relationships," *Long Range Planning*, 20, 10-20.

Gundlach, Gregory T., Ravi S. Achrol, and John T. Mentzer (1995), "The Structure of Commitment in Exchange," *Journal of Marketing*, 59 (January), 79-92.

Halinen, Aino (1994), *Exchange Relationships in Professional Services: A Study of Relationship Development in the Advertising Sector.* Published Dissertation Project, Sarja/Series A-6, Turku School of Economics and Business Administration, Finland.

Hartline, Michael D. and O. C. Ferrell (1996), "The Management of Customer-Contact Service Employees," *Journal of Marketing*, 60 (October), 52-70.

Heide, Jan B. and George John (1988), "The Role of Dependence Balancing in Safeguarding Transaction-Specific Assets in Conventional Channels," *Journal of Marketing*, 52(1), 20-35.

——— and Allen M. Weiss (1995), "Vendor Consideration and Switching Behavior for Buyers in High-Technology Markets," *Journal of Marketing*, 59 (July), 30-43.

Jackson, Susan E. and Randall S. Schuler (1985), "A Meta-Analysis and Conceptual Critique of Research on Role Ambiguity and Role Conflict in Work Settings," *Organizational Behavior and Human Performance*, 36, 16-78.

Kahn, Robert L. and Robert P. Quinn (1970), "Role Stress: A Framework for Analysis," in *Occupational Mental Health*, Alister McLean, ed. New York: Rand-McNally, 161-68.

———, Donald M. Wolfe, Robert P. Quinn, J. Diedrick Snoek, and Robert A. Rosenthal (1964), *Organizational Stress: Studies in Role Conflict and Ambiguity.* New York: John Wiley & Sons.

Kumar, Nirmalya, J. D. Hibbard, and Louis W. Stern (1994), "The Nature and Consequences of Marketing Channel Intermediary Commitment," report No. 94-115. Cambridge, MA: Marketing Science Institute.

———, Lisa K. Scheer, and Jan-Benedict E. M. Steenkamp (1995), "The Effects of Perceived Interdependence on Dealer Attitudes," *Journal of Marketing*, 32 (August), 348-56.

Larson, Andrea (1992), "Network Dyads in Entrepreneurial Settings: A Study of the Governance of Exchange Relationships," *Administrative Science Quarterly*, 37 (March), 76-104.

Lott, Albert J. and Bernice E. Lott (1965), "Group Cohesiveness as Interpersonal Attraction: A Review of Relationships With Antecedent and Consequent Variables," *Psychological Bulletin*, 64(4), 259-309.

MacKenzie, Herbert F. (1992), "Partnering Attractiveness in Buyer-Seller Relationships," doctoral dissertation, University of Western Ontario, Canada.

Meldrum, Mike J. (1995), "Marketing High-Tech Products: The Emerging Themes," *European Journal of Marketing*, 29, 45-58.

Moorman, Christine, Gerald Zaltman, and Rohit Deshpande (1992), "Relationships Between Providers and Users of Marketing Research: The Dynamics of Trust Within and Between Organizations," *Journal of Marketing Research*, 29 (August), 314-29.

Morgan, Robert M. and Shelby D. Hunt (1994), "The Commitment-Trust Theory of Relationship Marketing," *Journal of Marketing*, 58 (July), 20-38.

Ring, Peter S. and Andrew H. Van de Ven (1994), "Developmental Processes of Cooperative Interorganizational Relationships," *Academy of Management Review*, 19 (January), 90-118.

Szmigin, Isabel T. D. (1993), "Managing Quality in Business-to-Business Services," *European Journal of Marketing*, 27(1), 5-21.

Venetis, Karin A. (1997), "Service Quality and Customer Loyalty in Professional Business Service Relationships: An Empirical Investigation Into the Customer-Based Quality Concept in the Dutch Advertising Industry," doctoral dissertation, Maastricht University, Maastricht.

Weitz, Barton A. and Sandy D. Jap (1995), "Relationship Marketing and Distribution Channels," *Journal of the Academy of Marketing Science*, 23 (Fall), 305-20.

Wetzels, Martin G. M. (1998), "Service Quality in Customer-Employee Relationships: An Empirical Study in the After-Sales Services Context," doctoral dissertation, Maastricht University, Maastricht.

Wilson, David T. (1995), "An Integrated Model of Buyer-Seller Relationships," *Journal of the Academy of Marketing Science*, 23(4), 335-45.

第21章

客戶服務關係中信賴感的來源及其面向

Devon S. Johnson

Kent Grayson

自從Dwyer、Schurr和Oh等人開始強調信賴感對客戶關係的重要性以後（1987），信賴感便成為企業對企業式交易型態（B2B）的重要觀念。另一方面，談到服務關係或顧客關係時，信賴感也是不曾缺席的一角。有關行銷的各種研究，都非常重視信賴感裡的「成雙關係」（dyadic relationship）。所謂的「成雙關係」指的是信賴感只會建立在某種刺激與反應的模式中；換句話說，有了導因之後，信賴感就會隨之產生。本章採取宏觀的角度來探討顧客對於公司的信賴感，檢視產生信賴感的兩種不同因素：一是在特定關係之下所產生的信賴感（如個人的性格特徵），另一個則是來自於環境的影響（如社會化的標準）。同時，我們也企圖呈現信賴感的多重特質，並且藉由這樣的研究架構，提出一些對於管理的看法。

服務關係和信賴感的關聯

　　過去有許多研究深入探討實體商品與抽象服務之間的差異性（如 Murray 1991）。我們認為消費無形的服務之風險比消費實體商品更大，因此，對於服務業的消費者和販售服務的商人而言，信賴感的角色更是舉足輕重。

　　市場上的任何商品與生俱來就有被評估的特質，當然，有些特質易於評估，有些則否（參考 Darby 和 Karni 1973；Nelson 1970）。觀察性的特質（search attributes）是最容易評估的：顧客在購買之前透過觀察或情報的蒐集就能夠判斷產品好壞，例如一部汽車的顏色、樣式、大小等，都屬於外顯性特質。經驗性的特質（experienced attributes）則必須要經過購買並使用之後，才能夠做出評估，例如一部電影的情節、角色和製作成果，需要消費者親身體驗以後才可能知道好或不好。信用性的特質（credenced）則是指即使消費者購買、使用、體驗過某種商品，仍舊很難評論品質優劣。例如，在病人失去知覺的情況下，往往無從得知外科醫師的手術技巧、效率或精密度的高低，而且，手術結束以後，真正的成果如何，常常難以查證。

　　一般來說，實體商品具有外顯性的評估特質，而服務商品的評估特質則較屬於信用性（Shapiro 1987；Zeithaml 1991）。因此，購買服務所承擔的風險較高。由於賣方可能刻意將商品美化，並且隱瞞商品在實質上的缺陷，使買方不容易辨識，或避免被各種投機取巧的販售花招蒙蔽。經濟學家們將此稱做「代理的問題」，意味著顧客難以對代理商做出正確無誤的評估（problem of agency，如 Bergen、Dutla 和 Walker 1992；Eusenhardt 1989）。這個問題所面對的核心課題即為風險管理。

風險承擔和信賴感是一體兩面的（Deutsch 1958，第266頁），當我們承擔風險的時候，無論風險高低，實際上都牽涉了信賴感的問題。通常，若顧客購買一部藍色的車子，毫無疑問地，他知道明天這部車子還會是藍色的；當我們購買一台微波爐時，我們確信微波爐大小不會因為帶回家而改變；這是一種不具風險的問題，因此，並不牽涉到信賴感。然而，當顧客雇用某個保姆時，基本上就是假設這名保姆會好好照顧小孩；搭乘計程車時，乘客會假設司機並未喝酒；主婦會請水管工人改裝水管，基本上是因為她相信工人的專業技能。由於服務商品所承擔的風險較高，信賴感的角色也更為重要。因此，服務的消費或管理可能會因為顧客是否信賴賣方而變得容易或困難。

信賴感的來源

很多學者、顧客或實務工作者常會提到「信賴」這個詞，然而信賴究竟是什麼？在各種不同的定義中，其中一個認為：當甲方對於乙方的行為方式有所預期時，就產生了信賴（如 Deutsch 1973；Scanzoni 1979；Schurr 和 Ozanne 1985）。當乙方的行為並未如甲方預期，此時甲方可能會產生負面的感受或經驗（Deutsch 1958）。本章將根據上述的定義探究顧客的信賴預期行為。一般而言，顧客的預期行為來源可能有四種：概化的（generalized）、系統性（system）、以程序為基礎（process-based）、以性格為基礎（personality based）（參考 Burchell 和 Wilkinson 1997、Kirchler、Fehr 和 Evans 1996；Lane 和 Bachmann 1996）。當顧客與賣方的關係從探索期提升到彼此之間有所承諾時，信賴感的來源種類也會隨之改變（Dwyer、Schurr 和 Oh 1987），如圖21.1所示。以下我們將逐一探討這四種不同的信賴感來源。

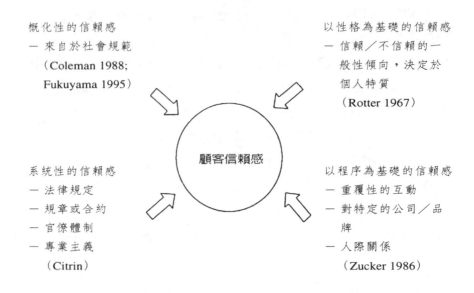

概化性的信賴感
— 來自於社會規範
　（Coleman 1988;
　Fukuyama 1995）

以性格為基礎的信賴感
— 信賴／不信賴的一
　般性傾向，決定於
　個人特質
　（Rotter 1967）

系統性的信賴感
— 法律規定
— 規章或合約
— 官僚體制
— 專業主義
　（Citrin）

顧客信賴感

以程序為基礎的信賴感
— 重覆性的互動
— 對特定的公司／品
　牌
— 人際關係
　（Zucker 1986）

圖21.1　顧客信賴感的來源

概化性的信賴感

　　有時候人們並不會意識到自己的「信賴感」。例如人們可能從電話簿裡面隨便選一家汽車修護廠或家電用品商店，以獲取需要的服務；到外地旅行的時候，人們可能看到餐廳的招牌就走進去用餐。在沒有可以懷疑的理由時，人們的信賴感是概化性的。身處於社會裡的成員之一，每個人對各種情境會有所既存的假設，除非有特定「不值得信賴」的因素，這些假設應該都會成立，這就是所謂的概化性的信賴感。社會裡的成員共享某些正常的行為規範，這些規範成為概化性信賴感的來源（Lewis和Weigert 1985a）。值得注意的是，這種共享的社會規範並非奠基於法律，而是來自於某些社會性機制，例如像是同儕壓力或可能被排擠的威脅。

　　雖然社會學家們對這種信賴感各有不同的闡述方式，但大多都同意它對社會福祉具有重要的影響。Granovetter認爲這一類信賴感的基礎是「概化性的道德」（generalized morality 1985）；而另一位社會學家Coleman認爲社會成員彼此之間的信賴感，可視爲一種「社會資本」（social capital），例如勞工與資本家之間的信賴感，促使社會成爲一個有生產力的有機體（1988）。Zucker則以「背景式的預期」（back-ground expectation）描述這種信賴感並不是在特殊情況下才出現，而是在社會中相當普遍的行爲架構。

　　Fukuyama提出一個有趣的看法，他認爲每個國家的概化信賴感程度，會隨著經濟發展狀況之差異而有所不同（1995）。他更明白地指出，在一個概化性信賴感高度發展的國家裡，人與人之間的「自發性社交」（spontaneous sociability）也相對地提高。不過，值得注意的是，即使在一個低度互賴、自給自足的社會裡（如烏干達北部土著伊克人），也有屬於自己的概化性信賴基準，只是這些基準對於信賴行爲的影響顯得較爲有限（Handelman 1990，第72-76頁）。

系統性的信賴感

　　國家或社會的立法機構會制訂各種法律來規範、影響人們的行爲或預期。不論是美國的聯邦交易委員會（Federal Trade Commission）或歐洲的廣告標準聯盟（Advertising Standard Alliance），都是消費者賴以判斷某商品是否值得信任的依據。同時，這些機構也會根據消費者的滿意度評斷公司的可信賴度，因爲對政府機構而言，其運作與生存的合法性係以民衆的信賴感爲基礎，因此，政府機構自然必須努力地推動系統性的信賴感（Citrin 1974）。

　　一個社群或國家必須藉由成文的規定或有效的執法取締單位，以塑造人們對系統性信賴感的預期行爲，進而強化、鞏固其所建立的法則。由於每個社群或國家的法律規範有效性程度不同，因此呈現的結

果也不盡相同。舉例而言，某些國家的政府可能對銀行業、契約、廣
告規範提供較多的貿易保護，但有些則顯得較爲開放。

以程序爲基礎的信賴感

　　依照Zucker的說法，以程序爲基礎的信賴感是處於二元關係中的
雙方經過重複的互動後而產生的，它並非一般性社會規範下的產物，
也不是來自於法律制度所賦予人們的預期行爲，而是交涉的雙方（或
雙方以上）對彼此行爲所抱持的預期心態。

　　以程序爲基礎的信賴感是偶發性的，它牽涉到交易雙方的行爲以
及過去的交易經驗。Zand認爲重複性互動衍生信賴感的過程是「螺
旋式的強化」現象（spiral enforcement, 1972）：剛開始的時候，雙方
對彼此所具有的基本信賴，會促進資訊的交流，以減低不確定感，醞
釀更高度的信賴感。這能使雙方能敞開心胸接納對方、增加彼此互相
依賴的程度。另一方面，這樣的過程也意謂著彼此的弱點較容易被對
方所掌握。這和Dwyer、Schurr和Oh對於行銷關係的看法相當類似：
當每個階段的信賴感都獲得正面的結果，公司與客戶的關係會呈現類
似拋物線的成長（1987）。無獨有偶，Bitner也指出提供服務的公司若
能謹守對顧客的承諾，就能夠獲得顧客的信任。

　　研究者大多同意，以程序爲基礎的信賴感在一開始的時候非常脆
弱，然而，一旦建立以後，這類信賴感會具有相當高的韌性。因此，
顧客對公司的第一印象是關鍵的一環（參較Bitner 1995），倘若顧客
一開始就已經對公司沒有信心，通常也沒有興趣更進一步地與公司接
觸或交易。從一連串的交易中，公司和顧客之間會發展出社會性聯結
（Turnbull和Wilson 1989），雖然這種聯結也有斷裂的可能，但是當公
司有些小差錯讓顧客覺得不滿時，顧客往往有較高的容忍度。目前爲
止，各種行銷研究幾乎全面性地都是針對這種程序性信賴感做研究。
雙方根據彼此行爲所發展的關係品質，就是信賴度（例如原料提供商

和製造商、為公司從事市場調查的研究人員和該公司之關係）。相關
的研究大多同意程序性的信賴感對顧客和公司之間的關係有很大的助
益。舉例來說，一個均衡而對稱的交易關係（亦即雙方擁有同等權力
時），在面對不公平、缺乏彈性的情況時，信賴感可以發揮潤滑的作
用，減低負面的反應（Schurr和Ozanne 1985）。當過去的互動經驗已
經建立某種程度的信賴時，衝突才有可能具有功能性的效果（Morgan
和Hunt 1994）。相反地，非對稱性的交易關係比較難以建立信賴感，
在這種關係下具有較高信賴感的一方，比較不會感覺到權力運作機制
的不公平（Andaleeb 1998）。

　　雖然公司營運成功與否和顧客的信賴感和似乎是一體兩面，但是
在實務場域裡的經驗告訴我們實際的情況更加錯綜複雜。的確，有些
研究證明了信賴感對延續未來的互動有正面的影響（如Crosby、
Evans和Cowles 1990；Doney和Cannon 1997；Ramsey和Sohi
1997），但是不可諱言的，關於信賴感對銷售表現究竟有何直接影
響，這部分的證據仍舊有待發掘。Crosby等人所蒐集的資料，並未直
接指出顧客關係品質（信賴度）和銷售效果之間的關聯（Crosby、
Evans和Cowles 1990）。同時，Doney和Cannon的研究顯示信賴感不
必然會影響消費者的選擇（1997）。Moorman、Zaltman和Deshpande
更發現客戶對於市場研究調查的信賴，和他們選擇找哪家公司幫他們
從事市調並沒有直接的關聯。

　　從這些研究結果得知，雖然公司與客戶的關係在行銷中扮演重要
的角色，但是卻未直接地反映在公司的盈虧上。事實上，這可能是因
為研究者忽略了其他特質的信賴感（在本章所提到的其他型態之信賴
感），以及每種不同的信賴感在不同的關係中所造成的影響。例如
Grayson和Ambler延續Moorman、Zaltman和Deshpande（1992）的研
究結果指出，在短暫性的關係中，信賴感是影響顧客選擇的關鍵因
素，但是長期而言，信賴感可能就失去其絕對的重要性（1997）。這

一點稍後我們將會簡單地說明。

以性格為基礎的信賴感

　　很多研究（特別是社會心理學）認為，人與人之間的信任感是根據個人的性格特徵所呈現出來的信賴習慣。Rotter的「人際信賴度量衡」（Interpersonal Trust Scale）為這個方向的研究奠下基礎，並普遍地被用來衡量個人性格中的信賴傾向（1967）。對Rotter而言，信賴指的是個體相信他人言語或陳述內容的程度。個體對他人都具有一般性的預期（generalized expectancy），這些預期決定人們在各種情境中是否願意相信他人。在此所說的「一般性預期」，係以個人特質作為依據，而非上述之社會規範。一個人的信賴傾向源自於社會化的過程，特別是人格成長的早期階段，更具有關鍵影響力，因此信賴傾向與父母和同儕有很深關聯。本質上來說，性格中的信賴傾向指的是個體對他人的信任，而非受人信賴的程度。因此，倘若某人性格中有強烈的信賴傾向，這意味著他可能會在未經評估或判斷的狀況下盲目輕易地相信別人。

　　在某些特定的人際互動情境下（如觀賞一場表演時，對於演員專業度的評估），性格上的信賴對個體所產生的整體信賴感，影響力似乎不如其他性質的信賴感（Schlenker、Heml和Tedeschi 1973）。也就是說，以性格為基礎的信賴感在很多情境中只會隱約存在，而不是直接地影響個人對於事物的信賴程度（Martin 1991、Schlenker、Heml和Tedeschi 1973）。此外，研究也顯示在發展關係的初期，由於個體對於情境缺乏明確的線索，故此時以性格為基礎的信賴感會發揮較大的影響力。

服務關係和四種型態的信賴感

這四種類型的信賴感之間並非總是涇渭分明。例如，一個人之所以具有高度信賴傾向，可能是因為本性如此，但也可能是因為他在一個具有高度概括性信賴感的社會環境中成長。同樣地，人與人之間所建立的程序性信賴感，有時是因為系統性信賴感保障了雙方的互動安全。儘管如此，將這四類型的信賴感加以區分是有好處的。首先，這四類信賴感的差異所彰顯的意義是：信賴感的來源不僅存在於公司和客戶之間的程序互動，還有其他可能產生信賴感的肇因，這正是行銷研究裡的一門重要課題。對於研究者或經營者而言，釐清信賴感的來源，有助於發現更多可能的特質，以便作為策略性的變數。

其次，如上所述，在交易行為的不同階段中，這四類信賴感都分別扮演不同的角色。在關係建立的初期，顧客通常只能別無選擇地依照概括性信賴感和系統性信賴感來做決定，在這種狀況下，聲譽良好的商品較容易獲得顧客的青睞。例如，當顧客初次尋求財務顧問師的協助時，他的概括性信賴感會假設財務顧問師的道德操守應該沒有問題，而系統性的信賴感則可以幫助他肯定一件事：一個不專業、不謹慎的財務顧問是不會拿到執照的。如果沒有這些先決條件，顧客在尋找財務顧問時，心中一定有高度不確定感。因此，在一個具有高度概括性信賴感和系統性信賴感的社會中，顧客比較可能和服務提供者進一步建立關係，同時也比較願意從事具有風險的消費行為（Fukuyama 1995）。

顧客的購買決定在初期也可能受到性格信賴感的影響。比較傾向於相信他人的人，承擔風險的意願比那些不容易相信別人的人還要高。顧客和公司第一次的接觸，是信賴感萌芽的初始階段。在這個階

段中，顧客的信賴感將從概化性、系統性、人格性，轉變成程序性的
信賴感。由於社會中的概化性和系統性的信賴感往往具有普遍性與共
通性，因此對於公司而言，如果僅依賴這類型的信賴感，將使其失去
競爭力。相反地，若能夠建立顧客的程序性信賴感，公司不但可以留
住顧客，同時也將在市場中具有高度的競爭力（Barney和Hansen
1994）。

　　行銷研究根據實務經驗和各種測試，提出一些有助於改善程序性
信賴感的模式（表21.1）。行銷通路研究也指出在各種特定的交易、
投資及合作行為中，顧客共享的價值觀、目標或感受，有助於程序性
信賴感之建立（參見Anderson 和Weitz 1989；Anderson和Narus
1995；Morgan和Hunt 1994）。另外有些研究企圖瞭解服務專業度、
關係化的銷售行為或人際互動的特性等因素，對程序性信賴感有何作
用（參見Crosby、Evans和Cowles 1990；Moorman、Deshpande和
Zaltman 1993）。

顧客信賴感的各種特性

　　信賴感除了有不同的來源，也有不同的組成成分（詳細分析請見
Hwang和Burgess 1997）。在行銷研究中，信賴感定義的內涵往往包括
信用、善意和誠實（Doney和Cannon 1997，第36頁；Ganesan
1994，第3頁；Kumar、Scheer和Steenkamp 1995b，第58頁）。若顧
客認為服務提供者是有信用而誠實的，他將願意相信賣方所說的話與
其專業能力。顧客認為賣方如果是善意的，即使必須稍做犧牲，也會
願意為顧客提供正面的協助、努力經營雙方未來的關係。雖然這三種
特性對於行銷關係的瞭解有很大的幫助，但是社會學家或社會心理學
者並未因此滿足，他們進一步地指出其他可能的信賴感特性，更充實

表21.1　信賴感的前提與結果之模式

研究者	內容	建立信賴感的前提	信賴感的架構和定義	信賴感的結果
Doney & Cannon (1997	公司和售貨人員的信賴感	公司的特質與關係 售貨人員與關聯	對於交易對方所感受到的可靠性、善意	公司的選擇以及對未來互動的預期
Morgan & Hunt (1994)	行銷通路中的信賴感和承諾感	共享的價值、溝通、投機行為	對於交易對象可靠度與誠實度的信心	承諾、默認、結束的可能性、合作、功能性的衝突、不確定感
Ganesan (1994)	對零售商的信賴感買方—賣方的關係	特定的投資、聲譽、經驗、過去的滿意度	可靠性和善意	零售商長期的性向
Moorman, Deshpande,Zalman (1993)；Moorman, Deshpande,Zalman (1992)	市場研究裡的信賴感 服務提供者和服務使用者的關係	個別使用者特質、人際間的相處特性、使用者組織性的特質、組織間和部門間的特質	對研究者的信賴感：是否樂意信任交易伙伴	利用市場研究資訊、品質互動、研究者涉入研究活動、關係中的承諾感
Anderson & Narus (1990)	製造商與配銷商的合作關係	溝通、比較的結果	相信其他公司也能提供好的結果	合作、功能性的衝突、衝突、滿意度
Crosby、Evans、Cowles (1990)	壽險服務業裡的關係品質（信賴感、滿意度）	同質性、服務領域的專業技術、相關的銷售行為	消費者對於交易過程的信賴感，相信售貨人員願意為顧客的長期利益而服務	銷售效果、對未來互動的預期
Anderson、Weitz (1989)	製造商和銷售商間的連續性	支援、一致性、文化相似性、年齡的因素、溝通	相信對方可以滿足自己的需要	負面的評價、權力不均等、關係的一致性
Dwyer，Lagace (1986)	買方—賣方信賴的概念模式	對於、對售貨人員的感覺（誠實、公平、合作意願等）、買方與賣方間的互動經驗		

了行銷研究的豐富性（參較Lyons和Mehta 1997、Nooteboom、Berger和Noorderhaven 1997）。

　　多年以來，社會學者與社會心理學者都指出了信賴感多元而複雜的面貌（如Barber 1983、Lewis和Weigert 1985b、Luhmann 1979），它包括了認知性（cognitive trust）、情感性（affective trust）和行為性（behavioral trust）的特質，近來的實務研究也多支持這種看法（如Cummings和Bromiley 1996、McAllister 1995）。在人際關係中，認知性的信賴感係來自於個體對於他人的瞭解，情感性的信賴感是來自於對他人的感受，而行為上的信賴感則會促使人們從事某些行為。本質上，認知性的信賴感指的是個體對他人的能力、可靠性從事評估後所獲得的結論（Butler 1991、Johnson-George和Swap 1982；McAllister 1995；Rampel、Holmes和Zana 1985）。

　　信賴感的第三種成分是由上述的認知和情感延伸而來的。在相信服務提供者會稱職而盡責地扮演好角色的前提下，顧客願意承擔風險，付諸行動去購買或消費（Barber 1983）。當服務提供者的行為令人覺得值得信任，顧客會產生更多信賴感（Luhmann 1979）。因此，當顧客將信賴感實踐在消費行為時，將有機會衍生更高度的信賴關係。這三種信賴感的特質之間存在著互賴、彼此支援的關係。

　　早期的行銷研究比較重視的信賴感在認知方面的特質，探討顧客對於服務提供者的誠實度、可靠度及善意的評估（例如，對方在交易的過程中是否信守承諾），大多數的研究都忽略了情感的特質。這些研究的重心之所以會有這樣的偏差，乃是因為這些研究所針對的是B2B的交易模式，在這種商業模式中，認知性的信賴感（如專業性和可靠度）的確扮演主導的角色，因此不免忽略了情感性的信賴感。然而，很多服務業公司所面對的顧客並非企業體，而是對單一顧客（即business to customer; B2B），如果忽略了信賴感在情感上的面向，可能會造成嚴重的損失。因此，我們應該將情感性的特質一併納入研究重點，才能對顧客關係的管理經營有全盤性的助益。

　　乍看之下，在步調緊湊的商業環境中談公司和顧客的關係，似乎有點奢侈，畢竟在商業交易中，顧客與公司在有限的時間裡，不容易發展情感性的信賴感。情感性信賴就好像朋友之間的關係一樣，必須在一種自然的情況下，藉由深度的相處與時間的累積才可以建立親密的感覺（Remper、Holmes和Zana 1985），這是一種內在性的動機。相反地，商業行為往往不是導因於內在動機，任何商業行為的最終目的，都是為了獲得某些外在的回饋。

　　然而，這並不代表著服務經驗的社會性層面可以被忽略。許多研究都肯定了人際互動對於顧客滿意度具有正面的影響力（如Crosby、Evans和Cowles 1990；Crosby和Stephens 1987；Parasuraman、Zeithaml和Berry 1985；Solomon等 1985），「個人化服務」正是具體的例子之一。所謂「個人化服務」就是公司掌握每個顧客的個人資料，將之融入傳遞服務的過程中，使顧客覺得這項服務是專門為他個人所提供的（參考Surprenant和Solomon 1987）。這種服務方式傳達高度友善的訊息，有助於將一系列的交易行為轉化成人際間的關係。如果公司能夠善加利用雙方互動的時間，也就是掌握了和顧客建立社會性聯結的機會（Turnbull和Wilson 1989）。若公司所提供的核心服務具有良好品質，再加上社會性聯結的增強作用（如對顧客展現體貼和尊重），很可能會促使顧客產生內在性的動機，而願意與公司持續進行交易。Johnson和Grayson針對客戶與財務顧問師之間的關係所做的實務研究亦證明此項看法（1989）。認知性的信任和情感性的信任是信賴感的兩種特質，他們分別有不同的來源，也會對關係造成不同的結果。

　　相對於早期的研究，近期的研究開始重視社會性的行為在服務關係中扮演的角色（如Adelman和Ahuvia 1995；Adelman、Ahuvia和Goodwin 1993）。當服務提供者在言語上或行動上提升了客戶的自尊、並且加強和顧客間的社會性聯結時，就會產生「社會性的支援」
（social support，見Adelman、Ahuvia和Goodwin 1993）。這些研究所
探討的並非有形的事物，而是存在顧客心中的無形感受。例如，顧客
之所以願意持續地到某家餐廳或美髮院消費，可能是因爲這些商店滿
足了個體需要被認同、被融入社會的需求。服務提供者以友善的言
語、表現願意傾聽的態度，使他們和顧客之間建立了社會性、社群性
的聯結，進而使顧客產生情感性的信賴感。

　　服務傳遞過程的架構決定了情感性信賴感的重要程度。當顧客面
對固定的服務人員時，頻繁的互動使雙方較有機會建立情感性的信賴
感。在銀行的電話客服型態中，由於接電話的服務人員並不固定，自
然不易建立情感性的信賴感。相對地，在理髮業的服務型態中，因爲
理髮師是可辨認的服務人員，在理髮的過程中，雙方有密切的互動，
因此顧客與理髮師之間比較可能建立社會性的聯結。越具高度風險的
交易行爲（例如泛舟、登山或徒步履行等具有冒險性的活動），人與
人之間越有機會發展情感性的信賴感。由於這一類的行爲具有高度的
挑戰性，又特別需要雙方自發性地在互動中投注情緒（Arnould和
Price 1993），故我們將這一類的服務交易稱爲「非常性的服務經驗」
（extraordinary service experience）。

　　在此必須再一次強調服務在起始階段時的重要性。一名領隊在一
開始的時候，必須展現值得信賴的一面，以帶領隊員從事冒險活動。
在這個階段中，由於雙方尚未有充分時間建立情感層面的信賴感，因
此信賴感尚處於認知階段。當活動持續進行時，雙方漸漸涉入冒險的
情境中，劃破原有的藩籬與界線，分享彼此的感受，在此過程中逐步
建立情感性的信賴感（Arnould和Price 1993；Sutton和Rafeali
1988）。

信賴感和管理

信賴感強烈地影響了顧客對於公司或品牌的感知（參見Aaker 1997；Bainbridge 1997）。因此，倘若經理人能深入地瞭解信賴感，無異能從中獲得管理方面的啓發。本章的討論對於管理工作具最重要的啓示是：當某一個信賴感的來源無法發揮作用時，公司應該積極地創造、並利用其他的信賴感來源。舉例來說，當英國政府不能對民眾提供某種肉品的品質衛生保證，此時該品牌的肉商就無法依賴政府簽發標章而帶來的系統性信賴感（Bentley 1997）；因此，漢堡王或麥當勞等食品業者轉而訴諸另一種來源以建立信賴感：程序性信賴感。事實證明，這兩家公司的確藉此成功地建立了自己的品牌與聲譽（Bentley 1996；Rogers 1997）。

如果公司對一般性信賴感和系統性信賴感的重要性缺乏正確的認知時，很可能喪失了策略上的先機。近期的經濟學人雜誌（Economist）指出，美國人對於華爾街的信賴，正反映了人們對於其他指標（如媒體）的不信任感（以貪婪爲依靠，"In Greed We Trust" 1997）。這也暗示我們，當某種產業裡缺乏系統性信賴感時，必須建立其他種類的信賴感，才能夠使公司掌握永續經營的籌碼。相反地，如果某個產業已經有穩固的系統性信賴感，公司更應該善加利用這種系統性信賴感。正如我們所強調的，各種不同來源的信賴感，都可能對公司和顧客的關係造成影響，使顧客和公司之間發反出更深刻的承諾和義務關聯。

網際網路是新興的信賴關係領域，很多人或許不認爲在網路環境中可以建立百分之百的信賴感，但是絕大多數的人卻一致同意，網際網路的發展已經迫使經理人開始重新思考有關信賴感的問題（如

Babcock 1997；Cairncross 1997；Dyson 1997；Fukuyama 1996；
Keen 1997）。就目前的情況而言，網路上的系統性信賴感尚未發展健
全，因此網路公司往往訴諸於程序性的信賴感。但是，當新的系統性
信賴感也開始延伸到網路時（如：數位簽名），情況就可能大不相
同，可以預期的是，新的信賴感來源也會導致網路經營策略的改變。

　　總之，本章的主要目的是：建立信賴感的方式有很多種可能，而
信賴感本身的特質也各有不同。若要全面性地瞭解信賴感對企業成功
與否有何影響，經理人或研究者有必要先對上述的各項問題深入了
解。雖然對於信賴感的研究似乎漸入佳境，然而，想要全面瞭解信賴
感對行銷關係的影響，恐怕仍需要各方投注更多的精力再做探討。

參考書目

Aaker, Jennifer L. (1997), "Dimensions of Brand Personality," *Journal of Marketing Research* 34 (August), 347-56.

Adelman, Mara B. and Aaron C. Ahuvia (1995), "Social Support in the Service Sector: The Antecedents, Process, and Outcomes of Social Support in an Introductory Service," *Journal of Business Research*, 32, 273-82.

———, ———, and Cathy Goodwin (1993), "Beyond Smiling, Social Support and Service Quality," in *Service Quality: New Directions in Theory and Practice*, Roland T. Rust and Richard L. Oliver, eds. Newbury Park, CA: Sage, 139-72.

Andaleeb, Syed Saad (1995), "Dependence Relations and the Moderating Role of Trust: Implications for Behavioural Intentions in Marketing Channels," *International Journal of Research in Marketing*, 12, 157-72.

Anderson, Erin and Barton Weitz (1989), "Determinants of Continuity in Conventional Industrial Channel Dyads," *Marketing Science*, 8(4), 310-23.

Anderson, James C. and James A. Narus (1990), "A Model of Distributor Firm and Manufacturer Firm Working Partnerships," *Journal of Marketing*, 54 (January), 42-58.

Arnould, Eric J. and Linda L. Price (1993), "River Magic: Extraordinary Experience and the Extended Service Encounter," *Journal of Consumer Research*, 20 (June), 24-45.

Babcock, Charles (1997), "Too Much Trust Is a Bad Thing," *Computerworld*, 31 (January 6), 97.

Bainbridge, Jane (1997), "Who Wins the National Trust?" *Marketing*, (October 23), 21-23.

Barber, Bernard (1983), *The Logic and Limits of Trust*. New Brunswick, NJ: Rutgers University Press.

Barney, Jay B. and Mark H. Hansen (1994), "Trustworthiness as a Source of Competitive Advantage," *Structure Management Journal*, 15, 175-90.

Bentley, Stephanie (1996), "Birds Eye Starts 'BSE' Labelling," *Marketing Week*, 19 (April 5), 11.

——— (1997), "A Grubby Business," *Marketing Week*, 20 (May 22), 38.

Bergen, Mark, Shantanu Dutla, and Orville C. Walker, Jr. (1992), "Agency Relationships in Marketing: A Review of the Implications and Applications of Agency and Related Theories," *Journal of Marketing*, 56 (July), 1-24.

Bitner, Mary Jo (1995), "Building Service Relationships: It's All About Promises," *Journal of the Academy of Marketing Science*, 24(4), 246-51.

Burchell, Brendan and Frank Wilkinson (1997), "Trust, Business Relationships and the Contractual Environment," *Cambridge Journal of Economics*, 21, 217-37.

Butler, John K., Jr. (1991), "Toward Understanding and Measuring Conditions of Trust: Evolution of a Conditions of Trust Inventory," *Journal of Management*, 117(3), 643-63.

Cairncross, Frances (1997), *The Death of Distance*. London: Orion.

Citrin, Jack (1974), "Comment: The Political Relevance of Trust in Government," *American Political Science Review*, 68 (April), 973-88.

Coleman, James S. (1988), "Social Capital in the Creation of Human Capital," *American Journal of Sociology*, 94 (Supplement), S95-S120.

Crosby, Lawrence A., Kenneth R. Evans, and Deborah Cowles (1990), "Relationship Quality in Services Selling: An Interpersonal Influence Perspective," *Journal of Marketing*, 54 (July), 68-81.

——— and Nancy Stephens (1987), "Effects of Relationship Marketing on Satisfaction Retention, and Prices in the Life Insurance Industry," *Journal of Marketing Research*, 24, 404-11.

Cummings, Larry L. and Philip Bromiley (1996), "The Organizational Trust Inventory (OTI): Development and Validation," in *Trust in Organizations: Frontiers of Theory and Research*, Roderick M. Kramer and Tom R. Tyler, eds. Thousand Oaks, CA: Sage, 302-30.

Darby, Michael R. and Edi Karni (1973), "Free Competition and the Optimal Amount of Fraud," *Journal of Law and Economics*, 16 (April), 67-86.

Deutsch, Morton (1958), "Trust and Suspicion," *Journal of Conflict Resolution*, 2, 265-79.

——— (1973), *The Resolution of Conflict: Constructive and Destructive Processes*. New Haven, CT: Yale University Press.

Doney, Patricia M. and Joseph P. Cannon (1997), "An Examination of the Nature of Trust in Buyer-Seller Relationships," *Journal of Marketing*, 61 (April), 35-51.

Dwyer, Robert F. and Rosemary R. Lagace (1986), "On the Nature and Role of Buyer-Seller Trust," in *AMA Educators Conference Proceedings*, Terrence A. Shimp et al., eds. Chicago: American Marketing Association, 40-45.

———, Paul H. Schurr, and Seho Oh (1987), "Developing Buyer-Seller Relationships," *Journal of Marketing*, 51 (April), 11-27.

Dyson, Esther (1997), *Release 2.0: A Design for Living in a Digital Age*. New York: Broadway Books.

Eisenhardt, Kathleen M. (1989), "Agency Theory: An Assessment and Review," *Academy of Management Review*, 14, 57-74.

Fukuyama, Francis (1995), *Trust: The Social Virtues and the Creation of Prosperity*. London: Hamish Hamilton.

——— (1996), "Trust Still Counts in a Virtual World," *Forbes*, (December 2), 33, 69.

Ganesan, Shankar (1994), "Determinants of Long-Term Orientation in Buyer-Seller Relationships," *Journal of Marketing*, 58 (April), 1-19.

Granovetter, Mark (1985), "Economic Action and Social Structure: The Problem of Embeddedness," *American Journal of Sociology*, 91, 481-510.

Grayson, Kent and Tim Ambler (1997), "The Dark Side of Long-Term Relationships in Marketing Services," working paper 97-502, London Business School Centre for Marketing.

Handelman, Don (1990), *Models and Mirrors: Towards an Anthropology of Public Events*. Cambridge, UK: Cambridge University Press.

Hwang, Peter and Willem P. Burgess (1997), "Properties of Trust: An Analytical View," *Organisational Behaviour and Human Decision Processes*, 69 (January), 67-73.

"In Greed We Trust: Views of Wall Street" (1997), *Economist*, 345 (November 1), 27.

Johnson, Devon S. and Kent Grayson (1998), "Cognitive and Affective Trust in Service Relationships," working paper 99-501, London Business School Centre for Marketing.

Johnson-George, Cynthia and Walter C. Swap (1982), "Measurement of Specific Interpersonal Trust: Construction and Validation of a Scale to Assess Trust in a Specific Other," *Journal of Personality and Social Psychology*, 43(6), 1306-17.

Keen, Peter G. W. (1997), "Are You Ready for the 'Trust' Economy?" *Computerworld*, 31 (April 21), 80.

Kirchler, Erich, Ernst Fehr, and Robert Evans (1996), "Social Exchange in the Labor Market: Reciprocity and Trust Versus Egoist Money Maximization," *Journal of Economic Psychology*, 17 (June), 313-41.

Kumar, Nirmalya, Lisa K. Scheer, and Jan-Benedict E. M. Steenkamp (1995a), "The Effects of Perceived Interdependence on Dealer Attitudes," *Journal of Marketing Research*, (August), 348-56.

———, ———, and ——— (1995b), "The Effects of Supplier Fairness on Vulnerable Resellers," *Journal of Marketing Research*, 32 (February), 54-65.

Lane, Christel and Reinhard Bachmann (1996), "The Social Construction of Trust: Supplier Relations in Britain and Germany," *Organizational Studies*, 17, 365-95.

Lewis, J. David and Andrew J. Weigert (1985a), "Social Atomism, Holism, and Trust," *Sociological Quarterly*, 26(4), 455-71.

——— and ——— (1985b), "Trust as a Social Reality," *Social Forces*, 63(4), 967-85.

Luhmann, Niklas (1979), *Trust and Power.* Chichester, UK: Wiley.

Lyons, Bruce and Judith Mehta (1997), "Contracts, Opportunism and Trust: Self, Interest and Social Orientation," *Cambridge Journal of Economics*, 21, 239-57.

Martin, Greg S. (1991), "The Concept of Trust in Marketing Channel Relationships: A Review and Synthesis," in *American Marketing Association Educators' Conference Proceedings: Enhancing Knowledge Development in Marketing*, Series 2, Mary C. Gilley and F. Robert Dwyer, eds. Chicago: American Marketing Association, 251-59.

McAllister, Daniel J. (1995), "Affect and Cognition-Based Trust as Foundations for Interpersonal Co-operation in Organizations," *Academy of Management Journal*, 38(1), 24-59.

Moorman, Christine, Rohit Deshpande, and Gerald Zaltman (1993), "Factors Affecting Trust in Market Research Relationships," *Journal of Marketing*, 57 (January), 81-101.

———, Gerald Zaltman, and Rohit Deshpande (1992), "Relationship Between Providers and Users of Marketing Research: The Dynamics of Trust Within and Between Organizations," *Journal of Marketing Research*, 29 (August), 314-28.

Morgan, Robert M. and Shelby D. Hunt (1994), "The Commitment-Trust Theory of Relationship Marketing," *Journal of Marketing*, 58 (July), 20-38.

Murray, Keith B. (1991), "A Test of Services Marketing Theory: Consumer Information Acquisition Activities," *Journal of Marketing*, 55 (January), 10-25.

Nelson, Philip (1970), "Advertising as Information," *Journal of Political Economy*, 81 (July-August), 729-54.

Nooteboom, Bart, Hans Berger, and Niels G. Noorderhaven (1997), "Effects of Trust and Governance on Relational Risk," *Academy of Management Journal*, 40, 308-38.

Parasuraman, A., Valarie A. Zeithaml, and Leonard L. Berry (1985), "A Conceptual Model of Service Quality and Its Implications for Future Research," *Journal of Marketing*, 49 (Fall), 41-50.

Ramsey, Rosemary P. and Ravipreet S. Sohi (1997), "Listening to Your Customers: The Impact of Perceived Salesperson Listening Behavior on Relationship Outcomes," *Journal of the Academy of Marketing Science*, 25(2), 127-37.

Rempel, John K., John G. Holmes, and Mark P. Zana (1985), "Trust in Close Relationships," *Journal of Personality and Social Psychology*, 49(1), 95-112.

Rogers, Danny (1997), "Burger King Lifts British Beef Ban," *Marketing*, (July 3), 2.

Rotter, Julian B. (1967), "A New Scale for the Measurement of Interpersonal Trust," *Journal of*

Personality, 35, 651-55.

Scanzoni, John (1979), *Social Exchange in Developing Relationships*. New York: Academic Press.

Schlenker, Barry, Bob Helm, and James T. Tedeschi (1973), "The Effects of Personality and Situational Variables on Behavioral Trust," *Journal of Personality and Social Psychology*, 25(3), 419-27.

Schurr, Paul H. and Julie L. Ozanne (1985), "Influence on Exchange Processes: Buyers' Preconceptions of a Seller's Trustworthiness and Bargaining Toughness," *Journal of Consumer Research*, 11 (March), 939-53.

Shapiro, Susan (1987), "The Social Control of Impersonal Trust," *American Journal of Sociology*, 93(3), 623-58.

Solomon, Michael R., Carol Surprenant, John A. Czepiel, and Evelyn G. Gutman (1985), "A Role Theory Perspective on Dyadic Interactions: The Service Encounter," *Journal of Marketing*, 49 (Winter), 99-111.

Surprenant, Carol F. and Michael R. Solomon (1987), "Predictability and Personalization in the Service Encounter," *Journal of Marketing*, 51 (April), 86-96.

Sutton, Robert and Anat Rafaeli (1988), "Untangling the Relationship Between Displayed Emotions and Organizational Sales: The Case of Convenience Stores," *Academy of Management Journal*, 31(3), 461-87.

Turnbull, Peter W. and David T. Wilson (1989), "Developing and Protecting Profitable Customer Relationships," *Journal of Industrial Marketing Management*, 18, 233-38.

Zand, Dale E. (1972), "Trust and Managerial Problem Solving," *Administrative Science Quarterly*, 117(2), 229-39.

Zeithaml, Valarie A. (1991), "How Consumer Evaluation Processes Differ Between Goods and Services," in *Services Marketing*, Christopher Lovelock, ed. Englewood Cliffs, NJ: Prentice Hall, 39-47.

Zucker, Lynn G. (1986), "Production of Trust: Institutional Sources of Economic Structure, 1840-1920," *Research in Organizational Behavior*, 8, 53-111.

第22章

關係型服務、準關係型服務和邂逅型服務[1]

Barbara Gutek

　　美國目前大約有75%的勞力都集中在服務業，這個數字就是服務業蓬勃發展的有力證明。製造業依循著農業發展的軌跡，在人力市場上所佔的比例則已經逐漸降低。相對下，服務業則正在經歷一場「產業革命」：傳遞服務的方式已產生根本上的變化。服務業的變化非常類似製造業的發展過程，在製造業發展的初期，是以為顧客量身訂作的型態經營，到現在已經發展到大量生產的階段。在服務產業，也展現了這種轉變：它一改過去在顧客和服務人員之間以某種「關係」傳遞服務，變成「邂逅型」的服務方式。

　　在關係型服務中，顧客和服務人員會期未來彼此還有接觸的機會。顧客和服務人員不但是兩個有所互動的角色，也有可能變成點頭之交、甚至成為熟識的朋友。在一段時間後，雙方每次交易都會累積一些互動經驗，以作為未來再度接觸的憑藉。關係型服務和「囚犯的困境」（Prisoner's Dilemma）這個重複性的遊戲，頗有異曲同工之妙。在「囚犯的困境」中，遊戲雙方存在著一種互相依賴的關係，正如顧客和服務人員的關係一樣。當雙方合作時，結果是有利於雙方——也就是服務人員負責提供品質良好的服務，顧客也會做出適當的回應（如準時付款）。當雙方都希望未來有無限的合作機會時（或者，至少不知道最後一次交易會發生在什麼時候），他們就會願意參與並且付出，以獲得自己想要得到的東西。這也是Axelrod（1984）所說的「未來的陰影」（the shadow of the future）：當未來所投射到現在的影子夠長，足以讓買賣雙方都察覺到，則高品質的服務在這種關係的動態運作下會很自然地產生，兩者都不太需要爲了維持關係再付出額外的心力。因此，服務接觸的雙方對於不可預知的未來，都懷有某種預期心理，這種預期心理成爲建構關係型服務的基礎。

「邂逅型服務」（encounter）指一個特殊的顧客和服務提供者所進行單次的互動經驗（Gutek 1995）。顧客在不同的時間裡和不同的服務提供者接觸，而非只和一個特定的服務提供人員接觸。對顧客而言，每一個服務提供者在功能上是相同的，交易雙方並不認爲彼此在未來還有互動的機會。另外，服務提供者通常會以自己的利益爲出發點，對他來說，既然顧客不見得會再度上門，也就沒必要非得提供高品質的服務不可。（當然，服務提供者可能基於其他理由，還是盡力提供最好的服務品質，例如對工作的自許、責任感等。）

如果我們說關係型服務就像不斷重複進行的「囚犯的困境」遊戲，那麼，邂逅型服務可以視爲單一回合的遊戲。本質上來說，當雙方並不預期未來還有任何互動的可能時，這意味著他們並沒有合作的迫切需要。因此，在單一回合的遊戲中，如果沒有一個權威的力量來規範雙方的行動，雙方將不會產生合作行爲（Axelrod 1984）。在服務傳遞裡的權威力量指的就是「管理」。管理的任務是設計、規劃服務的傳遞系統，包括盡可能清楚地定義服務提供者的工作內容和顧客的角色，使服務傳遞能符合管理政策的要求。經理人的工作之一就是要監管服務提供者的行爲，建立規定，分別在服務提供者採取合作或犯規行為時予以獎勵或懲罰，以各種利益（如獎金）來鼓勵服務提供者表現出合作的行為（即提供良好服務）。在這樣的情況下，即使服務提供者知道未來不見得會和同一個顧客有所互動接觸，他仍然願意盡力提供良好的服務。

服務接觸普遍存在於現代社會中：在速食店中買漢堡、考駕照、在航空公司的訂位中心預購機票、向仲介商購買股票等。顧客每次接觸的服務人員都不一樣，但他們所獲得的服務內容卻沒有差別，主要是因為管理功能使服務人員訓練有素，並且督促他們提供良好的服務品質。很多公司就因為創造了一套良好的邂逅型服務傳遞系統而深受顧客的信賴與讚賞，這種良好的信譽並非建立在個別的服務人員身上，而是公司整體的形象（如麥當勞、超剪派、H&R Block、Jiffy Lude、二十世紀保險公司、健康保險公司Cigna等），使顧客在尋求服務時會受到公司整體形象的影響。因此，很多人會再度回到同一家公司從事消費與交易。

我們將這種互動方式稱為「準關係」（pseudo-relationship），所謂的準關係指顧客和公司重複進行的接觸。在這種關係下，顧客並不會認識個別的服務人員，但是卻很熟悉公司服務的內容、產品、及程序；顧客並不預期和特定的服務人員再度接觸，但卻會預期未來有更多機會和公司接觸。「準關係」一詞並無貶低的意味，是純粹的描述性用詞：因為在這種關係裡的互動通常是由兩個素昧平生的人在偶然的情況下進行，但是這種互動模式（和同一家公司、同一種產品，並透過同樣的服務程序），將使顧客產生一種熟悉感，這也是建立關係的開端。

表22.1歸納了關係型服務、準關係型服務以及邂逅型服務之間的差異，同時也指出服務提供者、顧客、和公司分別如何經驗了這三種不同的互動方式。從顧客的觀點或從公司的觀點來說，邂逅型服務和準關係型服務並不同，在準關係裡，重複的交易較為頻繁，品牌忠誠

表22.1　服務互動的種類：從顧客的觀點出發

	關係型服務	準關係型服務	邂逅型交易型服務
是否互惠？	是，和服務人員	和公司，非個人	無
對未來是否有預期？	是，和服務人員	和公司，非個人	無
是否有共享的互動？	是，和服務人員	和公司，非個人	無

度也較高。從服務人員的觀點來看，準關係和邂逅型關係並無差異，因為無論是哪一種狀況，服務人員都不預期未來會和眼前這名陌生的顧客再度接觸。然而，還有另一種可能的情況是，服務人員可能會根據某些訊息得知某個顧客是常客（例如從公司的客戶資料或旅客的飛行紀錄等），因此公司會要求服務人員對這一類顧客提供特別的服務。

　　總之，在服務傳送系統中，關係型和邂逅型交易在概念上是不同的機制，就很像重複進行的遊戲和單一回合的遊戲之對比。在關係型服務中，顧客有能力辨識某個特定的服務人員，雖然他們不見得說得出服務人員的名字，但是當他們有某些需要時，很可能就自然而然想起這名服務人員；在未來當他需要相同的服務時，他也可能會再度向該名服務人員尋求服務。當關係型服務存在時，顧客就不需要從不同的服務人員當中選擇。例如美國的保健組織（**Health Maintenance Organization**）會為病人指派醫師，當病人需要就診時，能夠指定由該名醫師提供醫療服務，雙方的關係型服務已然建立。在所謂的關係型服務中（如本文所定義），顧客不見得真的見過服務人員，不過，只要顧客在需要服務時會想到要向某個特定的服務人員尋求協助，雙方的關係已然存在。相反的，在邂逅型的交易行為中，顧客並不知道即將為他服務的人會是誰，而在準關係型服務中，顧客雖然知道公司的名稱（如Kaiser-Permanente），但並不知道將會接受哪一名服務人員的服務，因為可能每次都由不同的人為他提供服務。

一般而言，公司都希望和顧客建立準關係。很多公司都企圖和邂逅型交易裡的顧客建立準關係，就像顧客和某個特定的服務人員建立關係一樣。從組織的角度來說，準關係比真正的關係具有更多的好處，這至少可以從三個方面來說明：首先，就我所知，雖然沒有任何研究探討關係型的服務和邂逅型交易在成本上有何差異，但是，邂逅型的服務型態成本顯然較低。以製造業的原理來說，大量生產的成本必定比量身製做的成本來得低，因此，大量生產服務商品（通常是以邂逅型的服務型態來傳遞服務內容）必然能夠降低公司的成本。其次，在關係型的服務中，顧客表達忠誠的對象是個別的服務人員，如果要顧客在特定服務人員和公司之間做出選擇，很多人寧願選擇他們所熟識的服務人員。事實上，很多時候顧客會上門消費的原因，主要是因為受到「明星服務員」（star providers）的名氣所吸引，而不是衝著公司的名稱而來。這種明星服務員往往可能離開公司，連帶也將顧客一起帶走（Gutek 1995）。第三，有些公司或管理者可能還沒有認清楚顧客究竟是對個別服務人員忠誠，還是對公司忠誠。不管如何，顧客和公司的關係以及顧客和個別服務人員的關係，在本質上是有差異的。倘若認清這樣的差異性，不將兩者混為一談，公司將可以發掘更多留住、吸引顧客的機會。公司應該善加利用邂逅型交易接觸的優勢，將其轉化為有利於公司的籌碼。簡言之，藉著讓每一個邂逅型交易接觸都讓顧客滿意，則公司將能創造出更高的品牌忠誠度。相反的，如果只是一昧地強調關係型互動，最後可能適得其反。

服務模式

　　在探討服務接觸裡的三種角色時（顧客、公司、服務提供者），
關係型服務和邂逅型服務的差異性，提供了另一個檢視一般服務模式
的觀點。如表22.2所示，造成關係型服務和邂逅型服務之區別的要
素，主要是顧客和服務人員的關係強弱：在關係型服務中，服務人員
與顧客的關係較深，而在邂逅型服務裡，兩者的關係則較薄弱。另一
方面，準關係和邂逅型關係之間的主要差別，則在於顧客和公司組織
間的關係強度：在準關係中，兩者的關聯性較強；在邂逅型交易中，
兩者的關係較弱。除非公司的業主和服務人員是同一個人，而且公司
就只有這麼一名服務人員，否則任何服務業的運作都應該能夠用這個
表來歸類。

關係型服務和邂逅型服務的特徵

　　我們在亞歷桑那大學曾從事一系列的研究，評估關係型交易、準
關係交易和邂逅型交易分別具有哪些影響力。目前我們已經得到四項
結果，另外有兩個研究正在澳洲進行（個人的溝通，Sherry Schneider
1998）。我們的首要目標，在於檢視各種關係型態下的服務結果有何
差異—也就是顧客滿意度和對於服務的使用。

　　研究結果顯示，在一年的期間中，和特定服務人員建立關係、而
且和特定服務人員互動較頻繁的顧客，其服務滿意度比那些沒有與特
定服務人員建立關係的人來得高。即使在邂逅型的服務接觸中，顧客
也呈現相當程度的滿意，但是他們對於關係型的服務滿意度顯然更

表22.2 關係型服務和邂逅型服務的模式（顧客、公司、和服務人員之間的關係強度之函數）

	關係型服務（顧客—服務人員的連結較強）		邂逅型服務（顧客—服務人員的連結較弱）	
	顧客—公司 連結強	顧客—公司 連結弱	顧客—公司 連結強	顧客—公司 連結弱
公司—服務人員 連結較強	這一類的公司具有很高的聲望，如知名的顧問公司或商業律師的顧客，對公司的滿意度也很高。經濟條件較佳的顧客也許會尋求這種服務，但仲賴公司的規模也許不大。由於仲賴顧客的忠誠度高，所以這一類公司也可能不太穩定。	在這個模式中，可能是有個「明星服務員」，具備高超的技術，如自己經營或諮商這家公司的建築師或諮商事務所用「工作室」某某即該名人物的名字（某某）等為公司命名的。另一方面，很多直銷公司如安麗（Anway）或特百惠（Tupperware）也都以這一類的服務員認同。在公司的深度服務裡，服務員對服務員的深厚感，彼此間的關係經常建立友誼上。	準關係：邂逅型服務型態的提升。在邂逅型態中，顧客忠誠度也同時了解當此模式中，公司必須的誠，在此模式中，公司必須要提供設計良好的服務程序，以有效地和顧客互動接觸。	這一類的公司通常能夠有效地雇用、訓練員工，使他們喜愛自己的工作，這些員工也對顧客未必令他們留下深刻。這可能是一個開朗像是送電話的公司，也可像諸如此類似服務的很容易將這連公司和其他提供類似服務的公司搞混。
公司—服務人員 連結較弱	基本上這是一種以關係為基礎的企業，顧客和公司之間有深厚的關係。對服務人員來說，當顧客對公司的股務很有興趣，他可能會理解及興趣如他看著某個指票或基金，又髮店讓人員看到附近的美髮店，只要這名設計師為客就願意上門。	在這一類的經營模式中，公司的主要功能是將顧客和服務人員集合起來。對顧客不利的服務人員來說然有利，但卻因為這名服務人員當下，因為沙當服務員只會就有一方流失了，另一方也能有很多美容沙龍就能難以提供服務。此外，在傳統醫藥業或小型業或牙科診所，都集合了一享些共專業技能的人，以這種模式來經營各行。	準關係：邂逅型這種準關係型服務型態的提升。在邂逅型服務或升級的邂逅型態準關係型提供良好必須服務要為顧客提供品質和重要的服務消費，但是公司內部人員通常有高動性。通常有流程親和方式和具競爭力，使顧客有高度忠移程序，客務就有屬於這一類的經營模式。	這一類的公司以提供邂逅型服務的型態存在，他們並不努力地爭取顧客或重視上門的流動率。而提供的服務通常快速簡捷，而且成本也不會當大高，顧客而上門消費的顧客也不會忠實，只是短暫似像顧客。例如在機場只是短暫收看報紙的例子。

高。不過，在多數的情況下，即使顧客和某個特定的服務人員建立關係，但不見得每次顧客上門時，都會由該名人員為其服務，也可能由另一名服務人員服務，這意謂著邂逅型服務對於已有固定服務提供者的顧客來說，扮演重要的輔助性角色。這是根據對七種服務業、三種不同的樣本、及兩種不同的測量方式所得出的結論（Gutek等人1999）。

同時，我們也以其他可能具有差異性的指標來研究關係型服務和邂逅型服務分別具備的特性，例如：信賴感、顧客是否願意向他親友推薦某位服務人員、滿意度較低的顧客會產生哪些反應、個人化／標準化的待遇有何不同、預期要等待的時間、以及真正等待的時間等。這方面的研究含括了三種不同的服務業，包括內科醫師、髮型設計師、和自動化的機器，結果發現關係型服務、準關係型服務和邂逅型服務呈現極大的差異（Gutek、Cherry和Bhappu 1998）。大體上來說，顧客對於關係型服務型態表現出較高度的信任，而這樣的服務通常較個人化，當他們覺得不滿時，傾向於直接向服務人員抱怨，這個結果符合我們所做的假設。不過，出乎我們意料的是，當顧客等候的時間超過預期時，他們並未針對這一點有所怨言。雖然顧客對於關係型服務的反應特別良好，但是根據顧客使用自動化機器服務的研究，我們相信準關係型的服務也可以使顧客產生高度的信賴感，並且願意與他人分享自己接受服務的經驗。

假設性的差異

關係型服務和準關係服務還有一些特性，不過目前這些特性尚在推測階段，需要更進一步的研究加以證實。表22.3便歸納出一些可能的差異。

在表22.3中，有很多差異其實是必然的，因此，本文只就其中三

表22.3　關係型服務和邂逅型服務的特性

關係型服務	邂逅型服務
不需要基礎設施	包含在基礎設施內
有內部的回饋迴路	回饋必須要透過管理系統
以信賴為基礎	以規定或腳本為基礎
顧客個人化的服務	標準化的服務
以專業技術來挑選服務人員	以便利性來挑選服務人員
菁英主義：每個顧客所受的待遇不同	平等主義：對所有顧客一視同仁
顧客可能會等待某特定的服務人員	只要有人提供服務就好
可能需要事先預約或準備	即時快速最重要，不需要預約
開始難，結束也難（顧客忠誠感可能干擾顧客的利益）	很容易進入狀況，雙方不具重複性的義務
品質不容易評估	很容易評估服務品質
創造出微弱的束縛與網絡	網絡的發展較困難，具有高度匿名性
產生情緒性的投入感	產生情緒性的勞力
產生對其他部份的認識	產生對其他部份的刻板印象
相對上較容易區分每個顧客和服務人員	不鼓勵區分顧客或服務人員
鼓勵顧客和服務人員做出內在或外在的歸因	員工表現不好時，以內在歸因詮釋；員工表現良好時，以外在歸因詮釋

點加以說明：歸因、刻板印象、和情緒勞力（Gutek 1995）。

　　關係型服務中的歸因行為指的是，顧客和服務人員之間會以過去所累積的互動經驗，來詮釋每一次新的互動情境。由於雙方對彼此都已經有一些認識，足以在互動中進行歸因（如：「她每天都很準時，今天晚了一定有外在的原因。」）相反地，在邂逅型服務裡，由於對方是素昧相識的陌生人，因此很容易產生「基本歸因謬誤」

（fundamental attribution error），亦即彼此會以內在歸因（internal attribution）的方式來詮釋互動情境（如：「她很沒禮貌，因為她本來就是粗魯的傢伙。」）邂逅型服務的服務人員還需面對另外一個問題，當他們表現差勁的時候，顧客會將錯誤歸咎在他們身上；然而，若服務人員表現良好，顧客可能會認為這是公司的功勞，特別是如果這家公司一向有良好的聲譽。就好像大家覺得麥當勞的漢堡好吃的原因，是因為麥當勞公司確實出產品質良好、風味絕佳的漢堡，（而不是因為做漢堡的人技術好）；麥當勞的服務生表現出令人覺得愉悅的態度，是因為麥當勞公司對員工的規範與要求所致。即所有的功勞都歸之公司，而負面的行為或表現上的差錯都歸咎於服務人員個人的因素。在這種情況下，邂逅型服務裡的服務工作顯得沒有吸引力也沒有了。

刻板印象和差別待遇

在邂逅型服務接觸中，顧客或服務人員都沒有任何線索對彼此做出判斷，因此，雙方很容易根據一些社會性特徵，賦予對方某種刻板形象，將他想像成某一類型的人物。相對的，在關係型服務中，刻板印象的狀況則較少，因為在關係型服務裡的顧客和服務人員已經有了某種程度的互動經驗，對彼此會有較精確的判斷和了解。不過，談到差別待遇，邂逅型服務和關係型服務的情況正好相反。在關係型的服務接觸中，差別待遇和歧視行為反而較常見。邂逅型的服務接觸是一視同仁而較平等，因為顧客並不預期可以受到任何特殊待遇。事實上，不管顧客的身分為何，服務人員都不應該存有歧視心態。在大多數的情況下，面對一些的確不怎麼令人喜歡的顧客時，公司仍舊會要求服務人員盡量滿足顧客的需求。然而，在經過一段時間的接觸後，服務人員和顧客已經建立某種關係，這個時候顧客就可能會根據性別、種族或年齡來挑選服務人員。舉例來說，顧客可能會根據自己的印象、經驗或喜好，選擇某種性別的服務人員（Gutek、Cherry和Groth 1999）。比起邂逅型服務型態，關係型服務裡更可能迸出友情或愛情的火花，因爲處於關係型服務裡的雙方有較多的接觸機會，因此也有比深入的了解。

情緒勞力

在邂逅型服務中，公司往往要求服務人員表達對顧客的關心，即使實際上他們根本一點也不在乎，Hochschild稱之爲「情緒勞力」（1983）。許多研究探討服務人員需要在與顧客接觸的過程要表現出何種程度的關切才算適當。（如Rafaeli 1989a，1989b；Rafaeli和Sutton 1990）。相反的，在關係型服務中，顧客和服務人員有持續性的接觸，往往培養了某種程度的情緒介入，例如在治療的過程中，治療師（即服務人員）可能會變成病患（即顧客）生活裡舉足輕重的角色。當服務人員或顧客可能對彼此產生過度正面或過度負面的強烈觀感時，此時服務人員該作的並非過度的自我揭露，反而是適度的隱藏眞實的感受。總之，在關係型服務中，服務人員和顧客可能需要收斂眞正的情感，然而，在邂逅型服務中，服務人員通常被要求表現出某種實際並不存在的感覺。

本研究對實務的涵義

相關研究顯示，顧客對關係型服務的使用度和滿意度都比較高，這意味著關係型服務的確達到很不錯的效果，因此也成爲許多服務業者努力的方向。然而，無可置疑的是，在努力建構與顧客的關係時，公司所必須支付的成本也會相對提高；此外，公司往往必須承擔顧客會被離職員工帶走的風險。至於邂逅型服務型態，研究顯示顧客的滿意度並不如關係型服務。除此之外，不論是散見於服務產業的實例或一些量化的研究報告都指出，美國民眾對於服務的傳遞方式不盡滿意，而且實體商品產業的顧客滿意度較服務商品來得高（見「我們快樂嗎？」1997）。也許這是因為準關係服務和邂逅型服務皆尚處於發展階段，不免許多待加強的地方，何況有關服務業顧客滿意度的研究可說還在起步階段，我們無從得知今天的顧客對於邂逅型服務是否已經比過去滿意，不過，可以確定的是，公司組織對於服務人員或服務程序的規範已經較過去改善很多。就這一點而言，服務業者可以相當自豪的一點是，即使在邂逅型服務中，提供給顧客的服務仍達某種水準。然而，這並不意味著服務業者可以原地踏步，因為畢竟只要有顧客覺得不滿意，就表示仍然有改進的空間。

　　如果公司不能劃清關係型服務和準關係服務的界線，可能就無法有效地提高顧客滿意度。提供邂逅型服務的公司不見得真正瞭解如何傳遞服務才能提升顧客的滿意度。他們或許會企圖讓邂逅型服務看起來像是關係型服務，但是有些顧客可能會心生排斥，因為對他們來講，一個明明不認識的服務人員卻表現出一付跟自己很熟的樣子，這會令顧客覺得非常不自在（如Catto 1997；Raspberry 1993）。相反的，有些公司可能會致力於發展邂逅型服務潛在的優點，如速度、可靠、平等、便利、可預期、和效率等。

註釋

1. 在此要向Ben Cherry和Theresa Welsh致謝，他們的一些想法啟發了我著手撰寫本文。

參考書目

"Are We Happy Yet?" (1997), *USA Today*, (special supplement for the American Society for Quality, October 9), 14B.

Axelrod, Robert (1984), *The Evolution of Cooperation*. New York: Basic Books.

Catto, Henry (1997), "Don't Call Me Henry," *Newsweek*, (February 3), 12-13.

Gutek, Barbara A. (1995), *The Dynamics of Service: Reflections on the Changing Nature of Customer/Provider Interactions*. San Francisco: Jossey-Bass.

—— (1997), "Dyadic Interaction in Organizations," in *Creating Tomorrow's Organizations: A Handbook for Future Research in Organizational Behavior*, Cary L. Cooper and Susan E. Jackson, eds. Chichester, UK: John Wiley and Sons, 139-56.

——, Anita D. Bhappu, Matthew Liao-Troth, and Bennett Cherry (1999), "Distinguishing Between Service Relationships and Encounters," *Journal of Applied Psychology*, 84(2), 218-33.

——, Bennett Cherry, and Anita D. Bhappu (1998), "Features of Service Relationships and Encounters," paper presented at the conference "Understanding the Service Workplace," The Wharton School, University of Pennsylvania, October 16-17.

——, ——, and Markus Groth (1999), "Gender and Service Delivery," in *Handbook of Gender and Organizations*, Gary Powell, ed. Newbury Park, CA: Sage, 47-68.

Hochschild, Arlie (1983), *The Managed Heart: Commercialization of Human Feeling*. Berkeley: University of California Press.

Koepp, S. (1987), "Why Is Service So Bad? Pul-eez! Will Somebody Help Me?" *Time*, (February 2), 1.

Rafaeli, Anat (1989a), "When Cashiers Meet Customers: An Analysis of the Role of Supermarket Cashiers," *Academy of Management Journal*, 32(2), 245-73.

—— (1989b), "When Clerks Meet Customers: A Test of Variables Related to Emotional Expressions on the Job," *Journal of Applied Psychology*, 74, 385-93.

—— and Robert Sutton (1990), "Busy Stores and Demanding Customers: How Do They Affect the Display of Positive Emotion?" *Academy of Management Journal*, 33, 623-37.

Raspberry, William (1993), "Call Me MISTER Raspberry," *Cincinnati Inquirer*, (December 3), A10.

第23章

品牌轉換和顧客忠誠度

Laureette Dube

Stowe Shoemaker

　　過去幾十年來，品牌轉換和忠誠度的問題逐漸成為服務研究和行銷領域裡的顯學，在蓬勃發展、競爭激烈的市場裡，各種產業的市場策略重心不再是「爭取」新顧客，而是「留住」老顧客。以航空業為例，航空公司針對搭機次數頻繁的旅客所規劃的策略，往往所費不貲，甚至超過了廣告費用（公司可能花了3%的歲收打廣告，但對於常客的行銷計畫支出卻介於3%到6%之間，見「航空公司的第二生命」（Extra Life for Airlines）1993。

　　我們並不訝異許多公司組織的策略由攻勢轉為守勢。防衛式的行銷策略（defensive marketing strategies）包括針對常客所發展的行銷計畫、提供服務的保證、管理並處理顧客抱怨等事宜，目的是藉著滿足現有顧客及建立其忠誠性，提升公司和顧客之間的關係（見Dwyer、Schurr和Oh 1987；Gronroos 1994；Gummesson 1987；Hu、Toh和Strand 1988）。另外，透過這些努力，公司希望即使在服務過程中出現了瑕疵，顧客也不會因此變換品牌，轉而尋求其他公司的服務。

在競爭激烈的市場環境中，如果以保留既有顧客群為目標的防衛式行銷具有獲利潛力的話（Fornell 和 Wernerfelt 1987；Hart、Heskett和 Sasser 1990；Reichheld 和 Sasser 1990；Rust、Zahoril 和Keiningham 1995），那麼就目前服務業的發展脈絡而言，我們對於相關問題及策略的了解，無論在概念上或實務上皆可說相當有限，這些問題包括了策略本身、策略的影響力、如何整合以往的經驗並加以模式化，以瞭解顧客忠誠度及轉換品牌行為等。相較之下，在實體商品的製造業裡，各種關於顧客忠誠度或改變品牌行為的研究，則顯得較豐富。

事實上，在服務業的行銷、顧客或其產業等研究中，幾乎很少有觸及顧客忠誠度／品牌轉換的資料。最直接相關且有極高參考價值的研究方向是有關服務失誤、客戶保固或其他防衛式行銷策略等。

本章首先將會在服務業的脈絡下，界定品牌轉換和忠誠度的定義；其次，我們將提出一個架構，檢視防衛式行銷策略如何藉由影響顧客—公司的交易關係、建立顧客滿意度並且對公司產生承諾感，來形塑消費者的轉換品牌行為及忠誠態度。第三，我們會舉出實例，檢視防衛式策略對於顧客的決定、忠誠度、選擇品牌的行為，分別產生何種作用。第四部分討論存在於防衛式策略中的中介因素，這些中介因素可能影響顧客決定忠於原來品牌或轉而投入競爭者懷抱。最後，我們將探討防衛式行銷在研究或實務上所面臨的挑戰，以釐清何種策略真正能成功地影響顧客的品牌決定或忠誠度。

什麼是服務業裡的品牌轉換和忠誠度？

Jacoby 和 Chestnut（1978）曾經為品牌忠誠度作了如下的定義：「即使有其他可能的選擇，在面臨決定的時候，（消費者）會有偏好的行為反應」。這其實意味著消費者較傾向於選擇某個品牌。往後的許多研究也大多接受這樣的定義，有時甚至將顧客忠誠度定義成他們只購買某一品牌的商品，或是將忠誠行為視為一種認知或態度的延伸。近年來，關於忠誠度的概念已有進一步的詮釋，並出現各種存在於顧客和品牌之間的關係面向（Fournier和Yao 1997）。

　　在服務的相關研究中，Bendapudi和Berry（1997）對服務業之顧客忠誠度的詮釋，無疑是最全面而完整的觀點：所謂忠誠，指顧客基於對公司的承諾感，而與公司保持一種長期而持續的關係。顧客對公司表現忠誠、持續在公司消費的行為反應，可能是一種情緒上的投注，也可能是基於現實因素的考量。Rob Smith是「焦點行銷顧問公司」（Focal Point Marketing）的總裁，該公司非常擅長於提供關於顧客忠誠度管理的策略與建議，他對顧客忠誠度提出如下的定義：「顧客強烈地感受到你是最能滿足其所需的公司，他完全不將你的競爭者所提供的選擇置於考慮之列，他只在你的公司裡消費你的產品，他會將你稱為『我的航空公司』、『我的旅館』、『我的租車公司』等」（Smith 1998）。然而，要注意的是，在某些服務業裡，顧客對公司保有忠誠不見得是因為他對公司具有某種堅定的信念，也不一定認為公司的服務高人一等，而只是因為轉換品牌需要花費較多的成本，或暫時沒有其他公司可以提供他所需要的服務，更或者，這也可能只是一種習慣。

服務和實體商品

　　因此，服務業和實體商品的產業一樣，要改變顧客的品牌行為或忠誠度，必須先使顧客能夠在公司重複消費。但是，就服務業的環境而言，我們必須瞭解品牌決定或忠誠度行為所具備的特性，方能確知各種防衛式行銷策略是否真的有效地使顧客對公司保持忠誠。服務業裡的品牌轉換和忠誠度基本上具有兩個迥異於實體商品產業的特性，以下將分述之。

　　第一個特性是，服務商品不像實體商品能同時將多種選擇呈現在顧客面前。例如在超級市場裡，顧客可以同時在商品架上看見各種不同品牌的牙刷。實體商品業者為了提高公司顧客的忠誠度並且避免轉換品牌行為產生，除了努力維持產品的品質之外，通常會在顧客購物的場景中刻意強調與展示品牌的優越性（Keller 1998），因此，廠商往往特別注意自家商品是否在商店的陳列架上、擺設的位子好不好、或是否有價格折扣等。在服務業中，顧客走進商店時，通常已經跨越了抉擇的階段，這意味著顧客將從該次的消費經驗中累積忠誠度，當然，結果端視該次消費經驗是否良好。因此，我們有必要將品牌轉換／忠誠在關係或交易的層次上加以概念化，以思考何種防衛式策略才能使顧客在當次及未來的交易中認為自己獲得較多的價值與好處。很多服務業者所採取的防衛型策略，目標都是要使顧客覺得自己在當次以及未來的消費裡都能夠獲得他們想要的利益。例如，航空公司設計的累積哩程方案之目的就是為了鼓勵顧客多搭乘該公司的飛機，以換取免費或優惠折扣的機票，甚至還招待旅客免費的旅遊行程等（Stephenson和Fox 1987）。

　　第二個特性是，服務業者要對整個消費過程的設計和管理負起絕大部分的責任。在實體商品的銷售業裡，除了售後服務之外，顧客的消費行為大多數不在公司的掌握範圍之內，顧客可能把產品帶回家後才真正開始消費商品。由於服務業裡的消費行為發生在公司裡面，因此出差錯的機會也為之提高，但相對地，公司也有較多調整服務的機會，進而對品牌轉換的行為有所影響。實體商品的品牌轉變行為主要和交易當時的情境有關，顧客可能隨著商店的促銷活動、架上商品的陳列方式、或純粹只想有點變化（Kahn、Kalwani和Morrisson 1986）而改變購買的品牌；但是在服務業裡，改變品牌往往是因為消費者不滿意公司所提供的服務商品。Keaveney（1995）曾針對四十多種服務業，蒐集了八百個美國成年人轉換品牌的案例，他所得到的結論是，在服務業中顧客改變品牌主要是因爲服務品質不良所致。所謂服務品質不良的商品往往和服務的核心內容不佳有關，其次則是服務過程令顧客感到不滿，再來便是服務方式不當。Keaveney 的研究結論已受到其他學者的認可（Bitner、Booms 和 Tetreault 1990；Edvardsson 1992；Kelley、Hoffman 和 Davis 1993）。

　　正因爲在消費服務性商品的過程中，顧客大多數的時間都在公司裡，對公司而言，這可以在服務交易面臨失敗時介入顧客的消費行爲中，從事挽救的動作。因此，若公司能夠以正確有效的方式處理顧客的反應，減低交易瑕疵所帶來的危害，可能因此爲公司帶來可觀的回饋價值。服務業者的防衛式策略中，必須包含一套可以挽救價值（value-recovery）的策略，使雙方交易即使出現問題時，公司仍能避免顧客轉變品牌，並使其保有忠誠度，如此一來，除了能夠使顧客願意繼續完成交易之外，也能和公司保持較長久的關係。Dube 和 Maute（1998）建議公司要釐清顧客的忠誠度究竟是在某種情境或交易狀況下產生；還是一種以關係爲基礎、得以長期持續的現象？如果顧客的忠誠行爲是由於交易情境使然，往往在交易或消費過程出現瑕疵時，顧客的態度會比較被動、也可能較願意通融一下，這種情緒可能立即而短暫；然而，如果公司與顧客間已經有某種程度的密切關係，當服務內容有點差錯的時候，顧客可能就會馬上對公司抱怨、反應，這顯示出顧客並不想終止與公司長久以來的關係，但是希望公司能有所改進。Roos 和 Strandvik（1996）對品牌轉變的行爲也有相當類似的見解，他們以上述兩種不同的公司—顧客關係來說明（一爲短暫而立即，另一爲長期而且有意願繼續維持）服務出現差錯時這兩種類型的顧客反應有何不同。Corner（1996）曾經強調，行銷者必須要建立價值附加（value-added）以及價值補救（value-recovery）的策略，所謂價值附加策略是針對一般服務交易而規劃，而價值補救策略則可運用在交易出現瑕疵而面臨失敗的時候，兩者都是爲了幫助行銷者有效管理品牌變換行爲以及建立顧客忠誠度。

在圖23.1中，我們總結了在服務業中，各種隨著時間的推移用以提升顧客忠誠度、避免顧客轉變品牌的防衛式策略，其中除了以降低交易成本或提供更多附加價值的方式來處理品牌轉換和忠誠度的問題之外，更以整體的策略架構，關注到顧客和公司在當次交易或未來關係中所面對的價值補救或價值附加等問題。在下一節，我們會以一個概念性的架構，說明防衛式策略以何種方式達到價值附加和價值補救的功能。

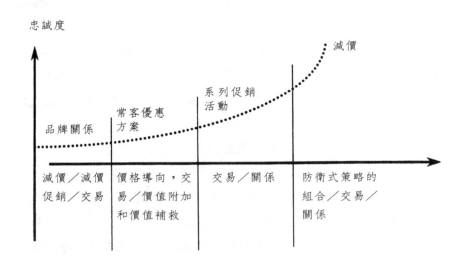

圖23.1　服務業管理品牌轉換和忠誠度之防衛式策略

防衛式策略對顧客轉換品牌和忠誠度的影響

Dube 和 Maute（1998）受到人際理論模式的啓發（即 Rusbult 在1980年提出的投資模式），試著釐清一個問題：防衛式策略如何塑造交易中的結構性參數、影響顧客的滿意度和承諾感，達到調整顧客品牌轉換行爲及忠誠度的最終目的。投資模式（Investment Model, Rusbult 1980；Rusbult、Zembrodt 和 Gunn 1982）採用社會互動的概念來預測顧客和公司的長期性關係，目的是爲了使這種關係發揮最適的效果，這些效果包括滿意感、承諾感或行爲性的相關要素，如顧客決定繼續保持忠誠或決定終止雙方關係（即本文所說的品牌轉換與忠誠度）。此架構如圖23.2所示。

從這個架構來看，品牌轉換和忠誠度之行爲（包括在特定情境下的交易、以長期關係爲基礎所從事的交易）以及交易後立即產生的一些情緒反應（滿意度、承諾感）主要取決於三個不同的因素：（一）在交易的過程中，顧客所感受到的價值高低（以回饋扣除交易成本來估算）。（二）投資的規模，亦即若顧客終止與該公司的關係後將蒙受的損失。舉例來說，某個旅客即將獲得免費飛行哩程時，他會怎麼想？（三）顧客對公司競爭對手的服務，有何價值評估（即以所得到的價值扣除和公司競爭對手交易所需的成本）。

根據此一模式，Dube 和 Maute（1998）推演並檢驗一系列假設，這些假設是有關價值附加與價值補救策略在不同的競爭環境中，對顧客—公司交易的結構性參數，是否產生影響力。

不過，他們的假設與研究並未能真正評量防衛式策略對顧客與公司間交易的結構性參數有何影響和如何影響，也無法證實結構性的變

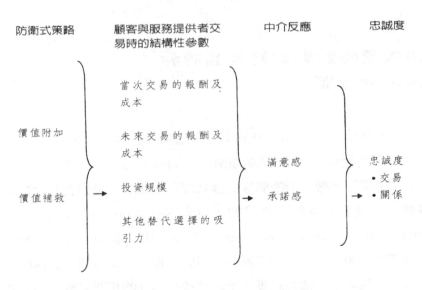

防衛式策略　　顧客與服務提供者交　　中介反應　　　　忠誠度
　　　　　　　　易時的結構性參數

當次交易的報酬及
成本

價值附加　　　　未來交易的報酬及
　　　　　　　　成本

　　　　　　　　　　　　　　　　滿意感　　　　　　忠誠度
　　　　　　　　投資規模　　　　　　　　　　　　　● 交易
價值補救　　　　　　　　　　　　承諾感　　　　　　● 關係

其他替代選擇的吸
引力

圖 23.2　防衛式策略對於品牌轉換和忠誠度的影響

化是否真的會影響策略在顧客保固方面的有效性。主要是因為實務往
往領先科學，因此，為了使實際交易情況呈現在研究內容中，我們採
取深度訪談的方式，以服務業中負責規劃防衛式策略的經理人（旅館
業者）為訪談對象。我們根據美國八大旅館業者的經驗，試著瞭解他
們對價值附加和價值補救策略的規劃，以及這些策略的特性，我們將
這些訪談彙整之後得到了如表 23.1 的結論。

和品牌有關的報酬及成本

　　根據圖 23.2 的模式，顧客和服務提供者的交易價值係來自於交易
過程中的報酬與成本。價值附加和價值補救策略的主要目的是讓顧客
能感受在當次及未來的交易中，自己所付出的成本和獲得的報酬為
何。價值附加的形式，除了以低價格、高報酬的方式呈現以外，顧客

可能需要經過一段時間累積消費次數，才能獲取某些利益。在價值附加的策略中，顧客可以從與公司的關係裡獲得一些好處，但是他們所付出的成本卻不會因而增加。舉例而言，搭乘某航空公司的旅客雖然是和航空公司進行交易，但是還可以獲得其他的好處，例如在候機時可以進入較舒適的休息室；另外航空公司有時也會進行交叉式的促銷，和其他相關服務業結盟，使旅客到某些飯店投宿、向特定租車公司租車時，也可獲得小額的折扣或其他優惠等（Barlow 1992）。

　　一般而言，價值附加和價值補救策略都會影響顧客和公司之間的交易價值，其影響力會發生在幾個不同的面向。如前所述，價值附加策略主要是增加顧客當次消費的價值，而價值補救策略則是在交易有所瑕疵時，將可能產生的成本降到最低。然而，價值補救策略通常不會影響報酬或投資成本的規模，因為它並不會真正改變公司所提供的服務內容，以及顧客既不會因為價值補救策略而被迫消費更多服務，也不會為了獲取賠償而刻意維繫與公司間的關係。

　　接著我們將討論在旅館業的防衛式策略中，顧客在當次及未來的交易裡，所附加或恢復的價值究竟從何產生（見表23.1）。這些價值有很多不同的特色，分別和下述之面向有關：財務性（如：為未來的交易省下一筆錢、服務不良時可全額退款、在旅館的禮品部門消費得以享有折扣）、暫時性（如：享有優先辦理登記的權益，可以省下一點時間）、功能性（如：用支票付款、在網路上訂房或付款等）、經驗性（如：可以享有升級或turndown的服務）、情緒性（如：較高的認同感、較愉悅的消費經驗）或社會性（如：和業者之間建立某種人際關係的串連）。事實上，我們所研究的幾家旅館業者，都已經發展了自己的防衛式策略，這些策略可說包含了豐富的各種價值來源，使公司的服務價值得以提升。這幾家旅館大多能夠有效地掌握參與各種計畫的會員之偏好，盡可能為每一次的交易及雙方的關係提供最高的附加價值。

表 23.1 八大旅館業者的價值升級和價值補救策略特性

利益	一般會員	中級會員	高級會員
財務性報酬 (價值附加：當次)	· 每一美元可獲得 1、5 或 10 個積點，只有基本點數，無紅利點數	· 根據一般會員的積點數，加上 10%、15% 或 20% 的紅利點	· 根據一般會員的積點數，加上 10%、25% 或 30% 的紅利積點
財務性報酬 (價值附加：未來)	· 不提供 · 可結合配偶之積點	· 不提供 · 可結合配偶之積點	· 不提供 · 可結合配偶之積點
財務性報酬 (價值附加：未來)	· 無服務升級 · 有空房時自動提供升級服務	· 有空房時自動提供升級服務 · 每住宿五晚可享一次升級服務	· 每住宿五晚可享一次升級服務。另外，只要支付公告的客房費率，只要有取得性，飯店會自動提供升級服務 · 只要有取得性，飯店會自動提供升級服務
財務性報酬 (價值附加：未來)	· 150 個積點可邀朋友加入方案 · 不設紅利門檻（no bonus threshold awards）	· 根據一般會員的積點數，加上 0%、10%、15% 或 20% 的紅利積點 · 每一季以 VIP 費率留宿七次，可獲得 5000 個紅利積點	· 根據一般會員的積點數，加上 0%、10%、25% 或 30% 的紅利積點 · 每一季以 VIP 費率留宿七次，可獲得 5000 個紅利積點

表23.1　八大旅館業者的價值升級和價值補救策略特性 (續)

利益	一般會員	中級會員	高級會員
財務性報酬 (價值附加：當次)	・500個積點可享有對政府人員或廣告價的優惠 ・出示租車合約辦理check-in，可獲得20%紅利積點 ・配合租車協議獲得25%紅利積點 ・每租用一次赫茲公司的汽車，可獲得250-500個積點 ・每一個租車搭配可獲得100個積點	・500個積點可享有對政府人員或廣告價的優惠 ・出示租車合約辦理check-in，可獲得20%紅利積點 ・配合租車協議獲得25%紅利積點 ・每租用一次赫茲公司的汽車，可獲得500個積點	・500個積點可享有對政府人員或廣告價的優惠 ・出示租車合約辦理check-in，可獲得20%紅利積點 ・配合租車協議獲得25%紅利積點 ・每租用一次赫茲公司的汽車，可獲得500個積點
財務性報酬 (價值附加：當次)	・累積旅館點數或飛機哩程數 ・同時累積住宿積點及飛機哩程數 ・用飛機哩程數來換取住宿積點 ・有些旅館只能累積住宿積點	・累積旅館點數或飛機哩程數 ・同時累積住宿積點及飛機哩程數 ・用飛機哩程數來換取住宿積點 ・有些旅館只能累積住宿積點	・累積旅館點數或飛機哩程數 ・同時累積住宿積點及飛機哩程數 ・用飛機哩程數來換取住宿積點 ・有些旅館只能累積住宿積點
財務性報酬 (價值附加：未來)	・認同卡功能：旅館點數可以轉換成信用卡消費 ・2000個信用卡積點可獲得150、330或1000個住宿積點	・認同卡功能：旅館點數可以轉換成信用卡消費 ・2000個信用卡積點可獲得150、330或1000個住宿積點	・認同卡功能：旅館點數可以轉換成信用卡消費 ・2000個信用卡積點可獲得150、330或1000個住宿積點

表23.1　八大旅館業者的價值升級和價值補救策略特性（續）

利益	一般會員	中級會員	高級會員
財務性報酬（價值附加：當次）	• 在旅館的禮品店消費沒有折扣	• 在旅館的禮品店消費沒有折扣	• 在旅館的禮品店消費有10%的折扣
財務性報酬（價值附加：當次、未來）	• 累積點數可享免費住宿：8000點：週末一夜 15000點：週末兩夜 20000點：一夜 12,500 hotel points=1 free night for mid-scale brand	• 累積點數可享免費住宿：8000點：週末一夜 15000點：週末兩夜 20000點：一夜 12,500 hotel points=1 free night for mid-scale brand	• 累積點數可享免費住宿：8000點：週末一夜 15000點：週末兩夜 20000點：一夜 12,500 hotel points=1 free night for mid-scale brand
財務性報酬（價值附加：當次、未來）	• 以飯店積點換取飛行哩程：有些飯店不提供轉換方案，有些飯店則以10000個積點換取2500飛行哩程，或以10000點換取5000哩；有些飯店則要求每次交換都至少要有9000個積點	• 以飯店積點換取飛行哩程：有些飯店不提供轉換方案，有些飯店則以10000個積點換取2500飛行哩程，或以10000點換取5000哩；有些飯店則要求每次交換都至少要有9000個積點	• 以飯店積點換取飛行哩程：有些飯店不提供轉換方案，有些飯店則以10000個積點換取2500飛行哩程，或以10000點換取5000哩；有些飯店則要求每次交換都至少要有9000個積點
功能性／暫時性（價值附加）	• 每兩個月主動寄積點表 • 每個月寄一次積點表 • 每季寄一次積點表	• 每兩個月主動寄積點表 • 每個月寄一次積點表 • 每季寄一次積點表	• 每兩個月主動寄積點表 • 每個月寄一次積點表 • 每季寄一次積點表

表23.1　八大旅館業者的價值升級和價值補救策略特性（續）

利益	一般會員	中級會員	高級會員
功能性／暫時性（當次、未來）	· 有些飯店提供會員專用訂房電話 · 有些飯店不提供此層級之會員專用訂房電話	· 有些飯店提供會員專用訂房電話 · 有些飯店不提供此層級之會員專用訂房電話	· 有些飯店提供會員專用訂房電話 · 有些飯店不提供此層級之會員專用訂房電話
功能性／暫時性（價值附加：當次）	· no turndown services · availability of service varies by owner of brand	· no turndown services · availability of service varies by owner of brand	· 通常有 turndown 服務 · availability of service varies by owner of brand
功能性／暫時性（當次）	· 沒有獨立的登記手續 · 獨立排隊　separate lines · 優先辦理登記 · 在櫃檯等待房間的分配並取得鑰匙 · Zip-in, check-in	· 沒有獨立的登記手續 · 獨立排隊　separate lines · 優先辦理登記 · 在櫃檯等待房間的分配並取得鑰匙 · Zip-in, check-in	· 沒有獨立的登記手續 · 獨立排隊　separate lines · 優先辦理登記 · 在櫃檯等待房間的分配並取得鑰匙 · Zip-in, check-in
功能性／暫時性（價值附加：當次）	· 此層級之會員不可兌現支票 · 每次住宿最多兌現250美金 · 完全無支票兌現	· 每次住宿最多可支票兌現250美金 · 每天支票兌現最多200美金 · 完全無支票兌現	· 每次住宿支票兌現最多500美金 · 每天支票兌現最多200美金 · 完全支票兌現
功能性／暫時性（價值附加：未來）	· 無網頁 · 顧客可利用網頁兌換獎項、更改地址、進行各種交易	· 無網頁 · 顧客可利用網頁兌換獎項、更改地址、進行各種交易	· 無網頁 · 顧客可利用網頁兌換獎項、更改地址、進行各種交易

表23.1　八大旅館業者的價值升級和價值補救策略特性（續）

利益	一般會員	中級會員	高級會員
功能性／暫時性（價值附加：當次）	• 此層級無個人的直接帳單（direct billing） • 完全無直接帳單	• 有個人直接帳單（direct billing） • 完全無直接帳單	• 有個人直接帳單（direct billing） • 完全無直接帳單
功能性／暫時性（價值附加：當次）	• 不提供 • 此層級不提供 • 7 a.m. 辦理住房手續 • 9-5 辦理住房與退房手續	• 10 a.m. 提供 • 7 a.m. 辦理住房手續 • 9-5 辦理住房與退房手續	• 10 a.m. 提供 • 7 a.m. 辦理住房手續 • 9-5 辦理住房與退房手續
功能性／情緒上（價值附加：當次、未來）	• 在尖峰時期沒有優先候補名單	• 在尖峰時期沒有優先候補名單	• 在尖峰時期沒有優先候補名單
心理上／情緒上（價值附加：當次、未來）			• 以飯店貴賓身分參加奧斯卡金像獎
心理上／情緒上（價值附加：當次、未來）	• 有顧客檔案，以了解顧客的想法與需求	• 有顧客檔案，以了解顧客的想法與需求	• 有顧客檔案，以了解顧客的想法與需求

表23.1 八大旅館業者的價值升級和價值補救策略特性（續）

利益	一般會員	中級會員	高級會員
心理上／情緒上（價值附加：未來）	• 過去 12 個月中至少曾在飯店住過一次，可成為會員	• 一年中至少要在飯店住宿四次，可用付費或兌換方式成為此級會員 • 至少廿個晚上 • 住宿十次，且至少廿個晚上	• 至少住宿十五次；或至少住宿四次並且總數超過卅個晚上，僅由飯店邀請 • 至少六十個晚上 • 廿五次住宿，至少五十個晚上
心理上／情緒上（價值附加：當次、未來）	• 有客服中心可以協助處理非飯店方面的任何問題 • 有些飯店有國際電話服務中心 • 有些電話服務中心二十四小時開放	• 有客服中心可以協助處理非飯店方面的任何問題 • 有些飯店有國際電話服務中心 • 有些電話服務中心二十四小時開放	• 有客服中心可以協助處理非飯店方面的任何問題 • 有些飯店有國際電話服務中心 • 有些電話服務中心二十四小時開放
心理上／情緒恢復（價值恢復：當次、未來）	• 保證解決所有問題的理想住宿方案 • 如果沒有寄 copy of folio，則保證給予免費的升級	• 保證解決所有問題的理想住宿方案 • 如果沒有寄 copy of folio，則保證給予免費的升級	• 保證解決所有問題的理想住宿方案 • 如果沒有寄 copy of folio，則保證給予免費的升級
心理上／情緒上（價值恢復：當次）	• 100%滿意保證（註：有這類保證方案的飯店並未提供任何形態的常客優惠計畫）	• 100%滿意保證（註：有這類保證方案的飯店並未提供任何形態的常客優惠計畫）	• 100%滿意保證（註：有這類保證方案的飯店並未提供任何形態的常客優惠計畫）

　　事實上，結合上述不同的價值來源，可以使防衛式策略有效地影響顧客的轉換品牌或忠誠行為。例如提供服務保證主要就是為了減低服務失敗時公司所需負擔的成本，並且降低消費者心理上的不安全感。針對服務在失敗狀況所做的顧客反應研究，很少能夠兼顧到功能性和情緒性的成本，但是在這些有限的研究中，都顯示情緒性的成本往往高於功能性的成本。舉例來說，Dube和Maute的研究發現當兩組預測項目同時納入「迴歸模式」時，情緒成本的影響始終高於功能性成本（1996）。Folkes、Koletsky和Graham則以航空業為例指出，由服務失敗所引發的憤怒情緒，會成為影響顧客抱怨和再度購買意願的中介因素（1987）。Taylor也持類似看法，他指出，在服務發生不良情況以後（如班機延誤），顧客憤怒的程度以及隨之而來的不確定感會直接影響消費者對服務的整體評估（1994）。

　　服務提供者應該謹慎選擇適當的宣傳特徵，並且將之針對合適的會員層級，以塑造顧客對自身與品牌間的關係價值之看法。研究顯示，消費者對於這些策略的品質可能非常敏銳（Dowling和Uncles 1997；O'Brein和Jones 1995）。如同前面的例子一樣，客戶認為，補救措施的現金價值或（／及）公司對於服務失敗的賠償方式是非常重要的。舉例來說，參與會員制度的飯店旅客可以用20,000個點數換取一個免費的週末客房。因每1美元可以獲得10點，換句話說，兌換目標的價值是2,000美元。在服務的價值補救策略方面，研究顯示顧客在金錢上獲得的賠償以及產品修復的好壞（Goodwin和Ross 1992；Webster和Sundaram 1998），將影響顧客未來的忠誠度和滿意度。我們曾經訪問一家提供100%滿意保證的連鎖飯店，這項保證意味著如果出了什麼問題，則顧客可以不用付錢。另一家連鎖飯店提出保證，如果當次的服務發生問題，則飯店會提供顧客一次免費的升級住宿服務。

　　給顧客選擇不同的回饋方案彈性，是另一種可行的方式。例如，很多連鎖飯店業允許顧客依個人喜好選擇以積點兌換飛行哩程數或住宿優惠，有些業者甚至推出讓顧客「一箭雙鵰」的方案，即同時擁有哩程數和住宿的積點。公司應該評估這些回饋方案的價值適合哪一個特定的市場區隔；換句話說，提供給菁英會員的各種利益—例如系統性的服務升級—可能因為其特定的社會形象而大受歡迎，因此其功能或價格已經不是考量的重點。

公司在規劃防衛式策略時，也必須要考量回饋的可得性，並且將其設定在合理的層次上。我們曾經訪問一位負責規劃優惠方案的飯店經理，他指出：「如果回饋的目標—即免費客房住宿或機票—是無法達到的，對顧客就不具任何價值。這就是我們和航空公司、信用卡公司或租車公司合作的原因，因為我們希望顧客可以有很多累積點數的機會。」對防衛式策略來說，讓顧客可以輕鬆地參與方案是很重要的，這樣一來將能使顧客對於他們和服務提供者之間的關係產生更多正面的看法。有些常客優惠方案，例如AirMiles，適用於多種不同的商店，顧客必須持續追蹤自己所累積的點數，公司在這方面並不特別提供協助，這對顧客而言不啻是個麻煩的問題。因此，現在有很多飯店業者提供顧客上網查詢積點／哩程的服務，使顧客輕而易舉就可以得知相關訊息。最後，在防衛式策略中，回饋或賠償的即時性也會影響顧客對於價值的看法。很多受訪的飯店業者都允許顧客隨時以積點兌換優惠，換句話說，業者並不設定時間方面的限制。

投資規模（investment size）

不只是飯店業者，所有的服務提供者都會使顧客付出較昂貴的成本，一旦他們結束與公司的關係，最重要的方法是區隔每一個會員層級對應之產品價值的本質及強度。多數公司的價值附加防衛策略都區隔為二或三個層級，並且以購買的數量作為服務升級的條件。隨著顧客從一個層級晉升到另一個層級，公司就增加「每購買一單位的附加價值」，使顧客不管是轉變品牌或部分地改用其他提供者的服務，都必須付出較昂貴的價格。舉例來說，當顧客的會員層級提高時（例如從一般客戶升等為中級客戶或高級客戶），花費金額的積點也隨之增加。從表23.1可知，中級客戶最高可獲得20%的紅利積點，而高級客戶可得到30%的紅利積點。

競爭性出售的報酬和成本

　　如表23.1所示，價值附加或價值補救策略不像攻勢型策略（如具有比較性質的廣告），它並不企圖直接改變顧客對競爭性回饋或成本的感受；而是，不同的提供者試圖以多元化的價值附加和價值補救策略，使自己的產品有別於競爭者所提供之商品。例如某家連鎖旅館提供250點免費住宿的方案，給那些在特定租車公司租車的旅客；另一家連鎖旅館的相同方案卻需要500點。但是，比較這兩個方案時必須要注意到積點方式的差異。雖然商務級的連鎖飯店（即Sheraton、Hyatt和Hilton）通常是以一美元換十個積點，但是中等旅館（即Holiday Inn或Best Western）給的點數通常較少。此外，各種方案之間仍有變異性，例如附加的紅利積點會隨著顧客等級之提高而提高（這些等級是根據某段時間內的住宿頻率），中級客戶的範圍可能從10%到20%，高級客戶可能從20%到30%。同樣的，正如Bowen和Shoemaker指出，服務能否有升級的機會，對於經常投宿於高級旅館的商務旅行人士很重要，這些方案對於同一等級或不同等級的會員，也有調整的空間（1997）。例如，有些連鎖旅館並不提供升級的服務給一般會員，但是有些旅館只要有空房間，就會自動地提供一般會員升級的服務；再以中級會員為例，有些旅館會根據是否有空房間而決定是否為中級會員升級服務，有些旅館則規定中級會員每留宿五次，就可以獲得一次升級的服務。最後，方案的變通性也可以表現在顧客積點的方式上（一家連鎖旅館可能同時給予旅客住宿和飛行哩程的積點，另一家旅館可能讓顧客從兩種積點中選擇一種），除此以外，以積點兌換免費住宿的方式（不同的費用，從8,000點到12,500點）、以認同卡（affinity card）的積點轉換成旅館積點等（信用卡累計2000個積點，可以轉換成150、330或1,000個旅館積點），亦顯示了方案的變通性。

對滿意度和承諾感的影響

根據圖23.2所示，防衛式策略對交易的結構性特性會發生作用，首先改變的是顧客對交易的滿意度和承諾感，最終的影響則呈現在品牌轉換與忠誠度上面。有關於人際面和組織性關係範疇的研究顯示，顧客的滿意度能夠預測關係的承諾感（Rusbult等 1988；Rusbult、Zembrodt和Gunn1982），儘管滿意度和承諾感並非異質同形（isomorphic）。Fournier和Yao最近的研究證實（1997），如果沒有較好的替代選擇，顧客和某一品牌的關係是一種「奴役」（enslavement），亦即顧客在別無選擇的情況下，對公司產生「非自願的」（involuntary）承諾感。

在一項以航空公司交易為背景的研究中，Dube和Maute發現，顧客在消費後的滿意度，主要是依功能性與情緒性的剩餘成本（functional and emotional residual costs）而定，這些成本牽涉到服務失敗的問題（1996）。Rusbult等人根據人際和組織性關係範疇的研究推論，承諾感和滿意度很類似，都會受到眼前關係的價值所影響，因此，高回饋、低成本的服務，可以產生較高的承諾感（Rusbult等1988；Rusbult、Zembrodt和Gunn1982）。不過，承諾感和滿意度不同的是，投資規模和顧客是否有替代的選擇，也會影響承諾感。Bowen

和Shoemaker的研究也一致發現——一旦顧客發現轉換品牌的成本較高，他們對於目前的飯店服務提供者也會有較高的承諾感。

滿意度／承諾感和顧客忠誠度之間的關聯

滿意度和承諾感都會影響品牌轉換和忠誠度的行為。Dube和Maute發現，滿意度是引發防衛式策略對品牌忠誠度發生作用的媒介，特別是對於價值補救的策略（1998）。換句話說，不管是藉由冷靜、耐心地處理失敗的服務案件，抑或防止雙方關係的告終，價值補救的策略是否有助於維繫顧客對品牌的忠誠，絕大部分是因為這些策略對於顧客滿意度有正面的影響。對於價值附加策略而言，滿意度只對某些情境的忠誠度有強烈效果，這解釋了對於立即回應服務失敗的變異性。相反地，即使排除滿意度變項的影響，對於維持顧客忠誠度的效果仍然相當顯著。

談到承諾感和忠誠度之間的關係，Rusbult等人對人際關係和組織關係的研究顯示，具有堅定承諾感的一方能夠冷靜地面對關係惡化的問題，並且有信心情況能夠獲得改善，因此較不會斷然終止雙方的關係（即其忠誠度較高，Rusbult等人1988；Rusbult、Zembrodt和Gunn1982）。Bowen和Showmaker的研究也發現，旅客對於目前的旅館服務提供者所具有的承諾感越高，他們在未來越可能持續在該旅館消費（1997）。

在價值補救策略中，有關於承諾感和忠誠度之關係的證明分別來自於下述研究：面對服務失敗的狀況，顧客—服務者的關係長度之影響（Ganesan 1994；Hess、Ganesan和Klein 1998）及顧客與此一關係的親密程度之影響（Goodman等1995；Kelley和Davis 1994）。至於顧客對於服務失敗的反應，一般來說，若公司在過去有良好的品質表現、顧客對公司有較高的承諾感、或顧客與提供者之間的關係較為親近時,顧客對於失敗的服務有較大的容忍度,也比較願意相信服務失敗的原因只是暫時性,因此也較可能繼續保持忠誠度;不過,在這種情況下,顧客對於公司的補償性措施也會有高度的期待,並且希望以後不會再發生類似的狀況(參考Hesws、Ganesan和Klein 1998)。

防衛式策略對品牌轉換與忠誠度之效果的實證

　　在上一節,我們提供了一個概念性的架構,幫助讀者了解服務業的防衛式策略如何影響顧客的品牌或忠誠度決定。實驗證據也支持價值附加和價值補救策略之間的關聯,並且肯定了這些策略對品牌轉換或忠誠行為的影響力。這些模式還需要更進一步的實驗確認才算測試完全。事實上,在整個研究文獻中,只有極少數的實驗研究,可以證實防衛式策略對忠誠度或購買行為的確具有顯著而可靠的影響。

　　接著,本文將檢視幾個最常被提及的防衛式策略之研究。Reichheld和Sasser的文章顯示,根據很多服務業所蒐集的資料來看,如果可以將顧客流失的比例縮減至5%,公司可以增加25%到85%的利潤(1990)。然而,值得注意的是,這些數據指的是真正能夠發揮留住顧客的功效,如果不確定公司是否因為防衛式策略而成功地留住顧客,則這一類的情況就不列為防衛式策略的執行成果。Bowen和Shoemaker針對高級飯店的商務旅客進行研究,發現只有28.7%的受訪者認為常客優惠計畫會使他們對某家飯店保持忠誠。不過,另一方面,研究也發現參與某家飯店之常客優惠計畫的會員一旦走進該飯店,消費金額通常也會高於其他非會員顧客(1997)。

　　事實上,這些有限的研究雖然試著實驗、直接地測試防衛式策略對於顧客轉換品牌及忠誠度的影響,不過,在本質上,這些研究結果卻不具說服力,因為它們無法證明目前的防衛式策略在留住顧客方面究竟有何直接的效果。Sharp和Sharp曾經從事一項研究，探討大型商店的忠誠度方案是否改變顧客重複購買的模式，結果發現這一類的防衛式策略並沒有什麼作用（1997）。根據狄力克雷在評估「過度忠誠」（excess loyalty）方面，Dirichlet等人發現，六個推出回饋方案的商店中，只有兩家有過度忠誠的情況產生。此外，在這兩家有過度忠誠現象的商店中，有些過度忠誠的顧客參與了回饋方案，有些則否。這和Dube與Maute對航空公司服務研究的結果相當類似，該研究顯示，在面對服務失敗時，只有在低度競爭的市場中，價值附加策略（更明確一點的說，指經常性飛行方案）才會有維繫顧客忠誠度的正面效果（1998），一旦競爭對手也採用類似的策略，價值附加方案對於忠誠度的正面影響就不復存在。

　　前述之研究結果顯示，面對同業競爭時，價值附加策略對顧客忠誠度或品牌轉換的影響力並不容易掌握。過去服務業一窩蜂地採行這些策略，究竟只是盲目的花車效應（bandwagon effect），還是真正思索了各種防衛式策略的投資報酬後，才做出的理性決定？舉例而言，美國航空在1991年五月推出了優惠方案，在不到六個月的時間內，美國航空國內外的主要競爭對手爭相仿效，紛紛推出相同的方案（Mowlana和Smith 1993）。1986年底，美國廿七家航空公司中，有廿四家都設計了旗鼓相當的忠誠度計畫，企圖吸引、留住經常搭機的旅客（Gilbert 1996）。一項較早期的研究顯示，在航空業尚未產生優惠飛行專案的花車效應之前，整體上這類策略的確能夠影響顧客對於航空公司／飛行路線的選擇（1983年的資料，Morrison和Winston 1989）。往後的研究則顯示，雖然整體來說，優惠飛行方案對於顧客在選擇航空公司／飛行路線時仍然具有影響力，但是這種策略對於各航空公司之業績所造成的效果則有所差異，這主要和飛行定點和路線的便利性、公司其他服務內容的表現有所不同有關（Gilbert 1996）。

　　事實上，從Dowling和Uncles所說的「一夫多妻」（polygamous）

概念著手，可以較清楚地了解防衛式策略對於品牌轉換或絕對的忠誠度有何影響（1997）。所謂的「一夫多妻」指的是，顧客從自己偏好的有限服務提供者中，分配消費比例。在一項國際性的研究中，Ehrenberg等人針對製造業和服務業所生產的各種商品，調查顧客的品牌忠誠度，結果發現，當市場呈現均衡狀態時，顧客傾向於將消費分配給三至四種品牌（Uncles、Ehrenberg和Hammond 1995）。這種「一夫多妻」式的忠誠度在服務業中非常具有代表性，以歐洲地區的商務旅行者為例，平均每個人擁有3.1家航空公司的會員資格（OAG商務旅行者生活型態調查，1993；Dowling和Uncle，1997）。其他資料則顯示，72%的商務旅行者參與了一家以上的經常飛行優惠專案（Stephenson和Fox 1987）。這種行為模式在一般的旅館業也可以看得到，而Bowen和Shoemaker發現，32.2%的顧客參與了一個以上的優惠方案，以及更有10.7%的顧客參加至少四個以上的優惠計畫。

　　在價值附加策略方面，有關價值補救策略對品牌轉換及忠誠行為的真實影響之實驗證據，必須小心地考量。舉例來說，一般認為，面對服務發生問題時，有效的補償措施可以提升顧客滿意度，甚至超越了服務沒有出現問題時的顧客滿意度（Bitner、Booms和Tetrault 1990；Goodwin和Ross 1992；Hart、Heskett和Sasser1990），這也是很多服務經理人一致同意的看法。一位連鎖飯店業的經理表示，該飯店提供的100%保證，結果發現補償措施對顧客滿意度有正面影響，這樣的效果比公司對服務沒有發生問題時所預估的顧客滿意度還要好。有一項頗具說服力的實證研究對這個觀點則抱持保留態度。在針對各種產業或根據不同方式的研究中，有一項看法是比較可信的——個好的價值附加策略可以減低服務失敗對顧客滿意度或轉換品牌的負面傷害（Dube和Maute 1998；Fornell和Wernerfelt 1987；Hess、Ganesan和Klein 1998）。此外，Dube和Maute還發現，不管是否有價值附加策略，也不管整個市場競爭的激烈程度為何，補償措施通常都能夠奏效

（1998）。

效果的參數

　　有哪些顧客或市場因素能有效地調節防衛式策略對顧客的購物決
定？目前關於這方面的研究可說相當有限。毫無意外，就多方爭取市
場與精確地為各類顧客量身訂做商品而言，目前大多數的防衛式策略
在這方面的能力仍然不如廣告或其他攻勢型的策略。有關這些變數的
研究，可以參考為數甚豐、針對顧客不滿反應所從事之研究。儘管這
些研究的重點大多放在價值補救策略上，但是其中有許多對於價值附
加策略之效果的各種變項也提出了具有啓發性的見解。

個人特質

　　在關於顧客不滿或申訴行為的研究中發現，有一系列的個人特質
和個體回應不滿的方式有關，這些特質可能會調節防衛式策略的作
用，影響品牌轉換或顧客忠誠度的管理成效。這些特質包括高所得與
高教育（如Bearden、Teel和Crokett1980；Warland、Hermann和
Willits 1975）、專業度高的工作（如Andreasen 1985）、年紀較輕（如
Morgnosky和Buckley 1986；Moyer 1984）、高度自信（如Gronhang和
Zaltman1981）、低疏離感（如Bearden和Mason 1984）、武斷或激進
（如Richines 1983）、知識水準較高（Andreasen 1984）、與公司有打交
道的經驗（Singh 1990）。廣泛來說，個體在上述的各種參數之值越
高，越容易受到價值補救策略的影響。
　　除了上述的個人特質分別會產生影響以外，也有一些學者以群集
的方式說明各種由於不滿所產生的反應（Maute和Dube，即將出版；

Singh 1990)。Singh以多變量分析（multivariate analyses）為基礎，提出一個區隔系統（segmentation scheme），此一區隔系統係根據顧客因為不滿所付出的勞力之種類和程度而劃分（種類包括被動者Passives、發言者Viocers、憤怒者Irates、行動者Activists）。另外，Maute和Dube則提出另一種分類方式，說明顧客面對服務失敗時的情緒反應（這些情緒種類包括理智的、冷靜的、焦慮的、生氣的）。

與市場相關之特性

轉換品牌的可能性和遭遇服務失敗時的其他反應，也是產品或市場之相關特徵的函數（Best and Andreasen1997、Fornell和Robinson 1983、Technical Assistance Research Programs1978）。不同的產品類別之間，在問題嚴重性（problem severity）、歸因方式（blame attribution）、費力的程度（amount of effort，Richins 1983）、行為反應的結果（consequence behavioral responses，Bearden和Oliver 1985；Singh 1990）及市場結構（market structure，Fornell和Wernerfelt 1987；Singh 1990）等方面之差異懸殊，這些差異對於顧客不滿的反應和行為扮演著重要的中介角色。Webster和Sundaram的研究更明確地指出：相對於非急迫性的服務，顧客迫切需要取得的服務——即強調及時性的運作模式——一旦出了狀況，價值補救的策略比較不容易對顧客滿意度或忠誠度發揮作用。除此以外，Bolfing指出，顧客對於服務失敗和價值補救策略的反應，可能是他們對於矯正措施之一般性認知的函數（1989）

還有一個可能依市場因素而有所差異的情況是：服務提供者選擇以何種價值附加或補償策略組合來管理顧客品牌轉換及忠誠度的決定。Maute和Dube的研究顯示，提供報酬的價值附加策略對顧客滿意度或忠誠度的作用，只有在價值補救策略真正得以減輕服務失敗的成本時，才能發揮正面影響。這意味著價值附加策略要發生作用必須先以價值補救策略作爲前提。若公司只實施價值附加策略，顧客滿意度仍保持在原來未實施任何策略時的水準；當公司實施了兩種策略時，則可以使價值附加策略的效能最佳化。在保持顧客忠誠度方面，只提供價值附加策略可以使顧客忠誠度提升到有統計上的顯著水準；然而，若加入價值補救策略將可以擴大效果。

結論

正如製造業深究攻勢型策略對顧客反應的影響（例如商品廣告）一樣，服務業者若要了解、評估或模擬顧客對防衛式策略的反應，當務之急是在理論上或方法學上有所突破和發展，以達到兼具深度與廣度的知識。研究者應該更仔細地探討、更實際地測試各種參數在防衛式策略中的運作機制，尋找對顧客轉換品牌及忠誠行爲之最具關鍵性的變數。從管理的角度來說，公司應該即刻規劃具有說服力或吸引力的防衛式策略（例如：讓顧客寬心的理由或賠償方案等），並且適時地運用策略，使服務經驗在顧客腦中留下正面的印象，創造高度的滿意與忠誠。此外，以精確的市場區隔來規劃防衛式策略也能爲策略的效果加分。總之，我們希望不管在概念上或實務上，服務業在品牌轉換和忠誠度的議題方面，都能有進一步的發展與創新。

參考書目

Andreasen, Alan R. (1985), "Consumer Responses to Dissatisfaction in Loose Monopolies," *Journal of Consumer Research*, 12 (September), 135-41.

Barlow, Richard (1992), "Relationship Marketing: The Ultimate in Customer Services," *Retail Control*, 60 (March), 29-37.

Bearden, William and J. Mason (1984), "An Investigation of Influences on Customer Compliant Reports," in *Advances in Consumer Research*, Vol. 11, T. Kinnear, ed. Ann Arbor, MI: Association for Consumer Research, 490-95.

—— and Richard L. Oliver (1985), "The Role of Public and Private Complaining in Satisfaction With Problem Resolution," *The Journal of Consumer Affairs*, 19(2), 222-40.

——, J. Teel, and M. Crockett (1980), "A Path Model of Consumer Complaint Behaviour," in *Marketing in the 80s*, Richard Baggozzi et al., eds. Chicago: American Marketing Association, 101-4.

Bendapudi, N. and Leonard L. Berry (1997), "Customers' Motivations for Maintaining Relationships With Service Providers," *Journal of Retailing*, 73, 15-37.

Best, Arthur and A. R. Andreasen (1977), "Customer Response to Unsatisfactory Purchase: A Survey of Perceiving Defect, Voicing Complaints and Obtaining Redress," *Law and Society*, 11, 701-42.

Bitner, Mary Jo, Bernard H. Booms, and Mary S. Tetreault (1990), "The Service Encounter: Diagnosing Favorable and Unfavorable Incidents," *Journal of Marketing*, 54, 71-84.

Bolfing, Claire P. (1989), "How Do Customers Express Dissatisfaction and What Can Service Marketers Do About It?" *Journal of Service Marketing*, 3 (Spring), 5-23.

Bowen, John and Stowe Shoemaker (1997), "Relationship in the Luxury Hotel Segment: A Strategic Perspective," research report, The Palace Hotel Competition, Center for Hospitality Research, The School of Hotel Administration, Cornell University, Ithaca, NY.

Corner, Bruce A. (1996), "Helping Business Fight Lost-Customer Syndrome," *Marketing News*, 30(1), 4.

Dowling, Grahame R. and Mark Uncles (1997), "Do Customer Loyalty Programs Really Work?" *Sloan Management Review*, 38 (Summer), 71-82.

Dubé, Laurette and Manfred F. Maute (1996), "The Antecedents of Brand Switching, Brand Loyalty and Verbal Responses to Service Failure," *Advances in Services Marketing and Management*, 5, 127-51.

—— and —— (1998), "Defensive Strategies for Managing Satisfaction and Loyalty in the Service Industry," *Psychology and Marketing*, 15, 775-91.

Dwyer, F. Robert, P. H. Schurr, and Sejo Oh (1987), "Developing Buyer-Seller Relationships," *Journal of Marketing*, 51 (April), 11-27.

Edvardsson, Bo (1992), "Service Breakdowns: A Study of Critical Incidents in an Airline," *International Journal of Service Industry Management*, 3, 417-29.

Ehrenberg, Andrew S. C. (1988), *Repeat Buying: Facts, Theory, and Applications*, 2nd ed. New York: Oxford University Press.

"Extra Life for Airlines" (1993), *Asian Business*, (August), 44-66.

Folkes, Valerie S., Susan Koletsky, and John L. Graham (1987), "A Field Study of Causal Inference and Consumer Reaction: The View From the Airport," *Journal of Consumer Research*, 13 (March), 534-39.

Fornell, Claes and W. T. Robinson (1983), "Industrial Organization and Consumer Satisfaction/Dissatisfaction," *Journal of Consumer Research*, 9, 403-12.

—— and Birger Wernerfelt (1987), "Defensive Marketing Strategy by Customer Complaint Management: A Theoretical Analysis," *Journal of Marketing Research*, 24 (November), 337-46.

Fournier, Susan, and Julie L. Yao (1997), "Reviving Brand Loyalty: A Reconceptualization Within the Framework of Consumer-Brand Relationships," *International Journal of Research in Marketing*, 14 (December), 451-72.

Ganesan, Shankar (1994), "Determinants of Long-Term Orientation in Buyer-Seller Relationships," *Journal of Marketing*, 58 (April), 1-19.

Gilbert, D. C. (1996), "Relationship Marketing and Airline Loyalty Schemes," *Tourism Management*, 17(8), 575-82.

Goodman, Paul S., Mark Fichman, F. Javier Lerch, and Pamela R. Snyder (1995), "Customer-Firm Relationships, Involvement, and Customer Satisfaction," *Academy of Management Journal*, 38(5), 1310-24.

Goodwin, Cathy and Ivan Ross (1992), "Consumer Responses to Service Failures: Influence of Procedural and Interactional Fairness Perceptions," *Journal of Business Research*, 25 (September), 149-63.

Gronhaug, Kjell and G. Zaltman (1981), "Complaint and Non-Complainers Revisited: Another Look at the Data," in *Advances in Consumer Research*, Vol. 8, Kent Monroe, ed. Ann Arbor, MI: Association for Consumer Research, 83-87.

Grönroos, Christian (1994), "From Marketing Mix to Relationship Marketing: Toward a Paradigm Shift in Marketing," *Management Decision*, 32(2), 4-20.

Gummesson, Evert (1987), "The New Marketing--Developing Long-Term Interactive Relationships," *Long Range Planning*, 20 (August), 10-20.

Hart, Christopher W. L., James L. Heskett, and Earl Sasser, Jr. (1990), "The Profitable Art of Service Recovery," *Harvard Business Review*, 68 (July-August), 148-56.

Hess, Ron, Shankar Ganesan, and Noreen Klein (1998), "Service Failures and Recovery: The Impact of Relationship Factors and Attributions on Customer Satisfaction," working paper, Pamplin School of Business, Virginia Tech, Blacksburg, VA.

Hu, Michael Y., Rex S. Toh, and Stephen Strand (1988), "Frequent-Flier Programs: Problems and Pitfalls," *Business Horizons*, 31 (July-August), 52-57.

Jacoby, Jacob and Robert W. Chestnut (1978), *Brand Loyalty: Measurement and Management*. New York: Wiley.

Kahn, Barbara E., Manohar U. Kalwani, and Donald G. Morrisson (1986), "Measuring Variety-Seeking and Reinforcement Behaviors Using Panel Data," *Journal of Marketing Research*, 23 (May), 89-100.

Keaveney, Susan M. (1995), "Customer Switching Behavior in Service Industries: An Exploratory Study," *Journal of Marketing*, 59 (April), 71-82.

Keller, Kevin Lane (1998), *Strategic Brand Management: Building, Measuring, and Managing Brand Equity*. Upper Saddle River, NJ: Prentice Hall.

Kelley, Scott W. and Mark A. Davis (1994), "Antecedents to Customer Expectations for Service Recovery," *Journal of the Academy of Marketing Science*, 22(1), 52-61.

——, K. Douglas Hoffman, and Mark A. Davis (1993), "A Typology of Retail Failures and Recoveries," *Journal of Retailing*, 69 (Winter), 429-52.

Maute, F. Manfred and Laurette Dubé (forthcoming), "Patterns of Emotional Responses and Behavioral Consequences of Dissatisfaction," *Journal of Applied Psychology*.

Morganosky, M. and M. Buckley (1986), "Complaint Behavior: Analysis by Demographics, Lifestyle and Consumer Values," in *Advances in Consumer Research*, Vol. 14, M. Wallendorf and J. Anderson, eds. Ann Arbor, MI: Association for Consumer Research, 223-26.

Morrisson, Steven A. and Clifford Winston (1989), "Enhancing the Performance of Deregulated Air Transportation System," *Brookings Papers on Economic Activity in Microeconomics*, 1, 66-112.

Mowlana, Hamid and Ginger Smith (1993), "Tourism in a Global Context: The Case of Frequent Traveler Programs," *Journal of Travel Research*, 31 (Winter), 20-27.

Moyer, M. (1984), "Characteristics of Consumer Complaints: Implications for Marketing and Public Policy," *Journal of Public Policy and Marketing*, 3, 67-84.

O'Brien, L. and C. Jones (1995), "Do Rewards Really Create Loyalty," *Harvard Business Review*, 73 (May-June), 75-82.

Reichheld, Frederick and W. E. Sasser, Jr. (1990), "Zero Defections: Quality Comes to Services," *Harvard Business Review*, 68 (September-October), 105-11.

Richins, Marsha L. (1983), "Negative Word-of-Mouth by Dissatisfied Customers: A Pilot Study," *Journal of Marketing*, 47 (Winter), 68-78.

Roos, Inger and Tore Strandvik (1996), "Diagnosing the Termination of Customer Relationships," working paper #335, Swedish School of Economics and Business Administration, Helsinki, Finland.

Rusbult, C. E. (1980), "Commitment and Satisfaction in Romantic Associations: A Test of the Investment Model," *Journal of Experimental Social Psychology*, 16, 172-86.

———, D. Ferrel, G. Rogers, and A. G. Mainous III (1988), "Impact of Exchange Variables on Exit, Voice, Loyalty and Neglect: An Integrative Model of Responses to Declining Job Satisfaction," *Academy of Management Journal*, 31, 599-627.

———, M. I. Zembrodt, and L. K. Gunn (1982), "Exit, Voice, Loyalty, and Neglect: Responses to Dissatisfaction in Romantic Involvement," *Journal of Personality and Social Psychology*, 43, 1230-42.

Rust, Roland T., Anthony J. Zahorik, and Timothy L. Keiningham (1995), "Return on Quality (ROQ): Making Service Quality Financially Accountable," *Journal of Marketing*, 59 (April), 58-70.

Sharp, Byron, and Anne Sharp (1997), "Loyalty Programs and Their Impact on Repeat-Purchase Loyalty Patterns," *International Journal of Research in Marketing*, 14 (December), 473-86.

Singh, Jagdip (1990), "A Typology of Consumer Dissatisfaction Response Styles," *Journal of Retailing*, 66(1), 57-99.

Smith, Rob (1998), "Can You Bribe Your Way to Customer Loyalty? Frequency Markting Strategies," presentation at the Strategic Research Institute Seminar on Relationship Marketing, New York, December.

Stephenson, Frederick J. and Richard J. Fox (1987), "Corporate Attitudes Toward Frequent-Flier Programs," *Transportation Journal*, 32 (Fall), 10-22.

Taylor, Shirley (1994), "Waiting for Service: The Relationship Between Delays and Evaluations of Service," *Journal of Marketing*, 58(2), 56-69.

Technical Assistance Research Programs (1978), *Consumer Problems, Consumer Complaints, and the Salience of Consumers' Advocacy Organizations: A Review of the Literature and Results of a National Survey*. Washington, DC: National Science Foundation.

Uncles, Mark, Andrew Ehrenberg, and Kathy Hammond (1995), "Patterns of Buyer Behavior: Regularities, Models, and Extensions," *Marketing Science*, 14 (Summer), 71-78.

Warland, Rex, R. Herrmann, and J. Willits (1975), "Dissatisfied Customers: Who Gets Upset and Who Takes Action," *Journal of Consumer Affairs*, 9 (Winter), 148-63.

Webster, Cynthia and D. S. Sundaram (1998), "Service Consumption Criticality in Failure Recovery," *Journal of Business Research*, 41 (February), 153-59.

第**24**章

服務業裡的常客優惠方案
（frequency programs）

John Deighton

　　酬賓計劃在客戶服務產業中已行之有年，至少可追溯到十八世紀時的印花酬賓計畫（stamp programs, Vredenburg 1956）。九〇年代以來，科技的發展使商人能夠更有效地辨識每一個顧客，並且清楚地紀錄顧客的消費細節，於是賦予酬賓計劃新的重要性。對現代大型服務業來說，提高顧客忠誠度是重要的目標之一，為達此目標而擬定的管理策略可說是五花八門、奇招百出。有一個研究優惠行銷方案的機構列出了121種不同的方案（當然，實際數字不止如此），這些方案分別是從美國各類服務業中所歸納出來的，包括航空業、租車中心、郵購商、觀光郵輪、百貨公司、健身俱樂部、博奕業者、雜貨店、觀光業、飯店業、餐廳、購物中心、專門店、電信業者及各類異業結盟等（Barlow 1998）。

　　儘管這些計劃已廣為採用，但是仍然有很多限制和缺點（Dowling和Uncles 1997；East、Hogg和Lomax；Sharp和Sharp 1997）。如果不能謹慎行事，這些顧客忠誠度計劃可能會造成市場中所有競爭者的經營成本上漲，卻沒有等量的利潤。除了可能對公司造成長期財務壓力，這些策略也容易被指為養成顧客索賄的習慣。本章主要將針對顧客管理提出一個類型學的觀念，來釐清為什麼有些酬賓計劃非常成功，有些則正好適得其反。

何謂常客優惠計畫？目的是什麼？ 如何達成目標？

　　客戶關係行銷計畫、忠誠度計畫、延續性計畫、常客優惠計畫、積點計畫等名詞，彼此之間往往是可以互相替代的，它們多少都已經定型成一系列的行銷活動，這正是本章的主題。明確地說，本章的主題是買賣雙方之間的契約關係，基於此種關係，賣方會提供某種激勵買方從事交易的動力。一旦缺乏了這種契約關係，雙方的交易就可能趨於疏滯；這就所謂培養顧客對產品偏好的方法。

　　假如顧客在消費時沒有特殊偏好，很容易就轉身投向其他競爭對手的懷抱，這時公司就不免面臨顧客流失的窘境。賣方在這種契約關係之下所尋求的，就是建立顧客對其之偏好，以便為公司創造更多利潤。賣方所設計或提供的契約計畫，主要目的就是為了提昇顧客在自己店裡的消費數量。就實際的狀況而言，增加消費量不外以下列兩種方式呈現：

- 每一個顧客在這種契約關係之下，有更大量的消費。
- 原本不是公司的顧客，但卻被這種契約關係所吸引而成為公司的顧客。

　　這種契約關係如何發揮功效？哪一種契約會使顧客願意放棄自由選擇的權益，讓賣方獲得更多的利潤？為了詳加解說，我們以表24.1

表24.1 忠誠度計劃類型表

	不特定客戶優惠	特定關係下才有的好處
賣方不知道買方的身分	消費印花	大量購買享有折扣
賣方知道買方的身分	現金回饋	獨特享有之權益

釐清兩種不同的規劃模式。首先,我們可以從兩個不同的角度作為切入點:第一,利益是否是替代性的?或者,利益必須在於某種特殊關係之下才會產生?其次,賣方是否能夠辨識買方的身份?

Klemperer曾明確地指出,一旦某買方能適度地運用常客優惠計畫,讓顧客在重複消費時可以享有優惠價格,買方會理性地從一系列同質的服務中選擇此賣方(1987)。然而,Klemperer並未說明為什麼不是所有的服務提供者都規劃這種策略,也並未解釋執行這類策略為什麼不會消耗公司的利潤(亦即造成公司更大的成本負擔)。我們試著找出原因,其中一個可能是:因為公司能夠有效地辨識、劃分顧客類型,並且提供在特殊關係下才有的利益給那些最值得公司投資的顧客(也就是所謂的「高價值顧客」,high-valued customers)。

無身分辨識的替代性優惠

最原始的常客優惠方案型態是給予顧客類似現金之類的回饋,例如可以用來換取商品的交換券。這種折扣方案和單純的商品折扣之間唯一的不同在於:這一類的折扣必須累積到一定的數量以後才能使用。在累積的過程中,顧客可能會產生消費的偏好(patronage bias)。

消費印花方案(trading stamp program)基本上是以價格為基礎,

而且最終往往成爲一種「零合」競爭（zero-sum competitive，即一方
獲利，引起另一方相應虧損）。在廿世紀裡，曾經兩度相當流行這種
策略，第一次是在廿世紀初，另一次則是在五〇年代。在這兩個時期
裡，這種策略一度等於成功的代名詞，許多商店都曾因此而蓬勃一時
（Fox 1968）。所謂的消費印花指的是一枚小小的貼紙，商店根據顧客
的消費量，發予顧客這種貼紙以作爲回饋。一旦顧客累積了某一數量
的消費印花，可以在店裡或到發行消費印花的公司兌換商品或者折合
現金。發行印花的公司將消費印花售予零售商，零售商再發給來店消
費的顧客，顧客可向發行消費印花的公司換取目錄上的商品。這些商
品的成本以及一些行政費用是由零售商所負擔，零售商之所以願意付
出這項成本，乃是希望能夠藉此吸引更多顧客重複上門消費，爲公司
創造更高的利潤。雖然在美國這種以消費印花來促銷商品的策略似乎
已經褪流行，不過像在加拿大或澳洲等地，累積飛行哩程的方案或是
鼓勵旅客在旅程中多多購物的策略還是相當常見。而網路的點閱回饋
（Click-Reward）也是類似的例子。

　　只要價格貼現 ΔP（price premium）低於這些消費印花可以換取
的價值和蒐集消費印花時所獲得的金錢上的精神回饋之總合，這樣的
方案對顧客來說就算有利可圖。（顧客向發給消費印花的商人購物的
價格，減去顧客向沒有發給消費印花的商人購物的價格，就產生了所
謂的價格貼現）。對於提供服務的商人而言，這種方案是否值得投
資，則端視顧客是否寧可購買不發消費印花的商品，或是這樣的方案
眞的吸引更多消費者。對商家來說，只要價格貼現 ΔP 的最低限度
（margin）"m" 小於執行此方案的成本 Ct，這樣的計畫就會符合損益
的評估而值得投資。Ct 的內容包括零售商向發行消費印花的公司購買
消費印花以及服務提供者本身的行政支出。對增加的交易量來說，只
要價格貼現的邊界值 m（$P + \Delta P$）高於 Ct，這樣的方案便有獲利的
空間。因此，假設此方案所增加的銷售比例爲 η，只要符合下列不等

式，方案就得以生存：

$$Ct < m (\eta P + \Delta P)$$

　　然而，實際上這種結構的計畫並不能長存。因為對採用這類策略的商家而言，只要有新的競爭者仿效，在相同產業市場中參一腳，公司所增加的利潤和價格貼現就會隨之縮水。對消費者來說，很多新商店不斷採取這種攻勢，久而久之他們從蒐集印花中所獲得的心理愉悅感或成就感，也會日漸減低。

沒有個別身份辨識、在特殊關係下的優惠

　　如果能將消費印花策略作一點簡單的改變，可能有助於讓消費者的偏好維持得更久。這個改變是想辦法讓這些可贖回的利益，只能由賣方本身提供給消費者。這樣一來消費，印花本身雖然是一種替代型的流通貨幣，但是在這種獨佔性的信用計畫中，消費印花只能在顧客與服務提供者之間的特定關係之下才具有資產價值。這種方案能使公司藉著提供建立客戶關係的基礎而改變自己置身之產業環境。

　　有一個簡單的例子「擦第五雙鞋免費」，可以說明這種忠誠度策略。在這個招攬顧客的策略裡，如果顧客完全不來這家店擦鞋消費，對他而言，擦一雙鞋的價格到哪裡都一樣的，這樣的促銷策略就不具任何意義，而顧客也不容易產生所謂的「消費偏好」。然而，一旦顧客到這家商店擦了第一次鞋，很明顯地就意味著他可能省下了20%的花費，此時，這家擦鞋店就可能獨佔這個客人（Shapiro和Varian 1999）。如果該顧客決定不要在這家店擦鞋，他立即面對了價格增加的問題，因為這種免費擦鞋的服務，是基於他與這家店特殊的關係而產生的，換了一家鞋店，他就無法享有這樣的優惠。

　　為什麼顧客會甘願地掉入賣方這種獨佔性的陷阱呢？答案可能是，因為他們沒有其他的選擇，也就是說，其他業者或許不願意將單次服務（single-serving products）的價格降到和套裝服務（bundle）的價格一樣地低。以擦鞋服務的例子來說，服務提供者有兩種選擇：他可以用「擦鞋四次、第五次免費」的方案，讓顧客繼續來店裡消費；另一種方案則是，他必須調降每一次擦鞋的價格，以便和採用上述方案的同業競爭。

　　通常，服務品質較佳的商家會很有信心地採取套裝方案，而服務品質較低的商家才會以單次低價的方式招攬顧客上門。

　　在許多服務業中，如航空業、旅館業、超級市場、汽車出租業等，都會採用這種套裝方案。所有的大型航空公司大概都會實施類似的方案，例如讓搭乘該公司班機達十九次的顧客，可以享有一次免費搭機優惠，但是，如果顧客選擇不要參加這種優惠方案，則通常是連一點折扣都沒有。相反地，小規模的航空公司通常以較低廉的價格來吸引顧客（即使他們有一些針對常客所設計的方案，通常顧客的反應也顯得比較冷淡）。在旅館業、食品零售業、汽車出租業等，這種現象也是相當普遍的。

有個別辨識、不特定的優惠

　　當顧客具有個別的身份特殊性（如具有會員證、駕照、甚至指紋），而且服務提供者建立了一套資料庫，能夠有效地辨識每一位顧客的消費記錄，這時賣方可以設計一套策略，以創造其他同業所沒有的優勢。為什麼呢？

　　當顧客是匿名的，賣方對所有的顧客都只能提供同樣的（或同一套）服務，同業能夠輕而易舉地模仿，甚至以更低廉的價格販售，顧客自然容易流失。當顧客具有個別的身份特性，賣方能夠有效地紀錄顧客的消費歷史，掌握每一個顧客所創造的價值，並且針對每個顧客的個別需要提供服務，或是和其他相關的服務業者整合，使服務內容更為完整更豐富，自然可以吸引較多消費者。另外，這一類的服務方式還有一個好處，那就是使競爭對手無法掌握公司的動向或策略，也就是採取所謂的「秘密行銷」（stealth marketing）方式對顧客進行銷售。

　　Woolf在1996針對美國地區的超級市場進行調查，他歸納出幾種針對常客所設計的個人化服務類型。第一種是以會員制的方式，讓超市會員享有價格優惠，並且以發放傳單、將會員價與非會員價的差異明顯地標示在陳列架的商品上，以刺激更多的顧客加入會員，使公司更能掌控每個顧客的身份。一旦公司有了顧客的個人資料和消費記錄，就能夠針對消費額達前百分之三十的會員，再進行另一波刺激消費的攻勢，例如以更多的優惠或折扣吸引這些高度消費的顧客從事更多的消費。舉例來說，公司可以根據顧客上個月的消費額度給予回饋，以鼓勵顧客在這個月購買更多商品。公司也可以運用蒐集積點券的制度，不過不同的是，公司可以針對不同消費類型的顧客，依其需要給予功能不同的點券。Dreze和Hoch以一家零售商店為例子說明這項策略：該家零售商為高度消費的顧客提供托嬰服務，事實證明這種使顧客更方便購物的回饋方案的確為該商店創造更多利潤（1998）。

　　身份辨識的策略是否符合成本效益？和缺乏身份辨識系統（匿名性）的商家相較之下，公司知道利潤的來源為何。另一方面，當零售商將顧客的喜好清楚地整理匯集以後，可以將某個品牌愛用者的資料轉手賣給其競爭品牌的製造廠商，讓他們慫恿顧客嘗試不同的品牌。同時，這種策略也可成為一種溝通的媒介，對零售商而言是相當有利的，因為它通常是用以實施各種優惠方案的基礎。

　　優惠方案對消費者而言可能會造成開銷上的混亂。一個搭乘各種不同航空公司班機的旅客、一個習慣在不同的商店購買食物的消費者，基本上可能會放棄所謂的VIP會員權益。雖然這種用來回饋忠實顧客的策略，亦存在於「沒有個別辨識、特定客戶優惠」模式中，不過，如果可以辨識顧客身份，卻有另一個優勢。以擦鞋服務為例，，顧客可以憑自己的想法，選擇要不要加入「擦四次，第五次免費」的活動，或是選擇去其他單價較低的商店接受擦鞋服務，因為交易條件一目瞭然。不過，有身份辨識的方案很少在事先就揭露報酬內容。因此，在賣方規劃會員專享的優惠方案之前，顧客必須主動地展露自己的價值。

特殊關係、有身份辨識的利益

如果採用有助於掌握高價值顧客（high-value customers）身分的辨識方案，公司將獲益匪淺。這些好處最常見的特性並非降低成本，而是改善服務經驗的品質。這種方案有些類似「不特定優惠」，兩者皆創造出避免顧客轉換品牌的有利條件。不過特殊關係之下、有身份辨識的方案還具備另外兩項特質。

第一，公司可以據此發展一套對常客更具吸引力的策略。舉例來說，對一些經常搭機往返的乘客而言，儘管旅途相當令人勞累，但有時在旅途中仍然必須工作，此時若航空公司能提供較舒適的座艙、並且讓旅客在候機時可以進入隱密的休息室，減輕旅客奔波之苦，可能會大受歡迎。再以銀行為例，如果銀行能為大量使用信用卡的客戶（例如大來卡Dinners Club或美國運通American Express）提供個人年度消費分析報告，一定也能令顧客備感窩心。這種策略使公司能夠有效地區隔顧客層級，針對最主要的顧客群大力促銷。

其次，很多給顧客的非金錢性利益並不需要賣方付出任何成本。

這些利益存在於服務內容中，如果不善加利用，可能就白白浪費了，但是一旦充分利用，非但對公司不會造成任何成本上的負擔，還能高度提升顧客的利益。因此，在旅館業及租車公司裡，如果有較好的房間或較高級的汽車，業者常會自動爲經常光顧的消費者提供升級的服務；客輪上的旅客可以在船長專用的餐廳享用晚餐；擁有航空公司會員身份的乘客可以提早登機。這些升級的服務並不需要公司負擔額外的開銷，但卻能緊緊抓住消費者的心。

不管是刻意安排或是無心插柳，辨識顧客身份還有另外一個好處——顧客在這樣的關係中有了議價的權力。公司很清楚地知道顧客是有價值的，而顧客也知道公司已經體認到這一點。然而，顧客的權力並不會阻礙公司實施身份辨識的優惠方案；事實上，公司會因爲深深體認顧客爲公司帶來的價值，而刻意將顧客的身份特殊化，具體的方式就是提供更多獨特的服務（如獨一無二的申訴處理管道）或慷慨的品質保證內容。一般而言，在大量行銷的服務接觸中，小小的身分辨識機制應該有利於買賣雙方。

結論

本章概述了刺激顧客消費的一些策略，並且探討這樣的策略究竟只是在促銷時有曇花一現的短暫成果，抑或眞的在服務產業結構中具有持續性的功效。我們的結論是，只有像「累積消費印花」之類的策略比較不能持久，因爲這種策略只有在一開始的時候對腳步較快的公司有幫助，一旦蒐集點券的樂趣對顧客已經不再有吸引力，而越來越多的同業都舉辦相似的活動以後，這種策略恐怕就沒有像開始般的效果了。

在公司和顧客的關係之下，當顧客的消費能夠創造某種資產時，這種策略就能夠比較持久，並且使顧客對公司產生偏好，即使面臨同業的競爭仿效時，公司還是能夠屹立不搖。顧客對公司的偏好會因為身份辨識機制而更為強化。另一方面，如果顧客所享受的利益並非建築在金錢性的基礎上（如折扣優惠），而是服務品質的提升，往往會使重度使用者對公司的服務有較高的評價，也就更樂於接受這種服務形式。對公司而言最重要的是，以此方式提升服務品質的成本相當低廉，甚至不需額外的支出。

參考書目

Barlow, Richard (1998), "From Evolution to Revolution: The Roots of Fequency Marketing," *Colloquy*, 6(4).

Dowling, Grahame R. and Mark Uncles (1997), "Do Customer Loyalty Programs Really Work?" *Sloan Management Review*, 38 (Summer), 71-82.

Dreze, Xavier and Stephen J. Hoch (1998), "Exploiting the Installed Base Using Cross-Merchandising and Category Destination Programs," *International Journal of Research in Marketing*, 15, 1-13.

East, Robert, Annik Hogg, and Wendy Lomax (1998), "The Future of Loyalty Schemes," *Journal of Targeting, Measurement and Analysis for Marketing*, 7(1), 11-21.

Fox, Harold W. (1968), *The Economics of Trading Stamps*. Washington, DC: Public Affairs Press.

Klemperer, Paul (1987), "Markets With Consumer Switching Costs," *The Quarterly Journal of Economics*, 102 (May), 375-94.

Shapiro, Carl and Hal R. Varian (1998), *Information Rules*. Boston: Harvard Business School Press.

Sharp, Byron and Anne Sharp (1997), "Loyalty Programs and Their Impact on Repeat Purchase Loyalty Patterns," *International Journal of Research in Marketing*, 14, 473-86.

Vredenburg, Harvey L. (1956), "Trading Stamps," Indiana Business Report Number 21, Indiana University.

Woolf, Brian P. (1996), *Customer Specific Marketing*. Greenville, SC: Teal Books.

第25章

智慧型服務：透過資訊密集策略取得競爭優勢

Rashi Glazer

　　人們引頸盼望的「資訊時代」雖然步履蹣跚，但終於還是來臨了。資訊革命對商業行為產生最深遠的影響是促使「智慧型市場」的出現。在智慧型市場的時代中，業者和消費者所具備的常識及資訊不斷更新，並且將這些知識與訊息具體地表現在產品或服務上。和「遲鈍」的傳統市場相形之下（靜態、穩定、而且資訊匱乏），智慧型市場比較動態、不穩定、且資訊豐富。基本上，智慧型市場的形成奠基於下列幾個要素：

1. 「智慧型的產品」（smart products）──產品及服務具有知性和運算的特徵（微電腦就是一個顯著的例子）。不過，更重要的是，智慧型產品在與消費者的互動中，能夠調適環境的變化並且做出適當的反應。

2. 「智慧型的競爭者」（smart competitors）──以公司的觀點來看，競爭者永遠是千變萬化的，公司必須隨時更新、掌握相關的訊息。

3. 「智慧型的顧客」（smart consumers）——對公司而言，顧客是不斷變化的，因此，公司也必須持續地更新顧客相關的資訊。

「智慧型的公司」指組織在面對智慧型市場的挑戰時，企圖站在具有競爭優勢的戰略位置，作為公司的立足點，這一類型的公司通常會大規模地建設公司的資訊技術（IT-information technology）。資訊科技改變商業行為的本質，已是一項不爭的事實。各行各業裡的龍頭老大，如美國航空（American Airline）、聯邦快遞（Federal Express）或USAA保險公司、及藥品批發商麥克凱森（McKesson）等，都因為促進了業界的動態、並且改造了成功的條件，分別成為近年來最閃亮的明星企業，它們成功的歷程也是令人津津樂道的話題。

在大多數的情況下，這些成功的企業都視資訊技術為公司首要的基礎建設，致力於解決「頻寬」（bandwidth）的問題，讓頻道的容量大幅躍升，不但提高資訊的承載量，也加快了傳送的速度。這些企業之所以能夠佔有競爭優勢，是因為有資訊科技做後盾，他們往往能夠超越科技表象，體認到「訊息」才是核心的資產與價值，並且了解資訊管理的重要性。由於「資訊密集」策略（information- intensive strategies）是「智慧型行銷」的基礎，因此這些先聲奪人的公司便能以先鋒者的姿態，領軍發展、實踐「智慧型行銷」（Blattberg, Glazer 和Little 1994；Glazer 1991, 1993；Porter和Millar 1985）。

資訊密集策略是因應資訊密集行銷（亦即智慧型行銷）而出現。雖然所有策略的個別商業功能及管理會因為需要的不同而改變，同時也會根據公司在進行商業活動時運用資訊的能力而有所調整，不過，最重要的發展往往是在行銷領域方面-一般來說，指的是公司在管理顧客關係時所進行的活動。本章將大略地勾勒出服務業者在智慧型市場中的生存策略，涵蓋的問題包括企業的資產、績效評估、概念重建、策略擬定、及公司的組織結構等。

首先，我們先指出未來的公司在面臨資訊密集時代的競爭時，所產生的兩個重要結果。第一個可以說是市場史上首次出現的新階段--「去集中化市場的區隔供給」（differentiated offerings in decentralized markets，Blattberg, Glazer和Little 1994）。這個階段取代了原來的「集中化市場的區隔供給」（differentiated offering in centralized markets）。在集中化市場的區隔供給中，顧客品味的差異會導致各種「品牌」間的競爭，公司以區隔及定位的方式來決定自己的目標市場（target market）。在新興的去集中化區隔供給階段中，公司能夠辨認出個別消費者（這些消費者可能會持續地向公司透露自己的喜好），然後針對不同的顧客提供特殊的產品或服務。

資訊密集時代的市場競爭還會造成另一個局面：以往楚河漢界般的各類範疇和明確的角色定義已經被打破：產品之間的界線（特別是服務和實體商品之間）變得模糊；公司和外在世界的藩籬已經瓦解-當顧客與公司展開雙向的互動溝通，並且參與產品的設計及生產過程時，公司和顧客間的界線便不復存在；當公司體認到必須結合盟友共同發展有利於銷售產品的基礎設施時，公司與競爭者之間的疆界也變得曖昧不清；在公司內部，沒有哪一個部門可以掌握所有重要的訊息，為了搶先競爭者一步，以滿足顧客的需求，公司必須打破部門之間的界線，提高資訊流通的速度和效率。

在這種環境之下，我們可以用下列四項特徵來定義服務業：

1. 公司本身資訊密集。這項特徵意味著公司在銷售產品時，一方面也進行資訊收集的工作，這是交易的一部份，也是價值的一部份。傳統的產品是靜態的，但是資訊密集的服務和其運作方式都會隨著新資料的納入而有所改變。在這樣的情況下，資訊-特別是市場和顧客的資訊-就成為公司關鍵的資產之一。

2. 公司運作的模式可能是「判斷後回應」（sense and respond），這和「製造後販售」的模式正好相反（Haeckel 1994）。這種模式所採取的途徑是先了解、預測顧客的需求，然後盡快提供能夠滿足顧客需求的服務。

3. 公司相信附加價值存在於「程序」和「員工」身上（即「我們在這裡做事情的方式」）。

4. 公司認為價值的遞送在公司本身，而不是公司的服務產品。當科技變成中和劑，產品的生命週期縮短，過去以產品／服務為基礎的顧客購買行為，藉由提供更多的服務內容（即行銷組合的其他元素），最終變成公司本身成為購買行為的根本。

公司的新資產：顧客和顧客資訊

顧客就是公司的資產：這種說法在表面上可能看起來空泛，但是在實質上卻有重要的啟示。傳統的服務業大多不免要在口頭上宣示：「顧客是我們最重要的資產」，但是，根據一項觀察入微的分析指出，這些公司實際上總是盡可能地避免與顧客打交道！事實上，為了發展規模經濟與節省成本，「標準化的服務內容」已經成為廿世紀服務業者汲汲營營尋找的「聖杯」（Holy Grail）。

唯有真正體認「顧客才是資產」時，公司的注意力才會從產品轉移到顧客身上，並相信顧客才是真正為公司創造財富的人。擁有獨一無二或品質卓越的產品，並不一定等於成功的保證；能夠和顧客維持特殊而良好關係的公司，往往才是握有競爭優勢的強者。顧客所看到的不僅是單一的產品或服務，整體表現和公司的組織結構也是顧客評估的項目之一。

　　在每一次的交易行為中，公司都會收集、處理顧客的資料，並將之儲存在顧客資料檔中（CIF-customer information file），這就是所謂「顧客即資產」的真實意義，因為「關係行銷」（relationship marketing）的基礎就是顧客和公司之間持續不斷地溝通、交換訊息。

　　顧客資料檔可以說是一種「虛擬」（virtual）的資料庫，掌握了所有和顧客有關的訊息。我們之所以稱之為「虛擬」，主要是因為雖然在操作上，顧客資料好像是整筆儲存於某單一地點，但實際上這些資料卻可能散佈在組織不同的地方。

　　如表25.1所示，無論是實際或潛在的消費者，顧客資料列（或紀錄）是以個人為單位，而非以市場區隔為單位。每一欄則是有關於顧客的資料，在概念上，這些資料至少可以分成三類：

C：顧客特徵（Customer characteristics）：典型上來說（雖然不
　　是絕對），這部分是由人口統計學方面的顧客資料（即「他
　　們是誰」）。這些資料獨立於公司和顧客的關係之外而存在。

表25.1　顧客資料檔案（CIF）

低			交易相依			高				
顧客特徵			對公司決定的反應			購買紀錄				
C_{11}	C_{12}	C_{13} ⋯	R_{11}	R_{12}	R_{13} ⋯	P_{11}	P_{11}	P_{11}	⋯	P_{1t}^{*}
C_{21}	C_{22}	C_{23} ⋯	R_{21}	R_{22}	R_{23} ⋯	P_{21}	P_{22}	P_{23}	⋯	P_{2t}^{*}
C_{31}	C_{32}	C_3 ⋯	R_{31}	R_{32}	R_{33} ⋯	P31	P22	P33	⋯	P_{3t}^{*}
⋯			⋯			⋯				
他們是誰			顧客何時、何處、如何、及為什麼買了某物			顧客買了什麼、產品的價格、收益				
C_{i1}	C_{i2}	C_{i3}	R_{i1}	R_{i2}	R_{i3}	P_{i1}	P_{i2}	P_{i3}		P_{it}^{*}
										ΣP_{it}^{*}

R：對公司決定的反應（Response to firm decision）：這部份指顧客對於行銷組合（價格敏感度、資訊來源、通路購物行為）的感受與偏好（如對產品特性賦予的重要性權數）；這部分的訊息（顧客為什麼、何時、何處、如何買了何種產品）是在公司與顧客已有某種程度的互動後所蒐集的（雖然可能只是有限的互動）。

P：購買紀錄（Purchase history）：紀錄顧客的購買行為以及這些購買行為與公司的收益、產品價格之間的關係。這些資料主要來自於公司和顧客從事的實質交易行為。

績效的測量

表25.1額外追加了右欄P*的部分。Pit是i顧客在t期間為公司帶來的利潤，P$^*_{it}$則是假設在公司能將手中掌握的顧客資訊做最有效的利用時，所能獲得的利潤，而P*－P就是公司未能掌握或實現的收益。因此，公司的客觀目標就是將所有顧客、所有時期的（P*－P）減到最小；換句話說，也就是設法得到最大的（ΣP$^*_{it}$值，這就是建立顧客資料檔（CIF）的價值所在（如果我們將CIF的角色定位成公司的重要資產之一，這也就成為評估公司價值的一種方式了！）

倘若公司將「發揮CIF最高的價值」訂為整體目標之一，這意味著公司不再以每種產品的市場佔有率或獲利率來衡量表現；取而代之的評估概念是，每個顧客為公司增加的獲利率，也就是越來越常被提到的「顧客終生價值」（Lifetime Value of Customer，簡稱LTV，即某個顧客終其一生為公司帶來的利潤）或「顧客佔有率」（Customer Share，指在某類定義較廣泛的產品種類中，公司所佔有的顧客比例）。顧客終身價值或顧客佔有率並不容易精確衡量，因此，有一些權宜性的度量方式（如顧客滿意度），因為有高度的可預測性，於是常常成為重要的評量指標之一。

　　對於資訊密集時代的服務業來說，最具挑戰性的任務之一就是如何轉型成功。在過去，公司往往以帳面績效來評估整體的績效。不過，公司現在首要任務就是將新興的評估概念與傳統的評估手法結合。舉個例子來說，在過去，很少有公司去計算售予單一顧客某一項服務需要花多少成本，因此，公司自然無從得知每一筆服務的收入究竟帶來多少利潤。普遍來說，一般的公司仍然視產品或服務以及後場支援的設施與作業為其資產，這反映在產品（或品牌）管理的組織結構上，即公司是以「系列商品」來定義獲利或虧損的責任。

資訊密集策略

　　許多關心公司未來的人都有先見之明，了解CIF的重要性在於它可以提高公司的競爭優勢。這項看法意味著公司在擬定競爭策略、規劃行銷組合時，絕對不能忽略關於CIF的各項決策。公司應該「建立分類」—將各種「一般性」策略分門別類，以便使策略之間可以互相比較或對照。這些策略之所以值得注意是因為：它們是從各種顯然不同的情境歸納出來而一直受到複製使用。這個分類的架構可以作為資訊密集策略初步的「理論」基礎，平行於傳統上在「遲鈍」市場中引導管理實務的策略架構（Glazer 1999）：

1. 「大量訂做」（Mass customization, Pine 1992）：公司在不需增加任何成本的情況下，可以提供顧客個別的需要。不管是傳統上大量生產的策略，或是鎖定特定市場的目標行銷（target marketing），大量訂做的策略無異為公司找到了一個最具優勢的競爭位置，因為它不但使交易更有彈性，也使公司的行銷手段更具適應能力。

2. 「收益管理」（Yield management）：讓公司的固定資產獲得最大的效益，方法是針對不同的顧客訂定不同的價格（特別是在不同的時間點）。對於那些初始的固定資本高、收益變動資本低的產業而言，收益管理是重要的策略之一。

3. 「擴獲顧客」（Capture the customer）：這和所謂的一對一式行銷、吸引力行銷、親近的顧客關係、交叉銷售（cross-selling）等相關概念在精神上是相通的，因為最終的目的就是盡可能提高每一位顧客可能為公司創造的全部利潤（即顧客的終生價值）。

4. 「虛擬公司／延伸型組織」（Virtual company/extended organization）：在供需的連鎖關係中，公司若能夠和其他合作對象將彼此的資料庫管理加以整合，將有助於打破雙方的可能性疆域（技術上具獨特性者），建立暢通的溝通網絡。

5. 透過電信來管理（Haeckel and Nolan 1993）：發展「資訊的表徵」（informational representation）以呈現公司決策的方式（也就是公司做事的方式），提昇公司和顧客互動的層次。「透過電信來管理」的策略乃藉由建立 CIF 及相關的資料庫，配合一系列適當的「專家系統」（expert systems）與決策工具，樹立企業的典範規章，作為制定管理決策的基礎。

除了執行各種資訊密集策略以外，智慧型的服務公司也開始感受到策略規劃方式正在經歷一場全面性的轉型。當未來的服務業者機警地以「感覺-反應」模式運作時，市場規劃技巧（判斷顧客的需求為何，然後擬定市場行銷計劃等）就顯得更重要。同時，「感覺—反應」模式強調，市場規劃與策略擬定必須具備高度的彈性和敏捷的適應能力。市場行銷計劃不再只是公司發展的一張藍圖或前進地圖

（blueprint or road map），更是一種「型態辨識」（pattern recognition）
—前者詳列各種未來可能的結果，後者卻是先確認一般性的情境變
數，並且將適當的反應機制予以對應。在競爭激烈、瞬息萬變的市場
中，以策略本身為核心（strategic focus）的規劃原則已經不再適用，
取而代之的是一項新的概念：在市場競爭真正開始之前，搶先一步預
知顧客的要求。

　　由於資訊密集時代的市場動態是動盪而善變，任何市場計畫的壽
命也因此縮短。但這不意謂著市場規劃程序不再重要（事實正好相
反），而是表示市場計畫必須具備高度的應變能力-不論是規劃的過程
或結果。此外，每個計畫都應該具有生命力，可以在吸收新的資訊
後，再度調整運用，以便適應新的市場趨勢。就這一點而言，將資訊
科技融入市場規劃的程序，創造電子化的計畫（electronic plans），絕
對是服務業者刻不容緩的任務之一。

資訊密集方案與策略

　　「大量訂做」（mass customization）的產品決策漸漸和「系統整合」
（system integration）產生密切的關聯。所謂的系統整合，指的是服務
業者為了設計一套最能滿足顧客所需的產品組合，必須將所有技術上
可行的選擇加以彙整，這些選擇可能來自很多不同的公司（當然也可
能包括競爭對手）。系統整合的基本概念就是提供顧客所有的選擇組
合，以配套的方式提供最適合顧客的服務方案。

　　以往的產品訂價策略傾向以成本或利潤為基礎，但是現在越來越
多公司以「價值」的概念來訂價。要採取這種訂價方式有一個前提
是，公司必須對顧客偏好有深入的了解。另外，智慧型的價格策略應
該善用「收益管理」（yield management）的技巧，例如彈性的價格
表。所謂彈性的價格指公司根據各種異質顧客的需求適時地調整價

格，使獲利達到最高。另外，在訂價時也經常使用磋商或拍賣的方式
（特別是那些基礎設施的固定成本較高的公司，在某些時間點可能有
產能上的限制）。

　　在過去，公司常常對不知名的大眾進行商品宣傳，不過，在目前
的市場中，互動的品質與雙向的溝通取代了這種行銷手法，使商品的
廣告和促銷型態也受到影響。未來，當智慧型的服務公司體認到顧客
就是公司的資產，並且了解關係行銷的精髓，就會願意投資更多成本
和時間與顧客溝通。另一方面，當公司鎖定特定族群作為產品宣傳的
對象時，必須確保這些促銷策略的確有效。未來的品牌策略應該漸漸
走向系列產品（product family）以及以企業形象為重，這也是須與顧
客溝通的領域。

　　除此之外，公司要整合各種溝通組合與通訊活動，並特別注意公
司對顧客所傳達的各種訊息是否協調，才能夠在顧客心中建立明確而
一致的公司形象。

　　公司對於產品配給通路的規劃要保有調整的彈性。一方面，外在
通路必須要有擴充的可行空間，另一方面，由於電子商務的興起，公
司也可能會淘汰部分的中間商（disintermediation，即消除中間人，意
味著減少通路）。同時，公司所面臨的關鍵挑戰是：如何減低各種通
路之間的衝突性？以及即使很多外在通路實際上已經終止運作，公司
如何仍能與顧客保持密切的關係？事實上，資訊密集策略所提出的關
鍵問題是：在價值鏈中，究竟有誰能夠「控制顧客」？

　　顧客服務是行銷組合中最重要的元素之一，也可說是唯一能夠使
公司持續生存的競爭優勢。對於未來的服務業者而言，客戶服務必須
和公司各種管理功能緊密整合。

行銷新「4C」

　　過去至少一個世代以來，行銷策略的執行往往以一套行銷組合為基礎，這套行銷組合就是為人熟知的4P：產品（product）、價格（price）、地點（place，即配給通路）與促銷（promotion）。隨著資訊密集趨勢的出現，行銷組合的要素之一—產品—作為區隔的功能已經大幅降低，而且也無法單單以產品本身建立競爭優勢。因此，其他的行銷組合元素顯得格外重要。由於資訊密集的策略架構已然形成，4P之間的界線逐漸模糊，管理者必須更小心謹慎地規劃行銷策略（Glazer 1991）。我們已經無法明確地區分出產品究竟何時開始、在何處販賣、或是促銷活動何時截止；而公司提供給顧客的東西往往不僅是產品的本身，而是所有行銷組合元素的混合體。

　　同時，我們必須體認到，傳統的4P行銷策略是功能導向，重視的是事情的「結果」；相較之下，資訊密集策略以及相關的行銷決策更強調「程序」的重要性。因此，我們有必要重新思考資訊密集行銷策略的內容，以新的4C作為行銷決策的基礎元素：

1. 溝通（communication）：為了使顧客將公司的產品與服務視為生活中的夥伴，公司必須和顧客之間持續進行對話，。

2. 量身訂做（customization）：為了表示公司將每一個顧客視為個體，尊重每一個顧客的需求和價值，公司應該了解顧客個別的需求和行為模式，將之分類歸納，並以此為基礎提供個別顧客所需要的服務和產品。

3. 合作（collaboration）：這是「量身訂做」要素的延伸。為了讓顧客參與生產程序，打破公司與顧客之間的疆界，公司必須讓顧客投入商品的設計與傳遞（例如：提供菜單讓顧客自行選擇）。

4. 洞察力（clairvoyance）：為了使公司在資訊時代能有效地掌握最具價值的資源——即顧客的注意力（Simon 1972），公司要能「透視顧客的心」或預知顧客對於產品或服務的需要（例如：主動地了解顧客的生活型態和行為模式，作為提供服務商品的基礎）。

智慧型服務的組織結構

雖然我們很難明確地定義何謂智慧型服務的組織結構，但是至少可以確定的是，這一類型企業的內部組織較不會層級化，也就是傾向「去集中化」（decentralized），而主導公司決策的部門和顧客之間的隔閡也較小。另外，可以預料的是，在這種組織結構中，資訊會迅速而有效地流通到相關部門或人員，使管理者可以儘速對各種訊息做出反應或決定。有了這些概念，我們可以掌握構成智慧型組織的三個關鍵元素：顧客經理人、顧客團隊、以及市場學習中心。

顧客經理人（CM－customer manager）

由於顧客是為公司創造財富的來源，原本以產品為重心的行銷策略會漸漸轉移到以顧客為優先考量的重點，因此在未來的組織裡，顧客經理人的重要性將逐漸超越產品經理人。顧客經理人必須對公司的損益承擔更多責任；也就是說，顧客經理人要為目標顧客群提供特定的服務，發展「顧客計劃」——以特定顧客群為對象，擬定對應的工作目標，並規劃、執行相關策略。在顧客計劃中，顧客經理人擔任領導者的角色，協調行銷組合裡各式各樣的活動。在擬定價格策略或規劃執行廣告宣傳時，顧客經理人都應該和與專業人才保持密切合作，才能成功地執行各種顧客計劃。

顧客團隊（Customer Team）

顧客團隊強調任務的執行程序，講求工作的「流暢」。換句話說，顧客團隊是為了某項特殊任務而組織，一旦此特定工作完成，團隊也會隨之解散，而其中的成員可能會繼續加入其它的工作團隊。顧客團隊最大的特色是處理訊息的程序—團隊裡的每一個成員都有暢通的管道可以獲得各種訊息。實際上，目前有很多公司在處理資訊時，仍傾向將知識與訊息「儲存」在數個不同的地方，並且分屬不同的部門來管理。因此我們可以預料，未來的資訊會以「流動倉儲」的方式管理，處理資訊的方式不再是線性（例如，從研發部門到作業部門，從作業部門到行銷部門，最後再到業務部門），而是平行地在各部門間流通往來。

市場學習中心（Market Learning Center）

市場學習中心的出現，代表傳統行銷研究與競爭策略的進化。「學習」一詞指出：未來資訊密集的服務公司最重要的就是具備不斷學習的能力。這種能力使公司能夠吸收最新的訊息，並且快速而適當地做出反應。雖然市場學習中心所執行的任務和過去行銷研究及競爭情報有點類似，但是，最大的不同是，市場學習中心更強調「學習的程序」，例如讓員工充分利用各種獲得資訊的管道—像主動觀察的能力、不斷的實驗或引導員工進行研究調查等。只要是市場學習中心裡的部門或團體，都必須以程序作爲基礎（例如「資訊取得的部門」等）。

　　爲了在未來扮演好服務業經理人的角色，經理人必須要跳脫傳統的窠臼，因應資訊密集時代的來臨，調整觀念與充實能力，才能拓展空間並且領導企業向前邁進。當然，對於個別的員工而言，專業的技術能力也會越來越重要，他們必須在自己的專業領域中不斷地求新求精，才能跟得上瞬息萬變的新觀念與新工具。如同我們所定義的，不間斷的學習是智慧型公司的立足根本，因此，經理人必須要將自己定位成一個學習者，持續地吸收新知，並且依此調整行爲模式。從這個觀點來看，資訊密集時代的服務業必須具備的最重要技能之一，就是學會如何成爲「終生學習者」（lifelong learner）。

參考書目

Blattberg, Robert C. and John Deighton (1991), "Interactive Marketing: Exploiting the Age of Addressability," *Sloan Management Review*, 5-14.

—— and Rashi Glazer (1994), "Marketing in the Information Revolution," in *The Marketing Information Revolution*, Robert C. Blattberg, Rashi Glazer, and John D.C. Little, eds. Boston: Harvard Business School Press, 1-20.

——, Rashi Glazer, and John D. C. Little, eds. (1994), *The Marketing Information Revolution*. Boston: Harvard Business School Press.

Glazer, Rashi (1991), "Marketing in Information-Intensive Environments: Strategic Implications of Knowledge as an Asset," *Journal of Marketing*, 55, 1-19.

—— (1993), "Measuring the Value of Information: The Information-Intensive Organization," *IBM Systems Journal*, 32, 99-110.

—— (1999), "Winning in Smart Markets," *Sloan Management Review*, 40(4), 59-69.

Haeckel, Stephan (1994), "Managing the Information-Intensive Firm of 2001," in *The Marketing Information Revolution*, Robert C. Blattberg, Rashi Glazer, and John D. C. Little, eds. Boston: Harvard Business School Press, 3-12.

—— and Richard L. Nolan (1993), "Managing by Wire," *Harvard Business Review*, 71(5), 122-32.

Pine, Joseph B., II (1992), *Mass Customization*. Boston: Harvard Business School Press.

Porter, Michael E. and Victor E. Millar (1985), "How Information Technology Gives You Competitive Advantage," *Harvard Business Review*, 85(4), 149-60.

Simon, Herbert A. (1972), "Theories of Bounded Rationality," in *Decision and Organization*, C. B. Radner and R. Radner, eds. Amsterdam: North-Holland, 20-40.

第六部

服務：廠商公司

服務業的功能整合：
行銷、作業、與人力資源

Christopher Lovelock

在激烈競爭的市場中，什?才是服務業者致勝的關鍵？在服務管理方面有幾個問題相當值得思考：

1. 時間概念和服務業有密切的關係，一般來說，服務都是即時性的。服務的內容除了核心產品以外，還會有一系列的附加服務，其中有許多都是透過服務人員來傳遞。

2. 公司必須設計、規劃不同的服務型態，因此應該深入瞭解、協調並且處理複雜的服務傳遞之作業程序。

3. 確保顧客瞭解自己在服務程序中所扮演的角色（顧客涉入的程度、主動參與或被動接受等，都會改變顧客在服務事件中的角色）。

4. 公司要能夠判斷哪些是優秀的服務人員，哪些客服人員能使顧客滿意，並且和顧客建立良好關係。這一點在高度人際互動的服務業中顯得特別重要。

5. 公司應該如何規劃良好的顧客與員工之互動，使雙方都能對彼此感到滿意。

6. 在提升生?力的同時，公司也要能夠兼顧服務產品的品質，以便在顧客需求與公司的經營目標之間取得平衡。

7. 急速發展的科技重塑了服務業的本質，服務傳遞的速度和方式也會因科技而產生重大變遷。

　　綜合以上幾個管理主題，我們發現顧客漸漸涉入服務的規劃與傳遞，有時候甚至已經參與了實際的生產程序。在這種狀況下，顧客對服務的滿意程度和他們介入服務的經驗有密切的關係——顧客和公司、服務人員、甚至與其他顧客的互動經驗，都可能影響顧客滿意度。因此，如果仍舊依循傳統製造業的習慣（特別是大量生產商品的製造業），將行銷功能和其他的管理活動分離，將損及後者的績效。事實上，所有和顧客有關的事物都有行銷上的涵義。

　　Evert Gummesson 強調，傳統行銷部門的工作往往只是服務業行銷作業的一小部份（1979），Christian Gronroos 也持相同的看法（1990，175-78頁）。最近幾年來，Gummesson 再度指出，「網路組織」（network organization）與「虛擬公司」（virtual corporation）的出現已經模糊了以往公司所謂的「核心功能」之界限，使行銷、作業與人力資源管理之間的關係變得更有彈性（1994）。

變動的關係──行銷、作業、與人力資源

　　目前所有的管理階層幾乎都面臨一項最大的挑戰：如何避免「功能貯藏室」（functional silos）的現象。所謂「功能貯藏室」指公司各部門的功能獨立存在，而且每個部門都見不得其他部門出鋒頭，因此

堅持捍衛各自的獨立權。強調專業分工一直是許多企業所堅持的傳統，然而，如上述各項管理主題所示，公司的三個部門—行銷、作業、與人力資源—必須緊密結合，才能滿足公司所有的顧客。簡言之，部門之間壁壘分明或是有絕對的主從關係，都不適用於現代化的服務業公司。

　　Heskett等人以服務獲利鏈（service profit chain）的概念出發，歸納出服務業成功的因果連結（如表26.1所示，1994）。隨後，Heskett、Sasser和Schlesinger等人的研究也舉出一些重要的領導行?，說明哪些領導方式能夠有效運用獲利鏈中的各種連結（1997，第236-51頁）。其中有些領導行?和員工有關（4-7項），包括花在服務最前線、培養合適的管理人才、給員工更多發揮的空間；同時，這個獲利鏈給予我們一個重要的表示：公司若能提高員工的薪資，將能夠有效減低日後人力流動所花費的成本。高度的生產力與良好的品質也是領導者需要斟酌的重要事項。另一些領導行為主要和顧客有關（1-3項），強調公司對於顧客需求的瞭解與掌握，以及為留住顧客所做的

表26.1　服務獲利鏈的因果連結

1. 顧客忠誠度導致獲利與成長
2. 顧客滿意度導致顧客忠誠度
3. 價值導致顧客滿意度
4. 員工生產力創造價值
5. 員工忠誠度導致生產力
6. 員工滿意度導致其忠誠度
7. 內部品質導致員工忠誠度
8. 獲利鏈的成功奠基於最高管理階層的領導

來源：Heskett et al（1994）

投資。除此之外，還必須採用新的績效評估基準，以便掌握各種變數的發展（如顧客及員工的滿意度或忠誠度）。

　　各項管理主題說明行銷、作業和人力資源之間的依存關係（圖26.1）。雖然每一個部門的管理者可能負責特定的工作，但彼此之間在規劃及執行策略時，都應該互相協商。不同部門的工作責任可能是由公司獨立承擔，也可能是是公司和承包商一起分擔，在這種狀況下，公司和承包商應該要同心協力，才能達到預期的結果。雖然公司裡也有其他部門的功能（如會計或財務）對組織的運作績效也具有重要性，但是這些部門在服務的規劃及傳遞程序中，涉入的程度較低，因此，整合的必要性也就比較低。接著我們將就更寬廣的策略考量來探討行銷、作業及人力資源所扮演的角色。

行銷的功能

　　在製造業裏，生產和消費之間有清楚的界線，實體商品在工廠裡

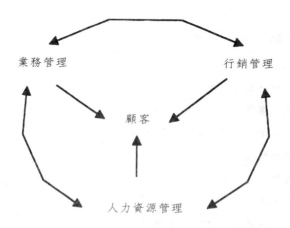

圖26.1　服務管理三合體

製造，然後運送到零售商或中繼站，接著再到第三個地方供顧客消費或使用。因此，在這種生產及消費流程中，生產部門的人員通常不會與顧客有直接接觸，特別是消耗性商品。這類型的公司由行銷部門擔任製造部門和顧客間的橋梁：行銷部門向製造人員傳達顧客的需求，以便生產適當規格的產品，並且反映市場需求、競爭資訊、及?品在市場上的表現。此外，傳統製造業的行銷也必須與物流（logistics）及運輸單位配合，才能根據行銷策略讓貨品流通到最利於銷售的據點。

　　上述傳統製造業的情況在服務業裡已不復見。很多服務業的「工廠」—特別是在傳遞服務程序中高度依賴顧客參與的服務業—都必須有顧客的出現與介入，才可能真正運作。很多大型的連鎖商店（如飯店、速食餐飲、租車公司等）的服務區域遍及全國、全洲、甚至全世界。當顧客主動參與服務的生產與消費時，必定會和公司的生產部門產生直接的接觸，這些接觸可能是真實地發生在物理空間中，也可能透過電話等媒介完成互動。不過，在某些服務傳遞的規劃中，顧客必須透過比較不人際化的媒介（如郵件、傳真或網際網路），此時顧客與公司人員就不見得會有直接的接觸。

　　在生產與消費已趨於同步的服務環境中，行銷、作業與人力資源應該維持何種關係才最恰當？在製造業裡，產品一旦離開生產線，接下來就是行銷部門的責任了；儘管每一種服務業的性質不同，顧客和作業人員接觸的程度也會不同，但是整體的服務業仍共用一套不同於製造業的法則：顧客和作業人員的接觸是一種必然性，而非例外。另外，在很多狀況下，作業管理還必須負責服務的流通事宜，包括零售商通路。不論是哪一種情況，有效的行銷應該能夠執行下列任務：

1. 評估並選擇適合的市場區隔。
2. 研究每一個市場區隔裏顧客的偏好與需求。

3. 調查競爭者的服務型態，解析其主要的特性、品質等級及市場策略。

4. 根據目標市場的需要設計產品的核心內容，並且要確定此核心產品能夠與競爭者匹敵，甚至更具優勢。

5. 除了產品核心以外，應該選擇合適的附加元素，以提昇核心服務的價值與吸引力，使顧客易於購買、消費該產品。

6. 全程參與服務的生產程序，確保產品在使用上的便利性，及產品是否確實反映了顧客的需求與偏好。

7. 產品定價要能反映成本、競爭策略及顧客對各種價位的敏感度。

8. 產品的銷售地點和時間排程必須能夠配合顧客的需求和喜好。

9. 發展傳播策略，透過適當的媒介提高產品的知名度，讓潛在的顧客也能獲得相關的資訊。

10. 發展一套能夠衡量、建立服務品質的標準。

11. 公司應規劃相關的方案，以回饋忠實顧客，並藉此強化顧客忠誠度。

12. 在傳遞服務以後，公司應著手調查顧客滿意度，以找出需要改進或加強的地方。

　　從上述幾項行銷任務來看，我們發現，服務業的行銷和作業部門所掌控的人事、資源、設施是彼此相關且互相依賴的。和製造業不同的是，服務業裡的行銷、作業和人力資源幾乎每天都有接觸的機會。開始的時候，很多作業部門的管理者可能和行銷部門處得很不好，不過，在今日，服務業中的行銷部門對管理制度的影響力與日俱增，這對於組織設計與責任的分配也有重要的涵義。

作業的功能

　　雖然行銷工作的輪廓越來越清晰，但是在很多服務業組織裏，管理大權仍是由作業部門掌控。這一點並不令人意外，因爲作業部門往往是公司裡最龐大的單位，負責設計並傳遞服務產品，因此，作業不僅負責後勤的設施與支援，同時也必須與前線負責傳遞服務的人員密切配合。在高度人際接觸的服務型態裡，作業主管要領導爲數眾多的成員，其中有許多都有機會直接面對顧客。在重視科技發展的組織中，作業部門的主管有責任推動公司的科技基礎設施，以利專業人員從事研究發展工作，並且創造更多新穎的服務傳遞系統。

　　很多作業主管的年資可能都比行銷人員來得久，因此很容易覺得自己瞭解得比較多。不過，行銷部門對公司的貢獻受到越來越多的認同，尤其在下列幾個方面，行銷可說居功厥偉：瞭解顧客的動機和習慣、找尋新產品的市場與機會、提供顧客相關的產品資訊、在激烈的商業競爭環境中，擬訂各種建立顧客忠誠度的策略。事實上，即使許多作業部門的主管反對行銷直接介入其管理，他們無法否認的是，專業行銷人員在服務的規劃和設計方面，的確能夠提供值得參考的見解。

人力資源的功能

　　儘管高度發展的科技使許多服務不再需要人員實際操作，不過，仍然有許多服務業屬於勞力密集。服務業需要人力來執行各種工作（無論是後勤或前線），以便推動各種行銷任務與行政支援。

　　人力資源在1980年代出現，成爲管理功能的一環。在過去，有關員工的事務大多分散給各部門分別管理，例如人事、薪酬、工業關係、或組織發展等，很多員工每天必須向作業部門呈報例行性的工作。根據學術上的定義，人力資源管理（HRM）所牽涉的管理決策和作法，會對組織和員工的關係造成影響（Beer et al. 1985）。

1. 人力資源流量（human resource flow）的主要概念是，員工的專長組合和數量必須符合公司長程策略的需求，這牽涉到公司在招募新人、訓練員工及升遷管道方面的政策。

2. 工作系統（work system）牽涉到的問題則是當公司要規劃或支援服務產品時，應該如何安排人力，妥善運用資訊與技術。

3. 獎勵系統（award system）可以讓員工清楚地瞭解組織管理的目標，明確地定義員工應有的態度與行為。並非所有的獎勵都是金錢性，有時「認同」也能發揮提昇士氣的功能。

4. 員工的影響力（employee influence）指的是員工對企業目標、薪資、工作環境、職場發展、就業安全、任務的設計與執行有何影響。目前的趨勢賦予員工越來越多的權力，這也反映了員工影響力在本質和範圍已經有了改變。

在很多服務業裡，員工的才幹和忠誠度是公司競爭優勢的主要來源（Pfeffer 1994），特別是在高度人際接觸的服務型態中，顧客會從同質性較高的公司當中，評估員工服務態度孰優孰劣。很多成功的企業都有一項共同的特性，即其高層管理階層通常很重視人力資源（參較 Berry 1995, 第8-10章；Schneider and Bowen 1995）。員工如果瞭解並且支援公司的目標，而公司方面也提供適當的訓練、充實員工的技能，協助他們在工作崗位上大展身手，整個組織在行銷與作業的管理上將會更加得心應手。

功能之間的衝突

當行銷的角色受到越來越多的重視，很容易造成三種功能的摩擦與衝突，特別是行銷與作業之間擦槍走火的機會也會更高。行銷主管很可能會覺得作業部門的眼光不夠長遠，當行銷部門企圖擺脫舊有的束縛，引進創新的服務或傳遞系統時，公司其他的員工對於新事物的抗拒心理，往往成為最大的阻力，這經常令行銷人員深感力不從心。

這三個部門要如何才能在同一個公司裏共存共榮？彼此之間相對的角色又應如何？Sandra Vandermerwe指出，善於創造價值的企業大多以活動作為思考點，而非功能；但是，有很多公司的行銷與作業部門仍然處於彼此交惡的狀態（1993，第82頁）。舉例來說，行銷部門認?是他們努力地吹捧產品，吸引顧客，才能替公司創造財富，因此稱得上是最重要的部門；另一方面，作業單位認為如果不是作業部門努力突破限制、控制人力、器材等成本，公司無法有效地節流。公司內的對立除了發生在作業和行銷之間以外，人力資源部門往往也是傾軋或內鬥的主角之一，此時被捲入紛爭的員工，更會發現自己陷入不知應該聽命於誰的困境。

模糊的疆界（Boundary Spanning）

「模糊的疆界」問題指員工夾在兩個部門之間的進退兩難局面。舉例來說，作業部門要求服務人員必須講求效率，盡快處理每一個顧客的交易接觸，以提昇生產力並降低成本。然而，行銷部門卻希望服務人員多花些時間和顧客接觸，將每一位顧客當成獨立的個體，適當地表達情感與關注，目的是為了讓顧客從事更多的消費。兩種互相衝突的要求常常使服務人員無所是從、備感壓力，最後弄得筋疲力盡。事實上，解決這些衝突的唯一管道，就是三個部門之間必須透過協商，對公司目標達成共識，給工作人員清楚而明確的指示，釐清工作內容，並且建立適當的支援或激勵政策。

利潤和成本導向

作業部門的管理者通常優先考量效率與成本，然而行銷人員卻將增加銷售量並建立顧客忠誠度當成首要任務。有時候行銷部門主張的創新提案可能非常具有吸引力，而且可能真有提升銷售量的潛力；然而，對作業部門來說，行銷部門大力鼓吹的提案，可能使公司必須付出大量成本，或承擔過高的風險，因此作業部門寧可否決該提案的可行性。因此，如果行銷人員能夠不厭其煩地試著瞭解作業部門所面臨的限制或難題，也許就能避免像無頭蒼蠅一樣，精心策劃的提案也不致遭到胎死腹中的命運。此外，當行銷人員取得了作業或人力資源部門的信賴，將有助於說服這兩個部門同意投資新的設備器材、調整工作配置、提供更多訓練、甚至擴充人力。

不同的時間觀

行銷和作業對於服務創新的觀點常常大相徑庭。對行銷人員來說，他們最關心的是如何能快速地提升競爭優勢，並且和競爭對手並駕齊驅，甚至比他們更好。「落後」可說是行銷人員最大的惡夢，深怕落後的他們總是急切地期望公司開發新產品。相反地，作業部門在發展新科技或改良運作流程時，往往以長程計畫為依歸，希望每一項投資即使經過長久的時間仍然能為公司創造財富。人力資源部門大多和作業部門的看法一致，不願意貿然調動員工職務；更何況職務的調動，必須要先和員工溝通，並且取得原單位主管的諒解與同意，這些事情常常都得花上不少時間。

在既有的作業架構中求新求變

　　另外一個問題是有關各部門之目標與政策的相容性。一項新產品可能對公司原來的顧客或潛在顧客群具有極大的吸引力，然而，它是否見容於目前的經營架構呢？有一家速食連鎖餐廳就是因為這樣而跌得傷痕累累，該家餐廳企圖在菜單中加入一項新產品，但是原有的營運架構顯然不適合這項計劃：

> 這是個很嚴重的錯誤。我們的店很小，根本沒有空間放置新的器材。以公司現狀來說，執行這項計劃並不恰當。當然，這個方案雖然不適合我們的公司，但並不意味著這個點子不好，在其他的速食餐廳或許可以做得很成功。雖然顧客對這項新產品的反應非常好，但是它已經將我們原來的運作流程與系統全都打亂了。

　　如果無法和公司現行的生產技術、設備及人才配合，再好的新產品也無法達到預期的品質水準。值得注意的是，永久性的不適當與短期的啟動性問題（start-up problem）之間是不同的。舉例來說，對於調整人事的排斥感是一種啟動性的問題。為了便於管理，公司往往希望將工作內容單純化，因此，擔任前線服務管理的主管並不願意了新品而打亂既有的工作模式或流程。

三項指令（imperatives）

　　很多管理者習於既有的運作方式，對於「改變」在態度上顯得較保守，很容易一昧地只在乎份內的事，忘了公司所有部門都應該通力

合作打造一個以客為尊的組織文化。為了促進公司所有部門的合作與
協調，最高領導階層必須下達清楚的指令，每個指令都應該以顧客為
中心，並且明確地指定各部門為達使命所應盡的義務。雖然每個公司
的指令可能因為服務性質之不同而不同，但是我們可以歸納出三個普
遍適用的指令以?參考：

1. 行銷指令：公司應該評估能力範圍內所能提供的服務內容，鎖
   定目標顧客群，然後藉著持續提供符合顧客需求的套裝服務，
   與顧客建立良好關係。如果顧客認?公司的套裝服務能夠滿足他
   們的需求，公司自然能夠建立與其他競爭者不同的優越價值。
2. 作業指令：為了提供產品價格或品質符合目標顧客之期望各種
   套裝服務，公司必須採行適當的作業技術，使能符合顧客要求
   的價格與品質，並能透過提高生產力的方式來減低成本。一方
   面，公司應考量以員工或承包商目前的技能是否能夠執行這些
   作業方法，否則公司應該考慮提供相關的訓練。公司不僅要有
   足夠的設備、器材、技術來生產新商品，也必須注意推出新產
   品是否會對員工或社會造成負面的影響。
3. 人力資源指令：針對行銷和作業，公司必須招募、訓練、激勵
   各部門的主管和員工，讓全體同仁可以相輔相成，兼顧作業和
   行銷部門的目標：顧客滿意和作業效率。員工對公司提供的工
   作環境和機會感到滿意時，會更願意留下來為公司效力，甚至
   以身為公司一分子而備感光榮。

　　服務管理的挑戰之一就是，如何使上述三種功能性的指令彼此相
容，並且互相增強。

提升組織內部的協調性

最高管理階層的責任是建立一套架構與程式，整合各部門主管的勢力，化解部門之間的紛爭，以及避免讓某一部門享有絕對的控制權，減低部門間的不平衡感。有幾個方式可以協助服務公司促進各部門之間的協調性、有效減低衝突與緊張的局面，以下將分別詳述之。

轉任與交叉訓練

讓經理人分別在不同的部門任職，汲取相關經驗，增進他們對不同部門的瞭解。當一個經理人從原來的工作部門到另外一個單位時，他會適應、學習新單位的語言或觀念，並且也有機會觀察到機會與限制之所在，因此對於該單位的優先性目標也能有所諒解。另外一個類似的管道是提供交叉式的工作訓練，讓主管或員工執行更寬廣的各種任務，而不是每個人都窩在自己小小的工作崗位裡各自為政。

建立跨部門的專案小組

另外一個方式是建立某個專案的工作小組，例如開發新?品、提升品質或改善生?力等。執行專案的小組通常是臨時性的，在某一段時間內要完成特定的任務。理想上，這種執行團隊的成員應該來自各部門，並且有接受他人觀點的雅量；除此之外，這些成員應該務實且善於溝通，而不是全然以系統與技術為導向。參與專案的行銷人員不見得必須知道技術性的操作細節，但必須瞭解作業系統的運作，並且要瞭解幕僚人員和技術人員對這些作業系統的觀點。

專案小組的組成，可以視為整個公司的縮影，不過，他們並非執行每日例行性的工作。一般來說，專案小組非常重視互相討論，藉此找出解決問題的方式。除了小組內部的討論之外，當小組成員之間的

看法有歧異而無法達成共識時，需要透過外部機制來介入，爲小組的
爭議提供協調方案。另外還有一點值得注意的是，如果指派行銷部門
的主管作爲專案小組的領導人，公司的最高主管必須明確地授權給該
領導人，以避免小組領導人在面對傳統上擁有較多權威性的作業部門
人員時，無法眞正扮演領導的角色。

新人與新事

　　公司要從事組織性的調整時，常常需要整頓部門關係、重新定義
工作內容、擬訂優先性目標、調整既有的思想行爲模式。基本上，公
司可以透過兩個途徑來完成組織性的調整：第一個是重組公司原有的
人力資源，第二個是納入新的成員。這些方式所牽涉到的問題不僅是
組織的政策和系統，同時也端視是否有合適的人選可以擔任某項職
務。當然，公司規模越大，在人員的調動上也越有彈性，因爲公司有
分佈在各分公司或地區的主管或專家，也許他們從未眞正接觸過新的
工作內容，但憑著對組織充分的瞭解，他們很快就能夠具有生產力，
推動計劃案的進行。

程序管理小組

　　公司裏的工作小組也可能是常設性小組，小組通常會繞著特的程
序而構成。就行銷而言，程序管理小組可能包括品牌管理小組，負責
規劃並協調某項特定產品的設計和傳遞。以英國航空公司爲例，他們
有許多品牌管理團隊，分別針對不同層次的顧客，設計不同的服務方
式與內容（Torin 1988）。另外一個例子則是連鎖旅館業者，由執行作
業委員會之類的小組負責統合管理各個分公司。

在公司與顧客的組織之間的人事整合

　　從事B2B服務型態的公司爲了經營良好的顧客關係，有時會與顧

客互相派遣人員在對方的公司內常駐。另外，讓作業或人力資源部門的員工參與公司銷售事務，或是在交易完成後持續追蹤顧客滿意度，也是可行的方式。由於這樣的做法凸顯出公司以滿足顧客需求為目標，也意味著行銷是公司每一分子都應該參與的工作。

擬訂利潤分享方案

當公司獲益提昇以後，員工可以一起分享成果。最明顯的利潤分享例子就是透過員工認股制度，讓全體員工一起享受公司累積的財富。

確保服務為顧客導向

在服務業裏，顧客導向（customer orientation）的重要性，主要呈現在服務程序中顧客和員工的互動。服務業在作業方面有一個基本的概念是「前臺」（front stage）和「後臺」（back stage）之區別。前臺所發生的事情，就是顧客的消費經驗。在低度人際接觸的服務交易中，前臺的活動在比例上比在後台的活動少了很多。舉例來說，信用卡用戶和發卡銀行的往來通常只限於每個月收付信用卡款項，當發生問題的時候，多數都可以透過信件往返或電話解決。類似像信用卡申請案件、信用卡審核等程序，都發生在後臺。不過，公司應該妥善地處理這一類短暫的接觸，因為這樣的接觸經驗可能在顧客心中留下深刻的印象。

相反的，在高度人際接觸的服務型態中—例如飯店業，顧客置身於具體的服務環境中，和不同的服務人員接觸，從電話訂房專員到門房、從服務生到櫃檯人員、從餐廳侍者到清潔人員等，都可能出現在服務接觸的場景中和顧客產生互動。不過，不管各種服務型態在本質上有何差異，服務的設計和規劃都應該以顧客的需求爲出發點。

高度競爭壓力下的服務

　　當市場競爭—特別是服務業的市場—越來越激烈，公司必須要能夠有別於競爭者，才能建立產品特色，不至於使品牌的面貌模糊，造成商品的壽命苦短。所謂建立產品獨特性，不只強調產品核心之內容的特色，同時也越來越重視附加在核心產品的附屬服務項目。成功的區隔策略必須致力於制定「標準」（formalize standards），這套標準除了可以明確地指出服務的品質目標，同時也能夠反映出該產業的本質、組織的文化和公司在市場上的自我定位。爲了成功地使產品和其他競爭品牌有所區隔，公司各部門的主管必須要通力合作，完成下述任務：

1. 持續進行調查，瞭解顧客的需求和慾望，以及他們對於公司各項服務的滿意度。
2. 找出導致顧客滿意（或不滿意）的關鍵因素，並且依此檢討公司目前各項服務項目。
3. 對於不同的任務，應該設定以顧客爲基準的服務層次標準。
4. 妥善規劃工作和技術上的系統，以支援員工，協助其達到上述的標準。
5. 由於顧客是善變的，技術發展日新月異，競爭對手又不斷使出新招數，面對種種挑戰，公司必須要定期地調整、更新標準。

　　另外，人際面的品質也很重要。不良的服務可能是服務人員的態度不好，也可能是服務的運作低於標準。這一類的問題需要從人力資源方面著手解決，例如在訓練服務人員時，應該加強人際關係的技巧，教導員工以顧客的觀點來提供服務。

技術如何改變組織和顧客的關係？

技術常常會導致公司發生組織性的變革，例如電腦和通訊技術的發展，全面性地顛覆了傳統上對時空的概念，而網際網路的運用更大幅地提昇了商業運作機制（參見Cairncross 1997；Downes & Mui 1998；Hagel & Armstrong 1997）。技術不僅改變了作業的本質、服務傳遞的程序，它更改變了員工和顧客的人際互動型態。更重要的是，它使我們重新思索市場的限制（除了在地理概念方面），並且檢討市場區隔的的各種變項。

我們以銀行的例子來說明技術如何改變了銀行傳統的運作方式。英國的First Direct 可說是無分行銀行的始祖，它是世界上第一家完全以電話和客戶往來的銀行，並且提供24小時的服務。First Direct不但沒有分行，也從未和散佈在英國各地的客戶碰面。這些顧客之所以選擇First Direct，可能是因為他們希望無論身在何處都可以輕易地使用銀行的服務。（Larreche、Lovelock & Parmenter，1997；Lovelock & Wright 1999，第三章）。傳統銀行有嚴格的層級結構，包括各種層層相疊的管理單位、以功能和據點而區分的各部門；此外，還必須有效地管理、監督各分公司的作業。相較之下，First Direct的組織傾向於水平結構，公司的執行長和以電話服務客戶的公司代表之間，並未存在著很大的社會性、物理性距離，所有的經理人和員工都在幾個集中的工業園區裡面。雖然First Direct和顧客在物理上的距離可能很遙遠，但是由於公司非常謹慎地招募、訓練適任員工，而公司的服務系統也設計相當良好，使顧客對First Direct的電話服務品質有高度的評價。公司每一個辦公室都相當寬敞，沒有明顯的隔間，員工的穿著簡單俐落，具有專業氣質；而且公司裏每一個人都以彼此的名字（而非

姓氏）互稱，氣氛顯得和睦又融洽。公司裏並設有一個自助餐廳。在
這個公司裏，連位階最高的執行長都沒有專屬的私人辦公室。

技術與管理功能的整合

　　接下來，我們以位於新加坡的運動世界聯鎖商店（World of
Sports）為例，說明「技術」如何發揮力量重新塑造公司。該公司在
不同的據點設有分店，總公司和倉庫則分別和各分店位於不同的地
點。該公司以「速度、單純、服務」為目標，為了達到這些目標，他
們除了謹慎地挑選、訓練員工、努力地提昇工作士氣以外，同時也善
於利用資訊技術，以便管理、監督即時的銷售和存貨狀況。

　　每一個銷售據點都是一個情報端點，掌握每一筆交易。每完成一
項交易就會產生一筆即時的交易紀錄，以商品項目（技術上來說，就
是所謂的商品庫存單位，stock-keeping unit, SKU）、銷售時間、地
點、銷售人員等資訊加以分類歸檔。有了這個工具，商店經理在管理
時可以省下不少時間，這些多出來的時間與精力就可以用來建立更密
切的顧客關係。電腦化使商品物流產生重大變革，「運動世界」藉著
電腦科技創造了「虛擬倉儲」（virtual warehouse），除了有整合的功
能，更能即時更新公司的庫存資料，可以快速地查詢每一項商品的庫
存狀況。如果某一家分店發現某項商品的存貨不足，店員可以立刻向
總公司的倉儲查詢，或是看看其他分店是否有存貨。另外，藉由情報
端點的規劃設計，公司不需要花費龐大成本、大量囤積商品，就可以
提供顧客內容廣泛的商品選擇。因此，對公司而言，商品的相關訊息
（即商品目前的所在地）和商品本身具有同等的重要性。

　　很多零售商和運動世界一樣，紛紛設置情報端點，各端點可以和
電腦中心溝通，這是傳統收銀機辦不到的事。由各端點所提供的情報
再經過整合和分析以後，可以提供管理部門參考。圖26.2呈現了透過

資訊技術所建立的物流模式，此模式對行銷、作業、人力資源以及其他管理功能產生了重大的影響。從各銷售據點彙集到終端機的資料，不但可成為各部門主管掌控作業的工具，另外也?他們之間的協商整合搭起一座橋梁。

技術如何提昇服務

Regis McKenna是多家高科技公司的顧問，他說：「技術正在創造一個新的市場環境，在這個環境中，每件事情都是服務」（McKenna 1995a，第1頁）。當服務業不斷成長，並且跨越地理限制向四面八方擴張時，公司裡的主管所處理的不再是每日例行的工作，

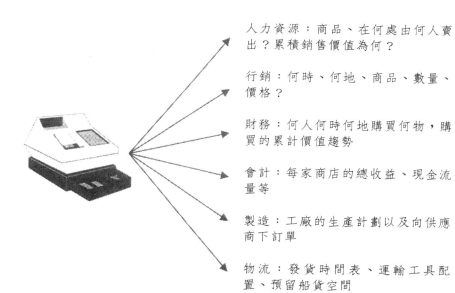

人力資源：商品、在何處由何人賣出？累積銷售價值為何？

行銷：何時、何地、商品、數量、價格？

財務：何人何時何地購買何物，購買的累計價值趨勢

會計：每家商店的總收益、現金流量等

製造：工廠的生產計劃以及向供應商下訂單

物流：發貨時間表、運輸工具配置、預留船貨空間

圖26.2 通路中的資訊技術革命對公司管理造成的影響

同時也不再單純地面對顧客。隨著規模的擴充，公司必須要確保服務品質的一致性，而運用資訊技術可以助公司一臂之力。

在不同據點都設有服務分支的業者，為了加強與顧客的關係，往往必須設計一套方案，集中那些不需要面對面就能完成的服務功能。具體來說，電腦技術和通訊設備使公司可以利用全國性（甚至全球性）的線上服務系統為顧客提供相關訊息、訂單或解決問題的服務。值得注意的是，這套系統是由公司的中樞單位負責統合管理，而非各自分散在分公司或附屬機構中。

McKenna指出，傳統上以顧客研究為基礎的行銷手法在今日已經暴露不足之處：

> 藉由與顧客不斷的接觸，公司可以獲得許多重要的訊息，這是光靠著研究調查無法獲得的成果……在過去，肉販、麵包師傅或蠟燭商人和顧客都是面對面進行交易，因此彼此之間會建立個人化的關係；而現代的公司必須要透過科技才能掌握每一個顧客的相關訊息，藉著技術，才能重新開啟商店和顧客的交流之門。（第88頁）

公司可以用各種方式有效地掌握顧客的資料，例如藉著提供免付費電話，讓顧客有詢問或申訴的管道；或者利用網際網路提供顧客所需要的訊息，讓顧客有機會以電子郵件和公司聯絡，並且使用自助式的服務系統（如電子銀行）。透過這些方式，公司能即時而有效地瞭解顧客使用各項服務的動態。

當管理者企圖突破各部門之間的藩籬時，有賴運用科技來瞭解公司有多少的潛在優勢，重新正確地評估既存的架構和運作程式。如果能夠適當地重新評估現有模式，管理者可以創造出更具彈性的整合性架構。

領導者

　　如表26.1所示，服務獲利鏈的最終連結-最高管理階層—為整個鏈奠下成功與否的基礎。Berry指出，服務業的領導階層必須具備一個重要的觀念：「不管目標市場、服務種類、價格策略為何，管理者必須以服務品質作?競爭的基礎」（1995，第9頁）。Berry指出，員工在服務傳遞中扮演關鍵角色，領導者必須信任員工，並且把和員工溝通視為首要任務。他並強調，熱愛自己所從事的服務，是領導者必備的另一項特質；而規劃良好的服務環境，能夠激發領導者展現熱忱。一旦領導階層具有熱忱，他們也會樂於教導員工，開誠佈公地將有關公司經營的各種訣竅、技能傳授給員工。Berry認為，領導者必須將企業的核心價值融入組織中，並且培養、啟發員工的領導者特質，這也是企業領導階層最重要的功能之一（1999，第44頁）。當然，這些核心價值必須明確地定義公司對待客戶和員工的方式。Berry還指出，當公司面臨艱難的處境時，價值觀取向的領導者必須先正確地釐清心中的價值觀究竟為何，才能帶領員工共度難關（1999，第47頁）。

　　基本上，層級結構的公司很類似軍隊組織，很容易造成誤解，以為靠著最高領導階層就足以帶領公司走向康莊大道。然而，正如Vandermerwe所說的，未來的服務業必須更富彈性（1999），而現代的服務企業越來越重視團隊工作，正是因為：

> 領導人才到處都是，他們散佈在各個團隊小組裏。這些領導人常
> 因為善於與顧客互動接觸而被發掘，他們的決策有助於公司建立
> 長期的顧客關係……這些領導者對於自己的工作必須具有熱忱、
> 興趣以及專業知識，能為工作團隊注入活力，也因此才能夠成功

地執行各項方案。（第129頁）

結論

在任何的服務企業中，行銷必須與作業共存。傳統上，作業部門手中握有強大權力，他們的優先考量不是顧客，而是公司的成本和運作的效率。行銷也必須和人力資源部門共存，後者通常負責招募、訓練員工—當然包括那些需要與顧客直接接觸的客服人員。服務業者面臨的挑戰是：如何使各部門之間的關係達到均衡狀態。另外，資訊技術也是重要的角色，因為它打破了過去礙於地理環境所產生的隔閡與限制，將各單位緊密地連結。最後要強調的是領導的藝術，因為透過有效的領導，才能確保公司所執行的新程序可以有效地佔領與擴張市場與顧客群。

參考書目

Beer, M., B. Spector, P. R. Lawrence, D. Q. Mills, and R. E. Walton (1985), *Human Resource Management: A General Manager's Perspective*. New York: Free Press.

Berry, Leonard L. (1995), *On Great Service: A Framework for Action*. New York: Free Press.

——— (1999), *Discovering the Soul of Service*. New York: Free Press.

Bowen, David E. and Edward T. Lawler III (1992), "The Empowerment of Service Workers: What, Why, How and When," *Sloan Management Review*, 34 (Spring), 31-39.

Cairncross, Frances (1997), *The Death of Distance*. Boston: Harvard Business School Press.

Downes, Larry and Chunka Mui (1998), *Unleashing the Killer App*. Boston: Harvard Business School Press.

Grönroos, Christian (1990), *Service Management and Marketing*. Lexington, MA: Lexington Books.

Gummesson, Evert (1979), "The Marketing of Professional Services: An Organizational Dilemma," *European Journal of Marketing*, 13(5), 308-18.

——— (1994), "Service Management: An Evaluation and the Future," *International Journal of Service Industry Management*, 5(1), 77-96.

Hagel, John, III and Arthur G. Armstrong (1997), *Net Gain*. Boston: Harvard Business School Press.

Heskett, James L., Thomas O. Jones, Gary W. Loveman, W. Earl Sasser, Jr., and Leonard A. Schlesinger (1994), "Putting the Service Profit Chain to Work," *Harvard Business Review*, 72 (March-April), 164-74.

————, W. Earl Sasser, Jr., and Leonard A. Schlesinger (1997), *The Service Profit Chain: How Leading Companies Link Profit and Growth to Loyalty, Satisfaction, and Value*. New York: Free Press.

Larréché, Jean-Claude, Christopher Lovelock, and Delphine Parmenter (1997), *First Direct: Branchless Banking*. Fontainebleau, France: INSEAD. (Distributed by European Case Clearing House)

Lovelock, Christopher and Lauren Wright (1999), *Principles of Service Marketing and Management*. Upper Saddle River, NJ: Prentice Hall.

McKenna, Regis (1995a), "Everything Will Become a Service and How to Be Successful When It Does," *ITSMA Insight*, (Spring), 1.

———— (1995b), "Real-Time Marketing," *Harvard Business Review*, (July-August), 87-98.

Pfeffer, Jeffrey (1994), *Competitive Advantage Through People*. Boston: Harvard Business School Press.

Schneider, Benjamin and David E. Bowen (1995), *Winning the Service Game*. Boston: Harvard Business School Press.

Torin, Douglas (1988), "The Power of Branding," *Business Life*, (April-May), 56-60.

Vandermerwe, Sandra (1993), *From Tin Soldiers to Russian Dolls*. Oxford, UK: Butterworth-Heinemann.

第27章

塑造服務文化：
以人力資源管理爲策略

David E. Bowen

Benjamin Schneider

Sandra S. Kim

　　每當人們談到成功的企業典範時—如迪士尼、西北航空、新加坡航空、宜家（IKEA）家具、諾茲特洛姆百貨公司（Nordstrom）或Shouldice Hospital，無可避免地會提到這些公司的文化特質；此外，這些企業管理員工的方式，也是經常爲人津津樂道的。這兩個變項—文化與人力資源管理—可以說是了解服務組織效果的關鍵，特別有助於瞭解顧客滿意度方面的問題。

　　過去十年來，各種有關管理的研究都強調公司文化和人力資源管理（HRM--human resource management）所扮演的策略性角色。公司文化是發展競爭優勢的基礎（Barney 1986），企業的文化常會受到顧客的評估，而每個公司的文化往往是獨一無二、不易模仿的，因此，好的企業文化可以爲公司創造超越其他競爭者的優勢條件。另一方面，人力資源管理的規劃，必須依循公司的發展策略，並且有效地配合外在環境脈絡和內部組織資源（Fombrun, Tichy和Devanna 1984）。過去公司在規劃人力資源時，常圍繞著合法性與成本等議題打轉，但現在和人力資源管理最緊密相關的卻是公司的策略架構，唯有以公司策略為基礎所發展出來的人力資源結構，才能幫助公司創造理想的產品價值，以吸引、保留更多顧客。

本章我們所要探討的課題是：人力資源管理如何塑造公司文化，除了提出我們的見解以外，也將援引其他學者的研究資料。以下先簡述本文所探討的幾個問題：

1. 從員工的角度出發，卓越的服務文化與環境和企業組織的成效有關，而顧客滿意度則是組織成效的指標。本章將回顧幾個相關研究，這些研究主要是探討顧客經驗與員工經驗的關係（如Schneider, White 和 Paul 1998）。我們認為，對於所有的組織而言，公司的文化與氣候是很重要的，但是對於服務業來說，內部文化的重要性遠遠超越了其他產業。服務業員工所體驗的公司文化較直接地呈現在顧客面前，特別是那些和顧客有高度接觸、或是顧客會親臨現場的服務類型來說，公司文化更扮演舉足輕重的角色（Chase 1978）。

2. 人力資源管理（如招募、訓練或獎勵制度）是塑造公司文化最重要的工具之一，利用人力資源管理，公司可以創造一個符合目標市場需求的文化氣候。為了達成這項目標，公司的人力資源管理必須以服務為中心（service-focused），這意味著公司在招募員工時，應該網羅具有高度服務性向的人才（service-oriented，Frei 和 McDaneil 1998）；對於員工的訓練則應該加強他們對於知識的吸收與技能的培養，使他們具備服務的能力（Heskett、Sasser 和 Schlesinger 1997），當然這也包含了「情感勞力」方面的訓練（emotional labor，Hochschild 1983）；而獎勵制度應該發揮表彰優良服務行為的功能（Schneider 和 Bowen 1995）。除了以服務為導向，人力資源管理也和市場區隔的概念（market-segment）息息相關。光靠執行一系列以服務為取向的人力資源管理計劃，很難真正達到真正卓越的服務；公司還要配合特定的顧客區隔，規劃人力資源組合，才能創造優越的服務表現。公司所制定的策略應該建立人力資源管理和目標顧客群之間的連結，這也是公司的市場策略和人力資源管理真正交集之處（Chung 1997）。

3. 將人力資源管理和公司其他部門的功能緊密地整合，是達到顧客滿意度目標的關鍵。這也是 Schneider 和 Bowen 曾經指出的「避免落入人力資源管理的陷阱」。公司所有功能──包括人力資源管理、行銷、業務等──必須要相輔相成，互相幫助，向同一個品質目標邁進。整體來說，公司的各部門應該成為一個無縫服務系統（seamless service system），在此系統內的每一個元素對於顧客的態度都具有一致性。

　　從以上三個討論大綱，我們將探討人力管理的執行對公司的服務文化和氣候有何影響，而身處於此環境中的員工將如何在傳遞服務的過程中將公司文化反映在服務的品質上。我們除了以敘述性（descriptive）的文字說明人力資源管理如何塑造公司的文化和氣候以外，同時也重視應用與規範（prescriptive）方面的討論，指出公司應該如何擬定人力資源管理策略，以利創造吸引目標顧客群的服務文化及環境。最後，本文的重心轉移到公司部門整合的問題，主張組織的人力資源管理與其他部門功能必須密切地結合，才能達到卓越服務的目標，實現公司所預期的結果，並且有效地留住顧客。

服務氣候與文化

　　首先，我們必須先定義什麼是氣候和文化。對於學者或實務工作
者來說，這些用詞可能稍嫌模糊。在這裡所說的文化和氣候是指員工
如何「瞭解」其所處之工作環境，這呈現了一個複雜的心理學現象，
其中牽涉了兩個面向。組織內部所形成的「氣候」，是所有員工共同
凝聚出來的總和，對於「什麼是對組織最重要的事」有所共識
（Schneider 和 Bowen 1995）。具體地說，這是員工對於兩個問題進行
推論所得到的結果：（1）組織如何例行性地運作？（2）組織所追求
的目標是什麼？（Schneider、Brief 和 Guzzo 1996）。員工在公司的人
力資源管理及行銷或業務管理之下工作，這些單位會直接或間接地傳
遞某些訊息，員工便據此歸納或得知什麼行為符合公司的期許，並且
可以獲得獎勵或支援。

　　過去幾年來，有關於組織氣候的研究漸漸重視策略性的探討，將
員工對公司氣候的認知與增進公司利益的特定標準結合，例如服務或
創新等概念（Schneider 1990）。另外，這也使得學者越來越有興趣探
討員工對公司的政策、慣例和工作程序的觀感，以及符合公司的期
望、值得公司獎勵或支持的員工行為。當組織的運作或獎勵制度所傳
達的訊息，可以喻示員工公司對於服務的高度重視，且透過這些訊息
讓員工知道傳遞服務的特定方式，則「服務的氣候」便已成形。

　　氣候可視為公司深層文化的外顯性特徵，所謂的「外顯性」指的
是員工經驗與管理政策或程序（特別是在人力資源管理方面）有直接
的關係。這些外顯性特質的形成，主要是因為組織內部的成員共同擁
有一系列價值觀與信念，這也是我們所說的組織文化（Kotter 和
Heskett 1992；Schein 1992）。文化是組織成員在社會或心理層面所持

有的態度或想法，而非僅止於對組織表層的感受。文化的本身蘊含一套基本的價值觀，這套價值觀對於是非或做事方法有一定的準則；另外，企業解決問題或追求生存空間的方式也會不斷改變，隨著這些變化，價值觀必須隨之重新調整進化。存在於公司內部的價值觀會引導組織的結構、政策及運作，透過不斷學習的過程，這些價值觀也會跟著被重建更新。Schein 指出：「文化最終所反映的是組織成員為了學習與處理事務所付出的努力，而文化就是學習過程的殘留物（1992）。因此，文化具有穩定現況的功能，而且能夠賦予意義、有助於提高未來的可預測性。另一方面，今日的文化是過去的決策所產生的結果」（68 頁）。

　　組織成員不會很快地就能掌握這些價值或信仰，這些價值觀涉及較深層的感受、思考或情緒，外在行為不見得會透露真正的訊息（Schein 1992）。Schein 提到，領導者雖然有創造文化的潛力，但是以一個剛剛進入新組織擔任領導者的人而言，必須瞭解新環境的文化，否則，他只能夠被既有的文化牽著鼻子走：「成為領導者的基本條件是必須要清楚地意識到自己所處的環境文化，否則這些領導者就只能受制於文化」（1992，15 頁）。

　　我們同意 Schein 對於領導者角色的看法，同時我們更認為由於領導者塑造了組織的運作和獎勵制度，這些制度往往以公司的策略性目標作為建構之方向，因此，公司的策略性目標也意味著公司對於員工管理的態度或政策。如果員工在工作的過程中感覺到公司對服務的重視，他們也會瞭解到顧客滿意度與服務品質即為公司的管理目標。因此，員工將體會到這個組織非常強調服務品質—這就是所謂的公司氣候。

　　有一部份的學者認為，所謂的公司氣候—即組織在運作和獎勵方面的外顯性特質所賦予員工的經驗—可以一併納入公司文化的範疇裡（Schein 1992；Schneider 和 Bowen 1985）。儘管有些研究者認為氣候與文化是兩回事，不應該混為一談（Ott 1989；Trice 和 Beyer 1993），不過，本章仍然採用習慣性的說法，以廣義的「文化」涵括「氣候」的概念。

為了方便起見，本章使用「文化」這個詞時，就包括了「氣候」的概念。不論是關於公司氣候的研究（Schneider、White 和 Paul 1998）或是探討公司文化的研究（Schein 1992），都一致認為：透過運作和獎勵的制度，管理價值能夠彰顯公司的特色，同時，這些制度也成為公司對員工所宣示的策略性指令，讓員工在執行任務時有所依據。這些策略性的指令是員工行為的參考架構，指引員工做出合宜的行為表現。

員工的文化經驗與組織成效之關係

過去數年來，我們做了很多有關服務文化的研究，探討服務文化和員工、顧客以及公司獲利表現之間有何關係。早期除了針對銀行服務文化對顧客經驗的探討（Schneider 1973）之外，後來更把員工經驗納入銀行業服務文化的研究之中（Schneider 1980；Schneider 和 Bowen 1985；Schneider、Parkington 和 Buxton 1980）。有關於各種員工經驗的面向包括：（1）管理行為—對於卓越服務的獎勵、支援、規劃或期望；（2）系統支援—公司相關部門，如行銷、人事或業務，對服務的支援；（3）客戶的開發與鞏固行為強調的是顧客的重要性；（4）通路的支援—傳遞服務時所需要的工具、器材、設備或補給品。從顧客的角度來說，這幾個面向和「服務品質量表」中的組成面向（SERVQUAL，Zeithaml、Parasuraman 和 Berry 1990）相當類似。

服務文化的各種面向和顧客經驗以及員工表現之間的關係已經受到證實。當員工感受到公司對服務文化的高度重視、並且能夠獲得傳遞服務時所需要的支援，他們的工作壓力比較小、對工作的滿意度較高，工作結果也比較正面（Schneider 1980）。除此之外，研究亦顯示當員工覺得公司非常強調服務文化時，顧客對於服務品質也會有很高的評價。換句話說，員工對於公司服務文化的看法，會反映在顧客對服務品質的感受上（Schneider 和 Bowen 1985）。很多相關的研究—包括已經發表的專業期刊或已經出版的書籍，都獲得類似上述之結論（如 Heskett、Sasser 和 Schlesinger 1997；Wiley 1996）。除此之外，更有研究指出，當員工認為公司的服務文化是堅強而有力時，顧客就越有可能和公司繼續交易往來（Schneider 和 Bowen 1985）。

　　員工的服務文化經驗除了和顧客滿意度之間有關以外，有些研究還企圖提出證據證明服務文化和其他的組織成效指標（organizational effectiveness indicators）—包括財務表現—也有密切的關聯。過去十五年來，有很多關於組織文化的研究都已明確指出了組織文化和組織表現之間的關聯性（如 Deal 和 Kennedy 1984；Peters 和 Waterman 1982），雖然許多成功企業的個案研究似乎都支援這個論點（如 Lovelock 在 1994 年對聯邦快遞的研究，Berry 在 1995 對迪士尼公司的研究，及其他如 Heskett、Sasser 和 Schlesinger 在 1997 年的研究）。然而，能夠證明組織文化與組織表現確實有直接關係的證據仍然很有限，其中最令人疑惑的問題是：真正發生作用的究竟是組織文化，或是其他因素呢（如：競爭者的表現不良、產品與服務的包裝方式等）？有一些堪稱周詳的研究對於公司文化和財務績效之間的關聯，抱持懷疑的態度（Siehl 和 martin 1990）。涉及公司財務績效的變數太多（如市場狀態、地理環境或資金取得等），其中有許多因素都超出了組織所能控制的範圍。因此，財務和公司文化之間的關係是否成立，仍是一個難解的習題。

　　事實上，有關財務和公司文化之關係的看法，一直存在著兩種對立的見解。我們先以 Wiley 的研究為例說明。Wiley 針對一家銀行的兩家分行從事研究調查，這兩家銀行分別位於市區和郊區。Wiley 先分別蒐集兩家分行有關組織文化的資料，接著再將這些資料與顧客滿意度進行交叉分析，結果發現兩者之間的確存在正面的關係（1996）。然而，當 Wiley 進一步地探討顧客滿意度和公司表現的關聯時，兩家分行卻出現了相反的結果。追根究底以後發現，由於 Wiley 主要交易服務速度來定義公司的表現。位於郊區的分行由於交易量比較小，所以容許以較慢的速度處理交易，導致顧客滿意度和公司表現呈負向關係；也就是說，當營業員花費較多的時間和顧客接觸，可以得到較高的顧客滿意度，但是交易速度卻因此變慢了！

　　Sutton 和 Rafaeli 對便利商店的研究也有類似的結論（1989）。他們發現顧客滿意度越高的便利商店，獲利卻越低。Sutton 和 Rafaeli 對此現象的解釋和 Wiley 很類似，他們都以交易速度來定義商店的表現。也就是說，在擁擠或生意很好的商店中，人們對交易速度的要求較高，因此商店的獲利也比較高；然而，當顧客不多的時候，店員和顧客接觸的時間較長，因此延長了交易時間，但是收益卻平平。從 Wiley、Sutton 和 Rafaeli 的研究得知，各種偶發的因素都可能影響公司表現和服務文化之間的關係強度。

　　儘管如此，也有部分研究發現服務品質對於公司的生意的確有幫助。舉例來說，Heskett 等人曾經提出一個「服務獲利連鎖」（the service profit chain，Heskett, Sasser 和 Schlesinger 1997），說明很多成功的企業（如美國運通、BancOne、西北航空以及全球最大零售商 Wal-Mart 等）之所以能超越競爭者，並不斷提高獲利，主要是因為他們善於管理公司的服務文化。除此以外，Buzzel 和 Gale 所從事的大規模研究「市場策略之獲利衝擊」（PIMS-Profit Impact of Market Strategy, 1987）顯示，能夠生產並且傳遞高品質服務的公司，通常也能獲得高人一等的收益。儘管如此，這些研究還是不能證明證明服務品質對公司獲益狀況有直接的影響。其他因素—如低廉的價格或新穎的點子所具有的吸引力—都可能是導致獲利的原因（Deshpande、Parley和Webster 1993；Narver和Slater 1990；Schneider 1991）。

儘管各種研究對於公司文化與獲益表現之間的關係尚無定論，但是可以確定的是，員工在組織中的經驗與感受確實和顧客經驗有關。Keskett、Sasser和Schlesinger把員工經驗與顧客經驗的關係稱之為「滿意度鏡射」（satisfaction mirror, 1997，第99頁），他們並且以不同產業裡的成功案例佐證這個關係的成立（如家居清潔連鎖店Merry Maids、美國第二大長途電話公司MCI 及全錄公司等）。Wiley和Schneider曾經分別加以檢視、總結相關的研究（Wiley 1996；Schneider 1990），提供大量的證據說明員工經驗與顧客經驗之間的密切關聯。在接下來的部分，我們將更詳細地探討人力資源管理所扮演的角色，同時必須強調的是，在組織內部的所有次系統（subsystems）都是公司服務文化的組成元素

人力資源管理在服務文化中的角色

在塑造服務文化時，人力資源管理的主要功能可以歸納成四種，以下將分別說明之。

象徵性的：人力資源管理政策會對員工透露訊息，傳達組織價值並且告訴員工公司對其行為之期望。因此，人力資源管理具有指引與啟發的功能。

人力資源管理的實務工作（如選才、訓練或獎勵制度）往往反映了管理價值和公司的優先策略。員工從公司的人力資源管理方式可以評估管理階層所擁護或標榜的價值觀，是否真正地落實在人力資源運作以及獎勵制度上。同時，人力資源的運作可以使個體員工之間享有

某些共識，以便對公司的策略性目標或達成目標的方式有共同的瞭解。舉例來說，如果管理者總是宣稱服務顧客是公司最重要的宗旨，在實際執行時，公司就應該要僱用有高度服務取向的員工。當有關人力資源的各項政策都一致以服務爲取向，並且支援組織的中心價值，公司將能夠建立強而有力的服務文化。相反地，如果人力資源實際的運作方式和公司宣稱或強調的中心價值背道而馳，公司可能就陷入所謂「文化精神分裂症」（cultural schizophrenia）的情境裡（Schneider和Bowen 1995）。

> 實質性的：人力資源管理必須確認員工具備完成任務所需要的能力與動機，並且以組織所強調的價值規範爲執行工作時的基礎。

　　人力資源管理在組織文化的塑造上，扮演重要角色；相較於其他產業，服務業組織裡的人力資源管理更具有不容輕忽的重要性。很多服務業都是以勞力密集的模式運作，因此人力資源是服務生產過程中的關鍵要素。另外，很多服務業的員工都必須與顧客面對面接觸（Normann 1991）。因此，人力資源部門在挑選或訓練服務人員時，就等於正在進行品質管制的工作。換句話說，人力資源部門的任務是確認雇用的員工具備了符合公司期望的工作動機和能力（Schneider和Bowen 1995）。

> 策略性的：在執行公司所制定的服務策略時，人力資源管理是關鍵要素之一。

　　一般的企業策略可以大略地分成兩類，一個是成本領導策略（cost leadership），另一個是差異化策略（differentiation）（Porter 1980）。採用不同的策略模式傳遞服務時，所需要的人力資源組合和服務文化也會有所差異。

　　人力資源管理的方式，是建立、發展服務文化之基礎（Schneider 1990）。組織想要獲得成效，必須讓組織文化和人力資源管理系統和諧運作，同時也要和組織中其他重要的變項配合（如經營策略）。根據Pfeffer的定義，「經營策略」（business strategy）是公司在市場上提出的「價值主張」（value proposition），希望藉此在眾多競爭對手中脫穎而出，獲得消費者的青睞（1998）。人力資源的管理即為公司建立價值主張時的基礎。

> 永續經營的競爭優勢：傳統上，企業以價格、技術水準或差異化的產出（differentiated output）創造競爭優勢，但是現在漸漸傾向以人力資源管理及其所勾勒塑造的文化為基礎，建立競爭優勢。

　　如果能夠有效地執行創新而一貫的人力資源政策，並且以此創造企業的服務文化，公司將具備獨特的競爭優勢。由於這種優勢奠基於公司特有之文化，並非經由抄襲或模仿手段就可形成，因此這種優勢相對上更具持久力（Heskett、Sasser和Schlesinger 1997）。企業文化、人力組合及組織潛能可以為公司帶來永續經營的競爭優勢，這個論點在近年來受熱烈的討論（Barney 1986；Lawler 1992；Pfeffer 1998；Ulrich和Lake 1990）。正如本章開始所說的，這也是很多成功的企業得以長期在市場上叱吒風雲的原因（如諾茲特洛姆百貨公司Nordstrom、迪士尼、聯邦快遞、BancOne或西北航空公司等）。

規劃服務取向的人力資源組合

　　過去十五年來，數不清的書籍與研究報告紛紛指出服務業和製造業在組織上的差異性，因此，延伸到人力資源管理的問題上時，也會強調服務業應該採取不同的人力資源管理策略（例如Bowen 1996；

Bowen和Schneider 1988；Bowen和Waldman 1999；Fromm和
Schlesinger 1993；Heskett、Sasser和Schlesinger 1997；Jackson和
Schuler 1992；Schneider 1994；Schneider和Bowen 1992, 1993,
1995）。本文並不打算細說漫長的研究史，但是我們認為有必要提出
兩個與人力資源管理角色相關之概念，因為這兩個概念可以凸顯人力
資源管理對於組織成效的影響力。接下來我們先分別說明此二概念，
隨後並探討公司如何調整人力資源組合，使其與公司所定義的市場區
隔策略能相輔相成。

　　首先，由於服務業裡的員工不比製造業，他們不只參與了產品製
造的過程，同時也是交易結果的一部分，因此人力資源管理在服務業
的角色是很特殊的，它所影響的，包括技術層面的品質（傳遞的產品）
和功能層面的品質（傳遞產品的方式）（Gronroos 1990）。當顧客參與
了服務的生產過程，就等於讓服務人員有機會塑造顧客對於服務產品
或服務方式的看法。因此，人力資源管理的角色在過程覺知（process
perception）中清楚地呈現了「服務品質量表」（SERVQUAL）中的三
個面向：情感性（empathy）、反應性（responsiveness）與確實性
（assurance）（Zeithaml、Parasuraman和Berry 1990）。人力資源管理的
特殊角色解釋了公司某些行事原則，例如當公司徵求一個工作上需要
直接面對顧客的員工時，應該以「個性」作為考量的基礎（Frei和
McDaniel 1998）；另外還有一個例子則是公司在評估表現或訓練員工
時，都應該表現出服務至上的態度（Schneider 1991）。人力資源管理
也創造了「無形事物的替代者」（substitutes of intangibility）；也就是
說，人力資源管理塑造了員工呈現於顧客面前的行為；顧客再以員工
的表現做為基礎，評估無形的服務。從這個角度來看，服務人員不但
是服務的傳遞者，同時也變成了服務本身的一部份，特別是在高度人
際接觸、提供非實體商品的服務業中，品質管制也是人力資源管理的
功能之一。

　　有關人力資源管理的另一個重要概念是，在服務業中，它既和員工有關，也會影響顧客的交易經驗。也就是說，組織內人力資源管理的影響力會向外擴及顧客。如前所述，Heskett、Sasser和Schlesinger等人將這個現象稱之為「滿意度鏡射」（1997）。這面鏡子使員工滿意度和顧客滿意度互相輝映、交互影響。Heskett等人以諾茲特洛姆百貨公司為例，說明「滿意度鏡射」常常發生在強調高品質服務的公司——員工的滿意度會產生如鏡子般的反射作用，結果是促進更高的顧客滿意度。Heskett等人並在隨後的研究中指出，這種鏡射現象的作用方向並不明確，因此當他們談到滿意度的鏡射現象時，似乎暗示兩種方向都是可能的（1997）。事實上，Schneider、White和Paul等人後來也證明，顧客經驗與員工經驗的鏡像作用是雙方交互運作的（1998）。

　　由此可知，原本是為了那些需要與顧客有所接觸的員工所規劃的人力管理制度，卻無心差柳地對顧客也造成影響，使公司的服務文化無可避免地呈現在顧客面前。關於這個部分在Schneider和Bowen的研究中有更清楚的說明：他們以銀行的員工和顧客為研究對象，發現組織性的運作經常成為顧客評估服務品質的線索（1985）。除此之外，顧客對於員工工作士氣的感覺也會影響滿意度的高低——當顧客覺得服務人員樂在工作時，對於服務接觸也會有較高的滿意度。

　　人力資源管理的擴散效應（spillover effect）在某些情境下會特別明顯。例如當處於公司前線的員工所受到的對待是公平的，他會更願意以良好的態度提供服務，對於顧客的滿意度自然有正面的作用（Bowen、Gilliland和Folger 1999）。員工覺得待遇是否公平，主要牽涉到公司的人力資源管理政策，例如在分配獎勵或評估工作績效時是否可以讓員工心服口服。有不少的研究指出，當員工覺得在公司的人力資源政策下，自己受到的待遇是合理公平的，將有助於提昇工作情緒以及對公司的向心力（例如Folger和Copranzano 1998）。

　　員工對人力資源管理制度之公平性的看法，會透過組織公民行為（organizational citizenship behaviors，簡稱OCBs），在顧客身上產生作用。員工的組織公民行為並非正式的明文規範，所強調的是良心、利他、運動家風度、公民道德、禮貌等美德（Organ 1988）。組織公民行為是根據經驗所建立的，當員工認為公司的政策是公平合理的，其表現會比較符合組織公民行為（Moorman 1991、1993）。組織公民行為同時也是一種「利社會」（prosocial）的服務行為，能夠對顧客滿意度產生正面效應（Bettencourt和Brown 1997）。公平的人力資源管理政策可以導致更公平的服務，兩者之間的關係係建構在擴散效應的基礎上（Gilliland和Folger 1999）。

　　總結上述兩個概念，我們相信人力資源管理組合的規劃必須要以顧客為導向，然而，傳統的人力資源管理往往以組織內部的需求為中心。事實上，有人認為「以市場為中心的人力資源管理」（market-focused），對於研究者或實務工作者來說，兩者之間顯然是有所矛盾的（Bowen 1996）。以組織內部需求來主導人力資源管理制度似乎是相當普遍的現象，而且，當人力資源政策成功地提昇公司效率時，人們多會認為這樣的人力管理政策是有效的（Schneider 1994）。一般來說，這些內部的重心大多是可量化、比較具體的行為，如銷售額、精確度、出席率等。然而，就人力資源管理實務與服務品質的觀點而言，一套來自公司外部的標準也是很重要的，因為畢竟公司應該站在顧客的角度來衡量「服務的品質」，而顧客並不屬於公司內部組織。因此，如果能將顧客觀點視為外部評估的標準，衡量公司在人力資源管理政策規劃與執行上的成效，對公司的經營將不無裨益。換句話說，顧客服務品質可以作為外部標準，評估人力資源管理政策是否確實以服務為取向及其效度。

　　如上所述，以外部評估標準作為人力資源管理的重心，實際上就是「顧客取向的員工表現」（customer-driven employee performance，

Bowen和Waldman 1999）。此論點認為公司應該以顧客的期望作為規範、定義員工角色或行為的準則。Lawler更進一步宣稱，現代組織控制應該採取一套新的邏輯（1996）。他認為公司應該讓外在的市場和顧客來控制員工個人的表現，而非藉著規範、程序或上級的監督。公司成功與否，顧客才是最後的審判者；同時，顧客的期望是善變的，因此，以顧客作為標準可以作為員工行為之指引。以下我們將探討公司應該如何針對市場來規劃人力資源管理組合。

獲利策略：市場區隔的人力資源管理

市場區隔化的人力資源管理有一項基本的前提：沒有一套人力資源管理策略可以適用於所有市場。相反的，管理者必須要瞭解在不同的服務品質面向下，哪一種人力資源管理可以獲得最高的顧客滿意度。Schneider、Wheeler和Cox曾經針對人力資源管理進行一項饒富啟發性的研究（1992），研究中提出公司文化裡的「服務熱忱」概念（service passion）。這份研究係以一百個在金融機構工作的焦點團體作為對象，並且為服務熱忱作出如下之定義：當受訪者在過程中經常讚許性地提到有關於服務的事情，這便是正面的服務熱忱。Schneider等人將服務熱忱的概念和人力資源管理連結起來後發現，當員工對公司的人力資源政策有正面的評價時（如績效評估、內部津貼的公平性、訓練、幹部素質或僱用流程等），也會表現出正面的服務熱忱。因此，人力資源管理政策的每一個元素都可能影響整體的服務熱忱。

儘管人力資源管理的許多面向和服務熱忱有密切關係，但在有些面向上雙方並沒有直接的關係（如員工層次、職場生涯發展、工作保障、設備、補償的外部平等等）。在不同的產業裡，和服務熱忱有關的人力資源管理策略也會有所差異。這意味著沒有「普遍適用」的人力資源管理方式；那麼，公司又應該要根據哪些變項來規劃人力資源組合呢？

　　人力資源管理的規劃必須支持公司傳遞服務之策略，並且與整體的經營策略一致（即成本領導策略或差異化策略）。除此之外，人力資源管理不只要創造「服務的文化」，而是要創造某一種「特定型態的服務文化」。本質上來說，公司會運用各種策略以獲取市場上的競爭優勢，爲了達到這個目標，公司應該掌握顧客的期許。事實上，如果能夠有效發揮人力資源管理在替代性與象徵性方面的功能，公司必定可以創造一套符合顧客需求的服務文化，並藉以掌握策略性和替代性的競爭優勢。

　　表27.1是根據顧客對服務之期望所做的分類，該表以三種不同的顧客期望組合，將市場分隔成八大類型：

對速度的期望：反應靈敏、可靠、迅速並且在期限內完成。

對體貼親切的期望（TLC-tender loving care）：有禮、體貼、有
　　　感情、友善且有人際接觸。

對個人化的期望：服務的核心內容有很多不同的面向，包括工作
　　　人員的儀容、傳遞服務的設備，以及顧客對於核心服務
　　　的內容有多少可能的選擇。

　　Schneider and Bowen 指出，所有的服務業公司都可以根據其服務的對象或目標，決定表27.1所列各項服務屬性（位於平均值 "0" 或更加優秀 "＋"）（1995）。（請注意表格中沒有出現任何負號，這是因爲我們認爲所有的服務業者在這三個面向上都要達到某個水準）。一家速食店可能提供顧客快速的服務，因此在速度方面的表現是正號，不過在體貼親切或是個人化方面就表現平平；再以一家昂貴的四星級餐廳爲例，它在服務的三個面向可能都達到了優良的水準。公司根據目標市場決定傳遞服務的方式或服務內容，同樣的，顧客也會對公司的服務組合存有某種預期。因此，每一種服務業裡，目標市場不同的

表27.1　服務傳遞的顧客期望

服務區隔	顧客期望		
	速度	體貼親切	個人化
適當的服務	0	0	0
迅速的服務	+	0	0
友善的服務	0	+	0
特別的服務	0	0	+ .
良好的服務	+	+	0
冷淡的服務	+	0	+
溫暖的服務	0	+	+
絕佳的服務	+	+	+

註：平均＝0，優秀＝＋

公司必須要選擇不同的服務傳遞方式，而公司進行人力資源的規劃或管理時（如選才、訓練或獎勵），更要特別考量員工的行為是否符合目標市場的需要。

　　Bowen和Lawler還提出另一個權變途徑（contingency approach）的市場區隔人力資源管理：授權（empowerment）（1992，1995）。他們主張公司應該以基本的營運策略為基礎，再決定應該釋放多少權力給前線的服務人員。當公司準備大量推出低成本的服務時，應該要思考：如果為了賦予員工更多權力，而將更多資源投入在徵才、訓練、員工薪資上，是否真的能夠提高產品的價值？如果目標市場的顧客最重視的是低廉的價格與快速的服務（而不是體貼或親切的表現），可以採用Levitt提出以程序為取向的「生產線途徑」（production-line approach，1972、1976），在這種情況下，員工擁有的決定權較小。相反地，如果公司的營運策略強調差異化與情感面向，則人力資源組合的規劃應該授與員工足夠的權力，以提供顧客更加個人化的服務。

　　簡單地說，審慎地觀察目標市場的需求，以規劃人力資源管理策略，可以建立企業形象、鎖定明確的目標市場並且釐清顧客的期望，這更有助公司滿足市場的預期。執行市場區隔明確的人力資源管理策略，清楚地讓所有成員了解公司採取這些策略的理由，說明這些策略如何幫助公司邁向成功（Schneider 1994）。

　　人力資源管理是塑造公司服務文化的關鍵，除了要以服務的特性規劃人力管理政策，更重要的是符合目標顧客群的期望，才能吸引並保留顧客。另一方面，隨著市場需求變化而調整人力資源策略也是很重要的。同時，公司文化也要新陳代謝，使目標和策略都能跟得上商業環境變遷的腳步。在此我們必須再度強調，在實質上，人力資源管理必須引導員工的技能養成，並激發其工作動機；在象徵性的功能上，也必須傳達公司為了保持競爭力而調整的價值觀。

無縫隙服務系統的人力資源管理

　　滿足顧客的需求不是單一部門可以獨立完成的任務，而是整個組織一同努力的結果。基於這樣的出發點，公司無可避免地要朝無縫隙組織的方向邁進。對於人力資源管理部門來說，這意味著傳統產業組織的觀點已不適用：在過去，公司傾向以工作內容的需求培訓員工；而現在公司所重視的則是員工是否有能力滿足顧客的期望。

　　在服務業中，人力資源管理的重心在組織，而非工作上（Schneider and Bowen 1992）。對於所有的員工—不論在行銷、財務或業務部門—公司必須要不斷地以加以訓練或獎勵，使他們能夠了解公司服務策略之重心，包括服務的意義或傳遞服務的方式。這就是人力資源管理的目的：塑造組織性的服務氣候。

在強調人力資源管理角色的同時（更具體地說，即策略性的人力資源管理），不應該忽略了一項重要的認知：組織裡的所有部門都必須爲達到顧客滿意度而同心協力。如果公司的資訊系統落後、設備維護不良或產品價格不具競爭力等，無論員工多能幹、多有衝勁，也沒有辦法創造高度的顧客滿意。當公司過度依賴員工，將員工視爲創造顧客滿意度的主要工具，則很容易陷入所謂的「人力資源管理陷阱」（Schneider 和 Bowen 1995）。諷刺的是，很多研究都很容易誤導讀者掉入這個迷思（Schneider 和 Bowen 1985），尤其有些報告指出，當員工對於公司的人力資源政策感到滿意時，顧客對於服務也會覺得滿意。對很多人來說，這樣的論點意味著如果能夠滿足員工，一定能夠滿足顧客。事實上，這個推演並不完全正確；較正確的說法應該是：如果想要讓顧客滿意，公司必須先使員工在一個設計良好、協調順暢的系統下工作；而服務中的每一個元素都必須合作無間才能達到卓越的服務品質。

組織裡的所有部門必須在服務邏輯方面（service logic）建立共識，才能達到顧客滿意的目標（Kingman-Brundage, George, and Bowen 1995）。「邏輯」指的是那些作爲組織表現的指導原則，他們可能是暗示性的，也可能是明白地被陳述出來。要建立無縫隙組織的最大挑戰在於不同的部門可能有不同的服務邏輯。舉例來說，行銷部門最重視的往往是需求的管理以及銷售量，然而業務單位強調的卻是供給管理與效率（如降低成本）。當兩個具有衝突性的服務邏輯無法協調時，顧客滿意度可能就在彼此的拉鋸戰中遭到犧牲。

藉著塑造公司文化，人力資源管理可以把不同部門在邏輯上的鴻溝縮小。公司透過人力資源組合，在訓練或日常工作中，加強員工共同的服務邏輯觀念。正如 Kingman-Brundage、George 和 Bowen 所說：『服務邏輯講求的是合作—個人或團體之間的合作—藉此創造顧客所重視的「無接縫服務」，爲公司創造利潤』（21頁）。公司若能夠了解目標顧客群的需求與期望，並且以此引導人力資源管理策略的制定，創造公司的服務文化，使組織內部建立對服務邏輯的共識，將能夠使公司擁有堅強的競爭優勢。

參考書目

Barney, Jay (1986), "Organizational Culture: Can It Be a Source of Sustained Competitive Advantage?" *Academy of Management Review*, 11(3), 656-66.

Berry, Leonard L. (1995), "Relationship Marketing of Services—Growing Interest, Emerging Perspectives," *Journal of the Academy of Marketing Science*, 23, 236-45.

Bettencourt, Lance A. and Stephen W. Brown (1997), "Contact Employees: Relationships Among Workplace Fairness, Job Satisfaction, and Prosocial Behaviors," *Journal of Retailing*, 73(1), 39-62.

Bowen, David E. (1996), "Market-Focused HRM in Service Organizations: Satisfying Internal and External Customers," *Journal of Market-Focused Management*, 1(1), 31-48.

——, Stephen Gilliland, and Robert Folger (1999), "HRM and Service Fairness: How Being Fair With Employees Spills Over to Customers," *Organizational Dynamics*, 27 (Winter), 7-23.

—— and Edward E. Lawler (1992), "The Empowerment of Service Workers: What, Why, How, and When," *Sloan Management Review*, 33(3), 31-39.

—— and —— (1995), "Empowerment of Service Employees," *Sloan Management Review*, 36 (Summer), 73-84.

—— and Benjamin Schneider (1988), "Services Marketing and Management: Implications for Organizational Behavior," *Research in Organizational Behavior*, 10, 43-80.

—— and David A. Waldman (1999), "Customer-Driven Employee Performance," in *The Changing Nature of Performance: Implications for Staffing, Motivation, and Development*, Daniel R. Ilgen and Elaine A. Pulakos, eds. San Francisco: Jossey-Bass, 154-91.

Buzzell, Robert D. and Bradley T. Gale (1987), *The PIMS Principle: Linking Strategy to Performance*. New York: Free Press.

Chase, Richard B. (1978), "Where Does the Customer Fit in a Service Operation?" *Harvard Business Review*, 56, 137-42.

Chung, Beth (1997), "Focusing HRM Strategies Toward Service Market Segments: Three Factor Model," doctoral dissertation, University of Maryland at College Park.

Deal, Terence E. and Allan A. Kennedy (1984), "Culture: A New Look Through Old Lenses," *Journal of Applied Behavioral Sciences*, 19(4), 498-505.

Deshpande, Rohit, John U. Farley, and Frederick Webster (1993), "Corporate Culture, Customer Orientation, and Innovativeness in Japanese Firms: A Quadrad Analysis," *Journal of Marketing*, 57, 23-27.

Folger, Robert and R. Copranzano (1998), *Organizational Justice and Human Resource Management*. Newbury Park, CA: Sage.

Fombrun, Charles, Noel M. Tichy, and Mary Anne Devanna (1984), *Strategic Human Resource Management*. New York: John Wiley.

Frei, R. L. and M. A. McDaniel (1998), "Validity of Customer Service Measures in Personnel

Selection Measures: A Review of Criterion and Construct Evidence," *Human Performance*, 11(1), 1-27.

Fromm, Bill and Leonard A. Schlesinger (1993), *The Real Heroes of Business and Not a CEO Among Them: How to Find, Train, Manage, and Retain World-Class Service Workers*. New York: Doubleday.

Grönroos, Christian (1990), *Service Management and Strategy: Marketing the Moments of Truth in Service Competition*. Lexington, MA: Lexington Books.

Heskett, James L., W. Earl Sasser, Jr., and Leonard A. Schlesinger (1997), *The Service Profit Chain*. New York: Free Press.

Hochschild, Arlie R. (1983), *The Managed Heart: Commercialization of Human Feeling*. Berkeley: University of California Press.

Jackson, Susan E. and Randall S. Schuler (1992), "HRM Practices in Service-Based Organizations," in *Advances in Service Marketing and Management: Research and Practice*, Vol. 1, Teresa A. Swartz, David E. Bowen, and Stephen W. Brown, eds. Greenwich, CT: JAI, 123-58.

Kingman-Brundage, Jane, William R. George, and David E. Bowen (1995), " 'Service Logic': Achieving Service System Integration," *International Journal of Service Industry Management*, 6(4), 20-39.

Kotter, John P. and James L. Heskett (1992), *Corporate Culture and Performance*. New York: Free Press.

Lawler, Edward E. (1992), *The Ultimate Advantage*. San Francisco: Jossey-Bass.

—— (1996), *From the Ground Up: Six Principles for Building the New Logic Corporation*. San Francisco: Jossey-Bass.

Levitt, Theodore (1972), "Production-Line Approach to Service," *Harvard Business Review*, (September-October), 41-52.

—— (1976), "Industrialization of Service," *Harvard Business Review*, (September-October), 63-74.

Lovelock, Christopher (1994), *Product Plus: How Product + Service = Competitive Advantage*. New York: McGraw-Hill.

Moorman, Robert H. (1991), "Relationship Between Organizational Justice and Organizational Citizenship Behavior: Do Fairness Perceptions Influence Employee Citizenship?" *Journal of Applied Psychology*, 76(6), 845-55.

—— (1993), "The Influence of Cognitive and Affective Based Job Satisfaction Measures on the Relationship Between Satisfaction and Organizational Citizenship Behavior," *Human Relations*, 46(6), 759-76.

Narver, John C. and Stanley F. Slater (1990), "The Effect of a Market Orientation on Business Profitability," *Journal of Marketing*, 54, 20-35.

Normann, Richard (1991), *Service Management: Strategy and Leadership in Services Businesses*, 2nd ed. Chichester, UK: John Wiley and Sons.

Organ, Dennis W. (1988), *Organizational Citizenship Behavior*. Lexington, MA: Lexington Books.

Ostroff, Cheri and David E. Bowen (forthcoming), "Moving Human Resources to a Higher Level: Human Resource Practices and Organizational Effectiveness," in *Multilevel Theory, Research and Methods in Organizations*, K. Klein and S. W. Koslowski, eds. San Francisco: Jossey-Bass.

Ott, J. S. (1989), *The Organizational Culture Perspective*. Pacific Grove, CA: Brooks/Cole.

Peters, Thomas J. and Robert H. Waterman (1982), *In Search of Excellence: Lessons From America's Best Run Companies*. New York: Warner Books.

Pfeffer, Jeffrey (1998), *The Human Equation: Building Profits by Putting People First*. Boston: Harvard Business School Press.

Porter, Michael E. (1980), *Competitive Strategy*. New York: Free Press.

Schein, Edgar H. (1992), *Organizational Culture and Leadership*, 2nd ed. San Francisco: Jossey-Bass.

Schneider, Benjamin (1973), "The Perception of Organizational Climate: The Customer's View," *Journal of Applied Psychology*, 57, 248-56.

—— (1980), "The Service Organization: Climate Is Crucial," *Organizational Dynamics*, 8 (Autumn), 52-65.

—— (1990), "The Climate for Service: An Application of the Climate Construct," in *Organizational Climate and Culture*, Benjamin Schneider, ed. San Francisco: Jossey-Bass, 383-412.

—— (1991), "Service Quality and Profits: Can You Have Your Cake and Eat It, Too?" *Human Resources Planning*, 14(2), 151-57.

—— (1994), "HRM—A Service Perspective: Towards a Customer-Focused HRM," *International Journal of Service Industry Management*, 5(1), 64-76.

—— and David E. Bowen (1985), "Employee and Customer Perceptions of Service in Banks: Replication and Extension," *Journal of Applied Psychology*, 70, 423-33.

—— and —— (1992), "Personnel/Human Resources Management in the Service Sector," *Research in Personnel and Human Resources Management*, 10, 1-30.

—— and —— (1993), "The Service Organization: Human Resources Management Is Crucial," *Organizational Dynamics*, 21, 39-52.

—— and —— (1995), *Winning the Service Game*. Boston: Harvard Business School Press.

——, Arthur P. Brief, and Richard A. Guzzo (1996), "Creating a Climate and Culture for Sustainable Organizational Change," *Organizational Dynamics*, 24(4), 7-19.

——, John J. Parkington, and Virginia M. Buxton (1980), "Employee and Customer Perceptions of Service in Banks," *Administrative Sciences Quarterly*, 25, 252-67.

——, J. K. Wheeler, and J. F. Cox (1992), "A Passion for Service: Using Content Analysis to Explicate Service Climate Themes," *Journal of Applied Psychology*, 77(5), 705-16.

——, Susan White, and Michelle C. Paul (1998), "Linking Service Climate and Customer Perceptions of Service Quality: Test of a Causal Model," *Journal of Applied Psychology*, 83(2), 150-63.

Siehl, Caren and Joanne Martin (1990), "Organization Culture: A Key to Financial Performance?" in *Organizational Climate and Culture*, Benjamin Schneider, ed. San Francisco: Jossey-Bass, 241-81.

Sutton, Robert I. and Anat Rafaeli (1989), "Untangling the Relationship Between Displayed Emotion and Organizational Sales: The Case of Convenience Stores," *Academy of Management Journal*, 31(3), 461-87.

Trice, Harrison M. and Janice M. Beyer (1993), *The Cultures of Work Organizations*. Englewood Cliffs, NJ: Prentice Hall.

Ulrich, David and Dale Lake (1990), *Organizational Capability: Competing From the Inside Out*. New York: John Wiley.

Wiley, John (1996), "Linking Survey Results to Customer Satisfaction and Business Performance," in *Organizational Surveys: Tools for Assessment and Change*, A. I. Kraut, ed. San Francisco: Jossey-Bass, 88-116.

Zeithaml, Valarie A., A. Parasuraman, and Leonard L. Berry (1990), *Delivering Quality Service: Balancing Customer Perceptions and Expectations*. New York: Free Press.

服務的作業管理

Richard B. Chase

Ray M. Haynes

　　從遠古時代的穴居人替鄰居將恐龍去皮，以勞力換取部分的恐龍肉開始，服務作業管理（SOM--Service Operation Management）就已經存在了。1950年代邁入後工業經濟時期後，服務業的定義漸漸有了較清楚的輪廓。傳統上，人們認爲服務作業管理的發展係源自於行銷與生產管理的領域，不過，從1970年代開始，學術界逐漸傾向將服務作業管理視爲獨立的學門，相關研究涵蓋的議題包括服務在核心類型學（typologies）之領域的重要性（Mills and Margulies 1980）、應用與研究（Mabert 1982）、服務作業管理研究之需要（Sullivan 1982）、及服務技術觀點（Mills 和 Moberg 1982）等。

　　Theodore Levitt在1972年發表的文章堪稱是服務研究的始祖，也是最常被參考引用的重要著作。該文將服務視爲一種「在現場製造」（manufacturing in the field）的行業，以速食業巨擘麥當勞作爲服務業典型，一改人們對服務人員角色的定義：以往服務人員常常被貶低成像僕人般的角色，但Levitt以麥當勞的服務人員爲例，視其爲利用科技與制度提供高品質產品的生產者，而非如傳統之奴役般純粹以勞力提供服務。據說現任的花旗集團總裁John Reed就是因為讀了Levitt的文章以後，大幅改造當時的First National City Bank（即花旗銀行前身），在1970年代初期就採取工廠的作業模式來整頓銀行的後勤支援部門（back-office）。哈佛商學院還曾經深入討論這項堪稱銀行業的改革創舉（Seeger 1975a, 1975b）。Chase指出，由於顧客的介入會使服務在本質上有所變化；因此，相較於後勤部門，位於公司前線的部門（也就是顧客參與的部分）比較不容易依照設定好的流程或計劃進行（1987）。（例如位於前線的辦公室設計必須考慮到顧客的存在；然而，後勤部門的辦公室為了發揮最大的功能，往往以工作流程的順暢為出發點，以便全力支援前線部門。）1980年代，很多文章討論製造業如何應用服務的概念獲取競爭優勢，Chase and Garvin在1989年為文指出，製造業者在某些情況下可以將工廠（也就是所謂的後勤部門）和前端的顧客加以連結，創造更高價值的服務。有很多例子顯示，除了銷售人員可以和顧客直接溝通、解決問題以外，「工廠」也可以適時適地扮演銷售部門的角色，除了績效工作人員的技能以外，也可藉機展示公司的專業水準。近年來有更多的研究將公司的作業和廣義的組織績效串聯，如Heskett等人指出，良好的人力資源管理政策孕育出成功的服務作業成果，並且為公司創造利潤，他們將此稱之為「服務利潤鏈」（service profit chain, 1994）。另外，Roth和Jackson所提出的「能力—服務品質—績效」的三合一概念（capabilities-service quality-performance，即C-SQ-P，1995），是一個根據實務經驗所建立的模式，它把服務策略與現代的組織理論結合，強調以資源作為發展公司競爭力的基礎。

　　很多大學開始開設服務管理課程，其中絕大多數都用Sasser等人合著的教科書（Sasser、Olsen和Wyckoff，1978），該書收錄了許多較早期的文章，並且共計舉出了37個有關服務的實際案例。到今日更

有許多以服務作業管理爲主題的教科書問世（如Fitzsimmons 和
Fitzsimmons 1997；Haywood-Farmer 和Nollet 1991；Schmenner
1995）。除此之外，透過交叉閱讀的方式也可以使讀者對行銷
（Lovelock 1992；Swartz Bowen 和Brown 1992）和製造（Chase、
Aquilano和Jacob 1998）之間的關係有整合性的認識。

今天的服務業創造了最多的工作機會，對經濟榮景貢獻匪淺。到
西元2000年全美大約有75％到90％的工作屬於服務業，而服務業占
國民生產總額（GNP）也大致呈現這個比例（Schmenner 1995）。雖然
如此，學術界、產業界或華爾街仍然還在找尋「服務」的精確定義究
竟是什麼，其中還有不少專家弄巧成拙，把服務的定義變得更加含
糊。

Jim 和Mona Fitzsimmons 在1997年提出服務的七個特色，他們爲
服務所做的定義不但廣被接受，也經常被運用在實務操作上。這些特
色包括：

1. 在服務過程中，顧客也是參與者；
2. 服務的生產與消費是同步發生，服務的傳遞具有即時性；
3. 可傳遞的服務是無形的（不過可能會包括某些支援性的實質商
   品）；
4. 服務沒有庫存，因為服務具有時效性（time perishable）；
5. 服務的產出（包括品質和生產力）不易衡量；
6. 服務的地點總是靠近顧客；
7. 服務通常是勞力密集。

以上述幾個特色爲標準，最常見的服務業包括政府機關、銀行、
健康醫療、大眾運輸、教育、旅遊觀光、醫院、公用事業、通訊、顧
問、零售等。Haywood-Farmer和Nollet曾經就其中幾種服務業深入探
討（1991）。例如政府的服務在本質上是爲了公眾的利益，因此政府

制定的法規與政策係爲了讓人民透過平等的管道、相等的價格取得服務，以便造福最多數人。

管制的歷史可以追溯到美國立國之初；不過，到了1960年代甘迺迪政府時期，出現了解除管制（deregulate）的聲浪。這波解除管制的風潮，正好與服務作業管理成爲新興研究領域的時期相當（Sampson、Farris和Shrock 1985）。從1970年代至今，解除管制的趨勢對服務業造成莫大的影響，特別是在服務的作業管理方面更有了顯著的變化，從航空業、銀行、醫療保健、保險、到通訊業，都可以看到這些轉變。

今日的服務業以驚人的速度成長，總收益從1985年的五百億美元增加到1997年的三千億美元（Melenovsky 1998）；同時，科技的發展也帶動了市場革新，尤其是電子商務的出現，更衝擊了無數的傳統服務業（Cortese and Stepanek 1998）。人力密集與技術密集的服務傳遞型態各自蓬勃成長，而產業似乎也有以此兩種型態二分天下的趨勢；然而，不管是哪一種服務型態，都點出了一項事實：服務業所面臨的不但是源源不絕的機會，同時也是前所未有的挑戰。

- 以買機票爲例，假如旅客不再就近到旅行社去訂購機票，而是使用「priceline.com」的線上服務，直接以最好的價格向航空公司買票。雖然priceline.com是一個剛起步的公司，它的服務流程或許有待加強；但重要的是，對於很多不同的產業而言，它的啓示在於：服務作業管理有了更多重新建構的空間與可能（Leonhardt 1998）。
- 亞馬遜網路書店（amozon.com）的出現劇烈地改變了書籍零售業的生態，網際網路的急遽發展使顧客幾乎每一天都有不同的通路選擇。隨著顧客參與服務生產的態度越來越積極，科技更加速了服務行銷和服務作業管理間的結合。

- 九〇年代中期，最積極在大學院校中徵才的行業包括知名會計
  諮詢機構 Andersen、EDS、Deloitte-Touche 或 American
  Management System（美國管理系統）之類的顧問公司。由於
  SAP、Bann 和 Oracle 等公司開發了許多新的應用系統，可以有
  效提昇、支持企業資源的規劃，因此，為了因應各種軟硬體設
  備的升級，許多企業必須延攬懂得如何操作這些軟硬體設備的
  人才。

價值與績效

　　不管是服務提供者或顧客，都希望從服務接觸中獲得更多的價
值，這個目標有賴於人力資源和技術的均衡運用。價值概念在服務作
業管理的最初時期就發揮影響力。儘管對於價值的定義眾說紛紜，但
是我們應該以生產功能和生產力的定義為基礎，尋找一個功能性的等
式（Chase、Aquilano 和 Jacob 1998；Heskett、Sasser 和 Hart 1990）。
生產力是產出與投入的比例—所謂產出指的是績效，而任何需要花費
公司成本的因素都可歸納在投入的範疇中。當我們將此等式的分子部
分（績效）細分成幾個重要的成分，會產生品質、時間和彈性三個因
子，再配合實際服務接觸中可量化（在此要注意的是，所謂的品質可
能也包括公司使服務環境變得更有趣、更吸引人；Pine and Gilmore
1998）。價值等式的概念由 Edwin Artzt 提出（1998），他是美國最大化
學用品製造商寶鹼（P&G）的執行長，本章擬將 Artzt 的價值等式運
用在服務作業的管理，並逐一探討各種因子的角色：

$$價值＝績效／成本$$

其中

$$績效＝\beta_1 \times 品質 + \beta_2 \times 速度 + \beta_3 \times 彈性$$

本章接下來將以服務作業管理的基本概念和前提，繼續探討這四個功能性的因素—品質、時間、彈性與成本。首先我們要談談幾個在學術界以及實務界都已經廣泛同意的基本看法。

基本的法則、迷思和戒律

雖然直覺上我們知道顧客不一定總是對的，大多數的管理者會將傳遞服務視為一種融合行銷、作業與人類行為的藝術形式（Lovelock 1992）。就功能上而言，「行銷」建立了顧客的期望，服務的作業則傳達顧客某種消費經驗，而顧客行為的本質塑造了對於服務的感受。Maister 以這個看法出發，提出兩個讓公司贏在起跑點的法則（1985）：

法則一：滿意度等於感受扣除期望。

服務作業管理和服務行銷在探討服務品質的課題時，從法則一獲得很多啟發，包括著名的服務品質模式（SERVQUAL, Berry, Zeithaml 和Parasuraman 1985）。

法則二：想要迎頭趕上很困難。

當違反了第一項法則，也許還有彌補的機會，不過到了這個地步所要付出的成本和代價就比較高了，這也是為什麼有許多研究都以失敗的服務作為討論的主題（Schledinger和Heskett 1991），或是試著盡可能規劃萬無一失的服務（Chase和Stewart 1994）。有關這個問題在本章稍後將有更詳細的探討。

迷思

在服務經濟中的管理事宜在本質上具有高度的複雜性，而且也相當容易產生誤解（Heskett 1986）。人們對服務作業管理有一些先入為主的觀念，這些觀念往往演變成根深柢固的迷思。Locklock便指出六個和服務業有關的迷思：

1. 服務經濟的生產是以犧牲其他部門為代價。
2. 服務業的工作是低所得而卑微的。
3. 所有的服務都是勞力密集而且生產力低落。
4. 政府部門的成長是帶動服務業發展的主要力量。
5. 當人們的基本需求已經獲得滿足以後，才會需要服務業去滿足進一步的邊際需求。
6. 服務提供者大多是以小規模或家庭式的模式運作。

事實上，打破上述迷思的實例多得不勝枚舉。以下便針對這六個迷思，分別舉出有力的反駁：

1. 通用汽車公司因為有了GMAC的融資服務，使公司整體的績效大為提昇[1]。
2. 醫師的收入大幅超過全民的平均收入。
3. 採用ATM（自動提款機）的銀行，證明機器可以有效地取代人力，並且具有高度的生產力。
4. 政府部門近年來努力地進行組織縮編，但是服務業所佔的人口及國民生產總額卻仍然持續成長。

5. 某些重要的服務—如電力供給或教育—也可視為最基本的需求。

6. 很多服務業的規模都極為龐大，如花旗銀行、美國的軍隊、或擁有廿三家分校的加州州立大學（California State University）等。

傳遞服務的教戰守則

最後，人們對於如何有效地傳遞服務，有一些普遍的看法和共識，追根究底以後可以發現它們主要是為服務業者在「可以做」與「不可以做」之間畫出一條界線，Chase提出幾個比較重要的項目，可作為服務提供者在傳遞服務時應謹記在心的戒律：

1. 你必須讓整個過程透明化。
2. 你必須質疑每一個訊號，並且毫不留情地淘汰不值得重視的訊息。
3. 如果不能延長服務的時間，至少在正常的上班時間都應該維持運作。
4. 你必須尊重顧客的隱私。
5. 你必須堅守排隊的原則。
6. 你必須了解：並非所有的顧客都是平等的。
7. 你必須體認：提供服務給顧客的唯一理由是你想要賣給他更多的服務或商品。
8. 將員工分成前線（代表公司）與後方人員，並依此指派適當的工作。
9. 你必須禁止服務人員在顧客面前休息片刻、吃大大的三明治或是和情人通電話。

10. 你要把最優秀的人放在公司最前線。

11. 先把你的計時碼表擱到一邊去，好好地再思索服務的設計與
規劃。

　　以上簡單回顧了服務作業管理的發展與例子，並且陳述了相關的
法則、迷思或戒律，希望藉此激發更多的反思。接著我們將檢討幾個
普遍的服務模型。服務業具有很多獨一無二的特性，其中之一是：就
某種程度來說，所有的人都是顧客，而且都有和服務作業管理打交道
的經驗。多數的讀者不見得都以Maister的法則為觀點來看真正的服
務接觸或交易行為，然而提到和服務提供者接觸的經驗，每個人都不
免有「身經百戰」的感覺。目前對服務業的高度關注使相關的文章、
書籍、研討會似乎百家爭鳴，想要從中擇一作為入門並不容易，儘管
如此，我們仍舊建議那些對服務作業管理動力學有興趣的讀者，不妨
先從「賣場即工廠：一個服務癮君子的反省」（"The Mall is My
Factory: Reflections of a Service Junkie"，Chase 1996）一文著手。

服務模型（Service Models）

　　「模型」（model）的定義是以縮小的規模來表達既有或規劃中事
物，例如我們常常說的飛機模型、火車模型或汽車模型。對經濟學家
來說，模型建立起各種參數之間的相互關係，這些參數可以用來定義
經濟體系的動態；對一本時尚雜誌來說，模特兒扮演模型的功能，向
大眾展示商品。同樣地，在服務作業管理中，有很多服務運作的模
式，我們先提出基本的類別和結構性的概念，再以價值等式中的幾個
元素作為服務作業管理中的操弄變數，藉此為服務的作業歸納出系統
性的總體模型。

分類

不少研究者曾經試著將服務分門別類。例如Sasser、Olsen和Wyckoff在他們的服務作業管理教科書中，將商品和服務列在一個連續譜上，並且對應於各種服務與典型的購買組合（typical purchase bundle）（1978）。Schmenner以服務程序矩陣呈現他的觀點，在這個矩陣中，縱向軸是服務的勞力密集程度，橫向軸則是互動和為顧客量身訂做的程度（1986）。此模式延伸了上面提到的四個因子（品質、時間、彈性、成本），並且說明了管理者所面臨的挑戰（見表28.1，Schmenner 1995）

這個2×2式的矩陣提供了一個簡單明瞭的架構，可以分類、比較和服務有關的一些元素。另外，Lovelock也舉出了另外五個矩陣模式（1983），雖然這些都是援引行銷領域的既有模式，但對於服務作業管理也同樣具有參考價值：

1. 瞭解服務行動的性質（可觸知／不可觸知的行動vs.接受行動的人或事）；
2. 和顧客的關係（正式／非正式vs.服務傳遞的性質）；
3. 服務傳遞中為顧客量身訂做和判斷力（高度／低度為顧客量身訂做vs.員工的判斷力）；
4. 相對於供給的需求之性質（大幅／小幅的需求波動vs.供給能力）；
5. 傳遞服務的方式（單一／多重地點vs.互動的性質；事實上是一個2×3的矩陣）；

不管比較的重點是什麼，最重要的是瞭解各種服務在某些特徵上有多大的差異或雷同。有了這些概念以後，可以重新定位某項服務在

互動與量身訂做的程度

	低	高
低	服務工廠 • 航空業 • 運輸業 • 旅館業 • 休閒娛樂業	服務商店 • 醫院 • 汽車維修 • 其他維修服務
高	大眾服務 • 零售業 • 批發業 • 學校 • 商業銀行的個人金融服務	專業服務 • 醫師 • 律師 • 會計師 • 建築師

勞力密集程度（縱軸）

表 28.1　服務程序矩陣

來源：Schmenner（1995）

矩陣中的位置，使服務結果達到最佳化。例如，目前的遠距教學利用科技創造了老師與學生之間的虛擬接觸，以非同步學習方法（ALM，asynchronous learning methodology）取代了傳統上老師與學生直接面對面的授課型態。這項教學方式的革新不但有效率（指一個老師幾乎可以教授無數名學生），同時也顯著地提昇了教學效能（指學生不再受限於物理性的時空）。

結構和流程

　　要分析某項服務之前，最基本的工作便是了解服務所傳遞的內容和流程。一般咸認爲Lynn Shoestack所提出的服務藍圖（1984，1987）是一個具有發展潛力的架構。服務作業管理藍圖基本上源自於資料處理領域，藉由流程或操作程序圖，建立服務的標準架構，以利從整體系統的觀點分析服務流程。圖28.2的流程圖是典型銀行交易的服務藍

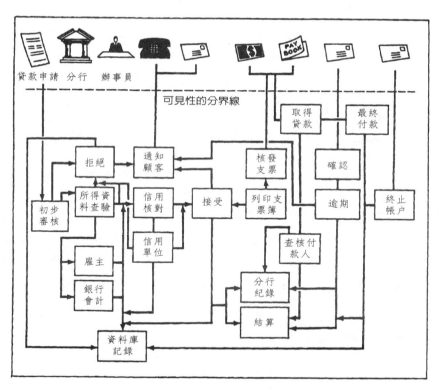

圖28.2　銀行貸款作業的流程藍圖

圖，我們以此爲例說明服務藍圖的概念。

時間

在絕大多數的服務中，「時間」對服務提供者或顧客而言，都是同等重要。實際上，面對多種可能的選擇時（例如無須下車就可點餐的速食店vs.自己在家烹飪），顧客常常基於方便或省時的考量而做出決定。以時間爲出發點，Chase爲顧客接觸關係的效率模式提出一個理論（1981），這個標準模式後來被廣泛應用在組織規劃上（Chase和Tansik 1983）：

$$潛在作業效率＝$$
$$\int（1－〔顧客接觸時間／服務生產時間〕）$$

雖然這個模式提供了以時間爲基準的效率評估方式，但是卻未考慮到顧客的效用、整體組織的生產與行銷績效，因此這個模式較適用於單一交易行爲的分析。例如銀行員處理顧客兌現支票的業務，在每一個交易中，行員平均花了2.1分鐘與顧客接觸，整個服務（包括帳戶餘額確認、文書工作和檔案更新等）完成的時間平均爲3.4分鐘。因此，這項服務的潛在作業效率（又稱潛在設備效率，potential facility efficiency，PFE）大約爲0.38。如果我們以自動提款機的服務設備來說，與顧客接觸的時間縮短爲1分鐘，但是整個服務的時間仍舊是3.4分鐘，所以PFE是0.71，顯然 ATM比行員服務的PFE多了將近兩倍。不管確實的速度爲何，顧客大多希望減少接觸的時間，而對於服務提供者而言，縮短接觸時間不但可以服務更多的顧客，也有助於提昇整體生產力。Chase和Stewart並且以儲蓄和借貸的環境爲對象，探討高度接觸服務在時間上可能面對的一些問題（1994）。

品質

顧客期望高品質的服務，服務提供者希望提供高品質的服務，這是理所當然的事；然而，彼此可能並不了解對方對於品質的認定爲何，也沒有人知道如何衡量這個難以捉摸的概念。（本書其他章節對於服務品質和顧客滿意度有較詳盡的探討，如果讀者對早期的相關研究歷程有興趣，可以參考Berry、Zeithaml和Parasuraman, 1985）。傳遞品質良好的服務必須具備的基本要素是溝通。首先，行銷和作業部門之間必須充分溝通，並且對服務的本質及細節達成共識。作業部門必須要將這些細節傳達給負責傳遞服務的員工，並且予以訓練培養，使其達到公司預期的目標。最後，雖然Maister的第二個法則的確存在，但是對於那些聰明而且有足夠權力的員工來說，他們可以即時、第一手地根據顧客的反應做出修正或彌補行爲。不過，前提是公司必須允許、鼓勵顧客表達自己的不滿，員工才有機會立刻調整，以便改變雙方的服務經驗。

儘管大多數的服務無法選擇顧客，就管理的角度來說，公司卻可以主動地選擇服務人員，以提昇服務接觸的品質（Schlesinger和Heskett 1991）。雇用素質不好或訓練不良的員工，結果往往導致公司人力高度流動和顧客的不滿，造成惡性循環。面對這個棘手的問題，公司可試著從下列的策略性方案中尋求適當的解決之道：

1. 招募人才時應謹慎地考慮個人的技能和態度。
2. 將工作與組織的實際情況告訴那些可能成為公司成員的應徵者。
3. 注意應徵者過去工作的經驗和性質。
4. 給予員工充分的權力和自由。

5. 員工應了解自己的角色、顧客滿意度、及公司的獲利目標。

6. 對員工的績效應予以紀錄並回饋。

7. 讓員工融入一個致勝的團隊中。

8. 以總勞力成本為重點，而非個人的薪資水準。

9. 以地區定義的品質為服務的核心。

　　製造業經常採用的全面品質管理（TQM, Total Quality Management），亦可以運用在服務業中。將製造業採用的概念（如設定標竿基準、控制圖等），置換成相關的服務概念（如保證或賠償等），將有助於提昇服務傳遞的效果。為了確保服務傳遞達到零失誤，很多公司的服務作業管理採用了日本人的防錯概念（poka yokes），致力於規劃出無失誤的服務方式（Chase 和 Stewar 1994）。不管採用何種方式，目的都是希望藉由仔細地分析，特別是有顧客參與的前線工作和交易流程，將服務接觸出錯的可能性降到最低。值得注意的是，這些防錯工作對於公司的後勤部門也有好處，不過由於顧客並不參與後勤部門的工作，這一點和製造業的生產過程很類似，所以製造業的概念亦可以用來思考後勤部門的作業管理。談到零失誤的概念，有兩個領域需要加以處理。

　　第一個是從服務者及員工的角度來說，防錯可以用在工作的執行（操作的正確性）、態度（禮貌和關心）、及有形環境（設備的外觀和衛生）上；其次，就顧客的角度來說，這種防錯策略既可以作為消費前的準備（正確的角色期望和服務抉擇），也可以運用在服務接觸進行中（如依照系統的流程指示），更可以為問題提供解決之道（當服務不良時，可記取教訓並調整期望）。防錯策略是一門藝術，也是一種科學的態度。由於每種服務業的作業管理都有其獨特性，因此，要達到零失誤的服務，除了仔細研究服務作業流程、降低出錯的機率以外，恐怕也沒有更好的方法了。

彈性

　　雖然藍圖可以有效而一致地定義服務的流程，但是在顧客可能參與服務運作的情況下，服務的傳遞仍舊具有不穩定性。一般來說，例行性的服務如果要保持彈性，需要較高的顧客接觸時間，這樣一來必然導致成本的提高。服務提供者應該確定每一套特定的服務究竟需要多少顧客接觸時間，並且決定顧客適合參與哪一個服務的環節（Chase 1978）。讓顧客主動地參與服務，充分表達各自的需求、自行選擇所需要的服務，這也是增加服務彈性的方式之一（Fitzsimmons和Sullivan 1982）。目前漸漸有賦予更多權力給員工的趨勢，雖然這也可以使服務更具有彈性，不過這樣的做法有一個前提，即公司在選擇員工時要特別謹慎，並且注意員工的技能組合認知（skill set recognition）與訓練等。迪士尼公司在這方面的努力與成就令人印象深刻，他們不惜砸下大筆成本，只爲了讓每一個工作都由最合適的人任職；除此之外，一旦找到了適當的人才，迪士尼更不計成本地加以訓練培養。

成本

　　在價值等式裡的分母—成本，不但是服務提供者行事或決策的依據，也是評估服務傳遞效率的工具。並由於公司的成本常常反映在顧客的身上，因此在思考成本的問題時，必定不能忽略顧客的觀點。在自動化／機械化導向的服務中，資本成本常常是訂價策略的決定關鍵。以自動提款機爲例，購買、維修、每筆交易所需要的服務等費用可以清楚地估算出來；相反地，在勞力密集的服務業裡，價格則是透過主觀感受來訂定。我們再以一個醫療服務的例子來說明。從美國主要醫學院畢業的醫師和一名從加勒比海島國的野雞大學（Diploma Mill）畢業的學生，儘管兩人都有正式的醫師執照，能力也不相上下，想要進行整形手術的客戶還是寧可選擇前者。在這種情況下，雖然兩位醫生在進行這項整形手術時所花費的實際費用差不多，但是前者可能索取較高的費用。

　　另一個和服務作業管理有關的成本，幾乎是每種服務業都需要負擔的，這項成本來自「顧客等候服務」。在Chase的第五項戒律中提到「排隊的原則」，基本上指「先到先服務」（first come, first served, FCFS）。從量的方面來說，公司可運用各種技術來管理「顧客等候」，例如某些軟體可以模擬？抵達過程、規則、組態（configuration）、等候成本、服務成本、服務時間、服務人數等變項（Fitzsimmons 和 Fitzsimmons 1997）。從質的方面來說，Maister 以心理學的角度提出有關於「等候」的概念，他認為管理者必須注意等候理論的八個重點，才能有效地改變顧客對於等候的感受與降低相關成本（1985）：

1. 未滿載的時間感覺上比滿載的時間長。
2. 服務程序開始前（pre-process）的等候，感覺上比服務進行中（in-process）的時間長。
3. 焦慮會使等候的時間變得更漫長。
4. 當顧客不確定要等多久時，感覺上等候時間較長。
5. 當顧客不知道等候的原因時，感覺上等候時間較長。
6. 在不公平的狀況下等候，感覺上時間較長。
7. 服務的價值越高，顧客會愈願意等候。
8. 獨自等候的時間感覺上比群體等候的時間長。

　　迪士尼公司相當善於處理、控制顧客等候的問題。無論是在迪士尼世界或迪士尼主題樂園，為了讓「等候」不是一個令公司難堪的問題，迪士尼會與遊客充分溝通，讓顧客了解自己必須等候。在處理顧客的期望和經驗時，這樣的做法可說是一種「較不昂貴」的方式。

生產力與績效

我們已經分別討論價值等式裡的四項獨立因子，並且以系統觀點加以整合。不管對顧客或服務提供者而言，服務作業管理中的某些定義或語意似乎很容易令人困惑；然而，如果回顧以上所討論的內容，我們可以試著理出一些頭緒：服務中的「產出量數」（output metrics）定義顧客滿意度或服務傳遞的效能（effectiveness）；服務的「投入量數」（input metrics）通常指和服務提供者有關的某項因素，而「效率量數」（efficiency metrics）則和傳遞服務的成本有關。（要注意的是，雖然顧客關切「價格」，但事實上這種價格是實際成本融合顧客對服務績效的感受後的衍生物）。從上述這些關係，我們可以將生產力視為效能與效率之比率。

服務的生產力模式可以用2×2的矩陣圖來呈現（見圖28.3），其中的橫軸及縱軸分別是效率與效能（Haynes and DuVall 1992）。這個模式的前提是，顧客想要得到較好的服務效能，但並不是非常在乎服務提供者的效率（除非成本轉嫁到顧客身上）；相反地，或許服務提供者也關心顧客的感覺，但是對他們來說最重要的仍舊是增加利潤與降低成本。此模式可以幫助服務管理者思考如何在效率與效能之間取得平衡，兼顧公司的生產力和服務的品質。舉例來說，在此一矩陣的「有害區」，不但效能不好（顧客對服務覺得不滿）、成本又高（服務提供者的利潤不如預期），如果不小心落入這一區，意味著管理者必須趕緊想辦法移動到另一區，企業才有生存的可能。

除此之外，有一些研究從組織效能的觀點出發（Bowen、Chase和Cummins 1990；Roth和Jackson 1995），還有一些研究從提高生產

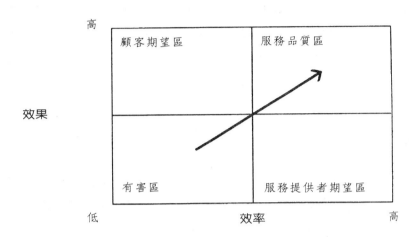

圖28.3 均衡模式（Homeostatic Model）

力的角度探討服務的作業管理（Fitzsimmons 和 Sullivan 1982）。Mills
等人也探討了如何刺激顧客／服務提供者參與生產過程，使公司能夠
提高生產力（Mills、Chase 和 Margulies 1983）。一般都同意在既有的
生產力定義架構下，有三件事情可以改善服務的作業管理：

1. 將製造業所發展出來的技術適當地轉移到服務作業管理上。
   （如上述的零失誤／防錯手段就是技術轉移的最佳範例）。
2. 善加利用以電腦為基礎的資訊系統。（活躍在網路上的企業家
   就是代表。另外，由 Scott Sampson 維護的服務作業管理協會
   （Service Operations Management Association）之網站
   SOMA.BYU 也提供大量關於服務作業管理的資訊。）
3. 公司必須牢記：在服務的過程中，顧客也具有生產力。自助式
   加油站的經營方式就是最好的例子。

如果能夠均衡地採用上述三項攸關生產力的建議，公司將具有更

大的成功潛力。Collier在1985的著作是技術化與自動化服務的理想入
門書，而Haynes和Thies也針對自動提款機與自助式加油站進行研
究，結果發現這些服務型態不管在效率或效能上，都有很大的提昇
（1991）。

總體模式的概念

　　本章一開始提出了服務作業管理的七項特色，主要的目的並非爲
了將服務作業管理的相關議題一網打盡，而是想直指事實的核心以及
歸納重要的研究成果，以作爲讀者有意深入研究時的參考。沒有人能
夠擔保哪一種服務方式必定成功；然而，兩位享譽服務行銷領域的研
究者，耳提面命地叮嚀服務業者切莫落入眼前的陷阱—其中
Schmenner是以公司長程生存機會的觀點來闡述其論點（1986），而
Heskett則分享實際經驗以爲教訓（1987）。服務和任何其他作業一
樣，都須經過構思、設計、發展及執行等階段。通常到了最後，服務
的結果只有三個：第一，顧客覺得非常滿意（或者至少覺得很開
心），因此成爲公司的忠實顧客；第二種情況是顧客覺得還算滿意，
此時他可能變成偶而上門的顧客；最後一種情況是顧客覺得不滿意而
一去不返。
　　圖28.4是以這種概念繪出的「總體模式」，它將有助於讀者更能
了解從服務規劃到服務結果。
　　這個總體模式提到幾個對服務成敗影響甚鉅的因素，可以與本章
稍早所提到的微觀模式相互呼應。另外，從總體模式中，我們可以了
解服務最初的構想（願景）是一種概念式的存在，在系統流程和顧客
需求的力量下運作。整組服務配套（包括核心服務和周邊服務）的規
劃必須配合實際的傳遞程序，以達到顧客滿意度。公司可以根據顧客
滿意度的特性，將顧客加以分類。和現有的顧客持續交易（也就是擁

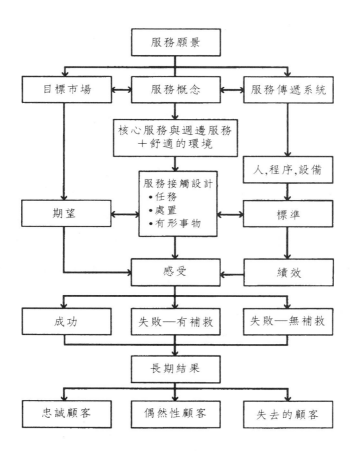

圖28.4　總體模式：服務的規劃和服務的結果

有高忠誠度的顧客），是大多數經理人的目標，如果無法達到這個目標（即顧客偶而或不再上門），就是經理人該以總體模式重新檢視目前服務方式的時候了。大多數的服務都有回饋結構，該結構是個連續性的迴路，可以蒐集與整合內部（提供者）和外部（顧客）在服務接觸中所傳達的訊息。這種機制使經理人可以均衡地調整每一項投入因素，使整合之後的系統程序產生最佳化的服務績效。

結語和未來

　　解除管制的聲浪不斷，併購風潮的規模之大也是前所未見；因此，可以想像的是，未來的服務業仍然要經歷很多的變革，在這同時，變革中也會不斷浮現出更多機會。不管是廣義或狹義定義下的科技，在這一波革新中，都將幫助那些勇於創新的服務業者提昇效率、並創造更高的產品價值。由於顧客使用服務的熟練度越來越高，導致有時人們覺得服務業者的成功不算什麼，充其量只是運氣好或碰上適當的機會罷了；然而，事實證明，長期的成功還是要奠基在管理良好的服務傳送程序上，其中有許多也運用到了本章提及的工具和技巧。最後，我們建議讀者不妨閱讀 Chase 和 Hayes 在 1991 年合著的文章，該文指出如果可以回到作業管理 101 的基本面，並且以策略性的觀點控制服務接觸，一定對服務有所助益

註釋

1. 譯註：通用汽車承兌公司（General Motors Acceptance Corporation）是隸屬於 GM 集團的一家財務獨立組織，負責提供 GM 產品的融資服務。

參考書目

Artzt, Edwin L. (1992), "Value Model Presentation," Quality Forum VIII, Washington, DC, October.

Berry, Leonard L., Valarie A. Zeithaml, and A. Parasuraman (1985), "Quality Counts in Services, Too," *Business Horizons*, 63 (May-June), 44-52.

Bowen, David E., Richard B. Chase, and Thomas G. Cummings (1990), *Service Management Effectiveness*. San Francisco: Jossey-Bass.

Chase, Richard B. (1978), "Where Does a Customer Fit in a Services Operation?" *Harvard Business Review*, 56 (November-December), 137-42.

——— (1981), "The Customer Contact Approach in Services: Theoretical Bases and Practical Extensions," *Operations Research*, (July-August), 599-606.

——— (1985), "The 10 Commandments of Service Systems Management," *Interfaces*, (May-June), 68-72.

——— (1996), "The Mall Is My Factory: Reflections of a Service Junkie," *Production and Operations Management*, 3(4), 298-308.

———, N. J. Aquilano, and F. R. Jacobs (1998), *Production and Operations Management: Manufacturing and Services*, 8th ed. San Francisco: Irwin/McGraw-Hill.

——— and David Garvin (1989), "The Service Factory," *Harvard Business Review*, 67 (July-August), 61-69.

——— and Ray M. Hayes (1991), "Beefing up Operations in Service Firms," *Sloan Management Review*, 33 (Fall), 15-26.

——— and David M. Stewart (1994), "Make Your Service Fail-Safe," *Sloan Management Review*, 36 (Spring), 35-44.

——— and David A. Tansik (1983), "The Customer Contact Model for Organizational Design," *Management Science*, 29(9), 1037-50.

Collier, David A. (1985), *Service Management: The Automation of Services*. Reston, VA: Reston/Prentice Hall.

Cortese, A. E. and M. Stepanek (1998), "Good-Bye to Fixed Pricing?" *Business Week*, (May 4), 71-84.

Fitzsimmons, James A. and Mona J. Fitzsimmons (1997), *Service Management*. San Francisco: McGraw-Hill.

——— and Robert S. Sullivan (1982), *Service Operations Management*. San Francisco: McGraw-Hill.

Haynes, Ray M. and P. K. DuVall (1992), "Service Quality Management: A Process Control Approach," *International Journal of Service Industry Management*, 3(1), 14-24.

——— and E. A. Thies (1991), "Management of Technology in Service Firms," *Journal of Operations Management*, 10(3), 388-97.

Haywood-Farmer, John and Jean Nollet (1991), *Services Plus*. Quebec: G. Morin.

Heskett, James L. (1986), *Managing in the Service Economy*. Boston: Harvard Business School Press.

———, Thomas O. Jones, Gary W. Loveman, W. Earl Sasser, Jr., and Leonard A. Schlesinger (1994), "Putting the Service Profit Chain to Work," *Harvard Business Review*, 72 (March-April), 164-74.

——— (1987), "Lessons in the Service Sector," *Harvard Business Review*, 65 (March-April), 67-77.

———, W. Earl Sasser, and Christopher W. L. Hart (1990), *Service Breakthroughs: Changing the Rules of the Game*. New York: Free Press.

Leonhardt, D. (1998), "Make a Bid, But Don't Pack Your Bags," *Business Week*, (June 1), 164.

Levitt, Theodore (1972), "Production Approach to Services," *Harvard Business Review*, 50 (September-October), 41-52.

Lovelock, Christopher H. (1983), "Classifying Services to Gain Strategic Marketing Insights," *Journal of Marketing*, 47 (Summer), 9-20.

—— (1992), *Managing Services*, 2nd ed. Englewood Cliffs, NJ: Prentice Hall.

Mabert, V. A. (1982), "Service Operations Management: Research and Application," *Journal of Operations Management*, 2, 203-8.

Maister, David H. (1985), "The Psychology of Waiting Lines," in *The Service Encounter*, John Czepiel, Michael Solomon, and Carol Surprenant, eds. Lexington, MA: Lexington Books, 113-23.

Melenovsky, M. (1998), "Profiting From the Identity Crisis in Service," from presentation by IDC Services Research, San Francisco.

Mills, Peter K., Richard B. Chase, and Newton Margulies (1983), "Motivating the Client/Employee System as a Service Production Strategy," *Academy of Management Review*, 8, 301-10.

—— and Newton Margulies (1980), "Toward a Core Typology of Service Organizations," *Academy of Management Review*, 5, 255-65.

—— and David J. Moberg (1982), "Perspectives on the Technology of Service Operations," *Academy of Management Review*, 7, 467-78.

Parasuraman, A., Valarie A. Zeithaml, and Leonard Berry (1988), "SERVQUAL: A Multiple-Item Scale for Measuring Consumer Perceptions of Service Quality," *Journal of Retailing*, 64(1), 12-40.

Pine, Joseph and James Gilmore (1998), "Welcome to the Experience Economy," *Harvard Business Review*, 76 (July-August), 97-109.

Roth, Aleda V. and W. E. Jackson (1995), "Strategic Determinants of Service Quality and Performance: Evidence From the Banking Industry," *Management Science*, 41(11), 1721-33.

Sampson, R. J., Martin T. Farris, and David L. Shrock (1985), *Domestic Transportation: Practice, Theory, and Policy*. Boston: Houghton Mifflin.

Sasser, W. Earl, R. Paul Olsen, and Darrel D. Wyckoff (1978), *Management of Service Operations*. Boston: Allyn & Bacon.

Schlesinger, Leonard A. and James L. Heskett (1991), "Breaking the Cycle of Failure in Services," *Sloan Management Review*, 32 (Spring), 17-28.

Schmenner, Roger W. (1986), "How Can Service Businesses Survive and Prosper?" *Sloan Management Review*, 27 (Spring), 21-32.

—— (1995), *Service Operations Management*. Englewood Cliffs, NJ: Prentice Hall.

—— (1995), *Service Operations Management*. Englewood Cliffs, NJ: Prentice Hall.

Seeger, J. A. (1975a), "First National City Bank Operating Group A," Harvard Business School Case #474-165. Boston: Harvard Business School.

—— (1975b), "First National City Bank Operating Group B," Harvard Business School Case #474-166. Boston: Harvard Business School.

Shostack, G. Lynn (1984), "Designing Services That Deliver," *Harvard Business Review*, 62 (January-February), 133-39.

—— (1987), "Service Positioning Through Structural Change," *Journal of Marketing*, 51, 34-43.

Sullivan, Robert S. (1982), "The Service Sector: Challenges and Imperatives for Research in Operations Management," *Journal of Operations Management*, 2 (August), 211-14.

Swartz, Teresa A., David E. Bowen, and Stephen W. Brown, eds. (1992), *Advances in Services Marketing and Management*. Greenwich, CT: JAI.

從連鎖經營談服務行銷的挑戰

Jame Cross

Bruce J. Walker

　　服務產業在美國經濟的成長已是有目共睹，超過一半的國內生產毛額來自於服務業，而美國地區的服務業人口更高達百分之七十五，除此之外，在世界貿易總額中，服務業也佔了百分之廿五（Coalition of Service Industries Reports 1996）。美國雖然在實體商品的貿易上虧損連連，但卻一向是服務業的大贏家。很多人在談論服務業的興起時，對於部分製造業每下愈況的現象，不免懷有惋惜之情，言下之意往往流露出對服務業的些許輕蔑。

　　服務業所具備的獨特性質影響了服務行銷與作業方式，有不少學者以「4I's」來歸納服務業的特性（不可觸知性、不可分割性、不一致性、無庫存性，即intangibility、inseparability、inconsistency和lack of inventory）。不過除此以外，也有其他不同的看法，例如Cross和Walker則著重於探討服務的不可觸知性、購買服務的隨意性（discretionary）、勞力密集、品質管制、服務作業及經營規模等問題（1987）。

　　服務業的連鎖經營**趨勢**也受到高度的注意，很多研究報告都曾經提及連鎖經營的成長或機會（Whittenmore 1993），不過，並非所有研究對連鎖經營都抱持正面態度。例如，有些報導指出，加盟者（franchisee）認爲連鎖經營對加盟總公司（franchisor）較有利（Behar 1998；Harris 1997）；還有一些文章提到連鎖經營模式裡的「同業相殘」現象（cannibalization），意指新加入的經銷商或公司的新單位、新通路（如超級市場）加入市場以後，造成原來經銷商的生意一落千丈（Garee and Schori 1998；Morse 1998）。

　　相較之下，針對連鎖經營和服務業成長間究竟有何關聯所作的研究，則顯得比較不足。事實上，很多加盟式的企業都屬於服務業的範疇，根據最近一份加盟企業統計顯示，在三十種產品類型中就有廿二種（全部或部分地）屬於服務業（見 The Profile of Franchising 1998）。另一方面，連鎖經營已經成爲企業擴張版圖時最重要的手段之一。然而，一般商業媒體並未針對兩者間的關係提出明確的說明或解釋。

　　本章試圖探討服務和連鎖經營之間的互補關係：連鎖經營對服務有何好處？是不是像有些人所說的一樣，兩者總是同步成長？不發展連鎖經營的服務業者是否也能茁壯成長？本章將就分別探討這些問題，以技術性的角度檢視連鎖經營策略，並且從連鎖經營的特色（有人認爲也是其優勢所在）檢視服務業所面臨的挑戰。最後，我們將眼光延伸到未來的商業舞台，試著一窺新世紀的服務行銷和連鎖經營可能出現的新趨勢。

概說連鎖經營

　　連鎖經營是一種契約性的垂直行銷系統（contractual vertical marketing system）。對於想要在一個共同品牌下建立事業網絡的公司，除了異業合作（或垂宜整合），還有一個取得其他行銷通路其他經營實體，通常就是零售商，其方法就是連鎖經營（Allbery 1997; Maynard 1997）另一方面，對於想要獨自擁有一個事業單位（或是一個以上的事業單位）的人來說，連鎖經營是除了獨立創業以外的另一個選擇。

　　連鎖經營的體系通常會有一份具有法律效力的文件明確地定義各當事人之間的關係，並且將各自的角色和行為標準清楚地予以界定，希望能藉著合約的力量保證以雙方都同意的方式經營企業。和組織結合的方式比起來，連鎖經營的成本與限制都少了許多，而且也有較高的通路控制能力。

　　對於加盟總公司或加盟業者來說，連鎖經營最大的魅力在於較低的風險以及潛在的獲利優勢（Justis和Judd 1998）。加盟業者以加盟總公司所制定的方式經營商店；或者，想要自行創業的人也可以採取加盟總公司的經營方式擁有獨立運作的商店，雖然這樣做的風險比較高。從加盟總公司的觀點來看，以系統性的、嚴格的標準篩選加盟業者，的確可以降低風險。雖然連鎖經營究竟能否減低企業風險，常常成為爭議的話題（Cross 1998），不過一般還是相信連鎖經營模式的確具有降低風險的優點。

　　我們可以從兩方面來談連鎖經營在財務上的優勢。以加盟總公司的資助者或創始人來說，他們賦予加盟業者某些權利或特許，而加盟業者除了要以特定的方式經營之外，還要付給加盟總公司一筆錢，方能獲得加盟權。這筆費用通常包括了加盟金、權利金，有時也包括後續的廣告促銷等開銷。加盟總店用這些收入作爲拓展連鎖系統的資金；如果不收取這些費用，則加盟總店可能得用其他方式來籌措資金，例如發行股票。除此以外，加盟業者所繳交的費用也可以用來作爲支持系統運作的基金。另一方面，從加盟業者觀點來看，連鎖經營體系的好處是可以創造類似規模經濟的優勢（例如對貨物的集體購買力），同時也有較多的行銷機會（例如專業化的廣告製作），對於獨立經營公司的成本來說，並不容易具有上述兩種優勢。

加盟總店向加盟業者收取的費用多寡端視獲利率的高低，也就是依據市場反應而決定。因此，顯然較成功的連鎖經營架構可以要求較高的加盟費用。不同的連鎖經營系統的收費架構也會有所差異：有些傾向於在一開始索取較高的加盟金，有些則要求較高的權利金。

連鎖經營是基於彼此的協定，雙方各自截長補短。對於加盟總店來說，他找到了生意夥伴，分享彼此的專長（甚至機密）；加盟總店成功與否，相當仰賴加盟店的努力和成果。就加盟業者而言，他一旦成爲連鎖系統中的一分子，也就意味著喪失了某種程度的獨立權。基本上，加盟總公司握有連鎖經營的決策大權，並且制定各種標準的政策或規則，連鎖系統必須依此執行各項決定。因此，有些加盟業者也可能會因爲缺乏自主權而備感焦慮。

連鎖經營所代表的是一種特殊的合夥關係。一開始，付費與簽約的動作建立了連鎖經營系統的契約關係（Mathewson 和 Winter 1985）；共同的品牌名稱則意味著雙方存有互相依賴的關係。基本上，這種合夥關係存在於加盟總公司和加盟業者之間；但是就某種層次來說，所有的加盟業者之間也有這種合作關係。單一加盟店成功與否，除了本身的經營能力和公司的計劃健全與否以外，別家加盟業者是否也一樣兢兢業業地耕耘，一樣會影響到整個加盟體系的成敗。

正因爲加盟體系成員有高度的互賴性，因此在審查加盟申請案的時候也必須格外嚴謹（Love 1998；Whittemore 1991）。一般來說，評估加盟資格的重點除了圍繞在加盟者財務的穩定度以外，也會考慮其經商的能力和經驗。事實上，加盟總公司扮演「守門員」的角色，將不合格的申請者剔除；因此，一旦獲得加盟許可，業者必須都是積極進取的經營者；另一方面，由於在連鎖體系下，加盟業者等於也是實質的投資人之一，為了保護自己的投資，加盟業者通常會更願意認真地工作與付出，這種態度和位於一般公司垂直組織系統裡的管理者角色是比較不同的。

　　享有良好聲譽的連鎖系統通常會提供新加盟業者一套密集的訓練，往後並且持續予以支援輔導。連鎖品牌的高知名度和整套的輔助計劃，是很多人願意放棄部份自主權、轉而加入連鎖系統的誘因。連鎖系統整合了各種控制策略和標準經營方式。大多數的加盟總公司都會將地理性的企業版圖擴張做為必然的發展目標，此外，加盟總公司也必須確保各地的加盟店具有高度的一致性，「標準化」（standardization）就是達到一致性的必要手段。另外，所有的加盟業者都要籌措資金以支付大筆的促銷和廣告花費；換句話說，加盟業者有能力從事較大規模的廣告等促銷行為，對於獨立的業者來說，這是比較難以達到的。

服務業連鎖為什麼行得通？

　　相對於實體商品，服務業具有其獨特性質，因此所面臨的挑戰也大不相同。關於服務所具有的特性，一般經常提到的有不可觸知性、不可分割性、無一致性與無庫存性（Assael 1985），除此以外，還有一些其他的因素使服務業不同於其他產業，本章接下來的部分除了簡單說明以外，並將探討服務業在面臨未來的挑戰時，連鎖經營能夠提供哪些正面的協助。

服務業為什麼不同？

「不可觸知性」指的是服務並非具有實體的物品，因此消費者無法抓住「服務」或「聞到」服務。顧客在購買實體商品之前，是可以加以檢驗或測試的。因此，服務行銷的策略之一是透過象徵符號系統（如顏色、制服、口號或相關的事物）使服務商品也具有「可觸知性」。

「不可切割性」指的是服務的生產與消費同步發生。髮型設計就是一個很好的例子，因為唯有顧客願意合作時，設計師才能完成工作；髮型設計師就像一個直銷人員，從顧客身上獲取資訊並著手工作，直到顧客離開他的座位時，整個服務才算生產完成。當然，也有人認為真正的「消費」是發生在新髮型的維持期間（可能是數週或更長的時間）。

「不一致性」指的是服務品質往往良莠不齊。高度仰賴人力是服務品質難以達到一致性的主要原因，這也使我們無法機械化地切割服務過程，畢竟人和機器並不一樣，每次的服務不但在時間上有所差異，而且在服務過程中的變動元素並不明確，因此在某種程度上比典型的自動化實體商品生產過程更不容易掌握。

服務業通常沒有庫存的商品；服務產業裡所庫存的物品通常是生產服務所需要的工具，因此，這些工具之間有連續統的關係。某些類型的服務業（如飯店業）需要隨時準備各種設備和器材以提供各種服務；相反地，某些服務提供者（如教師）並不一定需要特定的設備。當然，在某個程度上，所有的服務業者的確都需要基本的工具支援生產服務的過程（如電腦或儲存教學相關資料的磁片等）。

由於服務產品具有不可觸知的特性，因此也無法事先生產服務商品，也不能貯存服務，日後再售出。然而，由於服務業對勞力的需求較重，員工本身可能變成「庫存物」。舉個例子來說，服務業者會準備額外的人手，以應付尖峰時刻的高顧客流量（如用餐時間的餐廳）。因此，對於服務業者而言，準確地估計顧客需求是非常重要的。

Cross 和 Walker 提出了服務業的其他特色（1987）。消費服務商品比購買實體商品更具隨意性，這是由於服務商品往往有較多的替代品，這些替代品包括其他的服務選擇，甚至有時消費者也可以自己動手做（如除草），甚至延後購買服務的時間。很多小規模的服務業也會面對所有小型公司所面臨的問題。例如，經營者對會計或其他管理工具所知不多，除此以外，這些小型公司的經營者往往因為太注重每日例行性的營業活動（亦即產品本身），以致於忽略了策略性的規劃或行銷。

連鎖經營的特色

對於服務業的困境，連鎖經營模式所具備的特殊性似乎帶來了一些解套方案，因此，連鎖經營和服務業常常同時出現，Cross 和 Walker 稱之為「企業婚姻」（business marriage）。事實上，服務產業和連鎖經營的快速成長並不是一種巧合，而是在彼此推波助瀾之下所呈現的結果。

連鎖經營和服務業之間為什麼有如此緊密的關係？如上所述，連鎖經營的特色正好可以解決服務業所遭遇到的瓶頸，至於如何解決，則是以下將討論的重點，我們將之歸納如表29.1所示。

透過標準化、系統性的促銷活動，可以降低服務的不可觸知性。連鎖經營較能夠有效地集資，以作為各種廣告或促銷活動的費用。一般來說，獨立經營者比較沒有能力負擔在媒體上宣傳或廣告的花費，

表29.1　連鎖經營如何解決服務業的行銷問題

服務業在行銷上的挑戰	連鎖經營的特色
不可觸知性	利用行銷方案（如：商標、制服）增加具體性，並且採取標準化且系統性的促銷活動
不可分割性	在市場疲軟期間以廣告刺激需求
不一致性	訓練計劃、控制系統、制定標準、以系統性的促銷活動影響顧客的期望
無庫存性	有助於預估需求
小規模的公司	訓練計劃、持續給予管理上的協助、專業的促銷工具、規模經濟
以生產和營運為重心	訓練計劃、整個系統的策略規劃、在行銷上予以支援
眾多的競爭形式	多重地點
經營者的資金不足	財務規劃、嚴格的審查加盟者資格
失敗率偏高	企業概念已經過考驗，在起步與後續階段都予以輔導

但全體加盟業者結合起來以後，可以使促銷行為變得更經濟。此外，系統化的促銷活動有助於在顧客心中對產品建立共同的期許。

　　經由商標、代言人或標準化的店面格局、設施或裝潢，使顧客可以自然而然地聯想到此品牌；此外，產品的相同訂價策略也可以作為各營業點的共同特徵。

　　連鎖經營模式可以利用各種不同的標準化程序或訓練解決不一致或是無法切割的問題。由於服務業在生產過程中高度依賴勞力，使服務的品質不容易控制，更何況在很多服務業中所運用的勞力大多是沒有經過嚴格訓練的人員。連鎖經營系統通常有一套標準的運作模式，尤其在規劃縝密的連鎖系統中，可以降低太多偶然發生的意外狀況，因為各種可能的狀況往往已經在掌握或預期之中，不論是經營者或員工都受過特定的訓練。藉著連鎖經營系統的控制—包括由加盟總公司派至現場指導或監督的代表——可以確保每一個加盟店都符合了系統所要求的標準。

　　雖然服務的生產不可能達到完全的自動化，但是上述各種方式都能有效地減低生產過程中的變數。此外，標準而統一的促銷基調有助於達到產品的一致性，使顧客對於品質及服務的預期不至於相去太遠；而標準化的運作程序則能幫助公司傳遞符合顧客預期的服務。

　　小型公司所面臨的困境通常與缺乏計劃或專業人才有關。小公司面對例行性的營運業務常常已經忙得人仰馬翻，更遑論花時間擬定公司的長程計劃。連鎖經營模式透過加盟總公司所設計的訓練方案和行銷支援，讓加盟分店沒有後顧之憂。加盟系統的訓練方案除了針對與該服務產業有關的特定技能以外，也會對一般性的會計、人力資源、銷售技巧或採購等事宜給予加盟業者指導。這些全面性的訓練與支援都是使連鎖經營比小型獨立企業更具優勢的原因。

　　連鎖經營也能夠幫助業者面臨服務業的多樣化競爭趨勢。以零售業為例，便利性與地點是影響成敗的重要因素，隨著整個社會越來越高的流動性，分布地點越多，便利性越高；否則，消費者有時可能寧可一拖再拖，或是乾脆自己動手作。連鎖經營模式的好處之一即是建立標準化、密集性高的服務網絡。當然，在集團系統內也可以建立眾多的分店，但是在成本上相對地就比連鎖經營模式來得高。

　　對於企圖快速擴張版圖的公司來說，連鎖經營模式的財務規劃也有正面的作用，因為由加盟總公司匯集所有加盟業者的資金，可以作為擴展系統之基金。當然，由於加盟總公司必須擔任起建立、維護網絡的責任，因此招募人才、篩選加盟申請案、設計訓練方案或監督加盟業者等各種工作，都會增加許多其他的開銷。

向前看

在未來的十年中，連鎖經營會有什麼新的發展趨勢？服務業和連鎖經營模式是否仍將並肩成長？事實上，有些變化已經悄悄地產生了，以下我們將討論這些已成形或正在醞釀中的變化。

新的企業型態

最原始的連鎖經營型態，也就是所謂的「產品與商號」連鎖（"product and trade name" franchising）已經漸漸走下坡，但是這並非以銷售量而言，而是指各地的連鎖商店數量。汽車業者、飲料商或加油站這一類的產業並不是我們所說的服務業，雖然他們多少都提供了某些服務。事實上，以產品或商號作為加盟方式在銷售總額上仍然呈現持續的成長，主要是因為透過這類管道所供應的商品通常常是每個家庭的生活必需品。

隨著新連鎖經營模式「企業型態」（business format）的出現，更加速了連鎖經營的成長腳步。大多數以「企業型態」為連鎖經營模式的總部，都以服務作為其主要產品，通常會提供整套的經營方式。簡言之，以產品或商標為主的連鎖經營模式的重點在於「販售的東西」，而「企業形式」的連鎖經營則著重在「如何經營」。

在未來的幾年中，以家庭為基礎的加盟商店可能會流行，這是電子通訊技術發展的必然結果。事實上，電訊技術和家庭式的加盟潮流，皆源自於人們對家庭、育兒、通勤時間與成本的看法有了轉變。個人電腦、傳真機以及其他電訊技術的發達提高了網路通勤（telecommute，意指利用電信技術在遠距的溝通上）的可能性，也促進了在家工作的便利性。

　　網際網路的興起也推動了電子商務的蓬勃發展（Green 1999）。不管是日漸流行的在家工作型態，或是方興未艾的電子商務，都意味著連鎖經營模式在未來會有更大的發展空間，並且有各種方式—如共同品牌、創業輔導、標準化經營以及持續性的支援等，協助更多的加盟業者加入連鎖經營的行列中（Alexander 1991；Marsh 1990；Plave和Dombek 1998）。

新式連鎖經營地點

　　有人這麼說過：在美國，每一個十字路口都可以看到四家連鎖商店，分別提供不同的服務。儘管這樣的描述稍嫌誇張，但是未來並非不可能發生。不過，對於加盟業者而言，想要找到最佳的開業地點，以滿足貪圖便利的顧客，仍然是一個頗令人頭痛的課題。因此，加盟總公司必須審慎地選擇開店的地點，以創造令人滿意的銷售成果。

　　在美國，非傳統式的連鎖經營地點包括大學校園、機場、動物園、運動場、俱樂部或是大型零售商店（如美國零售業龍頭Wal-Mart）等。這些地點的共同特色是高度的顧客流量，而且大多對顧客的出入有所限制（例如在機場裡，顧客並不能出入自如）。當顧客受到環境的牽制時，他的消費選擇就受到限制，在這種情況下，商家顯然有較大的訂價空間。雖然目前在這類非傳統式的地點已有許多加盟商店，不過在未來這類地點可能更加炙手可熱。

　　在考量成本與器材的前提下，增加營業據點還有另外一種方式—「聯合品牌」（co-branding），也就是所謂的「依附」式（piggybacking）的連鎖經營型態，這種模式所採取的策略是在相同的設備下進行多重連鎖經營（Bereford 1995；Scott 1998）。例如一家漢堡連鎖店也可以販售墨西哥食物；一家連鎖旅館可以提供旅客可能需要的服務（如郵務、電腦等相關商業服務）。「聯合品牌」主要概念在於：它能夠吸引更多的顧客群，並且達到物盡其用的優點。對於那些具有高度季節性需求或每日有固定的尖峰營業時段的行業而言（如賣冰淇淋的店舖），如果想要在淡季或非尖峰時段招攬顧客上門，無疑可以善加利用聯合品牌策略。因此，唐奇甜甜圈（Dukin Donuts）和三一冰淇淋（Baskin-Robbins）達成聯合品牌的協議，Blimpie Subs & Salads（美國的三明治速食業者）和Pasta Central（美國的義大利麵餐廳）的結合，產生了一個新的Blimpie品牌（Solomon 1998）。此外，聯合品牌還有一個重要的優勢——即經營的風險可由雙方共同分攤。

連鎖經營尚有一個新的趨勢：它不再拘泥於固定的商家定點，而是由許多具有流動性的單位組成連鎖系統。在這種模式下，商店主動地走向顧客，而不是被動地等待顧客上門。流動式連鎖商店的典型例子包括到府修理門窗、為寵物美容、裝設水管、汽車維修等。在這些服務的背後，有一項關鍵的概念——以顧客的方便為優先考量。當然，這些行業可以由個人獨立經營，也可以透過加盟的方式經營，但是正如同本章一再強調的，連鎖經營模式的優勢在於能夠提供標準化的經營方式、設備、促銷或訓練。當服務所需的器材可以經濟而有效地移動，而且顧客也能夠接受這種服務方式，那麼流動性的營業模式的確具有高度的可行性。

將企業的版圖向國外拓展，是比較不同的連鎖經營模式。根據一份1995年的調查顯示，以美國為大本營的連鎖企業中，其中有44%的企業在其他國家擁有加盟店；另外，尚未在國外設置加盟店的企業中，有55%計劃在海外建立加盟系統（美國連鎖企業的國際化擴張，International Expansion by US Frachisors 1996）。對很多赫赫有名的連鎖企業來說，邁向國際化是非常重要的一步。以麥當勞為例，儘管其海外分店只佔總店數的30%，但是卻為麥當勞創造了絕大多數的利潤（Leonhardy 1998）。

　　當然，就像其他的國際化企業一樣，連鎖經營要跨出國界，也充滿了各種挑戰。例如當地政府的法規限制、所得水準、顧客行為、媒體可用性、幣值波動或境外收入等。許多棘手的問題都是有意在海外設置連鎖店的企業必須克服的困難，例如：法律上或所有權方面的限制、最低基本工資、以及該國的文化或生活脈絡將如何影響人們對產品的需求等（Mc Lean 1990）。

加盟業者在哪裡？

　　近來，「新加盟者」（new franchisee）的形象似乎越來越普遍而清晰了：越來越多來自於企業的管理幹部成為加盟業者。應美國企業組織重整風潮而產生的大幅人力縮編，使許多大公司的中階主管頓時之間成了無業遊民，連鎖經營遂為這些人打開另一扇窗，因為這種模式可以使他們仍舊屬於企業的一部份，但是相對地卻擁有更大的主控權，而非像以往一樣只能服從組織。因此，加盟業者比一般的企業組織享有更多的自由。另一方面，連鎖經營系統也積極地尋找從大型企業出身的中級主管，主要有兩項原因。首先，這些人通常已經有某種程度的商業專才；更重要的原因是，這些遭受裁員命運的中階幹部往往握有一筆遣散費，因此也較有能力購買加盟權。不過，當然也有些來自於企業的管理階層人士在加入連鎖經營的行列後，面對漫長的工作時數與較不舒適的工作環境時，容易備感挫折而無力（Selz 1992）。

　　雖然大多數的美國企業組織似乎都在進行企業重整與人員縮編，但是大規模的併購腳步卻絲毫未見停歇。歐洲的併購趨勢比美國晚了幾年，但是在可預見的未來，當企業重整風潮吹到歐洲時，必定會產生一批批被迫離開公司的中級主管，屆時連鎖經營的熱潮也將席捲歐洲大陸。

　　企業重整和裁員風氣鼎盛的商業環境還為連鎖經營找到了一個新的舞台。年輕一代的員工─即所謂的X世代─在觀察到市場變化後，對於擠身進入大型企業顯得興趣缺缺。相反地，儘管年紀尚輕，他們還是放手一搏，自行創業。於是，具有高度反叛精神的X世代，選擇以加盟方式創造自己的事業。當然，X世代的年輕人如果無法接受或適應加盟總公司所制定的標準化經營方式，對於加盟的決定也最好能三思而後行（Love 1998）。

　　婦女與少數族群也是最可能成為加盟業者的族群之一（Whittemore 1990），特別是社會上有各種金援計劃幫助婦女及少數族群加盟開店或創業；因此在各種不同的連鎖行業中，都可以發現不少由婦女或少數族群所經營的加盟店（ "Inroads" 1990; Tannernbaum 1990）。

改變的系統結構

　　連鎖經營系統本身的結構性改變也是一項值得注意的發展。其中一個轉變是「所有權的重新導向」（ownership redirection，Dant、Kaufmann和Paswan 1992），本質上來說，這意味著連鎖系統買回連鎖單位，並且將之轉化成直屬於企業的單位之一。多數的大型企業都有加盟的商店，也有直屬於企業的分店。不同的企業系統對於這方面的看法也有所不同。但是隨著所有權重新轉向的現象越來越普遍，企業漸漸了解商店的「據點」（locations）也是一項生財的利器，並且也發現將據點的經營權賣給加盟業者可能是不智的，因為這等於把利潤拱手讓人。不過，將具有高度獲利潛力的據點給加盟業者營業，卻往往是企業擴張的唯一選擇。

　　批評連鎖經營的人認為，「所有權的重新轉向」似乎讓加盟總公司獨占所有有利據點，不啻傷害了加盟業者的權益。然而，連鎖系統買回連鎖單位時，加盟業者可以從中獲取一筆金錢。以連鎖髮型美容業者「超剪派」（Supercuts）為例，當初經營總部大規模買回各大城市連鎖店的所有權，方法是用股票代替現金償付給各加盟業者，因此這個行動也稱為「用股票換商店」（Stocks for Stores）。另外，據說漢堡王目前也有進行「所有權轉移」的計劃（"Burger King" 1998）。

另外一個有趣的發展是「連鎖中的連鎖」現象（Bradach 1994；Tannenbaum 1996；Wittemore 1994）。本質上，這種現象的成因是加盟業者在整個連鎖系統中日漸坐大，因此，不像一般的加盟業者頂多擁有少數幾家連鎖商店，有些經營成效良好、在連鎖系統中扮演重要角色的加盟業者可能擁有逾百個營業據點。在某些極端的情況下（如Applebee's），加盟業者的規模甚至超越了加盟總公司。這項發展的弔詭之處便在於連鎖經營模式繞了一圈後，似乎又回到了企業組織的經營模式。

連鎖經營模式的優勢之一在於經營者雖然是整個連鎖系統的一部份，但卻擁有自己的一家（或數家）商店，並且享有較高的控制權。相反的，「連鎖中的連鎖」則會建立起內部的階級，並且像一般的企業體一樣有經理之類的角色。在這種情況下，加盟總公司對於創業者的吸引力不再，至少許多有意加盟人士所嚮往的好處已經不復存在。為了彌補加盟總店在這方面的損失，加盟總公司可以網羅經驗比較豐富的加盟者，儘管在人數上可能較少，但是這些加盟者的財務穩定性較高，而且過去的業績也可以作為參考。

結語

連鎖經營模式勢必會持續地成長，服務業將無可避免地繼續採用連鎖經營模式。然而，由於社會文化與科技發展，連鎖經營的架構也會有所調整；唯一不變的是，連鎖經營和服務行銷還是息息相關。連鎖經營的特殊屬性將仍是服務業在面臨行銷困境時的最佳解決方案。

　　連鎖經營在美國經濟已經有一百多年的歷史。早在廿世紀初期新興產品（如汽車或石油）出現時，這一類的經營模式就已經在運作。六〇年代以後，市場上湧現越來越多的商品種類（特別是五花八門的服務項目），更刺激了連鎖經營模式的發展。也是在同一個時期，服務業在美國國內經濟的地位越來越重要。因此，不難預料，在廿一世紀也將出現更多新興的服務行業，其中一部份必定和電子商務有關。從本章的討論更可以預知，未來將興起的服務種類和目前已經存在的服務型態，都會因為連鎖經營模式而更趨成熟。

參考書目

Alexander, Suzanne (1991), "More Working Mothers Opt for Flexibility of Operating a Franchise From Home," *The Wall Street Journal*, (January 31), B1, B2.

Allbery, John L. (1997), "Franchising: An Alternate Route to Market Expansion," *Retail Insights*, 6(2), 1-3.

Assael, Henry (1985), *Marketing Management: Strategy and Action*. Boston: Kent.

Behar, Richard (1998), "Why Subway Is 'The Biggest Problem in Franchising,'" *Fortune*, (March 16), 126-34.

Beresford, Lynn (1995), "Seeing Double," *Entrepreneur*, (October), 164-67.

Bradach, Jeff (1994), "Chains Within Chains: The Role of Multi-Unit Franchises," in *Proceedings of the Society of Franchising*, Skip Swerdlow, ed., Las Vegas, February 13-14.

"Burger King Adds to Menu Seven Items Under a Dollar" (1998), *The Wall Street Journal*, (March 17), B10.

Coalition of Service Industries Reports (1996), "The Service Economy," 10 (June), 1-20.

Cross, James (1998), "Improving the Relevance of Franchise Failure Studies," in *Proceedings of the Society of Franchising*, Francine Lafontaine, ed., Las Vegas, March 7-8.

———— and Bruce J. Walker (1987), "Service Marketing and Franchising: A Practical Business Marriage," *Business Horizons*, 30 (November-December), 10-20.

Dant, Rajiv P., Patrick J. Kaufmann, and Audesh K. Paswan (1992), "Ownership Redirection in Franchised Channels," *Journal of Public Policy and Marketing*, 11 (Spring), 33-44.

Garee, Michael L. and Thomas R. Schori (1998), "Modeling Can Help Predict Franchise 'Cannibalization,'" *Marketing News*, (November 23), 4.

Green, Heather (1999), "'Twas the Season for E-Splurging," *Business Week*, (January 18), 40, 42.

Harris, Nicole (1997), "Franchisees Get Feisty," *Business Week*, (February 24), 65-66.

"Inroads Into Franchises by Minorities Are Uneven" (1990), *The Wall Street Journal*, (October 8), B1.

International Expansion by U.S. Franchisors (1996). Washington, DC: International Franchise Association Educational Foundation.

Justis, Robert T. and Richard J. Judd (1998), *Franchising*. Houston: Dame.

Leonhardt, David (1998), "McDonald's: Can It Regain Its Golden Touch?" *Business Week*, (March 9), 70-77.

Love, Thomas (1998), "The Perfect Franchisee," *Nation's Business*, (April), 59-65.

Marsh, Barbara (1990), "Franchisees See Home as Place to Set Up Shop," *The Wall Street Journal*, (February 12), B1.

Mathewson, G. Frank and Ralph A. Winter (1985), "The Economics of Franchise Contracts," *Journal of Law and Economics*, 28 (October), 503-26.

Maynard, Roberta (1997), "The Decision to Franchise," *Nation's Business*, (January), 49-53.

McLean, Ernest C., III (1990), "Franchising as an Entry Strategy to the EEC," *The Journal of European Business* (January/February), 19-24.

Morse, Dan (1998), "Franchise Showcase to Close; Two Security Firms Debut," *The Wall Street Journal*, (June 23), B2.

Plave, Lee J. and Brooke Dombek (1998), "What You Should Know About Franchising and the Internet," *Franchising World*, (July/August), 27-32.

The Profile of Franchising (1998). Washington, DC: International Franchise Association Educational Foundation.

Scott, Nancy Rathbun (1998), "Co-Branding Synergizes Franchise Sales," *The Wall Street Journal*, (November 27), B8.

Selz, Michael (1992), "Many Ex-Executives Turn to Franchising, Often Find Frustration," *The Wall Street Journal*, (October 14), A1, A4.

Solomon, Gabrielle (1998), "Co-Branding Alliances: Arranged Marriages Made by Marketers," *Fortune*, (October 12), 188.

Tannenbaum, Jeffrey A. (1990), "Franchisers See a Future in East Bloc," *The Wall Street Journal*, (June 5), B1.

——— (1996), "Chicken and Burgers Create Hot New Class: Powerful Franchisees," *The Wall Street Journal*, (May 21), A1.

Whittemore, Meg (1990), "Expanding Opportunities for Minorities and Women," *Nation's Business*, (December), 58.

——— (1991), "An Inexact Science," *Nation's Business*, (February), 65.

——— (1993), "An Upbeat Forecast for Franchising," *Nation's Business*, (January), 50-55.

——— (1994), "Succeeding With Multiple Locations," *Nation's Business*, (October), 66-74.

跋與結論

Dawn Lacobucci & Teresa A. Swartz

　　本書各章節呈現了有關服務行銷及管理議題的多元觀點。不管是本書的作者，或是具有實務管理經驗的人都認為服務及其管理本身是一個很複雜的系統—此系統要將抽象的管理策略，落實在公司的最前線，而兩者之間的交界，就是顧客和技術涉入的地帶。負責執行服務行銷的人（也是最常與顧客互動接觸的人）常會怯怯地抱怨：「感覺上，服務的行銷或管理比消耗性產品來得困難呢！」事實上，如果不了解行銷在傳統商業脈絡上的重要性，負責行銷的人員在執行工作時必定備感艱辛。

　　類似的學術著作在文章結尾時，常常會談到「未來的方向」，也就是預測未來可能的研究領域。這些推測可能來自於個人創意的洞見或是對近期研究加以歸納後所得到的結論，同時也可能是研究者和實務工作者交流對話之後的想法。我們有幸訪問了兩名傑出的專業人員——一位是法律工作者，另一位是保健業的顧問，兩人的工作都需要處理服務行銷的問題—以幫助我們進一步了解他們在實際的工作上遭遇什麼問題。

瑟遜小姐的觀察（Winston and Strawn公司）

位於芝加哥的Winston & Strawn是一家口碑良好的法律公司，芭德・瑟遜小姐（MS. Barb Sessions）是業務部門的主管。在這家公司中，行銷部門一向是公司的靈魂，也許因為瑟遜小姐本身也是一名律師，所以她的同事們不會對她說：「這裡不適合行銷那一套，你根本沒弄清楚我們是幹哪行的！」

公司所處的商業環境之競爭已日趨激烈（哪個地方不是呢？），因此管理高層通常會根據客戶的需求來訂定營運策略，以提升競爭利基。如果行銷策略著眼於客戶，那麼公司的專業人員很快地就會發現在傳統的行銷觀念中，可以找到一些適當的策略方案，而行銷也並非如某些論者所批評的，只是掩飾和吹噓的手法。

瑟遜小姐指出，目前法律界出現一種趨勢：現在的客戶在尋求法律服務時，傾向於選擇對自己的行業有較多實務經驗的法律公司。因此，即使Winston & Strawn對法律的了解比客戶來得多，但若僅告訴顧客：「我們是一家好的法律公司！」絕對無法說服顧客，最好加上一句：「我們了解這個行業的複雜性。」也就是說，大家開始以產業別來區隔客戶層，在此趨勢下，雖然像Winston & Strawn這樣的大公司有能力同時服務不同產業區隔的客戶，但是一些小公司就被迫要選擇單一或少數領域來專攻。當然，服務深度與服務廣度各有其優勢，但恐怕唯有像Winston & Strawn這一類的大型公司才能兼顧。

瑟遜小姐也指出了另一個趨勢，是有關公司在規劃服務內容時所牽涉的技術問題，而不同的部門在技術上所面臨的挑戰也有差異。就法律公司而言，主要的挑戰在於如何設計一個可以整合全國性案件的軟體。舉例來說，當公司接到一件涉及全國的產品信賴度案件時，如果位於芝加哥的辦公室可以掌握紐約地區正在進行的工作，將可使服務的過程更加流暢。軟體也是技術的一部份，通常被用來支援前線的專業服務人員，以便讓分駐全國各地的辦事處都能夠維持高水準的服務品質。雖然像 Winston & Strawn 這樣具有高度專業性的公司認為「聘用最優秀的人才」是達到卓越品質的利器，但是他們也相信善用技術可以讓服務績效更臻完美，在這個信念之下，Winston & Strawn 各地區辦公室的服務幾乎都達到同樣理想的品質。此外，當顧客已經越來越國際化時，如果公司在全國各地的子機構都具有良好的整合性與一致性，使公司能以此作為墊腳石進軍全球市場，自然也具有更多優勢。

普林思先生的觀察（Arthur Anderson 公司）

約翰・普林思先生（Mr. John Prince）是世界知名會計顧問公司安達信會計師事務所（Arthur Andersen）的資深經理，他對於醫療看護產業可說瞭若指掌。這個行業本身面臨最大的問題就是資料整合的技術，特別是如何將各機構的資料──包括來自於醫院、藥局、家庭看護、運動保健中心、醫療器材公司、保險公司等單位的相關病歷紀錄和帳務系統──一彙整。整個醫療網絡牽涉的範圍非常廣泛，然而其中的分子往往各自為政，想要有效地予以整合，必定是一件耗神費時的龐大工程，就這一點來說，安達信恐怕是唯一一家能夠成功地將大量資訊進行系統整合的公司了。

醫療看護市場的激烈競爭和成本緊縮趨勢，使這個產業迅速地接受了行銷觀念，業者無不希望藉者行銷手法來吸引、留住更多顧客（包括病人和投資者）。因此，安達信公司建議醫療保健業的經理人應該開始以顧客的終身價值觀點著手，並且指出在醫療網絡中的服務業者（如醫院）應該把握哪些市場機會。

　　即使是被奉爲圭臬的行銷觀念也對健康醫療業者提出新的挑戰。舉例而言，安達信向它的保健業客戶提出兩項廣告上的建議。首先是考慮到這個產業在廣告方面的經驗比較少，安達信向客戶提出應該如何著手的建言；其次則是在成本緊縮的政策下，業者應該如何籌措規劃資金以因應這項額外的新支出。

　　普林思先生也提到傳統行銷變項（如通路）應該如何和最新的各種議題（如技術）結合，特別是網際網路給病人前所未有的機會，能獲得各種有關於自己或親人健康狀況的醫療技術資訊。有時候，病人可能比工作負擔過重的醫生具備更多資訊（例如病人可能會對醫生說：「你覺得澳洲最近新藥的實驗結果如何？」）；然而在大部分的時候，病人可能因爲缺乏專業訓練而誤解了公佈在網路上的資訊，甚至被一些不正確的網路報導所誤導。

　　近年來，傳統媒體或網路廣告對病患直接造成的效果評估，受到高度的注意，例如，舉例來說，在「病人即顧客」的模式中，拉力式（pull）的廣告策略和從病人角度出發的藥廠品牌塑造策略常被用來對照傳統以藥劑師作爲藥品通路的權威性象徵之推力式廣告策略。藥廠似乎傾向於直接對客戶行銷而跳過藥劑師，以減少後者在行銷通路上的影響力。

　　普林斯先生還觀察了自己與同事擔任顧問一職所產生工作上的角色變遷。尤其當客戶期待安達信擴展其參與的層面時，一方面希望安達信組成一個具備多方知識的團隊來參與運作並能隨著客戶的需求而彈性調整功能，另一方面希望在提供諮詢服務的過程中，安達信能瞭解客戶與顧問團隊之間整合性的參與可使雙方的溝通過程和期望更加清楚。

結論

　　儘管說法不同，兩位實務工作者都提到了關於整合的趨勢。我們都同意跨學科觀點的重要性，不過學術界在運作上傾向於功能性的獨立。如前所述，和實體商品相較之下，服務在傳遞時更需要各部門間的協調性——包括行銷、人力資源及業務部門等，因此，服務行銷從業者可能具備了最強的整合能力。身為學術研究者，我們也常被視為「專家」，我們所強調的是研究的深度，但不一定兼顧廣度。因此，我們必須透過類似本書的方式以廣納各種觀點——以章節呈現深度，以全書鋪陳廣度。儘管在本書中不乏能夠兼顧深度與廣度的作者，不過我們更擅長直接了當地陳述某些課題。

　　兩位工作者的談話中還有另一項共同的主題——技術。事實上，我們是否可以百分之百地相信，技術上的革命只會持續進行？甚至還會加快發展的腳步？技術能夠多大幅度地對顧客和前線工作人員之經驗造成正面（或負面）的影響，這個問題成為本書許多章節探討的重點，同時也是其他章節多少都加以考量的議題。在未來的研究中，我們不妨針對科技對服務所造成的影響從事進一步的探討。

　　儘管我們不知道在本書緒論中提及的統計數字是否會一直維持穩定的狀態，然而，即使服務業在整個經濟體所佔的比例還是「只有」67％到80％，對於熟稔服務行銷技巧的服務業經理人來說，這個數字仍然意味著未來有無限的機會，因此，放手一搏，準備行銷你的服務產品吧！

編者簡介

Dawn Iacobucci

　　是西北大學加勒管理研究學院（Kellogg Graduate School of Management t Northwestern University）的行銷學教授。1987年取得伊利諾大學香檳城分校（University of Illinois in Urbana-Champaign）的計量心理學博士學位後，旋即進入加勒管理學院任教。她的研究興趣包括服務行銷與顧客滿意度、非營利性與社會行銷、社會網絡與發展雙向互動資料的多變數統計分析模式。她的作品發表在Harvard Business Review、Journal of Consumer Psychology、Journal of Marketing、Journal of Marketing Research、Psychological Bulletin及Psychometrika等期刊上。她目前擔任Journal of Consumer Psychology的編輯。在學校裡除了為企管研究所學生開設服務行銷與行銷研究課程以外，她也為加勒學院博士班學生講授多變數統計學。

Teresa A. Swartz

　　是加州州立科技大學桑路易斯歐比斯波分校（California Polytechnic State University in San Luis Obispo）的行銷學教授，在進入該校之前，她曾經於亞利桑那州立大學（Arizona State University）任教長達十一年，當時並積極投入The First Interstate Center for Services Marketing（現在的The Center for Service Marketing and

Management）之活動。過去她曾兩度擔任美國行銷協會（American Marketing Association）的國際理事，並且也曾任該會服務行銷部的副主席。她在賴索托、南非、土魯斯、法國等國家都有教學經驗，同時也曾經是約旦王國民營服務發展計畫（the Private Services Development Project in the Hashemite Kingdom of Jordan）的行銷顧問與專家。她目前的研究興趣是服務業中有關行為的議題，其中特別著重於探討專業性的服務、如何將服務業的原則與概念運用到公共部門上，並且了解有哪些因素會影響顧客對服務經驗的評估。她經常在 Journal of Marketing、Journal of the Academy of Marketing Science、Journal of Advertising 及 Journal of Advertising Research 等刊物上發表文章。此外，她也曾受邀擔任 Journal of Marketing Education 針對服務業所發行之特刊的特約編輯。她也是年度研究刊物 Advances in Services Marketing and Management 的主編。目前她則是 Journal of Service Research 的編輯委員之一。Swartz 博士是俄亥俄州立大學（Ohio State University）商學博士。

作者群簡介

Eugene W. Anderson

　　是密西根大學商學院（University of Michigan Business School）行銷學副教授，他是芝加哥大學（University of Chicago）商學研究所博士。他的研究重心是：個體如何評估過去的消費經驗、此等評估產生的行為結果、公司經濟性與策略性的結果。他在多種刊物中發表作品，包括Journal of Consumer Research、Journal of Marketing、Marketing Science、Marketing Letters與Management Science。他曾經榮獲美國行銷協會服務類別的最佳寫作獎。Anderson博士並擔任Journal of Marketing Research與Journal of Service Research的審查委員。

James G. Barnes

　　是紐芬蘭紀念大學（Memorial University of Newfoundland）的行銷學教授，也曾任該校企管學院院長。他是多倫多大學（University of Toronto）的博士。Barnes博士曾經在美國國內外研討會中發表過五十多篇論文，在相關期刊上所發表的報告則有三十多篇，包括Journal of Consumer Research、Journal of Advertising Research、Services Industries Journal、Psychology and Marketing等。他並且擔任Journal of International Bank Marketing、International Journal of Customer

Relationship Management的編審委員。Barnes博士著有六本專書，包括Fundamentals of Marketing（目前已發行第八版）及Understanding Services Management。他經常在加拿大、歐洲與澳洲等地舉辦管理研討會，主要的研究興趣是服務行銷、服務品質與顧客關係。他同時也是位於加拿大的整合式行銷傳播與資訊顧問組織「布里斯托團隊」（The Bristol Group）的執行主席。

John E. G. Bateson

是Gemini顧問公司的資深副總裁，他是全球性顧客、零售與配銷工作的領導人。他畢業於帝國科技學院（Imperial College of Science and Technology），並且取得倫敦商業學院（London Business School）的企管碩士學位與哈佛商學院（Harvard Business School）的企管博士學位。在進入Gemini之前，他曾經在倫敦商學院以及史丹佛大學商學院任教十年，同時也擔任過Lever Brothers的品牌經理、飛利浦公司的行銷經理。Bateson博士在行銷、配銷通路、服務、零售等方面有豐富的著作及諮詢經驗，他曾經發表許多文章並著有三本專書：Managing Services and Marketing、Principles of Service Marketing及Marketing Urban Mass Transportation。針對服務經濟型態的出現，他也發表了許多重要的言論。

Mary Jo. Bitner

是亞利桑那州立大學服務行銷與管理的教授，也是服務行銷與管理中心（Center for Services Marketing and Management）的研究主持人。她目前並且擔任服務行銷與管理集中企管碩士的協調人。Bitner博士與Valarie Zeithaml合著之Service Marketing（1996，即將發行第二版）一書，常在世界各地被當成教科書使用。她曾經擔任許多企業在服務品質與顧客滿意度方面的顧問，同時也經常在相關研討會及經理人教育計畫中發表研究作品。她致力於探討顧客如何評估服務接觸、自助式服務技術與前線員工的行為對顧客滿意度的影響，相關研究成果出現在許多重要的行銷期刊中，如Journal of Marketing、Journal of the Academy of Marketing Science、Journal of Retailing及International Journal of Service Industry Management。她也曾經參與編輯Journal of Retailing在1997年針對卓越服務所發行的特刊。

David E. Bowen

　　是位於桑德堡（Thunderbird）的美國國際管理研究所（American Graduate School of International Management）管理與國際企業系的教授。他曾經任教於西亞利桑那州立大學（Arizona State University West）及南加州大學（University of Southern California）。他在1983年取得密西根州立大學（Michigan State University）的企管博士。他的研究、教學與諮詢專長是服務傳遞品質的組織動力學、人力資源管理部門的效率，其作品曾經發表在Academy of Management Review、Academy of Management Journal、Sloan Management Review、Journal of Applied Psychology、Organizational Science、Organizational Dynamics與Human Resource Management等刊物。他是Academy of Management Review在1994年發行的整體服務管理特刊的作者之一。他曾經出版六本有關服務管理的專書，其中包括和Ben Schneider合著的Winning the Service Game。

Stephen W. Brown

　　是亞利桑那州立大學服務行銷中心的主持人，亦是該校行銷學教授。他目前的研究重心是服務忠誠度，以及製造業行銷服務與補償措施。Brown教授與其他人合作發表的文章逾百篇，並且出版十五本書。他也是Advances in Services Marketing and Management年刊的作者之一。他是國際服務品質（International Quality in Services）研討會的創辦人之一，並且分別於1988、1994、1996、1998年擔任該研討會在美國及瑞典舉辦之活動的主席之一。他曾經獲得美國行銷協會的年度終身貢獻獎。他也是數家公司的顧問、研究者以及理事，並且曾經是美國行銷協會的主席。

Richard B. Chase

是南加大馬歇爾商學院（Marshall School of Business）作業管理的教授。他獲得加州大學洛杉磯分校（University of California, Los Angeles）的學士、碩士與博士學位，研究興趣是服務規劃及服務品質，近期的文章發表在Journal of Service Research（與S. Kimes合著）、Journal of Operations Management（與A. Soteriou合著）、Production and Operations Management Journal（與D. Stewart合著）；他也是Operations Management：Manufacturing and Services（第八版）與Fundamentals of Operations Management（第三版）二書的作者之一。Chase博士目前擔任Journal of Service Research等期刊的編輯委員。Journal of Retailing的調查將Chase博士列入對服務行銷領域貢獻最大的學者之一，而International Journal of Operations Management調查亦認為他是作業管理領域在發展歷史中最重要的人物之一。

James Cross

是拉斯維加斯內華達大學（University of Nevada, Las Vegas）行銷學助理教授。他過去曾經擔任內華達大學企管研究所所長及系主任。他是明尼蘇達大學（University of Minnesota）的博士，曾經任教於亞利桑那州立大學及明尼蘇達大學。他的研究興趣是配銷通路（包括加盟），其研究成果散見於Transportation Journal、Journal of Public Policy and Marketing、Business Horizons、Society of Franchising Proceedings等刊物。

Pratibha A. Dabholkar

（喬治亞州立大學博士，1991）是田納西大學（University of Tennessee）行銷博士課程的主任與副教授。她的研究興趣包括：服務傳遞中的科技；態度、選擇與工具—結果模式（means-end models）；服務品質與顧客滿意度；B2B關係。她的教學工作以服務行銷、顧客型行銷研究為中心，其研究成果發表在數種領導性的企業與行銷刊物、研討會中。她目前是Journal of the Academy of Marketing Science及Journal of Marketing的編審委員，並擔任Membership—U.S.A. for the Academy of Marketing Science的副主席，她亦曾任該組織的學術事務副主席。她的博士論文與多篇報告都曾經獲獎，由於她對歐瑪霍爾雷根學院（Alma and Hal Reagan College）的學術風氣有傑出貢獻，在1997-1999年獲得田納西大學所頒發的歐瑪霍爾雷根學院學者獎。

Ko de Ruyter

目前是荷蘭Maastricht大學的行銷與行銷研究助理教授，他也是Maastricht服務業學術研究中心（MAXX）的主持人。他曾經到普渡大學擔任客座教授。他是荷蘭自由大學（Free University Amsterdam）與阿姆斯特丹大學（University of Amsterdam）的碩士，並且取得端帝大學（University of Twente）管理科學博士學位。他寫過五本書，在各種刊物上發表的文章超過一百三十篇，如Journal of Economic Psychology、International Journal of Research in Marketing、International Journal of Service Industry Management、Journal of Business Research、European Journal of Marketing、Information及Management and Accounting, Organizations and Society。他的研究興趣是國際性的服務管理、電話服務中心、關係行銷、顧客滿意／不滿意。

John Deighton

是哈佛商學院企管系教授。他是秋季班企管碩士一年級行銷課程

的主要教授，除了開設大學部二年級選修課程「互動式行銷」，並且
講授許多有關於行銷、資訊科技、服務管理的主管訓練課程。目前他
的研究重心是資訊密集時代中，網際網路對於行銷工作與顧客關係管
理所造成的衝擊，其研究作品發表於Journal of Consumer Research、
the Journal of Marketing、the Journal of Market Research及Harvard
Business Review。他擔任Journal of Interactive Marketing的共同編輯。
他是賓州大學華頓學院（Wharton School, University of Pennsylvania）
的行銷學博士，在進入哈佛任教之前，他曾經在芝加哥大學以及達特
茅斯學院（Dartmouth College）授課。

Laurette Dube

　　是加拿大蒙特婁麥克基爾大學（McGill University）管理學院行
銷學副教授，她是康乃爾大學（Cornell University）博士。她的研究
重點是：以各種觀點檢視特定脈絡裏的顧客行為（亦即消費情感）、
在一般服務環境中對於等待的反應、滿意度與忠誠度。她對顧客反應
與策略性的作業管理實務之間的關聯也很感興趣。她曾經在重要的學
術期刊上發表三十多篇研究作品，包括 Journal of Consumer
Research、Journal of Marketing Research、Journal of Personality and
Social Psychology、Marketing Letters、Psychology & Marketing及
Operations and Production and Operation Management。她以跨學科的觀
點為大學生、研究生、博士生講授服務行銷與管理。

Peter A. Dunne

　　是紐芬蘭紀念大學企管研究所的學生，以優等成績取得心理學學
士學位。他曾經在加拿大一家大型銀行擔任管理職。他的研究興趣是
服務行銷，其中並特別關心技術如何影響顧客對於服務品質的感覺。

Pierre Eiglier

（經濟學博士，Aix en Provence，1970）任教於法國Universite de Droit, d'Economie et des Sciences d'Aix-Marseille，Institut d'Administration des Entreprises，他在1977至1981年期間並擔任所長。他在1972年曾經成為西北大學研究員。Eiglier博士的研究與教學興趣是服務業行銷，也是這個領域的顧問。他和Eric Langeard一起創辦服務活動管理研究所課程，他所寫的Service Strategy在1999年底出版。

Raymond P. Fisk

是紐奧良大學（University of New Orleans）行銷系教授與系主任。他是亞利桑那州立大學的企管碩士與博士。他曾經擔任中央佛羅里達大學（University of Central Florida）行銷系、奧克拉荷馬州州立大學（Oklahoma State University）行銷系的主任與助理教授。他曾是奧地利傅爾柏萊特學者（Fulbright Scholar），並且曾經任教於愛爾蘭、芬蘭、葡萄牙與瑞典等國家。他的研究興趣是服務的歷史、隱喻及技術，其著作散見於Journal of Marketing、Journal of Retailing、Journal of the Academy of Marketing Science、European Journal of Marketing、Service Industry Management、Journal of Health Care Marketing、Journal of Professional Services Marketing、Journal of Marketing Education及Marketing Education Review。

Claes Fornell

是密西根大學商學院商管系教授，也是全國品質研究中心（National Quality Research Center）的主持人。他是瑞典倫德大學（University of Lund）經濟學博士。在攻讀博士學位時，他曾經獲得傅爾柏萊特獎學金前往加州大學柏克萊分校研究。他的研究重心是經濟輸出品質中的關係、顧客滿意度與財務表現。他發表過五十多篇文章以及兩本著作。他擔任該領域重要期刊的編輯委員，目前致力於發展世界各地的全國顧客滿意度指標。

Gordon Fullerton

　　是安大略津士頓皇后商學院（Queen's Business School in Kingston）
的行銷學博士候選人。他是蒙特艾利森大學（Mount Allison
University）傳播學士及都浩史大學（Dalhousie University）企管碩
士。他的研究興趣是服務關係，其研究成果發表在數種學術研討會
中，其中包括加拿大管理科學協會與美國行銷協會所舉辦的研討會。

Rashi Glazer

　　是加州大學柏克萊分校商學院教授，也是柏克萊行銷與科技中心
的主持人之一，此外，他並擔任柏克萊行銷管理主管人員教育計畫之
主持人。他是史丹佛大學商學研究所的企管碩士（1979）與博士
（1982）。他的教學與研究興趣是競爭性的行銷策略、科技與資訊科技
策略、互動式與資料庫的行銷、顧客與管理決策。他是Journal of
Interactive Marketing（原Journal of Direct Marketing）的編輯之一，同
時也是Management Science的副編輯。他的文章出現在很多知名出版
刊物上，同時也與其他作者合寫了三本書：The Marketing Information
Revolution、Readings on Market-Driving Strategies及Cable TV
Advertising。他推動評估公司資訊之價值的INFOVALUE計畫，也致
力於發展運用資訊與資訊技術的互動式電腦同步教學策略SUITS。

William J. Glynn

　　是都柏林大學商業研究所（University College Dublin Graduate
School of Business）服務行銷講師，他的大學、碩士與博士學位都在
都伯林大學完成，他現在也是愛爾蘭行銷協會的成員。他曾經擔任傳
播系主任（1992-1995），也是都柏林大學品質與服務管理中心的首席
理事（1994）。他曾任職都柏林市立大學、法國Groupe ESSEC、
Swedish Match、Abbott Laboratories。他在法國、愛爾蘭、義大利、
英國、美國等地都曾發表研究成果。目前他是International Journal of

Service Industry Management的編輯委員，也是Prometeo科技系列叢書（義大利）的規劃者之一。他曾受邀至顧客研究學會歐洲分部（Academy of Consumer Research—Europe）、美國行銷協會、FAS／EURES研討會、大學人事協會與葡萄牙專業型行銷會議發表論文。

Kent Grayson

是倫敦商業學院的行銷學助理教授，他主要的研究領域有兩方面：第一個是顧客行為中的真實與欺騙，包括象徵與再現；其次是網絡行銷組織，或稱為金字塔銷售組織或多層次行銷組織。他經常在Journal of Consumer Research、the Journal of Marketing Research和International Journal of Research in Marketing等刊物上發表文章。

Chritian Gronroos

經濟學博士，是服務與關係行銷的教授，也是關係行銷與管理中心的理事長，該中心是一所位於芬蘭的漢肯瑞典經濟學院（Kanken Swedish School of Economics）的研究暨資料中心。他的研究興趣包括服務行銷與管理、服務品質、顧客及B2B環境中的關係行銷。他的著作Service Management and Marketing（1990）被翻譯成八國語言出版，並且在許多刊物中都可以見到他的作品，包括Journal of Business Research、Journal of the Academy of Marketing Science、Journal of Marketing Management、European Journal of Marketing、International Journal of Service Industry Management、Journal of Business & Industrial Marketing、Journal of Service Marketing、Integrated Marketing Communications Research Journal與Australasian Journal of Marketing等。

Stephen J. Grove

是克萊森大學（Clemson University）的行銷學教授，他是德州基督大學（Texas Christian University）社會學學士與碩士以及奧克拉荷馬州立大學的社會學博士。此外，他也花了兩年的時間在奧克拉荷馬州立大學從事行銷學的博士後研究。他曾經任教於密西西比大學（University of Mississippi）、密蘇里南方州立學院（Missouri Southern State University）。他的研究興趣包括服務情境中的印象管理、行銷中的隱喻運用、環境行銷問題。其研究成果散見於Journal of Retailing、Journal of Advertising、Journal of the Academy of Marketing Science、Journal of Public Policy and Marketing、Journal of Macromarketing、Journal of Health Care Marketing、Journal of Business Research、Journal of Personal Selling and Sales Management、European Journal of Marketing、Journal of Services Marketing、Services Industries Journal及其他學術刊物。

Barbara Gutek

（密西根大學博士，1975年）是亞利桑那大學管理與企業政策學系的教授。她曾經編寫十本書及八十多篇文章，包括The Dynamics of Service（1995）、Women's Career Development（1987，與Laurie Larwood合著）、Sex and the Workplace（1985）及Women and Work：A Psychological Perspective（1981，與Veronica Nieva合著）。她在1997至1998年間擔任社會問題心理學研究協會（Society for the Psychological Study of Social Issues）主席，從1995年到1998年則擔任管理學會的理事。她是Academy of Management Journal及Journal of Personality and Social Psychology的編輯委員。1994年，她獲得美國心理協會頒發的兩個獎項。目前她的兩個研究重心是：變遷中的服務傳遞本質、在性騷擾的不利環境中女性標準的合理效率。

Roger Hallowell

是哈佛商學院的助理教授，爲二年級的學生講授選修科目「服務管理」。他的研究檢視服務公司的策略，並著重探討公司的雙重競爭優勢（成本領導與區隔性的服務）。他也研究服務公司如何從學習中成長。他近期的作品發表於 Human Resource Management、Human Resource Planning 及 The International Journal of Service Industry Management。他是哈佛學院的學士，並且取得哈佛商學院的企管碩士與博士。他曾經任職華爾街，並且為服務部門的小型企業工作。

Christopher Hart

（康乃爾大學博士）是密西根大學商學院主管教育的聯合教授，也是 Spire Group 的總裁，該機構是一家位於麻州布魯克萊（Brookline）的管理顧問與主管教育訓練公司，專門協助客戶加強、拓展顧客關係。他曾經任教於康乃爾大學及哈佛商學院作業管理學系。Hart 教授著作甚豐，曾經寫過六本書，包括影響力廣大的 Extraordinary Guarantees：A new Way to build Quality Throughout Your Company and Ensure Satisfaction for your Customers 及 Service Breakthroughs：Change the Rules of the Game（與 James Heskett 和 W. Earl Sasser, Jr. 合著）。此外，他也寫了四十多篇學術、管理方面之文章，他為哈佛商學報告所寫的「The Power of Unconditional Service Guarantees」一文並獲得 McKinsey Award 年度最佳寫作獎的榮譽。他曾經為 Malcolm Baldrige National Quality Award 擔任三年的評審。

Ray M. Haynes

是供給鏈管理博士（亞利桑那大學，1998年），同時也是 RCA Institute 的系統工程碩士（1970）與亞利桑那大學行銷企管碩士、加州州立技術學院大氣工程學士（1967）。他目前在加州州立科技大學桑路易斯歐比斯波分校擔任管理學教授。他的十年教學課程內容包括服務、作業、品質、技術管理與工程管理，所著之論文報告超過一百篇，主要內容是針對服務管理中的品質與生產力議題。他在業界有廿

年的工作經驗，曾經在RCA、Allied-Signal、花旗與TRQ任職，主要
工作是服務部門的管理（例如系統整合、銀行與零售商店）。他也是
高科技業中相當活躍的顧問（例如惠普、TRW、U.S. Navy與IBM）。

Joy John

是班特里學院（Bentley College）行銷系的主任與教授。他是印
度柏拉科技機構（Birla Institute of Technology and Science）的學士、
印度馬卓斯大學（Madras University）企管碩士，以及奧克拉荷馬州
立大學的博士。他曾任職印度Pfizer與ITC的行銷部門，也曾經在澳
洲、智利、哥倫比亞、愛沙尼亞、芬蘭、印度、西班牙、瑞典等國家
擔任教學工作與客座教授。他在教學、研究與諮詢工作的主要領域是
服務行銷與跨文化議題，其作品散見於European Journal of
Marketing、International Marketing Review、Psychological Reports、
Journal of Health Care Marketing等期刊。他並且舉辦有關服務品質、
顧客服務、顧客平等、品牌忠誠度等主題之實務管理研習活動。

Devon S. Johnson

是艾墨里大學果盧塔商學院（Goizueta Business School，Emory
University）的行銷學助理教授。他是倫敦商業學院的博士（1998）。
他的研究興趣是顧客層次的關係行銷、顧客不滿意、服務補償與行銷
策略。

Timothy L. Keiningham

是Marketing Metrics 公司的資深副總裁，該公司是位於新澤西帕
拉瑪斯（Paramus）的一家行銷顧問公司。他是Return on Quality：
Measuring the Financial Impact of Your Company's Quest for Quality與
Service Marketing兩書作者之一（兩書皆與Roland T. Rust與Anthony J.
Zahorik合著）。此外，他也為學術、管理與大眾刊物撰寫許多文章。

Journal of Marketing編審委員會認為，他和Rust、Zahorik在Journal of
Marketing中所發表的「Return on Quality：Making Service Quality
Financially Accountable」一文對行銷實務有卓越貢獻，因而榮獲
Alpha Kappa Psi Foundation Award。他是范德比特大學（Vanderbilt
University）的企管碩士以及肯塔基衛斯理學院（Kentucky Wesleyan
College）的學士。

Sandra S. Kim

是馬里蘭大學（University of Maryland）工業／組織心理學的博
士班學生。她是加州大學柏克萊分校的心理學學士，研究興趣包括策
略性的人力資源管理、組織變革與創新、管理多元化。

Susan Schultz Kleine

（辛辛那提大學博士）是波林葛林州立大學（Bowling Green State
University）行銷學助理教授。她的研究興趣是商品與服務的情感與象
徵性運用在顧客社會化的過程中所扮演的角色。她的文章在Journal of
Consumer Research、Journal of Consumer Psychology及其他顧客研究
出版品中發表。

Paul J. Kraus

是西北大學加勒管理學院的研究員、講師及博士候選人。在攻讀
研究所之前，他是曼塞管理顧問公司（Mercer Management Consulting）
的研究分析師與顧問，曾經幫助Fortune 500大的客戶規劃、執行國內
外的行銷策略。他畢業於耶魯大學，並且獲得加勒管理學院的行銷碩
士學位。他的研究興趣是新產品與新服務的訂價與定位。

Eric Langeard

是艾克斯—馬歇利斯大學（University of Aix- Marseilles）企管系
的教授，也是歐洲行銷學會的前任主席。他曾經到德州大學奧斯汀分

校（University of Texas at Austin）、加州大學柏克萊分校、密西根大學及歐洲地區數所大學擔任客座教授。他與Pierre Eiglier規劃每兩年舉辦一次的服務管理國際研討會。他的研究領域是服務行銷，特別是有關於國際性與國內服務網絡的行銷問題，包括銀行、旅館、保險公司、醫院組織管理等。他曾經擔任多家跨國性服務公司的顧問，同時也是法國一家銀行CPR的行銷副總裁。他與Pierre Eiglier合著有SERVUCTION、Le marketing des Services二書。他逝世於1998年11月。

Jos Lemmink

是馬司基特大學（Maastricht University）經濟與商業管理學院行銷與市場研究學系的系主任與行銷學教授。他曾經擔任澳洲南昆士蘭大學（University of Southern Queensland）、比利時林白大學中心（Limburg University Center）的客座教授。他曾經出版數本著作，並且在國際性的期刊上發表有關服務行銷與管理、滿意度、品質管理等主題之文章，在International Journal of Research in Marketing、European Journal of Marketing和Journal of Economic Psychology等期刊中可以見到他的研究成果。他在1995年榮獲European Journal of Marketing的Hans B. Thorelli的最佳論文獎。

Christopher Lovelock

是Lovelock Associate的主持人，專長是服務管理，並且在世界各地舉辦研討會與講座。他曾經在哈佛商學院任教十一年、在瑞士的國際管理發展機構擔任兩年的客座教授，並且到柏克萊、史丹佛、麻省理工學院、Theseys Institute、INSEAD及昆士蘭大學短期任教。他的著作包括：六十多篇文章、一百多個教學案例、廿五本書，最近出版的是和Lauren Wright合著的Principles of Service Marketing and Management（Prentice Hall，1999）。他曾經獲得Journal of Marketing

所頒發的Alpha Kappa Psi Award、美國行銷協會的服務學科終身貢獻獎以及多項因為傑出成就所獲得的榮譽。他是愛丁堡大學（University of Edinburgh）的學士與碩士、哈佛大學的企管碩士以及史丹佛大學的博士。

Richard L.Oliver

是范德比特大學歐文管理研究所（Owen Graduate School of Management）的助理教授。他研究顧客心理學，其中特別關切顧客滿意度與售後處理之議題。他對於滿意反應心理的延伸寫作使他成為美國心理學協會的一員。他是Satisfaction：A Behavioral Perspective on the Consumer一書的作者，也是Service Quality：New Directions in Theory and Practice的編輯之一。他的文章散見於相關期刊中，包括Journal of Consumer Research、Journal of Marketing Research、Journal of Marketing、Journal of Applied Psychology、Psychology & Marketing、Journal of Consumer Satisfaction/Dissatisfaction & Complaining Behavior、Behavioral Science、Journal of Economic Psychology、Applied Psychological Measurement、Psychometrika和Organizational Behavior and Human Decision Processes。

Amy L. Ostrom

是亞利桑那州立大學的行銷學助理教授。她在1996年獲得西北大學的博士學位。她的研究重點是服務行銷的相關議題，包括顧客對服務的評估、服務保證、顧客對於服務結果所扮演的角色以及顧客對於自助式科技的採用與評估。在Journal of Marketing和Journal of Consumer Psychology等期刊及服務行銷與管理系列書籍中，皆可見到她的研究成果。

Paul G. Patterson

博士是澳洲雪梨新南威爾斯大學（The University of New South Wales）行銷學院的助理教授，也是應用行銷中心（Centre for Applied Marketing）的主持人。他分別在臥龍崗大學（University of Wollongon）、雪梨科技大學（University of Technology—Sydney）及新南威爾斯大學獲得行銷、經濟學及管理學之學位。在投入教學工作之前，他曾經在金融業、通訊業、行銷研究公司、公共部門及國際管理顧問公司負責管理與行銷方面之工作。他曾經在臥龍崗、雪梨等地的大學任教，也在美國的密西根州立大學、Assumption University（ABAC）研究所、泰國的沙馬薩特大學（Thammasat Universities）當過教授。他目前在研究與諮詢方面的興趣包括顧客滿意度與服務品質的模式化、服務行銷（特別是有關於B2B環境）、關係行銷、抱怨行為及服務公司的國際化。他的研究發表在數種主要的行銷期刊中，同時也是Services Marketing in Australia and New Zealand一書的作者。

Sonja Radas

是華盛頓大學聖路易斯分校歐林商學院（Olin School of Business, Washington University in St. Louis）的行銷學助理教授，她是佛羅里達大學（University of Florida）企管與數學的雙博士。她的研究興趣包括服務行銷、娛樂行銷、新產品的開發，特別是有關於推出新產品的時機。

Amy Risch Rodie

（亞利桑那州立大博士），舊名為Amy R. Hubbert，她是內布拉斯加大學奧馬哈分校（University of Nebraska at Omaha）的行銷學助理教授。她的研究興趣包括服務脈絡與服務傳遞過程中的顧客參與、歸因與滿意度，她曾經在International Journal of Service Industry Management發表有關顧客觀點的文章。她教授的內容包括顧客行為、行銷原理與行銷管理，學生則包括了大學生與企管研究生，此外也經常舉辦服務行銷實務教育課程的研習活動。

Roland T. Rust

是范德比特大學（Vanderbilt University）服務行銷中心的主持人，也是Madison S. Wigginton的管理學教授。他有六十篇以上的期刊文章曾經受到引用，並且有六本與服務行銷、廣告媒體、行銷研究方法有關的書籍著作，此外，他曾經榮獲Marketing Science、the Journal of Marketing、Journal of Advertising與Journal of Retailing等期刊之最佳寫作獎。他也經獲得美國統計協會與美國廣告學會的終身成就獎，並且獲頒北卡羅來納大學（University of North Carolina at Chapel Hill）傑出博士校友獎（the Henry Latane Distinguished Doctoral Alumnus）。

Leonard A. Schlesinger

是布朗大學（Brown University）社會學與公共政策的教授。在1998年十月以前，他是哈佛商學院的教授；從1978年到1985年以及從1988年以後，他都持續在哈佛商學院任教。他大學畢業於布朗大學，碩士學位則是在哥倫比亞大學完成，並且獲得哈佛商學院的博士學位。他在企管碩士課程以及其他實務課程中，教授有關服務管理、一般管理、組織行為與人力資源管理之內容，他在服務管理與組織變革方面都有豐富的研究與諮詢經驗。過去十年來，他為世界各地的服務業公司、政府及國際性的領導組織提供授課與諮詢的服務。

Benjamin Schneider

是心理學教授，也是馬里蘭大學工業與組織心理學計畫的主席。他曾經任教於耶魯大學與密西根州立大學，並曾經短期任教於以色列的巴爾—依蘭大學（Bar-Ilan University）（傅爾博萊特獎，Fulbright award）、法國的艾克斯—馬歇利斯大學及北京大學。他獲得馬里蘭大學的心理學博士學位（1967）及紐約市立大學（New York City

University）的企管碩士學位（1964）。他在學術上的成就包括發表了八十五篇以上的期刊文章並且有六本著作，同時也曾經擔任Journal of Applied Psychology及相關期刊的編輯審查委員。他的研究興趣是服務品質、組織的氣候與文化、員工問題及個人─組織配適性。他在專業上的成就包括曾經獲選爲管理學會組織行爲部門以及工業與組織心理學學會的主席。除了學術上的工作，他也是組織與人事研究機構（Organizational and Personnel Research, Inc.）的副總裁。

Stowe Shoemake

　　是拉斯維加斯內華達大學威廉哈洛旅館管理院（William F. Harrah College of Hotel Administration）的行銷學助理教授。他獲得康乃爾大學的旅館管理博士學位及麻州大學（University of Massachusetts）的碩士學位。他的研究興趣包括顧客忠誠度的決定因素與結果、忠誠度規劃、博奕心理學、訂價及付款方式替代方案。他曾經在Journal of Travel Research、Cornell Hotel and Restaurant Administrative Quarterly、International Journal of Hospitality Management等期刊上發表作品。他是Frequent Travel Marketing Association的固定講者，這個組織是由各大飯店、租車業者及航空公司的高階代表所組成。他在康乃爾大學旅館管理學系的專業發展計畫中教授有關忠誠度行銷之課程。

Steven M. Shugan

　　是佛羅里達大學華靈頓商業學院（Warrington School of Business）的行銷學教授，也是Russell Berrie Foundation Eminent 學者，他是西北大學管理經濟學與決策科學的博士，曾任教於羅徹斯特大學（University of Rochester）、芝加哥大學與佛羅里達大學。他擔任Journal of Marketing Research、Journal of Marketing、Journal of Service Research和Marketing Science的編輯委員，也是許多商業服務

公司、健康管理部門、美國郵政、塞普勒斯政府的顧問。他喜歡潛水、漫遊於網際網路的世界。

David Shulman

是拉法葉學院（Lafayette College）人類學與社會學的助理教授，他主要的研究領域是組織／職業、研究方法，特別關注組織活動中的欺騙與印象管理層面。在在Journal of Contemporary Ethnography與Sosiologi Idag中可以讀到他的文章。他目前正著手撰寫Clothing Naked Emperors：Deception and Occupational Culture一書，該書探討工作場所中無所不在的欺騙行為。

Nancy Stephens

是亞利桑那州立大學行銷學副教授。她的研究興趣是消費者行為、行銷推廣與老年顧客行銷。她曾經在Journal of the Academy of Marketing Science、Journal of Advertising、Journal of Advertising Research和Journal of Marketing Research及多種研討會上發表研究成果。她是亞利桑那州立大學每年舉辦的服務行銷與管理研討會的主持人。她是德州大學奧斯汀分校的博士，大學與研究所則在伊利諾大學的阿爾巴尼分校完成。

Stephen S. Tax

是加拿大維多利亞大學（University of Victoria）行銷學的副教授。他是亞利桑那州立大學的行銷學博士，研究興趣是服務管理的跨學科議題，特別是服務補償、行銷溝通與服務設計。他的研究作品曾經發表在Journal of Marketing、Journal of Retailing、Sloan Management Review、International Journal of Service Industry Management及其他學術與管理期刊上。他活躍於美國行銷協會中的服務行銷組（SERVSIG，Services Marketing Special Interest Group），曾經擔任1996年AMA夏季教育者研討會的顧問，負責籌畫會前的工作，並且擔任1998年AMA夏季教育者研討會的聯合主席之一，同時也是1999年SERVSIG研討會的理論與管理議題主席。

Shirley Taylor

是安大略津士頓皇后商業學院的助理教授，她的主要研究領域是服務行銷，並特別關注等候經驗的管理。她曾經在多種行銷期刊上發表作品，包括Journal of Marketing、Journal of the Academy of Marketing Science、International Journal of Research in Marketing和Journal of Public Policy and Marketing等。

Janet Wagner

是馬里蘭大學羅柏史密斯商學院（Robert H. Smith School of Business）的副教授。她是康乃爾大學學士及碩士，也是堪薩斯州立大學（Kansas State University）的博士。她的研究領域包括零售業顧客的決策、零售商—小販關係（包括服務零售商）及顧客決策的美學觀點。她的實務經驗包括聯合百貨（Federated Department Stores）的零售買賣工作，並擔任零售商、零售貿易協會及服務業公司之顧問。她曾經是Journal of Consumer Research的編輯委員，目前則是Journal of Retailing的編輯委員之一，並且在Journal of Retailing、Journal of Consumer Research和Journal of Marketing Research等期刊發表研究成果。

Bruce J. Walker

是密蘇里大學哥倫比亞分校（University of Missouri—Columbia）行銷學教授，也是該校商學院的院長。他曾經任教於亞利桑那州立大學，曾經擔任該系之系主任。他從西雅圖大學（Seattle University）畢業以後，獲得科羅拉多大學（University of Colorado）的碩士及博士學位。他的研究重心是加盟、行銷通路與調查方法，並在Journal of Marketing、Business Horizon及其他學術、商業期刊上發表。Walker 是行銷學（Marketing）一書的作者之一，該書在世界各地都被作爲大學用的教科書。他也擔任Trustees for the International Franchise Association＇s Educational Foundation與亞利桑那州立大學的Advisors for the Center for Service Marketing and Management的委員。過去他也一直相當活躍於美國行銷協會與西方行銷教育者協會，並分別擔任兩會的主席與副主席。

Tony Ward

　　是中央昆士蘭大學（Central Queensland University）法商學院行銷與策略管理學系的資深講師，除了教學工作以外，他並致力於研究服務行銷中的關係。他以優等成績畢業於勞柏拉（Loughborough），並且取得昆士蘭科技大學、AFAMI、EAMA的行銷學博士。他主要教授服務產品的行銷、行銷管理及國際行銷。他是大型研究團體「行銷中的人際互動」（Human Interactions in Marketing）之領導人，該團體研究顧客關係的行銷以及B2B網絡。他曾經在世界各地發表關係行銷的文章，也經常在歐洲及北美地區的研討會上發表研究。在移居澳洲成爲學者之前，他在歐洲的大氣工業（aerospace industry）有廿三年的工作經驗。

Martin Wetzel

　　是馬斯基特大學經濟與企業管理學院的行銷研究學系的助理教授，同時也是該大學服務學術研究中心的秘書長及資深研究員，主要的研究興趣是服務品質、顧客滿意／不滿意、顧客價值、服務組織的品質管理、服務行銷、行銷研究、跨功能的合作與關係行銷。他的作品發表在各主要的研究期刊上，並且曾經在研討會上發表超過三十篇的研究報告。

Anthony J. Zahorik

　　是 ACNielsen Burke Institute副總裁，同時也是 Return on Quality：Measuring the Financial Impact of Your Company's Quest for Quality 與 Service Marketing 等書的作者之一。他也和其他作者合作，發表許多有關顧客滿意度與服務品質等議題的文章，其中一篇曾經獲選為 Journal of Retailing 的最佳寫作獎，另外一篇刊登於 Journal of Marketing 的文章則獲得 Alpha Kappa Sigma Award 的榮譽。

服務業的行銷與管理

編 輯 者／Teresa A. Swartz & Dawn Iacobucci

譯 　 者／李茂興・戴靖惠・吳偉慈

校 　 　 閱／許長田教授

出 版 者／弘智文化事業有限公司

登 記 證／局版台業字第6263號

地 　 　 址／台北市中正區丹陽街39號1樓

E-Mail／hurngchi@ms39.hinet.net

電 　 　 話／（02）23959178・0936-252-817

郵政劃撥／19467647　戶名：馮玉蘭

傳 　 　 眞／（02）23959913

發 行 人／邱一文

總 經 銷／旭昇圖書有限公司

地 　 　 址／台北縣中和市中山路2段352號2樓

電 　 　 話／（02）22451480

傳 　 　 眞／（02）22451479

製 　 　 版／信利印製有限公司

版 　 　 次／2002年9月初版一刷

定 　 　 價／650元

ISBN 957-0453-64-8

國家圖書館出版品預行編目資料

服務業的行銷與管理 / Teresa A. Swartz,
　Dawn Iacobucci編輯；李茂興, 戴靖惠, 吳
　偉慈譯. -- 初版. -- 臺北市：弘智文化,
　2002〔民91〕
　　　面：　　　公分
　　譯自：Handbook of services marketing &
　management
　　ISBN 957-0453-64-8（平裝）

　1.服務業 — 管理　2.市場學　3.顧客關係管理

489.1　　　　　　　　　　　　91012495